Advanced Aircraft Design

Conceptual Design, Analysis and Optimization of Subsonic Civil Airplanes

KMS 항공우주산업시리즈

최신 항공기 고등설계

Egbert Torenbeek 지음

권태화 · 나승혁 옮김

KM 경문사

저자 서문

나는 사람들이 새로운 아이디어를 두려워하는 이유를 잘 모르겠다.
나를 두렵게 만드는 건 낡은 생각이다.

John Cage, American composer

고등설계(Advanced Design, AD)는 항공기 설계와 개발 과정에서 초기 단계 동안 엔지니어와 해석가로 이루어진 팀의 활동에 대한 명칭이다. 이의 시작점은 유상하중/항속거리 능력, 객실 수용능력, 비행성능, 운용 및 환경적인 특성을 명시하는 최상위 요구조건의 집합이다. 첫 번째 설계 활동은 배열에 대한 (전자화된) 도면으로 정의되는 개념적인 기본형 형상, 물리적인 특성과 필수 기술적인 가정을 명시하는 데이터베이스 그리고 요구조건을 준수할 수 있는 가능성에 대한 평가를 생성하는 것이다. 설계자는 한 가지 또는 몇 개의 개념을 제안하고 이는 예비설계로 부르는 두 번째 고등설계 단계에서 개선되고 비교된다. 개념설계와 예비설계는 개발 과정에서 결정적인 단계로 프로그램 전체의 성패를 가르는 널리 영향을 미치는 결정을 지원하는 창의성과 독창성이 무엇보다도 중요하다.

1970년대 이후 항공기 설계는 항공공학 교육과정을 가진 교육기관의 수가 급증하면서 학문적인 교육과 연구의 주제가 되었다. 항공기 설계 프로젝트의 많은 전형적인 주제를 학과과정에서 다루고 있으며 교재뿐 아니라 설계 실습을 보조하기 위한 다양한 소프트웨어 툴도 사용할 수 있게 되었다. 많은 학과 과정에서 항공기 설계에 큰 관심을 갖고 있지는 않지만 전통적인 항공공학 분야에 대한 설계에 기반한 접근방법은 항공공학에 대한 전체적으로 이해를 향상시키는 데 기여할 수 있다. 그러나 설계 핸드북은 기존 또는 구식 기술에 기반하기도 하기 때문에 미래의 최신 항공기 설계 프로젝트에 적용되는 경우 비현실적인 결과를 가져오기도 한다. 그리고 통합제품설계 기술과 다학제 설계 최적화의 도입으로 인해서 설계 기술은 날로 복잡해지고 있지만, 대다수 핸드북에서 이는 다루고 있지 않다.

이 책을 저술하는 데 있어서 저자의 목표는 복잡한 계산 또는 방대한 통계자료의 적용이 아닌 분명한 설계에 대한 생각을 강조하는 것으로 항공기 설계 (교육)의 발전에 기여하는 것이다. 또 다른 동기는 비전형적인 항공기 개념의 평가와 초기 설계단계에서의 실용적인 최적화에 특히 관심을 표명한 항공업계의 설계 엔지니어와 교육자로부터 부여되었다. 아음속 수송기와 고급(비지니스) 항공기에 집중하기로 결정하였다. 이 책은 1970년대 이후 보고된 고등기술 및 혁신 항공기 형상에 대한 심도 깊은 연구를 통한 많은 결과와 함께 저자의 학교 교육 접근방법을 조합하고 있다. 특히 1980~2000년 사이에 델프트 공대의 항공기 설계 전공 연구진의 연구결과에 관심을 기울였다. 설계 방법론에 대한 몇몇 정보와 최근 비행기 모델에 대한 통계 데이터가 포함되었지만, 이러한 결과가 처음부터 핸드북으로 사용되려는 의도는 아니다. 제시된 자료의 대부분은 비행기 설계에 대한 경험을 가진 사람이라면 쉽게 이해될 수 있을 것이다. 이 책의 목표 시장은 설계중심 연구를 수행하는 석사과정 및 박사과정 학생, 설계를 강의하는 교원, 고등 비행기 설계자 그리고 항공 연구소의 응용 과학자로 이루어질 것이다.

이 책의 본문은 다음과 같은 단원별 그룹으로 구분될 수 있다.

1. 제1장과 2장은 고등설계 과정, 설계 요구조건과 방법론, 설계를 주도하는 고려사항 그리고 유니터 방정식을 적용한 초기 설계중량 예측사례에 대한 개요를 제공한다. 제3장에서는 이어지는 장에서 사용될 전체효율과 추력감율과 같은 특성을 정의하는 최신 가스터빈 엔진 기술과 형상에 대해서 요약되어 있다. 제4장에서는 공기역학 항력을 분해하고 예측하는 다양한 방법과 항력감소 기술에 대해서 소개한다. 이러한 주제의 많은 부분이 숙련된 설계자에게는 익숙하겠지만 일부는 학생 또는 연구자에게는 새로 접하는 주제가 될 수도 있다.

2. 제5장과 6장은 항공기의 일반 배열의 선택에 집중된다. (새로운) 기술의 적용과 운용특성에 대한 수많은 선택이 관련되고, 이러한 결정이 다수가 다른 분야에까지 영향을 미치기 때문에 이는 필수적이지만 복잡한 문제이다. 제5장은 유용하중을 일반적인 날개와 동체 바디의 조합 내부에 할당하는 방법에 대한 기본적인 질문을 다룬다. 과거에는, 이러한 질문이 일부는 플라잉윙을 선호하고 일부는 반대하는 식으로 분석가 사이의 논의를 불러왔다. 그러나, 최적 형상이 반드시 전익 항공기 또는 전통적인 튜브와 윙(Tube and Wing, TAW) 형태일 필요는 없다. 예를 들어서, 블렌디드 윙바디는 실현 가능한 대안이 될 수 있다. 제6장에서는 날개 내부에 유상하중을 갖지 않는 항공기의 클린시트 설계를 다룬다. 카나드 및 삼면익 형상, 고도로 비평면 양력 시스템, 결합날개, 쌍동체 및 수소추진 항공기와 같은 몇 가지 비전형적인 개념에 대한 정량적인 평가가 이루어진다. 지배적인 성능 요구조건 또는 기하학적 구속조건이 있는 경우, 비전형적인 형상이 최고의 솔루션이 될 수 있다.

3. 제7장에서부터 10장은 최대 이륙중량 또는 에너지 효율과 같은 성능지수와 주요 선택변수 사이의 유사-해석적인 관계를 통해서 명시적인 최적화에 대한 접근방법을 개발하기 위한 의도이다. 제7장에서는 일반적인 최적화 문제, 용어 그리고 가능한 해를 식별하기 위한 전략에 대한 개요를 제공한다. 8장은 항공기 설계의 필수 분야인 중량공학에 주로 집중한다. 총중량 및 이의 구성요소에 대해서 설계에 민감한 표현이 유도된다. 이는 설계 구속조건을 무시하고 기본형 설계가 서로 다른 성능지수를 향상시키기 위해서 수정될 수 있는 방법을 보여주기 위한 것이다. 제9장은 고속 및 저속 성능으로부터 도출된 장착엔진 출력 또는 추력에 구속조건을 적용하는 것으로 엔진과 기체의 매칭하는 방법을 다룬다. 제10장은 최적 날개 평면면적, 가로세로비, 후퇴각 그리고 두께비에 대한 해석적인 기준을

유도한다. 결과는 모두 고전적인 일반 배열을 갖는 아음속 수송기와 천음속 제트 여객기에 대해서 나타낸다.

4. 마지막 장에서는 일반적으로 고등설계 및 특히 최적화에 필수인 주로 해석적인 특성에 대한 주제를 다룬다. 제11장은 개념 최적화에 적용하기 위한 요구조건을 대부분 만족하는 날개의 구조중량 예측 방법론의 유도를 제시한다. 제12장은 최적 순항비행에 대한 전통적인 기준이 고속 비행기에 적용될 수 없는 이유를 설명한다. 해당 이론은 프로펠러뿐 아니라 제트추진 항공기의 (최적) 순항성능 해석을 위해서 단일화되며, 임무 및 예비연료의 단순화된 예측을 포함한다.

개념설계 최적화에 대한 현재 접근방법의 유사-해석적인 특성으로 인해서 엄격한 수치적인 방법을 대체할 수 없다. 주로 고등설계자와 연구자를 지원하고 이들이 비행기에 대한 다양한 설계 매개변수의 영향 사이의 복잡한 관계를 이해하도록 도와주는 목적으로, 결과는 또한 복잡한 설계 사이징 및 최적화 프로그램을 검증하는데 유용할 수도 있다. 그뿐만 아니라, 해석적인 기준의 단순성은 추진 및 기체 설계에 대한 대안 기술을 도입하는 효과를 신속하게 예측하는 데 유용하다. 만약 신중하게 사용된다면, 유사-해석적인 관계는 가정적인 질문에 성공적으로 대답하고, 중량증가 문제, 기준의 변경 그리고 파생형 항공기의 고려와 같은 트레이드오프 연구를 수행하기에 충분히 정확할 수 있다. 이러한 관점에서 봤을 때, 본 도서는 I.H. Ashkenas, R.T. Jones, D. Küchemann 그리고 G.H. Lee와 같이 컴퓨터에 기반한 항공기 설계기술이 아직 존재하지 않았던 시기 동안에 이러한 접근방법을 개척했던 과거의 저명한 과학자와 설계자에 대한 헌정으로 볼 수도 있다. 저자는 이러한 노력이 개념설계를 과학이 아닌 잘 조율된 항공기를 고안하고 제작하는 예술로 간주하는 사람들의 사고방식에 기여할 수 있기를 기대한다.

추천사

항공기 설계를 담당하는 교수로서, 이번에 Torenbeek 교수의 최근 저서가 우리말로 번역되어 출간됨을 더없이 반갑게 생각합니다. 원저자인 Torenbeek 교수가 서문에서 밝힌 바와 같이, 항공기 설계는 무척이나 흥미롭고 매력적인 분야입니다. Torenbeek 교수는 민항기 설계의 최고 권위자로서, 항공공학 전공자라면 누구나 익숙한 항공기 설계의 바이블인 Synthesis of Subsonic Airplane Design의 저자이기도 합니다. 이 책《최신 항공기 고등설계》역시 항공공학 전공자뿐 아니라 연구원에게 훌륭한 참고자료가 될 것이라 믿어 의심치 않습니다.

그간 우리나라에서는 주로 군용기를 중심으로 개발이 이루어져 오면서 많은 진전을 이루었던 것이 사실입니다. 그뿐 아니라, 민간 항공기에 대한 개발에서도 최초로 미국과 항공안전 상호협정을 체결하는 데 기여한 KC-100을 포함해서 다수의 소형급 항공기가 개발되어 성공적으로 비행까지 마쳤습니다. 또한, 중형급 여객기에 대한 개발 시도가 몇 차례 있었으나, 국내 여건상 실질적인 개발로는 이어지지 않았던 사례도 있습니다. 현재 무인항공기를 비롯해서 UAM을 위한 eVTOL과 같은 신기술 항공기가 많은 관심을 받고 있으나, 실질적인 항공기의 개발 경험을 위해서는 중대형 민항기의 개발 또한 반드시 넘어야 할 과정입니다. 이 책은 바로 이와 같은 중대형 민항기의 개발 시 개념설계 및 예비설계 과정의 최적화에 초점을 맞추고 있어서 큰 도움이 될 것입니다.

일반적으로 항공기 설계를 다루는 책자가 상세한 배경설명이 없이 결과적인 경험식만을 제공하는 데 치중하는 것과는 달리, 이 책에서는 항공기 설계에 영향을 미치는 다양한 설계변수 사이의 관계에 대한 설명과 함께 실제 항공기에서 어떤 결과를 가져오는가를 상세히 기술하고 있습니다. 바로 이러한 부분이 다른 책과는 차별화된 특징을 가장 잘 보여준다고 할 수 있습니다.

국내 항공기 설계와 관련된 참고서적이 많지 않은 상황에서 항공공학을 공부하고 연구하는 분들에게 큰 도움이 되기를 바랍니다.

2021년 6월
한국항공우주학회장
이재우

추천사

1903년 라이트 형제가 인류 최초의 동력비행에 성공한 이후 항공분야에서 눈부신 발전이 이루어지면서 이제 인류는 대기권을 벗어나 우주로 눈을 돌리고 있으며 머나먼 우주의 화성에서 헬리콥터가 비행하는 모습까지 실시간으로 지켜볼 수 있는 세상이 되었습니다. 그뿐만 아니라 우주비행사가 아닌 일반인도 민간 우주선인 Space-X로 우주로 여행하는 시기도 얼마 남지 않은 것으로 기대하고 있습니다.

이와 함께 지구 대기권 내에서 비행하는 항공기에도 첨단 기술이 접목되어 더욱 안전한 비행이 이루어지고 있으며, 이제는 보다 환경 친화적인 고효율 항공기가 주목을 받고 있습니다. 국내에서는 90년대 초 쌍발 터보팬 중형항공기 개발 사업을 시작했지만 수요를 찾아 헤매다가 취소했고 2000년대 중반에도 제2차 중형항공기사업이 쌍발 터보프롭으로 시작되었지만 국제 공동개발사이 사정에 밀려 다시 접어야만 했던 쓰라린 기억도 있습니다. 그러다 보니 일부 소형급 민간 항공기가 개발된 일부 사례를 제외하고는 아직까지 이렇다 할 중대형급 항공기에 대한 개발이 본격적으로 진행된 사례는 없었습니다. 그러나 최근 군용 수송기에 대한 소식이 들리는 것으로 보아 향후 중대형 항공기 개발에 대한 논의가 다시 활발히 이루어질 것으로 기대하고 있습니다. 이미 KFX의 개발과정을 통해 익힌 쌍발 엔진 경험을 잘 살려 중대형급 수송기를 성공적으로 개발하고 이를 플랫폼으로 하여 민군 파생형으로 발전하면 우리나라가 항공 선진국으로 발돋움하는 훌륭한 기회가 될 것이라고 생각합니다.

중대형 항공기의 형상은 오랜 시간 동안 크게 변경되지 않았는데, 그 이유 중의 하나는 막대한 시간과 비용이 소요되는 개발에 따른 위험을 최소화하려는 보수적인 접근방법 또한 간과할 수 없을 것입니다. 이번에 Egbert Torenbeek의 Advanced Aircraft Design이 국내에 새롭게 번역 출간됩니다. 이 책에서 다루는 고급 수준의 아음속항공기 설계 최적화 기법은 새로운 항공기 설계에 있어 더욱 높은 효율을 추구하기 위해서 기존의 전형적인 형상뿐만이 아니라 보다 진화적인 형상을 갖는 항공기에도 적용될 수 있다는 관점에서 항공기 설계자들에게 크게 도움이 되리라고 생각합니다. 항공기 설계에서는 이론적인 해석도 중요하지만, 특히 개념설계 단계에서는 이에 못지않게 경험 또한 중요한 역할을 할 수밖에 없습니다. 이런 면에서 Torenbeek 교수가 오랜 경험에 기반하여 제시하는 방법론은 중대형 항공기 설계 최적화에 깊은 통찰력을 제공할 것입니다.

흔히 현시대를 첨단 정보통신 기술을 중심으로 융합된 4차 산업혁명의 시대라고 하고 있습니다. 그러나 조만간 5차 산업혁명의 시대가 도래할 수도 있습니다. 이미 상당히 진행되고 있는 우주항공기술의 파괴적 혁신들이 거대한 산업화로의 물고를 틀어 5차 산업혁명의 기반이 될 것이라고 확신합니다. 도심에서의 이동을 3차원화할 수 있는 UAM(Urban Air Mobility)에서부터 지구상의 가장 먼 지점도

1시간 이내에 이동 가능한 로켓 엔진을 장착한 로켓항공기, 전 지구를 커버하는 위성망을 통한 인터넷 통신, 우주자원 산업, 우주태양광발전, 우주궤도에의 대형 공장 건설, 우주관광 등 무궁무진한 새로운 산업 영역들이 생겨날 것입니다. 이 모든 혁명적 산업 변화의 기반에는 대기권을 자유롭게 이동할 수 있는 항공 기술이 당연히 필요할 것입니다. 이번에 새롭게 출간되는 이 책이 대한민국의 항공우주공학도와 연구 개발자들이 도래하고 있는 우주항공 기술 혁신에 중요 역할을 할 수 있는데 밑거름이 될 수 있기를 기대합니다.

2021년 6월
서울대학교 항공우주공학과 명예교수
김승조

역자 서문

본 《최신 항공기 고등설계(Advanced Aircraft Design)》는 항공공학 전공자라면 누구나 알고 있을 항공기 설계분야 최고의 권위자인 Egbert Torenbeek 교수의 최근 저서입니다.

이 책은 일반적으로 항공기 설계 책자와 같이 항공기 설계 과정을 포괄적으로 다루는 것이 아니라, 비전형적인 형상을 갖는 아음속 민항기의 설계 최적화에 집중하고 있습니다. 따라서, 항공기 설계 전반에 대한 배경이 없다면 이 책의 특히 1장과 2장을 반드시 먼저 이해할 필요가 있습니다. 반대로, 항공기 설계에 대한 기본적인 개념과 이해를 갖추고 있다면, 이 책의 내용은 아음속 민항기 설계에 대해서 다른 책에서 제공하지 못하는 심도 있는 이해를 제공할 것으로 생각합니다.

항공기 설계는 기본적으로 끊임없는 절충 또는 트레이드오프(tradeoff)의 과정으로써, 그중에서도 개념설계는 항공공학의 개별적인 학제(discipline)를 전반적으로 이해하고 있어야 할 필요가 있습니다. 그래서 저자인 Torenbeek 교수는 항공기 설계를 학문이 아닌 기법(art)에 더 가깝다고 밝히고 있습니다. 항공기 설계에는 단 하나의 올바른 정답(correct answer)이 존재하는 것이 아니기 때문에 항상 모든 항공기는 그렇게 설계되는 합리적인 이유가 있으며, 다만 그와 같은 선택의 결과가 현실에서 어떻게 수용되는가의 차이가 있을 뿐입니다.

영어 원서를 우리말로 번역하는 과정에서 저자의 의도를 해치지 않기 위해서 의역은 최대한 배제했으며, 용어 또한 적절한 한글 표현이 없는 경우에는 영문 표현을 그대로 사용하였습니다.
본 번역본이 나오기까지 많은 조언과 도움을 주셨던 분들께 감사드립니다. 이번에도 역시 복잡한 영문 표현을 알기 쉽도록 도와주었던 권인규 군에게도 감사합니다.

2021년 6월
역자 일동

차례

Contents

제3장 추진과 엔진 기술

제4장 공기역학 항력과 이의 감소

제5장 튜브와 윙에서 플라잉윙까지

제 6 장 클린시트 설계

제 7 장 항공기 설계 최적화

제 8 장 최적 중량 이론

제9장 엔진과 기체의 매칭

제10장 날개 공기역학 설계의 요소

제 11 장 날개 구조와 중량

제 12 장 단일화된 순항 성능

제 1 장
잘 조율된 항공기의 설계
Design of the Well-Tempered Aircraft

새로운 비행과 장비의 발전을 모두 놓치지 않고 사용할 수 있기를...

Bill Boeing (1928)

항공 산업이 성숙해감에 따라, 날이 갈수록 과거 성공적인 성취에 대한 데이타베이스의 노예가 되어가고 있다. 증가하는 경쟁적인 압력과 급격하게 상승하는 비용 조절에 대한 강조로 인해서 보다 성능 향상을 제공할 수 있지만, 개발을 지원할 수 있는 적절한 데이타는 존재하지 않는 가능한 새로운 형상 대안을 탐구하는 대담한 위험 수준을 배제하고 있다.

J.H. McMasters [57] (2005)

1.1 항공기 설계의 발전

1.1.1 제트 여객기와 고급 비지니스 항공기의 진화

20 세기 후반은 항공에 있어서 진정한 혁신기를 이루었다. 특히 1945-1960 년 기간 동안 몇 가지 상당히 혁신적인 프로젝트가 진행되어 제트엔진을 이용한 수송용 항공기의 추진이 가능할 것이라는 것을 입증하였다. 후퇴익 날개의 등장과 함께 이는 그림 2.1 에서 볼 수 있듯이 최대 순항속도를 약 550 에서 850km/h 이상으로 급증하도록 이끌었다. 후퇴날개를 갖는 B-47 폭격기의 개발 이후 보잉은 기본적인 제트기 개념을 367-80 탱커 수송기와 그 이후에는 707 여객기에 도입하였다. 이 개념은 성공적인 것으로 입증되어 1960 년대 이후 제트 여객기에 거의 일반적으로 적용되어 왔다. 1950 년대 초반에는 설계자들이 컴퓨터를 이용할 수 없었다는 것을 이해한다면, 이러한 설계 기술의 혁신은 기념비적인 성과라고 인정할 수 있을 것이다.

최신 여객기는 대부분 저익 설계에 두 개 또는 네 개의 엔진이 나셀의 형태로 날개 앞전의 앞부분 아래쪽에 장착된다. 그러나, 보잉 707 이후 형상 설계에 진전이 거의 없었다고 단정할 수는 없다. 비전형적인 형상의 초기 사례로는 후방 동체에 제트 엔진을 장착한 여객기인 그림 1.1(b)의 Sud-Est Caravelle 이 있다. 이는 특허를 받은 개념이었지만, 유사한 형태를 갖는 몇몇 단거리 항공기 설계가 등장했고, 그 중의 일부는 매우 성공적이었다. 바이패스 엔진(~1960)과 대형 터보팬(~1970)의 등장은 제트 여객기의 생산성과 경제성을 더욱 향상시켰다. 세계적인 경제성장과 맞물려 이는 항공교통의 유례없는 성장을 이끌었고, 장거리용 피스톤 엔진뿐 아니라 신형 터보프롭이 장착된 프로펠러 여객기를 포함한 장거리에 대한 경쟁 교통수단은 거의 완전히 자취를 감추게 되었다.

초창기 단거리 제트기의 경우, 부족한 저속성능과 높은 연료비로 인한 문제를 겪었다. 이러한 틈새 시장은 1950 년대 설계된 4 발 엔진인 Vickers Viscount 와 다른 터보프롭으로 채워졌다. 그림 1.1(c)에 나오는 쌍발 엔진인 Fokker Friendship 은 Rolls-Royce 의 Dart 터보프롭 엔진을 고익형 날개에 장착하였다. 이러한 형상은 발전이 어려웠고, 이후 등장할 유사한 프로펠러 항공기에 대한 표준이 되었다. 단거리 터보프롭은 우수한 연료 경제성과 낮은 운용비용으로 인해서 20 세기에도 살아남았다. 대기업과 부유층을 위한 경제적인 크기의 제트기를 생산하겠다는 발상은 1960 년대에 생겨났다. 성공적인 비지니스 제트에 대한 주요 사례로는 그림 1.1(d)에 나오는 Learjet 가 있다. 가느다란 동체에 (Cadillac 같은 고급 차의 내부에서는 이동하지 않는다) 6 명이 탑승하면서 최대속도에서 당시 제트 여객기를 압도했다. Learjet 의 일반 배열인 저익 설계에 엔진이 후방 동체에 장착되고 높이 장착된 꼬리날개는 대다수 고급 비지니스 제트기에 채용되어 왔다.

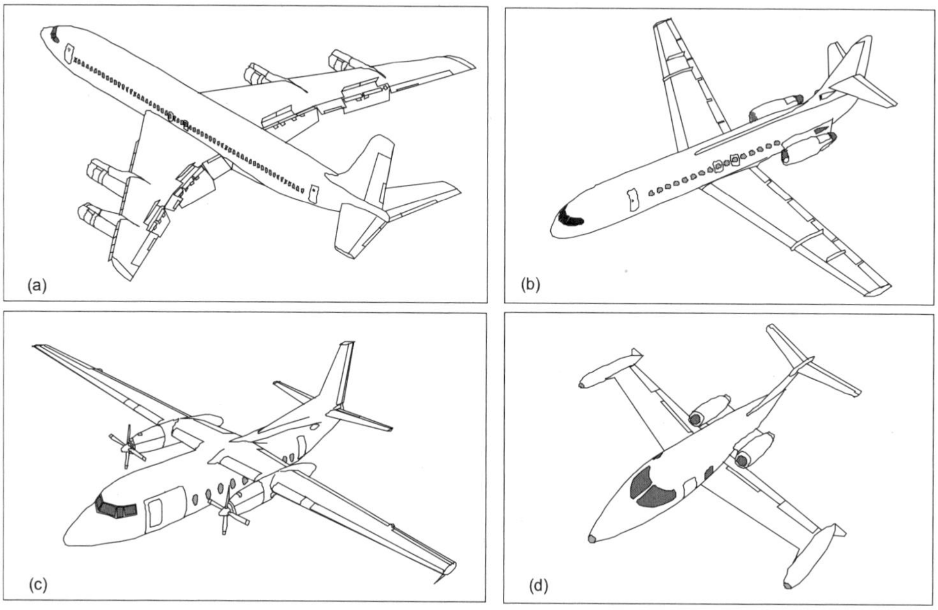

그림 1.1 세계 제 2 차대전 이후 초기 여객기의 주요 사례 (a) Boeing 707 (1954): 미국에서 설계된 최초의 제트 여객기, (b) Sud-Est Caravelle (1959): 후방 동체에 제트 엔진이 장착된 최초의 여객기, (c) Fokker F27 (1955): 터보프롭 중거리 항공기로 2012 년 당시까지 운용됨, (d) Gates Learjet 24B (1963): 1960 년대 초 설계된 비지니스 제트

첫 제트 여객기의 등장 이후 아음속 민간 항공기 기술의 발전은 진화하는 방법으로 진행되었다. 1950 에서 2000 년 사이 기간 동안 모든 기술 영역에서 상당한 발전이 이루어졌지만, 어느 것도 혁신적이라고 받아들이지는 않는다. 양력, 항력, 중량 그리고 비행성능과 같은 전통적인 설계의 기본적인 특성은 충분히 이해되었다. 고등설계(Advanced Design, AD)를 뒷받침하는 계산방법은 오랜 시간에 걸쳐 지속적으로 발전되었고, 풍부한 경험 증거를 통해서 이의 정확성이 확인되었다. 결과적으로 전형적인 형상의 항공기는 해석에 있어서 높은 신뢰도를 가지고 개발될 수 있다. 공학적인 측면에서 보기에 혁신적인 형상을 설계하는 것은 항상 어려운 일이지만, 이를 개발 프로젝트에 적용하는 것은 더 큰 도전을 가져온다. 이러한 문제는 수년간 상당한 비용이 투자되어 형상이 개발된 이후 어떠한 걸림돌로 인해서 인해서 프로젝트가 중단되어야 하는 상황을 초래할

수도 있다. 또한, 항공사 경영진은 비전형적인 일반 배열로 인한 불확실성을 피하려는 경향을 가지고 있으며 전통적인 형상의 구매를 선호하는 것으로 나타나기도 했다.

최신 여객기 사이의 유사성이 설계자의 개념적인 창조성의 부족으로 인한 것은 아니다. 이러한 주장을 뒷받침하는 내용은 참고문헌 [12]와 [14]에서 찾아볼 수 있다. 실제로 20 세기의 마지막 10 여년 동안 몇몇 혁신적이 설계가 제안되었지만, 항공사에서는 기술적이 아닌 다른 이유로 인해서 이를 주문하기를 주저했기 때문에 판매용 항공기의 개발로 이어지지는 않았다. 대표적인 사례로는 다음과 같은 프로젝트가 있다.

- 그림 1.2(a)에 나오는 Boeing 7J7 프로젝트는 150 인승 여객기로 플라이바이와이어(FBW) 조종 시스템, 무덕트팬(Unducted Fan, UDF) 엔진 기술, 최신 시스템이 적용된 조종석 그리고 최신 알루미늄 합금과 같은 기술이 통합되었다. 그러나, 7J7 은 항공가의 주목을 받지 못했는데 주된 이유는 예상되었던 연료가격의 폭등이 발생하지 않았기 때문이다.
- 그림 1.2(b)의 Boeing 의 Sonic Cruiser 는 전형적인 장거리 두 도시 사이를 마하수 0.95 또는 그 이상의 속도로 연결하기 위해서 설계되었다. 100 석 규모의 비지니스 등급 좌석배치(layout)로는, 항상된 안락한과 함께 장거리 비행에서 몇 시간을 절약하기 위해서 프리미엄 요금을 지불할 준비가 된 탑승객을 끌어들였을 것이다. 300 석 버전으로는, 대형 허브를 우회하는 대륙내 비행편에 사용되었을 것이다. Sonic Cruiser 는 2001 년 9 월 발생한 사건 이후 이로 인한 여파의 희생이 되었다. 참고문헌 [41]과 같이, 당시 항공사에서 비지니스 모델에 대한 재평가를 시작했고, 그 결과 보다 경제적인 저속 설계에 대한 선호도로 인해서 787 의 개발로 이어지게 되었다. Sonic Cruiser 는 잠재적인 고객이 첨단 기술이 보다 낮은 마하수에 대해서 최적화된 비행기에 통합되기를 기대했기 때문에 양산 개발까지는 진행되지 못했다.

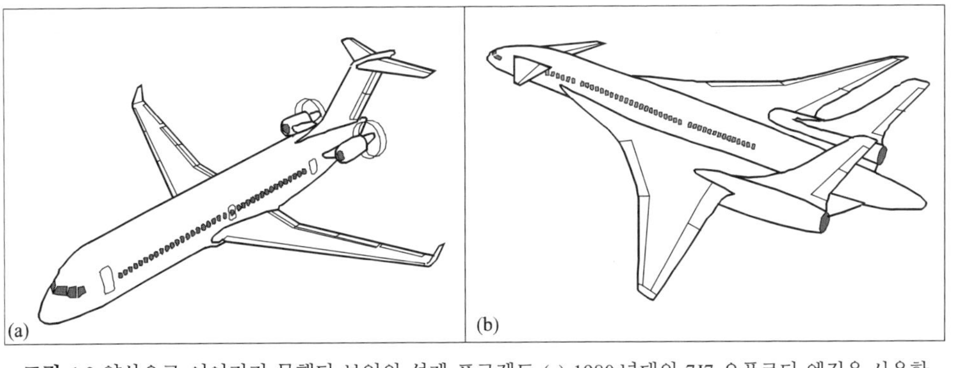

그림 1.2 양산으로 이어지지 못했던 보잉의 설계 프로젝트 (a) 1980 년대의 7J7 오픈로터 엔진을 사용한 협동체 여객기 (b) 1922~2002 년 Sonic Cruiser 장거리 광동체 마하수 0.95 여객기

1.1.2 고등 설계를 위한 프레임웍

상업용 항공기 개발 프로그램에서 초기 개발비와 같은 비반복 비용은 너무나 막대하기 때문에

상대적으로 사소한 기술적인 문제라도 수용할 수 없는 상업적 위험으로 확대될 수 있다. 따라서, 민간 항공기 설계의 개발에서는 일정한 정도의 보수적인 접근이 내재되어 있다. 그럼에도 불구하고, 현재 지배적인 형상과는 다른 개념에 최적으로 적용될 수 있는 새로운 공기역학, 구조 그리고 추진 기술이 성숙되는 과정에서 기회를 놓칠 수도 있기 때문에 설계상의 보수성은 위험하다고 할 수 있다. 민간 항공기 개발 프로그램에서 최상위 요구조건, 일반 배열, 추진 및 구현기술과 관련된 널리 영향을 미치는 결정은 개념 탐색 이전 또는 탐색단계와 개념설계 과정 동안에 이루어진다. 그리고, 예비설계 단계에서는 항공기의 특성이 보다 자세히 정의되고 초기 가정이 검증되며 프로젝트의 구현 가능성과 위험수준이 연구된다. 경영진에서 추가 개발로 이어갈지 중단할지 결정을 하기까지는 1 년 또는 그 이상 필요할 수도 있다. 다음 단계는 설계 검증과 테스트 그리고 기본 형상의 주요 변경으로 인해서 많은 인력과 비용이 필요한 작업인 상세설계로 구성된다. 이러한 과정을 이해하고 나면 ESDU 에서 내세우고 있는 '처음부터 제대로 처리하자'는 주장이 초기 항공기 시스템 설계 과정에 명백하게 해당한다고 할 수 있다.

몇몇 설계자에 따른 몇 퍼센트도 넘지 않는 양산 이전의 비용이 전체 항공기 프로그램 비용에서 상당한 부분을 좌우하는 것으로 나타나는 경우가 종종 발견되었다. 일부 경우에는 이러한 사실이 항공업계의 고등설계 능력과 훌륭한 항공기 설계 교육을 제공하는 학계의 노력을 강화하는 것에 유리하도록 주장되었다. 이러한 주장이 완전히 정당화된다고 하더라도, 항공기 프로그램 비용의 상당한 부분이 기술적이고 운용에 대한 특성을 정의하는 것이 아닌 단지 특정 기체에 대한 수요를 정의하는데 투입되는 것이 항상 인정되는 것은 아니다. 만약 시장이 존재하지 않는 새로운 비행기가 개발된다면 프로젝트는 실패할 것이다. 잘못된 진행과 중단 결정에 대해서 프로젝트 설계팀이 비난을 받을 수 없으며, 고등설계에 더 많은 인력을 투입하는 것이 반드시 시장에 대한 잘못된 판단을 방지하는 해결책도 아니다. 일반적으로 개념탐색을 설계 프로젝트의 일부로 간주하지는 않지만, 이는 적어도 실제 개념 개발 단계만큼이나 프로그램의 성공에 있어서 결정적이라고 할 수 있다.

1.1.3 해석적인 설계 최적화

고등설계는 기업의 생존능력과 밀접한 관련이 있기 때문에 설계 최적화 분야는 전통적으로 항공업계로부터 상당한 주목을 받아왔을 것이라고 생각할 수도 있겠지만 실제로는 그렇지 않다. 대규모 컴퓨터 응용 프로그램의 시대까지도 비직관적인 의사결정을 위한 근본적인 프레임웍을 개발하려는 단지 몇몇 체계적인 노력만이 있어왔다. 이의 대부분은 연구기관과 학계의 개인으로부터 시작된 소규모 프로그램으로, 설계 현장에서 실제 적용에 대한 이의 영향력은 그다지 명확하지 않다. 그럼에도 불구하고, 교육적인 관점에서 봤을때 과거로부터의 몇몇 접근방법과 경향은 모두가 널리 인정된 것은 아니지만 여전히 언급될 가치가 있다.

초기 매개변수 연구는 숙련된 설계자에 의해서 업계 내에서 제한된 규모로 이루어졌다. 1960 년대까지만 해도 개념설계에 최적화를 포함하려는 시도는 최소 이륙총중량(Take Off Gross Weight, TOGW)을 성능지수(Figure of Merit, FOM)의 기준으로 고려하는 상대적으로 단순한 방법에 기반했다. 참고문헌 [19]와 같이 1948 년 Cheery 와 Croshere JR 에 의해서 개념설계 단계에서 사이징과 설계를 개선하기 위한 해석적인 접근방법이 논의되었다. 이 방법은 비록 프로펠러 비행기의 경험에 기반한 것이었지만, 체계적인 특성은 제트 항공기에도 역시 유용한 것으로 나타났다. 1958 년 G. Backhaus 는 제트 수송기에 대한 포괄적인 (유사) 해석적인 최적화를 제시하였다[20]. 그의 논문은 그 가치만큼 인정을 받지는 못했는데, 아마도 독일어로 출판되었기 때문일 것이다. 개념 최적화에 대한 해석적인 접근의 또 다른 개척자로는 D. Küchemann 이 있다. 1960 년대 동안 그와 영국 Royal Aircraft Establishment 의 동료들은 아음속, 초음속 그리고 극초음속과 같이 서로 다른 속도 영역으로 다양한 범위의 항속거리를 비행하는 항공기의 해석적인 설계법을 개발하였다[21]. 그의 작업 중 일부는 Concorde 의 개념과 관련된 연구의 기반이 되었고, 그의 특별한 저서로 서술되었다[1]. Küchemann 해석의 우아함과 명료함은 근본적인 설계 고려에 대한 체계적인 연구를 시작할 수 있도록 저자에게 영감을 주었고[27], 그 결과의 일부는 이 책에 수정된 형태로 포함되었다. 1970 년대 컴퓨터를 이용한 설계 해석과 최적화 기법의 출현 이후 (유사) 해석적인 접근방법은, 예를 들어 참고문헌 [34, 35]의 W.H. Mason 과 B. Malone 과 같은 일부 연구자에게만 주목을 받았다.

1.1.4 전산화된 설계 환경

2 차 세계대전 이후 첫 10 년 동안 항공기 설계는 수동 계산기와 제도판을 이용해서 수작업으로 처리되었다. 이 기간에 개발된 몇몇 훌륭한 여객기와 비지니스 비행기의 상업적인 성공에도 불구하고, 종이에 직접 계산하는 방식은 오늘날에는 너무나 노동 집약적이고 비효율적인 방법으로 간주된다. 1970 년대 이후 설계 기술의 발전은 강력한 컴퓨터와 양방향 그래픽 장치의 출현으로 인해서 근본적으로 변화되었다. 동시에, 초기 천문학과 화공학에 적용되어 정착된 추세인 전산 공학방법과 수치최적화 분야에서도 상당한 진전이 이루어졌다. 항공업계의 경우 초기에는 [62]와 [68]에 보고된 것과 같은 컴퓨터에 기반한 복잡한 설계 종합 프로그램의 개발에 대부분의 관심이 집중되어 있었다. 자동화된 설계 최적화가 NASA 와 같은 연구기관으로부터 많은 주목을 받았지만, 유명한 설계자들은 초기에 이러한 노력에 대해서 제 2 장에서 논의될 이유로 인해서 우려를 가지고 있었다.

1980 년대 이후 항공의 전 분야에 ICT(Information and Communication Technology)가 침투하면서 항공기 개발 현장이 급격하게 변화되었다. 전통적으로 설계는 거의 전적으로 항공기 제조사의 설계 사무실에서 이루어졌지만, 과학 컨퍼런스에 발표된 보고서를 보면 연구기관과 대학이 항공기 형상 설계 분야에 새로운 등장인물로 나타나기 시작했다. 다학제 설계 최적화(Multidisciplinary Design Optimisation, MDO)의 눈부신 발전과 동시공학 방법론은 항공뿐 아니라 다른 공학 분야에서도 설계 환경의 변화를 가져왔다. 1990 년대 이후 EU Framework Program 을 통해서 산업계, 연구기관 그리고 학계가 항공기 설계 기술의 발전을 위해서 서로 협력하도록 자극하였다. 이러한 노력으로 인해서 과도한 자원이 투입되기 이전의 총체적 검토단계(pre-competitive phase)에서 설계자가 새로운 기술로 인한 영향과 설계 품질에 대한 개념에 대해서 이해할 수 있는 향상된 기회를

제공하였다.

새롭고 실용적인 접근방법을 제공하고자 하는 목적으로, 이 책은 항공기 개념설계 사이징과 최적화의 기본을 강조한다. 최신 전산화 시스템에 대한 처리방법이나 수집된 설계 데이터의 제공은 이 책의 범위에 해당하지 않는다. 다행히도 설계 교육 관련자, 학생 그리고 실무 설계자는 이 장의 참고문헌에 나오는 훌륭한 책자로부터 개념적인 항공기 설계를 위한 풍부한 세부적인 지침을 활용할 수 있을 것이다. 이러한 자료의 일부를 비롯한 여러 출판물이 이와 같은 개요를 작성하는데 이용되었다. 저자는 또한 개인적으로 주고 받은 연락을[43] 자유롭게 인용할 수 있도록 허락해준 J. van Toor 에게도 감사를 표한다.

1.2 개념 탐색

> 엔지니어가 어떻게 훌륭한 설계 개념을 창조하는가에 대해서는 공학, 컴퓨터 그리고 인지과학의 연구자들이 모두 풀어내고자 하는 미스테리로 남아있다.
>
> P. Raj [95]

1.2.1 고등 설계

새로운 항공기 종류의 필수적인 수송 특성, 이의 전체적인 시스템 개념, 설계 데이터 그리고 세부적인 기하(geometry)는 회사의 기술적, 경쟁적 그리고 상업적 측면을 포함해서 항공기 개념 제안을 담당하는 고등설계(AD) 부서에서 정의된다. 새로운 제품의 개발에 집중하는 AD 팀은 전체적인 개념의 개발과 이의 기술적인 그리고 운용적인 특성을 정의하는데 적극적으로 개입한다. AD 는 제품 개발에 있어서 중요하고 필수적인 부분이며, 제조사의 경쟁력과 효율성에 상당한 영향을 미친다. 내부 조직에 따라서 AD 업무의 대부분은 다음과 같은 활동으로 구분될 수 있다.

- 미래 프로젝트. 미래 프로젝트 팀의 주요 업무는 선행-개념 연구, 개념설계 그리고 새로운 클린시트 설계에 대한 개념의 검증과 신개념 형상에 대한 제안을 수행하는 것이다. 이와 같이 복잡한 활동은 상당한 다학제 특성을 가지고 있기때문에, 비행물리, 구조/재료 그리고 시스템 통합과 같은 기능별 그룹으로부터의 인력이 AD 과정에 참여하게 된다. 고등설계팀은 최상위 요구조건, 인증규정, 기술적인 능력 그리고 제조사의 경제적인 환경, 고객의 운용적인 측면 그리고 다른 고려사항과 같은 경계조건에 따라서 예상되는 업무를 처리해야 한다.
- 툴 개발. 항공기 사이징, 성능 해석, 중량과 비용 예측 그리고 최적화 기법을 위한 소프트웨어 도구는 성공적인 설계를 위해서 필수적인 중요성을 갖는다. 이러한 도구는 회사의 전문성을 반영하기 때문에 일반적으로 상업용으로 판매되지는 않는다. 다양한 종류의 기체와 대안 개념을 연구할 수 있는 능력은 보다 신뢰성있고 다목적으로 만들고 설계 데이터베이스를 확장하고 적용함으로써 계속해서 개선되는 설계 도구를 필요로 한다. 또한 고등 설계자는 사용 가능한 방법과 절차를 통해서 (응용) 연구 분야로부터의 새로운 결과를 적극적으로 반영할 것이다. 제 11 장에서는 설계 도구가 개발되는 방법에 대해서 살펴볼 것이다.

- 구현기술. 사내 연구개발(Research and Development, R&D) 활동의 대부분은 (향후) 제품 프로그램 중의 하나에 대한 적용을 목표로 한다. AD는 회사의 기술 목표에 따라서 필요한 주요 기술을 파악하고, 경쟁력있는 제품을 가능하도록 하는 새로운 기술의 개발에 대한 안내를 제공한다. 여기에 포함되는 활동으로는 운용 연구와 시장 분석 그리고 사용 가능한 생산 능력에 대한 평가가 있다.
- 경쟁 평가. 회사의 제품에 대한 기술적인, 기술 혁신에 대한 그리고 경제적인 상황은 경쟁제품 및 개발에 대해서 비교 판단된다. 이는 동일한 잠재고객이 고려중인 경쟁 기종에 대한 연중 계속되는 연구 및 모델링과 잘 정리된 경쟁품에 대한 데이터베이스의 작성을 필요로 한다.

이와 같은 집중적인 활동에 추가해서 AD는 상당히 강제적인 일시적인 업무도 처리한다. 여기에는 예를 들어 회사의 영업부서 그리고 (잠재적인) 고객, 외부 공급자 그리고 파트너와의 접촉이 포함될 수도 있다. 엔진 선정 과정에서는 엔진 제조사와 정기적인 연락이 필요하다. 진행중인 프로젝트의 검증과 세부설계 단계에서 AD는 풍동, 구조 및 시스템 테스트와 같이 외부에서 처리되는 주변 업무를 지정하고 조율해야한다. 또 다른 활동으로는 회사의 기존 제품 계열에 대한 업그레이드 프로그램 및 향후 파생 또는 변경모델에 대한 제안을 개발하는 것이다.

1.2.2 선행 개념 연구

모든 프로젝트 개발에 대한 시작점은 시장의 요구사항을 이해하고, 새로운 제품개발의 방법보다는 이유에 대한 질문에 대답하는 것이다. 모든 상업용 항공기 프로그램에 대한 근본적인 이유는, 이를 설계하고 제조하는 회사뿐 아니라 이를 사용할 고객에게 이익을 제공하는 능력에 있다. 새로운 항공기의 수요에 대한 신뢰할 만한 예측은 항공 분야에 대한 연구와 기술 발전에 대한 지속적인 모니터링과 평가로부터 구할 수 있다. 선행 개념 연구 단계는 회사의 능력 내에서 잠재적인 시장에 적합한 제품 계열을 파악하는 것이다. 이는 이상적으로 설계, 관리, 마케팅 그리고 고객 지원 사이의 대화를 포함하는 복잡한 과정을 수반한다. 선행 개념 단계는 새로운 제품에 통합하기에 적합한 기법과 기술 요구사항을 파악하기 위한 항공기 형상의 트레이드 연구를 포함한다. 이는 주어진 유상하중과 항속거리 조합을 갖는 일련의 항공기에 대한 초기 사이징, 엔진 매칭, 중량 예측 그리고 진화로 이루어진다. 과정의 마지막에서는 예비 3면도로 시각화되는 선정된 형상에 대해서 경영진의 결정이 내려진다.

선행 개념 단계에 대해서는 다른 용어가 존재해서 이를 예비 가능성(pre-feasibility) 또는 개념 탐색(concept finding) 또는 아키텍처(architectural) 단계라고 부를 수도 있다. 실제로 아키텍처의 개념은 수송 시스템을 의미해서, 이는 항공기 자체의 특성을 갖는 것이 아니라 항공사, 다수의 항공사 또는 미래의 항공기가 일부 구성 요소가 되는 다른 종류의 운송 서비스가 될 수도 있다. 선행 개념 연구는 일반적으로 최상위 요구조건(Top Level Requirement, TLR)으로 알려진 설계를 이끌어갈 합의되고 구속력을 갖는 정의의 집합을 마련한다. 감항증명(airworthiness certification) 규정과 함께 이는 다음 설계 단계에 대한 목적과 구속조건에 대한 주요 프레임웍을 구성하고,

최종적으로는 새로운 제품의 개발로 이어질 것이다. TLR 은 또한 제품설계 단계의 마지막에서 계속 진행 또는 중단에 대한 기준을 포함한다. 개념 탐색 단계는 최종적으로 새로운 제품으로 연결되지만, 이는 일반적으로 설계 프로젝트의 일부로 받아들이지는 않는다. 따라서, 개념 탐색은 프로젝트 개발에 비해서 보다 지속적인 활동을 수반하게 된다.

최상위 요구조건은 프로젝트 설계 과정에서 상당한 변화를 겪지 않아야 하는 특성을 식별한다. 이는 새로운 제품에 대해서 바람직하다고 파악된 수송 시스템 아키텍처를 침해할 수도 있기 때문이다. 설계 순항속도 또는 마하수의 선택이 대표적인 사례이다. 이러한 매개변수는 항공기의 기하, 추진장치, 중량, 운용비용뿐 아니라 여객기의 운용이 이루어지는 방법에도 중요한 영향을 미치기 때문이다. 높은 순항 마하수와 비교해서 감소된 속도는 가벼운 항공기 구조, 감소된 장착엔진 출력 그리고 적은 연료소모를 가져올 것이다. 그러나, 낮은 블록 속도(block speed)는 효율적이고 유연한 운용뿐 아니라 상업적 생산성에도 부정적인 영향을 미칠 수 있다.[1] 유사한 논리가 이륙과 착륙을 위해서 사용 가능한 활주로 길이에도 적용된다. 이와 같은 기본적인 성능 요구조건은 수송 시스템 수준에서 선정되기 때문에, 이는 개념 사이징 과정에서 설계 구속조건으로 고려되어야 한다.

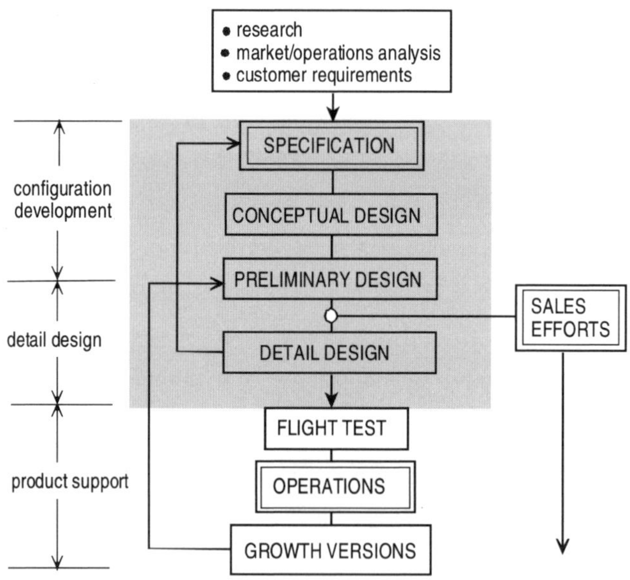

그림 1.3 민간 비행기 개발 과정 일정 [40] J.H. McMasters

1.3 제품 개발

새로운 여객기의 잠재적인 고객은 요구조건을 작성하는 것으로부터 설계의 수명이 시작된다고 생각한다. 그러나 고등 설계자는 개념설계 단계를 제품개발의 시작점으로 간주한다. 그림 1.3 에

[1] 이와 같은 다소 복잡한 선택의 문제는 임무 성능 해석과 항공기에 대한 최적화와 혼동되지 않아야 하며, 비행역학 연구에서 항상 적절히 다루어지는 것은 아니다. (제 12 장 참조)

나오는 상업용 또는 비지니스 비행기의 개발 단계에 대한 계획은 성공적인 프로젝트를 위해서 필수적인 설계 노력을 이해하는데 유용하다. 전체 과정은 제품 설계, 제조 그리고 테스트 단계로 구분된다. 제품 설계 과정은 다시 개념설계, 예비설계 그리고 상세설계로 분류된다.

- 개념설계는 가장 유망한 전체 항공기 개념에 대한 사이징과 이의 실현 가능성에 대한 증명을 포함한다. 일반적으로 비지니스 항공기의 경우 4~6 개월, 중형 여객기의 경우 9~12 개월 기간 동안 진행되는 개념설계는 주기적인 설계 개선과 시간이 지남에 따라서 복잡성이 증가하는 특성을 갖는다.
- 예비설계 단계는 일부 서브시스템의 트레이드를 포함한 주요 구성품의 설계 개념을 설정하는 것을 목표로 한다. 예비 설계는 일반적으로 12~16 개월 정도 지속된다.
- 상세설계 단계는 경영진에서 프로젝트를 계속 진행하는 것으로 결정이 내려지면 시작된다.[2] 이 개발 단계는 항공기가 생산에 돌입할 것으로 확정되면 바로 시작되고 2~3 년 정도 진행된다. 형상 확정에 대한 결정은 제품 정의에 대한 변경이 더 이상 적절하지 않은 상세설계 단계의 초반에 이루어진다.

항공기가 이러한 단계를 거치면서 세부사항에 대한 수준과, 그리고 설계가 제대로 작동할 것이라는 확신은 지속적으로 증가한다. 예를 들어서, 개념설계 동안에는 예비설계 과정에서 구체화될 세부적인 기하형상보다는 동체 프레임, 날개 스파, 연료탱크 그리고 랜딩기어와 같은 주요 구성품 사이의 상호작용이 더 중요하다.

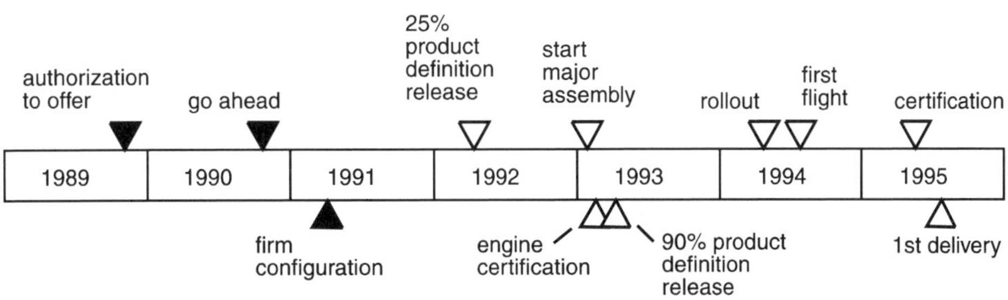

그림 1.4 Boeing 777 프로젝트 개발 일정 [36]

항공기 제조사는 서로 다른 시장에 따른 서로 다른 제품 계열을 가지며 또한 서로 다른 경영 방법으로 운영하기 때문에, 이번 장의 개요에서 논의되는 계획과 용어가 일반적이라고 할 수는 없다. AD 에 적용되는 세부사항의 수준에 따라서, 각 설계 단계 사이의 구분이 일부 모호하기도 하고 어떤 부분은 중복되기도 한다. 제품 개발에 대한 추가적인 정보는 이정표와 같은 특성을 갖는 잘 정의된 이벤트에 대한 일정 계획표로 주어진다. 그림 1.4 는 프로그램의 진행 여부, 형상 확정, 초도비행,

[2] 시스템 엔지니어링 용어에서 사용되는 비교할 만한 표현은 체계 개발(full-scale development) 이다.

인증과 초도기 전달과 같은 주요 이벤트를 나타내는 사례를 보여주고 있다. 첫 개념 연구에서부터 인증 사이의 개발기간 일정은 일반적으로 경비지니스 항공기에 대해서는 3 년에서부터 클린시트 광동체 여객기의 경우 6 년까지 지속된다. 이는 예상되는 항공기의 운용시기보다 최소한 10 년 정도 앞서 고안되어야 하는 이유를 보여주는 것이다. 따라서, 유연성과 연장된 기간은 많은 적용 대안과 좋은 설계가 되기 위해서 처음부터 가지고 있어야 하는 성장 잠재력에 큰 영향을 미친다.

1.3.1 개념 정의

개념정의 단계는 구성품의 기하, 위치 그리고 특정 시장의 수요를 만족하기 위해서 설계될 미래 항공기와의 연속성이 정의되는 상당히 창의적이고 상상력을 요구하는 아이디어 단계라는 특성을 갖는다. 또한, 개념 설계는 보다 전형적인 형상과 경쟁하는 전체적인 시스템 수준으로 새로운 항공기 개념의 개발을 포함한다. 기술적으로 우수하고 경제적으로 실현 가능한 선호되는 형상[3]을 탐구하는 것이 목적이다. 이는 예비 성능예측과 주요 단면을 포함한 3 차원으로 전산화된 도면 그리고 주요 기체 부품의 위치와 크기를 보여주는 내부 형상을 포함한다. 중량과 밸런스 선도는 개념에 대한 또 다른 필수적인 증거를 제공한다.

항공기의 설계목표와 이러한 목표를 달성할 수 있는 형상 개념 사이에는 밀접한 관계가 있다. 전체적인 개념은 상충하는 요구조건 사이의 절충에 도달해야 하는 상당히 복잡한 시스템을 설명한다. 새로운 제품의 경제적인 성공을 위해서는 모든 서브 시스템에 영향을 미치는 새로운 기술의 적용이 필수이다. 개념설계 단계는 경영진에게 상세한 설계로 개발하고 발전시키기 위해서 필요한 상당한 자원을 투자할 가치가 있다는 확신을 주기 위해서 실현 가능한 기본 설계에 대한 신뢰할만한 제안서를 생성하는 것이 목적이다. 설계 도구로는 트레이드오프 연구와 기본적인 최적화에 반경험식과 중간 이하 정확도를 갖는 방법이 사용되어 대부분의 기하는 예비 수준이다. AD 사무실에서 개발된 검증된 설계 도구는 통계적인 데이터베이스, 핸드북 그리고 과거 경향에 따라서 그리고 새로운 기술로부터 예상되는 개선사항을 고려해서 수정된다. 기본형 설계를 위해서 생성되는 데이터의 양은 중간 정도이며 예상 오차는 일반적으로 약 5% 수준이다.[4]

기존 제품 라인에 적합한 설계가 개발된 환경에서는 설계자는 서로 다른 동체 단면, 날개 위치 그리고 평면형상, 엔진의 개수와 위치, 꼬리날개 그리고 랜딩기어의 개념을 연구할 수 있다. 향후 추가 연구를 위해서 몇 가지 유망한 개념이 분석되고 선택된다. 또한 개념 연구는 새로운 공력장치, 구조개념, 재료와 시스템 기술, 최신 엔진 개념으로부터 기대되는 잠재적인 장점을 연구하기 위해서 수행될 수도 있다. 이와 같은 특성이 설계에 통합되면 광범위한 영향을 갖게 된다. 급진적인 개념을 탐색해야 하는 설계자는 제 5 장에 나오는 블렌디드 윙바디(Blended Wing Body, BWB) 또는

---

[3] 본 1 장의 범위에서 형상(configuration)은 비행기의 일반 배열을 나타내며, 비행역학에서 사용하는 예를 들어 엔진 레이팅, 플랩 및 슬랫 각도, 꼬리날개 변위, 랜딩기어 위치 등과 같이 특정 항공기의 운용에 대한 매개변수를 정의하기 위해서 사용하는 동일 표현과 혼동하지 않아야 한다.

[4] 개념단계의 오차는 매개변수에 대한 예상값과 초도기의 생산 및 테스트 이후 설정되는 값의 차이로 정의된다. 인증된 항공기는 개념정의 이후 수 년이 지난 후에야 출시되기 때문에, 상세설계에서 많은 변경이 이루어진다. 따라서, 예상오차는 오류나 잘못이 아닌 부정확성이라고 할 수 있다.

전익항공기(All Wing Aircraft, AWA)와 같은 통합된 형상을 고려할 수도 있다. 보다 덜 급진적인 형태로는 카나드 또는 3-면익 항공기, 쌍동체기(twin-fuselage), 스트럿 지지(strut-braced) 또는 제 6 장과 같은 비평면형 날개(nonplanar wing) 등이 있다. 그러면 세부적인 장점과 단점은 보다 전형적인 해법과의 비교를 통해서 이루어져야 한다. 개념 정의의 모든 단계 동안에는 발생 가능한 실패로 인한 기술적인 위험 및 비용에 대해서도 또한 면밀히 검토되어야 한다.[5]

개념설계의 전형적인 특성은 반복(iteration)으로, 날개, 동체, 나셀, 꼬리날개, 랜딩기어, 추진과 기타 시스템과 같은 주요 요소는 기본형 설계를 위해서 잠정적인 치수로 정해진다. 개선이 필요한가 여부에 따라서 과정은 해당 시점의 각 지점에서 이전의 정의 단계로 돌아갈 수 있다. 기본형 설계가 반드시 최적화된 비행기일 필요는 없으며, 전형적인 레이아웃에 대해서 활성 구속조건(active constraint)의 조합된 적용은 최고의 실현 가능한 설계에 대해서 일반적으로 적절한 근사를 제공할 것이다. 만약 신개념 형상이 시도된다면, 항공기 효율성의 예측은 일부 영역에 대해서 빈약한 근거와 단순화된 수학적 모델에 기반할 것이다. 그러면 가장 적절한 모델은 시간에 따라서 급격하게 달라질 수 있어서 아마도 너무나 허술하기 때문에 엄격한 처리를 할 수 없을 것이다. 어떠한 경우라도 개념 단계에서의 포괄적인 설계 최적화는 거의 가치가 없다[66].

1.3.2 예비 설계

기본형 비행기 개념이 선정되고 나면, 설계와 해석 과정은 예비설계 단계로 진행된다. 전체 항공기 시스템을 다루는 개념설계와는 반대로, 예비설계는 구성요소의 절충(tradeoff)과 최적화를 위한 서브시스템의 정의가 목적이다. 서로 다른 기능 그룹의 전문가가 초기 비행체 개념을 개선하는 이러한 과정에 기여하고, AD 는 이를 조율하는 역할을 유지한다. 이 팀은 전달된 기본형 비행체를 각 서브 어셈블리를 정의할 수 있을 정도는 아니지만, 필요한 해석을 수행하고 주변 테스트 프로그램을 정의하기에는 충분히 세부적인 수준으로 (재)설계할 것이다. 프로그램의 실현 가능성을 확립하기 위한 정보는 정교한 전산화된 공기역학, 기계공학 그리고 구조역학 해석, 경제동향 예측 그리고 예상되는 시장침투력을 이용해서 생성된다. 예비설계는 이어지는 세부설계 단계에서 사용될 광범위한 노력의 목표를 설정하는 특성을 갖는다고 할 수 있다. 이에 대한 전형적인 주제는 다음과 같이 분류할 수 있다.

- 설계 정의. 기본형 설계팀은 가장 가능성이 높은 형상을 개발하는 것을 목표로 상세 해석과 민감도 연구를 처리해야 한다. 이는 필요한 체적, 주요 치수, 중량 분포 그리고 엔진 성능 사이의 밸런스를 찾는 것을 포함한다. 항공기 기하, 공력 특성, 구조하중과 변형 그리고 비행특성에 대한 세부사항이 결정되어야 한다.
- 설계 검증. 선호하는 형상에 대해서 예측되는 특성에 대한 높은 정확도(fidelity)의 보강해석,

[5] '항공기 설계에서 무료 점심은 존재하지 않는다.'고 흔히 얘기한다. 이는 '약속이 커지면 문제점으로 인해서 중단될 위험도 증가한다.'고 해석될 수 있는 특히 개념설계에 적용된다.

시뮬레이션 그리고 테스트 데이터에 따라서 검증한다. 이는 예비설계 싸이클의 마지막 절차가 된다.

일반적으로 상세 해석은 적용될 기술 수준, 성능 목표 그리고 설계 구속조건에 대한 형상의 민감도를 결정하기 위해서 이루어진다. 예비설계 동안에는 세부적인 날개 설계, 엔진 추력, 추진기관의 위치 그리고 꼬리날개 설계와 같은 변수의 최적화를 통해서 조율과 향상을 할 수 있는 상당한 자유도가 여전히 존재하기 때문에 이는 합리적이라고 할 수 있다. 이러한 절충 연구는 설계의 대부분 영역에 광범위한 영향을 미치기 때문에, 높은 정확도 해석을 사용해서 철저히 처리되어야 한다. 특히 다음과 같은 사항에 주의를 기울여야 한다.

- 세부적인 체적 사이징과 질량 분류, 무게중심(Centre of Gravity, CG) 위치와 하중 제한 그리고 관성모멘트로 인한 설계 데이터베이스의 상당한 확장
- 전산유체역학(Computational Fluid Dynamics, CFD) 기법과 풍동시험을 이용한 고양력장치를 포함한 양력 생성면의 공력형상 정의
- 주요 기계적 그리고 구조적인 개념에 대한 배열과 사이징, 유한요소법(Finite Element Method, FEM)을 이용한 공탄성 해석 그리고 구조 테스트
- 비행특성의 예측을 포함한 기본적인 비행조종시스템과 조종면 그리고 장치의 배열
- 공급자와 계약을 맺어야 하는 구매품에 대한 규격 정의. 이는 엔진, 프로펠러, 나셀을 포함한 동력장치와 보조동력장치, 환경제어, 연료계통, 유압계통, 전기계통 그리고 항공전자를 포함한 기타 주요 항공기 시스템과 관련된다.
- 운용비용과 관련된 경제적인 해석. 경제해석과 시장 침투 모델을 통한 상업적 전망을 예측한다.
- 내외부 소음과 엔진 배기가스와 같은 환경 문제에 대한 분석

모든 활동은 설계 솔루션의 수용을 위한 주요 수단으로 선정된 감항성 규약과 규정의 표준에 기반한다. 물리학에 근거한 해석의 범위와 깊이 그리고 계산 모델의 정확도는 항공기 성능에 미치는 영향과 기본형 형상을 수정하는 제안의 비용을 정량화할 수 있는 수준까지 증가된다. CFD와 FEM 코드는 높은 정확도의 결과를 제공하지만, 운용 특성의 정확한 예측을 위해서 항상 컴퓨터 시뮬레이션에만 의존할 수는 없다. 따라서, 달성할 성능이 요구조건에서 몇 퍼센트를 넘지 않을 정도의 오차만을 가질 것이라는 확인을 위해서 설계 검증은 상당한 풍동시험과 [6] 구조모델의 테스트를 필요로 한다.

개념설계에 참여하는 엔지니어는 일반적으로 AD 소속인 반면, 예비설계 단계에서는 다양한 기능 분야의 전문가가 관여하게 된다. 이후 과정에서부터의 접근방법은 시스템 엔지니어링 기법에 크게 의존한다. 이 단계는 다학제 환경에서 작업하는 수십에서 수백 명 단위인 엔지니어 팀으로 구성되어

---

[6] 현재 사용할 수 있는 (고비용의) 풍동시험 기술에 추가될 수 있는 것으로는, 로봇 비행체 비행테스트로 부르는 지유비행이 가능한 축소모형의 사용이 될 수 있다[56].

1 년 또는 그 이상 길어질 수도 있다. 생성되는 세부 데이터의 양은 상당하고, 예상되는 오차는 수 %를 넘어가지 않아야 한다. 최종 결과물은 최적화되고 검증된 항공기 형상으로 테스트될 프로토타입에 대한 기술 설명과 항공기의 형식 사양(type specification)을 제공한다. 디자인 프로젝트가 충분한 성숙단계에 이르면, 가격과 성능에 대해서 (계약으로 구속력을 갖는) 문서로 보증되는 판매를 위한 승인을 받게된다. 시장 전망이 유망하다면 경영진에서는 프로젝트의 진행을 승인한다. 다음 설계 단계 동안 주요 형상 변경으로 인해서 발생할 높은 비용을 감안해서, 이러한 결정은 형상을 확정하고 반복적인 설계 싸이클을 종료하도록 한다.

1.3.3 상세 설계

항공기가 생산에 돌입될 것이라고 결정된 이후 시작되는 상세설계 단계에서는 실제로 제작되고 기체에 장착될 하드웨어가 개발된다. 상세설계의 목적은 모든 부품의 기하를 정의하고 이의 생산 공정을 계획하는 것이다. 이는 생산부서에 내려갈 지침을 마련하는 것과 항공기 조립을 위한 구체적인 계획을 준비하는 것을 포함한다. 이러한 업무가 진행되는 동안 생산을 위한 도면이 점차 배포된다. 그 결과는 완성된 생산 설명과 모든 구조, 시스템 그리고 서브시스템에 대한 사양으로 나타난다. 예비설계와 비교해서 상세설계는 훨씬 더 노동 집약적이고 훨씬 더 많은 인력이 필요하다. AD 의 참여는 상세설계로 인해서 기술 사용에 영향을 미치는 경우 조치할 방법을 조율하는 것으로 한정된다. 전형적인 사례로는 중량감소 프로그램을 통해서 상당한 자체중량의 증가 문제를 해결해야 하는 경우이다. 상세설계가 종료된 이후 부품의 제조가 시작되고, 한 대 또는 그 이상의 비행시험용 기체의 최종 조립, 최초 공개(roll-out), 초도비행, 비행시험 그리고 인증으로 이어진다. 완전히 새로운 민간 비행기의 개발인 경우, 감항성 인증 과정의 종료와 고객에 대한 첫 인도는 그림 1.4 와 같이 초기 설계 시도가 시작되고 나서 약 5~8 년 정도 후에 이루어진다.

1.4 한눈에 알아보는 기본형 설계

이 책에서는 설계 검증과 상세설계 보다는 개념설계와 예비설계의 정의에 집중한다. 서술된 민간 제트 비행기의 기본형 설계를 고안하기 위한 사이징 절차가 절대로 표준적인 과정이 아니기는 하지만, 이는 일련의 필수적인 업무 영역을 포함한다. 개념 설계는 제 2 장에서 설명될 새로운 주요 특성의 초기화에서부터 시작해서 계속적으로 반복되는 과정이다. 다음에 나오는 기본형 설계 사이징 과정에 대한 조감도는, 그림 1.5 에 시각적으로 표시되어 최소한의 반복으로 수렴하는 설계로 이어지는 각 활동에 대한 논리적인 순서를 설명하고 있다. 결과는 최적화되지는 않았지만, TLR 을 만족하는 실현 가능한 제트 여객기 설계이다. 사이징의 관계가 다르기는 하지만, 터보프롭 비행기도 사이징 과정은 유사하다. 도표는 유상하중/항속거리와 고속 성능 요구조건을 만족하기 위한 내부 루프와 TLR 및 다른 구속조건을 준수하기 위한 저속 특성을 확실히 하기 위한 외부 루프를 보여준다. 이러한 접근방법은 효율적인 반복 과정을 위한 목적이며 반드시 가장 실현 가능성이 높은 설계로 연결되지는 않는다. 다음 단계는 이후에 논의될 최적화와 절충연구이다.

1.4.1 기본형 사이징

기본형 설계는 전산보조설계(Computer Aided Design, CAD) 시스템을 사용해서 기본적인 기하에 대한 상당히 포괄적인 정의의 형태로 구체화된다. 매개변수 설명으로 정의되는 기하는 설계자가 날개면적과 가로세로비, 엔진 출력 또는 추력 그리고 꼬리날개 크기와 같은 독립 설계변수의 변화에 대한 질량분포와 공력특성의 변화를 예측하는데 도움을 준다. 초기 어림짐작은 몇 가지 중요한 설계 특성으로 구성된다는 것을 그림 1.5 에서 보여주고 있다.

- 설계 중량. 설계 임무에 대응하는 유상하중, 연료중량 그리고 이륙 및 착륙 총중량은 자체중량과 무연료중량의 초기값과 함께 예측된다. 제 2 장 참조.
- 전체 이륙추력과 장착될 엔진의 수
- 익면하중 다시 말해서 단위 날개면적에 대한 최대 TOGW

이러한 특성은 보다 세부적인 설계 정보가 제공되는대로 검토되어야 한다. 전형적인 일반 배열의 설계인 경우, 이러한 설계 정보는 TLR 로부터의 입력과 유사한 기존 또는 계획 중인 항공기로부터의 데이터를 사용한 통계에 근거할 것이다. 보다 혁신적인 개념이라면, 실제 사이징을 시작하기 전에 응용연구에 대한 관련된 자료를 참고해야 한다.

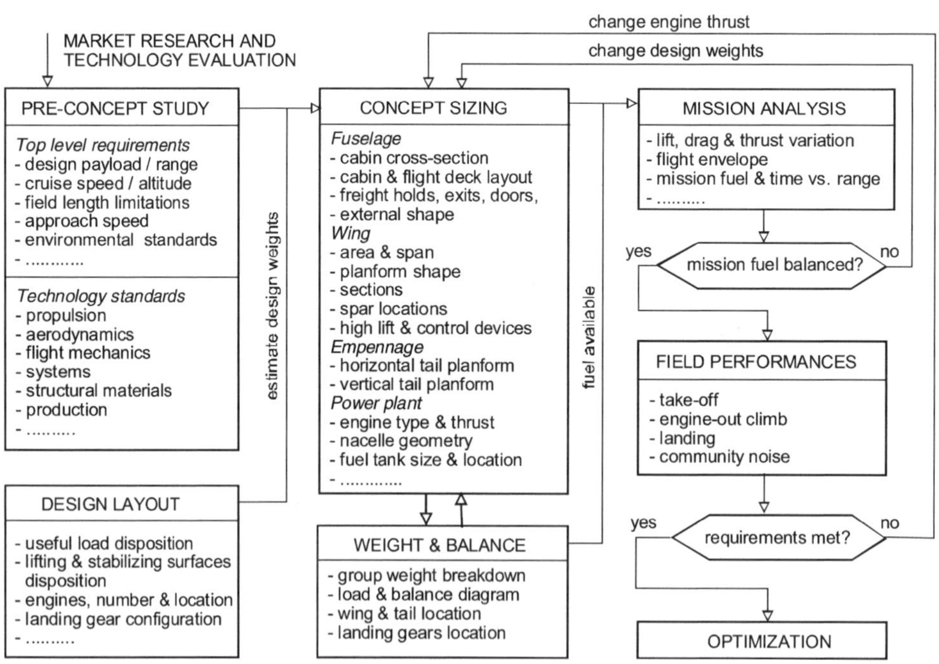

그림 1.5 제트 여객기 기본형 설계 과정에 대한 도식적인 개요

전형적인 형태의 여객기와 화물기에 대해서 가장 먼저 고려되어야하는 기하 요소는 일반적으로 여압을 받는 객실 단면과 플로어 평면형상으로, 이는 명시된 운송 기능과 안락함에 대한 표준에

근거해야 한다. 객실 레이아웃은 탑승 데크의 개수, 기본적인 단면에 대한 좌석 배열, 몇 가지 등급 종류에 대한 좌석간 간격과 좌석열 개수, 통로의 폭과 높이 및 수하물 공간 그리고 화장실과 갤리와 같은 항목의 선택에 따라서 달라진다. 여압객실의 치수는 (a) 승객과 서비스를 위한 출입구 도어 및 비상출입구, (b) 비행 데크 기하, 입구 도어 그리고 탈출 해치, 그리고 (c) 수하물 공간의 기하 및 적재/하역 해치의 조합과 함께 전형적인 좌석 배열을 통해서 구할 수 있다. 현실적인 두께를 갖는 객실벽, 동체 기수와 꼬리부분 형상을 추가하면 기본적인 외부 동체 형태에 대한 3 차원 정의를 구할 수 있다. 여객기의 경우, 이는 일반적으로 원통형인 중간부분이 최대한 얇은 외피로 양호한 접근성으로 배열된 내용물을 둘러싸는 유선형의 선체가 된다. 객실 체적, 플로어 면적 그리고 동체의 외피 면적은 공기역학과 중량 예측을 위한 기본적인 입력값이다. 여객기 패밀리 개념에 적합한 충분한 유연성을 갖는 배열을 얻기 위해서는, 미래의 파생형 또는 화물기 버전에 대한 동체 사이징 과정을 반복하는 것이 필요할 수도 있다.

날개는 크기가 결정해져야 하는 두 번째 주요 요소이다. 날개 기하는 성능 요구조건을 위해서 맞춰져야 하며, 비행성능 해석에서 사용되는 몇 가지 매개변수에 대해서 정의된다. 양력표면의 주요 매개변수로는 전체 평면 면적, 스팬 또는 가로세로비, 테이퍼비, 뿌리와 끝단에서의 두께비 그리고 1/4 시위선에서의 후퇴각 등이 있다. 예를 들어, 초임계 또는 층류 기술과 같은 공기역학적 날개 설계를 위한 표준을 설정하는 것이 바람직할 수도 있다. 그러나, 단면 형상에 따른 변화와 스팬 방향에 대한 각도는 제 10 장에 나오는 설계의 후반부에 처리될 날개의 공기역학적 설계에 해당하는 주제이다.

1.4.2 동력장치

그림 1.5 는 후보 엔진 종류가 개발 중인 경우과 관련된다. 아래에 나오는 각 옵션은 모두 세부적으로 다른 설계 과정으로 이어질 것이다.

- 한 가지 옵션은 새로운 엔진 종류의 사용 가능성에 대한 대응으로 새로운 항공기 설계 또는 기존 항공기의 변형을 고려하는 것이다. 이러한 경우 장착엔진 성능과 기하는 엔진 제조사에 따라서 세부적으로 정의된다. 최소한의 프로젝트 개발비용을 위해서 기존 항공기의 기본적인 특성은 최대한 유지되기 때문에 기체의 변경은 그리 많지 않다. 이러한 상황에서는 최적화에 대한 기회는 거의 또는 전혀 없다.
- 엔진과 기존 기체와의 매칭을 위해서 엔진 러버라이징(rubberizing)으로 알려진 절차를 통해서 추력의 스케일이 증가하거나 감소한다. 기본형 엔진은 장착 이륙추력으로 특성화된다. 고도와 속도에 따른 엔진 성능의 변화는 추력을 이륙추력의 분율로 표시하는 추력감율(thrust lapse rate), 비연료소모율(Specific Fuel Consumption, SFC) 또는 엔진의 전체효율과 같은 일반화된 특성으로 설명한다. 엔진의 크기와 중량에 대한 스케일 관계는 엔진 제조사의 정보로부터 구할 수 있다. 러버라이징은 나셀도 스케일이 증가하고 감소해서, 나셀의 항력과 동력 추출(power off-take)로 인한 성능 손실이 적절히 감안되도록 엔진의 장착 특성에 대한 효과를 포함한다.

- 예를 들어, 터보팬 바이패스비 변화의 영향을 살펴보기 위해서 서로 다른 엔진 싸이클이 연구되면 훨씬 더 복잡한 상황이 나타난다. 이는 모두 바이패스비와 이륙추력과 관계가 있는 엔진 성능을 위한 열역학 해석뿐 아니라 엔진과 나셀 기하와 중량의 계산까지도 필요로 한다. 엔진 제조사의 프로젝트 설계실과의 협력을 통해서 다양한 스케일링(scaling) 규칙이 마련되어야 한다.

제 3 장에서 살펴볼 내용인 엔진이 기체의 어느 부위에 어떤 방법으로 장착될 것인가에 대한 결정은 레이아웃 설계에서 가장 필수적인 선택의 하나이다.

1.4.3 중량과 밸런스

유용하중과 그 위치에 대한 허용 가능한 변화는 항공기의 탑재 유연성을 결정한다. 이는 형상에 대해서 필요한 (고유한 또는 인위적인) 안정성의 정도와 관련되는 허용 가능한 무게중심(CG)으로 제한된다. 수평 꼬리날개의 크기는 하중 및 밸런스 계산과 함께 세로안정성과 조종성 요구조건으로부터 구할 수 있다. 동체와 수평 꼬리날개의 크기/위치에 대한 주어진 날개 위치에 대해서 다음 결론을 내릴 수 있다.

- 주요 구성품의 자체중량과 각 CG 위치, 비행기의 CG 위치 그리고 기체의 3 개축에 대한 관성모멘트. 이들 중에서 일부는 해석에 근거하고, 나머지는 초기 설계중량 예측과 설계 기하를 이용한 통계 정보로부터 구한다.
- 유상하중과 연료의 가능한 조합에 따른 총중량(Gross Weight, GW)의 변화에 대한 적재된 항공기의 전방 및 후방 CG 위치 선도.
- 조종안정성 요구조건으로부터 구한 몇 가지 중요한 비행조건에 대해서 공력한계로 알려진 허용 가능한 전방 및 후방 CG 위치.

요구되고 허용되는 GW 에 대한 CG 선도는 요구되는 CG 범위가 항상 공력한계 이내에 들어가는지 확인할 수 있는 도구가 되는 하중과 밸런스 선도를 구성한다. 만약 이를 사용할 수 없는 경우, 밸런스가 맞는 항공기를 만들기 위한 조치가 취해져야 한다. 이를 위한 방법으로는 (a) 동체에 대한 상대적인 날개의 위치 조절, (b) 날개의 후퇴각 변경, (c) 시스템 요소 또는 운용 아이템의 위치 변경, (d) 수평 꼬리날개의 크기 증가 등이 있다. 만약 이러한 방법이 도움이 되지 않는다면, 적재에 대한 제한이 필요할 수도 있는데 이는 바람직하지 않은 방법이다. 수직 꼬리날개 크기는 요구되는 방향안정성, 엔진 고장시 가로방향 조종 그리고 착륙시 측풍에 대한 대응으로부터 구해진다. 비행기가 모든 실용적인 조건에서 안전하게 비행할 수 있는 것으로 나타난다면, 항공기가 지상에서 안전하게 기동할 수 있도록 메인 랜딩기어 요소의 크기와 CG 에 대한 위치가 정해진다. 랜딩기어의 위치가 결정되고 나면, 설계자는 CG 선도와 수평 꼬리날개 크기에 대한 또 다른 반복을 해야할 수도 있다. 따라서 밸런싱 과정은 상당히 반복적인 작업이다.

1.4.4 구조

기하 개발의 본질적인 부분은 잠정적인 구조 형상과 다음과 같은 시스템 요소의 분포에 대한 구상이다.

- 날개, 꼬리날개 그리고 엔진 파일런이 장착되는 주요 동체 프레임, 론저론, 압력 벌크헤드, 도어, 해치, 동체에 장착되는 엔진의 파일런과 같은 객실 구조에 대한 위상배치와 주요 구성품.
- 외피/스트링어 패널, 스파와 리브, 고정된 앞전과 뒷전 구조물, 고양력장치, 비행조종을 포함한 날개의 주요 구조 성분. 날개에 장착되는 엔진의 파일런, 랜딩기어 그리고 접합부 그리고 휠 수납부 등이 역시 정의된다.
- 꼬리날개의 기본적인 구조와 비행조종, 안정판 붙임각 조절에 대한 준비를 고려한 동체와의 체결부위

보조동력장치(Auxiliary Power Unit, APU)와 환경제어장치(Environmental Control Unit, ECU)와 같은 주요 시스템 하드웨어의 크기와 위치는 사용 가능한 구조물 내부에 확실히 장착될 수 있도록 표시된다.

1.4.5 성능 해석

공력과 엔진 특성은 기본형 설계 기하가 정의되면 바로 예측될 수 있다. 우선 양력과 항력계수가 순항형상에 대해서 받음각과 마하수의 함수로 계산된다. 다음으로는 엔진 추력과 연료소모율이 몇 가지 상승과 순한 출력에 대해서 고도와 마하수의 함수로 계산된다. 비행 프로파일을 분석하기 전에 사용 가능한 추력이 원하는 순항 조건에서의 항력에 매칭하는지 여부를 확인하는 것이 유용하다. 만약 그렇지 않다면 엔진의 추력과 치수가 증가 또는 감소되며, 그림 1.5 에 나온 것과 같이 사이징 루프의 일부가 반복된다.

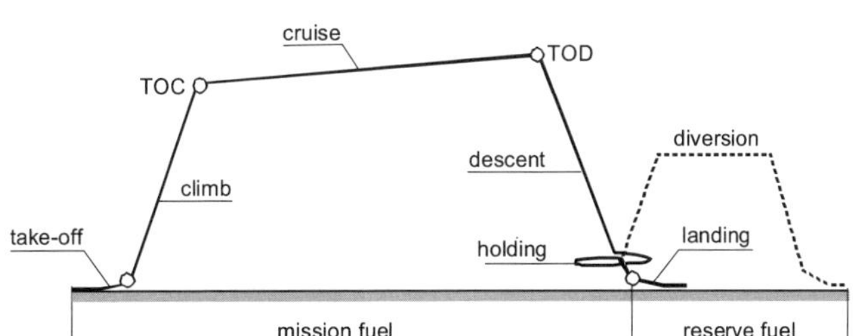

그림 1.6 전형적인 비행 프로파일

임무해석의 목적은 각 비행 단계별로 그리고 출발지 활주로에서부터 도착지까지 전체 비행에 대해서 연소되는 연료의 양, 이동하는 거리 그리고 경과되는 시간을 계산하는 것이다. 민간 항공기의 비행 프로파일은 그림 1.6 과 같이 이륙, 상승과 가속, 순항, 하강, 접근, 착륙실패 그리고 다른

공항으로의 회항으로 구성된다. 이의 목적은 이륙시 설계 유상하중 상태로 필요한 거리를 비행하는데 필요한 임무연료를 사용할 수 있는지, 이후 로이터 비행을 하고 다른 활주로로 회항할 수 있는 충분한 예비연료가 남아있는지 확인하려는 것이다. 만약 임무해석이 MTOW 계산 이후에 수행된다면, 항속거리는 TLR 에 명시된 설계 항속거리와 대부분 정확하게 일치하지 않은 것으로 나타날 것이다. 그러면 다음 사이징 반복은 그림 1.5 에 나온 것과 같이 시작된다. 원칙적으로 모든 설계중량, 많은 자체중량 요소 그리고 연료량을 다시 확인해야 하고, 임무해석은 중량 분포와 필요한 항속거리의 밸런스가 맞을때까지 반복된다.

지상활주, 이륙과 착륙 그리고 저속비행시 항공기의 조작과 성능은 주로 이륙중량, 착륙중량, 엔진의 개수 그리고 엔진의 추력과 역추력, 날개면적과 평면형상, 고양력장치의 공력특성, 항력발생장치 그리고 랜딩기어 제동능력의 영향을 받는다. 만간 항공기가 이륙활주 단계에서 엔진 고장시 안전한 계속된 이륙 또는 이륙실패를 하는데 필요한 거리를 균형 활주로 길이(Balanced Field Length, BFL)이라고 한다. 이 거리는 사용 가능한 활주로 길이보다 길지 않아야 한다. 뿐만 아니라, 엔진 고장 이후 비행이 계속되는 경우, 상승(climb-out) 성능에 도달할 수 있는지 여부도 검증이 되어야 한다. 상업 비행의 경우 엔진 고장으로 인해서 이륙이 복잡해지지는 않는다. 그럼에도 불구하고, 조종사는 엔진 고장의 경우에 대비해서 비행계획을 세운다. 이러한 상황에서는 낮은 항력이 가장 중요하기 때문에, 고양력장치는 최대한도로 작동하지 않을 것이다. 접근이나 착륙 동안에도 역시 상승성능의 하한선이 적용되지만, 이륙에 비해서 높은 양력계수를 사용할 수 있다. 중거리와 장거리 아음속 항공기의 경우, 착륙 GW 는 이륙 GW 에 비해서 상당히 낮기 때문에 접근과 착륙 요구조건은 일반적으로 치명적이지 않다. 공기역학적 항력 장치, 양력 스포일러 그리고 휠브레이크로 인한 감속에 따라서 달라지는 접근속도와 가능한 착륙거리가 주로 착륙 익면하중을 결정하는 단거리 항공기에 대해서는 반대 상황이 적용된다.

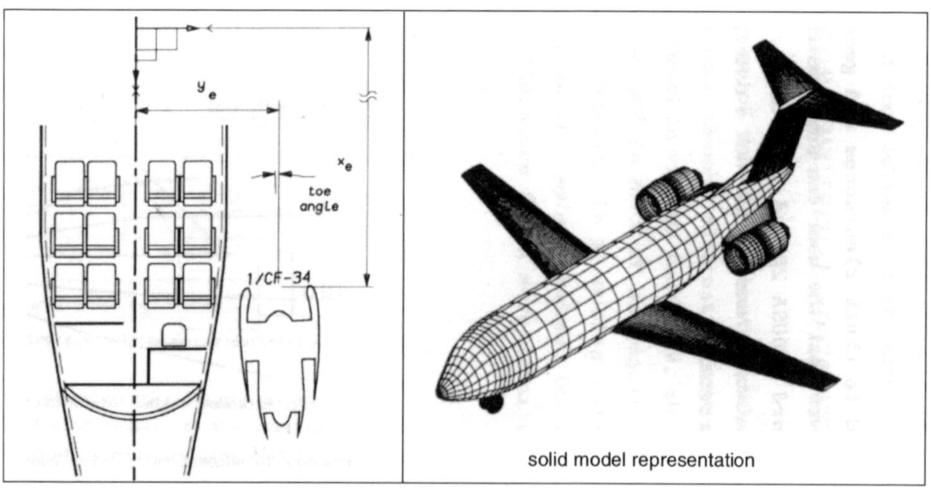

그림 1.7 CAD 와 해석 프로그램을 이용해서 생성된 여객기 개념 [84]

1.4.6 루프의 종결

이 단계에서는 하나 또는 그 이상 부적절한 성능의 가능성이 있고, 적절한 조치가 취해져야 한다. 예를 들어서, 만약 필요한 BFL 은 만족하지만 엔진 고장 이후 상승성능을 만족하지 못한다면, 동일 면적에 대한 날개의 스팬을 증가시키는, 다시 말해서 더 높은 가로세로비를 고려할 수 있을 것이다. 만약 두 가지 성능 조건을 모두 만족하지 못하고 보다 정교한 고양력장치와 같은 공기역학적 방법으로 개선할 수 없다면, 이륙추력이 부적절한 것일 수도 있다. 반복계산의 최종 결과는 요구조건과 구속조건을 만족하는 인증이 가능한 기본형 설계가 되어야 한다. 기하에 대한 세부사항은 3 면도 상에 정해지고, 내부 형상은 그림 1.7 에 나온 것과 같이 보다 상세한 정보로 보완되어야 한다. TLR 상의 모든 요구조건을 만족하는 경우, 프로젝트는 계속될 수 있고 기본형 설계는 상세 해석과 예비설계 단계 동안 검증을 받게 된다. 만약 기본형 항공기에 대한 적절한 변경 이후에도 특정 요구조건을 만족하지 못한다면, 성공적인 프로젝트를 위해서 사용 가능한 기술이 부족하다고 결론을 내릴 수 있다. 이는 TLR 에 대한 (부분적인) 변경의 수용 또는 프로젝트의 취소로 이어질 수도 있다.

1.5 자동화된 설계 종합

항공기 제조사에서 사용하는 개념설계 툴은 업체의 전문성을 반영하는 민감한 정보를 포함하기 때문에 소프트웨어 시장에서는 구입할 수 없다. 그러나, 컨설팅업체, 연구기관 그리고 학계를 통해서 자동화된 설계 종합(Automated Design Synthesis, ADS) 시스템이 개발되어 왔다. 자동화된 설계 시스템은 사이징보다는 최적화를 강조한다. 종합 프로그램은 주로 기본형 설계를 위한 사이징에 사용되지만, 이는 다른 작업에도 또한 유용하다. 예를 들어서, 설계변수의 중요성을 평가하기 위한 성능지수(FOM)로는 운용/상업적 성능과 비용이 있다. 서로 다른 FOM 에 최적화된 항공기의 특성 비교는 ADS 시스템을 통해서만 처리될 수 있는 복잡하지만 흥미로운 사실을 보여주는 작업이다. 비전형적인 개념의 연구, 대안 설계 사이의 기술 트레이드오프 연구 그리고 중량과 관련된 연구는 거의 변함없이 ADS 프로그램의 적용으로 처리된다. 그리고 역시 중요하게도 종합 프로그램은 항력과 중량예측 툴의 검증과 개선에도 유용하다.

1.5.1 계산 시스템의 요구조건

높은 정확도 설계해석의 목적은 개발 위험을 줄이기 위해서 보다 정확도 있는 예측을 하는 것이다. 그러나, 포괄적인 종합 프로그램은 설계 과정의 다양한 단계에서 사용되고, 따라서 예상되는 정확도에 대한 다양한 수준의 계산을 제공하는 능력을 갖는다. 초기 개념 단계에서는 간단하지만 통계적으로 검증된 예측을 얻기 위해서 몇 가지 필수적인 입력값에만 근거한 낮은 정확도 방법이 사용된다. 기체의 정의가 보다 세부적으로 진행되면서 설계툴의 정확도는 증가한다. 따라서, 공력해석은 몇 가지 수준의 계산 복잡성에 따른 (반)경험 핸드북 방법에서부터 풍동시험 데이터의 분석에 이르기까지 다양해진다. 다른 기술분야에 대해서도 유사한 수준을 갖는다. 높은 정확도

해석은 예비설계 단계가 시작되기 전에는 알 수 없는 세부적인 입력을 필요로 한다. 내부와 외부 기하, 특히 체적의 배치 그리고 노출표면적(wetted area)은 ADS 프로그램에 대한 필수적인 입력값이고, 형상 최적화는 기하 정보를 매개변수화 할 수 있어야 한다. 이를 위해서는 주요 부품, 날개 앞전과 뒷전 연장 그리고 킹크 사이의 소형 페어링은 무시하고 단순화하는 것이 필요하다. 내부 기하는 1 차와 2 차 날개 구조, 동체 셸, 바닥, 벌크헤드 그리고 2 차 구조물과 같이 일반적인 요소로부터 제작될 대형 구조물을 고려함으로써 체계화된다.

ADS 시스템은 설계문제 구조가 설계자의 필요에 따라서 정의될 수 있도록 유연해야 한다. 이는 일반적으로 고도의 모듈러 구조로 이루어져 있어서, 문제의 성격에 따라서 처리될 기능이 분명히 구분되고, 계산의 다양한 절차를 처리하도록 결합될 수 있다. 개별 모듈은 특정 기술 분야로부터 중간 데이타를 제공하고, 따라서 다른 모듈에 대한 입력값뿐 아니라 기체(성분)의 정의를 위해서 필요한 기하정의를 형성한다. 이러한 모듈은 다른 모듈과 통합되기 전에 검증되어야 한다. 모듈화를 통해서 프로그램의 개발 동안 데이타 전송과 에러의 식별을 단순화할 수 있기 때문에 보다 투명한 설계 절차를 구현하는 것이 가능해진다. 개별 모듈을 실행하고 다른 모듈로 데이터 전송을 조율하기 위해서 제어프로그램이 사용된다. 반복계산의 각 단계마다 시스템으로써 기체의 정의가 모호하지 않고 일관되도록 하기 위해서 이러한 설정이 필요하다. 정확한 문제 구조는 적어도 해석 방법의 정확성만큼이나 중요하다. 따라서, 계산이 실행되기 전에 수식에 대한 상당한 고찰과 정리가 필요하다. 최적화의 수학적인 처리를 강조하는 많은 자료와는 달리, 설계자의 업무는 상호작용하는 그래픽 처리와 시각화, 데이타 흐름의 계산 및 구성이 혼재되어 있다. 효율적인 통합 프로그램에서는 계산 정확도의 적절한 수준과 선호하는 탐색 전략을 설계자가 선택할 수 있도록 되어있다.

1.5.2 사례

종합 프로그램은 단순화된 기체의 설명을 포함하고 있으면서 통계와 핸드북의 계산에 근거한 방법을 통해 제공되는 설계와 해석 솔루션을 처리하기 위한 인간의 프로세스를 단순히 모방한다. 종합 프로세스의 주요 목표는 보다 세부적인 연구를 가능하도록 하는 기본적인 설계 매개변수와 특성 사이의 트레이트 오프를 처리하는 것이다. 특히, 날개 크기와 엔진 출력 또는 추력은 트레이드오프의 주요 대상이다. 전산화된 종합은 그림 17.8 에 표현된 다양한 분야를 통합하는 복잡한 작업이다. 실질적인 공학적 접근방법은 각 분야의 입력과 출력을 연결하는 대규모 컴퓨터 프로그램을 필요로 한다. 최종 결과는 프로젝트의 전반적인 가능성을 알려주는 복합된 답변(combined answer)이다.

그림 1.8 은 초기이지만 여전히 대표적인 ADS 프로그램 구조의 데이터 흐름에 대한 주요 라인을 개략적으로 보여주고 있다[62]. 해석 프로그램은 분야별로 모듈화되고, 계산 절차는 별도의 모듈에 의해서 제어된다. 성능과 경제성 평가 블록을 통해서 설계 목표가 프로그램 흐름에 대한 입력값으로 초기에 도입된다. 모듈에 도입되는 개념의 일부는 최신 기술에 대한 정보이다. 공기역학에서 이는 에어포일과 고양력장치 기술의 정교함이 될 수 있다. 구조적인 최신 기술은 1 차 구조에 대한 복합재료 적용의 정도를 포함한다. 추진 기술은 가스 제네레이터 압축기의 압력 및 온도 수준과

바이패스비를 정의한다. 그리고, 비행조종에서는 꼬리날개의 크기, 항력 그리고 중량을 줄이기 위한 인위적인 안정성이 대표적인 개념이다. 그림 1.8 에서 각 분야별 모듈로부터의 결과와 형상 설계는 최종적으로 성능과 평가 블록으로 전달된다는 것에 주목한다. 경로의 일부는 직접 연결되지만, 다른 것은 중량과 형상설계를 지나 간접적으로 연결된다. 비행조종 시스템, 구조, 공력과 추진은 모두 중량뿐 아니라 형상설계로도 연결된다. 그러나, 항력, 추력 그리고 항공기 중량만이 성능 평가에 필요한 힘 벡터이기 때문에, 데이터 입력의 전달은 공기역학, 추진 그리고 중량 블록으로 충분하다. 몇 차례 반복계산 이후 설계는 수렴하고, 과정의 결과는 성능 모듈에 의한 설계 평가이다. 그러면 사용자는 결과를 수용할지 아니면 설계상의 변수를 통해서 과정을 계속할지 결정할 수 있다. 이와 같은 목적을 위해서 최신 종합 프로그램은 여러개 중에서 선택할 수 있는 알고리즘을 포함하는 별도의 최적화 드라이버를 가지고 있다.

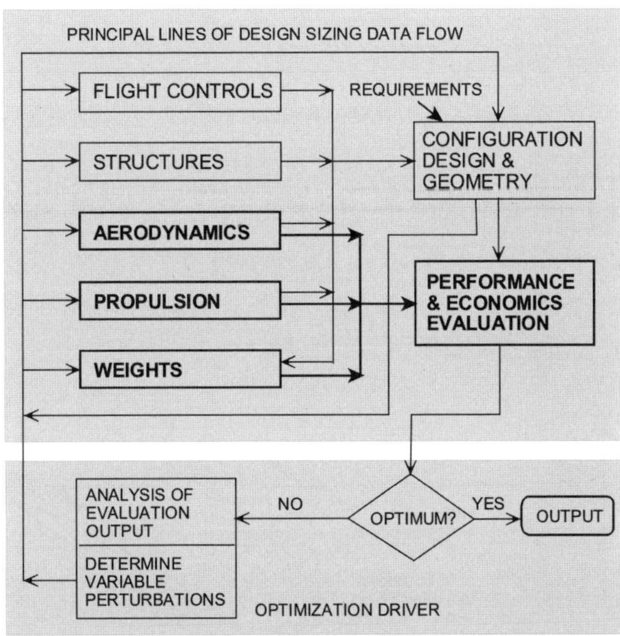

그림 1.8 설계 종합 프로그램의 사이징과 최적화 데이타의 도식적인 흐름 [62]

주요 설계 기관에서는 자체적인 ADS 프로그램을 개발하고 있다. 컨설팅사에서 개발한 상업적으로 사용 가능한 프로그램은 대부분 핸드북 방법에 기반하고 있는 반면[102], 그림 1.8 에 나온 것과 같은 유사한 접근방법을 사용한 공개된 몇몇 프로그램도 존재한다. NASA 에서 개발한 시스템도 공개되어 있으며[75, 91, 96], 학계에서 개발된 시스템은 참고문헌 [80, 83, 89, 93]에 보고되어 있다. 자동화된 시스템은 규정된 영역 내에서 항공기를 설계하는데 효과적인 것으로 입증되었고 그 중의 일부는 계속해서 발전되어 상당한 신뢰도를 갖게 되었다. 비전형적인 비행체 개념을 연구하기 위한 사이징 툴의 개발에는 객체지향과 지식기반 공학(Knowledge Based Engineering, KBE)에 근거한 새로운 접근방법이 특히 유망하다[94, 100, 103].

1.5.3 매개변수 연구

개념 사이징과 최적화에 대한 전형적인 접근방법은 일반적으로 다섯개를 넘지 않는 몇몇 설계공간을 정의하는(제 7 장) 선택변수에 대한 방정식 시스템을 풀어서 매개변수 연구를 수행하는 것이다. 평가된 설계의 가장 관련된 특성은 용이한 연구를 위해서 표나 그림 1.9 와 같은 카페트 플롯으로 표현된다. 날개 면적과 엔진 추력에 대한 모든 조합은 예비적인 것이지만, 중량 분포가 계산되었거나 완성된 전체 항공기 설계를 나타낸다. 이러한 설계의 대다수는 TLR 을 만족하기 못하기 때문에, 설계공간의 가능한 영역을 지정하기 위해서 구속조건이 추가된다. 기본형 설계는 모든 요구조건을 만족하지만, 보다 큰 날개 면적과 다소 작은 엔진을 선택함으로써 낮은 MTOW 값을 얻을 수 있다. 매개변수 연구를 위한 유사-해석적인 방법은 제 8 장에서 10 장까지에 유도방법과 함께 설명되어 있다.

매개변수 연구는 설계자가 경험을 최대한으로 활용할 수 있고 결정에 대한 모든 권한을 유지하기 때문에 가치가 있는 것으로 간주되는 산업분야에서의 접근방식에 근간을 두고 있다. 이러한 연구는 상황에 적응할 수 있는 스프레드시트 방법과 같은 상대적으로 단순한 프로그래밍 기법만으로 충분하다[86]. 이러한 접근방법은 하나의 FOM 에 대한 선택이 필요하지 않으며, 최적이 아닌 설계 조건에 대한 민감도가 드러나기 때문에 계산결과를 최대한 활용할 수 있게 된다. 설계변수의 수와 수정의 횟수는 사용 가능한 시간에 따라서 결정될 수 있다. 만약 전반적인 개념이 설계자의 경험 내에 있다면 매개변수 연구가 최적화 작업에 도움이 될 수도 있지만, 다음과 같은 이유로 인해서 이러한 실용적인 접근방법이 전적으로 만족스럽지 않을 수도 있다.

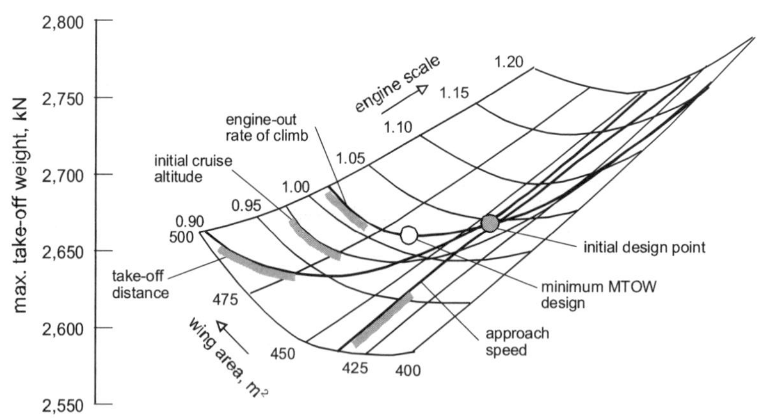

그림 1.9 매개변수 연구의 결과를 나타내는 카페트 플롯 (설계변수: 익면하중과 엔진 추력; 성능지수: MTOW)

- 제한된 선택변수의 수로 인해서 솔루션이 실제 최적값을 나타낸다는 보장이 없다.
- 이러한 방법은 선택변수의 수가 적은 경우에 실용적이다. 더 많은 변수를 추가하면 계산의 양이 수십 배로 증가하기 때문에, 설계자는 설계 영역을 확장하지 못할 수도 있다.
- 해석된 형상의 대다수는 매개변수 연구 용도로만 사용되고 이후 폐기되는 반면, TLR 의 일부만

변경하더라도 모든 이전의 결과가 무용지물이 될 수도 있다.

1.6 기술 평가

AD 오피스에서 활동하는 개념 설계자에게 주어지는 도전은, 적용하기에 충분하다고 판단되는 구현기술(enabling technology)의 장단점 사이에서 밸런스를 맞추는 것이다. 이들은 경제적인 이득, 안전에 대한 영향, 객실 안락함, 신뢰성, 정비성 그리고 환경적인 호환성에 대한 평가를 해야 한다. 목표는 비용면에서 가장 효과적인 기술 혁신을 파악하고 선택하며, 일정 이내에 개발될 수 있을지 그리고 항공기 시스템에 통합하는 경우 전형적인 항공기 형상에서 벗어날 필요가 있는지 확인하는 것이다. 잠재적인 혁신의 긴 목록이 만들어질 수 있는데, 보다 급진적인 것이라면 상당한 개발 노력과 비용 그리고 위험을 통해서만 이루어질 수 있다. 그러나, 최신 기술의 적용은 운용비용을 상승시키고 운용의 유연성, 정비성 그리고 탑승객에 대한 인식까지도 저하시킬 수 있다. 유망 기술의 평가는 가능한 프로그램 개발 위험을 고려해야 한다. 제트 여객기 개발의 막대한 비용은 새로운 제품이 동일 등급에서 기존의 종류보다 기술적으로 그리고 경제적으로 더 나은 성능을 제공할 것이라는 잠재적인 고객의 확신이 있는 경우에만 합리화될 수 있다. 일반적으로 이는 몇 가지 설계 분야에서 최신이지만 충분히 성숙된 수준의 기술 도입을 필요로 한다. 따라서, 개념설계 연구는 새로운 항공기 프로젝트의 개발이 아닌 새로운 기술의 적용이 향후 설계에 미치는 영향을 평가하는 과정으로부터 주로 시작된다. 새로운 세대 엔진의 등장은 제외하고, 운용상의 경제성에 가장 큰 영향을 미치는 요인은 몇 가지 상대적으로 작은 발전이 축적된 효과 때문이다. 따라서, 새로운 비행기 설계에서의 개선은 전통적으로 혁신적이었다기 보다는 진화적이었다고 할 수 있을 것이다.

개념설계 연구는 그림 1.10 과 같이 최신기술 중에서도 가장 가능성이 있는 기술로부터의 선택을 기반으로 한다. 특정한 프로젝트에 대해서는 더 많은 대안이 추가될 수 있으며, 다른 주제는 사전에 이미 제거되었을 수도 있다. 제 3 장과 4 장은 공기역학과 추진효율의 향상을 파악하는데 사용된다. 전체 항공기 형상에 큰 영향을 미치는 특정한 기술은 제 5 장과 6 장에서 주로 다룰 것이다. 여객기의 설계를 이끄는 인자는 비즈니스 항공기 설계에도 어느 정도 관련된다.

- 추진: 민간 항공기의 차세대 터보팬은 매우 높은 바이패스비와 기어로 작동하는 터보팬을 가질 것으로 예상된다. 보다 급진적인 개념으로는, 반전 회전을 하는 프롭팬 또는 무덕트 팬의 형태인 오픈로터 엔진 기술이 있다. 이러한 새로운 엔진 개념의 기체 통합은 혁신적인 전체 비행기 개념을 필요로할 수도 있다. 고속을 위한 터보프롭은 멀티 블레이드 초승달형(multi bladed crescent shaped) 프로펠러를 구동할 것이다.
- 비행기 형상. 여객기의 진화적인 발전은 기존과는 다른 저비용 수송, 향상된 객실 안락함, 감소된 대기 오염 그리고 외부 소음을 강조하는 개념으로 이어질 것이다. 통합된 형상, 비평면 날개, 전익 항공기 그리고 수소연료 엔진 추진과 같은 급진적인 개념을 위해서는 연구와 개발에 상당한 투자가 필요하다.
- 고속 공기역학. 소형 여객기와 작은 날개 앞전 후퇴각의 비즈니스 항공기는 자연층류(Natural

Laminar Flow, NLF)의 영역을 성취할 것이다. 다공성(porous) 표면을 통한 경계층의 흡입을 이용한 층류제어(Laminar Flow Control, LFC)은 잠재적으로 유망한 연료 절감 방안이다. 윙렛과 전단윙텝은 유도항력을 15%까지 감소시킬 것이다.

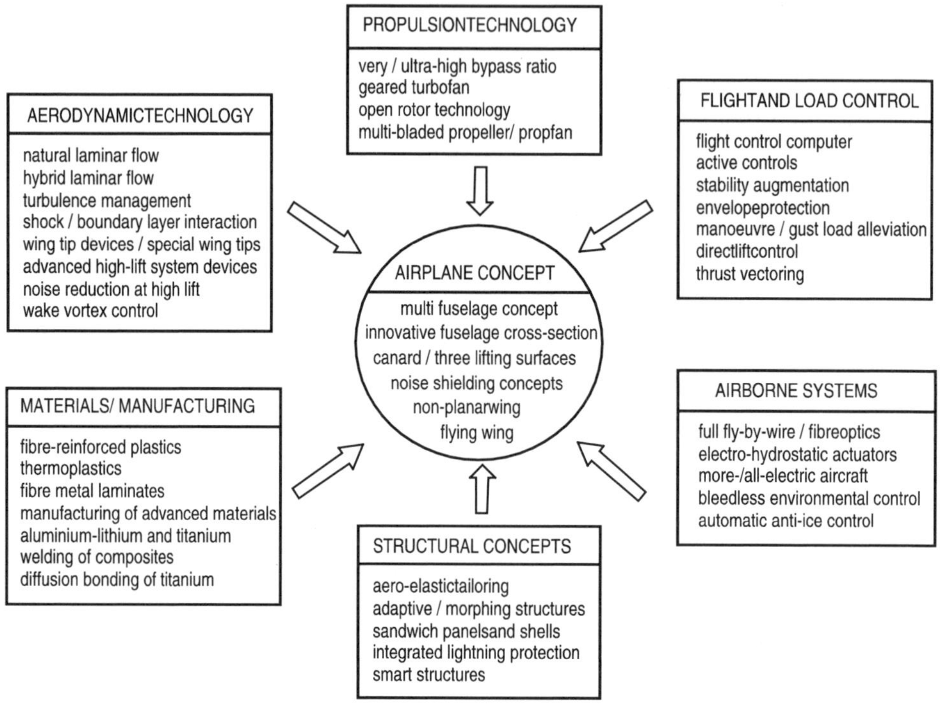

그림 10.10 분야별 가능기술에 대한 개요

- 저속 공기역학. 엄격한 활주로 성능의 비행기는 최신 고양력장치를 필요로 한다. 가능한 선택으로는 가변 캠버, 풀 스팬 플랩 그리고 외부에 블로잉을 갖는 플랩을 이용한 동력형 양력(powered lift)이 있다. 플랩과 슬랫에 대한 공력 소음의 감소와 뒷전 와류의 처리(manipulation)는 항공교통관리(ATM)와 환경 친화성(environmental compatibility)에 긍정적인 영향을 미칠 것이다.
- 비행조종 시스템. 비행선도 보호와 안정성 증대는 비행조종 컴퓨터와 능동제어로 처리된다. 기동과 돌풍하중 경감은 구조중량의 감소와 안락함 개선을 위한 부가적인 방법이다. 조종성을 향상시키기 위한 비전형적인 형상으로는 직접 양력 제어와 추력 편향(thrust vectoring)을 고려할 수 있다.
- 비행 시스템. 초경량 항공기를 제외한 여객기와 비즈니스 제트를 위해서는 플라이바이와이어가 표준이 되었고, 미래에는 광섬유도 고려될 수 있다. 보다 전기적인 항공기(More Electric Aircraft, MEA)는 엔진의 블리드에어를 사용하지 않으면서 환경제어와 자동 결빙제어를 가능하도록 하고, 또한 보조 동력 장치를 간소화한다.

- 재료 및 제작. 1 차와 2 차 구조에 섬유강화 플라스틱의 적용을 통해서 복합재료가 계속적으로 지배적이 되고 있다. 섬유 금속 라미네이트가 피로에 민감한 부위와 2 차 구조에 적용된다. 알루미늄-리튬 합금이 전통적인 5000 시리즈를 대체하면서 10% 중량 감소를 가져왔다.
- 구조 개념. 많은 여객기와 비즈니스 제트에서 경제적인 복합재료 동체가 옵션이 되고 있다. 모든 노출된 복합재료 구조에는 낙뢰 보호가 필요하다. 공탄성 발산 또는 플러터를 피하기 위해서 공탄성 조정이 적용되며, 전진익기 또는 매우 높은 가로세로비 날개를 가능하도록 할 것으로 고려될수 있다. 모핑 날개(morphing wing) 구조는 탈설계점 비행조건의 고양력장치 형상에 적합하다.

개념 설계자는 일반적으로 항공사는 항공기 제조사에 비해서 보다 보수적이라는 것을 고려하면서, 경험과 혁신에 얼마나 많은 신뢰를 부여할 수 있는가에 근거해서 새로운 기술을 평가한다. 항공사나 제조사 모두 예측할 수 없는 개발, 인증 그리고 정비 비용으로 이어지는 높은 위험도의 기술과 관련되기를 원하지 않는다. 이러한 이유로 인해서, 능동 LFC 와 같은 (외형상 급진적인) 기술은 비록 공기역학적 그리고 운용상의 가능성이 미국과 유럽에서 R&D (R&T) 프로그램을 통해서 증명이 되었더라도 의심스러운 것으로 간주한다. 개념 설계의 기술적인 표준은 운용 프로파일 및 새로운 종류가 실제 운용에 도입되는 시기와 관련되어 정의된다. 예를 들어, 장거리 여객기는 일반적으로 대형이며 빠른 속도로 순항하기 때문에, 이는 낮은 고도에서 저속에서 더 많은 시간을 보내는 중형 항공기에 비해서 보다 발전된 기술을 필요로 한다. 특정 기술에 대한 선호는 또한 이를 생산 공정에 적용할 수 있는 제조사의 능력에 따라서도 영향을 받는다. 기술적인 연구로 탄생한 혁신은 세계적으로 계속해서 보고되고 있지만, 실제 설계 현장에 대한 적용은 항공기와 이의 생산 과정에 대한 통합과 관련된 모든 측면에 대한 연구가 이루어진 후에만 정당화될 수 있다.

1.7 최적화 문제의 구조

최적화 문제의 구조는 그 결과의 신뢰도를 위해서 필수이다. 이번 장은 (경험이 많지 않은) 고등 설계자가 복잡한 항공기 시스템 최적화에서 비현실적인 결과를 피하도록 자극하려는 것이다. 사용된 용어와 보다 상세한 배경 정보에 대해서는 제 7 장을 참조한다.

1.7.1 해석과 종합

설계 해석(analysis)과 종합(synthesis) 사이에 부명한 구분을 하는 것이 유용하다. 이는 지정된 설계에 대한 성능 해석과 지정된 성능을 위한 설계의 사이징 사이의 차이를 보이는 것으로 나타낼 수 있다.

- 비행성능 해석은 기하, 중량 분포, 공력특성 그리고 추진시스템의 특성에 대해서 완전히 정의된 항공기(설계)에 적용된다. 기본적인 물리학은 주로 비행역학과 동역학과 같은 단일 분야이며, 해(solution)는 완전히 결정된다. 해석 엔지니어는 실질적인 경험에 근거한 검증된 프로그램을

사용할 수 있다. 예를 들어서, 순항성능 해석은 정해진 절차의 문제이지만, 제 12 장에서는 천음속 마하수로 순항하는 경우에 대해서 이는 일반적으로 생각하는 것보다 더 복잡하다는 것을 보여주고 있다.

- 지정된 일련의 TLR 을 최적의 방법으로 만족해야 하는 항공기 설계의 통합. 설계자의 업무는 불확실한 문제로 이어질 수도 있는 서로 상충하는 요구조건 사이에서 만족스러운 절충점을 찾는 것이다. 근간이 되는 물리학은 대체로 근본적으로는 서로 관련이 없지만 상호작용을 하는 여러 항공 분야에 근간을 두고 있고, 일련의 방정식이 항상 유일한 해를 갖는 것은 아니다. 처음에는 독립된 설계변수를 선택하는 자유도가 대단한 것으로 보일수도 있지만, 구속조건은 설계 공간의 차원을 감소시킨다. 만약 적절한 목적함수가 정량화될 수 없다면, 선택변수를 선택할때 통계에 기반한 가이드라인이 유용할 수 있다. 그러나 이러한 경험법칙은 기존의 형상과 큰 차이가 없는 경우에만 신뢰할 수 있을 것이다.

실제적인 사례로는 선호하는 순항고도를 선택하는 것이다. 주어진 총중량의 운용 항공기에 대한 최고의 초기 순항조건은 성능해석으로부터 바로 계산될 수 있다. 이는 일반적으로 이동 거리당 소모되는 연료가 최소인 고도로 정의된다. MTOW 로 이륙하는 항공기의 경우 이 최적값은 아마도 사용 가능한 순항추력으로 구속될 것이다. 반면, 사이징 문제는 순항고도에 대한 변경 가능한 날개 기하와 장착추력의 영향을 계산함으로써 가장 경제적인 성능을 발휘하는 설계의 정의를 찾아내는 것이다. 후자의 경우 설계자는 다음과 같은 어려움을 해결해야 한다.

- 독립 설계변수(날개 기하과 장착추력)의 변화에 대한 종속 설계변수(양력, 항력, 총중량, 초기 순항고도)의 민감도가 설정되어야 한다.
- 정해진 설계 구속조건 내에서 최고의 항공기를 정의하는 기준을 파악해야 한다.
- 특히 유상하중과 항속거리와 같이 운용과 경제적인 특성이 평가되는 대표적인 조건을 선택해야 한다. 이를 일반적으로 설계조건(design condition)이라고 한다.

원칙적으로 이러한 문제 정의가 항공기 시스템 최적화의 해법을 결정한다. 그러나, 최적 순항 마하수를 결정하는 문제는 난해한 작업인 반면, 최고의 순항고도를 정의하는 기본적인 작업 조차도 과소평가하지 않아야 한다. 두 가지 사례에 대해서, 주어진 (운용) 항공기의 경우는 상당히 쉽지만 클린시트 설계에서 최고의 설계 순항 마하수의 계산은 불가능한 정도는 아니지만 대단히 복잡하다. 두 사례에서 개념설계자는 최대 유상하중 또는 장거리 조건이 가장 중요하며, 전면적인 최적화는 높은 우선순위를 갖지 않는다고 결정할 수도 있다. 그러면 제 8 장에서부터 10 장까지에서 논의될 유사-해석적인 접근방법을 사용하는 것이 바람직할 수도 있다.

1.7.2 문제의 분류

항공기 시스템 최적화 문제의 구조와 이전 고려사항에 따라서, 이 책에서 논의된 기본적인 규칙과 계산 접근방법은 다음과 같은 옵션의 하나에 따라서 분류될 수 있다.

1. 주어진 기체와 엔진 조합에 대한 비행조건의 최적화. 문제는 연소 연료, 비행 시간 또는 직접 운용경비(Direct Operating Cost, DOC)의 최소값을 가져오는 임무 프로파일을 도출하는 것이다. 이는 기본적으로 설계연구뿐 아니라 기존 항공기의 임무해석에서도 등장하는 최적 제어 문제이다. 설계 단계(개념 또는 예비)에 따라서 해법은 근사화를 허용해서 단순화될 수도 있고, 이는 주어진 항속거리를 비행하는데 필요한 임무 연료 또는 주어진 임무 연료로 비행 가능한 항속거리에 대한 닫힌 형태의 방정식으로 나타난다. 제 12 장에서 다룰 이러한 주제는 항공기 사이징 과정에서 필수적인 요소를 형성한다.
2. 특정 엔진에 대한 최적 기체 특성의 결정. 이는 기체를 최적의 방법으로 선험적으로 선택한 엔진에 매칭하는 전형적인 개념설계 작업이다. 그러면 날개 기하가 상당히 구속된 최적화에 대한 주요 후보가 된다. 만약 새로운 엔진 기술을 기존 항공기에 적용할 수 있게 된다면 유사한 상황이 발생한다. 그러면 바람직하게는 기체의 일부 변경만으로 유상하중대 항속거리 능력이 증가함에 따라서 항공기의 상업적 가치가 향상될 수도 있다.
3. 기체와 주어진 엔진 개수 사이의 최고 조합 탐색. 엔진과 기체에 대한 엔진의 장착위치 선정은 광범위한 결과를 갖는다. 개념단계 동안에 최고의 조합을 찾기 위해서 기본적인 기체 특성이 변경되고, 엔진 특성은 엔진 러버라이징을 통해서 조절된다. 최종 선택은 예비 또는 상세설계 단계에서 이루어질 것이다. 제 9 장에서는 엔진과 기체의 매칭에 대한 주제를 다루고, 초기 엔진 선정에 대한 FOM 을 도출할 것이다.

이 책은 유사-해석적인 접근방법을 통해서 최적 조건에 대한 결론을 구하고 해석하는 방법에 집중할 것이다. 이를 위해서 문제는 닫힌 형태의 해석적 해를 구할 수 있도록 목적함수가 미분 가능할 정도로 단순화될 것이다. 초기에는 지역 최적값의 고전적인 이론을 통해서 용이하게 구할 수 있는 비구속 최적값에 중점을 둘 것이다. 이러한 최적값은 유상하중을 주어진 거리만큼 이동시키는 일반화된 작업에 대해서 성취 가능한 궁극적인 설계 품질을 파악하기 때문에 흥미롭다. 기술적인 한계와 관련된 실제적인 고려사항이 이와 같이 잘 조율된 항공기 설계를 현실성이 없는 해로 저하시킬 수도 있지만, 최고의 가능한 해법을 위해서 지불되는 페널티는 이를 비구속 최적값과 비교하는 것으로 명확해진다. 해석적인 접근방법은 또한 TLR 의 작은 변화와 기술적인 매개변수로 인한 설계의 민감도에 대한 유용한 정보를 제공할 수도 있다.

참고문헌

[1] Küchemann, D., The Aerodynamic Design of Aircraft, Pergamon Press, Oxford, 1978.
[2] Torenbeek, E., Synthesis of Subsonic Airplane Design, Springer Verlag, Heidelberg, 1981.
[3] Roskam, J., Airplane Design, Roskam Aviation and Engineering Corporation, Kansas, 1985.
[4] Niu, M.C-Y., Airframe Structural Design: Practical Design Information and Data on Aircraft Structures, Conmilit Press Ltd., Hong Kong, and Technical Book Company, Los Angeles, CA, 1988.
[5] Niu, M.C-Y., Composite Airframe Structures: Practical Design Information and Data, Conmilit Press Ltd., Hong Kong, and

Technical Book Company, Los Angeles, CA, 1992.
[6] Wilkinson, R., Aircraft Structures and Systems, Addison Wesley Longman Ltd., Harlow, 1996.
[7] Brandt, S.A., R.J. Stiles, J.J. Bertin, and R. Whitford, Introduction to Aeronautics: A Design Perspective, AIAA Education Series, AIAA, Inc., Washington, DC, 1997.
[8] Jenkinson, L.R., P. Simpkin, and D. Rhodes, Civil Jet Aircraft Design, Arnold, London, 1999.
[9] Schaufele, R., The Elements of Aircraft Preliminary Design, Aries Publications, Santa Anna, CA, 2000.
[10] Howe, D., Aircraft Conceptual Design Synthesis, Professional Engineering Publishing, London, 2000.
[11] Jenkinson, L.R., and J. Marchman, Aircraft Design Projects, Butterworth Heinemann, Oxford, 2003.
[12] Torenbeek, E., and H. Deconinck (eds), Innovative Configurations and Advanced Concepts for Future Civil Aircraft, von Kármán Institute for Fluid Dynamics, Lecture Series 2005-06, June 2005.
[13] Raymer, D.P., Aircraft Design: A Conceptual Approach, Fourth Edition, AIAA Education Series, AIAA, Inc., Reston, Virginia, 2006.
[14] Whitford, R., Evolution of the Airliner, The Crowood Press, Ramsbury, 2007.
[15] Gunston, B., Airbus: The Complete Story, Haynes Publishing, Sparkford, 2009.
[16] Obert, E., Aerodynamic Design of Transport Aircraft, IOS Press, Amsterdam, 2009.
[17] Kundu, A.K., Aircraft Design, Cambridge University Press, New York, 2010.
[18] Sadraey, M.H., Aircraft Design: A Systems Engineering Approach, JohnWiley & Sons, Chichester, UK, 2013.

Design Development and Methodology

[19] Cherry, H.H., and A.B. Croshere Jr., "An Approach to the Analytical Design of Aircraft", SAE Quarterly Transactions, Vol. 2, No. 1, pp. 12–18, January 1948.
[20] Backhaus, G., "Grundbeziehungen f ̈ur den Entwurf optimaler Verkehsflugzeuge", Jahrbuch der WGL, pp. 201–213, 1958.
[21] Küchemann, D., and J. Weber, "An Analysis of Some Performance Aspects of Various Types of Aircraft Designed to Fly over Different Ranges at Different Speeds," Progress in Aeronautical Sciences, Vol. 9,pp. 324–456, 1968.
[22] Ladner, F.K., and A.J. Roch, "A Summary of the Design Synthesis Process", SAWE Paper No. 907, May 1972.
[23] Lange, R.H., "Parametric Analysis of ATT Configurations", AIAA Paper No. 72-757, 1972.
[24] Black, R.E., and J.A. Stern, "Creative Advanced Design: a Key to Reduced Life-Cycle Costs", AGARD CP-147-Vol.1, Paper No. 4, 1973.
[25] Fulton, R.E., "Overviewof Integrated Programs for Aerospace-Vehicle Design", NASA TM-81874, September 1980.
[26] Harris, D.H.W., "Applying Computer Aided Design (CAD) to the 767", Astronautics and Aeronautics, pp. 44–49, September 1980.
[27] Torenbeek, E., "Fundamentals of Conceptual Design Optimization of Subsonic Transport Aircraft", TU Delft, Department of Aerospace Engineering, Report LR-292, August 1980.
[28] Steiner, J.E., "How Decisions are Made: Major Considerations for Aircraft Programs", AIAA 45th Wright Brothers Lecture, the Boeing Company, Seattle, August 24, 1982.
[29] Koen, B.V., "Definition of the Engineering Method", ASEE, Washington, DC, USA, 1985.
[30] Fetterman, D.E. Jr., "Preliminary Sizing and Performance of Aircraft", NASA TM 86357, 1985.
[31] Loftin, L.K., Jr., "Quest for Performance – the Evolution of Modern Aircraft", NASA SP-468, 1985.
[32] Daues, J.J., "Project Management Issues & Lessons Learned from Computer-Aided Design Applications", AIAA Paper No. 87-2912, September 1987.
[33] Michaut, C., D. Cavalli, H.T. Huynh, and H. Lethuy, "Preliminary Design of Aircraft", AIAA Paper No. 89-2152, July–August 1989.
[34] Mason, W.H., "Analytic Models for Technology Integration in Aircraft Design", AIAA Paper No. 90-3262, September 1990.
[35] Malone, B., andW.H. Mason, "Multidisciplinary Optimization in Aircraft Design Using Analytic Technology Methods", AIAA Paper No. 91-3187, September 1991.
[36] Petersen, T.J., and P.L. Sutcliffe, "Systems Engineering as Applied to the Boeing 777", AIAA Paper No. 92-1010, February 1992.
[37] Bushnell, D.M., "Far Term Visions in Aeronautics", Transportation Beyond 2000: Technologies Needed for Engineering Design, Part 1, NASA TP 10184, pp. 261–298, 1996.
[38] Mavris, D.N., and D.N. DeLaurentis, "A Probabilistic Approach for Examining Aircraft Concept Feasibility and Viability", Aircraft Design, Vol. 3, No. 2, pp. 79–101, 2000.
[39] ESDU, "Examples of Construction of Carpet Plots from Experimental Data", Data Item No. 04012, 2004.
[40] McMasters, J.H., and R.M. Cummings, "Rethinking the Airplane Design Process: An Early 21st Century Perspective", AIAA Paper No. 2004-0693, 2004.
[41] Friend, M.G., and C.P. Nelson, "From Concept to Market Reality: A Case Study of the Sonic Cruiser", Innovative Configurations and Advanced Concepts for Future Civil Aircraft, von Kármán Institute for Fluid Dynamics, Lecture Series 2005-06, June 2005.
[42] Kehayas, N., "Aeronautical Technology for Future Subsonic Civil Transport Aircraft", Aircraft Engineering and Aerospace

Technology, Vol. 79, No. 6, pp. 600–610, 2007.
[43] Toor, J. van, and T. Ahn, "The Role of Advanced Design in Aircraft Development and Product Definition", private communication, 2010.

Transport Aircraft Technology

[44] Schneider, W., and M. Wittmann, "Cost Efficiency Considerations Concerning the Application of Advanced Technologies for Civil Transport Aircraft", SAWE Paper No. 1214, May 1978.
[45] Shevell, R.S., "Technological Development of Transport Aircraft – Past and Future", Journal of Aircraft, Vol. 17, No. 2, pp. 67–80, February 1980.
[46] Swihart, J.M., "The Next Generation of Commercial Aircraft: The Technology Imperative", ICAS Paper No. 80-0.2, October 1980.
[47] Maglieri, D.J., and S.M. Dollyhigh, "We Have Just Begun to Create Efficient Transport Aircraft", Astronautics and Aeronautics, Vol. 20, No. 1, pp. 26–38, February 1982.
[48] Williams, L.J., "Advanced Technology for Future Regional Transport Aircraft", SAE Paper No. 820731, 1982.
[49] Wright, H.T., "NASA Technology Program for Future Civil Transports", AIAA Paper No. 83-1603, 1983.
[50] Kayten, G.G., C. Driver, and D.J. Maglieri, "The Revolutionary Impact of Evolving Aeronautical Technologies", AIAA Paper No. 84-2445, 1984.
[51] Swihart, J.M., "The Progress of Aeronautics", AGARD Report No. R-782, Paper 1, June 1990.
[52] Flosdorff, H., J. Roeder, and J. Szodruch, "Technological Requirements Concerning Subsonic Transport Aircraft", paper presented at German Aerospace Congress, Bremen, 29 September-2 October 1992.
[53] Szodruch, J., and R. Hilbig, "Building the Future Aircraft Design for the Next Century", AIAA Paper 98-135, 1998.
[54] McMasters, J.H., and R.M. Cummings, "Airplane Design: Past, Present and Future", Journal of Aircraft, Vol. 39, No. 1, pp. 10–17, January–February 2002; also AIAA Paper No. 2001-0535.
[55] Jarry, P., "Market Drivers and Innovation Behind Airbus Products", ICAS Paper No. 02-0.5, September 2002.
[56] McMasters, J.H., and R.M. Cummings, "From Farther, Faster, Higher to Leaner, Meaner, Greener: Further Directions in Airplane Design", Journal of Aircraft, Vol. 41, No. 1, pp. 51–61, January–February 2004; also AIAA Paper No. 2003-0553.
[57] McMasters, J.H., "A U.S. Perspective on Future Commercial Airliner Design", Innovative Configurations and Advanced Concepts for Future Civil Aircraft, von Kármán Institute for Fluid Dynamics, Lecture Series 2005-06, June 2005.
[58] Frota, J., and Y. Vigneron, "Airbus Future Projects Approach to New Aircraft Concepts and Research and Technology", Innovative Configurations and Advanced Concepts for Future Civil Aircraft, von Kármán Institute for Fluid Dynamics, Lecture Series 2005-06, June 2005.
[59] Kehayas, N., "Aeronautical Technology for Future Subsonic Civil Transport Aircraft", Aircraft Engineering and Aerospace Technology, Vol. 79, No. 6, pp. 600–610, 2007.

Computer-Assisted Synthesis and Design Integration

[60] Lee, V.A., H.G. Ball, E.A. Wadsworth, W.J. Moran, and J.D. McLeod, "Computerized Aircraft Synthesis", Journal of Aircraft, Vol. 4, No. 5, September–October, pp. 402–408, 1967.
[61] Boyles, R.Q., "Aircraft Design Augmented by a Man–Computer Graphic System", Journal of Aircraft, Vol. 5, No. 5, 1968.
[62] Wallace, R.E., "Parametric and Optimisation Techniques for Airplane Design Synthesis", AGARD LS-56, April 1972.
[63] Wallace, R.E., "A Computerized System for the Preliminary Design of Commercial Airplanes", AIAA Paper No. 72-793, August 1972.
[64] Ardema, M.D., and L.J. Williams, "Automated Synthesis of Transonic Transports", AIAA Paper No. 72-794, August 1972.
[65] Fulton, R.E., Sobieszczanski, J., and Landrum, E.J., "An Integrated Computer System for Preliminary Design of Advanced Aircraft", AIAA Paper No. 72-796, August 1972.
[66] Bishop, A.W., and A.N. Page, "An Approach to Design Integration", AGARD CP-147, Vol. 1, Paper No. 5, October 1973.
[67] Gregory, T.J., "Computerized Preliminary Design at the Early Stages of Vehicle Design", AGARD CP-147, Vol. 1, Paper No. 6, October 1973.
[68] Heldenfels, R.R., "Integrated Computer-Aided Design of Aircraft", AGARD CP-147, Vol. 1, Paper No. 16, October 1973; also AIAA Paper No. 73-410, March 1973.
[69] Galloway, T.L., and M.H. Waters, "Computer-Aided Parametric Analysis of General Aviation Aircraft", SAE Paper No. 730332, April 1973.
[70] English, C.H., "Interactive Computer Aided Technology: Evolution of the Design Manufacturing Process", McDonnell Aircraft Co., AIAA Meeting Paper, MC-AIR75-009, August 1975.
[71] Hitch, H.P.Y., "Computer Aided Aircraft Project Design", Aeronautical Journal, Vol. 81, No. 469, pp. 51–62, February 1977.
[72] Oman, B.H., "Vehicle Design Evaluation Program", NASA CR-145700, January 1977.
[73] Gregory, T.J., and L. Roberts, "An Acceptable Role for Computers in the Aircraft Design Process", AGARD CP-280, Paper No. 3, September 1979.
[74] Howe, D., "The Application of Computer Aided Techniques to Project Design", Aeronautical Journal, Vol. 83. No. 492, pp. 16–

21, January 1979.
[75] Sliwa, S.M., and P.D. Arbuckle, "OPDOT: A Computer Program for the Optimum Preliminary Design of a Transport Airplane", NASA TM-81857, 1980.
[76] Smyth, S.J., "CADAM Data Handling from Conceptual Design through Product Support", Journal of Aircraft, Vol. 17, No. 10, pp. 753–760, October 1980.
[77] Fulton, R.E., "CAD/CAM Approach to Improving Industry Productivity Gathers Momentum", Astronautics and Aeronautics, pp. 64–70, February 1982.
[78] Stack, S.H., "A Computer-Aided Design System Geared Toward Conceptual Design in a Research Environment", AIAA Paper No. 81-0372, January 1981.
[79] Eckels, W.E., "Civil Transport Aircraft Design Technology", AIAA Paper No. 83-2463, October 1983.
[80] Haberland, C., J. Thorbeck and W. Fenske, "A Computer Augmented Procedure for Commercial Aircraft Preliminary Design and Optimization", ICAS Paper 84-4-8-1, 1984.
[81] Victor, K., and T.Weir, "Application of Computers to the Aircraft Design Process", AIAA, pp. 390–397. Paper No. 85-3044, October 1985.
[82] Haberland, C., and W. Fenske, "A Computer Augmented Procedure for Commercial Aircraft Configuration Development and Optimization", Journal of Aircraft, Vol. 23, No. 5, pp. 390–397, May 1986.
[83] Bil, C., "Applications of Computer-Aided Engineering to Subsonic Aircraft Design in a University Environment", ICAS Paper 86-3.1.1., 1986.
[84] Bil, C., Development and Application of a Computer-Based System for Conceptual Aircraft Design, Doctoral Dissertation, TU Delft, 1988.
[85] Michaut, C., C. Cavalli, H.T. Huynh, and H. Lethuy, "Preliminary Design of Civil Transport Aircraft" AIAA Paper No. 89-2152, August 1989.
[86] Hays, A.P., "Spreadsheet Methods for Aircraft Design", AIAA Paper No. 89-2059, August 1989.
[87] Michaut, C., D. Cavalli and H.T. Huynh, "Conceptual Design of Civil Transport Aircraft", ICAS Paper 90-2.1.2., 1990. September 1990.
[88] Denisov, V.E., "Application of Methods and Tools for Computer-Aided Design in Investigation of Prospects for Civil Aircraft Progress", ICAS Paper No. 90-2.1.4, September 1990.
[89] Haberland, C., W. Fenske, O. Kranz, and R. Stoer, "Computer-Aided Conceptual Aircraft Configuration Development by an Integrated Optimization Approach", ICAS Paper No. 90-2.6R, September 1990.
[90] Kroo, I.H., "An Interactive System for Aircraft Design and Optimization", AIAA Paper No. 92-1190, February 1992.
[91] ACSYNT Institute, "ACSYNT (Aircraft SYNThesis) V2.0", January 1993.
[92] Myklebust, A., and P. Gelhausen, "Putting the ACSYNT on Airplane Design", Aerospace America, Vol. 32, No. 9, pp. 26–30, September 1994.
[93] Bloor, J.M., "Efficient Parametrization of Generic Aircraft Geometry", Journal of Aircraft, Vol. 32, No. 6, pp. 1269-1275, 1995.
[94] Schneegans, A., O. Kranz, and Ch. Haberland, "Flying Objects: An Object-Oriented Toolbox for Multidisciplinary Design and Evaluation of Aircraft", ICAS Paper No. 98-6.4.4, September 1998.
[95] Raj, P., "Aircraft Design in the 21st Century: Implications for Design Methods insert paper presented at, 29th AIAA Fluid Dynamics Conference, Albuquerque, AIAA, 1998.
[96] McCullers, L.A., "FLOPS: FLight OPtimization System, Release 5.94User's Guide", NASA Langley Research Center, December 1998.
[97] Xiaobin Xie, "A New Numerical Design Tool for Concept Evaluation of Propeller Aircraft", Aircraft Design, Vol. 2, No. 3, pp. 147–165, 1999.
[98] Österheld, C., W. Heinze, and P. Horst, "Preliminary Design of a Blended Wing Body Configuration Using the Design Tool PrADO", in CEAS Conference on Multidisciplinary Aircraft Design and Optimization,Maternushaus, Köln, pp. 119–128, June 2001.
[99] Pouchet, C., E. Forbes, D. DeLaurentis, and D. Mavris, "An Exploration of a Novel Approach to Aircraft Volumetric Sizing", AIAA Paper No. 2003-6710, 2003.
[100] Zhijie Lu, E-S Yang, D.A. DeLaurentis, and D.N. Mavris, "Formulation and Test of an Object-Oriented Approach to Aircraft Sizing", AIAA Paper No. 2004-4302, 2004.
[101] Rentema, D.W.E., "AIDA: Articifial Intelligence Supported Conceptual Design of Aircraft", Doctoral Dissertation, TU Delft, November 2004.
[102] Anemaat, W.A.J., "Conceptual Airplane Design Systems", in Encyclopaedia of Aerospace Engineering, R. Blockly, and W. Shyy (eds), John Wiley & Sons, Chichester, October 2010.
[103] la Rocca, G., "Knowledge Based Engineering Techniques to Support Aircraft Design and Optimization", Doctoral Dissertation, TU Delft, March 2011.

제 2 장
초기 개념설계
Early Conceptual Design

고속 컴퓨터 프로그램, 정교한 해석 그리고 전산화된 설계의 오늘날 세계에서도 특히 초기 개념연구의 목적으로 중량예측을 위해서 빠르고 형식적인 방법에 대한 필요성은 그대로이다. 몇 개의 나무를 조사하기 전에 숲을 빠르게 확인할 필요가 여전히 있다고 얘기할 수도 있을 것이다.

D.P. Marsh [13] (1982)

2.1 시나리오와 요구조건

2.1.1 무엇이 설계를 이끄는가

새로운 항공기의 설계를 시작하기 전에, 설계 특성에 영향을 미치는 지배적인 요구와 조건에 대한 이해를 하는 것이 첫 번째 단계이다. 일반적으로 이러한 활동에는 (a) 설계 및 인증 요구조건을 준수하는데 필요한 구현기술의 평가, (b) 설계상 서로 다른 개념적인 일반 배열의 선택에 대한 의미를 평가하는 비교연구, (c) 경제적으로 우월한 항공기를 선택할 수 있도록 하는 최적화될 선택변수에 대한 식별을 포함한다. 운송용 항공기를 설계하기 위해서 필요한 몇 가지 지배적인 항목이 표 2.1 에 정리되어 있다. 이런 문제의 많은 부분이 설계 종합 과정에 포함되어 있으며, 나머지는 상세설계 단계에서 전문가에 의해 처리되어야 한다. 대부분의 요구조건은 최상위 요구조건(TLR)에서 성능한계의 형태로 지정되며, 나머지는 고등설계팀에 의해서 결정된다. 관련된 모든 문제 사이에서 균형점을 찾는 것은 공식화된 (수치) 최적화 과정보다는 전문지식과 상식을 통해서 대처하는 것이 가장 바람직한 과제이다.

주어진 유상하중과 임무성능에 대해서 연료 중량과 최대 이륙중량(MTOW)을 줄이는 것은 비행성능과 운용비용에 긍정적인 영향을 미치는 것으로 널리 인정되고 있다. 따라서, 상업용 항공기 개발이 있었던 지난 수십 년 동안 설계자들은 MTOW 를 최소로 하는 것에 집중해 왔다는 사실은 놀라운 것이 아니다. 그러나, 2000 년 이후 유가의 급등, 화석연료의 고갈에 대한 전망, 그리고 세계적인 CO_2 배출에 대한 관심으로 인해서 연소되는 연료의 감소와 대체연료의 사용으로 관심이 이동되었다. 총중량을 줄이는 것과 연료소모율을 줄인다는 목표가 반드시 서로 상충하는 것은 아님에도 불구하고, 두 번째 목표(연료소모율 감소)는 첫 번째(중량 감소) 보다 공기역학 그리고 추진효율이 강조된다. 환경에 대한 피해를 최소화 한다는 관점에서, 항공기 제조사는 에너지 효율을 중요한 성능 요소로 강조하고 있다(2.5 장). 이로 인한 파생효과는 혁신적이거나 특이한 항공기 설계 개념에 대한 연구의 등장이다.

설계자는 체적효율, 표면적 그리고 날개 스팬과 같은 비행기의 레이아웃과 지오메트리의 적절한 선택 그리고 최신 구조재료의 적용을 통해서 자체중량을 줄이는 것에 대해서 제한된 자유도만을 갖는다. 엔진효율과 장착추력을 결정하는데 중요한 항목은 이륙 활주거리, 초기상승(climb-out) 성능 그리고 (초기) 순항조건이다. 그러나, 설계의 자유도는 안전과 감항성 요구조건, 운용비용 그리고 환경문제에 의해서 제한된다. 프로젝트가 백지상태에서 시작되는 것이라고 하더라도, 초기 개념은 회사의 전통과 경쟁 또는 이미 발표된 설계에 대한 정보에 의해서 불가피하게 영향을 받을 수 밖에 없다.[1] 그러면 다음 단계는 진보된 기술을 적용하거나 또는 특이한 일반 배열을 적용해서 초기에 예측한 중량과 항력성분을 조절하는 것으로 개선을 고려하는 것이다.

표 2.1 상업용 수송 항공기의 주요 설계 인자

설계 인자	관련 사항
수송 기능	유상하중/항속거리, 설계속도
탑승객 객실	접근성, 안락함, 비상탈출, 시각적 디자인
추진	엔진 기술, 출력/추력, 연료 소모
구조	강도, 강성, 피로수명, 생산
시스템 기술	비행조종 시스템, 항공전자
비행 선도	동압과 고도 한계
저속 성능	실속 및 참고속도, 활주로 길이
활주로	활주로 상태, 항공기 처리
비행 안전	비행특성, 엔진 고장시 특성
환경	주변 소음, 배기가스, 후류 와류 해제
경제	생산성, 직접운용경비
운용	하중과 밸런스, 신뢰성, 정비성

이번 장에서는 TLR 과 기존 항공기에 대한 통계적인 정보가 자체중량과 이륙시 연료중량 그리고 설계중량에 대한 현실적인 추정을 하는데 초기 개념설계 단계에서는 충분하다는 것을 보여줄 것이다. 중요한 항목은 엔진의 전체 효율과 순항비행시 공기역학 효율에 대한 데이터이다. 제안된 기초적인 중량예측 방법은 사이징 계산으로부터 보다 자세한 정보가 알려지는대로 개선되어야 한다. 중량 민감도 정보는 독립 설계변수의 최적화를 위한 필수 입력값이다(제 8 장).

2.1.2 민간용 비행기의 분류

새로운 설계의 일반적 특성을 결정하는 필수 매개변수는 최대 순항속도와 추진의 종류이다. 그림 2.1 과 같은 여객기의 최대 순항속도에 대한 역사적인 발전과정을 보면, 1920 년대에서 1960 년대 사이의 프로펠러 항공기는 150 에서 650km/h 로 점차 증가된 이후 그대로 유지되었다. 최신 터보프롭 항공기는 700km/h 를 넘지 않지만, 고속 프로펠러의 개발은 750km/h 까지 순항속도를 증가시킬수 있을 것이다. 1950 년대 소개된 제트엔진은 최대속도를 900km/h 로 증가시켰고 이는

[1] 유사 항공기의 통계정보 이용은 현실적인 초기 기본형 설계를 얻는데 유용하다. 그러나, 통계의 사용이 창의적인 설계 과정에 대한 자산은 아니며 전형적인 형상의 설계자는 자신의 설계가 기존 항공기보다 우수하지 않은 것으로 나타나더라도 놀라지 않아야 한다.

나머지 20 세기 동안 유지되었으며, 일부 장거리 비지니스 제트기는 950km/h 까지 도달하기도 했다. 그림 1.2(b)와 같은 보잉의 소닉크루저(Sonic Cruiser) 프로젝트는 혁신적인 일반 배열을 통해서 순항속도를 마하수 0.97(1030km/h)까지 실현하는 것을 목표로 했다. 환경 친화적인 운용에 대해서 최적화될 미래의 장거리 여객기는 마하수 0.75 (800km/h) 이하의 속도로 순항할 것이다.

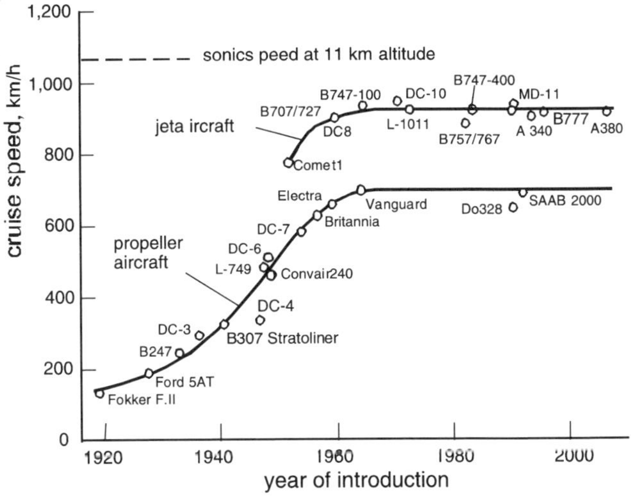

그림 2.1 최대 순항속도에 대한 역사적인 추이

비행기에 요구되는 수송 기능은 주요 부품의 최적 배열과 위치에 큰 영향을 미치게 된다. 현재 운용중인 여객기의 대부분은 다음 종류 중 하나로 구분될 수 있다.

- 단일 통로의 객실로 좌석 수 20~90 석 사이의 프로펠러 항공기
- 단일 통로의 객실로 좌석 수 50~110 석 사이의 제트 항공기로, 수평 꼬리날개가 동체의 후방 또는 수직 꼬리날개에 부착됨
- 단일 통로 객실에 좌석 수 110~220 석 사이의 협동체(narrow body) 제트기
- 단일 또는 이중 통로 객실에 좌석 수 최소 220 석 이상인 광동체(wide body) 제트 항공기

프로펠러 비행기는 저익형 또는 고익형의 직선형 주날개의 앞부분에 두 개의 터보프롭 엔진으로 추진되고, 수평 꼬리날개는 동체의 후방이나 수직 꼬리날개에 부착된다. 대부분의 제트 수송기는 저익형 주날개의 앞전 아래에 두 개 또는 네 개의 터보팬 엔진이 매달리는 형태로 장착되며, 수평 꼬리날개는 동체의 후방에 부착된다. 일부 중형 제트기는 동체의 객실부 뒷편에 두 개의 엔진이 장착되고, 수평 꼬리날개는 T 자 형태로 수직 꼬리날개에 높이 부착되기도 한다.[2] 대다수 화물 수송기는 여객기의 변형으로, 화물 전용 수송기는 고익형태의 주날개를 갖는다.

[2] 3 개의 엔진을 갖는 제트 수송기가 1960 년대와 1970 년대에 개발되었다. Hawker Siddeley Trident, Boeing 727, Lockheed 1011, Douglas DC-10 (이후 MD-11 로 변경), 그리고 Tupolev 134 와 154

표 2.2 제작사의 정의에 따른 비지니스 항공기의 분류. 항속거리는 전형적인 좌석배열, NBAA 예비연료 기준에 적용되며 저가형 단일 엔진 제트기는 제외됨

등급	MTOW, ton	좌석수	객실 높이, cm	최대 순항속도	항속거리, 1000km
초경량	<5	2+(3~4)	130~150	340~380kts	2.0~2.5
경량	5~9	2+(4~7)	135~170	400~460kts	2.5~4.5
중형	9~18	2+(6~14)	140~185	430~465kts	3.5~5.5
대형	18~38	(2~3)+(8~19)	165~190	Mach 0.80~0.86	5.0~8.5
장거리	38~50	(3~4)+(8~19)	185~195	Mach 0.86~0.92	8.5~13

초과되는 항공기의 공급으로, 인해서 2 차 대전 직후 기업용과 에어택시 전용으로 사용되는 왕복엔진의 프로펠러 항공기가 등장하게 되었다. 최근에는 일반 항공기에 사용할 수 있는 가스터빈 엔진의 높은 신뢰도로 인해서 터보프롭 단발기로도 주간 및 야간 상업용 비행이 가능하게 되었다. 터보프롭 쌍발기는 한 엔진 부작동시에도 향상된 안전성을 가지며 높은 순항속도를 갖는다. 고급 비지니스 항공은 기업용 제트기와 관련된다.

표 2.2 는 1990 년과 2010 년 사이에 첫 비행을 했던 비지니스 제트기의 크기에 대한 등급 분류를 보여주고 있다. 비지니스 전용 제트기는 다용도 객실, 저익형태의 주날개, 동체 뒷부분에 장착되는 터보팬 엔진 그리고 높이 장착되는 수평 꼬리날개를 갖는다. 시장조사 결과에 따르면 가장 중요한 항목은 객실의 공간, 속도, 항속거리 그리고 활주 거리이다. 그림 2.2 에 따르면 생산성에 대한 소비자의 수요를 만족시킬 수 있는 성능을 위해서는 설계 창의성이 경쟁력을 유지하는데 도움을 주겠지만, 무엇보다도 성능에 비례하는 가격의 상승이 필요하다는 것을 보여주고 있다.

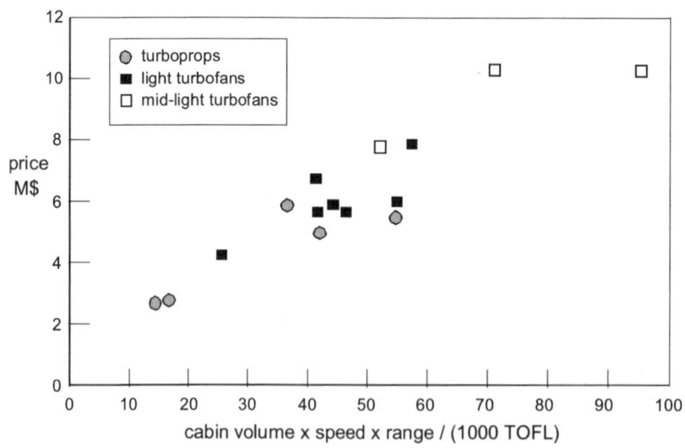

그림 2.2 비지니스 항공기에 대한 생산성 해석 [22]

2.1.3 최상위 요구조건

만약 C-5A 개발 프로그램의 설계사양 중에 자체중량을 늘일 수 있는 설계의 자유도가 예를 들어서 5% 정도(약 16000lbs)만 있었더라면 수백만 달러의 절약을 실현하는 것은 어렵지 않았을 것이다.

F.A. Cleveland [9]

항공기의 형식증명을 받는 기준이 되는 감항성 규정[6]을 준수하는 것을 제외하고, TLR 은 고등설계의 목적을 준수하는 정도의 수준으로 설계의 목표와 구속조건을 상세하게 정의한다. 제트 수송기에 대한 전형적인 요구조건과 기술적인 목표는 아래와 같다.

- 유상하중, 중단거리 또는 대륙간 (US 국내) 비행: 단일 또는 2 등급 좌석 배열.
  유상하중, 장거리 (국제선) 비행: 증가된 객실 수하물과 함께 3 등급 좌석 배열.
  탑승객 수용: 좌석 폭 및 간격, 통로의 폭 및 높이, 객실 편의시설, 여압 수준, 탑승/하기 시설.
  가방/수하물 공간: 탑승객 수하물을 위한 최소 부피. 대형 여객기는 플로어 아래의 표준 컨테이너에 수하물을 적재한다.
- 항속거리: 유상하중이 운송될 수 있는 최대 거리로, 예를 들어 미국 내륙 기준으로는 5600km (3000nm) 또는 태평양 횡단 기준으로는 14000km (7600nm)이다. 비행의 실행과 연료의 비축에 대한 정책은 명시적으로 정의되어 있고, 서로 다른 항속거리에 대한 경제적인 그리고 고속 순항 조건 사이의 구분이 이루어질 수 있다. 중거리 여객기는 대부분 다구간(multi stage) 운용을 위해서 설계되며, 많은 비행은 중간 재급유 없이 비행하도록 설정된다.
- 순항속도/고도 능력: 보통 최저 초기 고도와 조합된 최소 순항속도 또는 마하수. 요구조건은 표준 및/또는 비표준 주변대기 조건과 관련될 수 있다. 산악지형 또는 대양 횡단 비행시에는 한 엔진 부작동시(One Engine Inoperative, OEI) 상승 한도(ceiling)가 중요하다.
- 저속 성능: 지정된 임무와 조합된 필요한 이륙 활주거리(TOFL), 엔진 고장시 상승 기울기, 접근속도 및/또는 착륙 활주거리(LFL)에 대한 구속조건. 표준대기와 비표준 주변대기 조건에 따라서 이륙과 착륙에 서로 다른 한계가 적용될 수 있다. 특히 활주로는 표고가 높은 곳에 위치한 표준보다 높은 온도(hot and high)로 지정될 수도 있다.
- 공항 호환성: 날개 스팬과 항공기의 길이, 랜딩기어 트랙과 활주로 노면 하중에 대한 한계를 정의하는 활주로 등급
- 환경적인 문제: FAR Part 36 및 유사한 기준인 ICAO Annex 16 의 인증 요구조건에 대해서 정의되는 최대 소음 방출 수준. 예를 들어 FAA Stage 4 이하에 대해서는 누적 한계로 30 dB 이하. 이륙과 착륙시 엔진 배기가스 목표는 국제적으로 합의된, 특히 CAEP/6 NOx 제한 기준에 대해서 정의된다.
- 신뢰성과 내구성: 집중된(intense) 여객기의 사용은 비행시간 또는 비행 싸이클로 지정되는 수명을 성취해야 하는 필요성을 강조한다.

많은 여객기는 단일 임무보다는 계열화(family) 계획의 프레임웍에서 기획된다. 증가된 또는 감소된 항속거리 및/또는 유상하중을 갖는 일부 버전이 프로젝트의 수명 싸이클 동안 생성된다. 이는 기본형 버전과 동일한 객실 단면적을 갖는 몇몇 변형 모델의 개념설계 동안 평가를 필요로 한다.

2.2 중량과 관련된 용어 및 예측

중량 공학은 항공기 설계와 관련된 주요 분야이다. 개념 단계에서 중량 예측의 개념은 회귀분석을 통해서 특정 항공기 등급에 대한 통계적인 중량 예측 방법으로 변환되는 방대한 데이타베이스를 포함한다. 사전 개념단계에서 잘 정의되는 데이타는 TLR, 이전 프로젝트 연구 및 통계 정보로부터 도출된다. 설계가 진행되면서 더 많은 설계 매개변수를 사용할 수 있으며, 중량 예측은 통계보다 해석에 더 근거를 두게 되어 보다 정확한 결과로 이어진다.

2.2.1 방법의 분류

다양한 종류와 세부적인 수준의 중량 예측을 통해서 프로젝트 개발 단계에 걸쳐서 사이징 정보에 대한 요구를 만족하게 된다. 다음과 같은 분류가 일반적이지만 표준으로 간주되지는 않아야 한다.

- 클래스 I - 사전 개념연구

  클래스 I 중량예측은 설계 지오메트리를 사용하지 않고 전체 항공기의 중량에 대한 인식(impression)을 갖기 위한 저신뢰도 접근방법을 이용한다. 이 방법은 TLR 과 기존 항공기의 데이터베이스를 기반으로 한다. 입력변수로는 보통 항공기의 인증 등급, 기술수준 그리고 하나 또는 이상의 유상하중과 항속거리의 조합으로 이루어진다. 클래스 I 중량예측은 이와 같은 기본적인 입력값과 함께 신중하게 해석된 유사한 항공기의 중량 분율(weight fraction)에 대한 통계자료를 우선적으로 이용한다.

- 클래스 II - 개념설계

  비행기의 형상이 결정되고 기본적인 지오메트리, 성능 그리고 다른 일반적인 특성이 결정된 단계에서는 중신뢰도 방법을 통해서 각 성분별로 계산된 중량을 합하는 방식으로 보다 세부적인 중량예측이 이루어진다. 클래스 I 중량예측으로 구한 설계 중량, 예비삼면도, 그리고 엔진의 장착추력 또는 출력이 입력값으로 사용된다. 중량성분이 그룹별 중량내역으로 수집되어 새로운 값의 설계중량이 결과로 나타난다. 구조중량 성분의 예측은 통계자료에 의해서 보강되고 교정되는 지오메트리 정보를 이용한 유사-해석적 그리고 해석적인 방법으로 이루어진다. 시스템과 장비의 중량성분은 통계에 기반해서 처리된다. 예측결과는 각 그룹별 무게중심 위치와 함께 중량내역 수준으로 가시화되며, 이는 모두 밸런싱 과정을 위해서 필요하다. 주날개 지오메트리와 장착출력 또는 추력의 변화에 따른 중량 민감도에 대한 요구조건이 따를 수도 있다.

- 클래스 III - 예비설계

  설계 특성에 대한 추가적인 개발과 늘어나는 정보로 인해서 중량예측은 보다 복잡하고 세부적으로 진행된다. 계산은 AD 엔지니어, 중량 엔지니어 그리고 기능별 그룹 전문가 사이의 협력으로 이루어진다. 클래스 III 중량예측은 무게중심 위치와 관성모멘트에 따라서 보완되는 중량에 대한 정보와 함께, 구조, 시스템 그리고 장비에 대한 서브시스템 수준 성분으로의 분류를 포함한다. 기본설계의 수정보완이 목표이므로, 중량해석 방법은 관련된 설계변수의 변화에 대한 영향을 정확하게 예측할 수 있어야 한다. 설계민감도에 대한 정보는 양력, 항력, 하중해석 그리고 구조성분의 크기에 대해서는 특히 전산유체역학(CFD)이나 유한요소법(FEM)과 같은 고신뢰도 해석방법을 통해서 구해진다. 디지털 지오메트리 데이타베이스가 입력자료의 출처로써 빈번하게 사용된다. 이러한 AD 단계에서 조차도, 통계에 따른 보정을 완전히 피할 수는 없다. 결과는 성능과 비행역학 해석, 비행조종 시스템의 설계 그리고 상세설계 단계의 입력자료로 사용된다.

- 클래스 IV - 상세설계

  중량엔지니어는 세부적인 하드웨어에 대한 수천 장의 (전자)도면을 이용해서 자체적으로 설계한 항목과 구매한 제품 및 서브시스템 전체에 대한 정확한 질량과 관성모멘트의 목록을 관리하게 된다. 중량엔지니어링 그룹은 모든 기록된 질량을 감독하며 또한 항공기의 형식승인 자료와 비교한다. 결과는 상세한 중량내역과 조립수준으로 나타난다. 사양(specification)과 실제 중량 사이의 작은 차이는 일반적으로 허용되지만, 상당한 초과중량이 나타나는 경우에는 조직 단위로 중량감소 프로그램이 적용될 수 있다.

이번 장에서는 제트여객기의 클래스 I 중량예측은 약간의 공학적인 작업만으로도 처리될 수 있다는 것을 보여줄 것이다. 마찬가지로 비지니스 제트기 또는 프로펠러 비행기에 대해서도 큰 어려움이 없이 유사한 접근방법을 도출할 수 있다. 초기 사이징 과정에 대한 클래스 II 방법의 적용과 일부 최적화의 적용 예제는 제 8 장과 10 장에서 논의될 것이다. 주날개 구조중량 예측에 대한 유사-해석적인 방법의 도출은 제 11 장에서 다루어진다. 물체의 중량은 지구상의 위치에 따라서 약간 달라질 수 있기 때문에 중량 엔지니어는 이러한 분야를 질량공학(mass engineering)이라고 부르는 것을 선호한다. 아음속 비행기 설계의 경우, 이러한 측면은 별로 의미가 없으므로 중량요소는 항상 중력가속도의 표준값인 $g_0 = 9.80665\text{m/s}^2$ 을 사용한다고 가정한다.

2.2.2 기본적인 중량 요소

총중량(GW)은 운용되는 항공기의 모든 중량을 합한 것(All Up Weight, AUW)으로, 변경될 수 있는 중량이다. 이륙시 GW 를 이륙중량(TOW)라고 하고, 보통 일정한[3] 운용 자체중량(Operting Empty Weight, OEW)과 유용하중(Useful Load, UL)으로 이루어진다.

$$W_{TO} = W_{OE} + W_{ul} \tag{2.1}$$

OEW 는 제조사에서 전달되는 항공기의 자체중량과 제거가능한 장비 그리고 운용사에서 추가하는 운용사 항목(Operator's Item, OI)으로 이루어진다. 다양한 객실 레이아웃 표준으로 인해서 동일한 종류의 항공기에 대해서도 OEW 에는 상당한 차이가 나타날 수도 있다. OI 는 매 비행을 위해서 준비되는 것으로, 조종석과 객실승무원, 객실 비품, 안전용품, 시스템 작동유체(system fluids) 그리고

[3] 자체중량은 운용 중 개조, 구조적인 수리 그리고 활주로에서의 오염 등으로 인해서 항공기의 수명기간 동안 증가하게 된다. 특히 이륙 도중 엔진 고장과 같은 비행성능은 GW 에 민감하기 때문에 항공사는 운용 중량의 증가에 주의를 기울인다.

사용되지 않는 연료가 포함된다. UL 은 유상하중(첨자 pay)과 이륙조건에서의 연료하중(첨자 f)으로 이루어진다.

$$W_{ul} = W_{pay} + W_f \tag{2.2}$$

여객기의 유상하중은 표 2.3 과 같이 수하물을 포함한 탑승객의 중량과 추가되는 화물로 이루어진다.

표 2.3 여객기 유상하중 및 수하물 밀도

유상하중 항목	질량, kg
탑승객, 기내 수하물 포함	75
탑승객 수하물 – 국내선	20
탑승객 수하물 – 국제선	25
단위 부피 미터당 대형 화물	160
전체 화물 컨테이너	1590

비지니스 제트의 유상하중은 고급 또는 기업 셔틀용과 같은 운용 등급에 따라서 달라지고, 조종사를 포함하거나 포함하지 않을 수도 있다. 화물기의 유상하중은 전체 화물의 중량에 추가되는 승객이 있다면 이를 포함하게 된다.

그림 1.6 은 이륙시 연료의 구성이 블록연료 또는 트립연료로 부르기도 하는 목적지까지 비행하는데 필요한 임무연료(첨자 misf)와 기동, 홀딩, 복항 그리고 회항 비행등을 위한 예비연료로 이루어지는 것을 보여주고 있다.

$$W_f = W_{misf} + W_{resf} \tag{2.3}$$

GW 는 연소되는 연료로 인해서 비행하는 동안 줄어든다. 무연료중량(Zero Fuel Weight, ZFW)은 연료탱크가 빈 상태에서 유상하중을 포함한 항공기의 중량을 의미한다.

$$W_{ZF} = W_{OE} + W_{pay} \tag{2.4}$$

식 2.1 을 다시 정리하면 TOW 는 다음과 같다.

$$W_{TO} = W_{ZF} + W_f = W_{OE} + W_{pay} + W_f \tag{2.5}$$

착륙중량(Landing Weight, LW)은 비행을 마치고 착지(touch down)할 때의 GW 를 의미한다.

$$W_L = W_{TO} - W_{misf} = W_{ZF} + W_{resf} \tag{2.6}$$

착륙 후 지상활주 동안에 사용되는 연료는 예비연료로 간주한다.

2.2.3 중량 제한(Weight limits)

비행성능과 항공기 구조에 작용하는 하중은 GW 와 항공기의 중량성분 분포 변화에 민감하다. 운용의 안전성을 위해서 항공기의 운용에 있어서 준수되어야 하는 분명하게 정의된 중량제한이 적용되고 있다. 이에 대한 정의는 관련된 감항성 요구조건에서 찾아볼 수 있다[5]. 이러한 중량의 제한은 항공기 구조에 작용하는 가장 높은 하중을 결정하고, 따라서 이는 설계중량으로 부르기도 한다.

많은 하중에 대한 제한사항이 예비설계 단계에서 고려되어야 하지만, 그 중에 가장 적절한 것은 개념설계 초기의 중량예측과 관련된 것이다.

- 최대 무연료중량(Maximum Zero Fuel Weight, MZFW)은 항공기의 연료탱크가 빈 상태에서 GW 의 최대값이다. MZFW 는 대부분 날개 구조에 의해서 그리고 날개 하중이 작용할 때 응력을 흡수하는 동체 구조물에 의해서 견뎌질 수 있는 최대 하중에 기반한다.
- 구조 유상하중(Structural Payload, SPL)은 MZFW 를 초과하지 않으면서 수송할 수 있는 최대 유상하중을 의미한다. 따라서, SPL = MZFW – OEW 이다.
- 주기장에서 적재되는 총 연료는 엔진 시동과 활주로까지 지상활주를 위한 비행 전 연료와 임무연료 그리고 예비연료의 합과 같다. 최대 연료하중은 연료탱크의 용량에 의해서 결정된다.
- 항공기는 최대 이륙중량(MTOW)을 초과한 총중량 상태로 이륙할 수 없다. MTOW 는 대부분 이륙시 작용하는 하중과 최대 항로비행 중(En Route) GW 에 견딜 수 있는 구조물의 용량에 의해서 결정된다. MTOW 는 유용하중을 UL ≤ MTOW – OEW 로 제한하게 된다.
- 최대 착륙중량(Maximum Landing Weight, MLW)은 정상비행 이후 착륙하는 동안이나 특정한 긴급상황에서도 초과되지 않아야 한다. MLW 는 랜딩기어의 강도와 랜딩기어가 부착되는 부위 구조물의 충격하중에 따라서 결정된다.

중단거리 비행에 대한 적재(loading)의 유연성을 높이기 위해서, 항공사는 다등급 좌석에 대한 수치를 (상당히) 초과하는 유상하중을 수용할 수 있다. 공간으로 한정되는 또는 체적 유상하중(Volumetric Payload, VPL)은 단일등급 좌석에 대한 객실배열 및/또는 화물과 수하물 공간의 체적제한에 대해서 적용 가능한 최대 유상하중을 의미한다. VPL 은 최대 유상하중(Maximum Payload, MPL)이나 항공기가 형식증명을 받은 최대 좌석수를 초과할 수 없다. 최대 좌석수는 예를 들어 객실의 비상구의 숫자와 관련된다. 구조 유상하중과 체적 유상하중 사이에 큰 차이가 있는 항공기는 자체중량의 손실 또는 사용 가능한 객실 공간의 비효율적인 사용을 겪을 가능성이 있다. MPL 과 VPL 사이의 차이는 기본형 항공기의 다양한 버전을 개발하는 여러가지 이유 중의 하나로 설명할 수 있다. 수송기의 체적 유상하중 용량은 화물칸에 적재 가능한 컨테이너, 팔레트의 최대 개수 및/또는 대용량 화물의 양에 따라서 결정된다.

2.2.4 수송 능력

상업용 수송기는 MPL 이 채워지면 최대연료를 적재하지 못하는 방식으로 처리된다. 이는 그림 2.3(a)에 나온 것과 같이 비행거리에 따라 달라지는 UL 에 대한 세 가지 제한사항에 따른 것이다. (1) 단거리 비행에서 사용할 수 있는 PL 은 SPL 또는 VPL 이다. (2) 장거리 비행에 대한 UL 은 MTOW 에 의해서 제한된다. 따라서, 보다 장거리를 비행하기 위해서 임무연료를 증가시키면 유상하중은 동일한 만큼 감소되어야 한다. (3) 항공기는 연료탱크가 용량을 가득 채웠을 때 최대거리를 비행할 수 있다. 이와 같은 제한사항은 수송능력을 요약해서 보여주는 그림 2.3(b)와 같이 유상하중과 항속거리의 관계로 표현할 수 있다. 다음과 같은 특성 항속거리가 정의된다.

- 조화 항속거리(Harmonic Range) R_H 는 MZFW 와 일부만 채워진 연료탱크 상태(H 지점)에 해당하는 MTOW 와 MPL 로 이륙하는 경우 얻을 수 있는 최대 항속거리이다. MPL 은 단일 이코노미 좌석 배열에 해당한다.
- 설계 항속거리(Design Range) R_D 는 MTOW 와 MPL 보다 작은 DPL 그리고 연료를 적재한 상태(D 지점)로 이륙했을 때 얻을 수 있는 거리이다. 설계 유상하중(Design Payload, DPL)은 대부분 중장거리 여객기의 다등급 객실 배열에 해당한다.
- 최대 항속거리(Maximum Range) R_M 은 MFL 과 MTOW(M 지점) 상태일 때 성취 가능하다. 유상하중은 MPL 에 비해서 (상당히) 작아진다.
- 극한 항속거리(Ultimate Range) R_U 는 유상하중이 없이 MFL 상태로 페리비행(ferry flight)으로 출발하는 경우 가능하다.

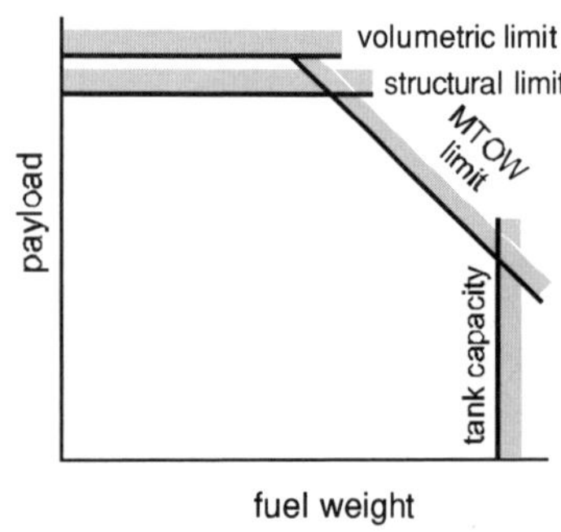

(a) limitations on payload and fuel

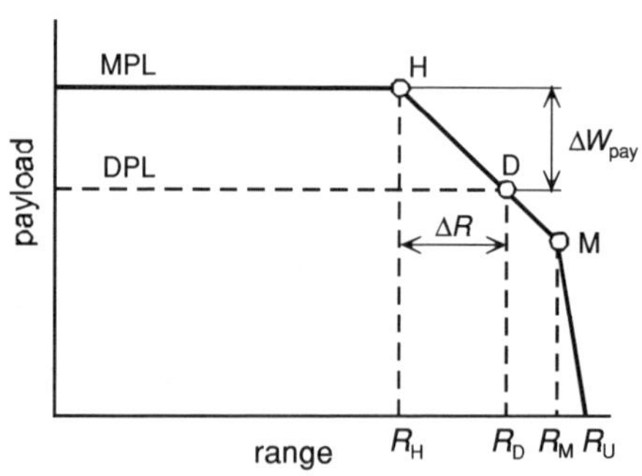

(b) payload versus range diagram

그림 2.3 설계한도, 유상하중, 임무항속거리 사이의 관계

항속거리 증가분 $\Delta R = R_D - R_H$ 은 연료중량의 증가인 ΔW_f 와 동일한 유상하중의 감소인 ΔW_{pay} 가 필요하다. 항속거리의 증가분은 ΔW_{pay} 와 비항속거리 $\Delta R/\Delta W_f$ 로 결정된다. 유상하중과 항속거리 관계 그래프의 지역 기울기로부터 비항속거리를 계산하는 방법은 2.4 장에서 설명된다.

개발될 항공기에 대해서 TLR 은 일반적으로 R_H 또는 R_D 를 지정한다. 만약 두 가지의 유상하중과 항속거리의 조합이 지정된다면, 사이징 과정은 최대 이륙중량에 대한 두 개의 값을 제공한다. 모든 요구조건은 두 개의 이륙중량값 중에서 높은 값에 대해서 만족된다. 전체 사이징 과정이 두 개의 MTOW 값에 대해서 모두 필요하기 때문에, 결국 설계자를 곤란하게 만드는 두 개의 설계사이클이 필요하다는 복잡함이 이 간단한 문장 뒤에 숨어있다. 제안된 예측방법을 이용하면 어떤 유상하중과 항속거리의 조합이 더 지배적인지 최대한 빠른 시점에서 찾아내는데 도움이 될 수 있을 것이다.

2.3 유니티 방정식

지정된 임무와 기존 또는 계획중인 항공기의 중량 분율에 대한 통계정보에 비해서 초기 클래스 I 중량예측에 좀 더 기반을 둘 수도 있다. 관련된 중량분율은 식 (2.5)로부터 구할 수 있는 TOGW 에 대한 자체중량, 유상하중 그리고 연료중량의 비율로, 이를 통해서 중량밸런스 또는 유니티 방정식(unity equation)을 만들 수 있다.

$$\frac{W_{OE}}{W_{TO}}+\frac{W_{pay}}{W_{TO}}+\frac{W_f}{W_{TO}}=1 \tag{2.7}$$

이 방정식은 항공기의 모든 하중조건과 총중량에 대해서도 사용할 수 있지만, 대부분 MTOW 상태의 항공기에 대해서 사용한다. 중량분율은 외관상 간단해 보이지만 종종 잘못 해석되기도 한다. 식 (2.7)을 정확하게 적용하기 위해서는, 중량성분의 정의, 관련된 분율 그리고 해당하는 임무 항속거리가 모호하지 않아야 하며 또한 TLR 과 일치해야 한다.

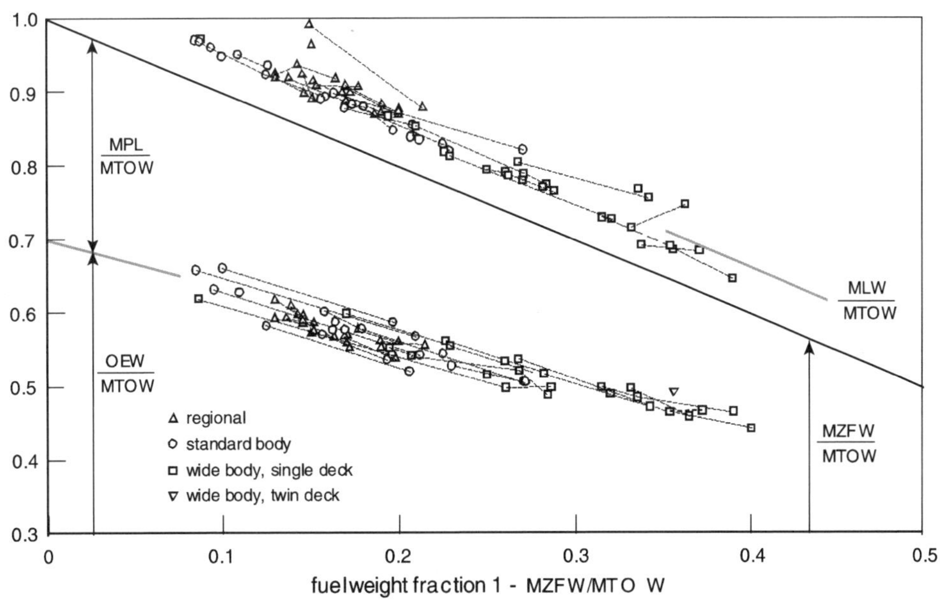

그림 2.4 1908 년에서 2012 년 사이에 취항(Entry Into Service, EIS)한 상업용 제트 항공기의 데이타에 근거한 유니티 방정식 (항공기 패밀리는 점선으로 연결됨)

그림 2.4 는 유니티 방정식을 시각적으로 표현한 것으로, 중형, 표준형 동체 그리고 광동체 제트기에 대한 중량분율의 분해를 보여주고 있다. 유상하중은 조화 항속거리에 해당하고, 연료중량은 MTOW 에서 MZFW 를 제한 것과 같고, 연료탱크는 일부만 채워진 상태이다. 그림의 왼쪽 부분은 중거리/단거리 항공기에 적용되며, 연료분율은 0.2 보다 작고, 자체중량 분율은 0.55 에서 0.65 사이이다. 연료분율이 약 0.1 정도인 여객기는 유니티 방정식에서 높은 자체하중 분율을 갖는 대부분 단거리 버전이다. 기본형 항공기의 연장된 항속거리 버전은 더 많은 연료를 위해서 상당히 높은 MTOW 를 갖는 반면, (절대) OEW 는 훨씬 적은 증가분을 보이게 된다. 결과적으로, 서로 다른 여객기 버전을 연결하는 선은 감소하는 기울기를 갖는다. 표준형 동체 여객기의 OEW 는 MZFW 의 65~70% 정도를 보인다. 유사한 경향이 광동체 항공기에도 적용되어 연료분율은 일반적으로 0.25~0.40 가 되고, 자체중량 분율은 0.45~0.55 가 된다. OEW 는 대부분 MZFW 의 70~75% 정도가 되지만, 더블데크 구조인 A380 의 경우 특별한 분류를 형성한다. 비지니스 제트기와 화물기에 대해서 유사한 결과가 참고문헌 [13]에 서술되어 있다.

많은 데이터 세트가 그림 2.4 에 나와 있지만, 대부분의 OEW 분율은 전반적인 경향으로부터 상당히 작은 편차만을 보이고 있다. 놀랍게도, 동일한 경향이 오래된 세대의 제트여객기에도 적용되는데 명확성을 위해서 이는 생략되었다. 자체중량을 줄이기 위한 계속된 시도는 이 통계에는 거의 반영되지 않은 것으로 보인다. 예를 들어서, 대부분 복합재료 구조로 이루어진 B787 의 OEW 는 그림 2.4 의 평균에서 겨우 몇 퍼센트 정도만 아래일 뿐이다. 하드웨어가 위주인 기술발전의 대부분은 운용 수명시간, 신뢰성, 경제성 그리고 승객편의를 증가시키는 수단으로 인해서 상쇄되어, 보다 내구적이지만 반드시 가벼운 구조나 시스템으로 만드는 것은 아니었다고 결론을 정당화할 수 있다. 또 다른 설명으로는, 특히 광동체 항공기라는 결과를 가져온 장기간 이어졌던 탑승객 수용능력의 증가는 제곱-세제곱 법칙(Square-Cube Law)[9]을 극복하려는 시도가 완전히 성공적이지는 않았다는 결과를 가져왔다고 할 수 있다. 이러한 고려는 새로운 설계의 OEW 분율이 다른 어떤 특성보다도 연료중량 분율, 다시 말해서 항속거리 성능에 더 밀접하게 관련되었다는 것을 의미한다. 만약 항공기가 상대적으로 낮은 OEW 분율을 갖는다면, 이는 반드시 매우 가벼운 구조 때문에 그런 것은 아니다. 대신, 극단적인 항속거리 요구조건, 상대적으로 높은 공기역학 항력 및/또는 엔진 연료소모율이 복합적으로 작용해서 결과적으로 큰 연료하중과 높은 MTOW 를 초래하고, 따라서 자체중량 분율은 낮아질 것이다. 반대로, 유사한 항공기를 동일한 연료중량 분율에 대해서 비교한다면, 가벼운 자체중량의 항공기가 무거운 항공기에 비해서 반드시 더 나은 설계라고 할 수 없다. 만약 구조적인 중량감(heaviness)이 간단한 고양력장치를 갖는 적당한 수준의 익면하중(대형 날개) 때문이라면, 이러한 항공기는 높은 익면하중 설계와 비교했을때 더 양호한 공기역학적 및 항속거리 성능 그리고 더 우수한 성장 잠재력을 가질 수도 있다.

식 2.7 에 따라서, 주어진 유상하중/항속거리에 대해서 필요한 MTOW 는 아래와 같이 계산될 수 있다.

$$W_{TO} = \frac{W_{pay}}{1-(W_{OE}/W_{TO}+W_f/W_{TO})} \tag{2.8}$$

이 식은 총중량을 (a) 할당된 값에 따른 또는 임무요구조건에 근거한 고정중량(첨자 fix), 그리고 (b) 최대 이륙중량의 분율로 추정할 수 있는 연료, 주날개와 랜딩기어 그리고 동력장치와 같은 변동중량(첨자 var) 성분으로 분해해서 다시 정리할 수 있다. 따라서, 유니티 방정식은 아래와 같이 일반화될 수 있다.

$$W_{TO} = \frac{\sum_{i=1}^{n} W_{fix_i}}{1-\sum_{j=1}^{m} W_{var_j}/W_{TO}} \tag{2.9}$$

중량추정의 첫 단계는 항공기가 속하는 카테고리에 대한 정보의 여부에 따라서 크게 달라진다. 유니티 방정식은 가장 영향력있는 매개변수인 임무연료 분율에 기반하는 초기 중량예측에 대한 유용한 시작점이다. 다음에 나오는 접근방법은 1980 년에서 2010 년 사이에 상용화된 여객기에 적용할 수 있다. 보다 정확한 답은 항공기가 포함되는 특정 카테고리에 집중하고, 저속성능 요구조건을 추가 입력으로 사용하고, 유사한 기술수준과 순항속도를 갖는 항공기에 대해서 방법을 수정하는 것으로 구할 수 있다. 이에 대한 사례는 참고문헌 [20]에서 찾아볼 수 있다.

2.3.1 임무연료

기본적으로, 임무연료는 비행의 모든 단계 동안 연소되는 연료를 모두 합산하는 것으로 계산될 수 있다(제 12 장). 이런 과정은 사전 개념연구 단계에서는 알 수 없는 정보를 필요로 하기 때문에, 대신에 간단한 비행역학에 기반한 유사-해석적인 방법을 적용할 수 있다. 엔진과 공기역학 효율은 터보팬 여객기의 통계자료에서 찾을 수 있다. 동일한 접근방법을 비지니스 제트기와 프로펠러 비행기에 대해서도 다음 유도에서 사용된 일부 수치를 수정하는 것으로 적용할 수 있다. 비항속거리는 주어진 양의 연료를 연소하는 동안 항공기가 이동하는 거리를 의미한다.

$$\frac{dR}{dW_f} = \frac{dR/dt}{dW_f/dt} = \frac{V}{F} \tag{2.10}$$

여기서 F 는 연료 중량유량이다. 공기역학 효율 L/D 와 전체 엔진효율 η_o 를 도입하면, 정상 수평비행시 비항속거리는 다음과 같이 표현할 수 있다.

$$\frac{V}{F} = \frac{\eta_o H/g}{T} = \frac{\eta_o H/g}{D} = \eta_o \frac{L}{D}\frac{H/g}{W} \tag{2.11}$$

여기서 H 는 제트연료의 열량값이다. 순항비행(첨자 cr)에서 항속거리는 비항속거리를 적분하는 것으로 구할 수 있다.

$$R = \int \frac{V}{F} dW_f = -\int \frac{V}{F} dW = -H/g \int_{W_0}^{W_1} \eta_o \frac{L}{D} \frac{dW}{W} \tag{2.12}$$

여기서 W_0 와 W_1 은 각각 초기와 최종 총중량이다. 일정한 마하수와 받음각으로 순항하는 경우, L/D 는 일정하고 초기 조건에서의 수치와 동일하다. 식 (2.12)의 적분을 해석적으로 풀어보면 일반화된 Bréguet 항속거리 공식을 구할 수 있다.

$$R_{Br} = (H/g)\eta_o \frac{L}{D} ln \frac{W_0}{W_1} \tag{2.13}$$

순항연료(첨자 crf) 중량은 $W_0 - W_1$ 과 같고, 주어진 순항 항속거리(첨자 cr)에 대해서 필요한 연료의 양은 식 (2.13)으로부터 구할 수 있다.

$$\frac{W_{crf}}{W_1} = 1 - exp\left\{\frac{-R_{cr}}{(H/g)\eta_o L/D}\right\} \tag{2.14}$$

이를 Taylor 시리즈를 이용해서 정확하게 근사하면 아래와 같다.

$$\frac{W_{crf}}{W_1} = \frac{R_{cr}}{(H/g)\eta_o L/D + 0.5R_{cr}} \tag{2.15}$$

실제로, 이 식은 평균 비항속거리가 50%의 연료가 사용되었을 때의 비항속거리와 같다고 가정한다. 또한, 순항비행은 $W_1 = W_{TO}$ 상태로 시작한다고 추가로 단순화할 수도 있다. 실제로, 이륙, 상승, 하강 그리고 기동시의 비항속거리는 순항시에 비해서 더 낮다. 이를 보정하기 위해서, 임무 항속거리를 손실된 항속거리 R_{lost} 만큼 증가시키거나, 또는 연료를 손실된 연료만큼 추가한다[10]. 이로써 주어진 임무 항속거리를 비행하기 위해서 필요한 임무 연료분율을 아래와 같이 구할 수 있다.

$$\frac{W_{misf}}{W_{TO}} = \frac{R_{mis} + R_{lost}}{(H/g)\eta_o L/D + 0.5(R_{mis} + R_{lost})} \tag{2.16}$$

여기서 H/g 는 제트연료에 대해서 4350km (2350nm)이다. 300km 의 항속거리 손실에 대해서, 이 식은 항속거리에 따라서 연료손실이 2~20% 사이에서 달라질 수 있음을 보여주고 있다. 손실된 항속거리 개념을 사용함으로써 임무연료의 간단한 계산의 가능하고, 이는 단거리 항공기에 대해서는 필수적인 수정방법이다.

2.3.2 자체중량

그림 2.4 를 이용해서 OEW 분율을 예측할 수도 있지만, 다음과 같이 자체중량을 몇 개의 주요 성분으로 분해하는 것으로 보다 적절하게 예측할 수 있다.

$$W_{OE} = C_{mpl} W_{mpl} + C_{MTO} W_{MTO} + W_{fix} \tag{2.17}$$

- 첫 번째 항은 동체그룹의 중량을 나타내는 것으로, 최대 유상하중 MPL(첨자 mpl)에 의해서 결정되는 객실 치수와 직접적으로 관련된 항목이다. 동체와 수직 꼬리날개 구조물, 공기 조절, 여압, 전기전자 시스템, 탑승객 객실, 객실 설비 및 장비, 그리고 OI 가 모두 이 분류에 포함된다. 동체그룹 중량은 MPL 과 객실의 바닥면적 또는 체적의 비율로 정의될 수 있는 유상하중 수용 밀도(Payload Accommodation Density, PAD)에 따라 달라진다. 동일한 유상하중을 가지고 있으며 동일한 구조와 시스템 기술로 설계된 비행기를 비교한다면, 가장 높은 PAD 의 설계가 가장 낮은 동체그룹 중량을 갖게 된다. PAD 는 서로 다른 여객기의 객실 단면과 객실 레이아웃을 비교하고 화물기의 화물수납고의 크기를 결정하는데 유용한 기준이 된다[13].
- 두 번째 항은 날개와 수평 꼬리날개 구조물, 동력장치 그리고 랜딩기어 중량과 같이 주로 MTOW 에 관련된 중량 성분을 나타낸다.
- 세 번째 항은 기내 승무원과 이들에 대한 숙소 및 각종 문서를 의미한다. 주어진 비행기 분류에 대해서, 이는 상대적으로 작은 요소로 유상하중과 MTOW 에 독립된다고 가정한다.

표 2.4 기본형 제트 여객기의 OEW 예측을 위한 매개변수

데크수	1	1	2
통로수	1	2	4
C_{mpl}	1.25	1.50	1.75
C_{MTO}	0.20	0.21	0.22
W_{fix} (kN)	5	6	7

식 (2.17)에서 가장 영향력 있는 항은 계수 C_{mpl} 로, 이는 유사한 항공기의 중량정보로부터 동체그룹 중량을 유도함으로써 수정될 수 있다. 이를 위해서, 두 번째와 세 번째 항을 OEW 로부터 제외하고, 이에 따른 결과적인 중량을 MPL 로 나눈다. 터보팬이 장착된 여객기와 비지니스 항공기에 대한 대략적인 데이터가 표 2.4 에 나와 있다. 제시된 자체중량 추정방법의 정확도는 기본적인 여객기에 대해서는 준수하지만, 동체가 연장된 버전에 대해서는 너무 높은 값을 보이며, 동체가 짧아진 버전에 대해서는 너무 낮은 값을 보인다. 비지니스 제트기는 적용의 다양성과 관련된 안락함의 차이가 상당히 크기 때문에 자체중량의 예측에 이를 반영해야 한다. 예를 들어서, 장거리 고급형 항공기는 호화로운 실내공간을 갖는 반면, 초경량 제트기(Very Light Jet, VLJ)는 최소한의 객실공간을 가지며 총중량 범위의 하한선에 위치한다. 다양한 PAD 값에 따라서 동체그룹 중량에서도 큰 차이를 보이게 된다. 이러한 추정방법은 초기 개념 사이징을 시작하기 위한 입력값을 생성하는 목적에 한정해서

사용해야 한다는 점에 주의해야 한다.

2.3.3 설계중량

설계중량의 예측은 설계개발이 진행되는 동안 계속해서 수정된다. 이러한 과정의 반복되는 성격은 바람직하게는 유니티 방정식의 개념을 이용한, 경험에 기반한 추정 입력을 필요로 한다. 식 (2.16)과 (2.17)을 식 (2.8)에 대입하면 MTOW를 구할 수 있다.

$$W_{MTO} = \frac{W_{pay} + C_{mpl}W_{mpl} + W_{fix}}{1-(C_{MTO} + W_{misf}/W_{MTO} + W_{resf}/W_{MTO})} \tag{2.18}$$

이 식에 대입되는 임무는 MPL과 조화 항속거리의 조합, 또는 DPL과 설계 항속거리의 조합이다. 임무 연료 분율은 식 (2.16)으로부터 구할 수 있고, 예비연료 분율은 0.045~0.050 정도이다. OEW는 식 (2.17)에 MTOW를 대입하는 것으로 구할 수 있고, 여기에 MPL을 더하면 MZFW를 찾을 수 있다. 마지막으로, 그림 2.4로부터 MLW = 1.10MZFW 임을 알 수 있다.

제안된 방법은 TLR로부터의 정보와 항속거리 매개변수에 대한 통계적인 데이타만 필요하다는 장점을 갖는다. 공기역학 효율에 대한 보다 정확한 예측이 필요하다면 식 (2.16)에 엔진의 전체 효율이 별도로 추가되어야 하지만, 그렇지 않은 경우라면 항공기의 기하(geometry)에 대한 가정은 필요하지 않다. 이 방법은 전형적인 형상을 갖는 제트 여객기에 대해서 교정이 되었지만, 사용자는 자체 데이타베이스를 통해서 보다 정확한 통계적인 계수를 유도할 수도 있을 것이다. 급진적인 설계에 적용하기 위해서는 아마도 방법을 전반적으로 변경할 필요가 있을 것이다. 이는 특히 대부분 복합재료인 1차 구조 또는 블렌디드 윙바디(BWB) 개념과 같은 특이한 형상과 같은 새로운 기술을 연구하는 경우에는 단순한 작업이 아니다.

2.4 항속거리 매개변수

순항 연료분율을 결정하는 주요 인자는 초기 순항조건에 대한 항속거리 매개변수 $\eta_o L/D$ 이다. 설계하는 항공기의 개념이 정립되지 않은 상태에서 현실적인 값을 찾아내는 것은 어려운 문제이다. 참고문헌 [16]에서 제안된 접근방법은 유사한 (경쟁) 항공기의 유상하중 대비 항속거리 그래프로부터 통계적인 정보를 유도하는 것이다. 이를 통해서 식 (2.16)의 차이를 이용해서 순항비행시 비항속거리를 계산할 수 있다. 그러면 근사해로부터 항속거리 매개변수를 구할 수 있다.

$$\eta_o \frac{L}{D} = \frac{\Delta R}{|\Delta W_{pay}|} \frac{W_{MTO}}{H/g} - \frac{R_H + R_{lost}}{H/g} \tag{2.19}$$

그림 2.3(b)에 나오는 유상하중과 항속거리 그래프의 기울기는 조화 항속거리 R_H 또는 이상의 값에서 측정 또는 계산될 수 있다. 이런 방법을 이용해서 근사적으로 구한 현재 운용중인

제트여객기에 대한 항속거리 매개변수가 그림 2.5 에 나와 있다. 항속거리 매개변수는 대략적으로 중형 항공기에 대해서는 4 에서부터 광동체 여객기에 대해서는 8 사이에 존재하고 있다. 대형 여객기는 상당히 효율적인 고바이패스비의 터보팬 엔진을 장착하고 있으며, 중형항공기에 비해서 더 높은 고도에서 더 고속으로 비행한다. 전체적으로, 대형기는 고도화된 설계, 최신기술 그리고 크기에 대한 효과로 인해서 높은 공기역학 그리고 전체적인 효율을 갖는다는 것이 명백하다. 항속거리 매개변수는 또한 식 (2.16)으로부터 직접 구할 수도 있다.

$$\eta_o \frac{L}{D} = \frac{R_H + R_{lost}}{H/g}\left(\frac{W_{MTO}}{W_{misf}} - 0.5\right) \tag{2.20}$$

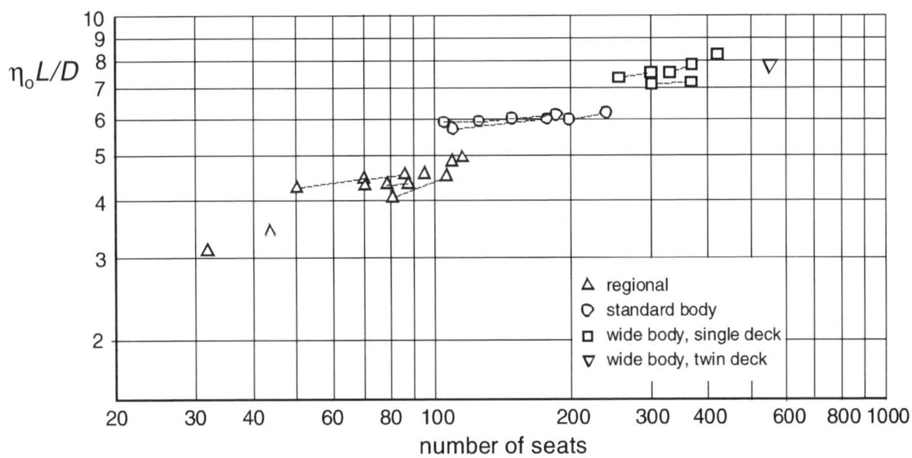

그림 2.5 R_{lost}=200km, W_{resf}=0.045W_{MTO}을 갖는 유상하중/항속거리 선도에서 유도된 상업용 제트 항공기에 대한 항속거리 매개변수

이를 적용하기 위해서는 손실된 항속거리와 기존 항공기에 대해서 조화 항속거리를 비행하는데 필요한 임무연료의 입력이 필요한데, 이는 MTOW – MZFW 에서 예비연료를 제외한 것과 같다.

2.4.1 공기역학 효율

양력과 항력의 비율인 L/D 는 공기역학 효율로 널리 알려져있다.[4] 이는 제 4 장에 나오는 비행기의 항력곡선(drag polar)으로부터 계산될 수 있다. 일반적인 2 개 항으로 이루어진 양항비 관계식에 대해서, 4.5 장과 같이 최대 L/D 를 4 개의 기본적인 설계 매개변수로 나타낼 수 있다.

$$\left(\frac{L}{D}\right)_{max} = \frac{1}{2}\sqrt{\frac{\pi e}{C_{f_{eq}}}}\frac{b}{\sqrt{S_{wet}}} \tag{2.21}$$

[4] 기술적인 공정(process)에서 효율은 (에너지) 출력에 대한 입력의 비율로 항상 1 보다 작기 때문에, 공기역학 효율이란 용어는 엄격히 얘기하면 부적절한 표현이다.

위의 식에서 계수 $C_{f_{eq}}$ 는 비행기의 전체 표면적 S_{wet} 에 대한 등가 표면마찰 항력계수이다. Oswald 효율계수 e 는 $e=1.0$ 을 기준으로 하는 값에 대해서 상대적인 양력으로 인한 항력의 역수값으로 정의된다. 이는 주로 날개 스팬 방향에 대한 양력분포에 따라 달라진다. 설계변수인 S_{wet} 와 b 는 항력에 큰 영향을 미친다. 이는 여러가지 고려사항에 따라서 달라질 수 있기 때문에, L/D 의 초기 추정은 기존 항공기의 (측정된) 데이터를 참고해야 한다. 그림 2.6 은, 두 개의 플라잉윙 프로젝트를 제외하고, 나머지는 일반적인 형상의 천음속 민간 제트 항공기에 대한 통계적인 상관관계를 보여주고 있다. 표면마찰 항력은 Reynolds 수의 함수로, 따라서 항공기의 크기가 $C_{f_{eq}}$ 에 영향을 미친다. 그림 2.6 에 나오는 수정계수 $MAC^{1/6}$ 은 이러한 스케일 효과를 설명하는 것이다. 일반적인 형태의 제트항공기에 대한 또 다른 통계적인 접근방법으로 아래의 식이 있는데, 이를 식 (2.21)에 대입하면 $(L/D)_{max}$ 를 구할 수 있다.

$$\frac{e}{C_{f_{eq}}} = 220\left(\frac{S_{wet}}{bl_{ref}}\right)^{1/6} \quad \text{with} \quad l_{ref} = 10\text{m}\,(32.8\text{ft}) \tag{2.22}$$

윙렛은 Oswald 계수를 5~10% 정도 증가시키지만, 이는 그림 2.6 이나 식 (2.22)상에서 분명하지 않다. 또한 제트여객기와 비지니스제트는 천음속으로 순항한다는 것을 참고해야 한다. 다음 장에서는 공기의 압축성효과로 인한 조파항력(wave drag)에 대한 항력의 보정이 설명될 것이다.

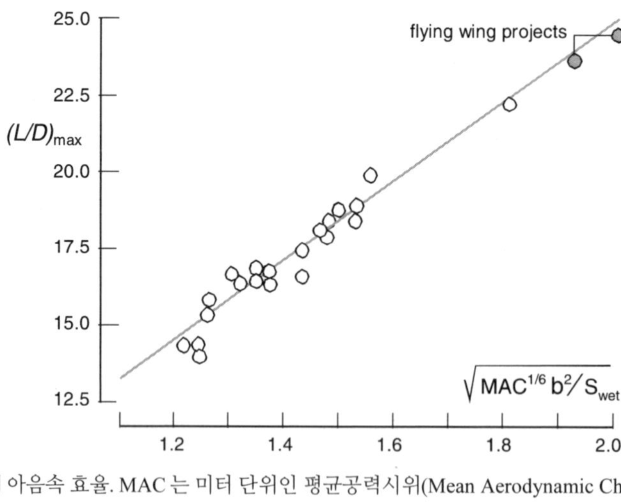

그림 2.6 최대 아음속 효율. MAC 는 미터 단위인 평균공력시위(Mean Aerodynamic Chord)이다. [23]

2.4.2 비연료소모율과 전체효율

- 가스터빈 엔진의 연료소모율은 운용조건에 따라서 달라지기 때문에, 엔진효율은 단일 성능 매개변수의 기준으로 비교될 수는 없다. 분류되는 등급에 따라서, 엔진의 비교는 일반적으로

비연료소모율(SFC)을 기준으로 한다. 엔진 제조사는 단위 추력에 대한 시간당 연료유량으로 제트엔진의 추력에 기반한 비추력연료소모율 C_T (TSFC)를 정의한다. TSFC는 SI 시스템에서는 (g/s)/N 또는 (kg/h)/N 으로 표현되지만, 보통 엔진업계에서는 Imperial system 을 사용해서 (lb/h)/lbf 로 표현한다. 그림 2.7(a)는 년도에 따른 TSFC 의 변화 추세를 보여주고 있다. 엔진 제조사는 해면고도(SL)에서 이륙조건에 대한 SFC를 주로 사용하기도 하는데, 이는 순항비행시에 비해서 낮은 값을 갖는다. 터보팬의 TSFC 는 비행속도에 따라서 증가하고, (대류권) 고도에 따라서 감소한다.[5]

- 터보프롭엔진의 SFC 인 C_P 는 출력에 기반한다. 이는 보통 단위 등가 엔진출력에 대한 연료유량으로 정의되고 단위는 (g/s)/W, (kg/h)/kW 또는 (lb/h)/hp 를 사용한다. 축출력에 기반하는 SFC는 제트로 인한 추력의 기여로 인해서 더 높아진다. 터보프롭의 SFC는 고도와 비행속도의 증가에 따라서 감소한다.

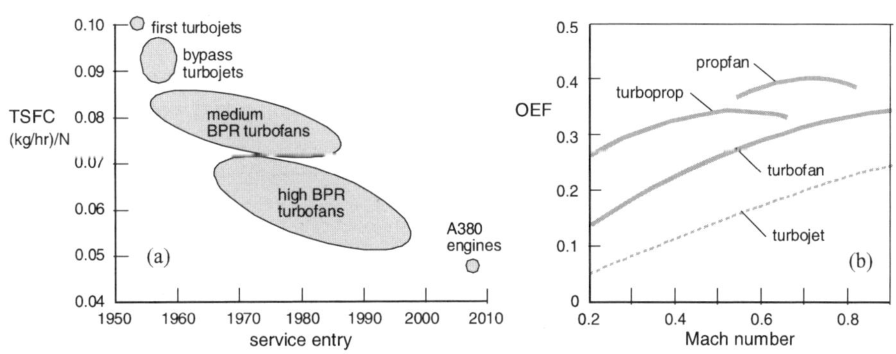

그림 2.7 항공용 가스터빈 엔진의 연료효율 트렌트. (a) 터보제트와 터보팬의 비연료소모율 역사적인 개발, (b) 속도에 따른 전체 효율(OEF)의 변화

추진출력과 SFC는 엔진 제조사의 데이터에 따라서 추력 및/또는 축출력 그리고 연료유량으로부터 계산하고, 프로펠러 추력은 성능차트로부터 구할 수 있다. C_T 와 C_P 의 개념은 어렵지 않고 널리 사용되고 있지만, 이는 누구에게나 동일한 것으로 의미를 갖지 않으며 그 수치는 완전히 달라진다. 아래와 같은 엔진 전체 효율(Overall Efficiency, OEF)을 사용함으로써 이러한 혼란을 방지할 수 있다.

$$\eta_o \overset{\text{def}}{=} \frac{thrust\ \ power\ developed\ by\ the\ engine}{rate\ of\ \ fuel\ energy\ added\ to\ the\ engine} = \frac{TV}{\dot{m}_f H} \tag{2.23}$$

OEF는 무차원 계수로 엔진의 기술수준과 비행속도에 따라서 달라진다. 가스터빈 엔진에 대해서는 그림 2.7(b)와 같이 순항비행을 기준으로 0.2~0.5 사이의 값을 갖는다. SFC 의 OEF 변환은

[5] 많은 교재에서는 TSFC를 비행속도 및/또는 고도에 독립되는 것으로 가정한다. (현재 구형인) 터보제트에 대해서는 허용되는 단순화이지만, 터보팬에 대해서는 잘못된 가정이다.

3.2 장에서 나와 있다. SFC 대신 OEF 를 사용하는 또 다른 장점으로는 서로 다른 형태의 추진시스템을 이용하는 항공기에 대한 비행성능 분석과 최적화에 대한 단일화이다. 이는 엔진 기술의 진화에 따른 제트엔진과 프로펠러 항공기의 성능해석을 별도로 처리하지 않도록 한다. 차세대 고초바이패스 터보팬과 오픈로터가 결합된 엔진은 제트와 프로펠러 추진 양쪽의 특성을 모두 갖는 이종교배의 형태로 볼 수 있다. 제안된 단일화는 다음 예제에서 살펴볼 것과 같이 항공기 성능 최적화에 대한 이해를 향상시킬 것이다. 제 3 장에서는 항공기 설계 엔지니어와 해석 엔지니어에게 유용할 가스터빈 엔진의 특성에 대해서 보다 자세히 알아볼 것이다.

2.4.3 최고의 순항속도

최적 순항비행에 대해서 다루는 경우, 주어진 항공기에 대한 최적의 순항조건인지 아니면 특정한 순항조건에 대한 최적의 항공기 설계인지 분명한 구분이 이루어져야 한다.

1. 첫 번째 문제는 비행역학에서 다루는 고전적인 주제이다. 이는 비항속거리를 연료효율이 가장 좋은 속도에 대한 목적함수로 처리하며 복잡하지 않은 해를 갖는다. 보다 정교한 해석은 직접 운용비용(Direct Operating Cost, DOC)에 기반하며 더 높은 최적 순항속도로 이어진다.
2. 두 번째 문제는 서로 다른 마하수의 항공기 순항조건에 대한 비행기와 엔진의 최적 조합을 필요로하기 때문에 훨씬 더 복잡해진다. 그러나 첫 번째 문제의 풀이도 세심한 해석이 필요하다.

이와 같은 두 가지 경우가 1.7 장에서 설명되었던 해석과 종합의 사이의 차이를 보여주는 것이다.
식 (2.11)은 순항비행시 비항속거리는 항속거리 매개변수 $\eta_o\, L/D$ 에 비례한다는 것을 보여주고 있다. η_o 와 L/D 는 모두 마하수 변화에 민감하기 때문에, 항속거리 변수 $\eta_o\, L/D$ 는 순항조건의 최적화 및 항공기 추진시스템의 연료경제성을 비교하는데 적절한 목적함수가 된다. 정상 수평비행 상태의 기체와 엔진의 주어진 조합에 대해서, 항속거리 매개변수는 두 개의 제어변수에 의해서 결정되는데, 전형적인 변수의 조합으로는 고도와 속도 또는 양력계수와 마하수를 사용한다. 고도, 속도 또는 엔진 레이팅에 대한 구속조건의 경우, 단 하나의 제어변수만 최적화될 수 있다. 역사적인 이유로 인해서, 이 문제는 처음에는 프로펠러 항공기에 대해서 최대 항속거리에 대한 순항속도가 최저항력 속도 V_{MD} 와 같아지도록 하는 전통적인 해법으로 해석적으로 처리되었다. 제트항공기의 최대 항속거리는 1940 년대에 일정한 TSFC 를 가정하고 압축성 항력은 무시한 상태에서 처음으로 해석되었다. 널리 알려진 해석적으로 도출된 결과는, 추력에 대한 제한이 없이 주어진 고도에서의 최고(best) 비행속도는 V_{MD} 의 $3^{1/4}$ 배가 된다는 것이다. 이 결과는 곧 천음속 (제트) 항공기에 대해서는 소용이 없는 것으로 밝혀졌지만, 1950 년대 이후에도 학문적인 교육에서는 여전히 지속되었다(제 12 장).
그림 2.8 은 단거리 프로펠러 비행기와 장거리 터보팬 여객기에 대해서 속도가 항속거리 매개변수에 미치는 영향을 보여주고 있다. 두 비행기는 각 마하수에 대해서 최소항력 조건으로 순항하는 것으로 가정한다. 이는 변화하는 마하수에 대응하기 위해서 고도는 변화된다는 것을 의미한다. 아음속

마하수의 경우, 두 비행기는 일정한 $(L/D)_{max}$ 를 가지며 항속거리 매개변수는 속도에 따른 OEF 의 변화에 의해서 지배된다. M > 0.55 로 비행하는 프로펠러 항공기의 경우, 공기역학 및 프로펠러 효율은 압축성 효과로 인해서 저하된다. 후퇴날개를 갖는 터보팬 비행기의 OEF 는 마하수에 따라서 계속 증가하지만, M > 0.75 에서는 항력이 증가한다. 결과적으로, 프로펠러 항공기는 마하수 0.55 에서 평탄한 최대 항속거리 매개변수를 성취할 수 있고, 제트 여객기는 마하수 0.79 에서 확연한 최적값을 갖는다. 이러한 사례는 다음과 같은 결과로 이어진다.

- 터보프롭은 저아음속에서 최고의 성능을 보이고, 제트여객기는 높은 L/D 로 인해서 마하수 0.55 이상에서 보다 높은 항속거리 매개변수를 갖는다. 만약 동일한 설계 유상하중과 항속거리를 갖는 중형기급에 대해서 비교를 한다면, 아마도 터보프롭이 더 나은 비항속거리, 더 낮은 연료소모율 그리고 더 낮은 순항속도를 가질 것이고, 터보팬은 더 높은 속도와 생산성을 보일 것이다[14, 21].
- 천음속 항공기는 압축성으로 인한 항력이 연료최적인 순항마하수를 결정하는 속도에서 최고의 순항성능을 갖는다.

1960 년에서 2000 년 사이에는, 설계 요구조건 따라서 마하 0.75 에서 0.85 사이에서 제트 여객기 의 순항 속도가 결정되었다. 엔진 배기가스 감소에 대한 시급성이 미래의 여객기는 설계 크루즈 마하수가 감소될 수 있다는 최근 연구를 주도하고 있다. 낮아진 블록속도로 인한 항공사의 생산성 페널티에도 불구하고, 감소된 항공기 획득비용과 연료비가 지배적인 보상요인이 될 수도 있기 때문에 경제성은 향상될 수도 있을 것이다.

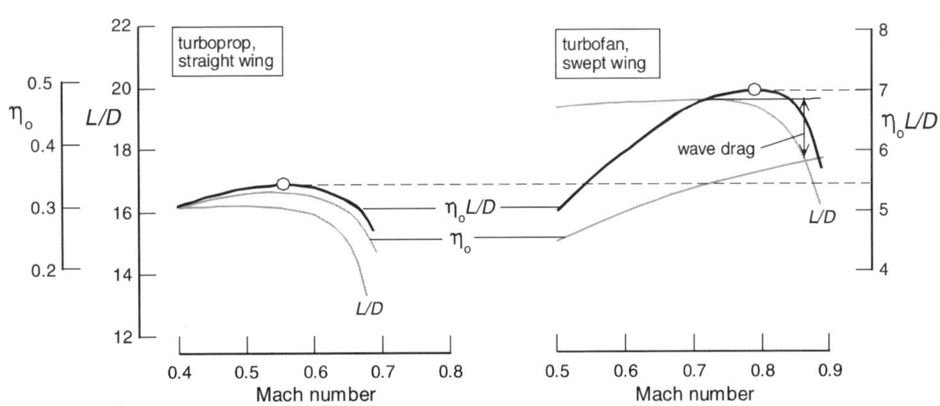

그림 2.8 최적고도로 비행하는 터보프롭과 터보팬 추진 항공기에 대한 항속거리 매개변수에 대한 비행 마하수의 영향

2.5 환경문제

2000 에서 2020 년 사이에 연소 소모를 50% 줄이겠다는 목표는 기술적인 그리고 운용의 개념상에서도 결정적인 전환점이 없이는 성취될 수 없는 몹시 어려운 도전이다.

ACARE Strategic Research Agenda, 2002

지역사회의 소음과 대기에 대한 배기가스 오염을 고려하면 엔진의 선택은 환경친화에 상당한 영향을 미친다. 엔진을 항공기 부품에 대해서 유리한 위치에 장착하는 것으로 인한 소음차단의 가능성이 개념설계에서 더욱 중요한 항목으로 작용할 가능성이 있다. 반면, 친환경 설계(greener by design)로 성취할 수 있는 사항에 대한 전망을 보면, 활주로 주변에서 소음발생의 제어보다 엔진 배기가스의 감소가 장기적인 관점에서 더 어려운 것으로 분류하기도 한다[45].

연료의 칼로리 수치를 제외하고, 엔진의 전체 효율에 영향을 미치는 모든 요소가 그간 향상되어 왔다. 엔진 기술 개발은 대체로 항공기 고등 설계자가 제어할 수 있는 부분이 아니지만, 새로운 엔진이 클린시트 설계에 도입되면 (3.4 장) 널리 영향을 미치는 결정이 내려져야 한다. 엔진 소음과 배기가스의 감소는 (3.5 장) 엔진 선정 과정에서 주요 결정 인자이다. 터보팬의 바이패스비는 주요 선택변수이고, 초고바이패스비의 기어구동 터보팬 또는 오픈로터 엔진은 연료효율에 있어서 상당한 진전을 허용하겠지만, 비행기의 일반 배열을 설계할때 상당한 복잡성을 유발할 수도 있다. 에너지 효율은 공기역학 및 전체 엔진효율과 밀접한 관계가 있기 때문에, 이 두 가지 수치는 환경적인 수용성과 경제적인 경쟁력에 있어서 결정적으로 중요하다.

2.5.1 에너지와 유상하중 연료효율

여객기의 에너지효율(Energy Efficiency, EEF)은 소모되는 단위 리터의 연료 대비 가능한 좌석-킬로미터로 정의된다. 비슷한 특성으로는 소모되는 단위 연료중량 대비 가능한 유상하중-킬로미터로 정의되는 유상하중 연료효율(Payload Fuel Efficiency, PFE)이 있다. 주어진 유상하중과 항속거리에 대해서 seat-km 또는 ton-km 는 수입(income)의 잠재력을 나타내는 반면, 상업적인 운용 과정에서 소모되는 연료의 누적된 비용은 운용비용에서 큰 비중을 차지한다. 에너지효율은 고등설계자가 상당한 정도까지 제어할 수 있는 매개변수로 나타낼 수 있어서, 8.6 장에서는 유상하중 연료효율을 설계의 성능지수(FOM)로 취급할 것이다. 순간(instantaneous) 성능으로 표현되는 EEF 는 비항속거리 V/F 로부터 유도될 수 있다.

$$E_{EN} \overset{\text{def}}{=} \frac{N_s \Delta R}{\Delta Q_f} = \frac{N_s V \Delta t}{(\dot{m}/\rho)_f \Delta t} = \rho_f g N_s \frac{V}{F} \tag{2.24}$$

여기서 ΔQ_f 는 단위 비행거리 ΔR 에 대해서 연소된 연료의 부피이고 N_s 는 좌석수를 의미한다. 유사한 방법으로, PFE 는 아래처럼 표현될 수 있다.

$$E_{PF} \overset{\text{def}}{=} \frac{W_{pay} \Delta R}{\Delta W_f} = \frac{W_{pay} V \Delta t}{F \Delta t} = W_{pay} \frac{V}{F} \tag{2.25}$$

이 표현은 식 (2.11)에 따라서 수평순항비행에서 V/F 를 대체하는 것으로 분명하게 나타낼 수 있다.

$$E_{EN} = \rho_f H \frac{N_s}{W_{pay}} \eta_o \frac{L}{D} \frac{W_{pay}}{W} \quad \text{and} \quad E_{PF} = (H/g) \eta_o \frac{L}{D} \frac{W_{pay}}{W} \tag{2.26}$$

위의 식 (2.26)은 설계인자로 연료의 칼로리값, 엔진 전체효율, 공기역학 효율 그리고 종종 구조효율로 부르는 유상하중대 총중량의 비율이 있음을 보여준다. 다음 사례는 그 명칭과는 달리 에너지효율은 0 에서 1 사이의 무차원 수치가 아님을 보여준다.

- 전형적인 좌석당 유상하중 질량 95kg 과 단위 리터당 34.5MJ 의 연료의 에너지밀도에 대해서, $\rho_f H N_s/W_{pay} = 37$ seat-km/litre 이다. $W_{pay}/W = 0.20$ 와 $\eta_o = 0.35$ 그리고 $L/D = 18$ 인 제트여객기는 항속거리 매개변수가 6.3 이고, PFE 는 46.6seat-km/litre (95.1seat-nm/gallon)가 된다.
- 동일한 항속거리 매개변수를 갖는 화물기의 PFE 와 유상하중 분율 0.25 의 경우는 6850ton-km/ton (3700ton-nm/ton)과 같다.

비행에 대한 평균 에너지효율은 비행경로에 따른 순간값을 적분하는 것으로 구할 수 있다. (8.6 장)

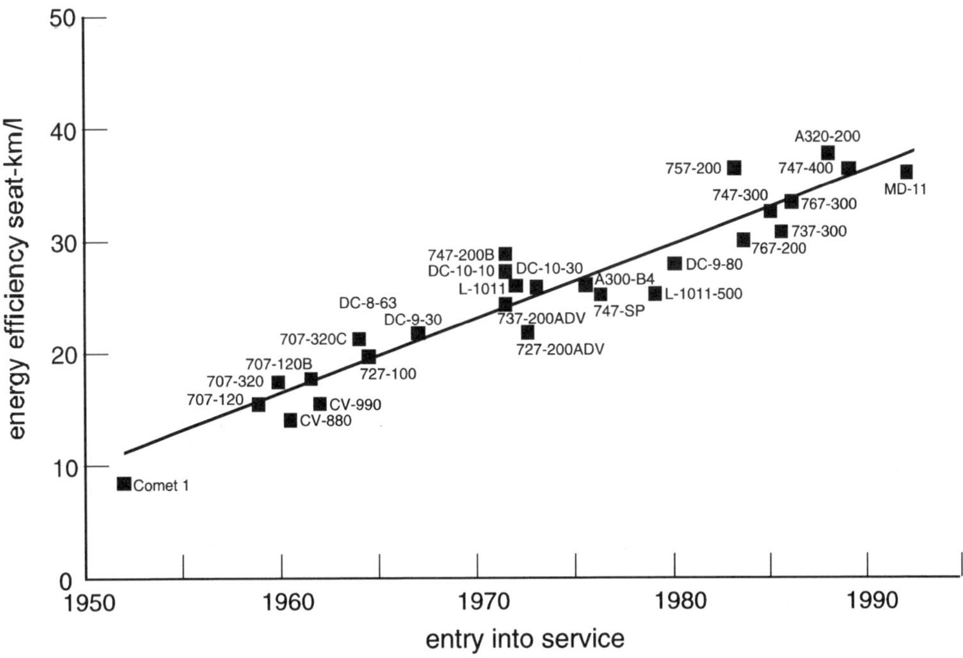

그림 2.9 제트 여객기에 대한 에너지 효율 트렌드, 출처 NASA

일반적으로 상업항공에서는 에너지효율을 기술진화의 척도로 간주된다. 장거리 제트여객기의 출현 이후, 이는 매년 0.6seat-km/litre 씩 증가되었는데, 다시 말해서 그림 2.9 와 같이 1960 년과 2000 년 사이에 2.5 배가 증가된 것이다.[6] 2010 년 이후 서비스가 시작된 광동체 여객운송은 E_{EN} 값이 50seat-km/litre 에 접근하는 정도가 되었다. 실제 실현되는 효율은 객실의 좌석배열과 비행거리에 따라 달라지기 때문에, 이 값은 여객기의 버전, 객실배열 그리고 운용에 따라서 달라진다. 이로 인해서 그림 2.9 의 분명한 추세는 다소 우연의 일치라고 할 수도 있다. 따라서, 좌석수 보다는 최대 유상하중에 기반한 에너지효율을 비교하는 것이 바람직하다고 할 수 있다.

그림 2.10 은 동일한 MPL, 순항비행시의 공기역학 그리고 전체 엔진효율을 갖는 광동체 여객기 패밀리에 대해서 조화 항속거리의 변화가 PFE 에 미치는 영향을 보여주고 있다. 장거리 항공기는 큰 연료하중을 운반하기 위한 높은 MOTW 로 인해서 불리함을 갖기 때문에, 실제로 현재 극히 일부의 장거리 여객기만이 조화 항속거리로 10000km 이상을 갖는다. 항속거리 3000km 이하의 경우, 상승과 하강 동안에 소모되는 연료가 임무연료의 상당한 분율을 차지하고, 이로 인해서 효율이 저하되어 현재 사례에서 가장 높은 PFE 는 대략 3500km 의 항속거리에서 나타난다. 대부분 여객기 비행은 MTOW 보다 낮은 이륙중량과 조화 항속리보다 짧은 거리로 이루어진다. PFE=6900km 이고 조화 항속거리(D 지점) 10000km 로 설계된 항공기를 고려한다. 만약 이 비행기가 최대 유상하중 상태로(E 지점) 5000km 를 비행한다면, TOGW 는 MTOW 에 비해서 15% 작아지고 PFE 는 7323km 가 된다. 그러나, 만약 이 비행기의 조화 항속거리 (F 지점)가 5000km 로 설계되었다면, 자체중량과 연료중량은 줄어들 것이고, 따라서 PFE 는 7900km 가 되어 E 지점에 비해서 8% 향상될 것이다. 또한 그림 2.10 은 조화 항속거리보다 긴 항속거리의 경우, PFE 는 유상하중이 연료로 대체됨으로 인해서 급격히 감소하는 것을 보여주고 있다.

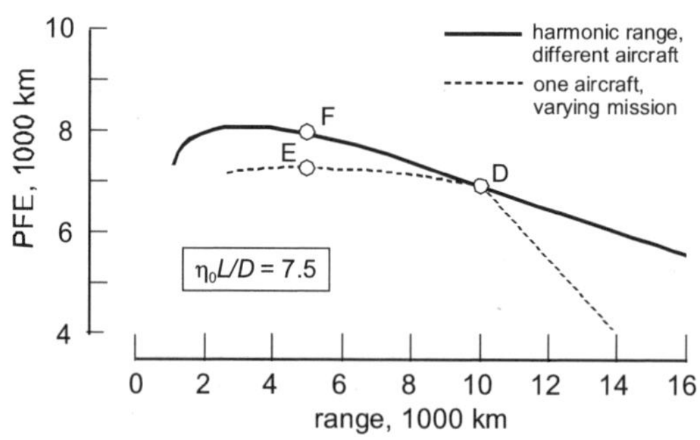

그림 2.10 유상하중 50 톤인 제트 여객기의 유상하중 연료효율

장거리 설계점의 선택은 감소하는 에너지 효율을 수반하기 때문에, 만약 장거리 비행을 두 단계 이상의 중거리 비행으로 처리한다면 (많은) 연료를 절감할 수 있다고 알려져 있다[40]. 이러한 개념은 참고문헌 [30]에서 Boeing 747 과 777 에 대해서 검증되었으며, 최근 연구결과에서는 더 자세히 밝혀졌다. 참고문헌 [36]에 따르면, 다단계 비행을 통한 연료의 절감은 약 6000km 이상의

[6] 최신 여객기의 연료 효율은 전형적인 중형 승용차의 고속도로 효율과 비슷한 수준이다. 그러나, 여객기 여행은 장거리에 걸쳐 10 배 정도 빠르며 더 높은 하중계수를 받는다. 생성되는 유상하중-km 를 기준으로 하면, 여객기는 승용차보다 (훨씬) 우수한 에너지 효율을 성취하고 있다.

비행에 대해서 가능하다. 이러한 장점은 비행거리에 따라서 거의 선형으로 증가해서, 처리가능한 최대거리에 대해서는 약 13%까지 이르게 된다. 전세계적으로 연료의 약 30%가 6000km 이상의 비행에서 연소되기 때문에, 모든 장거리 비행을 다단계로 처리한다면 동일한 장거리 항공기인 경우에는 3%, 그리고 (최적화된) 중거리 항공기를 사용한다면 9%까지 연료를 절약할 수 있다. 그러나, 항공사 네트워크를 시스템으로 간주한다면 장거리 운송 항공기가 더 유연성을 갖는다. 예를 들어서, 여객기는 중간에 재급유가 없이 두 개의 중거리 항로구간을 왕복비행으로 마칠 수 있다. 기본형 장거리 여객기의 중단거리 버전을 선택하는 항공사가 거의 없는 이유 중 하나도 바로 이런것 때문이다. 에너지 효율은 연료경제성뿐 아니라 엔진 배기가스에도 영향을 미치기 때문에, 초기 설계 단계에서 이의 중요성에 대해서 자세히 살펴보는 것이 도움이 된다. 이 책의 많은 부분은 선택변수가 이러한 매개변수에 어떻게 영향을 미치는지, 그리고 설계자가 선택할 수 있는 자유도가 제한되는 정도에 대해서 알아보는데 중점을 두었다. 설계기술의 (종종 반대가 되는) 영향은 전체 항공기 성분으로 전파되고, 이는 비용으로 연결되는 모든 기술분야에 해당하기 때문에 이는 복잡한 문제가 된다.

2.5.2 Greener by Design 연구 그룹

환경문제는 항공업계에 증가하는 관심을 일으키고 있다. 기후변화에 관한 정부간 협의체(Intergovernmental Panel on Climate Change, IPCC) 에서 수행하는 전세계 대기에 대한 연구는 1992 년 항공기로부터 나오는 복사강제력(Radiative forcing)[7] 효과를 평가하고, 이를 2050 년까지 계획하고 있으며, 전체적인 영향은 5 배까지 증가할 것으로 예측하고 있다. 대부분의 영향은 엔진의 연소물과 관련된다. 전체 복사강제력의 약 1/3 은 연료 연소의 직접적인 척도인 CO2 에 기인한다. 다른 강제 성분으로는 NOx, H2O, 항적운(contrail), 권운(Cirrus cloud), 황산염과 매연(soot)이 있는데, 이의 복사 강제에 대한 예측 수준은 대부분 신뢰할 수 없는 것으로 평가된다. 불확실의 영역은 NOx 로부터 생성된 O3 와 CH4 의 영향과 항적운과 권운의 영향이다. 특히, 엔진 배기가스 내의 조건, 비행고도, 위도, 기후 그리고 계절에 대한 의존성이 불확실하다. 따라서, 연료 소모를 줄이기 위한 조치가 기후 변화에 대한 엔진 연소의 전체적인 기여를 실제로는 증가시키는 상황이 존재하기도 한다. 이는 예를 들어서, 낮은 SFC 를 위한 엔진 압력과 온도의 증가와 NOx 의 생성을 감소시키기 위한 이들의 감소 사이의 절충에 해당한다. 이러한 복잡성에도 불구하고, 항공기 설계자에 대한 적절한 추천은 가능한 모든 방법을 통해서 기체의 에너지 효율을 증가시키고 순항고도를 독립된 설계변수로 명시적으로 취급하라는 것이다.

Advisory Council for Aeronautics in Europe (ACARE)는 2001 년 민간항공기 개발을 선도하는 주요 이슈를 정리하였다. 이 기관은 환경에 미치는 영향을 줄이기 위한 항공 교통 시스템의 비약적인 개선을 목표로 한다. 2020~2025 년 사이에 성취될 목표에 대한 특정한 기준이 아래와 같이 정리될 수 있다.

---

[7] 복사 강제력은 지구의 대기 시스템에 대한 에너지 평형의 교란 또는 변화를 단위 제곱 미터당 와트로 표현한다.

- 연료소모와 CO_2 배출을 50% 감소시킨다.
- NOx 배출을 80% 감소시킨다.
- 감지되는 외부 소음을 50% 감소시칸다.

이러한 요구사항이 항공에 대해서 전체적으로 정의되고, 개별적인 역할에 따라서 특정한 목표로 세분화될 필요가 있다. 항공기와 엔진 제조사, 운용사, 항공교통관리, 인증 및 안전기관 그리고 유럽연합(European Union) 모두 이러한 목표를 진지하게 받아들이고 있다.

영국에서는 제작사와 항공교통 분야를 대표하는 몇몇 기관과 학계가 함께 Air Travel Greener by Design 연구그룹을 결성하였다. 항공의 환경에 대한 영향을 완화하는 것에 목표를 두고, 특히 운용, 시장중심의 선택 그리고 기술을 고려하기 위해서 세 개의 서브그룹을 형성하였다. 기술분야 서브그룹은 활주로 소음과 지역적인 대기품질 그리고 기후변화를 강조하는데, 그 중에서도 장기적으로 기후변화를 가장 중요한 것으로 고려하고 있다. 기술 서브그룹은 참고문헌 [40]에 연구 결과를 발표했는데, 추천사항 중의 일부를 아래 설명으로 요약하였다.

> 기후변화의 관점에서, 아래 사항을 연구, 조사 그리고 기술검증의 핵심 영역으로 고려한다. 일부는 이미 상당한 유럽의 재정지원을 받고 있으며, 일부는 새로운 제안이다. 모두 지원받을 가치가 있다.
>
> - 비행고도에 대한 영향의 의존성을 포함해서, 항공기 배기가스가 대기에 미치는 영향에 대한 연구
> - 특히 순항조건에서, NOx 의 상당한 감소를 성취하기 위한 엔진 기술의 연구와 입증
> - 시스템의 실용성을 평가하기에 충분한 하이브리드 층류제어의 확장된 운용 테스트
> - 모든 중요한 기술적인 의문을 제거하기 위한 연구와 기술 검증이 뒷받침된 블렌디드 윙바디 개념에 대한 설계연구
> - 층류 플라잉윙에 대한 가능성 연구
> - 중거리 항공기를 이용한 두 단계 또는 그 이상으로 7500km (4000nm, 8 시간의 비행시간) 이상의 거리를 비행하는 장거리 항공여행 준비에 대한 전체 시스템 연구
> - 단위 추력당 기후변화에 미치는 영향을 최소화하기 위한 운송용 항공기 설계에 대한 방법론 연구
>
> 온실효과를 감소시킬 수 있는 잠재력을 가진 것으로 파악된 설계와 기술선택의 도입을 가로막는 장벽은 상당한 기술적 및 경제적인 위험성과 작은 잠재적인 경제적인 이익 사이의 명백한 불균형에 있다.

전형적인 여객기 형상의 증가하는 환경 수용성은 결국 엄청난 비용상승을 초래할 것이고, Greener

by Design 의 추천 사항 중 일부는 설계 개념의 근본적인 변화가 없이는 달성이 불가능할 것이다. 그림 5.3 의 블렌디드 윙바디(BWB)는 특이하지만 유망한 개념으로 여러 기관에서 연구되어 왔다. 그림 2.11 에 나오는 보다 덜 급진적인 형상은 높은 가로세로비를 갖는 층류형 날개와 소음차단을 위해서 꼬리날개 뒤에 장착된 초고바이패스비의 터보팬을 가지고 있다. 차세대 여객기의 적용은 21 세기 전반기 동안에 지구의 기후에 대한 항공의 영향을 줄이는데 중요한 진전이 이루어질 수 있다고 보장할 것으로 보인다.

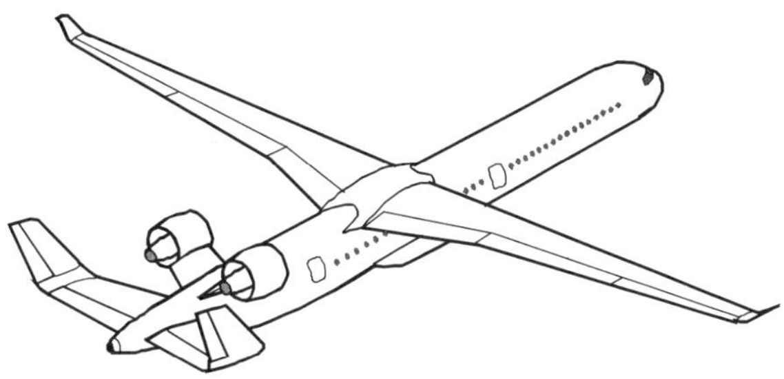

그림 2.11 궁극적인 미래의 친환경 항공기

참고문헌

[1] Society of Allied Weight Engineers, Introduction to Aircraft Weight Engineering, SAWE Inc., Terminal Annex, Los Angeles, CA, 1996.

[2] Fielding, J.P., Introduction to Aircraft Design, Cambridge University Press, Cambridge, 1999.

[3] Intergovernmental Panel on Climate Change, Aviation and the Global Atmosphere, Cambridge University Press, Cambridge, 1999.

[4] Ferreri, D., Marketing and Management in theHigh-Technology Sector: Strategies and Tactics in the Commercial Airplane Industry, Praeger, Westport, CT, 2003.

[5] Roux, E., Avions Civils à Reaction: Plan 3 Vues et Données Characteristiques, Éditions Élodie Roux, Imprimé par lulu.com, 2007.

[6] De Florio, Airworthiness: An Introduction to Aircraft Certification, Butterworth-Heinemann, Oxford, 2011.

Initial Orientation

[7] Werner, R.A., and G.F. Wislicenus, "Analysis of Airplane Design by Similarity Considerations", AIAA Paper No. 68-1017, October 1968.

[8] Caddell, W.E., "On the Use of Aircraft Density in Preliminary Design", SAWE Paper No. 813, May 1969.

[9] Cleveland, F.A., "Size Effects in Conventional Aircraft Design", Journal of Aircraft, Vol. 3, No. 6, pp. 483–512, November–December 1970 (also AIAA Paper No. 70-940).

[10] Engineering Sciences Data Unit, "Lost Range, Fuel and Time to Climb and Descent: Aircraft with Turbojet and Turbofan Engines", ESDU Data Sheet No. 74018, August 1974.

[11] Overend, W.J., "Design Criteria for Airline Operations", AIAA Paper No. 79-1849, August 1979.

[12] Smith, H.W., and R. Burnham, "The Outside Has to Be Bigger than the Inside", Journal of Aircraft, Vol. 18, No. 6, pp. 463–468, June 1981.

[13] Marsh, D.P., "Theory of Transport Aircraft Weight Fractions", SAWE Paper No. 1452, May 1982.

[14] Edlund, U., "Optimum Design Cruise Speed for an Efficient Short Haul Airliner", ICAS Paper No. 84-4.8.3, September 1984.

[15] Roskam, J., "Rapid Sizing Method for Airplanes", Journal of Aircraft, Vol. 23, No. 7, 1986, pp. 554–560.

[16] Torenbeek, E., "The Initial Calculation of Range and Mission Fuel During Conceptual Design", TU Delft, Department of Aerospace Engineering, Report LR 525, 1987.

[17] Association of European Airlines, "Requirements for Short/Medium Range Aircraft for the 1980s", Technical Affairs Committee, Report G.2110/R2, Third Edition, July 1981. Later edition: December 1989.

[18] Oelkers, W., "High Capacity Aircraft", ICAS Paper No. 92-1.10.3, September 1992.

[19] Martínez-Val, R., E. Pírez, T. Mu˜noz, and C. Cuerno, "Design Constraints in the Payload-Range Diagram of Ultra High Capacity Transport Airplanes", Journal of Aircraft, Vol. 31, No. 6, pp. 1268–1272, November–December 1994.

[20] Arjomandi, M., and N.K. Liseytsev, "A Simplified Method for Estimating the Take-Off Weight for Short-Haul Transports", Aircraft Design, Vol. 3, No 1, pp. 49–56, 2000.

[21] Richter, H., and S. Menczykalski, "Civil Propulsion of the Future", Innovative Configurations and Advanced Concepts for Future Civil Aircraft, von Kármán Institute for Fluid Dynamics, Lecture Series 2005-06, June 2005.

[22] Sacco, G., and C. Lanari, "The Three Lifting Surface Configuration Concept and Lessons Learned from the Piaggio P180", Innovative Configurations and Advanced Concepts for Future Civil Aircraft, von Kármán Institute for Fluid Dynamics, Lecture Series 2005-06, June 2005.

[23] Bolsunovsky, A.L., N.P. Buzoverya, B.I. Gurevich, V.E. Denisov, and O.V. Sonin, "Flying-Wing: Problems and Decisions", Innovative Configurations and Advanced Concepts for Future Civil Aircraft, von Kármán Institute for Fluid Dynamics, Lecture Series 2005-06, June, 2005.

[24] Torenbeek, E., and G. La Rocca, "Civil Transport Aircraft", Encyclopedia of Aerospace Engineering, R. Blockley and W. Shyy (eds), pp. 4043–4054, John Wiley & Sons, Chichester, 2010.

[25] Torenbeek, E., "Business Aviation", in Encyclopedia of Aerospace Engineering, R. Blockly, and W. Shyy (eds), John Wiley & Sons, Chichester, UK, October 2010.

[26] Poll, D.I.A., "A First Order Method for the Determination of the Leading Mass Characteristics of Civil Transport Aircraft", Aeronautical Journal, vol, 115, No. 1167, pp. 257–272, May 2011.

Energy Efficiency

[27] Poisson-Quinton, P., "Energy Conservation in Aircraft Design and Operational Procedures", AGARD Lecture Series LS-96, Paper No. 9, October 1978.

[28] Niedzballa, S.M., andD. Schmitt, "Comparison of the Specific Energy Demand of Aeroplanes and OtherVehicle Systems", Aircraft Design, Vol. 4., No. 4, pp. 163–178, December 2001.

[29] Nangia, R.K., "Efficiency Parameters for Modern Commercial Aircraft", Aeronautical Journal, Vol. 110, No. 1110, pp. 495–510, August 2006.

[30] Creemers, W.L.H., and R. Slingerland, "Impact of Intermediate Stops on Long-Range Jet Transport Design", AIAA Paper No. 2007–7849, September 2007.

[31] Hahn, A.S., "Staging Airliner Service", AIAA Paper No. 2007-7759, September 2007.

[32] Poll, D.I.A., "The Optimum Aeroplane and Beyond", Aeronautical Journal, vol, 113, No. 1141, pp. 151–164 , March 2009.

[33] Kenway, G.K.W., R. Henderson, J.E. Hicken, N.B. Kuntawala, D.W. Zingg, J.R.R.A. Martins, and R.G. McKeand, "Reducing Aviation's Environmental Impact Through Large Aircraft for Short Ranges", AIAA Paper No. 2010-1015, January 2010.

[34] Lanfhans, S., F. Linke, P. Nolte, and H. Schnieder, "System Analysis for Future Long Range Operation Concepts", ICAS Paper No. 2010-11.3.4, September 2010.

[35] Martinez-Val, R., E. Perez, C. Cuerno, and J.L. Palacin, "Cost-Range Trade-Off in the Design and Operation of Long-Range Transport Airplanes", ICAS Paper No. 2010-1.5.1, September 2010.

[36] Poll, D.I.A., "On the Effect of Stage Length on the Efficiency of Air Transport", Aeronautical Journal, vol. 115, No. 1167, pp. 273–283, May 2011.

Emissions and Atmospheric Pollution

[37] Haberland, Ch., O. Kranz, and R. Stoer, "Impact of Operational and Environmental Aspects on Commercial Aircraft Design", ICAS-94-1.3.1, Anaheim, 1994.

[38] Deidewig, F., A. D¨oppelheuer, and M. Lecht, "Methods to Assess Aircraft Engine Emissions in Flight", ICAS Paper No. 96-4.1.4, September 1996.

[39] Szodruch, J., "The Environmental Challenge as Chance for the Next Century Aircraft Design", ICAS Paper No. 98-4.10.3., September 1998.

[40] Green, J.E., "Greener by Design – The Technology Challenge", Aeronautical Journal, Vol. 106, No. 1056, pp. 57–103, February 2002.

[41] Whellens, M.W., and R. Singh, "Propulsion System Optimisation for Minimum Global Warming Potential", Paper No. 7111, ICAS 2002 Congress, Toronto, September 2002.

[42] Rolls-Royce, "Powering A Better World", Environment Report, www.rolls-royce.com., 2003.

[43] Antoine, N.E., and I.M. Kroo, "Aircraft Optimization for Minimal Environmental Impact", Journal of Aircraft, Vol. 41, No. 4, pp. 2100–2109, 2004. (Also AIAA Paper No. 2002-5667, September 2002.)

[44] Green, J.E., "Greener by Design", Innovative Configurations and Advanced Concepts for Future Civil Aircraft, von Kármán Institute for Fluid Dynamics, Lecture Series 2005–06, June 2005.

[45] Green, J.E., "Air Travel – Greener by Design. Mitigating the Environmental Impact of Aviation: Opportunities and Priorities", Aeronautical Journal, Vol. 109, pp. 361–416, September 2005.

[46] Green, J.E., "Civil Aviation and the Environment: The Next Frontier for the Aerodynamicist", Aeronautical Journal, Vol. 110,

pp. 469–486, August 2006.

[47] Hahn, A.S., "Staging Airliner Service", AIAA Paper No. 2007-7759, September 2007.

[48] Nangia, R.K., "Highly Efficient and Greener Civil Aviation: Step Jump, Why & How", lecture presented at the Royal Aeronautical Society, Bristol Branch, RKN-SP-2007-100, October 2007.

[49] Sankrithi, M., "Environmentally Progressive Aircraft Design Leveraging Advanced Technologies", Boeing Commercial Airplanes, lecture presented to Department of Aerospace Engineering, TU Delft, April 2008.

[50] Shakariyants, S.A., "Generic Methods for Aero-Engine Exhaust Emission Prediction", doctoral thesis, TU Delft, September 2008.

[51] Gardner, R., "How Green In Your Contrail?", Aerospace International, pp. 14–17, March 2007.

[52] Kenway, G.K.W., R.P. Henderson, J.E. Hicken, N.W. Kuntawala, D.W. Zingg, J.R.R.A. Martins, and R.G. McKeand, "Reducing Aviation's Environmental Impact Through Large Aircraft for Short Ranges", AIAA Paper No. 2010-1015, January 2010.

[53] Rutherford, D., "The Role and Design of a CO2 Standard for New Aircraft", ICCT, 14 April 2010.

[54] Bradley, M.K., and C.K. Droney, "Subsonic Ultra Green Aircraft Research: Phase I Final Report". NASA/CR-2011-216847, April 2011.

[55] Henderson, R.P., J.R.R.A. Martens, and R.E. Perez, "Aircraft Conceptual Design for Optimal Environmental Performance", Aeronautical Journal, Vol. 116, pp. 1–22, January 2012.

제 3 장

추진과 엔진 기술

Propulsion and Engine Technology

갤런당 65 센트의 가격에서는 연료비가 너무 낮기 때문에 UDF 를 정당화할 수 없다. 만약 연료가 갤런당 1 달러 정도 한다면 UDF 에 대한 요구가 빗발쳤을 것이다.

R. Welsh, GE Manager Commercial Operations (1988)

3.1 선도하는 추진

민간항공의 역사를 보면 향상된 에너지 효율과 경제성은 모두 추진 기술의 발전으로 인한 것임을 알 수 있다[28]. 제 2 차 세계대전이 종전된 이후 가스터빈 엔진은 비행기와 엔진기술의 조화된 발전을 통해서 현저히 진화되었다. 예를 들어, 보잉 707 은 터보프롭에서 터보제트로의 진화를 이용해서 더 빠르고 높이 비행하게 되었고, 보다 긴 항속거리에 대한 요구는 1960 년대 바이패스 엔진의 개발로 이어지게 되었다. 1960 년대 광동체 여객기의 높은 이륙추력과 감소된 연료소모에 대한 요구를 만족하기 위해서 고바이패스비의 대형 엔진이 개발되었다. 1970 년 이후 터보팬엔진의 보다 효율적이고 신뢰성이 높은 엔진으로의 계속된 발전은 점진적이었지만 상당했었다. 반세기 이내에 엔진의 열효율은 터보제트 엔진의 0.40 미만에서 최신 터보팬 엔진의 0.50 까지 증가되었다. 가장 큰 터보팬의 이륙추력은 20 톤에서 45 톤으로 증가되었고, 그림 2.7(a)에 나오는 것과 같이 비연료소모율(SFC)는 약 30% 감소되었다. 가장 큰 발전은 추진효율에서 기인되어 약 0.50 에서 0.75 로 향상되었다. 오픈로터 터보팬엔진은 이를 0.90 까지 증가시킬 것이다. 차세대 초고바이패스 엔진이 등장하고 있으며, 오픈로터 기술로의 다음 단계는 예상보다 빨리 실현될 것으로 보인다. 이러한 최신 엔진의 장착은 새로운 비행기의 일반 배열(general arrangement)에 눈에 띄는 변화를 필요로 할 것이다.

이번 장에서는 개념설계와 성능해석에 적용될 수 있는 것으로 특별히 선정된 분야를 포함한 가스터빈 엔진 기술과 성능과 관련된 용어에 대해서 전반적으로 살펴볼 것이다. 이러한 목적으로 가장 관련된 특성으로는 엔진출력과 추력, 비연료소모율 그리고 엔진효율이 있다. 몇몇 일반화된 성능특성이 순항성능 최적화와 엔진 스케일링(scaling)에 사용될 수 있도록 무차원의 형태로 표현될 것이다. 항공기 가스터빈은 브레이튼(Brayton) 싸이클로 작동하지만, 이러한 싸이클의 해석은 이 책의 범위를 벗어난다. 가스터빈 엔진 싸이클, 성능해석 그리고 기술에 대해서 참고할 우수한 자료는 참고문헌 부분에 언급되어 있다.

3.2 제트 추진의 기본개념

3.2.1 터보제트 추력

터보제트 엔진(straight jet engine)의 추력은 그림 3.1 에 표시된 것과 같이 제어표면(Control surface)을 이용한 모멘텀 방정식으로부터 유도된다. 비행속도 V에서, 질량유량 $\dot{m}_a$ 의 주변 대기가 모멘텀 $\dot{m}_a V$ 를 가지고 인렛으로 들어가고, 이를 램항력(ram drag) 또는 인렛 모멘텀 항력(inlet momentum drag)이라고 부른다. 압축된 공기는 유량 $\dot{m}_f$ 의 연료분사 및 이의 고압 연소를 통해서 가열된다. 고온 가스가 터빈을 구동하고 노즐을 통해서 엔진 밖으로 빠져나간다. 전체 질량유량은 $\dot{m}_a(1+f)$ 이고, 여기서 f 는 연료/공기의 질량비율이다. 면적 A_e 인 노즐 출구에서의 평균 특성은 다음과 같은 총 추력을 결정하는 속도 v_e 와 압력 p_e 로 나타낼 수 있다.

$$T_G = \dot{m}_a(1+f)v_e + (p_e - p_\infty)A_e \tag{3.1}$$

여기서 p_∞ 은 주변대기압을 나타낸다. 순 추력(net thrust)은 총 추력(gross thrust)에서 램항력을 제외한 것과 같다.

$$T_N = T_G - D_{ram} = \dot{m}_a\{v_e(1+f) - V\} + (p_e - p_\infty)A_e \tag{3.2}$$

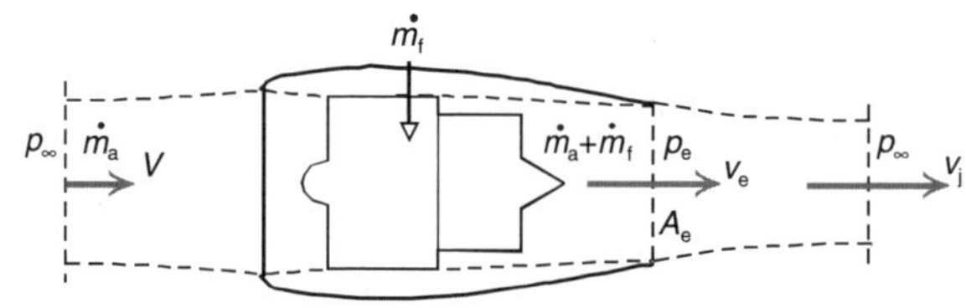

그림 3.1 터보제트와 터보팬 추력을 유도하기 위한 모멘텀 방정식

엔진 제조사에서는 이를 표준 순 추력으로 사용한다. 사용된 항이 모두 잘 정의되어 있고 정확하게 측정 가능하기 때문에, 표준 추력은 항공기 제조사에서 일반적으로 사용하는 (비장착) 엔진의 성능을 정의한다. 노즐 출구의 뒷부분에서 주변 대기압으로 팽창하는 동안 분출되는 제트(jet efflux)는 공기와 혼합된다. 이는 추력에 (다소) 기여를 하는데, 이를 출구후 추력(post-exit thrust)이라고 한다. 출구후 추력을 포함하기 위한 간단한 개념으로 팽창 이후 속도 v_j 를 갖는 가상의 균일한 제트(uniform jet)를 가정한다. 또 다른 단순화로는, 공기 질량유량에 대한 연료 질량유량을 ($f \ll 1$) 무시하는 것이다. 이를 이용하면 이상추력(ideal thrust)은 다음과 같다.

$$T_{id} = \dot{m}_a(v_j - V) \tag{3.3}$$

표준 순 추력과 이상 추력 사이의 차이는 일반적으로 아음속 영역에서는 작고, 따라서 이 책에서는 무시한다. 여기서는 추력 T를 항공기를 추진시키기 위해서 장착된 엔진으로부터 작용하는 순수한 힘으로 간주한다. 제트추진에 대한 유용한 성능지수(Figure of Merit, FOM)는 비추력으로, 이는 추력발생을 위해서 통과하는 공기량에 대한 추력의 관계를 나타낸다.

$$\frac{T}{\dot{m}_a} = v_j - V \tag{3.4}$$

주어진 추력을 발생시키기 위해서, 높은 비추력의 엔진은 많은 공기량을 필요로 하는 엔진에 비해서 작은 공기 질량만을 사용한다. 일반적으로, 이는 더 가볍고 또한 낮은 항력을 갖는 작은 크기의 나셀에 장착된다. 그러나, 높은 비추력의 엔진은 주어진 추력을 발생하기 위해서 더 많은 연료를 소모하며 제트의 소음 발생도 더 많다. 오랜 기간 동안, 터보제트 엔진의 적용은 군용으로만 한정되어 왔다.

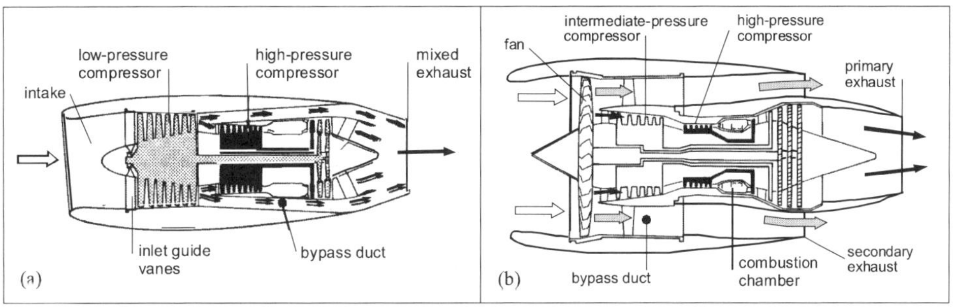

그림 3.2 터보팬 엔진의 단면 도해 (a) 저바이패스비 2-스풀 터보팬, (b) 고바이패스비 3-스풀 터보팬. Rolls-Royce 에서 개발된 이 엔진은 저압(LP)과 고압(HP) 사이에 중간 압력(IP) 스풀을 갖는 예외적인 형상이다.

3.2.2 터보팬 추력

민간 제트 항공기는 터보팬 엔진으로 구동된다. 저바이패스 터보팬에서는 흡입구 공기유동이 그림 3.2(a)와 같이 저압 압축기에서 먼저 압축되고, 고바이패스 엔진에서는 그림 3.2(b)와 같이 팬으로 부르는 1 단 압축기에 의해서 압축된다. 터보팬의 내부 (주요) 부분을 코어엔진 또는 가스발생기라고 한다. 코어는 고압 (High Pressure, HP) 압축기, 연소실 그리고 HP 터빈으로 이루어지고, 터보제트와 동일한 브레이튼 싸이클에 따라서 높은 에너지의 가스를 발생시킨다. 운동에너지의 일부는 저압 (Low Pressure, LP) 터빈에 의해서 추출되어 저압 압축기 또는 팬을 구동한다. 고온 코어 유동은 1 차 노즐(primary nozzle)을 통해서 엔진을 빠져나간다. 팬은 저온 공기유동을 압축하고, 이는 덕트를 통해서 코어를 바이패스하고 2 차 노즐(secondary nozzle)을 통해서 엔진을 빠져나간다. 터보팬 엔진을 통과하는 전체 질량유량은 다음과 같다.

$$\dot{m}_a = \dot{m}_{a,h} + \dot{m}_{a,c} \tag{3.5}$$

여기서 h 와 c 는 각각 고온 1 차(hot primary)와 저온 2 차(cool secondary) 엔진 유동을 의미한다. 터보팬의 추력은 식 (3.3)의 모멘텀 방정식을 각 유동에 적용함으로써 유도할 수 있다.

$$T = \dot{m}_{a,h}(v_{j,h} - V) + \dot{m}_{a,c}(v_{j,c} - V) \tag{3.6}$$

코어엔진에서 팬으로 전달되는 에너지의 약 20% 정도는 LP 스풀과정에서 손실된다. 분리된 노즐 유동으로, 엔진은 저온 제트속도가 (고온) 유동보다 동일한 백분율(약 20%)로 낮을 때 가장 효율적이다. 바이패스비(Bypass Ratio, BPR)는 2차 공기 질량유량대 1차 공기 질량유량의 비율로 정의된다.

$$B \stackrel{\text{def}}{=} \frac{\dot{m}_{a,c}}{\dot{m}_{a,h}} \tag{3.7}$$

많은 저바이패스비 터보팬에는 추진효율을 향상시키는 배기유동 혼합기가 장착된다. 만약 두 유동이 모멘텀의 손실이 없이 아래 속도를 갖는 균일 제트로 혼합된다면 다음과 같다.

$$v_j = \frac{v_{j,h} + Bv_{j,c}}{1+B} \tag{3.8}$$

식 (3.3)은 터보팬 추력에도 마찬가지로 적용될 수 있는 것으로 보인다. BPR은 운용조건에 따라서 달라지기 때문에, 이는 보통 해면고도 정상상태에 대해서 정의된다. 터보팬은 다음과 같은 잠정적인 계획에 따라서 특성이 결정될 수 있다.

- 바이패스 엔진으로 알려졌던 저바이패스비 ($B \le 1.5$) 터보팬은 일부 구형 군용항공기와 훈련기에서 찾아볼 수 있다.
- 중바이패스비 ($1 < B \le 4$) 터보팬은 구형 제트여객기와 비지니스 제트에 사용되었고, 대부분은 오늘날의 소음규제를 만족하지 못한다.
- 고바이패스비 ($4 < B \le 10$)터보팬은 제트여객기와 비지니스 제트기에 가장 널리 사용되고 있다.
- 초고바이패스비 ($B > 10$)터보팬은 2010년 이후 서비스 개시를 목표로 개발되는 여객기에 장착될 것으로 보인다.

터보팬의 BPR은 비추력과 밀접한 관계가 있다. 주어진 추력에 대해서 BPR을 증가시키면 팬의 직경은 증가하고, 공기유동은 많아지고, 비추력은 감소하며 그리고 제트 소음은 감소한다. 많은 터보팬 엔진은 기본적으로 변경되지 않는 코어엔진에 대해서 다양한 값을 갖는 팬의 직경, BPR 그리고 이륙추력으로 제공된다. 이는 동일한 하나의 코어를 갖는 터보팬으로 서로 다른 비행기 설계에서 요구되는 추력에 대응할 수 있다는 장점을 갖는다. 동일한 가스발생기를 갖는 일련의 엔진 패밀리의 경우, 세 개의 엔진을 별도로 개발하는 것에 비해서 비용은 단지 절반 정도만 필요하다. 공용화(commonality)는 제조공정을 단순화할 수 있고, 부품수급을 최소한으로 절감할 수 있도록 한다. 항공사에 대해서, 코어의 공용화는 간소화된 재고 관리, 전체적으로 낮아진 추진비용과 다양한 범위의 추력을 갖는 여러가지 엔진에 대한 보다 단일화된 정비절차로 이어질 수 있다.

3.2.3 비연료소모율

터보제트 또는 터보팬 엔진에서 단위 시간당 연소되는 중량 연료유량은 대략적으로 추력에 비례한다. 서로 다른 엔진 사이에 의미있는 비교를 하기 위해서 관례적으로 비연료소모율(SFC)을 사용한다. 비추력연료소모율 TSFC(Thrust Specific Fuel Consumption)는 단위 추력당 연료의 질량유량을 의미한다.

$$C_T = \frac{\dot{m}_f}{T} = \frac{F/g}{T} \tag{3.9}$$

여기서 F는 연료 중량유량이다. SI 단위계에서 TSFC는 (g/s)/N 단위를 갖지만, 일반적으로 TSFC를 (kg/h)/N 으로 표현하는 것이 관례이다. SI 단위계에서 TSFC는 (lb/h)/lbf 인 임페리얼 단위계의 값에 비해서 배수 g 만큼의 차이를 갖는다. 연료 중량유량에 기반한 TSFC 는 주로 항공기 성능해석에 사용되며, 질량유량에 기반한 TSFC에 대해서 배수 g 만큼 차이를 갖는다. 따라서, SI 단위계의 중량 특화된 SFC 는 Imperial 단위계의 질량 특화된 TSFC 와 수치적으로 동일하다. TSFC 가 널리 사용되는 매개변수이지만, 이는 모두에게 동일한 의미를 갖지 않기 때문에 경험이 많지 않은 해석자는 단위에 대해서 혼란을 겪을 수도 있다.

3.2.4 전체효율

확실하지 않은 경우, SFC를 전체효율(Overall Efficiency, OEF)로 변환하는 것이 추천된다.

$$\eta_o \overset{\text{def}}{=} \frac{\textit{thrust power developed by the engine}}{\textit{rate of fuel energy added to the engine}} = \frac{TV}{\dot{m}_f H} = \frac{TMa}{FH/g} \tag{3.10}$$

제트연료의 (낮은) 열량값 또는 비에너지함량 H 는 공기중에서 완전연소시 열에너지로 변환되는 화학에너지이다. 상대 대기온도를 θ 라고 하면, 음속은 $a = a_{sl}\sqrt{\theta}$ 로 표현할 수 있다. $a_{sl} = 340.29\,\text{m/s}$ 로 대입하고 일반적인 가스터빈 엔진(화석)연료에 대해서 $H/g = 4350\,\text{km}$ 를 적용하고 (kg/h)/N 단위의 TSFC를 OEF로 변환하면

$$\eta_o = \frac{a_{sl}}{H/g}\frac{M\sqrt{\theta}}{C_T} = 0.0287\frac{M}{C_T/\sqrt{\theta}} \tag{3.11}$$

(lb/h)/lbf 단위의 TSFC에 대해서는 아래와 같다.

$$\eta_o = \frac{a_{sl}}{H/g}\frac{M\sqrt{\theta}}{C_T} = 0.2816\frac{M}{C_T/\sqrt{\theta}} \tag{3.12}$$

전체효율은 0 과 1 사이의 무차원값이기 때문에, 단위계와 관계없이 동일한 값을 갖는다. 주어진 비행조건에 대해서 OEF 는 엔진 제원에 명시된 추력과 연료유동 (또는 SFC)를 이용해서 유도할 수 있고 장착손실에 대해서 보정될 수 있다. 대류권계면 부근에서 주어진 마하수로 순항하는 비행의 경우, OEF 는 고도에 대해서 (거의) 독립된다. 1 세대 제트여객기는 $M \approx 0.80$ 정도의 속도로 비행하였고, $C_T \approx 1.0$(lb/h)/lbf 의 터보제트 엔진으로 추진되었다. 이는 겨우 20%의 OEF 에 해당하는 것으로, 제트의 낮은 성능을 보여주는 것이다.[1] $M = 0.80$ 으로 순항하는 장거리 항공기에 장착되는 최신 터보팬의 $C_T = 0.56$(lb/h)/lbf 는 OEF 35%에 상응한다. 100% 효율의 추진시스템에 대해서 조차도, 이론적인 최저 TSFC 인 $C_T = 0.2816M\sqrt{\theta}$ 가 존재하는 것에 주목할 필요가 있다. 그러나, $\eta_o = 0.55$ 에 대한 보다 현실적인 하한은 $C_T = 0.5M\sqrt{\theta}$ 이다. 이를 위해서는 현재 사용되는 엔진의 효율이 약 50% 정도 향상될 필요가 있다.

3.2.5 열효율과 추진효율

이상적인 터보팬 엔진은 연료에 포함된 화학에너지를 가능한 최대의 운동에너지로 변환하고, 이를 엔진을 통과하면서 가능한 최대의 모멘텀 증가에 의해서 추진을 위한 추력으로 변환한다. 따라서, 이러한 과정의 OEF 는 몇 개의 과정에 대한 효율로 분해될 수 있다.

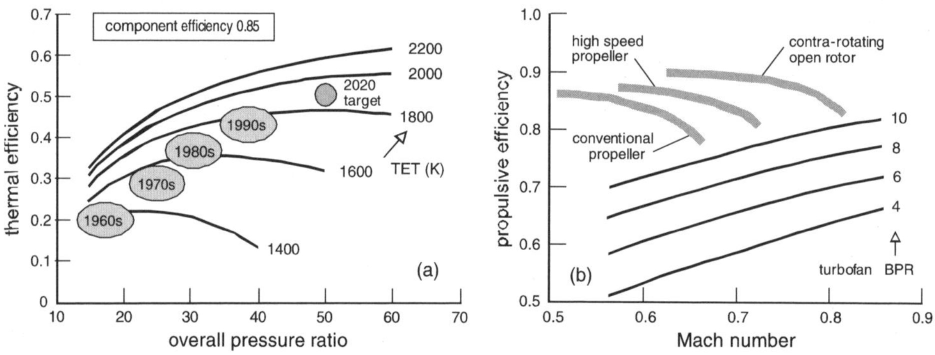

그림 3.3 상업용 항공에 사용되는 가스터빈 엔진의 효율 추세 (a) 싸이클 매개변수의 영향을 받는 터보팬 열효율, (b) 추진효율 트렌드. 프로펠러와 오픈로터에 대한 회색 곡선은 성능 선도이다.

열효율(Thermal Efficiency, TEF)는 연료에 포함된 화학에너지가 얼마나 효율적으로 엔진을 통과하는 공기의 운동에너지 증가로 변환되는가에 대한 측정수단으로, 아래와 같이 표현될 수 있다.

$$\eta_{th} = \frac{rate\ of\ kinetic\ energy\ change\ across\ the\ engine}{rate\ of\ fuel\ energy\ added\ to\ the\ engine} = \frac{0.5\dot{m}_a(v_j^2 - V^2)}{\dot{m}_f H} \tag{3.13}$$

[1] Concorde 의 추진 시스템은 마하수 2 의 순항비행에서 40% 이상의 OEF 를 성취하였다. 이 책이 작성되는 시점에서 운용중인 어떠한 아음속 비행기도 이를 초과하지 못했다.

TEF 는 연소효율, 가스발생기의 Brayton 싸이클의 열효율 그리고 가스발생기에서부터 엔진을 통과하는 공기로 전달되는 에너지효율의 곱으로 볼 수 있다. TEF 는 기본적으로 코어 엔진의 싸이클 매개변수에 따라서 달라져서, 이는 그림 3.3(a)와 같이 전체 압력비(Overall Pressure Ratio, OPR)와 터빈 입구온도(Turbine Entry Temperature, TET)에 따라서 증가한다. 다른 중요한 매개변수로는 코어 압축기와 터빈의 효율이다. 에너지의 전달은 파워터빈과 팬의 전체 압력손실과 기어링(gearing)으로 인한 기계적 손실을 겪게된다.[2] TEF 는 주변대기온도의 감소와 비행속도의 증가에 따라서 증가해서, 이는 여객기의 최고 순항성능이 높은 고도와 마하수에서 나타나는 이유이기도 하다. TEF 는 2020 년경에는 55%에 이를 것으로 예상되고 있다.

엔진의 추진효율(PEF)은 통과하는 공기의 주어진 운동에너지 증가량에 대해서 추력을 발생시키는 모멘텀 변화의 정도를 나타낸다.

$$\eta_p = \frac{thrust\ \ power\ \ developed}{kinetic\ \ energy\ \ change\ \ across\ \ the\ \ engine} = \frac{TV}{0.5\dot{m}_a(v_j^2 - V^2)} \tag{3.14}$$

추력 방정식 (3.3)과 (3.4)를 대입하면

$$\eta_p = \frac{\dot{m}_a(v_j - V)V}{0.5\dot{m}_a(v_j^2 - V^2)} = \frac{2}{1 + v_j/V} = \frac{2}{2 + T/(\dot{m}_a V)} \tag{3.15}$$

Froude 방정식으로 알려진 이 공식은 통과하는 공기량이 많고 낮은 속도의 제트로 낮은 비추력을 발생하는 엔진에 대해서 PEF 가 높다는 것을 보여준다. 그림 3.3(b)는 BPR 과 비행속도가 추진효율에 영향을 미치는 주요 매개변수임을 보여주고 있다. 주어진 코어유동에 대해서 팬직경을 증가시키면, 즉 통과하는 공기량이 증가하면, 높은 BPR 과 향상된 PEF 로 이어진다. 바이패스비가 $B = 5$ 인 터보팬의 경우, 마하수 0.80 에서 전형적인 비장착 엔진 PEF 는 0.75 이다. 이 값은 2020 년에는 0.85 까지 올라갈 수 있을 것이다.

식 (3.10)에 따라서 정의되는 전체효율 (OEF)은 열효율과 추진효율의 곱으로 다음과 같이 나타낼 수 있다.

$$\eta_o = \eta_{th}\eta_p \tag{3.16}$$

엔진 제조사는 현재 터보팬에 대한 전형적인 OEF 값인 0.35 가 궁극적으로 오픈로터 엔진에 대해서 0.45 까지 향상될 것으로 예상하고 있다. 문제는 실현의 가능 여부가 아닌 실현의 시점 이다.

3.2.6 일반화된 성능

[2] 엔진 기술에 따라서, 폴리트로픽(polytropic) 압축과 팽창효율은 대략 90% 수준이고, 연소와 기어 효율은 99%에 근접한다.

터보팬 엔진의 추진추력과 연료소모율은 레이팅, 비행속도 그리고 주변 대기조건에 대한 함수이다. 엔진의 레이팅은 고압스풀(HP Spool)의 회전속도에 따라서 특성이 달라진다. 가스터빈 엔진의 성능에 대한 책자를 통해서 기체에 적합한 엔진사이즈를 찾는 매칭, 엔진의 선택 그리고 비행기 성능해석에 유용한 일반화된 관계를 찾을 수 있다. 추력, 엔진의 공기와 연료유량은 수정된 성능의 형태로 일반화될 수 있다. 예를 들어, 수정된 터보팬 추력은 비행마하수 M과 HP 로터의 속도 N과 관련된다.

$$\frac{T}{\delta} = f_T(M, N/\sqrt{\theta}) \tag{3.17}$$

상대압력 δ 와 상대온도 θ 는 주변대기압과 온도를 표준대기 해면고도에 대한 분율로 나타낸 것이다(부록 B 참조). 그리고 $N/\sqrt{\theta}$ 는 수정된 로터의 속도를 나타낸다. 연료의 중량유량 F 는 다음과 같이 일반화될 수 있다.

$$\frac{F}{\delta\sqrt{\theta}} = f_F(M, N/\sqrt{\theta}) \tag{3.18}$$

여기서 로터의 속도를 제거하면 다음과 같다.

$$\frac{F}{\delta\sqrt{\theta}} = f_3(M, T/\delta) \tag{3.19}$$

TSFC 는 주변대기온도에 대해서 아래와 같이 수정된다.

$$\frac{C_T}{\sqrt{\theta}} = \frac{f_F}{f_T} \tag{3.20}$$

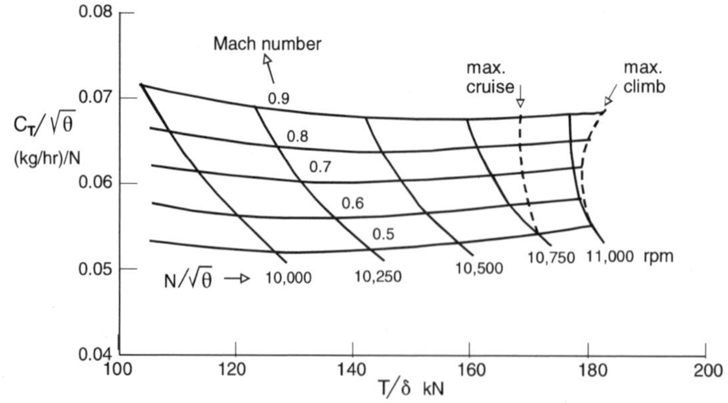

그림 3.4 고바이패스비 터보팬의 일반화된 고도(altitude) 성능

그림 3.4 는 터보팬 엔진의 전형적인 일반화된 성능맵을 보여주고 있다. 전형적인 순항조건 범위 내에서, 추력은 주로 마하수에 영향을 받으며, 엔진의 레이팅으로 인한 영향은 훨씬 작다. 순항고도와 마하수 범위 내에서, TSFC 는 경험식에 의해서 아래처럼 근사될 수 있다.

$$C_T / \sqrt{\theta} = C_0(1 + C_M M) \tag{3.21}$$

계수 C_0 와 C_M 은 엔진 제조사 데이터로부터 도출될 수 있다. 주어진 엔진에 대해서, 이는 주로 BPR 의 영향을 받는다. OEF 는 식 (3.12)에 대입하는 것으로 구할 수 있다.

$$\eta_o = \frac{0.0287M}{C_0(1 + C_M M)} \tag{3.22}$$

TSFC 와는 반대로, OEF 는 고도와 무관하기 때문에 이를 사용하는 것은 또 다른 장점을 갖는다.

3.2.7 마하수와 고도의 영향

러버라이징 방법에 따라서 엔진의 스케일이 증가하고 감소하는 설계연구에서 추력은 ICAO 표준대기(International Standard Atmosphere, ISA) 상태의 해면고도(Sea Level, SL)에서 최대 정적이륙추력(첨자 TO)의 분율로 취급된다. 이 분율을 추력감율(Thrust Lapse Rate, TLR)이라고 부른다. 만약 수정추력이 식 (3.17)을 따른다면, 추력감율 매개변수를 아래처럼 구할 수 있다.

$$\tau \overset{\text{def}}{=} \frac{T/p}{T_{TO}/p_{sl}} = \frac{T}{\delta T_{TO}} \tag{3.23}$$

러버라이징 과정에서는 식 (3.10), (3.17) 그리고 (3.18)을 조합하는 것으로 로터속도를 제거하는 것이 바람직하며, 이로써 OEF 를 두 개의 무차원 값을 이용해서 표현할 수 있다.

$$\eta_o = f_\eta(\tau,\ M) \tag{3.24}$$

그림 12.6 에 나오는 로그 스케일의 카펫선도는 마하수 변화가 엔진의 레이팅에 비해서 훨씬 더 큰 영향을 미친다는 것을 보여주고 있다. 주어진 마하수의 순항비행에 대해서, 고도에 따른 추력감율은 엔진 싸이클 특히 BPR 에 따라서 달라진다. 그러나 T/δ 는 레이놀즈수의 영향이 무시되는 성층권에서 일정하다. 결과적으로, 만약 주어진 엔진 레이팅과 비행마하수에 대해서 터보팬 엔진이 러버라이징 된다면, 추력감율은 실질적으로 일정하게 유지된다.

3.3 터보프롭 엔진

만약 터보팬엔진의 BPR 효율이 약 30 이상으로 증가하고 팬덕트가 사라진다면, 결과적으로 이 추진시스템은 터보프롭엔진과 프로펠러의 조합과 아주 유사해진다. 실제로 터보프롭 엔진은 아주 낮은 FPR 처럼 작동하는 셔라우드(shroud)가 없는 프로펠러를 구동한다. 터보팬 기술과 비교했을때 터보프롭 추진의 발전은 그리 대단하지는 않았다[29]. 상업적 용도로 사용되는 최신 터보프롭 엔진의 사례가 그림 3.5 에 나와있다.

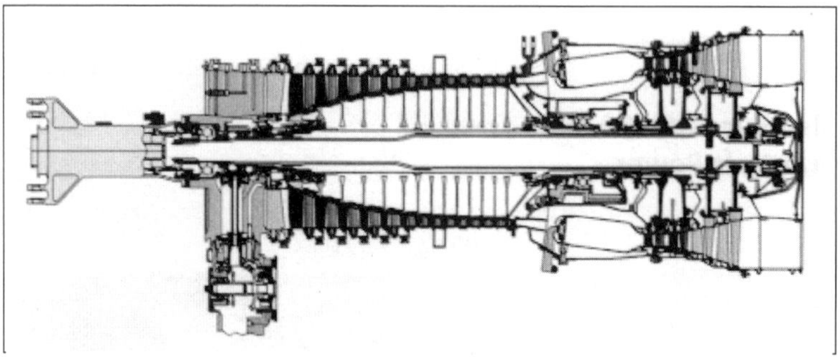

그림 3.5 Rolls-Royce AE 1107: 군용과 민간용을 위한 6000shp (4474kW)급 터보샤프트와 터보프롭 엔진 패밀리 멤버

3.3.1 출력과 비연료소모율

터보프롭 엔진의 출력은 축마력(SHP) P_{sh} 와 제트 추력 T_{jet} 이다. 축출력은 프로펠러에 의해서 추진력으로 전환된다. 제트엔진과 유사하게, 터보프롭의 순(net) 제트추력 T_{jet} 는 총(gross) 제트추력에서 흡입구 공기유동으로 인한 램항력을 제외한 것이다. 프로펠러 추력과 비교해서 제트추력이 작지만 무시할 수는 없다. 추진으로 사용 가능한 전체 추력 마력(Total Thrust Horse Power, TTHP)은 다음과 같다.

$$P_{av} = \eta_{pr} P_{sh} + T_{jet} V \quad \text{with propeller efficiency} \quad \eta_{pr} \overset{\text{def}}{=} \frac{T_{pr} V}{P_{sh}} \tag{3.25}$$

따라서 TSHP 는 주로 프로펠러의 종류, 엔진의 속도 그리고 대기속도에 따라 변화하는 프로펠러 효율에 따라서 달라진다. 비행기 설계자는 완전한 엔진과 프로펠러 조합에 대해서 사용할 수 있는 출력에 주로 관심을 갖는다. 그러나, 터보프롭은 다양한 프로펠러와 함께 장착할 수 있기 때문에 엔진 제작사는 사용 가능한 출력을 등가축마력(Equivalent Shaft Horse Power, ESHP)으로 나타낸다.

$$P_{eq} = P_{sh} + \frac{T_{jet} V}{\eta_{pr}} \tag{3.26}$$

여기서 프로펠러 효율은 (상대적으로 작은) 두 번째 항에만 영향을 미친다. 정상상태에 대해서 속도와 프로펠러 효율은 모두 0 이고, 따라서 제트추력으로 인한 기여는 정의될 수 없다(indefinite)는 것에 주목해야 한다. 제트추력을 포함하기 위해서 1kW 의 SHP 는 15N 의 제트추력(2.5lbf/hp)을 발생하는 것으로 가정한다.

터보프롭 엔진의 비연료 소모율 (SFC)은 주로 전달되는 동력으로 간주된다. 따라서, 비출력연료 소모율 (Power Specific Fuel Consumption, PSFC)은 단위 ESHP 에 대한 연료 중량유량으로 정의된다.

$$C_P = \frac{F}{P_{eq}} = \frac{\dot{m}_f g}{P_{eq}} \tag{3.27}$$

SI 단위계에서 PSFC 는 (g/s)/W 의 단위를 사용하며, British 단위계에서는 (lb/h)/hp 이다. 명백하게도, 축동력에 기반한 SFC 는 등가출력에 근거한 SFC 에 비해서 더 높은 값을 갖는다. 엔진 열효율에 미치는 대기속도의 긍정적인 효과로 인해서, SFC 는 비행마하수에 따라서 다소 감소하게 된다. ESHP 에 기반한 SFC 의 엔진의 경우, OEF 는 아래 식으로부터 계산할 수 있다.

$$\eta_o = \frac{\eta_{pr} P_{eq}}{FH/g} = \frac{\eta_{pr}}{C_{P_{eq}} H/g} \tag{3.28}$$

SHP 에 기반한 SFC 인 경우에는 아래와 같다.

$$\eta_o = \frac{\eta_{pr} + T_{jet} V / P_{sh}}{C_{P_{sh}} H/g} \tag{3.29}$$

위의 두 식으로부터 OEF 는 주로 프로펠러 효율에 의해서 결정된다는 것을 알 수 있다.

3.3.2 일반화된 성능

터보프롭의 수정된 성능은 제트와 터보팬 엔진과 유사하다.

$$\text{축동력:} \quad \frac{P_{sh}}{\delta\sqrt{\theta}} = f_P(N/\sqrt{\theta}, M) \tag{3.30}$$

$$\text{공기유동:} \quad \frac{\dot{m}_a\sqrt{\theta}}{\delta} = f_{\dot{m}}(N/\sqrt{\theta}, M) \tag{3.31}$$

$$\text{연료유동:} \quad \frac{F}{\delta\sqrt{\theta}} = f_F(N/\sqrt{\theta}, M) \tag{3.32}$$

$$\text{총 제트추력:} \quad \frac{T_{jet}}{\delta} = f_T(N/\sqrt{\theta}, M) \tag{3.33}$$

만약 제트가 비행과 반대방향으로 분사된다면, 전체 순 추력은 아래와 같다.

$$T = \frac{\eta_{pr} P_{sh}}{V} + T_{jet} \tag{3.34}$$

터보프롭의 성능은 식 (3.34)를 아래처럼 정리하는 것으로 일반화할 수 있다.

$$\frac{T}{\delta} = \frac{\eta_{pr}}{Ma_{sl}} f_P + f_T - Ma_{sl} f_{\dot{m}} \tag{3.35}$$

정속 프로펠러의 효율은 동력계수(Power Coefficient) C_P , 전진비(Advance ratio) J 그리고 마하수의 함수이다.

$$\eta_{pr} = f(C_P, J, M) \tag{3.36}$$

동력계수와 전진비는 각각 아래처럼 표현할 수 있다.

$$C_P \overset{\text{def}}{=} \frac{P_{sh}}{\rho N_{pr}^3 D_{pr}^5} = \frac{a_{sl}^2}{\gamma\, p_{sl} D_{pr}^5} \frac{P_{sh} / \delta\sqrt{\theta}}{(N_{pr} / \sqrt{\theta})^3} = f_{C_P}(N_{pr} / \sqrt{\theta},\, M) \tag{3.37}$$

$$J \overset{\text{def}}{=} \frac{V}{N_{pr} D_{pr}} = \frac{a_{sl}}{D_{pr}} \frac{M}{N_{pr} / \sqrt{\theta}} = f_J(N_{pr} / \sqrt{\theta},\, M) \tag{3.38}$$

여기서 D_{pr} 과 N_{pr} 은 각각 프로펠러 직경과 회전수 RPM 을 나타낸다. 프로펠러는 엔진 RPM 에 대해서 일정한 분율로 회전하기 때문에, 프로펠러 효율은 엔진 성능을 결정하는 동일한 매개변수의 함수이다.

$$\eta_{pr} = f(N / \sqrt{\theta},\, M) \tag{3.39}$$

그리고 식 (3.35)와 같이 조합하면 추진추력은 아래와 같다.

$$\frac{T}{\delta} = f(N / \sqrt{\theta},\, M) \tag{3.40}$$

이 결과는 제트와 터보팬 엔진에 대한 일반화된 결과는 터보프롭 항공기에도 역시 적용될 수 있음을 증명하고 있다. 따라서, 식 (3.17)은 어떤 종류의 가스터빈 기반의 추진시스템에 대해서도 유효하다. 그러나, 제트엔진과는 달리 터보프롭 시스템의 OEF 는 마하수뿐 아니라 엔진 레이팅의 변화에도 민감하다.

3.3.3 고속 프로펠러

1990 년대 동안, 중형 제트기가 전통적인 터보프롭 시장을 잠식하는 것에 맞서기 위해서 고속 터보프롭 중형기의 개발로 대응이 시작했다. 2000 년 이후, 새로운 대형 터보프롭에 대한 주문이 다시 증가하기 시작하였고, 최대속도는 궁극적으로 마하수 0.7 까지 증가할 것으로 예상된다. 이는 서방에서 가장 강력한 7830kW 출력의 Europrop TP400-D6 엔진 네 개로 추진되는 Airbus A400M 군용 수송기의 설계속도이기도 하다. 이 항공기 프로펠러의 특징은 그림 3.6 과 같이 8 개의 초승달 모양(Crescent-shaped)의 복합재료 블레이드이다. 고속프로펠러에 대한 연구가 활발히 진행되었고, 그 결과 이른바 프롭팬(propfan)이라고 하는 결과를 가져오게 되었다. 가스터빈 엔진과 프롭팬의 결합은 현재 오픈로터(Open Rotor) 엔진으로 분류되고 있다.

그림 3.6 Europrop Internaional TP 400 고속 프로펠러가 장착된 3-축 터보프롭 엔진

3.4 **터보팬 엔진 레이아웃**

3.4.1 바이패스비의 추세

추진기술에서 한 걸음 더 나아갈 수 있는가의 여부는 전적으로 BPR 의 (대폭적인) 증가와 항력, 중량 그리고 소음과 같은 관련된 주요 문제점에 달려있다. 더 큰 팬의 장착은 엔진의 공기 질량유량과 BPR 을 증가시키고, 이에 따라서 팬압력비와 비추력이 감소한다. 이는 OEF 를 향상시키고 따라서 연료소모율을 낮추게 된다. 그림 3.7 은 일정한 코어 OPR 과 TET 를 갖는 일련의

엔진 패밀리에 대해서 SFC와 OEF에 대한 BPR의 영향을 보여주고 있다. 바이패스비를 오늘날의 수치인 5에서부터 70까지 증가시킨다면, 효율 100%인 부품의 이상적인 싸이클의 경우 TSFC는 25% 이상 감소할 것이다. 현실적인 효율로 보자면, TSFC는 모든 BPR에 대해서 감소세가 훨씬 줄어들 것이지만, 증가하는 OEF 의 양호한 추세는 여전할 것이다. 이러한 이득은 흡입구 손실, 블리드에어/동력추출 그리고 노즐손실로 인해서 더 줄어든다. 뿐만 아니라, 증가된 나셀직경과 노출표면적은 높은 나셀 항력과 중량을 초래하고, 이는 장착엔진의 효율손실을 증가시키게 된다. 주어진 엔진 기술의 상태에 대해서, 최고의 항공기 효율로 연결되는 최적 BPR은 모든 장착손실과 중량 페널티를 고려해서 파악될 수 있다. 엔진 소음을 줄이기 위한 가장 강력한 수단이 비추력을 감소시키는 것이므로, 소음에 대한 공격적인 요구조건은 연료소모에 있어서는 최적이 아닌 형상을 가져올 수도 있다[45]. 그러나, 지배적인 소음 성분은 팬 끝단의 음속돌파로 인한 특유의 회전톱(buzz saw) 소음인데, 이는 바이패스비가 증가하면 더욱 심해진다.

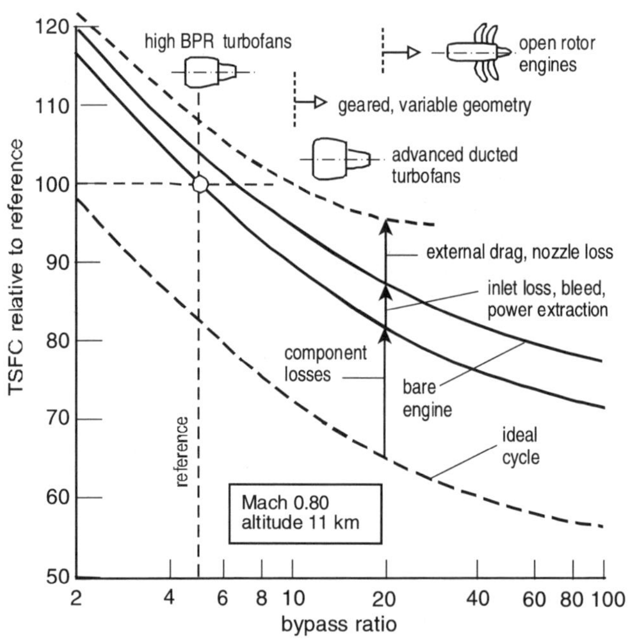

그림 3.7 순항조건에서 비연료소모율에 대한 터보팬 바이패스비의 영향

BPR 을 증가시키기 위해서는 최적 팬압력비가 감소되어야 한다. 고정기하 고바이패스비 터보팬 세그먼트의 바이패스비 상한선은 팬압력비 1.45 일때 대략 $B=10$ 정도로, 이는 $B=5$ 일때에 비해서 10% 감소된 TSFC를 얻을 수 있다. BPR이 추가로 증가하면, 팬과 최적의 팬 및 터빈 효율에 대한 저압터빈 RPM 사이의 불균형은 더욱 심각해진다. $B>10$ 인 경우에 대해서는, 과도한 수의 터빈단이 없이 최적의 팬속도를 제공하기 위해서 LP 스풀과 팬 사이의 기어박스가 필요하다. 터빈은 보다 효율적인 고속으로 구동되면서 적은 단수로 더 많은 일을 하는 것이다. BPR에 따라서, 이러한 기어구동 터보팬(Geared Turbo Fan, GTF)은 그림 3.8(a)와 같이 2:1 에서 4:1 사이의 기어비가

필요하다. 향상된 팬효율은 냉각시스템으로 전달되는 기어링(gearing)으로 인한 1%의 에너지 손실을 일부 보상한다. GTF 코어에서 발생되는 동력은 기존 터보프롭의 최대 출력을 초과하기 때문에, 유성기어 시스템의 개발이 중요한 문제가 된다. 압력비 1.40 이하에서 적절한 엔진 작동과 안정성을 위해서는 가변피치 팬블레이드 및/또는 가변면적의 저온 공기노즐이 필요하다. 그림 3.8(b)와 같은 동축반전팬(Contra Rotating Fan, CRF)은 가장 높은 바이패스비에 대해서 선호될 것이다. 15 에서 25 사이의 BPR 적용은 기계적으로 불가피하게 복잡한 엔진이 되며, 기체와의 통합 역시 복잡해진다.

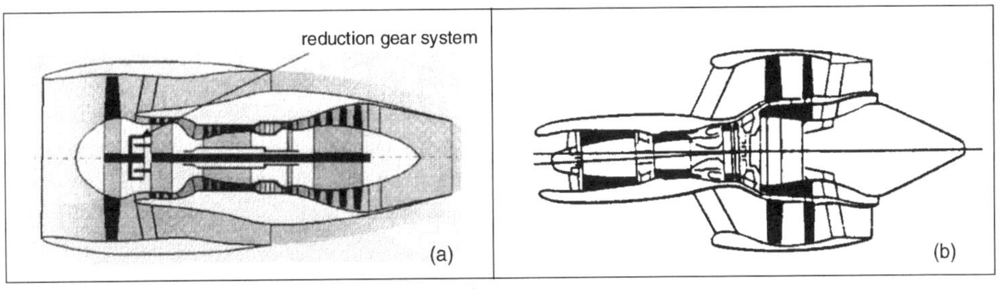

그림 3.8 초고바이패스비 터보팬. (a) 기어구동 터보팬 엔진 형상 [46, 47], (b) 동축반전 직접구동팬(contra-rotating direct-drive fan) Rolls-Royce RB529 프로젝트 [31]

적절히 통합된 엔진의 장착은 연료효율, 중량, 소음 발생, 정비성, 수명 그리고 비용 사이의 최적의 균형을 이루는 것이다. 엔진 제조사에 따라서 서로 다른 방식으로 이런 문제에 대응하게 된다. Pratt & Whitney 는 연료소모를 12% 감소할 수 있는 잠재력을 가진 GTF 엔진 계열을 제공하는 것으로 21 세기 엔진 기술을 선도하고 있다. 이러한 양산형 GTF 는 추력범위 100~180kN (22000~40000lbf) 정도를 처리할 것으로 예상된다. 이 엔진의 상대적으로 낮은 팬 끝단 속도는 Stage 3 요구조건과 비교했을때 (누적) 소음이 30dB 만큼 감소된다. 셔라우드 터보팬의 증가된 항력과 중량을 감안했을때, BPR 이 30 을 넘어간다면 오픈로터엔진 기술로의 급진적인 진전은 아마도 피할 수 없을 것이다.

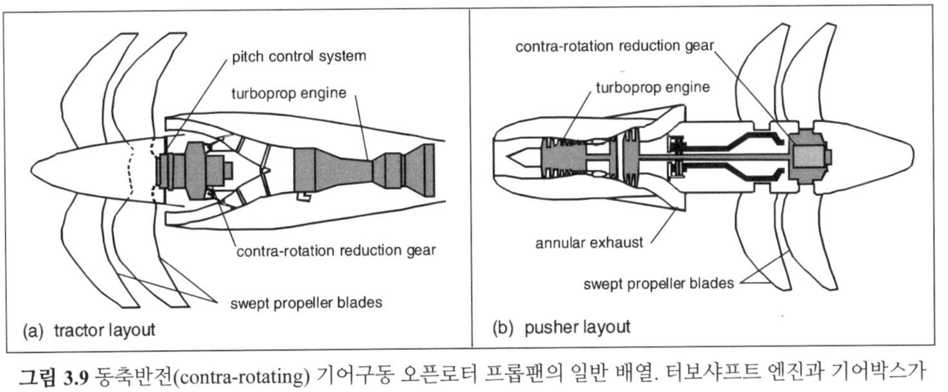

그림 3.9 동축반전(contra-rotating) 기어구동 오픈로터 프롭팬의 일반 배열. 터보샤프트 엔진과 기어박스가 포함되기 때문에 출력은 축마력(SHP)으로 표현됨

3.4.2 프롭팬 엔진의 두각과 몰락

1970 년대, NASA 에서는 고도 30000ft 에서 마하수 0.80 으로 순항하면서 제트여객기와 비교해서 연료소모율을 30% 절감할 수 있는 고등 터보프롭 항공기의 개발을 위해서 상당한 노력을 기울였다. 이를 위해서는 프롭팬으로 알려진 최신 고속 프로펠러의 개발이 필요했다. 프로펠러 제조사인 Hamilton Standard 에 의해서 1975 년 제안되어, 최소한 80%의 추진효율을 유지할 수 있도록 설계된 여러개의 초승달 모양의 고하중 블레이드(highly loaded blade)와 함께 프롭팬이 도입되었다. 이 업체는 첨단 블레이드 개발계약을 맺었고, 1981 년에는 SR-7A 로 불리는 대형 1 단(single stage) 시제 프롭팬의 복합재료 블레이드 세트의 설계를 시작해서 1986 년에 테스트를 하였다. 8 개의 블레이드를 가진 엔진이 개조된 Gulfstream II 에 장착되어 1987 년 비행하였다.

프롭팬은 터보프롭의 일부 특성을 터보팬의 특성과 결합한 추진개념을 설명하기 위한 복합어이다. 초기 프롭팬은 전형적인 프로펠러에 비해서 훨씬 더 높은 디스크 하중을 가졌지만, 두 가지 모두 기어박스를 통해서 터보샤프트 엔진으로 구동되었다. 터보팬과의 근본적인 차이는 25 에서 40 사이의 훨씬 높은 프롭팬 BPR, 가변피치 블레이드 그리고 제거된 로터 덕트이다. 프롭팬이란 용어는 본래 다중블레이드 단일로터에 적용되었던 것인데, 동축반전에서도 근본적인 차이가 없기 때문에 프롭팬이란 용어가 여전히 사용되고 있다. 블레이드의 동축반전은 로터 후류에서 스월을 상당히 제거해서, 1 단 배열에 비해서 약 7% 정도 높은 추진효율을 제공한다.

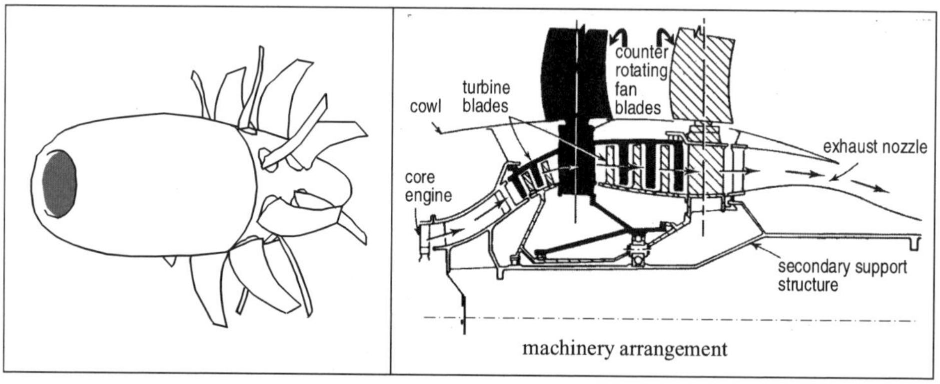

그림 3.10 1980 년대 General Electric GE36 무덕트팬 (UDF)

1980 년대, 모든 주요 여객기 제조사는 새로운 클린시트 설계에 프롭팬 기술을 채용하는 것을 고려하였다. 이는 그림 3.9 와 같이 주날개 앞전에 장착되는 트랙터 타입 또는 동체 뒷쪽에 장착되는 푸셔타입을 필요로 하였다. 기어를 사용하는 프롭팬이 아닌 혁신적인 무덕트팬(Unducted Fan, UDF) 개념으로 이동하면서, GE 는 객실 소음을 제한하기 위해서 꼬리부분에 장착되는 푸셔타입에 집중하였다. 이의 UDF 배열은 기어박스를 제거하였고, 그림 3.10 에 나온 것과 같이 스테이터가 없는(statorless) 한 쌍의 CR 로터블레이드를 갖는 자유터빈을 구동하기 위한 가스발생기를 가지고 있다. 미국의 기체 제조사에서 프롭팬에 가장 적극적인 연구가 수행되었다. Boeing 과 McDonell

Douglas 는 GE 및 P&W/Allison 과 기술평가를 위한 팀을 이루어 Boeing 727-100 과 MD-80 에 장착되는 GE36 과 PW 578-D 실증용 엔진을 완성하였다. 유럽에서는, Rolls-Royce 가 기어구동 오픈로터를 푸셔 형상으로 연구했지만 실제 크기의 시제품으로 완성하지는 못했다. 당시 상대적으로 저렴했던 연료 가격을 감안했을때, 소음이나 신뢰성 문제와 같은 잠재적인 우려로 인해서 유망한 프롭팬 기술이 채용되는 것은 배제되었다. 1980 년대 연구되었던 설계는 Antonov AN-70 에 장착되었던 Progress D-27 CR 프롭팬을 제외하고는 실제 사용된 시기보다 최소한 30 년은 앞선 것이었다. 이 군용 수송기는 1997 년 일반에 공개되었고, 2010 년까지 운용항공기에 적용되었던 유일한 프롭팬이다.

3.4.3 오픈로터의 부활

20 세기로 들어서면서, 급등하는 유가와 환경오염 감소에 대한 강조와 함께 항공산업은 프롭팬에 대한 새로운 관심을 보이고 있다. 마하수 0.70 까지의 속도를 위해서 개발된 고속 프로펠러(그림 3.6)이 운용되고 있다. 이의 직경과 세부 설계는 특정 비행기의 장착을 위해서 최적화되었다. 터보프롭과는 달리, 프롭팬은 가스터빈 엔진 제작사에 의해서 개발되고 생산되는 완전한 시스템으로, BPR 에 따라서 압력비가 1.05 에서 1.40 사이에서 달라지는 가변피치 로터를 특징으로 한다. 반전회전 오픈로터를 적용하면 비장착 순항 SFC 는 25~30% 사이로 감소하고 고바이패스비 터보팬과 유사한 수준의 소음수준을 갖는다. 속도에 따라서 변화하는 블레이드 피치로 인해서, 그림 2.7(b)와 같이 추진효율의 이득은 저속에서 훨씬 더 우수하다. 따라서, 터보프롭과 유사하게 오픈로터 시스템은 저속성능을 향상시키고, 이로 인해서 단거리 비행기의 적용에 특히 적합하다. 그러나, 오픈로터는 터보프롭뿐 아니라 터보팬에 비해서도 기계적으로 더욱 복잡하기 때문에 복잡한 기체 통합문제와 획득비용이 높아질 것이다. 관련된 주요 기술적인 문제로는 (블레이드 파손) 안전, 객실 소음, 정비비용, 신뢰성 및 마하수 0.75 이상 순항속도에서 팬 효율 등이 존재한다.

표 3.1 가스터빈 엔진 시스템의 분류

동력 발생	주요 추진 장치	약자
터보프롭/터보샤프트	전형적인 프로펠러	CTP
	고속 프로펠러	HSTP
터보팬	직접구동 덕티드팬	DDTF
	기어구동 덕티드팬	GTF
	이중반전 덕티드팬	CRDF
프롭팬	일단계 오픈로터	SSPF
	이중반전 오픈로터	CRPF

3.5 동력장치 선정

1980 년대 이후, 항공기용 엔진 제조사들은 여러가지 다양한 고등 엔진 설계를 제안하였다. 표 3.1 에는 실현 가능성을 가지고 있는 제안된 추진개념의 분류가 나와있다. 고등 터보프롭을 제외하고

엔진개발의 주요 흐름은 직접구동뿐 아니라 기어구동의 (초)고바이패스비 터보팬에 집중되어 있는데, 이들은 2010 년과 2020 년 사이에 운용될 새로운 여객기에 장착될 가능성이 있다. 프롭팬으로 추진되는 비행기의 설계는 현재 운용되는 협동체 여객기의 상당한 부분을 대체하는 올바른 방향이 될 가능성 또한 존재한다. 논리적인 선택으로 다가올 엔진은 그림 3.5 와 3.6 에 나오는 것과 같은 터보프롭에 기반할 수도 있다.

그림 3.11 은 동일한 코어 엔진을 갖는 엔진 패밀리에서 BPR 과 비추력이 비장착과 장착 TSFC 와 OEF 에 미치는 영향을 전반적으로 보여주고 있다. 높은 BPR 터보팬과 비교해서 최신 개념의 네 가지 후보가 비장착 TSFC 를 10~30% 감소시키는 것으로 확인되었다. 나타난 바와 같이, 매우 높은 BPR 터보팬과 오픈로터엔진에서는 나셀/카울 항력, 프롭팬에 대한 유동의 간섭항력 등과 같은 시스템 추력에 대한 장착의 영향이 가장 중요하다(그림 3.7).

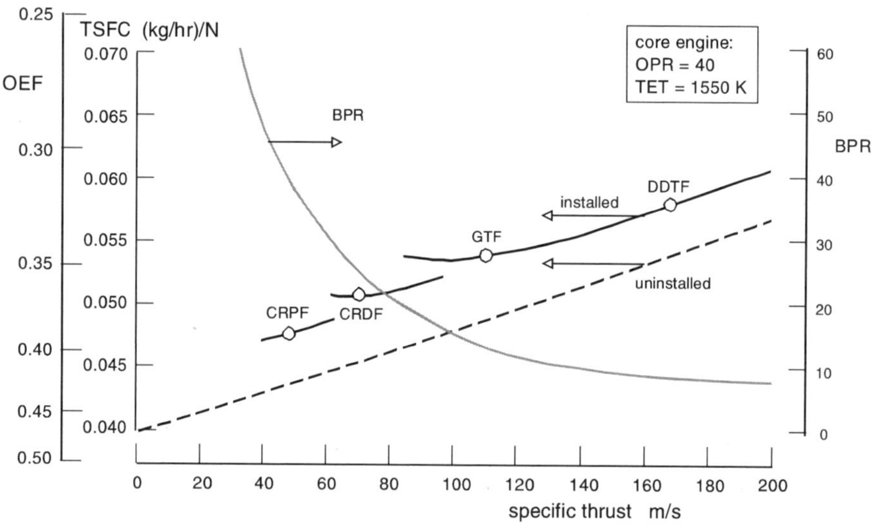

그림 3.11 고도 35000ft 및 마하수 0.76 에서 비추력에 따른 항공용 엔진 특성 변화

3.5.1 동력장치의 위치

새로운 추진개념의 선택은 새로운 비행기 프로젝트의 실현 가능성에 포괄적인 영향을 미친다. 이는 연료경제성과는 달리 아래와 같은 여러가지 측면에 의해서 결정될 수 있다.

- 엔진을 운용가능 상태까지 개발하는데 필요한 비용과 시간
- 장래의 연료비 수준까지 고려한 전체 운용비용 대비 연료비용의 분율
- 특히 날개 장착 및 동체 장착과 같은 비행기의 일반 배열
- 주변 소음수준
- 객실소음 및 구조의 소음피로에 대한 영향
- 프로펠러 또는 로터블레이드 고장시 차폐(containment)에 대한 요구조건

- 여행객의 인식, 안전에 대한 기대, 신뢰성, 정비성 등을 고려한 항공사의 수용여부

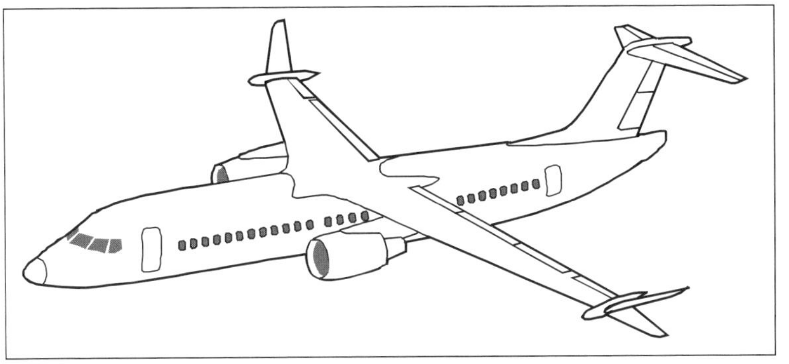

그림 3.12 초고바이패스비 기어구동 터보팬이 날개에 장착된 중거리 제트기

엔진 출력 또는 추력을 기체와 매칭하고, 그리고 엔진장착에 대한 최적위치를 파악하기 위해서 개념설계 단계가 사용된다. 높은 BPR 의 터보팬은 날개 또는 동체 뒷부분에 일반적인 방법으로 장착될 것이다. 매우 높은 BPR 터보팬은 그림 3.12 와 같이 고익기 형상에만 적용 가능할 것이고, 꼬리장착 레이아웃은 저익기 형상에 적용될 것이다. 프롭팬 엔진의 배치는 큰 직경의 후류(slipstream)와 이로 인한 항공기 안정성과 조종성에 미치는 영향으로 인해서 복잡해진다. 후류와 날개 위를 지나는 공기유동 사이의 간섭을 제거 또는 최소화하기 위해서 선호되는 방법으로는, 그림 3.13 과 같이 동체 꼬리부분에 장착하는 푸셔타입 또는 고익기 형상의 주날개 아래에 충분히 내려간 트랙터 타입이 있다. 최종적인 엔진의 선정과 동력장치 배열은 아마도 AD 팀, 엔진 제조사 그리고 항공사 사이의 협의로 결정될 것이다.

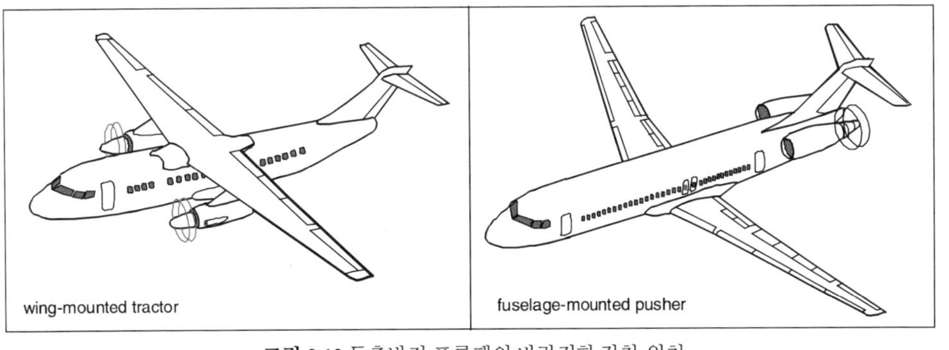

그림 3.13 동축반전 프롭팬의 바람직한 장착 위치

3.5.2 대체연료

21 세기의 첫 10 년간 항공여행에 대한 예상되었던 성장은 성취가능한 기존 엔진 배기가스의 감소를 넘어설 것이다. 뿐만아니라, 예상된 화석연료 자원의 고갈은 세계적인 관심이 되고 있다. 이같은 사항은 모두 대체연료에 대한 개발과 적용을 가속화해왔다. 연구는 바이오연료, 석탄과 가스기반

합성연료, 액화수소 그리고 액화메탄과 같은 네 개의 주요 후보군에 대해서 집중되어 왔다. 네 가지 연료가 모두 실현가능하지만, 그 중에서도 바이오연료와 합성 케로신(kerosene)이 적어도 다가올 수십 년간에 대해서는 가장 매력적인 대체연료로 판단되고 있다. 바이오연료의 1 세대가 상업용 비행에 운용되는 중이고 조류 원료(algae feedstock)에서 구한 연료의 유망한 개발이 보고되었다. Fischer-Tropsch 공정이 석탄과 천연가스로부터 합성 제트유로 변환하는데 사용된다. 이들 연료는 제트-A 연료와 물리적인 특성이 근본적으로 동일하도록 제조될 수 있기 때문에, 항공기 또는 공항에서의 적용에 상당한 변경이 필요하지 않을 것이다. 미래에 제트연료 대신 액화수소(LH2)가 사용된다면 상황은 완전히 달라질 것이다. LH2 의 연소는 극히 낮은 배출가스를 만들기 때문에, 재생에너지 자원으로부터 생산될 수 있다면 가스터빈 연료로 적합할 것이다. 그러나, LH2 는 상당히 큰 탱크용량, 특수한 연료시스템 그리고 기존 항공기와 비교했을때 중량배분에 있어서 큰 차이라는 특성을 갖기 때문에, LH2 추진은 항공기 특성에 대한 근본적인 변화를 수반할 것이다. 보다 자세한 내용은 6.8 장을 참고한다.

3.5.3 항공기 소음

터보제트로 추진되는 민간항공기의 출현과 이에 따른 지속적인 항공여행의 성장으로 인해서, 민간항공의 환경에 대한 영향 중에서 소음이 대중적인 우려를 이끌어낸 첫 번째가 되었다. 제트시대가 시작된 이후 고바이패스비 터보팬과 라이닝 재료의 도입은 이륙시 주변소름의 수준을 약 25 EPNdB 만큼 감소시키는데 도움을 주었다. 최저 연료소모를 위한 최적값 보다 약간 높은 현재의 BPR 에 대해서, 엔진 제조사들은 추가적인 소음감소의 여지가 있다고 주장한다. 원천적인 항공기 소음의 지속적인 감소는 강화되는 미연방항공규정(Federal Aviation Regulations, FAR) 인증 요구조건과 국제민간항공기구(International Civil Aviation Organization, ICAO) 국제 소음규정에 맞추어 왔다. 이러한 개정되는 요구조건에 추가해서, 개별 국가와 공항은 지역사회로부터의 압력으로 인해서 자체적인 엄격한 정책을 채용하고 있다. ACARE 는 2000 년과 2020~2025 년 사이에 상당한 수준의 소음감소를 이루도록 항공기와 엔진 제조사를 압박하고 있다. (2.5 장) NASA 는 같은 기간 동안 추가로 20dB 만큼 줄이는 것으로 목표를 세우고 있다. 이는 항공기 설계에 급격한 변화가 없이는 아마도 성취가 불가능할 것이다.

상업항공의 역사에 걸쳐서, 항공소음과 배기가스 인증 준수에 대한 책임은 주로 엔진 제조사에 전가되어 왔고, 기체 설계자에게 엔진 배기가스는 부차적인 문제였다. 장기간에 걸친 항공교통량의 높은 증가세에도 불구하고, 소음인증 요구조건이 항공기 형상에 거의 영향을 미치지 못했음에도 항공소음의 감소에는 상당한 진전이 이루어져왔다. 최근 상업용 항공기에 대해서는 기체소음이 엔진소음에 비해서 더 지배적이라는 사실로부터 이러한 상황에 변화가 있음을 알 수 있다. 세 가지 측정지점이 소음인증에 사용된다. 상업용 항공기의 경우, 측면, (이륙)상승 그리고 접근시 소음은 비행기의 MTOW 와 엔진 개수에 근거한 제한치 이하를 유지해야 한다. 보통 바이패스비 대략 5 까지에 대해서는 엔진의 측면과 상승시 제트 소음이 지배적이고, 이보다 높은 바이패스비에 대해서는 팬 소음이 지배적이다. 공기역학 소음은 접근과의 관련성이 증가하고 있다.

외부 소음 수준의 예측은 항공기 고등설계의 표준 항목이 되어가고 있다. 터보팬 엔진에 의해서 발생하는 외부소음은 참고문헌 [54]의 NASA Langley 연구소에서 개발한 Aircraft Noise Prediction Program(ANOPP)로 계산할 수 있다. 그러나, 오픈로터 엔진에 대한 기법은 아직 소음예측을 표준절차에 근거할 수 있을 정도로 충분한 성숙단계에 이르지 못했다.

참고문헌

[1] Torenbeek, E., Synthesis of Subsonic Airplane Design, Chapter 4 and Appendix H, Springer Verlag, Heidelberg, 1981.
[2] Kerrebrock, J.L., Aircraft Engines and Gas Turbines, Second Edition, MIT Press, Cambridge, MA, 1992.
[3] Hill, P.G., and C.R. Peterson, Mechanics and Thermodynamics of Propulsion, Second Edition, Addison-Wesley, Reading, MA, 1992.
[4] Mair,W.A., and D.L. Birdsall, Aircraft Performance, Chapter 5, Cambridge University Press, Cambridge, 1992.
[5] Smith, M.J.T., Aircraft Noise, Cambridge University Press, Cambridge, 1989.
[6] Ruijgrok, G.J.J., Elements of Aviation Acoustics, Delft University Press, Delft, 1993.
[7] Rolls-Royce plc., The Jet Engine, Fifth Edition, Renault Printing Company Ltd., 1996.
[8] Archer, R.D., and M. Saarlas, An Introduction to Aerospace Propulsion, Prentice-Hall, Inc., Englewood Cliffs, NJ, 1996.
[9] Hünecke, K., Jet Engines: Fundamentals of Theory, Design and Operation, Airlife Publishing Ltd., Shrewsbury, 1997.
[10] Walsh, P.P., and P. Fletcher, Gas Turbine Performance, Blackwell Science Ltd., Oxford, 1998.
[11] Saravanamutto, H.I.H., G.F.C. Rogers, and H. Cohen, Gas Turbine Theory, Fifth Edition, Pearson Education Ltd., Harlow, 2001.
[12] Mattingly, J.D., W.H. Heiser, and D.T. Pratt, Aircraft Engine Design, Second Edition, AIAA, New York, 2002.
[13] Cumpsty, N., Jet Propulsion: A Simple Guide to the Aerodynamic and Thermodynamic Design and Performance of Jet Engines, Second Edition, Cambridge University Press, Cambridge, 2003.
[14] Torenbeek, E., and H. Wittenberg, Flight Physics: Essentials of Aeronautical Disciplines and Technology, with Historical Notes, Chapter 5, Springer, Heidelberg, 2009.

Aero Engine Technology

[15] Jackson, A.J.B., "Some Future Trends in Aero Engine Design for Subsonic Transport", Journal of Engineering for Power, Transactions of the American Society of Mechanical Engineers, Vol. 98, pp. 281–289, April 1976.
[16] Wilde, G.L., "Future Large Civil Turbofans and Powerplants", Aeronautical Journal, Vol. 82, pp. 281–299, July 1978.
[17] Brewer, G.D., et al., "Study of Fuel Systems for LH2 Fueled Subsonic Transport Aircraft", NASA CR 145369, Lockheed, California, July 1978.
[18] Fishbach, L.H., "Computerized Systems Analysis and Optimization of Aircraft Engine Performance, Weight, and Life Cycle Costs", AGARD CP 280, Paper No. 26, 1979.
[19] Gatzen, B.S., "Turboprop Design: Now and the Future", ICAS Paper No. 82-4.5.2., September 1982.
[20] Bennett, H.W., "Aero Engine Deveiopment for the Future", Journal of Power and Energy, Proceedings of the Institution of Mechanical Engineers, Part A, Vol. 197, pp. 149–157, July 1983.
[21] Williams, M.R., "Large Turbofans for the Year 2000", Aeronautical Journal, January 1984.
[22] Blythe, A.A., and P. Smith, "Prospects and problems of Advanced Open Rotors for Commercial Aircraft", AIAA Paper No. 85-1191, July 1985.
[23] Stuart, A.R., "The Unducted Fan Engine", AIAA Paper No. 85-1190, 1985.
[24] Lange, R.H., "A Review of Advanced Turboprop Transport Aircraft", Progress in Aerospace Sciences, Vol. 23, pp. 151–166, 1986.
[25] Grieb, H., and D. Eckardt, "Propfan and Turbofan as Basis for Future Economic Propulsion", 22nd Joint Propulsion Conference, AIAA Paper No. 86-1474, 1986.
[26] Blythe, A., "Potential Application of Advanced Propulsion Systems to Civil Aircraft", 15th ICAS Congress, London, Paper No. 86.3.8.3, September 1986.
[27] Miller, S.C., and H.W. Bennett, "Future Trends in Propulsion", ICAS Paper No. 86-86.04, September 1986.
[28] Wittenberg, H., "Aircraft Propulsion Leading the Way in Aviation", Report LR-532, TUDelft, Faculty of Aerospace Engineering, September 1987.
[29] Saravanamuttoo, H.I.H., "Modern Turboprop Engines", Progress in Aerospace Sciences, Vol. 24, pp. 225–248, 1987.
[30] Dunican, M.G., "Installation of Innovative Turbofan Engines on Current Transport Airplanes", AIAA Paper No. 87-2921, September 1987.
[31] Borradaile, J.A., "Towards the Optimum Ducted UHBR Engine", AIAA Paper No. 88-2954, July 988.
[32] Gordon, B.J., "The Development of the Unducted Fan", Aerospace, pp. 22–26, July 1988.

[33] Zimbrick, R.A., and J.L. Colehour, "An Investigation of Very High Bypass Ratio Engines for Subsonic Transports", AIAA Paper No. 88-2953, July 1988.

[34] Skavdahl, H., R.A. Zimbrick, J.L. Colehour, and G.P. Sallee, "Very High Bypass Ratio Engines for Commercial Transport Propulsion", ICAS Paper No. 88-4.11.2, September 1988.

[35] General Electric, "GE36/UDF, A New Thrust in Aviation", DGLR Jahrestagung, Darmstadt, Paper 88-011, 1988.

[36] Eckardt, D., and G. Brines, "Technology Readiness for Advanced Ducted Engines", 25th Joint Propulsion Conference, AIAA Paper No. 89-2479, 1989.

[37] Dupslaff, M., P. Wehlitz, and P. Schimming, "Propfan Technology", in European Forum: The Evolution of Regional Aircraft Technologies and Certification, organized by DGLR, AAF, RAeS, Friedrichshafen, April 6-7, 1989.

[38] Owens, R.E., K.L. Hassel, and D.E. Mapes, "Ultra High Bypass Turbofan Technologies for the Twenty-First Century", 26th Joint Propulsion Conference, AIAA Paper No. 90-2397, 1990.

[39] Zimbrick, R.A., and J.L. Colehour, "Investigation of Very High Bypass Ratio Engines for Subsonic Transports", Journal of Propulsion and Power, Vol. 6, pp. 490–496, July-August 1990. Also: AIAA Paper No. 88-2953.

[40] Sieber, J., and H. Jackwerth, "Betriebsverhalten Eines CRISP-Vortriebserzeugers", No. 91-193, DGLR Jahrestagung 1991.

[41] Stryker, H.Y., "21st Century Commercial Transport Engines", RAeS Sidney Branch Lecture, 1992.

[42] Saito, Y., M. Endoh, N. Sugahara, and K. Yamamoto, "Conceptual Study of Separated Core Ultra High Bypass Engine", AIAA Paper No. 92-3776, July 1992. Associated paper: AIAA Paper No. 92-3776, July 1992.

[43] Yaros, S.F., et al., "Synergistic Airframe-Propulsion Interactions and Integrations"White Paper prepared by the 1996-1997 Langley Aeronautics Technical Committee, NASA/TM-1998-207644, March 1998.

[44] Birch, N.T., "2020 Vision: the Prospects for Large Civil Airaft Propulsion", Aeronautical Journal, Vol. 104, No. 1038, pp. 281–289, August 2000.

[45] Richter, H., and S. Menczykalski, "Civil Propulsion of the Future", Innovative Configurations and Advanced Concepts for Future Civil Aircraft, von Kármán Institute for Fluid Dynamics, Lecture Series 2005-06, June 6-10, 2005.

[46] Kurzke, J, "GasTurb 11 User's Manual, Design and Off-Design Performance of Gas Turbines", 2007.

[47] Dewanji, D., A.G. Rao, and J.P. van Buijtenen, "Conceptual Study of Future Aero-Engine Concepts", International Journal of Turbo and Jet Engines, Vol. 26, pp. 263–276, 2009.

Aircraft Noise

[48] Drell, H., "Impact of Noise on Subsonic Transport Design", SAE Paper No. 700806, October 1970.

[49] Kramer, J.J., and R.G. Dorsch, "NASA Aircraft Engine Noise Research", ICAS Paper no. 72-48, September 1972.

[50] Heidmann, M.F., "Interim Prediction Method for Fan and Compressor Source Noise", NASA TM X-71763, 1979.

[51] ICAO, "Aircraft Noise", International Standards and Practices, Annex 16 to the Convention of International Civil Aviation, 3rd Edition, 1985.

[52] Brentner, K.S., "Aerodynamic Impact on Noise and Emissions", Session IV of "Potential Impacts of Advanced Aerodynamic Technology on Air Transportation System Productivity", NASA Technical Memorandum 109154, September 1994.

[53] Kennepohl, F., R. Traub, R, Gumicio, and K. Heinig, "Influence of Bypass Ratio on Community Noise of Turbofans and Single Rotation Ducted Propfans", AIAA Paper No. 95-0135, June 1995.

[54] Kontos, K.B., B.A. Janardan, and P.R. Gliebe, "Improved NASA-ANOPP Noise Prediction Computer Code for Advanced Subsonic Propulsion Systems", Volume 1: ANOPP Evaluation and Fan Noise Model Improvement, 1996.

[55] Caves, R.E., L.R. Jenkinson, and D.P. Rhodes, "Development of an Integrated Conceptual Aircraft Design and Noise Model for Civil Transport Aircraft", ICAS Paper No. 98-6.4.3, September 1998.

[56] Kim, H.D., J.J. Berton, and S.M. Jones, "Low Noise Cruise Efficient Short Take-Off and Landing Transport Vehicle Study", AIAA Paper No. 2006-7738, September 2006.

[57] Hileman, J., "Airframe Design Considerations for a Silent Aircraft", presentation of work conducted by the Silent Engineering Design Team, Cambridge University Engineering Department, MIT, July 2007.

제 4 장
공기역학 항력과 이의 감소
Aerodynamic Drag and Its Reduction

운송(transportation)은 질량을 정지된 한 지점으로부터 다른 정지된 지점으로 이동시키는 것을 포함하기 때문에, 시스템의 에너지는 변하지 않으며 기본적으로 0% 효율이라는 것에 주목되어 왔다. 이러한 목적을 이루기 위해서 에너지가 필요한 것은 바로 항력의 존재때문이고, 이로 인해서 항력의 감소는 지난 수십여 년에 걸쳐서 항공기 설계의 주요 관심대상이 되어왔다.

I.H. Kroo [72] (2001)

4.1 기본 개념

새로운 설계에 대한 항력추정은 일반적으로 일회성 절차가 아닌, 초기 프로젝트 연구에서부터 예비설계를 거쳐 개발까지 계속해서 이루어지는 과정이다. 중량예측과 유사하게, 고등설계(AD)에서 사용되는 항력추정 방법의 신뢰도는 필요한 정확성과 항공기 기하가 정의된 수준 그리고 사용 가능한 계산된 또는 실험된 자료의 양에 따라서 달라진다. 초기에는 주로 반경험적 방법에 점진적으로 유사-해석적 그리고 수치적인 방법을 사용해서 추정한다. 설계가 진행됨에 따라서 다양한 핸드북 방법, 계산법 그리고 풍동시험 데이터가 이용되며, 항력성분의 정의에 일관성을 유지하는 것이 필수적이다. 지난 세기동안 항공기 설계는 증가하는 복잡한 과정으로 진화했지만, 공기역학 항력의 추정은 여전히 AD 엔지니어에게는 쉽지 않은 도전으로 남아있다. 항력을 발생시키는 기본적인 유동 물리학 조차도 상당히 복잡할 수 있다. 뿐만 아니라, 항공기 요소 주변의 유동장은 무수히 많은 방법으로 상호작용을 하면서 정확한 예측이 상당히 어려운 간섭항력을 발생시킨다. 그러나, 과거 특정 개발 프로그램에서 보였던 10~20%의 전체 항공기에 대한 항력추정 오차 수준이 성공을 위해 필요한 범위를 벗어난 수치인 것은 분명하다[38]. 항공기의 복잡한 형태에도 불구하고, 항공기에 작용하는 외부 공기의 힘은 아래와 같이 공기유동을 통과하여 이동하는 다른 물체와 동일한 전통적인 방법으로 처리된다.[1]

- 항력은 대기속도 벡터 $\vec{V}$ 와 반대방향으로 작용하는 크기 D 인 양의 부호를 갖는 힘이다.
- 크기 L 인 양력은 항공기 대칭면상에서 $\vec{V}$ 에 수직으로 작용하고, 윗방향으로 작용시 양의 부호를 갖는다.

공기를 통과하는 대부분 물체는 상당한 항력과 약간의 양력 또는 양력을 받지 않기 때문에 $D/L >> 1$ 이다. 에어포일은 항력에 비해서 $L/D >> 1$ 인 수준으로 10 배가 넘는 양력을 발생하도록 설계된

[1] 엔진 흡입구와 배기구를 유선형 나셀 페어링으로 감싸는 것으로 기체를 닫힌 물체로 취급할 수 있다.

특별한 형태이다. 비행기의 날개는 비행기 총중량(GW)의 몇 배인 양력을 발생할 수 있는 잠재력을 가지고 있기 때문에, 이는 구조적 그리고 공기역학적으로 상당히 효과적인 양력 표면(lifting surface)이다. 꼬리날개는 동적 상태에서의 조종과 안정성을 위한 양력을 제공하기 위해서 설계된 에어포일로, 직선 수평비행에서 많은 양력을 발생하기 위한 목적은 아니다. 고등설계의 모든 단계동안에 이루어지는 결정은 공기역학 효율 L/D 에 상당한 영향을 미칠 수 있기 때문에, 설계변수에 대한 항력의 민감도를 최대한 정확하게 추정하는 것이 필수이다.

4.1.1 양력, 항력 그리고 공기역학 효율

기동비행을 제외하면, 여객기에 대한 상승과 하강시 비행 경로각 γ 은 일반적으로 10 도보다 작으며, 순항비행은 내내 (거의) 정상 수평상태로 이루어진다. 따라서, 모든 비행상태 동안 $\cos\gamma = 1$ 로 가정할 수 있다. 따라서, 양력 L 은 비행기의 총중량 W 와 같고 항력은 다음과 같이 나타낼 수 있다.

$$D = \frac{W}{L/D} \tag{4.1}$$

필요한 추력은 비행경로에 대한 힘의 평형식으로 계산되기 때문에, 양항비 L/D 는 성능과 설계해석에 직접 개입된다.

$$T = D = \frac{W}{C_L/C_D} \tag{4.2}$$

양력과 항력계수는 다음과 같이 정의된다.

$$C_L = \frac{L}{qS} \quad \text{and} \quad C_D = \frac{D}{qS} \tag{4.3}$$

여기서 동압 q 는 고도와 비행속도 V 또는 마하수 M 과 관련되어 아래처럼 정리할 수 있다.

$$q = \frac{1}{2}\rho V^2 = \frac{1}{2}\rho(Ma)^2 = \frac{1}{2}\rho M^2 \gamma R\mathcal{T} = \frac{1}{2}\gamma p M^2 \tag{4.4}$$

a, R 그리고 γ 은 각각 음속, 기체상수 그리고 공기의 비열비를 나타낸다. 주변 대기밀도, 압력 그리고 온도는 각각 ρ , p 그리고 $\mathcal{T}$ 이다.

항력성분은 주로 카운트(count)를 이용해서 나타내는데, 1 카운트는 $\Delta C_D = 0.0001$ 로 정의된다. 양력과 항력계수에 대한 표준 기준면적은 총 날개면적 S_w 이다. 이는 일반적으로 널리 인정되는 기준이 없는 날개면적에 대한 정확한 정의에 따라서 수치값이 결정되도록 한다. 예를 들어, Airbus 와 Boeing 은 동체 내부에 들어가는 날개 면적을 포함하는 것에 대해서 서로 다른 방법을 사용하는 반면, 복합된 테이퍼의 날개에 대해서는 종종 등가 직선 테이퍼 날개로 근사해서 사용한다. 결과적으로, 서로 다른 항공기에 대해서 나타내는 무양력 항력계수와 최대 양력계수가 항상 비교 가능한 것은 아니다. 그러나, 식 (4.2)에 따르면 수평비행에서 항력은 공기역학 효율인 $C_L/C_D = L/D$ 에 의해서 결정되기 때문에, 이는 두 계수의 참고면적에 의존하지 않는다. 책을 서술하는 당시 기준으로 장거리 여객기는 주로 항공기의 크기에 따라서 L/D 의 최대값으로 15 에서 20 사이를 가지고 있다. 이 매개변수는 가까운 미래에 20 에서 25 사이의 값으로 올라갈 것으로 보인다.

공기역학 효율은 엔진/항공기 매칭 과정과 비행성능 해석에서 기본적인 매개변수이기 때문에 설계 엔지니어에게는 중요한 항목이다. 순항비행에서 연료소모율은 비행기의 GW 와 엔진의 추력 또는 출력에 비례하고, GW 의 감소는 공기역학 효율이 증가하는 만큼 연료소모율의 감소에 기여한다. 또 다른 중요한 비행조건은 이륙단계 이후 초기상승(climb out)으로, 이는 종종 엔진출력 또는 추력에 대한 사이징 기준이 된다.

4.1.2 항력의 분류와 정의

항력과 항력이 기여하는 성분에 대한 정확한 정의는 항력추정과 항력감소 기술이 평가에 있어서 필수이다. 그러나, 엔지니어는 종종 (명백하게) 거의 동일한 특성에 대해서 다른 용어에 직면하게 되고, 참고문헌에서 접하는 용어는 국제적인 표준의 부재로 인해서 혼동을 일으키기도 한다.[2] 혼동의 대부분은 전체 항공기 형상에 대한 항력의 해석과 추정의 복잡한 수행과 관련되어 있다. 작업의 목적에 따라서, 항력은 다음 기본적인 몇 가지 계획 중의 하나에 따라서 분류될 수 있다.

- 유동에 노출된 몸체 표면을 많은 수의 패널로 구분하고, 각 패널에 작용하는 힘을 이에 수직인 압력성분과 접하는 마찰성분으로 분해한다. 공기유동 방향에 대한 각 성분을 모두 합하는 것으로 전체 항력을 구한다.
- 항력을 공기의 점성, 와류유동 그리고 충격파와 같이 항력에 기여하는 물리적인 메커니즘에 따라서 분해한다.
- 항력을 양력과 무관한 유해항력과 양력발생 메커니즘으로 인해 발생하는 유도항력으로 구분한다.

그림 4.1 은 이러한 분류법 사이의 상호관계를 나타내고 있으며, 유동현상, 몸체형태 그리고 치수가 항력성분에 어떠한 영향을 미치는지 보여주고 있다. 이러한 분류법은 비압축성 그리고 압축성(고속) 유동으로 둘러싸인 임의의 닫힌 바디(Closed body)에 적용될 수 있는 일반적인 것이다. 물리적인 메커니즘은 더 간단한 성분으로 분해될 수 없기 때문에 이에 따른 구분은 근본적(fundamental)인 방법이다. 그러나, 많은 항력 출처는 근본적인 메커니즘의 상호작용으로부터 도출되기 때문에

---

[2] British Aeronautical Research Council 에 의해서 널리 사용되지는 않지만 포괄적인 정의가 내려졌다[17]. ESDU 에서는 보다 최근의 개요를 제공하였다[40]. 그림 4.1 의 분류계획은 [52]나 [92]와 같은 다른 참고자료에 사용된 계획과는 다르다는 것에 주목한다.

이러한 분류법의 간단성은 오해를 일으킬 수도 있다. 예를 들어, 3 차원 비점성 유동 현상은 점성항력에 영향을 줄 수 있는 반면 점성효과는 와류 강도의 가로방향 변화에 영향을 미칠 수 있다. 그리고 (쓰로틀에 따라 달라지는) 엔진 내부의 유동과 외부 유동 사이의 상호작용은 항력계산 방법론에 대한 기체와 엔진 제조사 사이에서 논란의 주제가 될 수도 있다.

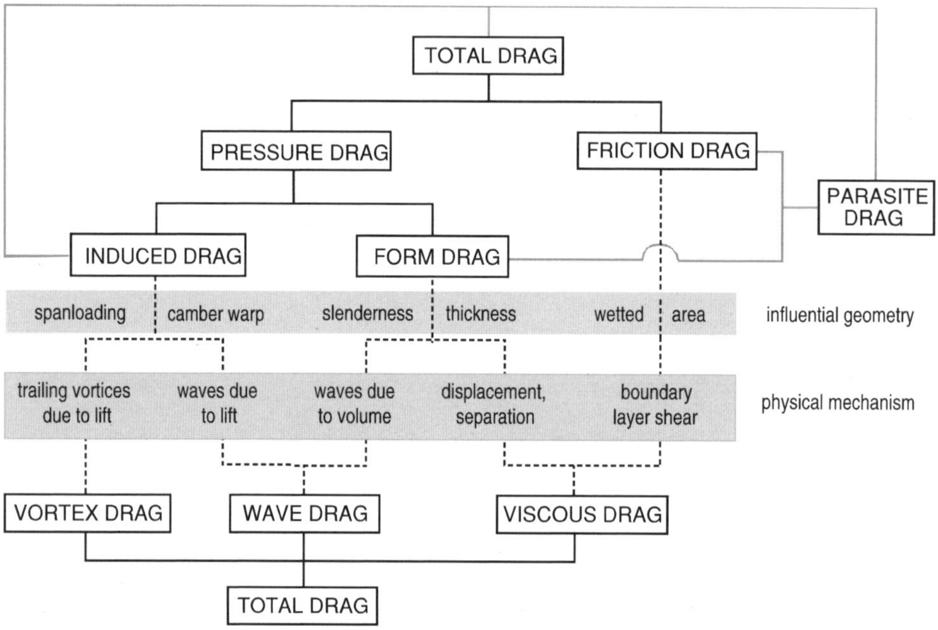

그림 4.1 닫힌 양력 바디의 항력 분류 체계. 에어포일의 유해항력은 또한 형상항력으로 알려져 있다.

개념설계 단계에서는 세부적인 정보의 부재로 인해서, 엔지니어는 단순화된 비행기의 지오메트리 표현에 근거해서 항력을 분해해야 할 수도 있다. 이는 복잡한 전체 형상을 주날개, 동체, 꼬리날개 그리고 엔진 나셀과 같은 개별 요소로 대체하는 항력 구축기법으로 알려진 다소 경험적인 접근방법으로 이어진다. 만약 결과가 부실한 항목정리, 비압축성 항력해석법, 예상하지 못한 유동의 박리와 간섭으로 인한 부정확성 그리고 표면의 결함 등으로 혼합된다면, 항력추정의 신뢰도는 불만족스러운 것으로 나타날 것이다. 예비설계 동안에 해석 엔지니어는 (모델) 항공기의 측정된 데이터를 사용해서 이를 레이놀즈수 효과, 트림항력 그리고 형상효과에 대해서 보정할 수 있도록 다른 항력분해 방법이 필요할 수도 있다.

4.2 분류체계와 용어

4.2.1 압력항력과 마찰항력

가장 기본적인 항력 분해법은 공기역학 힘이 노출된 몸체 표면에 작용하는 방식을 두 가지로 구분한다. 각 표면 성분에서 공기압력은 수직힘으로 작용하는 반면, 전단으로 인한 공기유동과 표면 사이의 마찰력은 접선힘으로 작용한다. 이 두 힘의 벡터합은 결과적으로 공기역학 힘인 R 이 되고,

이는 양력과 항력으로 분해하면 $\vec{R} = \vec{L} + \vec{D}$ 가 된다. 이와 같이, 항력은 압력항력과 표면 마찰항력으로 분해할 수 있다. 저속에서는 압력항력이 지배적인 반면, 고속 수평비행에서는 압력항력과 마찰항력이 유사한 크기를 갖는다.

다른 분류법과 비교했을때, 압력항력과 마찰항력의 정의는 복잡하지 않고 분명하다. 그러나, 압력과 전단력의 분포는 전산유체역학(CFD)을 통해서 구하거나 또는 풍동시험이나 비행시험을 통해서 측정되어야 한다. 이러한 기법은 시간이 매우 오래 걸리고 전체 기체에 대한 정확한 형상정보가 필요하기 때문에, 개념설계 단계에 대한 항력예측은 대부분 항력분류를 위한 다른 여러가지 기법을 복합적으로 이용하게 된다[52]. 예를 들어, 그림 4.1 의 아래에 나온 것과 같은 물리적인 메커니즘의 모델링을 위한 분류법에 기반한 분해로부터 다양한 형태의 항력에 대한 정보를 얻을 수 있다. 항공기의 뒷편으로는 후류 와류, 난류와류 또는 사장된 공기 영역, 그리고 고속비행에서는 충격파의 형태로 다른 에너지의 형태를 남기게 된다. 에너지 보존법칙을 위해서는 항력을 극복하기 위해서 발생한 일이 주변대기의 에너지 증가와 동일해야 한다.

4.2.2 점성항력

공기의 점성은 물체 표면의 주위에 경계층을 형성하도록 한다. 완전 박리된 유동으로 둘러쌓인 물체에 대한 경우를 제외하고, 점성항력의 대부분은 경계층 내의 전단응력으로 인한 표면마찰이 원인이다. 점성항력은 힘을 발생하는 메커니즘이 외부 표면에 접선방향으로 작용하는 유일한 항력성분이라는 점에서 독특하다. 주어진 유동의 레이놀즈수에 대해서, 마찰항력은 거의 전적으로 층류 또는 난류와 같은 경계층의 상태에 따라서 결정된다. 물체 뒷부분에서 경계층은 난류 와류의 형태로 가려져서 이는 점성항력과 기계적으로 동일한 값(mechanical equivalence)을 갖는 운동량의 손실을 초래한다. 따라서, 표면 마찰항력은 경계층 해석 또는 풍동모형의 후류 내에서 운동량의 손실을 측정하는 방법으로 도출될 수 있다. 부차적인 효과로, 경계층의 변위효과(displacement effect)는 변형된 압력분포를 일으킨다. 그 결과는 형상항력(form drag)으로 알려진 물체의 전후 사이에 압력불균형으로 나타나는데, 이는 아임계 유동(subcritical flow) 내에서 낮은 받음각(incidence angle) 상태인 유선형 물체에 대해서는 상대적으로 작은 성분이다.

수송기 또는 비지니스 항공기의 받음각(incidence)을 증가시키면 날개 뒷전에서 유동의 박리가 발생하고, 이는 점차 앞쪽으로 확산된다. 비행기가 실속에 가까워지면 결국 큰 사장된 공기(dead air) 영역이 형성되어 양력의 손실과 형상항력이 점차 증가한다. 그러나, 얇은 에어포일의 받음각을 증가시키면 (뾰족한) 노즈 부위에서 박리가 나타나고 삼각형 형태의 와류가 큰 후퇴각의 앞전 윗부분에 형성된다. 임계 받음각을 초과하면, 노즈에서의 유동 박리가 앞전 흡입의 손실과 확연한 항력의 급증을 일으킨다.[3] 수송 항공기의 경우, 이러한 형태의 항력은 적절한 공기역학 설계를 통해서 정상 비행상태에서는 회피할 수 있다.

---

[3] 높지 않은 유도각에서도 항력 급증이 발생할 수 있는데, 예를 들어 삼각형 와류는 낮은 가로세로비 날개의 양력을 증가시키는 것과 같이 항력 급증이 반드시 양력의 손실로 이어지는 것은 아니기 때문에 이를 실속과 혼동하지 않아야 한다.

4.2.3 와류항력

유한한 길이의 스팬을 갖는 양력표면은 아랫면의 유동은 바깥쪽 끝단으로 이동하도록 하고, 윗면의 유동은 안쪽 중심선 방향으로 이동하도록 한다. 결과적으로 뒷전에서 교차하는 유동의 속도는 자유흐름 유동과 결합해서 날개 바깥쪽 영역 부근과 끝단에서 특히 강한 와류유동의 진동흘림(shedding)을 초래한다. 날개의 스팬방향에 대한 와류의 강도는 양력의 가로방향 분포와 직접적으로 관련되어 있다. 뒷전 와류면(trailing vortex sheet)은 회전에너지를 가지고 있어서 와류항력의 형태로 소모되어야 한다. 와류의 형성은 양력으로 인한 불가피한 결과이기 때문에, 와류항력은 (양력으로 인한) 유도항력의 성분으로 알려져 있기도 하다. 이의 계수인 C_{D_v} 는 높은 가로세로비의 직선날개에 대해서는 항공공학 초창기부터 사용 가능했던 L.Prandtl 의 양력선(lifting line) 이론과 같은 고전적인 해석방법으로 유도될 수 있다. 와류격자(vortex lattice) 기법이나 Trefftz 평면 해석과 같은 보다 일반적인 방법이 낮은 또는 높은 가로세로비를 갖는 후퇴익에 대해서 개발되었다. 최소 유도항력은 항공기 설계자의 주요 관심사이며, 여전히 활발한 연구활동의 영역으로 남아있다[72].

고전이론에서는 와류면을 평평하고 교란되지 않은 유동의 평면상에 위치하는 것으로 가정한다. 실제로는, 와류면은 곡면이고, 날개보다 훨씬 뒷쪽에 위치하며, 유동은 (평균) 다운워시 각도 ε 만큼 아래쪽으로 휘어진다. 운동량 방정식과 조합되어, 이 유동모델은 양력과 양력으로 인한 항력의 또 다른 유도를 위한 기본을 이루게 된다. 이는 날개로 인해서 아래로 휘어지는 공기의 유량이 양력을 발생시키고, 비행과 반대방향으로 $V(1-\cos\varepsilon)=0.5V\varepsilon^2$ 과 같은 속도의 감소를 겪는다는 것을 보여준다. 이에 해당하는 운동량의 손실은 유도항력으로 해석되는데, 이는 유동이 아임계(subcritical)인 경우 와류항력과 동일하다. 두 가지 개념이 동일한 항력을 나타낸다는 것을 확실히 하기 위해서, 겉보기 질량유동(apparent mass flow)이 유동에 직각인 날개 길이와 같은 직경의 원을 통과하는 겉보기 질량유동과 동일하다고 가정한다. 운동량 방정식에 근거하는 유동모델의 단점은 날개 형상에 대한 겉보기 질량유동의 민감도를 파악하는 것이 불가능한 것은 아니지만 매우 어렵다는 것이다. 중요한 예외사항으로는, 주어진 양력에 대해서 유도항력은 날개길이의 제곱에 반비례하는 것으로 나타난다는 것이다.

4.2.4 조파항력

고아음속(마하수 0.7 이상) 영역에서는, 유동의 팽창이 아음속 유동 내부에 초음속 유동의 포켓을 생성하고 항공기는 천음속 비행 영역으로 진입한다. 만약 유동포켓이 충분한 초음속 속도를 얻게되면, 이는 충격파에 의해서 중단된다. 충격파는

상태의 특성변화가 즉각적으로 일어나는 아주 얇은 유동판(sheet of flow)이다. 충격파에 수직으로 접근하는 지역 속도성분은 충격파가 존재하기 위해서 최소한 음속과 같아야 하고, 충격파 뒤에서는 음속보다 낮아야 한다. 충격파를 통과하면서 유동특성(압력, 속도벡터, 밀도 그리고 온도)은 전압력

손실을 동반하며 급격하게 변화한다. 초음속 포켓의 크기와 충격파의 강도는 비행속도가 마하수 1 에 접근하면 점진적으로 증가한다.

항공기에 따라서 이동하는 충격파의 엔트로피 손실로 인해서 고속비행시 전체 항력에 중요한 성분 중 하나인 조파항력이 발생한다. 뿐만 아니라, 강한 충격파의 아래부분에서 심각하고 불리한 표면 압력구배는 경계층을 두껍게 만들고 박리까지 일으키며, 이는 충격파유도 형상항력을 초래한다. 그림 4.1 은 체적으로 인한 조파항력과 양력으로 유도되는 조파항력을 구분하고 있다. 여기서 전자는 유동에 수직인 물체의 단면적의 진행에 따라 달라지는 것이고, 후자는 주로 날개 평면형상에 대한 양력분포에 따라서 결정된다. 결과적으로, 천음속 영역에서 항공기 항력계수는 마하수와 양력계수에 따라서 달라진다. 조파항력은 임계마하수 M_{crit} 를 초과하면 점차 증가한다. 조파항력은 CFD 방법으로만 정확하게 계산될 수 있다. 천음속 영역에서의 복합된 유동을 고려하면, 조파항력을 의미있는 해석적 표현으로 유도하려는 시도는 어려운 것으로 보인다. 이러한 운용영역에서 공기역학 계수를 정확하게 파악하기 위해서는 실험 데이터에 의존하는 것이 일반적이다[6].

4.3 아음속 유해항력과 유도항력

그림 4.1 에서는 또 다른 방법으로 전체 비행기의 항력을 유해항력과 유도항력으로 구뷰하고 있다 점선으로 연결된 것은 이들과 세 가지 항력의 물리적인 메커니즘 사이의 관계 및 가장 중요한 기하학적 특성이 이들에 미치는 영향을 보여주고 있다. 이와 같은 분해방법의 주 목적은 비양력면과 양력면 사이의 분명한 구분과, 이러한 항력이 고도와 속도변화에 따라서 어떻게 달라지는가를 파악하려는 것이다. 많은 항공기 성능에 대한 참고서적(academic text)은 항공기 주변 유동이 초음속 유동을 포함하지 않는 비행 마하수에 적용된다. 이러한 비행영역에서는 유일하게 와류항력만 유도항력에 기여한다. 다시 말해서, 레이놀즈수의 효과를 제외하면 유도항력과 와류항력은 동일하고 양력과 항력계수는 받음각 따라서만 달라진다는 것이다.

식 (4.2)와 (4.4)는 정상 수평 아음속 비행에서 동압 q 에 대한 항력의 변화만이 관련된다는 것을 보여준다. 유해항력과 유도항력은 정확하게 동일하지는 않지만, 각각 무양력 항력과 양력으로 인한 항력과 밀접하게 관련되어 있다(4.4 장). 기본적으로, 비행기의 유해항력은 동압 q 에 비례해서 증가하고, 유도항력은 q 에 반비례하게 변화한다.[4] 최소 전체항력 조건에서, 유해항력과 유도항력은 (대략적으로) 동일하다. 비행조건에 따른 항력의 변화는 유해항력과 유도항력 모두 조파항력의 영향을 받게되는 천음속 속도에서는 눈에 띄게 달라진다. 이러한 속도영역에서 지배적인 매개변수는 동압이 아닌 비행 마하수이다(4.4 장).

4.3.1 유해항력

비행기의 양력면과 비양력면 성분에 모두 작용하는 유해항력(parasite drag) D_p 는 표면

[4] 이와 같은 특성은 유해항력만을 겪는 지상 차량과 같은 비양력 물체의 공기역학 항력과는 근본적으로 다르다.

마찰항력(skin friction drag)과 형상항력(form drag)으로 알려진 압력항력(pressure drag)으로 분해할 수 있다. 유해항력은 전통적으로 프로파일 항력(profile drag)으로 알려져 있는데, 이는 에어포일에 대해서는 여전히 사용되고 있다. 저속 유동의 작은 받음각에서, 상대적으로 얇은 에어포일 또는 길고 가느다란 회전체는 박리되지 않은 유동을 압도적으로 갖게 되는데, 형상항력의 크기는 마찰항력보다 한 자리수 정도 더 작다. 높은 받음각에서 유동의 박리는 에어포일의 형상항력을 상당히 증가시키고, 위로 올라간 형태의 동체 후면은 유동의 박리와 와류유동의 원인이 될 수 있어서 상당한 형상항력을 발생시킨다. 에어포일 특성의 향상은 현재까지도 계속되는 연구개발의 주제가 되고 있다. 많은 수의 에어포일에 대한 이론, 시험결과 그리고 설계에 대한 고전적인 리뷰가 NASA TR 824 에 서술되어 있고, 이 연구의 대부분은 참고문헌 [1]에서 찾아볼 수 있다. 참고문헌 [3]에 실려있는 방대한 정보와 함께 이 자료는 1960 년대까지 저속 비행기 날개 설계에 대한 기반을 이루었다. 1970 년대와 1980 년대의 공기역학 연구는 CFD 기술에 근거한 설계기법을 가져왔고, 이로 인해서 고등설계 엔지니어는 실제 적용에 특별히 적합한 에어포일을 설계할 수 있게 되었다. 최근 기체 제작사는 자체적으로 개발한 높은 신뢰도를 갖는 공기역학 설계툴을 사용하고 있다.

층류경계층 마찰은 훨씬 작지만, 실제의 경우 비행기 성분의 경계층은 거의 전적으로 난류상태이다. 개념설계 단계에서는 난류내의 받음각이 없는 상태에서 부드러운 평판의 마찰항력으로부터 항공기 성분의 유해항력을 계산하기 위해서 평판 유추법(flat plate analogy)이 널리 사용되고 있다. 이때 사용되는 고전적인 방정식으로는 아래와 같은 von Kármán-Schoenherr 공식이나

$$0.242 = \sqrt{C_{f_i}}\, log_{10}(C_{f_i}\, Re_1) \tag{4.5}$$

또는, Prandtl-Schlichting 표현이 있다.

$$C_{f_i} = \frac{0.455}{(log_{10} Re_1)^{2.58}} \tag{4.6}$$

여기서 레이놀즈수는 평판의 길이에 대한 수치이다. 두 방정식은 비압축성 유동 (첨자 i)에 적용되기 때문에 이들은 (아음속) 압축성으로 인해서 감소된 표면마찰에 대해서 수정되어야 한다. 레이놀즈수 10^6 에서 10^8 사이에서 마하수 0.5 로 조정된 난류 평판의 마찰계수에 대한 실험데이터는 아래처럼 근사할 수 있다.

$$C_f = \frac{0.044}{Re_1^{1/6}} \tag{4.7}$$

평판유추법을 이용해서 아래로부터 유해항력 면적을 구할수 있다.

$$F_p \overset{\text{def}}{=} C_{D_p} S = \Phi_f C_f S_{wet} \tag{4.8}$$

여기서 C_f 는 해당하는 성분과 동일한 노출표면적(wetted area) S_{wet} 와 레이놀즈수를 갖는 평판의 표면 마찰계수이다.[5] 유동의 표면속도(supervelocity)와 압력항력을 고려해서, 물체의 유해항력과 등가 평판에 대한 표면 마찰항력 사이의 비율인 형상계수 Φ_f 를 도입한다. 물체의 유해항력 면적은 자유흐름에 수직이면서 항력계수가 1.0 이고 물체와 동일한 유해항력을 갖는 가상 평판의 면적으로 해석할 수 있다. 이 매개변수는 항공기 형상의 유해항력을 표현하는 정량적인 차원을 갖는 수치로 볼 수 있다. 예를 들어, 대략적인 값을 보면 Fokker 100 은 $F_p = 1.7\text{m}^2$ 이고, B747-100 은 $F_p = 7.1\text{m}^2$ 이다.

설계 핸드북에서는 마찰 항력계수와 형상계수의 추정법이 상당히 정확하다고 제시할 수 있다. 실제로는, 완전한 난류 경계층이라는 가정이 반드시 정확한 것은 아니며, 외형상 확실해 보이는 형상계수를 계산하는 방법이 실제로는 특정한 종류의 날개단면에 기반한 것이기도 하다. 한 가지 이유는 대다수 핸드북에서 제시된 방법의 형상계수는 날개의 경우에는 두께비와 후퇴각, 그리고 동체의 경우에는 세장비(fineness ratio)뿐이기 때문이다. 대안의 방법으로, 그림 4.2 에서는 비양력날개와 동체를 Φ_f 와 전면대 노출표면적의 비율로 관련시켜 비교하고 있다. 날개 표면에 걸친 높은 표면속도로 인해서, Φ_f 는 동체와 비교했을때 15~25% 더 높다. 그리고, 날개는 대부분 (훨씬) 낮은 평균 레이놀즈수를 갖기 때문에, 이의 C_f 는 최소한 25%는 높다. 따라서, 날개의 유해항력면적은 동일한 노출표면적을 갖는 동체에 비해서 상당히 더 높다. 제 5 장의 논의는 서로 다른 비행기 개념을 비교할때 이러한 관계가 중요하다는 것을 분명히 보여주고 있다.

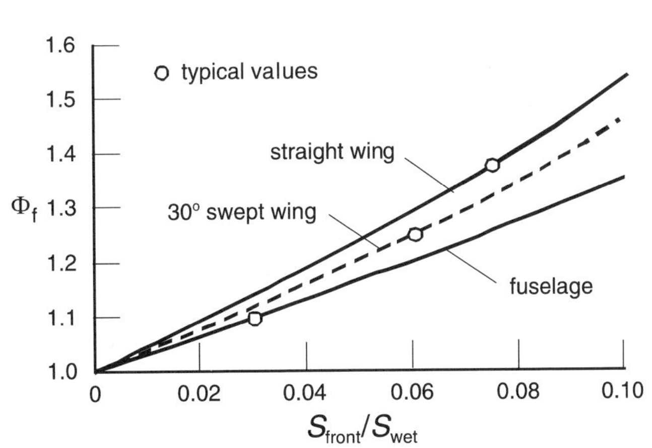

그림 4.2 실험 데이타로부터 유도된 형상계수

날개의 공기역학 설계는 식 4.8 보다 더 정확한 항력추정 방법을 필요로 한다. 양력면의 유해항력은

[5] 물체의 노출표면적은 공기유동과 접촉하는 외부 면적이다. 부록 A 참조.

날개의 스팬방향으로 다수의 에어포일 형상에 대한 단면 프로파일 항력을 적분함으로써 계산할 수 있다. 그림 4.3 은 단면 형상 프로파일 항력이 양력과 캠버에 의해서 어떻게 영향을 받는지 보여주고 있다. 양력에 대한 항력의 변화는 양력으로 인한 유도보다는 유동의 표면속도와 뒷전의 경계층 두께와 관련된다. 프로파일 항력(profile drag)은 캠버에 비례하는 설계 양력계수 c_{l_d} 에 대해서 최소이다. 양(positive)의 캠버인 경우, 최소항력은 양의 양력에서 발생한다. 항력계수는 정상 운용 양력계수에 대해서 다음과 같이 근사될 수 있다.

$$c_{d_P} = (c_{d_P})_d \left\{1 + k_1 (c_l - c_{l_d})^2\right\} \tag{4.9}$$

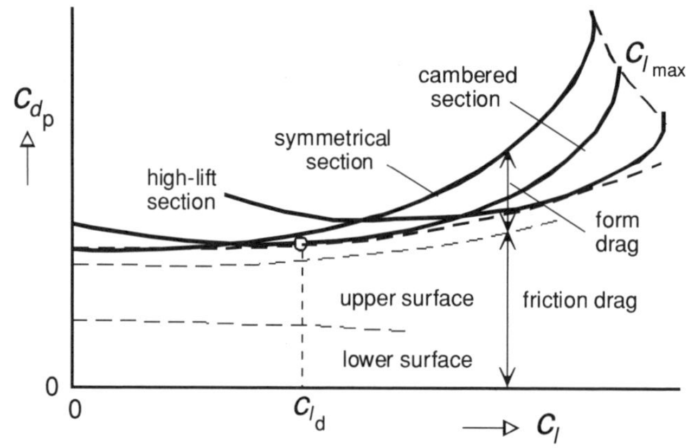

그림 4.3 캠버와 양력의 영향을 받는 단면 프로파일 항력 계수

계수 k_1 은 단면형상, 특히 두께에 따라서 달라진다. 식 (4.9)는 높은 받음각에서 항력을 과소 추정하고, 실제로 양력이 감소하는 실속상태에서는 유효성을 잃게 된다. 자연층류 (Natural Laminar Flow, NLF)를 위해 설계된 저항력 날개 단면의 경우, 평판유추법을 적용하는 것은 피해야 하고 대신 [23]과 [32]가 추천된다. 또 다른 평판유추법의 적용은 날개면적의 최적화이다. 각 날개면적에 대한 최적캠버를 선택함으로써 설계양력계수의 변화를 날개단면 변화와 조합하는 것이다. 이런 목적을 위해서, 수정된 (감소된) $\bar{k}_1$ 값을 날개 프로파일 항력계수에 대입하는 것으로 그림 4.3 의 (점선) 곡선을 사용한다.

$$C_{D_P} = (C_{D_P})_{L=0} (1 + \bar{k}_1 C_L^2) \tag{4.10}$$

4.3.2 단엽기 유도항력

이번장에서는 유도항력이 와류항력과 동일한 (그림 4.1) 아임계(subcritical) 속도의 비행에 대해서만 다룬다. 유도항력은 주로 날개, 수평 꼬리날개 그리고 앞부분에 장착되는 전익면(fore-plane surface)에서 발생한다. 타원형의 시위와 양력분포를 갖는 비틀림이 없는 단엽기에 대해서 Lanchester/Prandtl 양력선 이론(lifting line theory)의 고전적인 결과는 다음과 같다.

$$D_i = \frac{L^2}{\pi q b_w^2} \quad or \quad C_{D_i} = \frac{C_L^2}{\pi A_w} \tag{4.11}$$

여기서 b 는 가로평면에서 측정된 스팬이고 $A_w = b_w^2 / S_w$ 는 가로세로비를 나타낸다. 식 (4.11)은 동일평면 단엽기의 이론적인 최소 유도항력을 나타내고, 이를 날개의 공기역학 설계의 기준으로 받아들이고 있다. 항공기 전체에 대한 양력분포는 타원형에서 벗어나기 때문에 유도항력계수는 보통 아래처럼 표현한다.

$$D_i = \frac{L^2}{\pi q b_w^2 e_v} \quad or \quad C_{D_i} = \frac{C_L^2}{\pi A_w e_v} \tag{4.12}$$

스팬 효율계수 e_v 는 반드시 C_L 에 독립된 것은 아닌 스팬 방향에 대한 양력분포에 따라 달라진다. 동일평면 단엽기의 이론적인 스팬효율계수는 1.0 보다 작거나 같다. 그러나, 비동일평면 시스템에서는 $e_v > 1.0$ 을 얻을 수 있고, 이때 유도항력은 식 (4.11)에 의해서 주어지는 기준값보다 훨씬 작아진다

주어진 양력분포에 대해서 비틀림없는 대칭날개의 스팬 효율계수는 참고문헌 [72]와 같이 η_c 에 위치하는 무차원 가로방향 양력중심에 대해서 근사될 수 있다.

$$e_v = \left\{ 4.5(\pi\eta_c)^2 - 12\pi\eta_c + 9 \right\}^{-1} \tag{4.13}$$

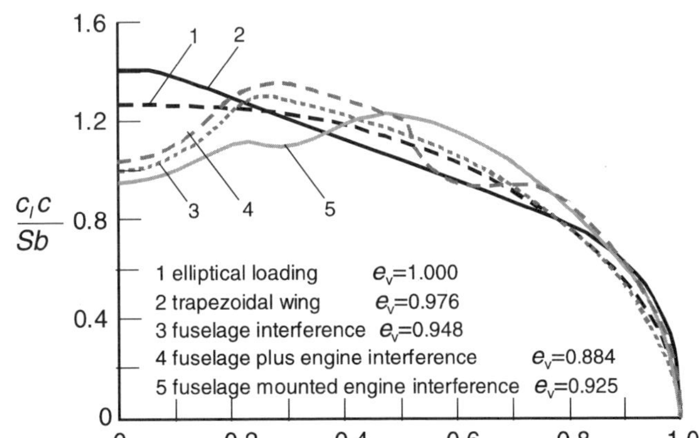

그림 4.4 가로방향 양력분포와 스팬 효율계수 [38]

타원형 하중을 받는 단엽기는 $e_v = 1.0$ 에 해당하는 $\pi\eta_c = 4/3$ 에서 양력중심을 갖는다. 날개의 평면형상과 비행기의 일반 배열에 따라서, 전체 항공기의 스팬효율계수는 1 보다 (상당히) 작아진다.

그림 4.4는 단독적인 날개와 날개가 동체 그리고 엔진 나셀과 조합된 사례를 보여준다. 잘 설계된 사다리꼴 날개는 이론적인 최소값보다 겨우 몇 퍼센트 (a few percent) 정도 높은 유도항력을 가질 수 있다. 동체의 바디를 지나는 양력은, 순항비행시 대략 5% 정도 유도항력을 증가시키는 **감소된** 날개의 양력이라고 간주할 수 있다. 날개와 나셀 사이에서 유동의 상호작용은 나타난 것과 같은 항력 페널티와 함께 양력분포를 상당히 변화시킬 수 있다.

무양력 상태에서 비틀림이 있는 단엽기는 스팬의 일부에서는 양의 양력을, 나머지에서는 음의 양력을 보이고, 유도항력을 일으키는 뒷전와류를 형성하게 된다. 무양력 상태에서 음의 공기역학 비틀림을 갖는 날개(워시아웃)는 날개 내측에서는 위로 작용하는 양력을, 외측에서는 동일한 크기의 아래로 작용하는 양력을 발생시키고, 이는 선택된 양력계수 영역에서 유도항력을 감소시킨다. 식 (4.12)와 비교했을때, 다음 식이 보다 정확한 표현이 된다.

$$C_{D_i} = \frac{(C_L - C_{L_x})^2}{\pi A_w e_x} + (C_{D_i})_{min} \tag{4.14}$$

여기서 C_{L_x} 와 e_x 는 일정한 상수이다. 점성항력은 포함되지 않았지만, 식 (4.14)는 세 개의 항으로 표현되는 방정식으로 확장될 수 있는 옵셋이 있는 곡선을 나타낸다.

$$C_{D_i} = C_0 + C_1 C_L + C_2 C_L^2 \tag{4.15}$$

여기서 C_0 와 C_2 는 양의 부호이고, C_1 은 (보통) 음의 부호이다. C_{D_1}/C_L 의 비는 $C_L = \sqrt{C_o/C_2}$ 에 대해서 최소가 된다. 점성은 스팬방향에 대한 양력분포에 영향을 미치고 점성과 와류후류 사이의 주요 상호작용은 관련된 항력성분의 분명한 분해를 더 어렵게 만든다. 우연하게도, 개념설계 단계에서 실속에 근접한 비행기에 대한 유도항력 추정은 가능하지 않으며 필요하지도 않다.

4.3.3 복엽기 유도항력

복엽기 시스템의 유도항력 해석은 양력면 사이의 상호작용으로 인해서 복잡해진다. M. Munk [53]의 일반이론과 결합된 복엽기의 공기역학이 Prandtl 의 고전 복엽기이론 [54]의 형태로 정립되었다. 복엽기 형상에서 날개 길이가 b_1 인 앞 날개에 작용하는 양력성분은 L_1 으로, $b_2 < b_1$ 인 뒷날개에 작용하는 성분을 L_2 로 표시한다. 각 날개가 최적 (타원형) 하중을 갖는다고 가정해서, Prandtl 은 식 (4.11)에 따른 고립된 두 날개의 자체유도 와류항력과 두 날개 사이의 상호작용으로 인한 항력 증가분으로부터 다음과 같이 전체 유도항력을 계산하였다.

$$D_i = \frac{1}{\pi q}\left(\frac{L_1^2}{b_1^2} + 2\sigma \frac{L_1}{b_1}\frac{L_2}{b_2} + \frac{L_2^2}{b_2^2}\right) \tag{4.16}$$

그림 4.5 에 나오는 간섭계수 σ 는 스팬비 b_2/b_1 과 두 날개 사이의 수직거리인 갭 h 에 따라 달라진다. Laitone[59]에 의해 제안된 Prandtl 의 간섭계수를 근사하는 식은 다음과 같다.

$$\sigma b_1/b_2 = 1 - \left\{1 + (b_1/2h)^2\right\}^{-1/2} \tag{4.17}$$

이 식의 오차는 $b_2/b_1 < 0.3$ 인 경우에 대해서 2% 미만이다.

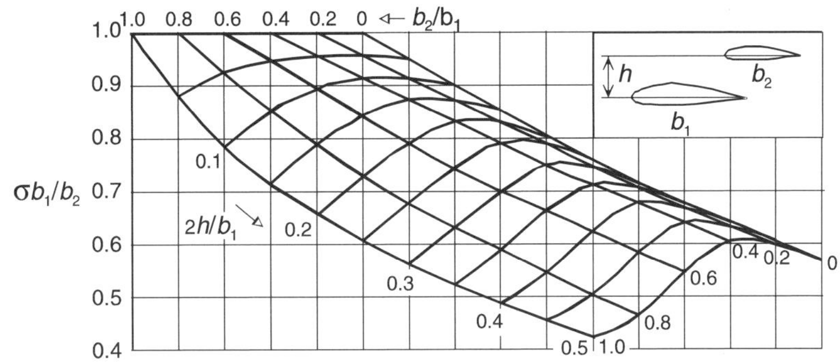

그림 4.5 복엽기에 대한 Prandtl 의 간섭 계수

식 (4.16)이 동일한 길이 b 를 갖는 두 개의 날개로 이루어진 스태거가 없는(non-staggered) 복엽기에 적용되면 최소 유도항력은 아래처럼 구할 수 있다.

$$(D_i)_{min} = \frac{L}{\pi q b^2}\frac{1+\sigma}{2} \quad \text{for} \quad L_1 = L_2 = \frac{1}{2}L \tag{4.18}$$

예를 들어, 만약 두 날개가 날개 스팬의 20%인 수직거리를 갖는다면 Prandtl 간섭계수는 $\sigma = 0.485$ 가 되어 이는 스팬효율계수로는 $e_v = 1.35$ 가 된다. 결과적으로 복엽기의 유도항력은 동일한 양력과 날개 스팬의 단엽기에 비해서 26% 작아진다는 의미이다. Munk 의 스태거 이론(stagger theory)에 따르면, 만약 양력면의 어떤 부분이라도 움직임의 방향으로 이동하지 않는다면, 각 양력면에서 가로방향 양력분포가 일정하다는 조건에서 복엽기 시스템의 전체 유도항력은 변하지 않는다고 설명하고 있다. 이 원리는 비행기의 앞뒤에 동일한 스팬길이에 상당한 스태거(stagger)를 갖는 탠덤윙 형상에도 적용된다. 두 양력면 모두 타원형 분포인 조건은 $b_1 < b_2$ 인 경우에만 만족하고, 이는 복엽기 이론을 임의의 스태거를 갖는 주날개-꼬리날개 형상에도 적용이 가능하도록 한다.

카나드 형상에서 선미익(nose-plane)은 주날개에 비해서 작은 스팬을 갖고, 이의 뒷전 와류장(trailing vortex field)은 주날개 양력분포를 타원형 분포로부터 상당히 왜곡시킨다. 이러한 형상에 대해서 Munk 의 스태거 이론은 특히 두 양력면 사이의 작은 수직간격인 경우에 유효하지 않다. Burtler[64]와 Kroo[63]는 카나드와 주날개 사이의 간섭이 고전적인 복엽기 이론에 비해서 이러한 형상의 유도항력을 감소시킨다는 것을 보여주었다. 이들은 카나드에 타원형 양력분포를 가정하였고,

카나드의 와류장에 들어간 주날개의 양력분포를 최적화하였다. 최소 전체 유도항력은 수정된 복엽기 방정식으로 요약할 수 있다.

$$D_i = \frac{1}{\pi q}\left(\sigma_c \frac{L_1^2}{b_1^2} + 2\sigma \frac{L_1}{b_1}\frac{L_2}{b_2} + \frac{L_2^2}{b_2^2}\right) \tag{4.19}$$

여기서 σ_c 는 [63]으로부터 구할 수 있다. 식 (4.19)는 $\sigma_c = 1$ 인 날개-꼬리날개 조합($b_1 > b_2$)뿐 아니라 $0 < \sigma_c < 1$ 인 카나드 비행기($b_1 < b_2$)에도 적용이 가능하다.

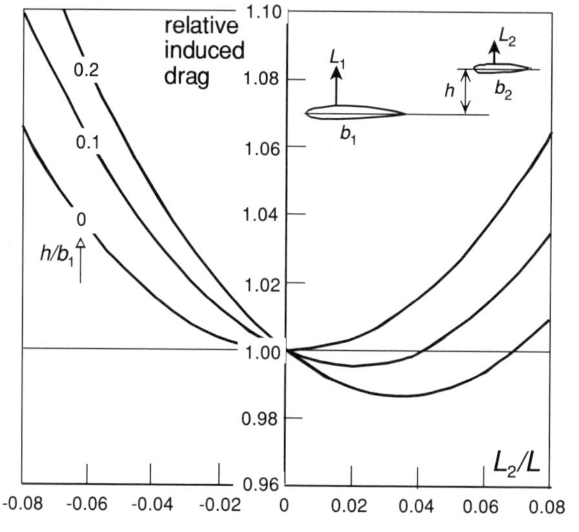

그림 4.6 b_2/b_1=0.3 인 날개와 꼬리 조합에 대한 유도항력

예를 들어, 그림 4.6 은 전체 양력이 날개에서 발생되는 경우와 비교해서 날개-꼬리날개 조합의 유도항력을 보여주고 있다. 꼬리날개가 날개와 동일평면에 위치하는 경우 ($h = 0$) 에 비해서 꼬리날개에 위쪽 또는 아래쪽으로 하중이 작용하는 경우에는 항력페널티가 발생한다.[6] 높게 장착된 수평안정판은 만약 전체 양력의 약 3% 윗방향 양력을 갖는다면 적절한 유도항력의 감소를 가져올 수 있지만, 아래방향으로는 작은 양력이라도 상당한 항력 페널티를 초래한다. 전형적인 카나드 형상의 경우, 태생적으로 높은 선미익 양력으로 인해서 유도항력 페널티는 특히 고전 복엽기 이론이 ($\sigma_c = 1$) 적용되었다면 상대적으로 높아진다. 그림 4.7 은 현실적인 값인 $\sigma_c = 0.65$ 를 적용하면 항력페널티가 50% 이상만큼 감소할 수 있음을 보여준다. 카나드-날개 조합의 최소 와류항력은 긴 스팬을 갖는 날개가 전체 양력중에서 가능한 가장 높은 비율을 담당할때 발생한다고 결론을 내릴 수 있다.

---

[6] 주어진 비행조건에 대해서 꼬리날개에 작용하는 힘은 비행기의 무게중심(CG) 위치에 의해서 결정된다. 수송 항공기의 꼬리날개는 대부분 음의 방향의 양력을 발생시킨다.

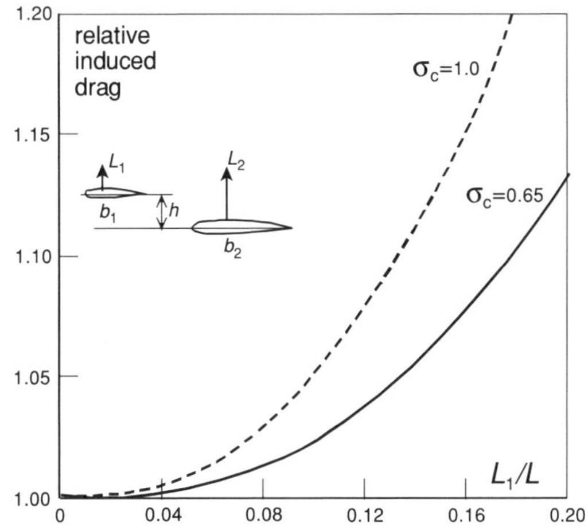

그림 4.7 b_1/b_2=0.4 인 카나드 비행기의 유도항력

4.3.4 다엽기 및 박스형 날개 항공기 유도항력

최저 양력분포를 갖는 삼엽기의 유도항력은 동일한 스팬과 높이의 복엽기에 비해서 최소 유도항력이 더 작다. 다엽기의 날개 개수가 무한대로 갈수록 유도항력은 최저 한도에 접근한다. 그러나 L. Prandtl 은 동일하고 평행인 양력면 시스템의 최소 유도항력은 복엽기가 끝단 날개(tip plane)로 서로 연결된 닫힌 양력면 시스템(closed lifting system)의 유도항력과 동일하다는 것을 증명하였다. 이 이론은 동일한 길이의 주날개 끝단이 수직날개로 연결된 복엽기로 구성된 박스익기 개념으로 구체화되었다.

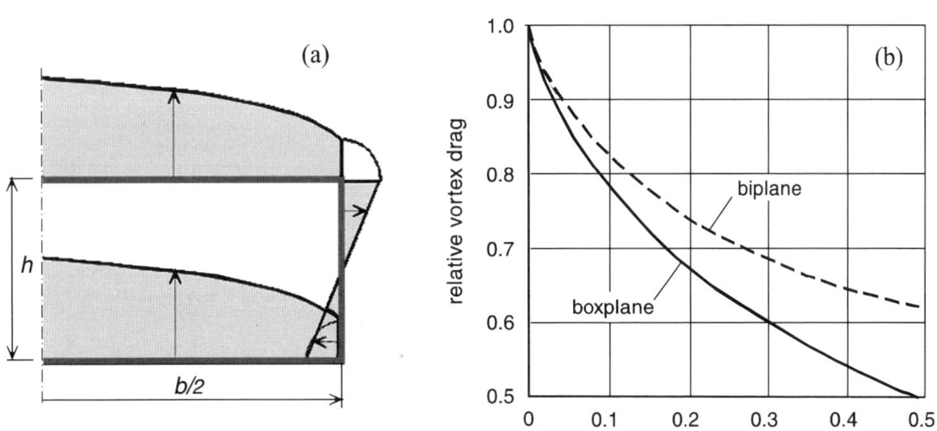

그림 4.8 복엽기와 박스형 날개 항공기의 와류항력 감소. (a) 박스형 날개 비행기의 최적 양력분포, (b) 단엽기와의 최소 와류항력 비교

그림 4.8(a)에 나오는 박스형 날개 항공기의 전면도를 보면, 일정한 부분과 타원형 부분으로 구성된

최적 양력분포로 수평방향 표면에서 동일한 양력을 담당하는 것을 보여주고 있다. 수직인 날개에서의 순환은 중심에서는 0 이며 동일한 측면힘 성분이 윗부분에서는 바깥쪽으로 아래부분에서는 안쪽으로 작용한다. 수직 날개는 끝단이 서로 연결되지 않았을때 나타나는 뒷전와류를 줄이는데 효과적이다. 그림 4.8(b)는 박스형 날개 항공기 배열을 통해서 얻을 수 있는 상당한 유도항력의 감소를 보여주고 있다. 예를 들어, 높이/스팬의 비율이 0.3 인 경우에 대해서, 최소 유도항력은 동등한 단엽기에 비해서 60%이고, 높이가 스팬의 절반과 같을때 이는 50%까지 감소한다. 참고문헌 [72]에서 I.M. Kroo 는 박스형 날개 항공기는 닫힌 시스템이라는 이유로 인해서 특별한 공기역학적 장점을 갖는 것은 아니라는 것을 보여주었다. 양력 날개 사이의 유도각을 변경함으로써 어떤 닫힌 지오메트리에서도 일정한 순환으로 와류루프를 중첩(superimpose)시킬 수 있기 때문에, 박스형 날개 항공기의 최적 양력분포는 특별한 것은 아니다. 이는 하중분포는 변경시키지만 양력과 유도항력은 변하지 않는다.

4.4 항력곡선의 표현

많은 항공기는 모든 부위에서 유동이 아임계 상태인 속도에서 비행하도록 설계된다. 만약 비행기 형상과 레이놀즈수가 지정된다면 양력과 항력계수는 받음각만의 함수가 되어 $C_L = C_L(\alpha)$ 이고 $C_D = C_D(\alpha)$ 가 된다. 성능해석에서는 α 는 중요성이 거의 없으며 따라서 제거될 수 있다. 이로 인해서 전형적인 예로 그림 4.8(a)에 나오는 것과 같은 항력곡선(Drag polar)이라고 부르는 C_L 과 C_D 사이의 특별한 관계를 이루게 된다. 성능해석의 편의를 위해서 실제 항력곡선을 다항식으로 근사하는 것이 오래동안 정립된 방법(long established practice)이다. 이번 장에서는 전산 예측, 풍동시험 또는 비행시험으로부터 구한 항력곡선을 해석적인 방정식으로 어떻게 표현하는지 설명할 것이다.

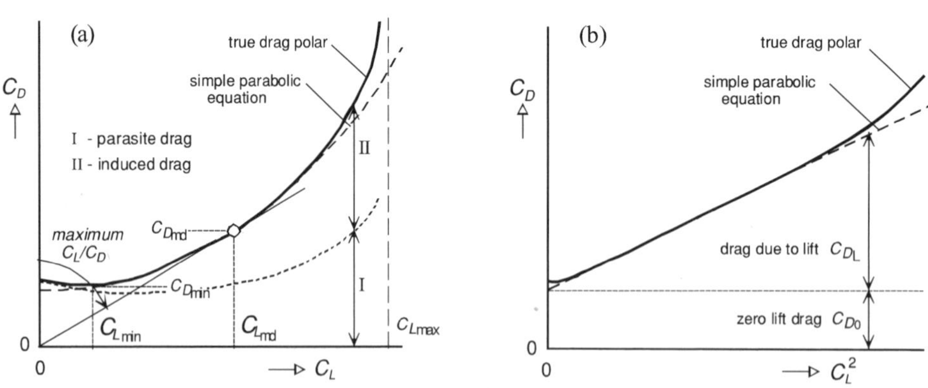

그림 4.9 아음속 비행에 대한 항력곡선. (a) 유해항력과 유도항력으로의 분해 및 $(C_L/C_D)_{max}$ 에 대한 조건 (b) 두 항 근사 포물선에 의한 근사

4.4.1 두 항 근사

실제 항력곡선의 고전적인 표현은 아래와 같이 두 개의 항으로 이루어진다.

$$C_D = C_{D_0} + C_{D_L} = C_{D_0} + K_L C_L^2 = C_{D_0} + \frac{C_L^2}{\pi A_w e} \tag{4.20}$$

이는 $C_L = 0$ 인 축에 대해서 대칭인 포물선을 정의한다. 이러한 두 항 근사는 항력을 각각 C_{D_0} 와 C_{D_L} 인 무양력항력과 양력으로 인한 항력으로 인위적으로 구분하는 것을 나타낸다. 이와 같은 세부 구분은 이차항이 양력에 대한 항력의 변화를 단순화된 방법으로 서술하는 것이기 때문에 근본적인 정당성을 갖지는 않는다. 이 식은 비행기의 효율계수 e를 사용하는데, 이는 처음으로 이를 사용한 W.B. Oswald 를 따라서 Oswald 계수로 부르기도 한다[16].

실제 항력곡선으로부터 C_{D_0} 와 K_L 을 구하는 일반적인 접근방법은, C_D를 C_L^2 에 대해서 그래프를 그리고 이를 그림 4.9(b)와 같이 선형함수로 근사하는 것이다. 실제 항력곡선은 C_L 에 대해서 비대칭 관계를 가지고 있으며, 이 그림에서 C_{D_0} 는 직선의 외삽(extrapolation)으로 구하기 때문에 이 값은 (일반적으로) 무양력(zero lift)에서 실제 C_D 보다 낮아진다. 이와 같은 문제에도 불구하고 두 항 근사는 정상적인 운용조건에서 대체로 정확하고 상당히 실용적인 값을 보이는 것으로 증명되었다. Oswald 계수는 와류유도 항력과 유해항력 중에서 양력에 기인하는 부분을 설명한다. 식 (4.10)을 전체 비행기에 적용하면 이 값에 대한 약간의 이해를 얻을 수 있다.

$$C_{D_P} = C_{D_0}(1 + k_L C_L^2) \tag{4.21}$$

식 (4.12)와 조합하면 이는 다음과 같이 표현할 수 있다.

$$e = \frac{e_v}{1 + k_L C_{D_0} \pi A_w e_v} \tag{4.22}$$

스팬효율 계수는 $e_v = 0.95$ 로 가정할 수 있다. 참고문헌 [9]에 따르면, k_L 은 직선날개에 대해서 0.38 에서부터 후퇴각 20 도에 대해서는 0.40 그리고 후퇴각 35 도에 대해서는 0.45 까지 변한다. 참고문헌 [13]에 따른 또 다른 근사로는 $k_L C_{D_0} = 0.007$ 이다. 식 (4.22)로부터 Oswald 계수는 낮은 가로세로비 보다는 높은 가로세로비일때 더 낮다는 것을 알 수 있다. 항로비행 형상(en-route configuration)으로 트림상태인 여객기는, 일반적으로 터보프롭일때 0.75, 제트기일때 0.85 의 Oswald 계수값을 갖는다.

두 항으로 이루어진 식 (4.20)은 다른 방법으로 그림 4.9(a)에 나오는 그래프로부터 구해질 수도 있다. 최소항력에 대한 조건(첨자 MD)은 원점을 지나며 곡선(polar curve)에 접하는 접선을 그리고 $C_{L_{MD}}$ 와 $(C_L/C_D)_{max}$ 를 읽는 것으로 찾을 수 있다. 그러면 계수 C_{D_0} 와 C_{D_L} 은 아래 식으로부터 구한다.

$$C_{D_0} = \frac{C_{L_{MD}}}{2(C_L/C_D)_{max}} \quad \text{and} \quad \pi A_w e = 2C_{L_{MD}}\left(\frac{C_L}{C_D}\right)_{max} \tag{4.23}$$

이런 절차는 실제 항력곡선의 단지 한 지점인 최소 항력조건만을 사용한다. 식 (4.23)은 매우 정확하고 이러한 최소항력 조건에 부근이기 때문에 순항성능 해석에 바람직한 특성이 된다.

4.4.2 세 항 근사

그림 4.9(a)는 실제 곡선은 (양의) 양력계수 $C_{L_{min}}$ 에서 최소 항력계수 $C_{D_{min}}$ 을 갖는다는 것을 보여준다. 식 (4.20)에 따른 직선 근사법은 $C_L = 0$ 축에 대한 이러한 비대칭을 무시한다. 대신, 세 항 곡선 피팅(curve fitting)은 C_L 의 범위가 넓어지고 실제 항력곡선에 가까운 근사가 된다. 예를 들어, 식 (4.20)은 아래로 정리될 수 있다.

$$C_D = C_{D_{min}} + K_L(C_L - C_{L_{min}})^2 \tag{4.24}$$

또는

$$C_D = C_{D_0} - 2K_L C_{L_{min}} C_L + K_L C_L^2 \quad \text{with} \quad C_{D_0} = C_{D_{min}} + K_L C_{L_{min}}^2 \tag{4.25}$$

이 식은 높은 캠버를 갖는 날개와 고양력장치가 변위된 비행기의 천음속 마하수에서의 항력을 표현하는데 특히 적합하다. 그러나 두 항 근사에서 사용되었던 일정한 Oswald 계수라는 개념이 세항 근사에는 적용되지 않기 때문에, 식 (4.25)의 매개변수 C_{D_0} 와 K_L 은 식 (4.20)에 나오는 것과 수치적으로 다르다는 것에 주의해야 한다. 연속된 항력곡선 근사를 부착된 그리고 박리된 유동과 같이 서로 다른 유동특성에 대한 받음각 영역을 각각 대표하는 두 개의 직선부분으로 대체함으로써 보다 근접한 근사를 구할 수 있다[40].

4.4.3 레이놀즈수 영향

새로운 형상을 대략적으로 계획하기 위한 핸드북 방법과 실제 첫 성능추정을 위해 사용되는 초기 모델 시험의 결과에는 큰 차이가 존재한다. 특히 비행속도와 고도의 변화는 양력과 항력계수에 영향을 미치는 레이놀즈수의 변화를 일으킨다. 초기 성능예측을 위해서 이러한 변화는 일반적으로 무시할 수 있을 정도로 충분히 작다. 예비설계 단계에서, 특히 풍동에서 측정된 다른 레이놀즈수에 대한 항력곡선이 실제 비행조건에 대해서 보정되어야 하는 경우에는 이를 더 이상 무시할 수 없다. 식 (4.20)에 따른 근사는 J.H. McMaster [47]에 따른 그림 4.10 에 대한 다음 설명과 같이 종종 제대로 이해되지 못했었다.

이론적으로 유도되는 날개 스팬 효율계수와는 달리 Oswald 계수는 유사 물리적인 의미만을 갖는다. 왜냐하면, 이는 실험데이터에 대한 단순한 두 개의 항으로 이루어진 다항식 커브피팅 내의 두 개의 항 중에서 하나이기 때문이다. 정상 수평비행의 경우, (날개의) Reynolds 수는 $1/\sqrt{C_L}$ 에 비례해서 변화한다. 이는 풍동시험에서는 그렇지 않아서, 항력데이터는 보통 일정한 레이놀즈수에서 측정된다. 만약 항력데이터가 레이놀즈수에 대해서 상당한 변화를 보인다면, 풍동시험으로부터 정확한 등가 비행곡선을 그리기 위해서는 주의해야 한다.

비행기는 예를 들어 날개가 항력버킷(drag bucket) 이내에서 작동하도록 캠버를 갖는 날개단면과 날개 붙임각을 선택함으로써 좁은 범위의 양력계수에 대해서 최적화될 수 있다. 간단한 두 항으로 이루어진 다항식 커브피팅은 무양력 조건에 대해서 대칭이고 실제 항력곡선에서 상당히 벗어날 수도 있다. 한 지점에 대해서 최적화된 비행기의 경우, 이는 $e = 1.0$ 에 아주 가까운 또는 초과하기까지 하는 Oswald 계수값을 초래할 수도 있다. 아주 높은 가로세로비 날개를 갖는 항공기는 예상되는 Oswald 계수보다 낮은 값을 갖는 것으로 나타나기도 한다.

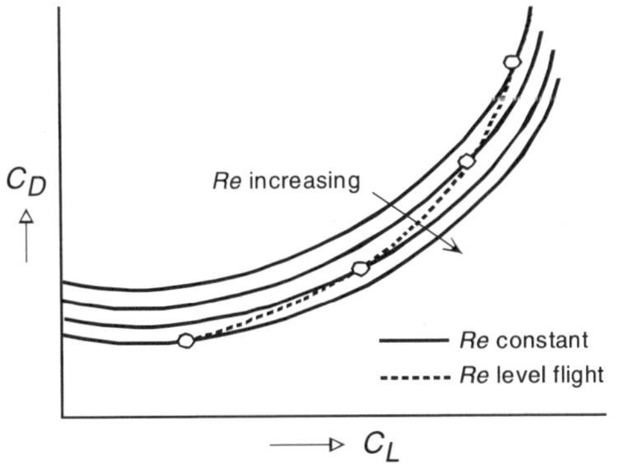

그림 4.10 일정한 Reynolds 수에서의 항력곡선 그리고 수평비행에 대한 보간

4.4.4 압축성 보정

압축성 효과는 항공기가 낮은 아음속으로 비행시에는 중요성이 떨어진다. 압축성 항력은 마하수 0.5 이상의 속도에서는 반드시 고려되어야 한다. 그림 4.1 은 조파항력을 (날개) 양력으로 인한 항력과 (물체) 체적으로 인한 항력으로 분해하고 있다. 그림에서는 강한 충격파와 경계층 사이의 상호작용이 경계층 박리와 후류를 일으키는 복잡한 관계를 보여주지 않고 있다. 압축성 항력은 물리적인 메커니즘의 조합으로 인한 것으로 이의 계산은 복잡한 문제이다. 높은 아음속과 천음속 영역에서의 항력계수는 받음각에 의해서만 결정되는 것이 아니라, 아래와 같이 마하수까지 고려되어야 한다.

$$C_L = C_L(\alpha, M) \quad \text{and} \quad C_D = C_D(\alpha, M) \;\rightarrow\; C_D = C_D(C_L, M) \tag{4.26}$$

그림 4.11(a)는 몇몇 마하수에 대한 항력곡선을 보여주고 있으며, 그림 4.11(b)는 동일한 데이터를

다르게 표현한 것이다. 그림은 높은 아음속 영역에서는 항력에 대한 눈에 띄는 마하수의 효과가 있음을 보여준다. C_L 의 변화에 따라서, 세 가지 영역으로 세분화할 수 있다.

1. 증가한 정체온도와 레이놀즈수는 마하수의 증가에 따라서 압축성유동 내에서 마하수 1.0 일때 5%까지 표면마찰항력이 감소하도록 한다. 이러한 작은 효과는 그림 4.11(b)와 같이 낮은 값의 C_L 에 대해서 나타난다.
2. (C_L 에 종속되는) 임계마하수를 초과하면 증가하는 전방충격파와 점차 두꺼워지는 경계층으로 인해서 항력이 서서히 증가한다. 항력크립(Drag creep)으로 알려진 이 과정은 $C_L = 0.6$ 일때 마하수 0.6 에서 나타나기 시작한다.

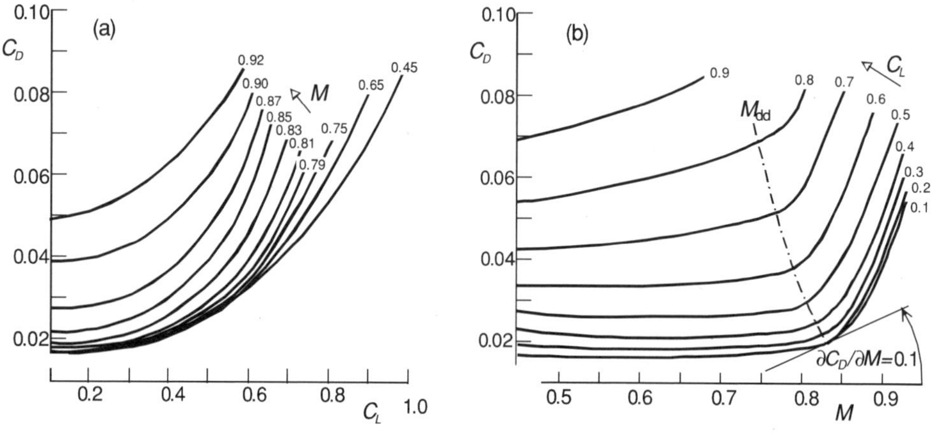

그림 4.11 천음속 여객기의 항력계수. (a) 마하수에 따른 C_D 대 C_L, (b) 양력계수에 따른 C_D 대 M

3. 고속 항공기에서 중요한 설계변수인 비행 속도가 항력발산 마하수 M_{dd} 를 초과하면, 유동박리를 일으키는 강한 충격파와 후류로 인해서 항력이 급격하게 증가한다. 날개는 보통 항력상승(drag rise)에서 주요한 부분을 차지한다. 항력발산의 시작을 나타내기 위해서 몇 가지 기준이 사용되고 있다. 선호하는 정의는 항력곡선의 기울기에 따르는 $\partial C_D / \partial M = 0.10$ 이다. 그림 4.11(b)는 C_L 의 증가에 따라서 M_{dd} 는 감소하는 것을 보여준다.

주어진 천음속 마하수에 대해서, 양력의 변화는 충격파의 강도변화를 수반하며 조파항력은 유도항력의 성분으로 해석한다. 압축성 항력은 C_L 과 M 의 함수이고 대부분 저속항력의 ΔC_{D_c} 보정으로 설명된다. 연료최적 순항비행에 대한 압축성항력 페널티는 일반적으로 5 에서 10 카운트 사이이고, 고속순항에서는 20 카운트가지 증가할 수도 있다. M_{dd} 는 장거리 순항에 대한 설계점과 밀접하게 관련되기 때문에, 천음속 비행기의 공기역학 설계는 M_{dd} 의 선택에 따라서 지배적으로 달라진다. 10.6 장에 나온 것과 같이 이는 최적순항성능을 위한 양력계수, 후퇴각 그리고 평균두께비에 대한 다양한 조합으로 이어진다. 천음속 효과는 설계과정을 상당히 복잡하게 만들고 압축성 보정에 대한 해석적 계산은 개념설계 단계의 범위를 벗어난다.

4.5 항력추정

공기역학 설계를 통한 항력의 감소는 비행기 지오메트리의 변화에 따른 항력의 민감도에 대한 이해를 필요로 한다. 항력추정은 유사-해석적 방법, (CFD 를 통한) 수치적 방법 그리고 풍동시험 등의 여러가지 방법으로 접근될 수 있다. 이런 모든 방법이 설계민감도를 적절히 인식하지 않기 때문에, 방법의 선택은 개발단계에 따라 달라지며 사용 가능한 정보에도 영향을 받는다. 항력추정 방법의 예제는 [7, 8, 9, 19, 21, 31, 39]에서 찾아볼 수 있다. 특정한 방법을 추천하는 대신 모든 방법을 적용하는 것은 시간이 오래 걸리기 때문에, 여기서는 개념설계 단계에서 유사-해석적 설계최적화에 유용한 몇몇 방법과 단순화에 대해서 알아볼 것이다.

이 책을 서술하는 당시, 어떠한 방법도 모든 비행기의 항력성분을 동시에 예측할 수 있지 못하며, 어떤 통합적인 방법도 전체 항공기 형상을 처리할 수 없다. 개념설계 단계에서의 항력추정은 일반적으로 다양한 방법을 고전적인 성분 합산(component build up) 기법을 이용한 결과와 함께 사용한다. 이 용어는 기체를 기본적인 성분으로 구분하고, 분리되되어 자유흐름에 노출된 각 성분의 무양력 항력을 계산하는 접근방법을 의미한다. 이 성분은 공기역학적으로 매끄러운 표면과 유선형 모양을 갖는 것으로 가정한다. 이들의 항력에 대한 기여분의 총합은 서로간의 영역 주변에 위치한 각 성분 주변 유동장의 상호작용과 실질적인 기체표면은 완벽하게 매끄럽지 않다는 사실을 설명하기 위해서 수정된다. 최신의 전산을 이용한 항력해석 방법이라고 하더라도, 이들이 성분 합산 기법에 비해서 반드시 더 나은 추정을 제공하는 것은 아니다. 항력추정을 위한 고신뢰성 CFD 방법은 많은 컴퓨터 자원과 상세한 지오메트리 입력을 필요로 하지만, 이를 언제든 사용할 수 있는 것은 아니다.

4.5.1 간섭항력

독립된 성분의 조합에 대한 전체 형상으로의 수정은, 예를 들어 간섭항력을 줄이기 위해서 추가되는 페어링과 같은 인접한 구성품의 노출표면적과 다른 기하학적 변경을 고려해야 한다. (부록 A) 간섭항력의 물리적 근원은 그림 4.1 에서 언급되었던 유동 현상과 다르지 않다. 상당한 간섭항력이 양력면과 동체의 간섭 또는 두 개의 양력면이나 물체 사이의 간섭으로부터 발생한다. 간섭은 무수한 형태를 가지고 있지만, 모든 경우 유동의 교란이 항력의 원인이 된다.

- 물체 유동의 상호작용. 간섭항력의 흔한 형태는 여러개의 물체 또는 날개와 물체 성분의 간섭에서 발견될 수 있다. 날개와 동체 접합부위의 유동 교란은 박리와, 약해진 점성층이 유동의 박리가능성을 높이는 와류 진동흘림(vortex shedding)을 유발할 수 있다. 날개의 충격패턴이 변화하는 고속에서 이런 형태의 간섭이 일어나면 문제는 더욱 심각해진다. 이러한 영향은 동체에 대한 날개의 붙임각을 적절하게 설정하고 페어링이나 필렛을 이용한 접합부위의 수정을 통해서 억제될 수 있다. 저익 고속비행기에 대해서 이는 외부 동체의 국소적 단면형상을 효과적으로 변경하게 된다. 그러나 이런 방법의 적용은 추가되는 노출표면적으로 인한 페널티가 발생한다.

날개와 동체 사이에서 유동의 상호작용은 또한 스팬 방향에 대한 양력분포에도 영향을 미치고, 이는 유도항력에 대한 영향과 함께 원거리(far-field) 날개후류의 교란을 초래한다. 이와 유사하게, 간섭항력은 종종 날개에 장착된 엔진 나셀로부터 발생하기도 하는데, 이는 설계조건에서 스팬효율계수 e_v 를 변경함으로써 고려되어야 한다. (그림 4.4)

- 트림항력. 기본적인 항력곡선은 승강타(elevator)의 중립 위치에서 결정된다. 무게중심(CG) 위치에 따라서, 비행기 트림을 위해서 꼬리날개의 양력이 필요하다. 관련된 항력수정은 주로 안정성 마진과 꼬리날개 씻어내림(downwash)의 영향을 받는다. 트림항력으로 알려진 이 수정은 4.3 장의 복엽기 이론을 이용해서 예측될 수 있다. 주어진 전체양력에 대해서 꼬리날개에 작용하는 아래방향 힘은 날개 양력을 증가시키고, 높은 마하수 영역에서 이는 그림 4.12 에서 나타난 것과 같이 상당한 항력 페널티를 유발한다. 순항비행시 트림항력은 수(a few) 카운트 이하이어야 한다.
- 프로펠러 후류효과. 트랙터 프로펠러를 장착한 항공기에서 날개는 프로펠러의 후류(Slipstream) 영역에 들어가게 된다. 이는 동압을 증가시키고 양력분포를 변경시킨다. 주요 영향은 증가하는 유해항력과 프로펠러 뒤에서 다운워시로 인한 유도항력의 증가이다. 반면, 감아도는 후류 유동은 프로펠러축의 한편에서는 업워시를, 반대편에서는 다운워시를 발생시키고, 날개의 하중분포에 대한 복합된 영향은 이론적으로는 유도항력을 감소시킬 수도 있다. 실제로, 프로펠러 수송기의 Oswald 계수는 일반적으로 4% 가량 감소된다[9].
- 쓰로틀에 따른 항력. 터보팬 엔진의 나셀은 일반적으로 감소된 흡입구 질량유량으로 인한 유출항력(spillage drag)이 순항조건에서 무시될 수 있도록 설계된다. 엔진이 작동하는 유동과 기체 주위의 유동 사이의 간섭을 설명하기 위해서 수정이 필요할 수도 있다.

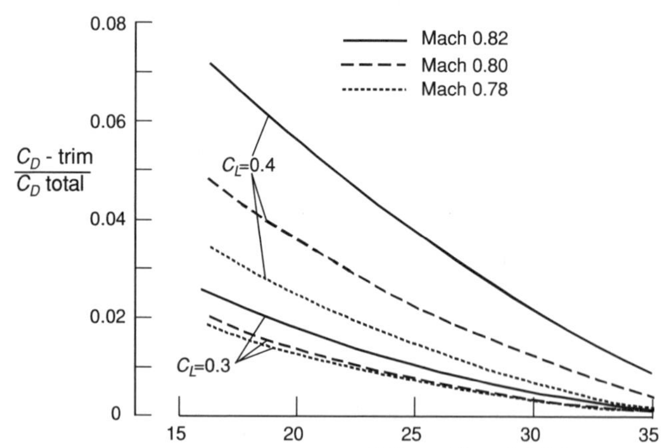

그림 4.12 DC-8-54 에 대한 트림으로 인한 전체 항력의 변화 비율 [60]

일반적인 이착륙을 하는 비행기에 대해서, 추진시스템의 간섭효과는 대부분 작다. 저속성능을 개선하기 위해서 단거리이착륙(Short Take Off and Landing, STOL) 비행기는 상당한 항력 페널티를 감수하면서 최대양력에 대해서 큰 동력장치/기체의 간섭효과를 갖는다. 이에 대한 보다 자세한 해석은 참고문헌 [4]에서 찾아볼 수 있다.

4.5.2 거칠기 및 융기

실제 항공기의 표면이 완벽하게 매끄럽지는 않다. 표면 거칠기와 융기로 인한 항력은 무양력항력을 대형 제트여객기에 대해서는 15%, 소형 프로펠러 수송기에 대해서는 30%까지 또는 이상 증가시킬 수 있다.[7] 참고문헌 [48]과 [50]의 정보를 통해서 다음과 같은 페널티를 예측할 수 있다.

- (돌출된) 리벳, 외피조인트, 조종면 간극, 제거가능한 패널, 창문과 도어 주변의 단차와 간극과 같은 표면결함 또는 다른 표현으로 분포된 표면거칠기. 특정 제조 형식에 대해서 표면결함으로 인한 항력은 종종 표면상에 균일하게 분포된 모래알 크기로 정의되는 등가 모래알 거칠기(equivalent sand grain roughness)로 고려되며, 이는 임의의 거칠기를 갖는 본래 표면과 동일한 표면 마찰을 나타낸다. 참고문헌 [9]에 따르면 제트 수송기는 0.0016inch (0.04mm)의 평균 등가 모래알 거칠기를 갖는데, 이는 층류로 설계된 표면에 대해서는 너무 높은 수치이다.
- 융기와 돌기는 각 항목에 대해서 개별적으로 예상될 수 있는 항력 페널티를 유발한다. 모든 수송용 항공기는 이러한 항력과 관련된, 다시 말해서 대기데이타(air data) 시스템, 드레인, 안테나, 벤트(vent), 등화와 비이콘(beacon), 보조동력장치 그리고 빗물배출과 환기/냉각, 공기조화 그리고 연료시스템을 위한 장치와 같은 준비를 해야할 필요가 있다.

동체 후방의 쓸어올림(upsweep) 형상으로 인한 항력 또는 과거 경험에 의해 설명되지 않는 항력과 같은 부가적인 항력의 원인도 고려되어야 한다. 이러한 항력성분은 상세설계에 민감하기 때문에 개념설계 동안 이의 추정은 통계자료를 따르게 된다[13].

4.5.3 운용에 따른 수정

항력은 비행기의 형상, 비행조건, 엔진 레이팅 그리고 유용하중 분포의 영향을 받는다. 순항형상에서, 항력은 수정되지 않은 항력과 트림조건, 압축성 그리고 공탄성 효과에 대한 수정으로 구분할 수 있다. 비보정 항력은 아음속 비행에 대한 단일 항력곡선과 대표적인 레이놀즈수(변화)에 대해서 표현된다. 엔진 출력의 영향은 보통 전체 효율의 감소로 취급된다. 압축성 수정은 마하수 0.6 에서 0.7 을 초과하는 경우에 고려된다. 공탄성 효과는 높은 동압상태로 비행하는 대형 여객기에 대해서 중요하다. 고양력장치의 사용, 랜딩기어의 사용과 엔진고장 또한 상당한 항력의 증가를 초래한다.

4.5.4 최대 아음속 양항비 예측

서로 다른 항공기 개념을 비교하는 경우, 순항형상에 대한 최대 공기역학 효율 $(L/D)_{max}$ 는 공기역학 설계 특성의 유용한 비교수단이다. 그러나, 항공기 형태의 선정은 구조중량, 운용구속조건

[7] 일부 기체 체조사는 이러한 비이상적인 항력 페널티를 유해항력으로 특성화한다. 유해항력은 일반적으로 비양력 닫힌 바디의 항력으로 해석되기 때문에, 이는 혼란을 가져올 수도 있다. (그림 4.1)

그리고 비용에 대한 고려와 같은 여러가지 비공기역학적인 측면에 대한 절충의 결과라는 것이 강조되어야 한다. 또한, 2.4 장과 같이 터보팬 추진 항공기는 압축성효과가 항력을 5%까지 증가시키는 M_{MD} 보다 높은 마하수에서 최적으로 순항한다. 따라서, 항공기 설계를 비교하는 경우 가장 높은 L/D 를 갖는 항공기가 가장 좋다고 결론을 내릴 수는 없다. 이러한 한계에도 불구하고, 높은 공기역학 효율을 성취하는 것은 수송기뿐 아니라 비지니스 제트기의 설계에서도 중요한 목표가 된다. 초기 설계 단계에서는 이후 설계가 진행됨에 따라서 공기역학 설계가 최적화될 것이라고 가정하는 것이 바람직하다. 예를 들어, 유해항력은 적절한 캠버의 날개단면과 매끄러운 표면을 선택하고 불필요한 융기 항력을 피함으로써 최소화될 수 있다. 그러면 주요 항력성분은 기존 항공기에서 검증된 통계값의 하한선에 접근할 것이다. 이번 장의 목적은 항력곡선의 고전적인 두 항 근사에 기반한 최대 공기역학 효율의 유사-해석적인 추정에 대한 접근법을 보여주는 것이다.
직선 수평 아음속 비행에 대해서 식 (4.20)은 아래처럼 정리될 수 있다.

$$\frac{C_L}{C_D} = \left(\frac{C_{D_0}}{C_L} + \frac{C_L}{\pi A_w e} \right)^{-1} \tag{4.27}$$

이때 최대값은 아래와 같다.

$$\left(\frac{C_L}{C_D} \right)_{max} = \frac{1}{2} \sqrt{\frac{\pi A_w e}{C_{D_0}}} \quad \text{for} \quad C_{L_{MD}} = \sqrt{C_{D_0} \pi A_w e} \tag{4.28}$$

표면마찰이 양력에 무관한 효율에 대한 주요 기여성분이므로, C_{D_0} 를 추정하는 간단한 방법은 등가 표면마찰을 이용하는 것이다. 이는 C_{D_0} 를 비행기의 노출표면적에 기반한 표면마찰항력계수 $C_{f_{eq}}$ 로 $C_{D_0} = C_{f_{eq}} S_{wet}/S_w$ 와 같이 고려하는 것이다. 식 (4.28)과 조합하면 아래와 같이 정리할 수 있다.

$$\left(\frac{C_L}{C_D} \right)_{max} = \frac{b_w}{2} \sqrt{\frac{\pi e}{C_{D_0} S_w}} = \frac{b_w}{2} \sqrt{\frac{\pi e}{C_{f_{eq}} S_{wet}}} \tag{4.29}$$

이전 장에서 설명된 것과 같이, 항공기 성분의 항력계수는 레이놀즈수, 압력분포, 경계층의 상태, 표면거칠기 그리고 이외에 여러가지에 따라 달라진다. 제안된 유사-해석적 추정법은 평판유추법(flat plate analogy)에 기반한 것이다. 식 (4.7)은 아래와 같은 평균 노출표면 평판길이(wetted plate length)에 기반한 평균 전체형상 레이놀즈수에서 완전히 난류경계층을 갖는 평판에 대한 마찰항력계수에 사용된다.

$$\overline{Re} \overset{\text{def}}{=} \frac{V}{\nu} \frac{S_{wet}}{b_w} \tag{4.30}$$

비수정 유해항력은 평판항력에 표면속도(supervelocity)를 고려한 형상계수(form factor)를 곱하는 것으로 식 (4.8)로부터 구할 수 있다. 이는 아래처럼 근사된다.

$$\Phi_f = 1 + r_\Phi \frac{S_{front}}{S_{wet}} \tag{4.31}$$

그림 4.2 에 따르면 r_Φ 의 전형적인 값은, 직선날개에 대해서는 4.8, 후퇴익에 대해서는 4.1 그리고 동체에 대해서는 3.5 이다. 공기역학적으로 매끄러운 기체 표면의 결과적인 이상적인 마찰항력 (첨자 id) 면적은 아래와 같다.

$$C_{f_{id}} S = 0.044\,\overline{R}e^{-1/6}(S_{wet} + r_\Phi S_{front}) \tag{4.32}$$

여기서 S_{front} 는 엔진의 공기흡입구를 제외한 비행기의 전면 투영면적을 나타낸다. 만약 세부 정보가 부족하다면, 프로펠러 항공기에 대해서는 $r_\Phi = 4.0$ 그리고 제트항공기에 대해서는 $r_\Phi = 3.5$ 를 사용할 수도 있다. 비행기의 전면 투영면적은 표면적에 비해서 훨씬 작지만, 계수 r_Φ 가 항력에 대한 전면 투영면적의 영향을 확대시킨다. 따라서, 노출표면적에만 기반한 추정법에서 보이지 않았던 효과인 날개의 두께와 동체의 세장비가 큰 영향력을 갖는다. 표면거칠기, 융기 그리고 기타 이상적이지 않은 (첨자 nid) 원인으로 인한 항력증가는 공기역학적으로 매끄러운 비행기의 유해항력에 양력에 따른 항력면적을 나타내는 수정계수 $k_{nid} = C_{f_{eq}} / C_{f_{id}}$ 를 곱하는 것으로 계산할 수 있다.

$$C_{D_0} S = C_{f_{eq}} S_{wet} = 0.044 k_{nid}\,\overline{R}e^{-1/6}(S_{wet} + r_\Phi S_{front}) \tag{4.33}$$

식 (4.28)과 조합하면 다음을 얻을 수 있다.

$$\left(\frac{C_L}{C_D}\right)_{max} = 4.2\left(\frac{e\,\overline{R}e^{1/6}}{k_{nid}}\right)^{0.5} \frac{b_w}{(S_{wet} + r_\Phi S_{front})^{0.5}} \tag{4.34}$$

여기서 e 는 식 (4.22)의 Oswald 계수를 입력한다. 그림 4.13 의 통계자료를 이용해서 프로펠러 항공기에 대해서는 $k_{nid} = 1 + 5100\,\overline{R}e^{-0.50}$ 와 상용 제트기에 대해서는 $k_{nid} = 1 + 255\,\overline{R}e^{-0.35}$ 를 유도했다. k_{nid} 는 일반적으로 1.25 에서 1.50 사이에서 변하기 때문에, 간섭, 거칠기 그리고 융기 등으로 인한 항력 및 다른 비이상적인 원인에 감소에 대한 가능성이 존재하는 것으로 보인다. $\overline{R}e^{1/6}$ 로 인해서 비행기의 크기로 인한 상당한 영향을 확인할 수 있으며, 이는 k_{nid} 에서 더 두드러지게 나타나는 것에 주목할 필요가 있다.

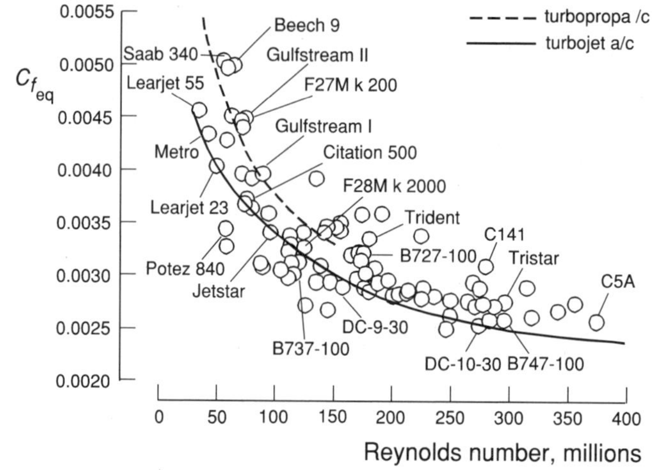

그림 4.13 S_{wet}/b 에 기반한 Reynolds 수에 따른 등가 마찰항력계수에 대한 통계 데이타 [44]

이러한 유도는 민간비행기의 아음속 성능 잠재력을 (공기역학) 설계효율로 표현할 수 있음을 보여준다.

$$\eta_{des} \overset{\text{def}}{=} \sqrt{e/k_{nid}} \tag{4.35}$$

성능지수(figure of merit)는 $(C_L/C_D)_{max}$ 와 $e=1.0$ 이고, 완벽하게 매끄럽고 유선형인 항공기의 표면마찰항력 계수 $C_{f_{id}}$ 를 갖는 이상적인 양항비 사이의 비율을 나타낸다. 이 책을 서술할 당시를 기준으로 성취 가능한 가장 높은 값은 $\eta_{des} \approx 0.80$ 이다. Oswald 계수는 수평 꼬리날개의 다운로드를 감소시키거나 윙렛 또는 전단 끝단을 장착하는 것으로 다소 증가시킬 수 있다. 층류제어와 같은 혁신적인 기술이 적용되지 않는한 개념설계 엔지니어에게 주어지는 표면마찰계수를 감소할 수 있는 여력에는 한계가 있다. (4.6 장)

4.5.5 저속 형상

저속 형상에서 항공기는 랜딩기어의 전개여부와 고양력장치의 설정에 따라서 개별적인 항력곡선을 갖는다. 클린형상(clean configuration)에 비해서 랜딩기어가 전개된 상태의 항력은 (a) 증가한 노출표면적과 날개 윗면의 표면마찰, (b) 변경된 날개의 양력분포, (c) 트림 비행을 위한 꼬리날개의 다운로드로 인해서 증가하게 된다. 그림 4.14 는 랜딩기어의 전개 여부와 몇 가지 플랩 세팅에 따른 여객기의 항력곡선을 보여주고 있다. $C_L > 1.0$ 인 경우 이 곡선은 상당히 정확하게 직선으로 근사될 수 있고, 세 개 항으로 근사를 한다면 정확도는 더 올라간다. 또한, 플랩다운시 항력곡선의 기울기는 플랩업 상태에 비해서 약간 작아진다는 것을 알 수 있다. 따라서, 두 개 항 근사에 대한 Oswald 계수는 클린 형상에 비해서 상대적으로 다소 증가한다.

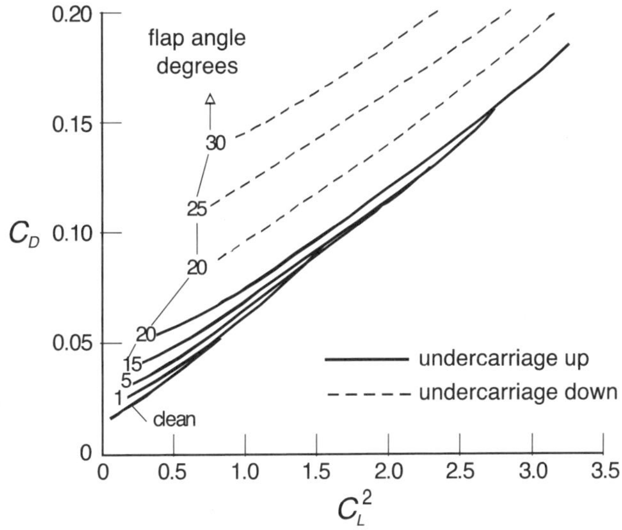

그림 4.14 저속 형상에 대한 광동체 여객기의 항력곡선

엔진 사이징을 위한 지배적인 비행 조건은 이륙 이후 플랩다운, 랜딩기어업 상태로 이륙안전속도 V_2 로 상승을 시작(climb out)하는 단계이다. 주어진 플랩세팅에 대해서 양력계수는 속도가 실속속도에 비해서 20% 높아야 한다는 $V_2 \geq 1.2V_s$ 요구조건에 따라서 결정된다. 실험적인 결과에 따르면, 대응하는 항력대 양력비는 $1.2 < C_{L_2} < 1.8$ 인 범위 사이에서 그림 4.15 와 같이 선형화될 수 있음을 보여준다.

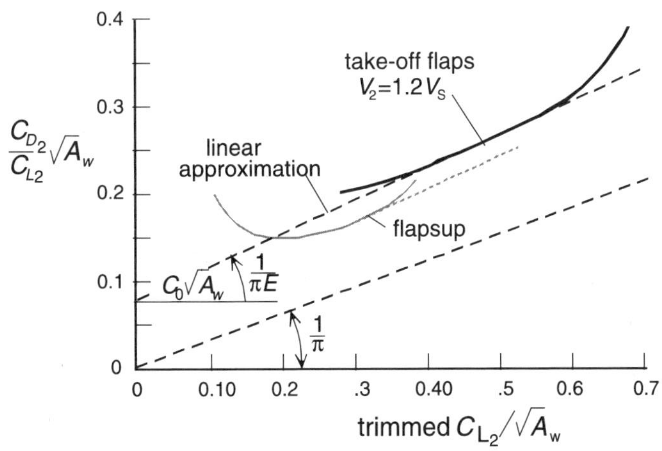

그림 4.15 C_{D0}=0.015 인 플랩업 형상의 제트 여객기에 대한 $1.2V_S$에서 수정 C_D/C_L

$$\left(\frac{C_D}{C_L}\right)_{V_2} = C_0 + \frac{C_{L_2}}{\pi A_w E} \quad \text{with} \quad 1.2 \leq C_{L_2} \leq 1.8 \tag{4.36}$$

여기서 $C_0 = 0.025$ 는 전개된 플랩으로 인한 유해항력을 설명하는 것이고, $E = 0.85$ 는 수정 Oswald 계수라고 부른다. 항력과 양력계수는 계수 $\sqrt{A_w}$ 를 이용해서 일반화될 수 있고, 이로 인해서 그림 4.15 를 다른 가로세로비에도 적용할 수 있도록 한다. 식 (4.36)은 주어진 플랩형상에 대한 항력곡선 대신 서로 다른 플랩각에 대한 이륙안전속도에서의 조건을 정의하기 때문에, 일반적인 항력곡선과는 다르다는 것에 주의해야 한다. 이는 클린형상에 대한 C_D/C_L 과의 비교를 통해서 분명해진다.

4.6 점성항력 감소

향상된 공기역학 효율을 위한 경계층 전환과정의 성공적인 해석, 예측 그리고 제어는 항공의 초창기 이후로 공기역학자에게는 성배와도 같은 궁극적인 목표가 되어왔다.

J.R. Chambers [115] (2005)

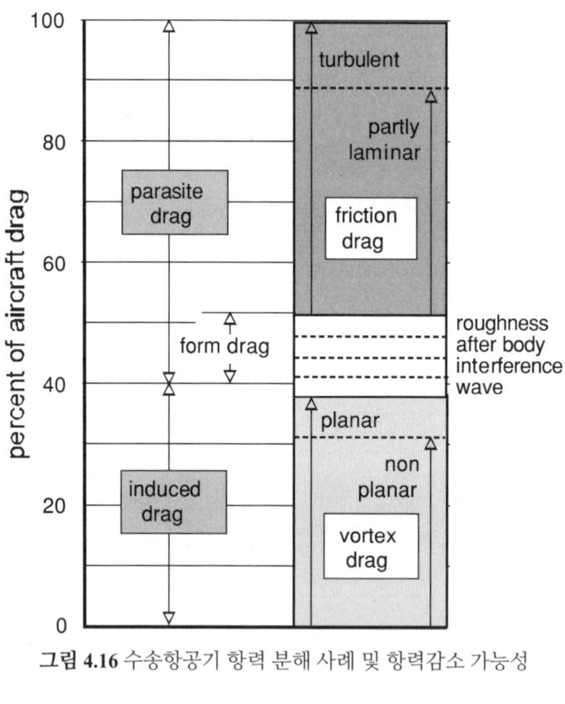

그림 4.16 수송항공기 항력 분해 사례 및 항력감소 가능성

그림 4.16 은 전형적인 광동체 수송기의 순항시 항력에 대한 분해를 나타낸 것으로 유해항력과 유도항력 감소의 상대적인 중요성을 알 수 있다. 주요 성분으로는 표면 마찰항력과 양력으로 인해서 유도되는 와류항력이 각각 약 50%와 40%를 차지한다. 형상항력은 유동의 박리, 후방동체 주변의 와류, 접합부위 근처에서 유동의 간섭, 표면결함, 돌출, 융기 그리고 기타 항력등 여러가지 작은 성분의 합으로 구성되며, 일반적으로 5~10 카운트 정도이다. 이런 모든 항목이 합산되어 상당한

페널티를 형성하는데, 이는 세심한 설계를 [8] 통해서 최소화되어야 하지만 이러한 주제는 이 책의 범위를 벗어난다. 고속에서 조파항력은 몸체의 체적과 양력으로 인한 성분을 가지며 이는 마하수 변화에 민감하다. 순항비행시 설계조건은 블록연료 보존과 블록시간 감소에 대한 요구 사이의 절충에 기반한다. (제 12 장) 연료경제적인 비행에서 압축성 항력은 일반적으로 5 에서 10 카운트 사이이다.

직선수평비행시 최소항력은 식 (4.29)로부터 구할수 있다.

$$D_{min} = 2\frac{W}{b_w}\sqrt{\frac{C_{f_{eq}} S_{wet}}{\pi e}} \quad \text{for} \quad L = W \tag{4.37}$$

순항비행이 정확하게 최소항력 상태로 이루어지는 것은 아니지만, 이 식은 순항비행시 항력 그리고 따라서 추력과 연료소모율에 중요한 영향을 갖는 설계 매개변수의 상대적인 중요성을 분명하게 보여준다. 비행기의 GW 와 기하는 W/b_w 와 노출표면적 S_{wet} 을 통해서 지배하고, 공기역학 설계의 품질은 등가 표면마찰계수 $C_{f_{eq}}$ 와 Oswald 계수에서 분명히 나타난다.

4.6.1 노출표면적

유동에 노출되는 항공기 각 구성요소의 표면 마찰항력은 노출표면적(wetted area)에 비례하고, 따라서 항공기 총중량의 영향을 받지 않는다. 노출표면적의 감소는 항력뿐 아니라 구조중량까지도 감소하기 때문에 설계자는 노출표면적을 최소로 하는 것에 계속해서 집중할 필요가 있다. 그러나 실질적인 기하학적 구속조건으로 인해서, 블렌디드 윙바디(BWB, 제 5 장 참조)에서 예상할 수 있는 것과 같이 항공기의 형상에 상당한 변화가 없다면, 실현 가능한 노출표면적의 감소는 일반적으로 엄청나지는 않다.

- 대체로 비행기의 일반 배열로부터 결정되는 동체의 외피 면적이 전체 노출표면적에 상당한 부분을 차지한다. 이는 객실 안락감과 수하물 적재 부피에 대한 요구조건에 의해서 구속되며, 탑승객 객실, 기내수하물 그리고 수하물 공간을 주의깊게 배치하고 또한 불필요한 공간을 피하는 것으로 최소화 될 수 있다.
- 날개는 전체 노출표면적에 대한 또 다른 주요 기여 인자이다. 천음속 항공기 날개의 공력설계는 마하수와 최적 순항에 대한 양력계수에 의해서 주로 결정된다. 최대 공력효율, 최저 연료소모 또는 최소 GW 를 위해서는 날개면적과 길이, 후퇴각과 두께비에 대한 특정한 조합이 필요하다. 날개면적의 감소는 저속 성능에 대한 요구조건과 연료탱크 부피에 대한 구속조건에 따라서 결정된다.

[8] 훨신 큰 기여보다는 작은 항력 원인에서 훨씬 큰 비율의 감소를 얻는 것이 더 용이한 것으로 보인다. 예를 들어, 후방 동체 항력의 50% 감소가 가능하며, 이는 전체 항력 감소의 유용한 5%를 나타낸다.

- 꼬리날개의 노출표면적은 수평 꼬리날개와 수직 꼬리날개 표면의 크기에 따라서 달라진다. 날개와 동체 노출표면적이 감소하면 일반적으로 두 가지 모두 더 작아진다. (부록 A)

튜브와 윙(TAW)로 부르는 불연속적인 동체를 갖는 전통적인 형태인 여객기 형상의 경우, 전체 노출표면적은 주날개 평면 면적의 5~6 배 사이가 된다. 고도를 줄이는 것으로 C_L 이 최적화된다는 조건에서, 식 (4.34)는 주어진 스팬에 대해서 날개 면적이 10% 감소되면 노출표면적과 레이놀즈수가 약 4% 감소하고, 등가 표면마찰항력 계수는 0.7% 증가하며 L/D 는 1.6% 향상되는 것을 보여준다. 만약 비전형적인 특이한 비행기 형상이 적용된다면 노출표면적은 상당히 감소될 수 있다. 가장 과격하게 특이한 형상으로는 전익항공기(AWA)가 있는데, 이의 노출표면적은 전체 주날개 면적의 약 2.5 배 정도이다. 동일한 가로세로비와 등가 표면마찰항력계수에 대해서 식 (2.21)은 AWA 의 공력효율을 TAW 설계에 비해서 최소한 $\sqrt{2}$ 배로 예측하고 있는데, 이러한 수치는 그림 2.6 에 나오는 두 개의 TsAGI 프로젝트에 의해서 확인되었다. 일반적으로 AWA 의 평면 면적은 TAW 의 총 날개면적의 2 배이기 때문에, 가로세로비가 감소되지 않는다면 날개 길이는 $\sqrt{2}$ 배만큼 더 길다. ICAO 의 활주로 등급에 따른 제한의 관점에서 보면, 이와 같이 증가된 날개 길이는 비실용적이다. 따라서, AWA 의 설계자는 이의 특성을 TAW 설계에 대한 수치와 어떻게 비교할 것인가 하는 난관을 겪게 된다. 외부가 내부보다 커야 한다는[75] 사실을 감안하면, 이에 대한 현실적인 접근방법으로는 AWA 를 (1) 유용하중(UL), 시스템 그리고 구조를 포함하는데 필요한 내부 체적에 대한 구속조건, (2) 날개길이에 대한 상한선에 대해서 최적화하는 것이다. 이러한 설계는 제 5 장의 주제인 동일한 유용한 내부 체적과 날개길이 구속조건으로 최적화된 전형적인 형상의 비행기와 비교되어야 한다.

4.6.2 난류 마찰항력

마찰항력은 비행기 표면의 마이크로 구조를 이용해서 난류 경계층의 서브 레이어(sub-layer) 내부의 난류 구조(turbulence structure)를 처리함으로써 감소시킬 수 있다. 이는 벽 근방에서 와류의 형성을 억제하는 리블렛(riblet)의 도입을 포함한다. 리블렛은 몇 마이크론 정도 높이에 약 0.05mm 넓이의 매우 미세한 홈을 내고 그 사이에 날카로운 날을 비행방향으로 적용함으로써 형성된다. 리블렛은 항공기의 외피에 접착필름의 형태로 적용될 수 있다. 풍동 조건의 평판에 대한 실험에서 7~8% 항력감소 가능성이 증명되었고, 연구 결과 항공기의 항력이 2%까지 감소될 수 있음을 보여주었다. 이러한 수치는 Airbus A320 동체에 대한 노출표면적의 약 75%를 3M 리블렛 필름을 적용한 비행시험을 통해서 비행기 전체 항력의 1.5% 수준이 감소되는 것으로 검증되었다. 리블렛을 날개의 윗부분, 수평안정판 그리고 동체의 (창 윗부분) 상부에 적용한다면, 장거리 여객기의 연료소모를 약 1% 절감할 수 있을 것이다. 리블렛 필름은 18 개월의 테스트 기간에 걸쳐서 내구성이 유지되는 것을 보여주었다[85].

4.6.3 자연층류

층류경계증 내에서 표면의 마찰항력은 난류경계층에 비해서 한 자리수만큼 작다. 난류의 발생을 노출된 비행기 표면상에서 50% 이상 지연시키면 표면 마찰항력이 상당히 감소된다. (그림 4.17) 자연 층류(NLF)는 양력 표면의 상당한 부분에 걸쳐서 층류 경계층을 유지하기 위해서 최적화된 압력구배를 이용하는 수동적인 기법이다. 난류로의 천이는 다음과 같은 몇 가지 종류의 불안정성과 오염(contamination)[9]의 함수이다.

- Tollmien-Schlichting 불안정성은 후퇴각이 25 도 미만일 때 천이를 일으키는 흐름방향 파동의 증폭으로 인해서 발생한다.
- 교차유동(cross-flow) 불안정성은 후퇴각이 25 도 이상일 때 높은 레이놀즈수에서 천이를 일으키는 첫번째 요인이다.
- 부착선(attachment line) 불안정성은 동체 경계층으로 인한 날개 앞전에 걸친 교란의 확산으로 인해서 발생한다.

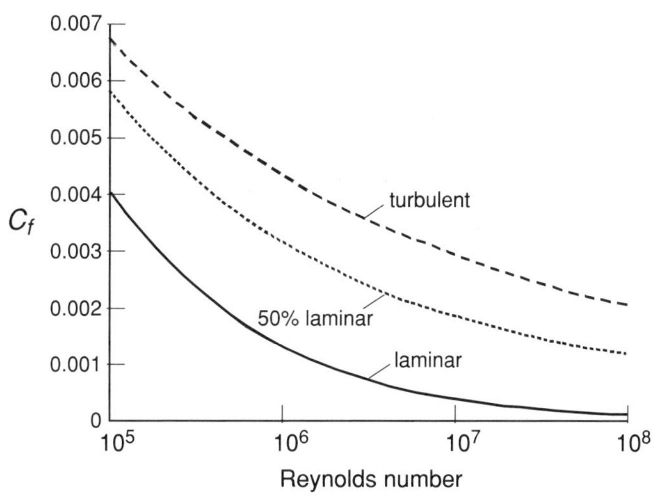

그림 4.17 평판 마찰항력 계수

NLF 의 여부는 에어포일 형태, 앞전 후퇴각 그리고 레이놀즈수와 밀접하게 관련되어 있다. 에어포일의 최대 두께는 가능한 최대한 후방에 위치해야 하지만, 이는 고속비행에서는 강한 충격파와 높은 조파항력을 일으킬 수도 있다. 변화하는 앞전 후퇴각에 따라서 양호한 압력구배를 갖는 표면상에서의 천이점을 측정한 비행시험 결과로부터 유도된 결과가 그림 4.18 에 나와 있다. 빗금친 영역은 뒷전 방향으로 가면서 초기에 감소하는 표면 압력을 갖는 날개에서 성취할 수 있는 시위방향에 대한 대략적인 층류영역을 나타낸다. 상대적으로 낮은 시위 레이놀즈수와 작은 앞전

[9] 여기서 오염(contamination)은 난류가 날개 뿌리에서부터 앞전을 따라서 이동하는 현상을 의미한다.

후퇴각에 대해서는 앞전으로부터 상당한 영역까지 층류 경계층이 연장될 수 있다.
최신 제작기법으로 인해서 매끄럽고 정확한 공력표면의 생산이 가능해지면서 더욱 연장된 NLF 의 영역을 확보할 수 있게 되었다. 앞전 후퇴각이 18 도보다 작은 양력표면을 갖는 비행기에 대해서 날개 시위선상의 약 50%까지 층류영역이 연장되는 것이 확인되었다. NLF 로 설계된 일부 비즈니스 항공기의 날개에서는 5~10%의 항력이 감소되었고, 고아음속 수송기의 적용은 수 퍼센트 정도 감소를 가져왔다. 결과적으로 NLF 는 아음속으로 비행하는 비지니스와 커뮤터 비행기에서 그 적용사례를 찾아볼 수 있는 검증된 기법으로 이해할 수 있다. 또한, 이러한 성공적인 적용은 NLF 를 동체 표면상에 적용하는 연구를 뒷받침하고 있다[80].

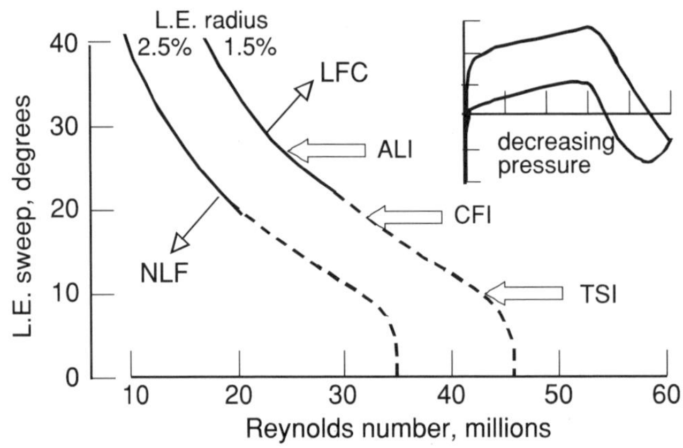

그림 4.18 후퇴날개를 지나는 자연층류의 범위 [108]

4.6.4 층류제어

고아음속으로 비행하는 중형 그리고 대형 수송 항공기의 시위선 레이놀즈수는 날개 뿌리 부분에서는 40 에서 100 million 그리고 날개끝단에서는 8 에서 20 million 정도가 된다. 따라서 날개의 대부분 영역에서 층류를 얻기 위한 유일한 가능성은 경계층의 능동제어(active control)를 사용하는 것이다. 주날개의 넓은 영역에 걸쳐서 층류를 유지하기 위해서는 인위적인 장치를 이용한 층류제어(LFC)의 개념이 이용되어야 한다. 벽 흡입을 이용하는 것이 능동 LFC 에서 선호되는 방법이다. 이 기술은 노출된 표면상에 미세한 구멍이 있는 재료, 여러겹의 좁은 표면 슬롯 또는 외피의 미세한 천공 등을 통한 흡입을 적용함으로써 층류 경계층의 작은 부분을 연속적으로 제거하는 것이다. 최종적인 천이지점까지 후방으로 연장되는 전체 에어포일에 대한 흡입의 효과는 층류경계층이 안정화되고 난류로의 천이가 지연되는 것이다.
능동 LFC 는 기존의 모든 종류의 단일 공력기술이 제공하는 수준을 훨씬 뛰어넘는 연료절감의 개선 효과가 있는 것으로 널리 인정되고 있다. 날개와 꼬리날개 모두 상하 표면에 경계층 흡입을 적용한다면, 이론적으로 수송기의 연료 소모는 30%까지 감소될 수 있다. 실용적인 이유로 인해서 가장 낮은 압력을 가지며 따라서 가장 높은 유동 속도와 마찰항력이 발생하는 날개의 상부 표면에만 흡입 제어를 적용하더라도 여전히 상당한 연료절감 효과를 제공할 수 있다. 하부 표면의 매끈함 요구조건에 대한 완화로 인해서 높은 양력을 위한 접이식 앞전장치의 적용이 가능하다. 이는 또한 점검창의 마련과 지상작업 차량으로 인한 손상에 대한 높은 민감성 측면에서도 적절하다. 성공적인 LFC 의 적용이 어렵다고 간주해야 하는 다른 사례로는, 피토관, 앞유리 와이퍼, 도어, 창 그리고 여압으로 인한 표면굴곡과 같은 거칠기를 갖는 대부분 (금속제) 항공기의 동체가 포함된다.

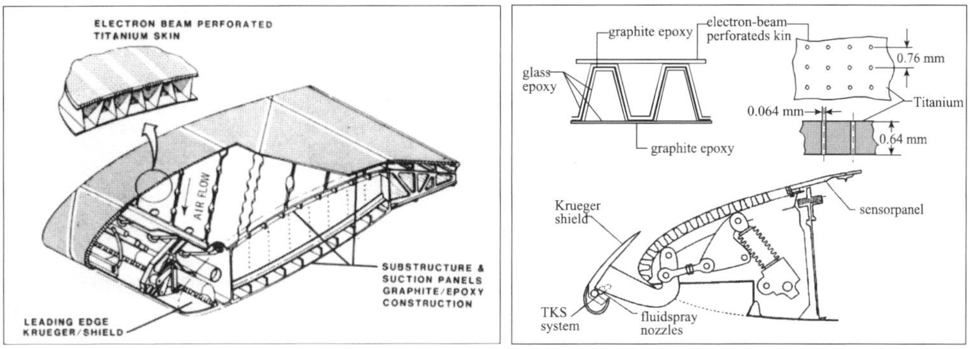

(a) structural wing concept (b) perforated leading edge box with Krueger shield

그림 4.19 Douglas LFC 날개 구조 개념 및 앞전 비행시험 자료 NATO-STO-CSO

날개의 상부 표면, 엔진 나셀 그리고 꼬리날개의 LFC 는 항력에 대한 효과가 입증된 많은 연구가 이루어진 공기역학 기술이다. 지금까지의 경험에 따르면 최신 에어포일의 절반 이상까지 층류를 유지하는 것이 가능하다. 그러나, 날개에서 노출된 전체 주요 구조물에 대한 LFC 의 적용은 그림 4.19(a)와 같이 기계적으로 복잡하고 제작비용이 많이 든다. 흡입 개념은 날개 내부 구조에 걸쳐서 상당한 덕트작업, 부가적인 동력원 또는 엔진 블리드에어 그리고 흡입유동의 배분을 정확히 제어하기 위한 부가적인 시스템을 필요로 한다. 또한, 이를 위해서는 중량과 정비에 대한 페널티가 따르고 구조 건전성(structural integrity)에 대한 일부 불확실성을 감수해야 한다. 여객기 운용에서 나오는 결과는 표면의 매끈함과 곤충과 먼지 등으로 인한 결과적인 오염에 따라서 달라지기 때문에 앞전을 청결히 하는 시스템이 필수적이다. 이륙과 착륙시 Krueger 플랩 또는 그림 4.19(b)에 나오는 것과 같은 특수 세척제를 포함한 실드의 전개가 효과적인 것으로 입증되었지만, 최대양력의 감소를 감수해야 한다.

4.6.5 하이브리드 층류제어

하이브리드 층류제어(HLFC) 개념은 자연과 능동 층류제어 기술을 통합하고, 두 기술에 대한 대부분의 단점을 피하고 있다. NLF 에 대한 앞전 후퇴각의 한계는 후퇴익에서 나타나는 교차유동과 부착선 불안정성을 제어하기 위한 앞전 박스의 흡입을 통해서 극복한다. Tollmien-Schlichting 불안정성을 억제하는 양호한 압력구배를 위한 날개 형상은 날개 박스 영역에 걸쳐 NLF 를 허용하고, 스파에서 LFC 흡입에 대한 필요성을 제거해서 시스템의 복잡성과 비용을 상당히 감소시킨다[108]. 날개 크기에 따라서 짧은 시위의 외측 표면에 대한 NLF 와 함께 HLFC 는 긴 시위의 내측 표면에 조합해서 사용될 수 있다. 1990 년 Boeing 은 B-757 비행기를 이용해서 왼쪽 날개의 넓은 부분에 대형 HLFC 글로브(glove)를 장착해서 HLFC 의 효용성에 대한 비행시험을 수행하였다. (그림 4.20) 배기를 위한 역류 능력과 함께 전방스파로의 흡입을 위해서 티타늄 외피를 적용하였다. 기존의 제조기술로 층류 표면 품질 요구조건 수준의 글로브의 제작이 가능했다. 곤충으로 인한 오염으로부터의 보호와 고양력을 위해서 그림 4.19(b)와 같은 Krueger 실드(shield)가 장착되었다. 실용적인 HLFC 를 위해서 요구되는 모든 필수 시스템이 성공적으로 장착되었다. 비행시험 결과 예상했던 것 보다 적은 흡입유동만으로 흡입이 끝나는 지점을 지나서 시위의 30 에서 50% 사이까지 천이점이 지연되었다.

중형 수송기에 공존하는 레이놀즈수 영역에서 HLFC 를 성취하고, 개발의 위험도를 허용할 수 있는 수준으로 낮추겠다는 이 실험의 주요 목표가 성공적으로 이루어진 것이다[115].

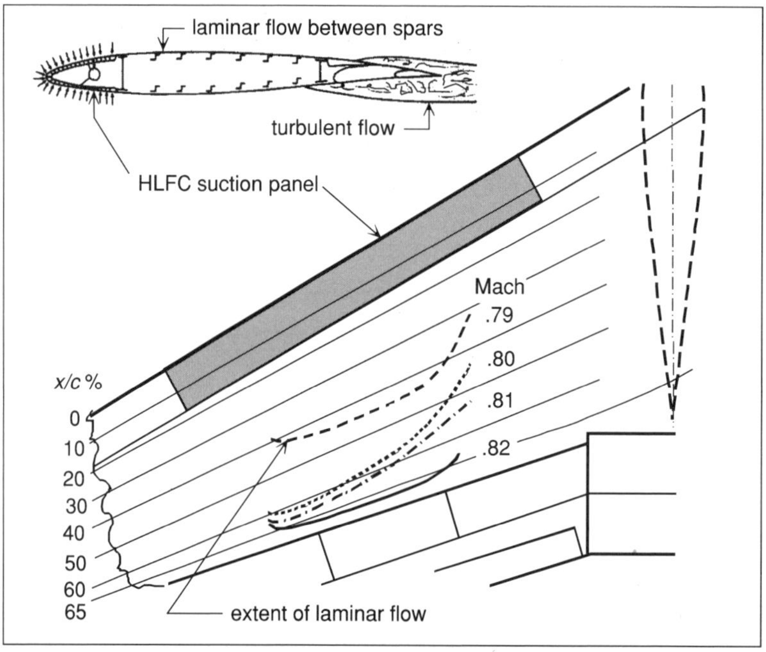

그림 4.20 HLFC 가 적용된 B757 테스트 항공기에 대한 층류 범위를 보여주는 천이 컨투어 [115]

4.6.6 LFC 의 장점, 도전 그리고 장벽

항공기의 넓은 면적에 대한 LFC 의 지속적인 성능이 보장되기 위해서 반드시 해결되어야 하는, 현재 개념의 장기적인 운용과 신뢰성 특성에 대한 의문이 여전히 남아있다. 세 가지 층류제어 개념에 대한 개별 기술은 서로 다른 항력감소 잠재력을 가지고 있다. LFC 를 이용하면 훨씬 감소된 연료하중과 설계 총중량, 작아진 엔진과 다른 장점에 따라서 항공기의 크기가 결정하는 것이 가능하고, 이는 장거리 여객기에 대해서 가장 큰 영향을 미친다. 그러나, LFC 는 개조로 장착될 수 있는 기술이 아니며, 이의 적용은 초기 개념설계 단계에서부터 구상되고 연구되어야 한다.

그림 4.21 은 항공기의 크기를 특성화하는 날개면적 대비 L/D 의 향상 비율을 나타낸다. 이제

NLF 로 인한 성능 이득은 비즈니스 항공기와 [10] 소형 여객기에 대해서는 무시할 수 없는 사실이다. 주어진 천이 레이놀즈수에 대해서 층류를 확보할 수 있는 시위의 비율과 L/D 의 이득은 날개 크기에 따라서 감소한다. 그림 4.21 은 또한 크기에 따라서 L/D 의 이득이 감소하는 것이 분명하기는 하지만, NLF 에 비해서 HLFC 가 더 큰 향상을 제공하는 것을 보여주고 있다. 가장 대형 큰 수송기에 대해서는 LFC 흡입 위치가 앞전에서부터 더 멀리 후방으로 이동함에 따라서 눈에 띄게 큰 이득을 얻을 수 있다. 개념적으로는 만약 능동 층류화를 이에 특별히 적합한 비전형적인 항공기 형상에 적용한다면 통합적인 적용을 통해서 보다 큰 수준의 항력감소도 가능하다.

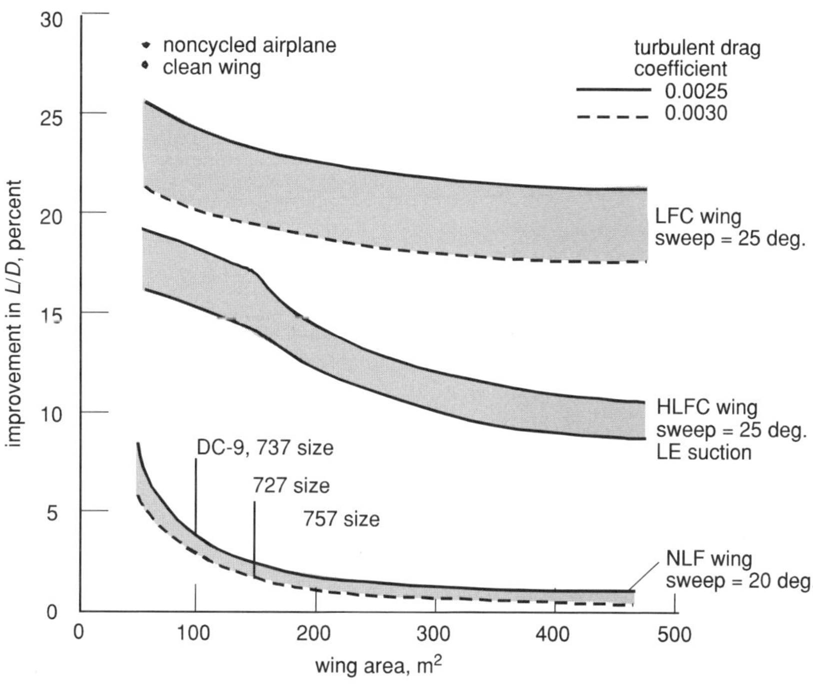

그림 4.21 난류 비행기와 비교한 층류 개념으로 인한 공기역학 효율의 개선 [108]

연구자에 의한 공력성능 예측에 따르면, 날개와 꼬리날개의 양 표면의 시위선 60%까지 층류인 수송기에 대해서 장거리 비행시 연소되는 연료는 완전히 난류인 에어포일과 비교했을 때 30% 가량 감소될 수 있다고 한다. HLFC 의 성능 향상이 LFC 만큼 높지는 않지만, 그럼에도 불구하고 잠재적인 이득은 상당한 수준이다. HLFC 가 적용된 300 인승 장거리 쌍발 엔진의 아음속 수송기의 전형적인 효과가 참고문헌 [76]에 나와있다. 날개 윗면과 꼬리날개 양 면에서 시위선의 50%가 층류라고 가정하면, HLFC 는 임무 연료의 약 15% 감소를 제공한다. 나셀 길이의 40%가 층류가 되도록 엔진 나셀에 적용하면, 최소한 1%의 잠재적인 연료소모가 감소될 수 있다.

---

[10] Piaggio Aero Industries 의 발표에 따르면, P180 Avanti 의 NLF 저하는 수평비행에 필요한 출력을 8~10% 가량 증가시키는 것으로 나타났다.

LFC 표면의 운용상 기능성에 대한 현실적인 영향으로는, 표면거칠기/굴곡, 조인트, 단차(step), 얼음구름을 지나는 비행 그리고 결빙보호, 엔진으로부터 발생하는 소음영역 그리고 막힘효과를 유발하는 국부 와류발생 등이 포함된다. 비행기 날개에서 층류를 유지하는 것은 특수한 제조기법이나 복합재료의 적용을 필요로 하는 상당히 매끈한 표면에서만 가능하다. 허용 가능한 수준의 비용으로 LFC 를 위한 다공성 날개 외피를 제조하고 이를 먼지와 곤충의 오염이 없이 유지하는 연구에 따르면, GFRP 또는 FRP 와 같은 복합재료가 층류에 필요한 매우 매끈하고 굴곡이 없는 표면을 제공하는 것을 보여주었다. 주요 관심사는 층류를 확보할 수 있는가의 문제가 아닌, 이를 신뢰할 수 있고 경제적인 방법으로 유지할 수 있는가의 여부에 있다.

- **Validation of tools**
  - transition = ?
- **Application**
  - upper surface
  - both surfaces
- **Leading edge devices**
  - krueger
  - slat
  - suction effect on C_L - max
- **Technology problems**
  - suction system
  - leading edge contamination
  - cleaning
  - insects contamination
  - anti-icing / de-icing
  - surface quality
  - manufacturing technology
- **Suction power installation**
  - engine
  - auxiliary engine or APU
  - engine location: wing or fuselage?
- **Maintenance problems**
  - dirt
  - cleaning (water, soap)
  - degradation
  - etc.
- **Certification**
  - fuel reserves
  - suction system failure in flight
  - etc.
- **Real DOC for airlines?**

그림 4.22 LFC 표면의 설계, 인증, 운용 그리고 신뢰성에 대한 의문과 질문. NATO STO-CSO

4.7 유도항력 감소

4.7.1 주날개 길이

그림 4.16 과 같이 순항조건에서 장거리 수송기의 유도항력이 전체 항력의 약 40%를 차지하고, 조파항력은 작은 비율만을 차지한다. 따라서 유도항력의 감소가 무엇보다도 중요하다. 주어진 동압에서 유도항력은 스팬 하중 (W/b_w)의 제곱에 비례하기 때문에, 날개 스팬을 증가시키는 것이 유도항력 감소에 효과적인 방법이다. 주어진 날개 면적에 대해서 스팬이 10% 증가하면 가로세로비는 21% 증가하고, Oswald 계수와 레이놀즈수는 각각 3.3%와 10%씩 감소한다. 식 (4.37)에 따르면 항공기의 종류에 따라서 달라지는 주어진 총 중량에 대해서 최소항력의 개선은 대략 7.5% 정도에 이르는 것을 알 수 있다. 그러나, 유도항력은 순항 공기역학으로부터 추론될 수 있는 것에 비해서 항공기 고등설계와 성능에 훨씬 더 큰 중요성을 가질 수 있다. 특히 유도항력은 엔진이 고장나는 임계 이륙조건에서 항공기 전체 항력의 80 에서 90%를 차지할 정도로 저속에서 높이 나타난다. 유도항력이 단 1% 감소하더라도 항공기는 거의 같은 비율만큼 증가된 총중량으로 이륙할 수 있기 때문에, 이는 유상하중 또는 항속거리의 유용한 이득으로 해석될 수 있다. 개념설계 후반기에서 설계상 성능의 부족함을 갖는 것으로 나타나는 경우, 스팬을 증가시키는 것이 또한

유용한 방법이 될 수 있다. 그리고 스팬 증가는 엔진이 한 개의 엔진 고장시 이륙상승 기울기에 맞춰진 경우, 파생형 버전의 증가된 이륙중량에 효과적으로 대응할 수 있다.
날개 길이가 길어지면 증가된 굽힘모멘트를 견디기 위해서 더 많은 구조재료가 필요하기 때문에 날개 길이에 대한 설계자의 자유도에는 한계가 있다. 실제로 날개의 구조중량은 유도항력보다 날개 길이에 훨씬 더 민감하고, 날개 길이를 증가시킴으로써 공력효율을 향상시키는 문제는 명백한 다학제 최적화(MDO)의 주제이다. 그리고, 예를 들어 80 미터 박스와 같은 날개 길이에 대한 실용적인 최대 한계는 대형 수송 항공기에 대한 주요 구속조건이 될 것이다. 만약 날개 길이를 증가시키는 선택이 가능하지 않다면 고등 설계자는 비평면상 주날개를 이용하거나 또는 다중의 양력 표면에 기반한 일반 배열을 수용함으로써 날개길이 효율계수 e 를 향상시키는 것을 목표로 할 수 있다.

4.7.2 스팬방향 캠버

날개에서 비평면 후류 와류면을 발생한다면 약간의(modest) 유도항력 감소를 기대할 수 있다. 상반각 또는 하반각 그리고 후퇴익 또는 휘어진 뒷전은 모두 후류의 곡률과 관련되어 있다. 당연한 결과로써, 양력으로 인한 날개의 상향 굽힘이 반드시 유도항력을 증가시키는 것은 아니라고 할 수 있다. 와류면 곡률과 관련된 비선형성은 표준 양력선 이론보다 더 정교한 해석을 필요로 하고, 이러한 효과는 붙임각과 후류 롤업에 따라서 증가한다. 날개가 평면 와류면을 가린다는 고전 선형이론의 가정을 완화하면, 항력을 감소시킬 수 있는 흥미로운 가능성을 제공한다. 초기 이론적인 해석은 C.D. Cone Jr 과 J.S. Letcher 에 의해서 수행되었다[55, 56]. 스팬효율의 가장 큰 증가는 날개끝단 근처의 상당한 수직 영역에 걸쳐 와류휴류의 주요 부분이 발생되는 경향을 갖는 형상에서 나타난다. 이는 스팬효율을 1 보다 주목할 정도로 더 크게 만드는 것이 가능한 스팬방향 캠버(spanwise camber)로 알려진 기하로 이어진다[68].

4.7.3 비평면 주날개 시스템

비평면 날개의 높은 스팬효율은 스팬의 중간선(mid-span line)으로부터 멀어지는 와류유동의 이동으로부터 축적되는 것으로 보인다. 다중날개 시스템은 양력을 수직방향뿐 아니라 수평방향으로도 분포시키고, 각 평면은 최소 유도항력을 위해서 최적화된 비틀림을 가져야 한다. 4.3 장과 그림 4.8 과 같은 복엽기와 박스형날개 비행기에 대한 일부 공기역학 원리는 저속 항공기에 대해서 1920 년대 동안 확립되었다. 1970 년대에는 천음속 제트 여객기의 도입으로 인해서 천음속 복엽기와 결합날개 항공기에 대한 연구가 촉진되었다. 이러한 형상이 일반 배열의 전체 항공기에 적절하게 통합된다면, 비공기역학적인 부분에서도 바람직한 효과를 가질 수도 있다. 예를 들어 결합날개 지오메트리는 날개 시스템의 굽힘 모멘트가 높을 때 주로 구조 두께의 향상을 위해서 연구되는 것이다. 혁신적인 항공기 형상은 날개 길이의 제한에 크게 구속되는 비행기에 대해서 유도항력을 상당히 감소시킬 수 있는 가능성을 제공하는 다평면 개념에 기반하고, 노출표면적의 감소 또는 꼬리날개의 완전한 제거까지 이어질 수도 있다. 이와 같은 적용에서 유도항력 감소는 전형적인 높은 가로세로비 캔틸레버 단엽기에 대한 균형되고 현실적인 대안을 찾기 위해 조사되어야 하는 많은 설계 목표 중 하나일 뿐이다. 이러한 설계 고려사항의 일부를 다음 장에서 자세히 살펴볼 것이다.

참고문헌

[1] Abbott, I.H., and A.E. Von Doenhoff, Theory of Wing Sections: Including a Summary of Airfoil Data, Dover Publications, Inc., New York, 1959.

[2] Lachmann, G.V. (ed.), Boundary Layer and Flow Control, Pergamon Press, Oxford, 1961.

[3] Hoerner, S.F., Fluid Dynamic Drag, Hoerner Fluid Dynamics, Bakersfield, CA, 1965.

[4] McCormick Jr., B.W., Aerodynamics of V/STOL Flight, Academic Press, New York, 1967.

[5] Hoak, D.E., et al., USAF Stability and Control Datcom, Flight Control Division, AFFDL, WPAFB, Ohio, USA, 1978.

[6] McCormick, B.W., Aerodynamics, Aeronautics, and Flight Mechanics, John Wiley & Sons, New York, 1979.

[7] Torenbeek, E., Synthesis of Subsonic Airplane Design, Appendices B, F and G, Delft University Press, Delft, 1981.

[8] Roskam, J., Airplane Design, Part VI: "Preliminary Calculation of Aerodynamic, Thrust and Power Characteristics", Roskam Aviation and Engineering Corporation, Lawrence, KA, USA, 1987.

[9] Shevell, R.S., Fundamentals of Flight, Chapters 11 and 12, Second Edition, Prentice-Hall, Englewood Cliffs, NJ, 1989.

[10] Eppler, R., Airfoil Design and Data, Springer Verlag, New York, 1990.

[11] Mair, W.A., and D.L. Birdsall, Aircraft Performance, Chapters 3 and 10, Cambridge University Press, Cambridge, 1992.

[12] Torenbeek, E., and H. Deconinck (eds), Innovative Configurations and Advanced Concepts for Future Civil Aircraft, von Kármán Institute for Fluid Dynamics, Lecture Series 2005-06, June 2005.

[13] Obert, E., Aerodynamic Design of Transport Aircraft, Chapter 40, IOS Press, Amsterdam, 2009.

[14] Torenbeek, E., and H.Wittenberg, Flight Physics: Essentials of Aeronautical Disciplines and Technology, with Historical Notes, Chapter 4, Springer Verlag, Heidelberg, 2009.

Theory and Prediction of Drag

[15] von Kármán, T., and J.M. Burgers, "General Aerodynamic Theory: Perfect Fluids", in Vol. II of Aerodynamic Theory, Edited by W.F. Durand, 1935.

[16] Oswald, W.B., "General Formulas and Charts for the Calculation of Airplane Performance", NACA Report No. 408, 1932. TR R-139, 1962.

[17] Aeronautical Research Council, "Definitions to be Used in the Description and Analysis of Drag", ARC Current Paper No. 369, 1958. Also Journal of the Royal Aeronautical Society, Vol. 62, pp. 796–801, 1958.

[18] Hoak, D.E., et al., "The USAF Stability and Control DATCOM", Air ForceWright Aeronautical Laboratories, TR-83-3048, October 1960 (Revised 1978).

[19] Morrison, W.D., "Advanced Airfoil Design Empirically Based Transonic Aircraft-Drag Buildup Technique", NASA Contractors Report 137928, January 1976.

[20] Feagin, R.C., and D.W. Morrison Jr., "Delta Method: An Empirical Drag Buildup Technique", NASA Contractors Report 151971, December 1978.

[21] ESDU, "Profile Drag of Axisymmetric Bodies at Zero Incidence for Subcritical Mach Numbers", Data Item 78019, London, 1978.

[22] Shevell, R.S., and F.P. Bayan, "Development of a Method for Predicting the Drag Divergence Mach Number and the Drag Due to Compressibility for Conventional and Supercritical Wings", Stanford University, Department of Aeronautics and Astronautics, Report SUDAAR 522, July 1980.

[23] Eppler, R., and D.M. Somers, "A Computer Program for the Design and Analysis of Low-Speed Airfoils", NASA TM 80210, August 1980.

[24] Young, A.D., J.H. Patterson, and L. Lloyd Jones, "Aircraft Excrescence Drag", AGARDograph No. 264, July 1981.

[25] Jacobs, P.F., "Experimental Trim Drag Values and Flow-Field Measurements for a Wide-Body Transport Model with Conventional and Supercritical Wings", NASA TP-2071, 1982.

[26] Kroo, I.M., and T. McGeer, "Optimization of Canard Configurations: An Integrated Approach and Practical Drag Estimation Method", ICAS Paper No. 82-6.8.1, September 1982.

[27] McGeer, T., and R.S. Shevell, "A Method for Estimating the Compressibility Drag of an Airplane", Stanford University, Report SUDAAR 535, 1983.

[28] Knaus, A., "A Technique to Determine Lift andDrag Polars in Flight", Journal of Aircraft, Vol. 20, pp. 587–593, July 1983.

[29] Hallstaff, T.H., and G.W. Brune, "An Investigation of Civil Transport Aft Body Drag Using a Three Dimensional Wake Survey

Method", AIAA Paper No. 84-0614, 1984.
[30] Covert, E.E. (ed.), "Thrust and Drag: its Prediction andVerification", Progress in Astronautics and Aeronautics, Volume 98, AIAA Education Series, New York, 1985.
[31] Jobe, C.E., "Prediction and Verification of Aerodynamic Drag, Part I: Prediction", Progress in Astronautics and Aeronautics, Volume 98, AIAA Education Series, New York, 1985.
[32] Drela, M., and M.B. Giles, "ISES:, A Two-Dimensional Viscous Aerodynamic Design Code", AIAA Paper No. 87-0424, January 1987.
[33] Slooff, J.W., "Technical Status Review on Drag Prediction and Analysis from Computational Fluid Dynamics: State of the Art", Foreword and Conclusions, AGARD Advisory Report No. 256, 1988.
[34] Naik, D.A., and C. Ostowari, "An Aerodynamic Comparison of Planar and Non-Planar Outboard Wing Planforms", ICAS Paper No. 88-4.3.2, September 1988.
[35] Haftmann, B., F-J. Debbeler, and H. Gielen, "Takeoff Drag Prediction for Airbus A300-600 and A-310 Compared with Flight Test Results", Journal of Aircraft, Vol. 25, pp. 1088–1096, December 1988.
[36] Boppe, C.W., "CFD Drag Predictions for Aerodynamic Design", AGARD Advisory Report No. 256, Lisbon, 1988.
[37] Vooren, J. van der, and J.W. Slooff, "CFD-Based Drag Prediction; State-of-the-Art, Theory, Prospects", lecture notes prepared for AIAA Professional Development Series on Drag Prediction and Measurement, NLR TP-9047L, August 1990.
[38] Boppe, C.W., "Aircraft Drag Analysis Methods", AGARD-FDP Special Course on Engineering Methods in Aerodynamic Analysis and Design of Aircraft, May 1991.
[39] ESDU, "Estimation of Airframe Drag by Summation of Components: Principles and Examples", Data Item 97016, London, 1997.
[40] ESDU, "Representation of Drag in Aircraft Performance Calculations (with Addenda A to G)", Data Item 81026, London, 1997.
[41] Chao, D.D., and C.P. van Dam, "Airfoil Drag Prediction and Decomposition", Journal of Aircraft, Vol. 36, pp. 675–681, July–August 1999.
[42] Kriszler, T., "Conceptual Design Methodology to Predict the Wave Drag of a Transonic Wing", RTO/AVT Conference, Ottawa, Canada, 18–21 October 1999.
[43] Dam, C.P. van, "Recent Experience with Different Methods of Drag Prediction", Progress in Aerospace Sciences, Vol. 35, No. 8, pp. 751–798, November 1999.
[44] Es, G.W.H. van, "Rapid Estimation of the Zero-LiftDrag Coefficient of Transport Aircraft", Journal of Aircraft, Vol. 39, pp. 597–599, July–August 2002.
[45] Vos, J.B., A. Rizzi, D. Darracq, and E.H. Hirschel, "Navier-Stokes Solvers in European Aircraft Design", Progress in Aerospace Sciences, Vol. 38, No. 8, pp. 601–697, November 2002.
[46] Laflin, K., S.M. Klausmeyer, T. Zickuhr, J.C. Vassberg, R.A. Wahls, J.H. Morrison, et al., "Data Summary from Second AIAA Computational Fluid Dynamics Drag Prediction Workshop", Journal of Aircraft, Vol. 42, No. 5, pp. 1165–1178, 2005.
[47] McMasters, J.H., private communication, June 2005.
[48] ESDU, "Excrescence Drag Levels on Aircraft", ESDU Data Item No. 94044, November 2007.
[49] Filippone, A., "Comprehensive Analysis of Transport Aircraft Flight Performance", Progress in Aerospace Sciences, Vol. 44, No. 3, pp. 192–236, April 2008.
[50] ESDU, "Examples of Excrescence Drag Prediction for Typical Wing Components of a Subsonic Transport Aircraft at the Cruise Condition", ESDU Data Item No. 93032 A, September 2009.
[51] Analytical Methods, I., "VSAERO – Integral Methods for Potential and Boundary Layer Flows", Redmond, WA, 2009.
[52] Gur, O., W.H. Mason, and J.H. Schetz, "Full-Configuration Drag Estimation", Journal of Aircraft, Vol. 47, No. 4, pp. 1356–1367, July–August 2010. (Also: AIAA Paper No. 2009-4109.)

Induced Drag

[53] Munk, M.M., "The Minimum Induced Drag of Airfoils", NACA Report No. 121, 1921.
[54] Prandtl, L., "Induced Drag of Multiplanes", NACA TN-182, March 1924.
[55] Cone Jr., C.D., "The Teory of Induced Lift and Minimum Induced Drag of Nonplanar Lifting Systems", NASA TR R-139, February 1962.
[56] Letcher Jr., J.S., "V-Wings and Diamond Ring Wings of Minimum Induced Drag", Journal of Aircraft, Vol. 9, No. 8, pp. 605–607, August 1972.
[57] Blackwell, J., "Numerical Method to Calculate the Induced Drag or Optimal Span Loading for Arbitrary Non-Planar Aircraft", NASA SP-405, May 1976.
[58] Sachs, G., "Minimum Trimmed Drag and Optimum C.G. Position", Journal of Aircraft, Vol. 15, pp. 456–459, August 1978.
[59] Laitone, E.V., "Positive Tail Loads for Minimum Drag of Subsonic Aircraft", Journal of Aircraft, Vol. 15, pp. 837–842, December 1978.
[60] Shevell, R.S., "Comment on "Ideal Tail Load for Minimum Drag", Journal of Aircraft, Vol. 15, pp. 639–640, September 1978.
[61] DeYoung, J, "Minimization Theory of Induced Drag Subject to Constraint Conditions", NASA CR-3140, June 1979.
[62] Laitone, E., "Prandtl's Biplane Theory Applied to Canard and Tandem Aircraft", Journal of Aircraft, Vol. 17, pp. 233–237,

April 1980.
[63] Kroo, I.H., "Minimum Induced Drag of Canard Configurations", Journal of Aircraft, Vol. 19, pp. 792–794, September 1982.
[64] Butler, G.F., "Effect of Downwash on the Induced Drag of Canard-Wing Combinations", Journal of Aircraft, Vol. 19, p. 410, 1982.
[65] Yates, J.E., and C. duP. Donaldson, "A Fundamental Study of Drag and an Assessmant of Conventional Drag-Due-To-Lift Reduction Devices ", NASA Contractor Report 4004, 1986.
[66] Henderson, W.O., and B.J. Holmes, "Induced Drag: Historical Perspective", SAE Paper No. 892341, 1989.
[67] Naik, D.A., and C. Ostowari, "Effects of Nonplanar Outboard Wing Forms on a Wing", Journal of Aircraft, Vol. 27, No. 2, pp. 117–122, February 1990.
[68] Lowson, M.V., "Minimum Induced Drag for Wings with Spanwise Camber", Journal of Aircraft, Vol. 27, No. 7, pp. 627–631, July 1990.
[69] Kroo, I.M., and S.C. Smith, "Computation of Induced Drag with Nonplanar and Deformed Wakes", SAE Paper No. 901933, 1990.
[70] Smith, S.C., "A Computational and Experimental Study of Nonlinear Aspects of Induced Drag", NASA TP-3598, 1996.
[71] Smith, S.C., "Trefftz Plane Drag Minimization at Transonic Speeds", SAE Paper No. 971478, 1997.
[72] Kroo, I.H., "Drag Due to Lift: Concepts for Prediction and Reduction", Annual Review of Fluid Mechanics, Vol. 33, pp. 587–617, January 2001.

Drag Reduction Technology

[73] Hefner, J.N., and D.M. Bushnell, "An Overview of Concepts for Aircraft Drag Reduction", Special Course on Concepts for Drag Reduction, von Kármán Institute for Fluid Dynamics, AGARD Report No. 654, Paper No. 1, June 1977.
[74] Whitcomb, R.T., "Methods for Reducing Subsonic Drag-Due-To-Lift", Special Course on Concepts for Drag Reduction, von Kármán Institute for Fluid Dynamics, AGARD Report No. 654, Paper No. 2, June 1977.
[75] Smith, H.W., and R. Burnham, "The Outside Has to be Bigger than the Inside", Journal of Aircraft, Vol. 17, pp. 463–468, June 1981.
[76] Petersen, R.H., and D.V. Maddalon, "NASA Research on Viscous Drag Reduction", NASA TM-84518, 1982.
[77] Thomas, A.S.W., "Aircraft Drag Reduction Technology", Improvement of Aerodynamic Performance Through Boundary Layer Control and High Lift Systems, AGARD Conference Proceedings No. 365, Paper No. 11, 1984.
[78] Poisson-Quinton, P, "Parasite and Interference Drag Prediction and Reduction", Special Course on Aircraft Drag Prediction and Reduction, Paper No. 6, von Kármán Institute for Fluid Dynamics, AGARD Report No. 23, 1985.
[79] Bushnell, et al., "Turbulent Drag Reduction Research", Special Course on Aircraft Drag Prediction and Reduction, Paper No. 17, von Kármán Institute for Fluid Dynamics, AGARD Report No. 723, 1985.
[80] Dodbele, S.S., C.P. vanDam, P.M.H.W.Vijgen, and B.J. Holmes, "Shaping ofAirplane Fuselages for Minimum Drag", AIAA Paper No. 86-0316, January 1986. Also NASA Contractors Report 3970, 1986.
[81] Wagner, R.D., D.W. Bartlett, and F.S. Collier Jr., "Laminar Flow: The Past, Present and Prospects", AIAA Paper No. 89-0989, 1989.
[82] Greff, E., "Aerodynamic Design for a New Regional Aircraft", ICAS Paper No. 90-2.7.1, September 1990.
[83] Schmitt, D., "Advanced Technology: Constant Challenge and Evolutionary Process", Aeronautical Journal, Vol. 94, pp. 335–340, 1990.
[84] Smith Jr., L., "Wake Ingestion Propulsion Benefit", AIAA Paper No. 91-2007, June 1991.
[85] Szodruch, J., "Viscous Drag Reduction on Transport Aircraft", AIAA Paper No. 91-0685, 1991.
[86] Robert, J.P., "Drag Reduction: An Industrial Challenge", Special Course on Skin Friction Drag Reduction, AGARD Report 786, Paper No. 2, March 1992.
[87] Chioccia, G., and S. Pignataro, "On the Induced Drag Reduction Due to Propeller-Wing Interaction", Aeronautical Journal, Vol. 32, pp. 328–336, October 1995.
[88] Thiede, P., "Drag Reduction Technologies", Proceedings of the CEAS/DRAGNET European Drag Reduction Conference, Potsdam, Germany, 19–21 June, 2000.
[89] Bushnell, D.M., "Aircraft Drag Reduction: A Review", Journal of Aerospace Engineering, Vol. 217, Part G, pp. 1–18, 2003.
[90] Young, T.M., "Fuel Sensitivity Analysis for Active Drag Reduction Systems", Aeronautical Journal, Vol. 108, pp. 215–221, April 2004.
[91] Reneaux, J., "Overview on Drag Reduction Technologies for Civil Transport Aircraft", paper presented at European Congress on Computational Methods in Applied Sciences and Engineering (ECCOMAS), July 2004.
[92] Jahanmiri, M., "Aircraft Drag Reduction: An Overview," Research Report 2011:02, Chalmers University of Technology, Department of Applied Mechanics, 2011.

Laminar Flow Control

[93] Sturgeon, R.F., et al., "Study of the Application of Advanced Technologies to Laminar Flow Control Systems for Subsonic Transport Aircraft", NASA CR 144975 and 133449, May 1976.

[94] Srokowski, A.J., and S.A. Orszag, "Mass Flow Requirements for LFC Wing Design", AIAA Paper No. 77-1222, 1977.
[95] Pfenninger, W., "Laminar Flow Control, Laminarization", Special Course on Concepts for Drag Reduction, AGARD Report 654, Paper No. 3, June 1977.
[96] Lange, R.H., "Design Integration of Laminar Flow Control for Transport Aircraft", Journal of Aircraft, Vol. 21, pp. 612–617, August 1984.
[97] Wagner, R.D., D.V. Maddalon, and M.C. Fischer, "Technology Developments for Laminar Boundary Layer Control on Subsonic Transport Aircraft", Improvement of Aerodynamic Performance Through Boundary Layer Control and High Lift Sysytems, AGARD Conference Proceedings No. 365, Paper No. 16, 1984.
[98] Braslow, A.L., and M.C. Fischer, "Design Considerations for Application of Laminar Flow Control Systems to Transport Aircraft", Aircraft Drag Prediction and Reduction, AGARD Report R-723, von Kármán Institute for Fluid Dynamics, 1985.
[99] Saric, W.S., "Laminar Flow Control with Suction: Theory and Experiment", Aircraft Drag Prediction and Reduction, von Kármán Institute for Fluid Dynamics, AGARD Report R-723, 1985.
[100] Holmes, B.J., C.J.Obara, G.L. Martin, and C.S. Domack, "Manufacturing Tolerances for Natural Laminar Flow Airframe Surfaces", SAE Paper No. 850863, 1985.
[101] Wagner, R.D., D.V. Maddalon, and D.F. Fischer, "Laminar Flow Control Leading Edge Systems in Simulated Airline Service", ICAS Paper No. 88.3.7.4, 1988.
[102] Redeker, G., et al., "Design of Natural Laminar Flow Glove for Transport Aircraft", AIAA Paper No. 90-3043, 1990.
[103] Arnal, D., "Boundary Layer Transition: Prediction, Application to Drag Reduction", Special Course on Skin Friction Drag Reduction, AGARD Report 786, Paper No. 5, March 1992.
[104] Bulgubure, C., and D. Arnal, "Dassault Falcon 50 Laminar Flow Flight Demonstrator", First European Forum on Laminar Flow Technology, Hamburg, March 1992.
[105] Arnal, D., and C. Bulgubure, "Drag Reduction by Boundary Layer Laminarization", La Recherche Aerospatiale, No. 3, pp. 157–165, 1996.
[106] Sawyers, D.M., and R.A.L. Wilson, "Assessment of the Impact of Hybrid Laminar Flow on a Large Subsonic Aircraft", paper presented at Second European Laminar Flow Forum, Bordeaux, June 1996.
[107] Joslin, R.D., "Overview of Laminar Flow Control", NASA TP-1998-208705, Langley Research Center, October 1998.
[108] Braslow, A.L., "A History of Suction-Type Laminar-Flow Control with Emphasis on Flight Research", Monographs in Aerospace History Number 13, NASA History Division, 1999.
[109] Boeing, "High Reynolds Number Hybrid Laminar Flow Control (HLFC) Flight Experiment", NASA CR-1999-209325 and CR-1999-209326, Boeing Commercial Airplanes Group, April 1999.
[110] Wong, P.W.C., and M. Maina, "Studies of Methods and Philosophies for Designing Hybrid Laminar Flow Wings", ICAS Paper 2.8.2, September 2000.
[111] Schrauf, G., and W. Kuhn, "Future Needs and Laminar Flow Technology", Fourth Community Aeronautical Days Conference, Hamburg, 29–31 January 2001, Air and Space Europe, Vol. 3, pp. 98–100, 2001.
[112] Young, T.M., and J.P. Fielding, "Potential Fuel Savings Due to Hybrid Laminar Flow Control under Operational Conditions", Aeronautical Journal, Vol. 105, pp. 581–588, 2001.
[113] Saric, W.S., and H.L. Reed, "Toward Practical Laminar Flow Control: Remaining Challenges", AIAA Paper No. 2004-2311, June 2004.
[114] Wong, P.W.C., and M. Maina, "Flow Control Studies for Military Aircraft Operations", AIAA Paper No. 2004-2313, 2004.
[115] Chambers, J.R., "Laminar-Flow Control: The Holy Grail of Aerodynamics", Innovation in Flight, NASA Special Paper 2005-4539, 2005.

제 5 장
튜브와 윙에서 플라잉윙까지
From Tube and Wing to Flying Wing

모든 예비설계 연구의 첫 단계에서는 필요한 항목을 모두 수납할 수 있는 최소 크기의 기체를 정의하는 것이 논리적이라고 할 수 있다.

W.E. Caddell [17] (1969)

5.1 플라잉윙에 대한 사례

20 세기에 걸쳐 무미익 항공기와 플라잉윙(Flying Wing, FW)이 계속해서 연구되었지만, 단지 몇몇만이 실제 운용에 들어갔다. 1925 년에서 1950 년 사이 저명한 설계자로 이루어진 열성적인 계층에서 플라잉윙의 혁신적인 개념을 동력비행의 궁극적인 이상형으로 지지하였다. 소비에트의 I. Cheranovski, 영국의 F. Handley Page 그리고 A.V. Roe 의 성과가 널리 알려지게 되었다. 독일에서는 A.Lippisch 가 특히 델타익 연구를 진행했고 Horten 형제는 주로 무미익 글라이더를 개발하였다[3]. 그러나 FW 개발에 대한 가장 주목할만한 기여는 미국에서 전설적인 Jack Northrop 에 의해서 이루어졌다.

5.1.1 Northrop 의 전익 항공기

J.K. Northrop 은 1928 년부터 플라잉윙에 대한 연구를 시작하였다. 1940 년 그는 FW 형상의 장거리 폭격기가 전형적인 형상의 경쟁자인 Convair B-36 보다 더 우수할 것이라고 Army Air Corps 를 확신시켰다. 그는 FW 형상인 XB-35 의 개발에 대한 주문을 획득하였고, 1941 년 개발이 시작되었다. Northrop 은 그의 설계로부터 동체와 꼬리날개를 완전히 제거하였고, 엔진은 XB-35 의 내부에 묻어두었고, Northrop 은 이러한 설계를 전익 항공기(All Wing Aircraft, AWA)라고 불렀다. XB-35 는 네 개의 왕복엔진을 장착했고, 각 엔진은 긴 축과 기어박스를 통해서 반전 회전하는 네 개의 블레이드로 이루어진 두 개의 푸시형 프로펠러를 구동했다. 이 항공기에 대한 양산 계약은 1944 년 취소가 되었지만 1946 년 여름 첫 비행에 성공한 한 대의 생산 항공기 테스트까지 연구가 계속되었다. 2 차 대전의 종전을 향해가면서 터보제트 엔진이 등장하기 시작했고, 모두 합해서 10 대가 제작되었던 XB-35 는 8 대의 제트엔진을 장착한 B-49 로 변환될 예정이었다. 첫 YB-49 원형기(그림 5.1)가 1947 년 10 월 초도비행에 성공한 이후 곧 프로펠러로 구동되었던 XB-35 에 비해서 더 유망한 것으로 입증되었다. 공군 관계자에 따르면, 이 항공기는 속도와 고도에서 상당한 가능성을 보여주었지만 부족한 항속거리를 가졌다고 했다. 1949 년 B-49 의 양산 계약은 왕복엔진으로 구동되는 경쟁기인 Convair B-36 에 밀려 취소되었다. 여섯 개의 제트엔진이 장착된 사진촬영 정찰 버전인 YRB-49A 가 1950 년 첫 비행을 했다. (그림 5.1) 그러나 확실한 양산 주문은

결국 B-49 보다 상당히 빠른 속도로 비행했던 Boeing 의 혁신적인 B-47 에게 돌아갔다. 1950 년 B-49 프로그램의 취소 이후 얼마 지나지 않아서 크게 낙담한 Jack Northrop 은 비행기 개발에서 물러났다.

그림 5.1 전설적인 YB-49 전략 폭격기 프로토타입 (1947), US Air Force

그림 5.2 Northrop B-2 전략 폭격기 (1988), US Air Force

30 년 동안 Northrop 은 그의 유망한 비행기가 그렇게 갑자기 폐지된 이유에 대해서 언급하기를 거부했다. 1980 년 마침내 그는 공군이 양산 라인을 Texas 에 있는 Convair 에 설치하기를 원했었기 때문에 B-49 의 주문이 취소되었다고 밝혔다. Northrop 은 그가 생각하기에 그의 회사에 불합리한 조건으로 더 오래되고 경쟁력있는 업체와 합병하도록 요구를 받았었다. 수십 년 동안 주요 항공업계에서는 1988 년 11 월 Northrop 이 B-2 가(그림 5.2) B-49 처럼 플라잉윙으로 비행한다는 것을 드러내기까지 FW 라는 선택을 무시해왔다. 이 복잡하고 고가인 폭격기는 외부 형상이 공기역학적 효율보다는 레이더 단면적이 B-1 의 $0.5m^2$ 과 비교해서 겨우 약 $0.01m^2$ 으로 우수한 스텔스 특성에 따라서 결정되었기 때문에 매우 비전형적인 형태를 가지고 있다[25]. B-2 는 1990 년대에 운용에 들어갔고, 군용 고속 전익 항공기의 가능성을 입증하였다.

5.1.2 플라잉윙 논란

> 특정 가정 하에서, 12%보다 얇은 날개에 대해서는 날개와 동체의 조합된 형상이 최적인 반면, 두께비가 12%보다 큰 날개에 대해서 전익 버전은 공기역학적으로 최적의 선도를 보일 것이다.
>
> I.H. Ashkenas, 1948

> 플라잉윙은 모든.날개와 동체의 체적비 중에서 최악의 선택과의 차이를 거의 구분할 수 없을 정도이다.
>
> J.V. Foa, 1949

> 플라잉윙에 비해서 날개와 동체가 적절히 조합된 형상의 공기역학적 우수성은 일반적으로 초기 해석에서 제안되었던 것에 비해서 더 인상적인 훌륭한 선택이다.
>
> J.V. Foa, 1983

> Foa 에 의해서 자세히 설명되었던 항속거리에 대한 공기역학적인 페널티를 보상할 전익 형상에 대한 다른 장점이 최근 정립되었다.
>
> W.R. Sears, 1990

플라잉윙이 장거리 비행에 대해서 궁극적으로 이상적인 비행체인가 하는 질문은 오래 이어진 기술적인 논쟁을 일으켰다. 이는 XB-35 와 YB-49 의 개발에 참여했던 I.H. Ashkenas 가 제트추진 항공기의 최대 순항성능에 대한 보고서를 저술했던[6] 시기인 Northrop 의 플라잉윙 제트추진 폭격기의 등장까지 거슬러 올라갈 수 있다. Ashkenas 는 다양한 제트추진 항공기 형상에 대한 최대 항속거리를 분석하고, 특정 가정 하에서 전익 형상이 공기역학적으로 최적 개념일 것이라고 결론내렸다. J.V. Foa [7]는 Ashkenas 의 결과를 달리 해석하고 제트로 추진되는 플라잉윙은 장거리 항속거리를 성취하기 위한 항공기 형상으로써는 좋지 않은 선택이라는 결론을 내리면서 이 보고서를 비평했다. Ashkenas 는 이에 대해서, 유감스럽게도 자신이 전달하려고 했던 아이디어가 제대로 표현되지 못해서 그의 결과와는 전혀 반대로 (Foa 의) 결론이 나오게 되었다고 답을 했다. Foa 의 비평이 공군에 전달되고 나서 한 달 후에 YB-49 계약은 취소되었다. 이후 30 여년 동안 항공 역사가들은 유망했던 B-49 가 취소된 결정의 기술적인 그리고 정치적인 측면에 대해서 논쟁해

왔다[8]. Foa는 1983년 플라잉윙에 대한 재고려에서도 그의 이전 비평을 재확인했고[9], 이는 T.S. Schreiber에 의해서 지지되었다[10].

1988년 Northrop B-2 폭격기(그림 5.2)의 발표 이후, B-2와 같은 제트추진 플라잉윙은 항속거리의 부족함을 겪어야할 것이라는 Foa의 주장이 나오면서 플라잉윙 논쟁이 다시 살아났다[12]. Foa는 그가 발견한 수학적인 오류를 강조하면서 Ashkenas의 초기 보고서[6]에 대한 비평을 반복했다. B-49 개발에서 Northrop의 수석 공기역학자였던 W.R. Sears는 [11]을 통해서 답을 하면서 수학적인 오류를 인정했다. 그러나 그는 다시 설명하면서, 자신의 결론에 대한 Foa의 주장에 전혀 동의하지 않았다는 것을 반복했고, 플라잉윙의 다른 장점이 플라잉윙에 유리하게 정립되었다고 주장했다. Sears는 유리한 가로방향 질량 분포로 인한 굽힘과 전단하중의 감소가 B-49에 매우 유용하다고 입증되었음을 밝혔다. 1992년 P.J. Torvik은 고바이패스 터보팬을 장착한 항공기의 최대 항속거리 문제에 대한 독립적인 연구를 발표하였다[14]. 그는 순수한 제트 시스템이 사용된 경우와 비교해서 FW가 최대 항속거리 성능을 낼 수 있는 더 넓은 범위의 설계 매개변수를 발견했다.

그림 5.3 X-48B BWB 테스트 기체. NASA

5.1.3 전익 여객기의 미래는

> 안정성, 조종성, 하중과 플러터 억제를 위한 전자장비에 완전히 의존한다면, Jack Northrop 에 의해서 고안된 진정한 플라잉윙을 우리가 현재 알고 있는 운송에 대한 실용적인 대안으로 만들어줄 것이다.
>
> J.M. Swihart, Wright Brothers Lecture, 1987

1940년대의 Northrop 프로그램은 FW의 기본적인 안정성과 조종성 문제는 비가역 조종과 인위적인 안정성을 이용할 수 있는 시대가 오기 전에도 충분히 해결될 수 있다는 것을 증명하였다. B-2는 놀라움으로 다가왔고, FW의 개념을 폭격기 설계에 적용하는 Northrop의 접근방식의 타당성을 입증하였다. B-2의 외형은 전익 여객기의 가능성에 대한 전 세계 항공업계, 연구기관 그리고 대학의 연구를 자극하였다. 1980년대 중반 이후 Russia의 TsAGI는 초대형 여객기와 수송기에 대한 FW 형상의 적합성과 이를 실현시키기 위한 주요 기술을 연구하였다[28, 43]. 미국에서는 1988년 연구가 시작되어 NASA 와의 계약으로 McDonell Douglas 에서 처음으로 개발되었던 혁신적인 블렌디드 윙바디(Blended Wing Body, BWB) 개념에 집중하였다[39]. 이후 유럽에서는 협력연구 프로그램이 이어졌다. 제안된 다양한 개념이 상당히 다른 특성을 가지고 있었지만, 전형적인 개념과 비교해서 이들은 일관성있게 공력 효율의 20~25% 향상, 자체중량의 감소 그리고 낮은 운용비용을 보장하였다[32, 49]. BWB 개념은 주요 기체 제조사들이 관심을 보였던 첫 플라잉윙 개념이다. 예를 들어, Boeing 의 Phantom Works 부서는 451L 연구 형상에 기반한 8.5% 스케일의 UAV 무선조종 테스트 기체(그림 5.3)를 운용한다. 이 기술 실증기로 BWB 형상의 비행조종 특성과 실속 그리고 실속 (이후) 거동을 파악하고 있다. 극복할 수 없는 비행조종 문제에 대해서 아직까지 보고된 바가 없다.

FW 의 지지자들은 필수적인 주날개를 제외한 다른 주요 부품의 유해항력 대부분을 제거할 수 있고 이로 인해서 한 여객기 세대에서 최소한 20% 공력효율의 개선을 성취할 수 있다는 잠재성을 주장한다. 제트 여객기 시대 동안에 항속거리 변수의 향상은 매우 미약하게 지속되었기 때문에 (그림 5.4) FW 는 심각한 도전으로 받아들여야 하는 튜브와 윙(Tube and Wing, TAW)으로 불리는 전통적인 일반 배열에 대한 대안으로 간주되어야 한다. 그러나 1990 년에서 2010 년 사이 심도있는 연구 프로그램에도 불구하고, 민간 항공기 제조사들은 새로운 설계에 FW 형상을 적용하지 않고 있다. 아직까지 해결되지 않은 주요 문제점으로는 (1) 상당히 비실린더 형상인 여압 캐빈에 적합한 구조를 어떻게 설계할 것인가, (2) 전익형 비행기에서 문제가 되었던 안정성과 조종성을 어떻게 해결할 것인가, 그리고 (3) 급진적인 FW 개념이 인증과정을 성공적으로 통과할 수 있음을 어떻게 증명할 것인가이다.

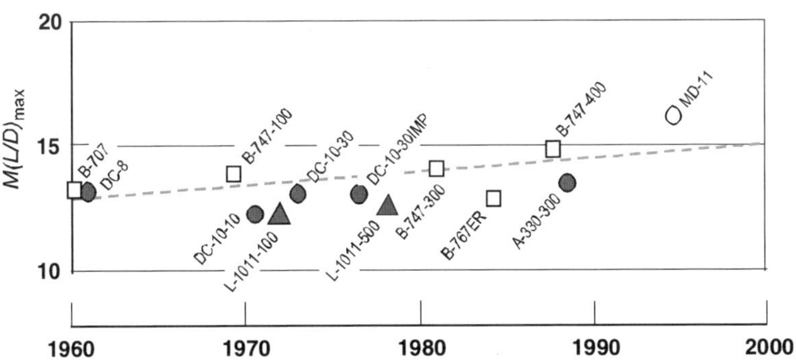

그림 5.4 장거리 제트 여객기의 공기역학 효율의 역사적인 향상 [33]

FW 에 찬성하거나 반대하는 논쟁은 종종 신기술의 도입에 반대라는 표면적인 의혹에 근거한다는 것을 배제할 수 없다. 대신, 만족할만한 결정은 날개 내부에 유상하중을 통합하는 다양한 수준의 기체 종류에 대한 이성적인 연구에 근거해야 한다. 이번 장의 목적은 초기 개념설계 단계에서 유용하중의 최적 배분을 어떻게 이룰것인가 하는 근본적인 질문에 대한 일반적인 접근을 시작하는 것이다.

5.1.4 근본적인 문제점

새로운 민간 항공기 설계 개념의 초기 개발 단계 동안 다음과 같은 문제점이 제기되었다.

- 하나 혹은 그 이상 동체 및/또는 양력표면 내부에 대한 유용하중(UL)의 할당
- 전체 양력이 효과적으로 발생하고, 예상되는 모든 운용조건에서 정상 비행시 트림항력이 거의 없이 항공기가 트림되고 안정될 수 있도록 하는 양력표면의 배열과 형상
- 동체(존재한다면), 날개, 동력장치, 랜딩기어 그리고 수평 꼬리날개 또는 전방날개(존재한다면)가 서로간에 적절히 배치됨으로써 균형잡힌 설계를 어떻게 성취할 것인가

이러한 문제는 전형적인 TAW 에 대해서도 역시 중요하지만, 설계자는 수십 년 경험으로 축적되어온 많은 연구와 만족할만한 적용사례로부터 실현 가능한 해결방법을 찾을 수 있다. 따라서 급진적인 새로운 개념과 기술이 도입되지 않았다면 전통적인 형상으로부터의 변형만으로 한 단계 진전을 기대하기 어렵다. 그러나 전형적인 형상을 적용함으로써 에너지 효율을 상당히 높이는 것은 결국 엄청난 비용상승으로 이어질 수 있다. 비전형적인 형상의 보장은 주요 항공기 부품의 기능성 향상에 주로 관련된다. 이렇게 개선된 기능성으로 인해서 크기의 감소 또는 이러한 부품의 일부가 제거될 수 있다면 예상되는 이익은 상당할 것이다. 플라잉윙의 개발을 위한 이면의 주요 원동력은 항상 양력의 발생에 필요하지 않은 모든 요소를 제거함으로써 이상적인 공중 비행체를 고안하기 위한 설계자의 의지였다고 할 수 있다. 주날개는 양력을 위해서 필요하기 때문에 이에 대한 논의는 필요하지 않으며, 따라서 이상적인 비행기는 날개 외에는 아무것도 필요하지 않을 것이다.

FW 는 단순하고 우아한 개념으로써 인상적이며, 또한 가장 급진적인 형태로 다음과 같은 특성을 갖는다.

- 크고 여압된 객실, 수하물 공간, 조종실 및 추진장치, 연료 그리고 시스템이 모두 날개 내부에 수납되어 포함되어야 한다. 이러한 형상은 동체, 수평 꼬리날개 그리고 엔진 나셀이 존재하지 않는다. 전형적인 비행기와 비교해서 훨씬 큰 날개를 가지고 있음에도 기체의 전체 노출표면적은 훨씬 작다.
- 수평 꼬리날개를 제거함으로써 유해항력과 자체중량의 유용한 감소가 발생하는 것은 분명한 것으로 보인다. 뿐만 아니라 FW 의 질량은 날개의 길이방향으로 분포되어 있어서 양력으로 인한 구조물에 작용하는 굽힘과 전단하중이 반대 방향으로 작용하는 중력과 관성하중으로 인해서 크게 감소한다. 증가된 날개 크기에도 불구하고, 이러한 스팬하중 효과는 상당한 자체중량의 절감 효과를 제공한다.
- 본질적으로 낮은 익면하중은 동일한 저속 성능을 갖는 전형적인 형상의 항공기에서 필요한 복잡한 고양력장치의 필요성을 제거한다. 이는 추가적으로 날개 중량과 획득비용을 감소시킬 것이다.

기대되는 종합적인 효과는 감소된 자체중량과 장거리 비행에 필요한 연료의 30%까지 절감 그리고 주어진 설계 유상하중/항속거리 능력에 대해서 이륙총중량(TOGW)이 상당히 감소한다는 것이다. 또한, 낮은 추력의 엔진 또는 (아마도) 장착되는 엔진의 개수가 줄어들 수도 있을 것이다. 이러한 특성은 운용비용의 상당한 절감을 가져올 것이다.

FW 이면의 논리는 간단한 군용 하중과 장비를 갖는 B-2 와 같은 전략폭격기에 적용된다. 그러나, 보다 세부적인 연구를 보면, 전체적인 설계 우수성을 위해서 필수인 다른 고려사항이 적용되는 제트 여객기에 적용되는 경우 오류가 날 수 있다는 것을 보여주고 있다. 특히 필요한 대형 객실 공간과 천음속을 위한 낮은 두께비의 경우, 지나치게 대형이기 때문에 공기역학적으로 효율적이지 않은 큰 날개 면적이 필요할 수도 있다. 뿐만 아니라, FW 의 날개 스팬은 TAW 항공기와 동일한 제한을 받는 설계변수이고, 이로 인해서 더 작은 날개의 가로세로비를 갖는다. 이의 장점에 대한 주장을 근본적인 고려사항으로 반박하기는 어렵지만, 많은 숙련된 설계자는 FW 에 대해서 비관적이거나 반대하기도 한다. 또한 FW 가 단순하다는 잘못된 인상을 줄 수도 있지만, 실제로 모든 주요 기능을 단일 양력 선체(hull)에 통합하는 것은 전반적인 영향을 미친다. 결과적으로, FW 의 설계 과정은 극히 복잡하며 포괄적인 R&D 프로그램과 고도로 통합된 설계 과정을 통해서만 가능한 것으로 보인다.

만약 FW 에 대한 엄격한 정의를 고수한다면, 전체적인 시스템의 관점에서 봤을때 보다 매력적일 수도 있는 대안을 연구하는 설계자의 자유도는 불가피하게 좁아질 것이다. 따라서, 이번 장의 주 목적은 전형적인 형상에 대한 기본적인 기하학적, 공기역학적 그리고 성능 측면을 순수한 FW 그리고 일부 FW 의 특성을 가지고 있는 복합 형상과 비교하는 것이다. 가장 유망한 FW 적용은 500 석 이상 좌석을 갖는 여객기와 매우 대형인 수송기일 것이다. 이러한 개념은 200 석 미만의 여객기에는 실현 가능성이 없다. 공기역학과 비행조종에 대한 성숙한 기술적인 발전, 발전된 재료와 구조가 이러한 비전형적인 개념을 구체화하는데 특히 효과적일 것이다.

5.2 유용 체적의 할당

플라잉윙에 대한 논란은 한 번도 확실히 정리된 적이 없다. 다음에 나오는 매개변수 연구를 참고하면, 초기 개념설계 단계에서 유용한 정량적인 안내를 제공함으로써 FW 논란의 관련사항을 명확히 하는데 도움을 줄 것이다.

> 필요한 체적의 실제적인 크기가 답을 변화시킨다. 때로는 별도의 동체에 체적을 추가하는 것이 낫기도 하고 때로는 그렇지 않기도 하다. 따라서 이는 흥미로운 형상에 대한 화제가 되었다. 내가 보기에 지금까지 어떤 페이퍼에서도 해석을 간단하고 쉽게 이해할 수 있는 답변을 제공한 적이 없었다.
>
> W.H. Mason

5.2.1 유용하중의 통합

표준의 제트 여객기 형상은 유상하중이 동체 내부에 할당되는 여압된 객실을 가지며, 연료탱크는 대부분 날개 내부에 수납된다. 이러한 개념을 분리된 날개와 동체(Discrete Wing-cum-Body,

DWB)라고 부른다. 동체와 날개의 노출면적은 대략적으로 같지만, 유용하중을 위해서 사용 가능한 날개의 체적은 동체 체적의 일부에 지나지 않는다. 반면 만약 날개가 모든 UL(그리고 아마도 그 이상)을 포함한다면, 이는 매우 큰 평면면적을 가질 것이고 최적 비행조건은 전형적인 설계와는 상당히 달라질 것이다. 특히 전익 항공기(All Wing Aircraft, AWA)는 일반적인 경우보다 더 높은 고도에서 더 낮은 속도로 순항할 것이고, 따라서 날개 형태와 장착추력도 달라질 필요가 있다.

대형 여객기와 설계 요구조건에 따라서 달라지는 경우에 대해서, DWB 와 AWA 중간에서 객실과 수하물 공간의 상당한 부분이 날개 내부에 할당되고 나머지가 감소된 크기의 동체에 할당되는 더 우수한 형상이 고안될 수도 있다. 통합 윙바디(Integrated Wing Body, IWB)와 같은 형상 내부에 UL 을 최적으로 분산시킬 수 있는 가능성은 설계 공간상에 또 다른 차원을 추가한다. 이는 날개에 할당되는 UL 의 체적의 분율로 특성지을 수 있는 통합의 정도를 의미한다. 이러한 아이디어는 뒤에 나올 참고문헌 [13]에 기반한 매개변수 연구와 이어지는 일부 일반화된 가상적인 통합 개념에 적용되는 설계 통합의 실용적인 결과를 통해서 밝혀질 것이다.

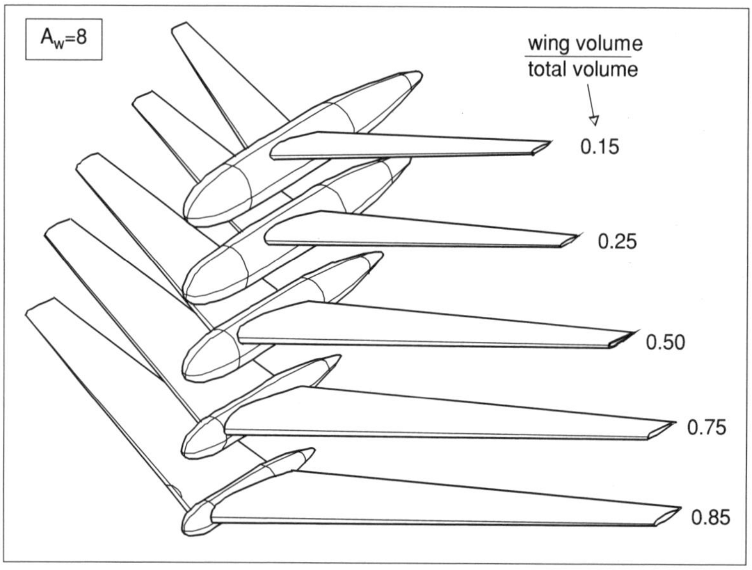

그림 5.5 동일한 전체 유용 체적을 갖는 날개와 동체 형상의 조합

5.2.2 기본 원리 연구

유용하중 UL 을 포함하는 전체 유용한 체적에 대한 등식 구속조건을 갖는 날개와 유선형 회전체 바디의 조합 내부에 UL 이 할당되는 것으로 가정한다. 또한 여압객실과 연료탱크 체적은 날개와 바디 사이에서 제한없이 교환될 수 있는것으로 가정한다. 이러한 조건을 만족하는 일반화된 천음속 비행기 형상의 진화가 그림 5.5 에 나와있다. 바디는 원통형 탑승객 객실을 갖는 전형적인 여객기 동체의 대표적인 형태이고, 직선 테이퍼 날개는 동일한 순항 마하수에 대해서 설계되었다. 바디와 날개는 기하학적으로 닮은 형태로 스케일이 변화하지만 날개의 가로세로비는 설계변수로 취급한다.

비행기 형상의 현재 패밀리는 동체가 매우 낮은 가로세로비 에어포일의 형태의 양력바디로 변형되어 높은 가로세로비인 바깥쪽 날개에 블렌드되는 블렌디드 윙바디 개념과는 명백하게 다르다. 이는 다음과 같은 이유로 인해서 흥미롭다.

- (높은 가로세로비인) 날개에서만 낮은 유도항력에 대한 양력이 발생한다.
- 유선형 회전체 바디는 날개보다 우수한 표면과 전면 면적대 체적비와 낮은 마찰항력계수를 갖는다. 따라서 바디는 동일한 체적인 날개와 비교해서 낮은 유해항력을 갖는다.
- 모든 형상의 내부 유용한 체적이 최대한으로 사용되어 낭비되는 공간이 없다. 이는 UL 을 포함하는데 필요한 최소 표면적과 자체중량을 제공한다.

주어진 유용한 체적에 대해서 필요한 것보다 더 큰 날개는 분명히 유도항력을 감소시키기 때문에 사용 가능한 날개 체적을 완전히 UL 로 채우는 것은 바람직하지 않은 것으로 보인다. 그러나, 사용되지 않는 날개 체적은 동체로부터 날개로 이동하는 UL 로 채워질 수 있고, 따라서 동체의 크기와 이의 유해항력이 감소될 수 있다. 따라서, 모든 사용 가능한 유용한 체적이 유상하중과 연료로 채워진다는 가정은 적절하다. 하중 할당에 대한 완전한 자유도는 가정적인 상황일 수도 있지만, 일부 IWB 개념에서는 안쪽 날개 내부의 객실과 수하물 공간 일부와 바디 내부의 나머지 부분의 크기가 감소된 것이 보고되기도 했다[36]. 따라서, 실제 현실에서 완벽하게 부드러운 목적함수 반응면을 제공할 수 없더라도, 현재 기본원리 연구는 현실적이라고 할 수 있다.

5.2.3 체적비

그림 5.5 의 형상은 주요 변수로 취급되는 체적비에 따라서 특성이 결정될 수 있다.

$$X = \frac{Q_w}{Q_{tot}} = \frac{useful\ \ wing\ \ volume}{total\ \ useful\ \ volume} \tag{5.1}$$

유용한 날개(첨자 w)와 바디(첨자 b)의 체적은 다음과 같다.

$$Q_w = XQ_{tot} \quad \text{and} \quad Q_b = (1-X)Q_{tot} \tag{5.2}$$

그림 5.5 는 $X = 0.15$ 인 전형적인 설계에서부터 $X = 0.85$ 인 통합된 형상까지 진화를 보여주고 있다. 이에 대한 논의는 체적비를 다음과 같은 비행체의 등급과의 관계를 설정하는 것으로 단순화될 수 있다.

- 분리된 날개와 동체 (DWB) $0 < X \leq 0.15$
- 통합 윙바디 (IWB) $0.2 < X \leq 0.9$
- 전익 항공기 (AWA) $0.9 < X \leq 1.0$

공기역학 하중에 대한 한계의 관점에서 체적비 $X < 0.1$ 인 DWB 는 실용적인 비행체가 아닌 것으로 간주한다. 또한 $X = 1.0$ 인 AWA 는 순수한 플라잉윙으로 부르기도 한다.

5.2.4 무양력 항력

날개와 바디 조합의 항력면적(첨자 bw)은 노출된 바디와 날개의 유해항력으로 이루어진다.

$$(C_{D_0}S)_{bw} = (C_{D_P}S)_b + (C_{D_P}S)_w \tag{5.3}$$

비행기 내부의 유용체적의 할당이 이번 연구의 주제를 이루기 때문에, 유해항력계수는 바디와 날개에 대한 (체적)$^{2/3}$을 의미하고 $\hat{C}_{D_P}$ 로 나타낸다. 표면적과 체적 사이의 관계는 부록 A 에서 찾을 수 있다. 전체 체적이 아닌 유용체적을 고려하기 위해서 체적효율계수를 도입한다.

$$\eta_Q = \frac{useful\ volume}{gross\ volume} \tag{5.4}$$

무양력 항력 계수는 다음과 같이 전체 날개 면적에 대한 값을 나타낸다.

$$(C_{D_0})_{bw} = (C_{D_P})_w \left\{ k_{bw}(X^{-1} - 1)^{2/3} + 1 \right\} \tag{5.5}$$

여기서 항력 매개변수 [1]는 다음과 같이 정의한다.

$$k_{bw} \overset{\text{def}}{=} \left\{ \frac{(\eta_Q)_w}{(\eta_Q)_b} \right\}^{2/3} \frac{(\hat{C}_{D_P})_b}{(\hat{C}_{D_P})_w} \tag{5.6}$$

이 매개변수의 중요성은 $X = 0.5$ 를 식 (5.5)에 대입하는 것으로 분명해진다. 그러면 k_{bw} 는 동일한 체적과 체적효율에 대한 바디와 날개의 유해항력 비율과 같아진다. 전형적인 값인 $k_{bw} = 0.30$ 은 튜브형태의 동체가 날개에 비해서 확실한 항력 장점을 갖는 것을 보여준다. 꼬리날개를 사용해서 안정성과 조종성을 제공하는데 필요한 항력 페널티는 바디와 날개의 유해항력에 계수를 적용하는 것으로 포함시킨다. 전형적인 비행기 꼬리날개의 크기는 DWB 의 경우 수평 꼬리날개와 수직 꼬리날개 면적으로 각각 날개 면적의 25%와 15%를 갖는다는 것을 보여주는 통계에 기반한 부록 A 를 사용해서 예측될 수 있다. AWA 는 수평 꼬리날개를 갖지 않으며, 이는 전체 면적이 날개 면적의 약 10% 정도인 단일 수직 꼬리날개 또는 윙렛을 가질 것이다. 이러한 두 가지 형상 사이에서

---

[1] 유사한 매개변수가 Ashkeanas 에 의해서 도입되었고, 이를 기하학적 형상 매개변수 *kn*/*kw* 로 불렀고 수치값을 제안하였다. 다른 저자 [9, 10, 14]도 수치값에 대한 정보가 없이 유사한 매개변수를 사용하였다.

꼬리날개 크기는 바디 유해항력을 30%, 날개 형상항력을 10% 증가시키는 것으로 고려된다. 이러한 수치는 특정 설계 경우에 대해서는 조정될 수 있다는 것에 주의해야 한다. 항력 매개변수는 체적비 X에 무관한 것으로 가정하지만, 다음과 같은 사항에 주의해야 한다.

- 유해항력 계수는 레이놀즈수 변화의 영향을 받는다. 0.15 에서 1.0 사이의 X값 변화에 대해서 평균 날개 시위는 최소한 50% 증가해서 C_{D_P} 는 7% 이상 감소된다. 그러나, 바디의 길이가 50% 감소하면 C_{D_P} 는 12% 증가한다. 최종적인 결과는 전형적인 DWB 에 다소 유리하다.
- 바디와 날개의 합체(merging)는 전체(net) 노출면적과 유해항력 면적을 감소시킨다. 반면 합체는 부정적인 유동의 간섭을 유발하기 때문에, 페어링이나 지역 단면적의 조정을 통해서 억제되어야 하지만, 이는 유해항력과 와류항력 페널티를 초래한다. 이러한 항력 성분의 해석은 복잡하지만 최종적인 효과는 AWA 에 유리하게 나올 것이다.
- 바디와 날개의 체적효율이 체적비에 대해서 독립되는가의 여부가 당장 분명하지는 않다. 전형적인 DWB 의 날개는 복잡한 고양력장치와 조종계통을 장착하는데 필요한 체적으로 인해서 동체보다 낮은 체적효율을 갖는다. 그러나, 플라잉윙은 덜 복잡한 뒷전 플랩이 필요하기 때문에 이의 체적효율은 전형적인 날개와 비교해서 더 높을 것이다.

이러한 효과에 대한 설명은 상당한 해석적인 복잡성으로 이어진다. 몇몇 경향은 서로 상반되기 때문에, 현재 단순화된 해석으로부터의 결론은 아마도 여전히 유효할 것이다.

5.2.5 일반화된 공기역학 효율

동력장치 장착은 날개와 바디 기체에 통합되지 않는 것으로 가정하고, 따라서 전체 비행기 항력은 기체 항력과 엔진 장착 항력으로 분해될 수 있다. 나셀 유해항력 면적은 장착 추력에 비례 (또는 거의 비례)한다. 따라서 나셀 항력은 장착추력과 전체 항력의 퍼센티지 감소와 같기 때문에, 최적화에 영향을 미치지 않는다. 결과적으로 앞으로 유도될 공기역학 효율은 나셀을 제외한 기체를 의미한다. 기체 항력 계수는 두 개 항을 갖는 포물선 곡선으로 표현될 수 있다.

$$C_D = C_{D_0} + C_{D_L} = C_{D_0} + K_L {C_L}^2 \tag{5.7}$$

양력으로 인한 항력 매개변수 K_L 은 식 (4.20)과 같이 날개 가로세로비에 반비례한다. 압축성에 대한 수정은 날개 프로파일항력을 몇 카운트만큼 증가시키고, 유도항력 계수 K_L 을 몇 퍼센트 증가시키는 것으로 처리된다. 기체 공기역학 효율은 식 (5.5)와 (5.7)로부터 구할 수 있다.

$$\frac{C_L}{C_D} = \left(\frac{C_D}{C_L}\right)^{-1} = \left[\left\{1 + k_{bw}(X^{-1} - 1)^{2/3}\frac{(C_{D_P})_w}{C_L}\right\} + K_L C_L\right]^{-1} \tag{5.8}$$

특수한 경우로는, 다음 조건으로 직선 수평비행을 하는 AWA 가 있다.

$$C_{L_{X=1}} \overset{\text{def}}{=} \frac{W}{qQ_{tot}^{2/3}} \frac{Q_w^{2/3}}{S_w} = X^{2/3} C_L \tag{5.9}$$

$W/qQ_{tot}^{2/3}$ 항은 참고면적 $Q_{tot}^{2/3}$ 에 기반한 양력계수이고, 동압 $q = 0.5\gamma pM^2$ 으로 결정되는 비행조건을 나타내는 독립변수로 취급된다. $Q_w^{2/3}/S_w$ 항은 날개 테이퍼, 두께 그리고 가로세로비에 따라서 달라지며, 부록 A 를 이용해서 계산될 수 있다. 고속 날개에 대한 전형적인 값은 0.07 에서 0.08 범위이다. 식 (5.8)은 (5.9)를 대입한 후에 다음과 같이 정리할 수 있다.

$$\frac{C_L}{C_D} = \left[\left\{ X^{2/3} + k_{bw}(1-X)^{2/3} \right\} \frac{(C_{D_P})_w}{C_{L_{X=1}}} + \frac{K_L C_{L_{X=1}}}{X^{2/3}} \right]^{-1} \tag{5.10}$$

L/D 에 대한 기준값은 AWA 에 대해서 성취할 수 있는 최대 공기역학 효율이다.

$$\left(\frac{C_L}{C_D} \right)_{ref} \overset{\text{def}}{=} \left\{ 2\sqrt{(C_{D_P})_w K_L} \right\}^{-1} \quad \text{for} \quad C_{L_{ref}} = \sqrt{\frac{(C_{D_P})_w}{K_L}} \tag{5.11}$$

이러한 기준 형상이 감소된 양력계수를 정의하기 위해서 사용된다.

$$Y \overset{\text{def}}{=} \frac{C_{L_{X=1}}}{C_{L_{ref}}} \quad \rightarrow \quad \frac{C_L}{C_{L_{ref}}} = X^{-2/3} Y \tag{5.12}$$

이 매개변수는 식 (5.10)에 대입되어 동일한 체적을 갖는 AWA 형상에 대해서 최대로 성취할 수 있는 값의 분율로 주어진 유용한 체적을 갖는 일반 형상의 공기역학 효율을 구할 수 있다.

$$\frac{C_L/C_D}{(C_L/C_D)_{ref}} = 2 \left\{ \frac{X^{2/3} + k_{bw}(1-X)^{2/3}}{Y} + \frac{Y}{X^{2/3}} \right\}^{-1} \tag{5.13}$$

이 표현은 고려되는 날개와 바디 형상에 대한 성능지수(Figure of Merit, FOM)로 취급된다. 그림 5.6 은 이 FOM 을 체적비 X 와 감소된 양력계수 Y 의 함수로 나타낸 컨투어 선도를 보여주고 있다.

5.2.6 부분 최적값

독립 설계변수 X 와 Y 의 영향을 받는 공기역학 설계 효율은 그림 5.6 에 점선으로 표시되어 있는 다음과 같은 부분 최적값을 갖는다.

주어진 총중량과 비행조건에 대해서, 지역 최적해를 제공하는 체적비는 다음으로부터 구할 수 있다.

$$\frac{\partial(C_L/C_D)}{\partial X}=0 \quad \rightarrow \quad Y=X^{2/3}\left\{1-k_{bw}\left(\frac{X}{1-X}\right)^{1/3}\right\}^{1/2} \tag{5.14}$$

$k_{bw}=0.3$ 및 $Y<0.624$ 에 대해서 이 조건은 X에 대한 두 개의 해를 제공한다. 이 중에서 가장 낮은 값은 성취 가능한 가장 높은 L/D를 갖는 IBW를 정의하고, 높은 값은 지역 최저 공기역학 효율을 정의한다.[2] $Y>0.624$ 에 대해서는 부분 최적 체적비는 존재하지 않으며, 가장 높은 L/D는 항상 AWA 에 대해서 얻을 수 있다. 주어진 윙바디 형상에 대해서, 최소 항력에 대한 비행조건은 다음으로부터 구할 수 있다.

$$\frac{\partial(C_L/C_D)}{\partial Y}=0 \quad \rightarrow \quad Y=X^{2/3}\left\{k_{bw}(X^{-1}-1)^{2/3}+1\right\}^{1/2} \tag{5.15}$$

이는 주어진 체적비를 갖는 윙바디 형상의 최대 공기역학 효율에 대한 조건을 정의한다.

$$\left(\frac{C_L}{C_D}\right)_{max}=\left(\frac{C_L}{C_D}\right)_{ref}\left\{k_{bw}(X^{-1}-1)^{2/3}+1\right\}^{1/2} \tag{5.16}$$

여기서

$$C_L=C_{L_{md}}=\sqrt{\frac{C_{D_0}}{K_L}} \tag{5.17}$$

식 (5.14)와 (5.16)은 서로 교점이 없기 때문에 공기역학 효율은 전역 최대값을 갖지 않는다. 다시 말해서, 만약 고도와 속도에 대한 구속조건이 없다면, 최적 비행 조건으로 비행하는 AWA 보다 우수한 성능을 갖는 형상은 찾을 수 없다는 의미이다.

5.3 공기역학 효율에 대한 연구

그림 5.6 에 나오는 C_L/C_D 의 변화는 최대 공기역학 효율에 대한 전역 최적 체적비는 존재하지 않는다는 것을 보여준다. 이번 장의 목표는 그림 5.5 에 나오는 것과 같은 형상에 대해서 최고로 성취 가능한 유용한 부피 할당에 대한 주요 설계 매개변수 변화의 영향을 살펴보는 것이다. 이 매개변수 연구는 총중량 450 톤에 고도 30000 에서 50000ft 사이에서 마하수 0.85 로 순항하는 가상적인 여객기에 대해서 수행된다. 체적비는 2000m^3 의 전체 유용한 부피에 대한 등식 구속조건에 따라서 연속적으로 변할 수 있다고 가정한다.

[2] 이는 아마도 J.V. Foa 에 의해서 체적비의 가능한 가장 나쁜 선택으로 참조된 조건일 것이다. (5.1 장)

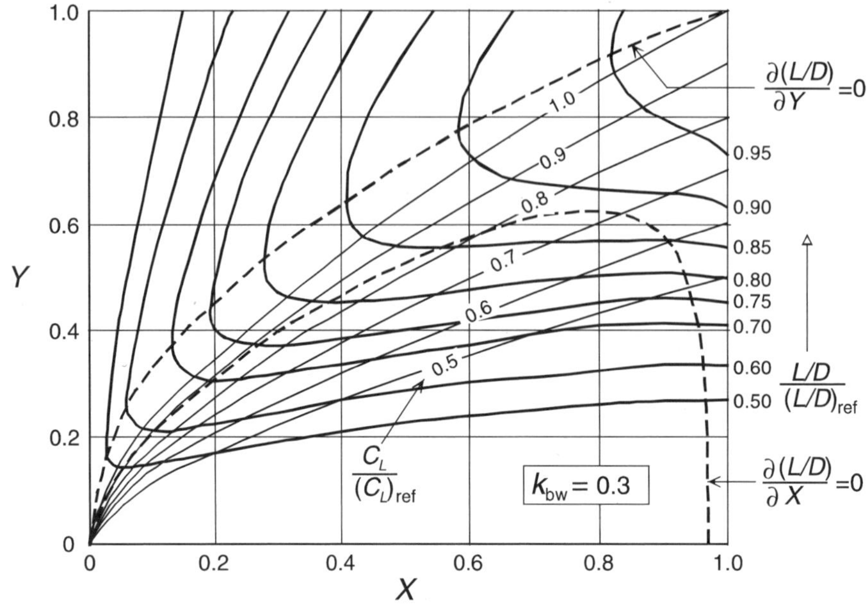

그림 5.6 일반화된 공기역학 효율대 체적비율 및 감소된 양력계수

5.3.1 고도 변화

일정한 마하수에서 비행고도 변화가 L/D 에 미치는 영향을 계산하기 위해서 식 (5.13)을 이용한다. 각 부피 비율에 대한 양력계수는 식 (5.9), (5.12) 그리고 (5.10)의 조합으로부터 구할 수 있고 그 결과가 그림 5.7 에 나와 있다. 이로부터 다음과 같은 결과를 알 수 있다.

- 35000ft 고도에서 비행하는 $X = 0.18$ 인 기본형 DWB 모델은 $L/D = 20.5$ 를 얻을 수 있다. 이 성능은 $(L/D)_{max}$ 에 근접하며, 2000 년 기준 가장 큰 여객기 기체의 성능 잠재력을 대표한다. 35000ft 에서 최대 공기역학 효율은 $X = 0.35$ 인 IWB 로 얻을 수 있다. 이의 성능($L/D = 22$)은 DWB 에 비해서 대단한 향상은 아니다. AWA 는 낮은 양력계수로 인해서 DWB 보다 우수한 성능을 낼 수 없다.
- 오늘날 여객기의 운용보다 더 높은 고도에서 상당히 더 높은 공기역학 효율을 얻을 수 있다. 40000ft 고도에서 공기역학 효율은 $X > 0.4$ 에 대해서 거의 일정하다. 다시 말해서, 이러한 고도에서 비행하는 모든 IWB 는 AWA 만큼 우수할 것이고, 35000ft 에서 비행하는 기본형 DWB 보다는 훨씬 우수할 것이다. 예를 들어, 적당한 수준인 $C_L = 0.35$ 로 비행하는 $X = 0.5$ 인 설계는 기본형 DWB 에 비해서 L/D 가 12.5%만큼 향상될 것이다.
- AWA 의 성능은 일반적인 순항고도에서는 인상적이지 않고, 최고 성능은 비정상적으로 높은 고도에서 성취할 수 있다. 순수한 플라잉윙은 50000ft 이상 고도에서 최대 잠재력에 도달할 수

있다.[3] 기본형 DWB 에 비해서 34% 향상된 최대 공기역학 효율 $L/D = 27.5$ 는 $C_L = 0.39$ 에서 얻을 수 있다.

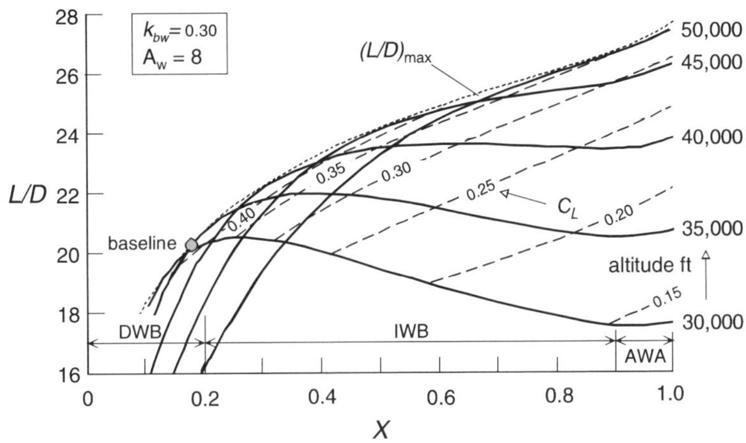

그림 5.7 대형 여객기에 대한 공기역학 효율대 체적비율 및 순항고도 (Q=2000m^3, W=4500kN, M=0.85)

일반적인 경우보다 (훨씬) 더 높은 고도에서 비행하도록 설계된다면, 유용체적의 상당한 비율을 날개에 갖는 통합된 형상은 전형적인 날개-동체 형상에 비해서 상당히 더 우수한 공기역학 효율을 갖는다.

5.3.2 가로세로비와 스팬

가로세로비의 변화는 양력으로 인한 항력 매개변수 $K_L = (\pi A_w e)^{-1}$ 에서 감지되는 주요 효과에 상당한 영향력을 갖는다. 또 다른 영향으로는, 지정된 날개 부피를 얻기 위해서 필요한 날개 면적이 $A_w^{1/3}$ 에 비례하다는 것을 보여주는 식(A.2)에서 명확해진다. 만약 날개 형상항력계수가 가로세로비에 무관하다고 가정하면 [4], $K_L \propto A_w^{-1}$, $C_{L_{X=1}} \propto A_w^{-1/3}$ 그리고 $k_{bw} \propto A_w^{-1/3}$ 와 같은 관계가 적용된다. 이에 따라서, 동압 q 인 조건에서 총중량 W 를 운반하는 부피가 Q 인 날개의 공기역학 효율은 다음에 대해서 최대값을 갖는다고 할 수 있다.

$$A_w = (2W/q)^{6/5}\left\{\frac{(t/c)}{Q}\right\}^{4/5}(C_{D_P}\pi e)^{-3/5}(1+\lambda)^{-2/5} \tag{5.18}$$

일반적인 결과에 따르면, 유도항력은 가로세로비의 증가에 따라서 계속 감소해야하기 때문에 이는

---

[3] 이 고도는 Northrop B-49 플라잉윙 폭격기의 최고 순항고도로 알려졌다.

[4] 가로세로비 변화는 시위 레이놀즈수에 영향을 미치고, 따라서 표면 마찰항력과 프로파일 항력계수에 영향을 미친다. 이러한 영향은 현재 해석 접근방법에서는 고려되지 않는다.

아마도 예상하지 못한 결과일 것이다. 이에 대한 설명은, 가로세로비의 증가는 날개가 더 큰 평면면적을 갖지 않는다면 날개 부피를 감소시키고, 따라서 노출면적과 형상항력의 증가로 이어진다고 할 수 있다. 예제 날개에 식 (5.18)을 적용하면, 전형적인 최적 $A_w = 8$이 나오며 이는 지정된 부피를 갖는 공기역학적으로 효율적인 AWA가 반드시 매우 높은 가로세로비를 갖는 것은 아님을 의미한다.

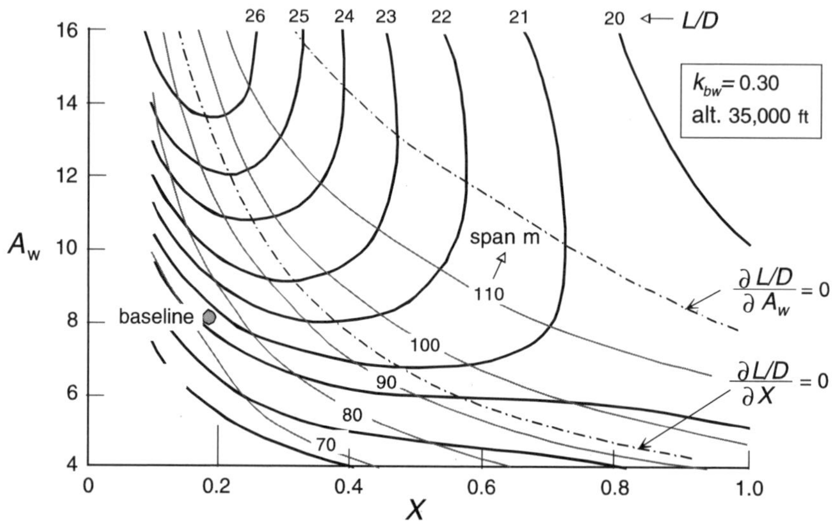

그림 5.8 공기역학 효율대 체적비율, 가로세로비 그리고 스팬 (그림 5.7의 데이타)

매개변수 연구는 이제 35000ft의 일정한 순항고도에 대해서 가로세로비와 날개 스팬의 변화로 확장된다. 그림 5.8에 나오는 결과를 도출하기 위해서 식 (5.10)을 이용하면 다음과 같은 결과를 얻을 수 있다.

- 잠재적으로 높은 성능에도 불구하고, AWA는 가로세로비 5에서 10 사이의 범위에 대해서 거의 변화가 없는 매우 낮은 L/D를 제공한다.
- 만약 날개 스팬에 대한 구속조건이 없다면, DWB에 대해서 매우 높은 L/D를 얻을 수 있다. 기본형의 가로세로비를 8에서 10으로 증가시키기 위해서는 매우 약간의 스팬의 증가만이 필요하고, 이는 L/D를 12.5% 향상시킨다. 반면 IWB의 경우, 동일한 향상을 위해서 상당히 더 큰 스팬이 필요하다.
- 각 체적비에 대해서 L/D를 최대로 하는 가로세로비가 존재한다. 해석적으로 부분 최적값을 유도하는 것이 가능하지만 결과는 비현실적이고, 110m를 초과하는 스팬에 대해서는 실질적으로 L/D의 이득이 없다. 가로세로비와 무관하게 최적 체적비는 약 95m 날개 스팬에서 발생한다.
- 체적비와 스팬에 대한 부분 최적값은 서로 호환되지 않기 때문에 비구속 최적 조합은 존재하지 않는다.

현재 결과는 실질적으로 가장 긴 날개 스팬을 갖는 DWB 가 35000ft 고도에서 최고의 공기역학 효율을 제공하는 형상이라는 것을 보여주고 있다. 날개 중량에 대한 스팬의 큰 영향으로 인해서, 전체적인 최적 시스템을 만족하는 가로세로비는 최대 L/D 에 대한 값에 비해서 현저히 낮아진다. (제 10 장)

5.3.3 엔진-기체 매칭

상당히 통합된 날개-동체 조합의 비행기는 낮은 익면하중을 가지며, 35000ft 고도에 대해서 C_L 은 최대 L/D 에 대한 값보다 훨씬 낮다는 것을 알 수 있었다. 상황을 개선하기 위해서는 IWB 설계의 고도가 일반적인 경우보다 더 높아져야 한다. 그러나, 고도의 선택은 엔진 사이징과 밀접한 관계를 갖기 때문에, 단순히 가능한 가장 높은 공기역학 효율을 얻는 목적에만 기반하지 않아야 한다. 따라서, 연구는 수평비행시 기체 항력에 매칭하는 필요한 엔진 크기의 계산으로 보강될 것이다.

식 (3.17)에 따르면, 고정된 출력과 마하수로 성층권에서 작동하는 터보팬의 수정추력 T/p 는, 예를 들어 대류권계면에서의 값과 동일하게 일정하다. 따라서, 사용 가능한 추력은 주변대기압에 비례하고, 직선 수평비행시 주어진 엔진 추력으로 밸런스될 수 있는 항력은 $C_D = T/(qS_w)$ 로 결정된다. 이에 따라서 식 (5.7)은 양력계수에 대한 구속조건을 통해서 도달할 수 있는 고도와 마하수를 정의한다.

$$C_L = \left(\frac{C_D - C_{D_0}}{K_L}\right)^{1/2} = \left\{K_L^{-1}\left(\frac{T/p}{0.5\gamma M^2 S_w} - C_{D_0}\right)\right\}^{1/2} \tag{5.19}$$

식 (5.5)에 따른 C_{D_0} 와 식 (5.9)로부터의 S_w 를 대입하면, $T = D$ 조건을 만족하는 C_L/C_D , T/p 그리고 X 사이의 관계를 구할 수 있다. $A_w = 8$ 인 예제 비행기에 대한 결과가 그림 5.9 에 나와 있고, 이 카페트 선도로부터 다음과 같은 결과를 알 수 있다.

- 체적비 0.15 에서 0.20 사이인 DWB 에 대해서 얻을 수 있는 L/D 는 수정추력값 8.0 에서 9.5m^2 사이에 대한 엔진 크기에는 민감하지 않다. 35000ft 에서 비행하는 기본형 DWB 에 대한 가장 높은 공기역학 효율은 $T/p = 9\text{m}^2$ 에서 얻을 수 있다.
- 만약 엔진이 $T/p = 9\text{m}^2$ 으로 장착된다면, AWA 는 기본형 설계보다 우수한 성능을 가질 수 없다. 반면, L/D 는 더 낮은 추력에서는 급격하게 저하된다. 기본형과 비교해서 AWA 가 최고 잠재력인 $L/D = 27.5$ 에 도달하기 위해서는 45% 더 높은 추력의 엔진이 필요하다.
- $X > 0.30$ 인 형상은 장착추력에 민감하다. 유용한 부피의 50%가 날개에 있는 IWB 는 높은 수치인 $L/D = 24.2$ 를 얻을 수 있지만, 이를 위해서는 기본형 DWB 에 비해서 22% 높은 추력의 엔진이 필요하다.

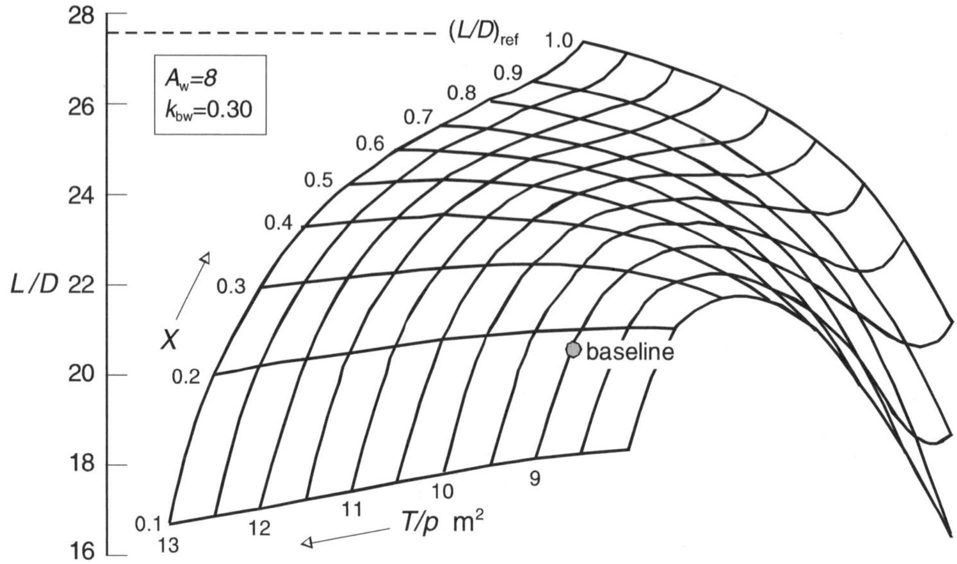

그림 5.9 공기역학 하중대 체적비율과 수정추력 (**그림 5.7** 의 데이타)

결론적으로, IWB 형상의 최적화를 위해서는 엔진-기체 매칭 조건이 필수적으로 포함되어야 한다. 이는 특히 순수한 플라잉윙에 적용된다.

5.4 매개변수 $M(L/D)$의 연구

이전 장에서는, 만약 마하수가 지정된다면 순항고도의 차이가 전형적인 형상과 비교해서 플라잉윙에 대한 상당히 다른 평가로 이어질 수 있다는 것을 보여주었다. 순항 마하수에 대한 구속조건이 특정한 설계 연구에 대해서는 실용적이지만, 급진적인 새로운 개념을 조사하는 경우에는 지나치게 엄격할 수도 있다. 이번 장에서는 비항속거리에 대한 마하수 변화의 단순화된 해석과 이에 대한 체적분율 및 항력 매개변수의 영향을 다룰 것이다.

5.4.1 최적 비행 조건

제 12 장에서는 일정한 엔진 TSFC 에 대해서 제트 항공기의 비항속거리는 매개변수 $M(L/D)$에 비례한다는 것을 보여주었다. 실제 현실에서 이는 항력상승(drag rise)[5] 내에서 최적 순항 조건으로 이어지지만, 이러한 복잡성은 다음과 같은 단순화를 허용하는 것으로 피할 수 있다.

1. 각 고도에 대해서, 직선 수평비행시 성취할 수 있는 마하수는 사용 가능한 추력에 대한 구속조건으로 결정된다.

---

[5] 역자주) 항력상승은 고아음속 (또는 천음속) 영역에서 조파항력으로 인해서 항력상승이 시작되는 초기 구간을 의미한다.

2. 엔진은 일정한 순항 레이팅에 대해서 스케일이 변경되며, 수정추력은 마하수와 주변대기 조건에 무관한 것으로 가정한다.
3. 마하수는 항력상승 아래이기 때문에 단일 항력곡선이 사용될 수 있다.[6]

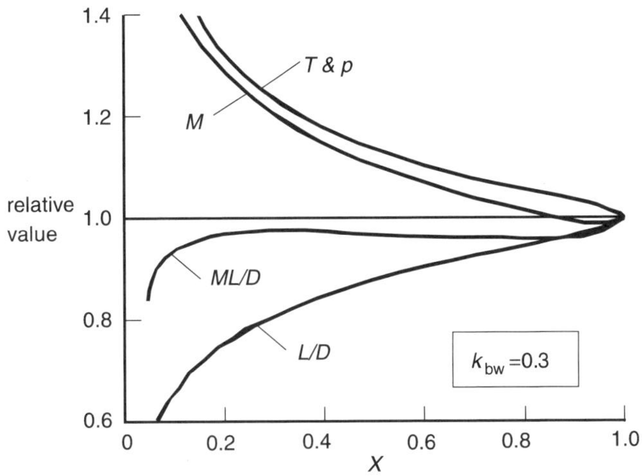

그림 5.10 최대 ML/D 에 대한 비행 조건

이와 같은 가정으로 인해서 해석의 정확도가 아주 높지는 않지만, 경향은 정확한 것으로 판단된다. 특정한 T/p 에 대해서 성취할 수 있는 비행 마하수는 수평방향 평형식에 따라서 다음과 같이 결정된다.

$$M = \sqrt{\frac{T/p}{0.5\gamma C_D S}} \tag{5.20}$$

따라서, 매개변수 $M(L/D)$ 는 $C_L C_D^{-3/2} S^{-1/2}$ 에 비례하고, C_L 과 S 의 조합은 고도와 속도를 결정한다. 최대 $M(L/D)$에 대한 고전적인 부분 최적 조건은 다음과 같다.

$$C_L = \sqrt{\frac{C_{D_0}}{2K_L}} = \frac{C_{L_{md}}}{\sqrt{2}} \quad \rightarrow \quad M = 2^{1/4} M_{md} \tag{5.21}$$

식 (5.20)에 대입하면 비행 조건을 구할 수 있다.

$$M = \sqrt{\frac{4T/p}{3\gamma C_{D_0} S}} \quad \text{and} \quad \frac{C_L}{C_D} = \frac{1}{3}\sqrt{\frac{2}{C_{D_0} K_L}} = 0.9428\left(\frac{C_L}{C_D}\right)_{max} \tag{5.22}$$

---

[6] 이번 주제에 대한 참고문헌에 나오는 모든 자료에서는 압축성의 효과가 없다는 것을 기정 사실로 취급하고 있다는 것에 주목할 필요가 있다.

$M(L/D)$의 가장 높은 값은 $\left(C_{D_0}\sqrt{S}\right)^{-1}$에 비례하는 것으로 나타나고, 식 (5.5)에 따라서 C_{D_0} 를 대입하면 다음과 같다.

$$ML/D \propto \left[X^{1/3}\left\{1+k_{bw}(X^{-1}-1)^{2/3}\right\}\right]^{-1} \tag{5.23}$$

그림 5.10 에 나오는 사례는, 더 많은 유용체적이 날개에 할당된다면, 최적 마하수는 감소하는 반면 고도와 L/D 는 증가한다는 것을 보여주고 있다. AWA 는 모든 체적비에 대해서 가장 높은 공기역학 효율을 얻을 수 있다. 그러나 매개변수 $M(L/D)$는 모든 IWB 형상과 $X > 0.15$ 인 DWB 비행기에 대해서 AWA 보다 몇 퍼센트 낮은 수준에서 실질적으로 변하지 않는다.

5.4.2 항력 매개변수

항력 매개변수 k_{bw}는 FW 를 전통적인 TAW 와 비교할때 중요한 항목이다. 이 값은 동체 세장비, 날개 테이버비, 두께비와 가로세로비 그리고 체적효율과 같은 기하 데이타에 따라서 달라진다. 다음 근사는 부록 A 와 날개 및 동체에 대한 동일한 체적효율이라는 가정에 기반한다.

$$k_{bw} = 1.20\left\{\frac{t/c}{A(1+\lambda)}\right\}^{1/3} \tag{5.24}$$

여기서 A, λ 그리고 t/c 는 각각 날개의 가로세로비, 테이퍼비 그리고 두께비를 나타낸다. 식 (5.24)는 또한 동체 유해항력은 세장비에 따라서 달라진다는 것을 고려한다. k_{bw}의 전형적인 값은 0.25~0.35 사이로, 이는 동체의 유해항력은 동일한 부피인 날개 유해항력의 25~35% 사이라는 사실을 알려준다. 그림 5.10 과 5.11 로부터 다음과 같은 결론을 내릴 수 있다.

- 참고문헌 [6]에 따라서, $k_{bw} > 0.275$ 인 경우 순수한 플라잉윙은 날개와 동체 조합보다 우수한 비항속거리를 가지며, $k_{bw} < 0.275$ 에서는 윙바디 형상이 더 우수하다.
- 순수한 플라잉윙의 최고 비행 마하수는 윙바디 형상보다 더 낮기 때문에, 더 효율적인 탑승객 수용과 낮은 구조중량을 위해서 더 높은 두께비의 날개 단면을 선택할 수 있다.

3.4 장에서와 같이 마하수 0.70 에서 0.80 사이에서 최대 효율을 갖는 (미래의) 오픈로터 엔진의 도입으로 인해서, 통합된 형상에 대한 상황은 더욱 강화된다. 만약 이러한 속도 범위가 설계조건으로 선택된다면, 공기역학 효율은 전통적인 TAW 형상과 비교해서 상당히 증가한다. 이러한 현재 순항조건으로부터의 급진적인 변화를 위해서는 현재 해석보다 훨씬 더 포괄적인 연구가 필요할 것이라는 것이 명백하다.

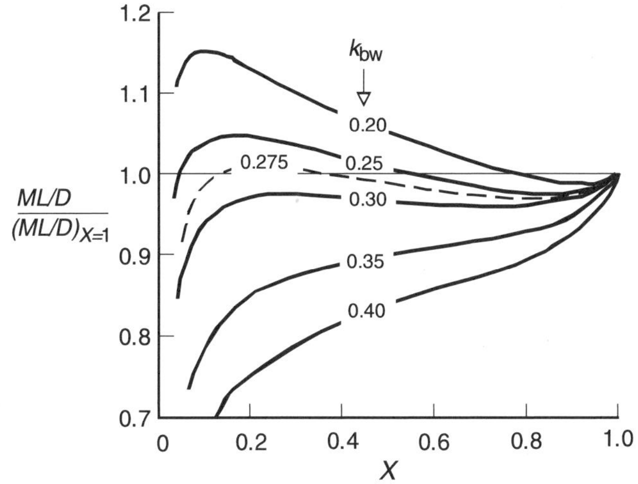

그림 5.11 항력 매개변수의 영향을 받는 최대 *ML/D*

5.5 통합된 형상의 비교

성취 가능한 공기역학 효율에 대한 기본적인 유도 결과, 급진적인 변형을 통해서 대형 수송 항공기의 성능을 향상시키기 위해서는 두 가지 주요 방향을 고려할 수 있다는 것을 알 수 있었다.

1. 날개 스팬을 증가시키는 것은 공기역학적인 측면에서 매우 효과적인 방법이지만, 구조중량을 한도 이내로 유지하는 것과 같은 고려사항이 지배적인 경향을 갖는다. 소형에서 중형 비행기의 경우 가로세로비 15 까지 선택할 수 있지만, 이를 위해서는 두께비의 증가, 최신 (복합)재료 그리고 상당히 감소된 날개 굽힘하중으로 이어지는 일반 배열의 선택이 필요하다. 이에 대한 사례로는 제 6 장에서 다룰 스트럿 지지 날개와 다중동체 형상이 있다.
2. 객실, 수하물 공간, 연료탱크 부피 그리고 대형 꼬리날개에 대한 구속조건을 갖는 전통적인 TAW 레이아웃과 비교해서, 노출면적의 상당한 감소는 무미익, 날개와 동체가 고도로 통합된 항공기 형상에서만 실현이 가능하다.

이전 해석에 따르면, AWA 형상은 날개 면적이 증가해서 최소항력에 대한 비행조건보다 (훨씬) 아래인 양력계수로 이어지기 때문에, 이의 도입이 천음속 여객기에 대해서 반드시 장점은 아니라는 것을 알 수 있었다. 가능한 해법으로는 고도를 높이고 속도를 낮추는 것으로 동압을 감소시키는 것이다. 첫 번째 방법은 높은 장착추력으로 이어지며, 두 번째 방법은 블록시간을 증가시키는 것이다. 두 방법 모두 경제적인 측변에서 바람직한 옵션이 아니며, 특히 두 번째는 항공사에서 반대할 가능성이 높다. 이러한 고려사항이, 수하물의 날개 내부배치로 인해서 순항시 굽힘모멘트를 상당히 감소시킬 수 있기때문에 전형적인 설계와 비교해서 작은 날개 구조중량 페널티로 스팬을 증가시킬 수 있는 대형 (전용) 수송기에만 반드시 적용되는 것은 아니다. 통합된 형상은 이러한 적용에 대해서 가능한 대안이 될 수 있다.

이전 장에서의 매개변수 연구는 그림 5.5 에 나온 것과 같이, 동체와 직선 테이퍼 날개의 조합에 기반하고 있다. 이러한 단순화로 인해서 일반화된 해석적인 접근방법이 가능하지만, 실용적인 통합 사례는 비원통형 동체와 비전형적인 날개 평면형상을 가질 수도 있다. 따라서 이러한 연구는 통합된 날개와 동체가 수용 가능한 유상하중 수용, 운용과 비행특성을 제공하는지의 여부에 대한 결론을 내릴 수 있을 정도로 충분히 유연하지 않다. 이번 장에서는 전형적인 레이아웃의 대형 장거리 비행기를 다른 몇 가지 통합된 레이아웃을 갖는 개념과 비교할 것이다. 여객기 설계는 동일한 순항속도와 총 유용 공간을 가지며, 수송기는 낮은 마하수로 비행하며 대형 수하물 공간을 갖는다. 매개변수 연구와는 달리 엔진 나셀은 기체 성분으로 간주된다. 노출면적과 항력 예측은 제 4 장과 부록 A 에 나오는 것과 같은 간단한 방법에 근거한다. 압축성 항력은 고려되지 않았다.

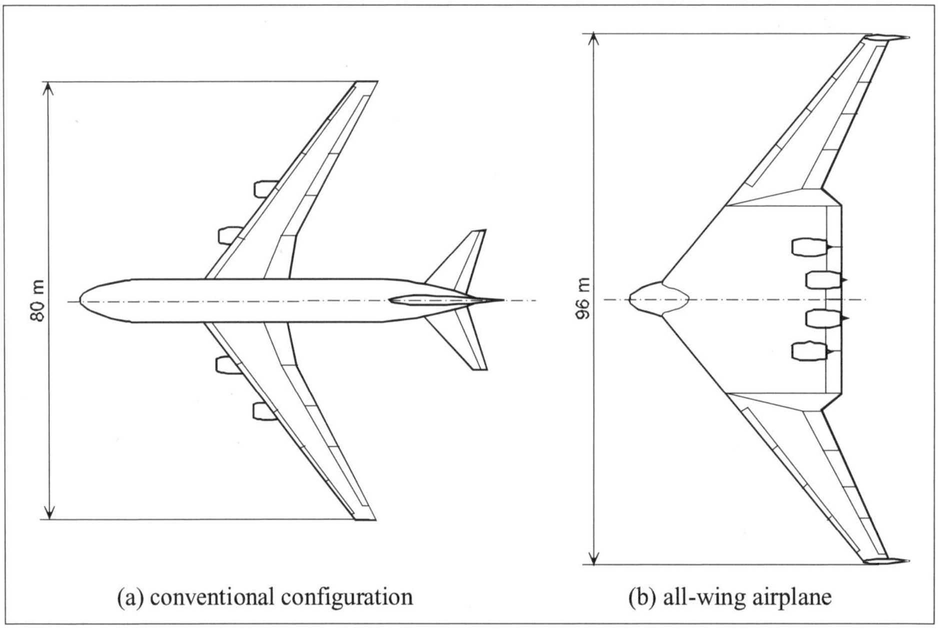

그림 5.12 유효 하중 체적 2000m³ 을 갖는 대형 마하수 0.85 인 대형 여객기의 기하 비교 전형적인 형상과 전익 형상의 비교

5.5.1 전형적인 기본형

전형적인 설계는 Airbus A380 과 Boeing 747 등급인 장거리 복층 형태인 마하수 0.80 여객기이다. 그림 5.12(a)와 표 5.1 은 이에 대한 기하와 일반 배열을 정의하고 있다. 날개 스팬은 ICAO 활주로 등급 F 에 대한 최대값인 80m 로 제한된다. 식 (A.5)와 (A.2)를 적용하면, 동체는 날개에 비해서 12% 증가된 노출면적으로 430%의 부피를 제공한다. 꼬리날개 면적은 날개 면적의 35%이고, 엔진 나셀과 파일론의 표면적은 기체 노출면적의 10%이다. 최대 아음속 양항비 L/D 는 20.6 에 이르며, 이는 2000 년 기준으로는 장거리 여객기 중에서 가장 큰 기종이 성취할 수 있는 상한선이지만, 만약 날개 스팬이 90m 로 늘어날 수 있다면 L/D 는 약 9% 증가할 것이다. 아니면, 만약 면적이 필요한

연료탱크 부피로 구속되지 않는다면, 동일한 스팬에 대한 날개 면적의 감소도 가능할 수 있고, 이는 노출면적과 유해항력의 감소로 이어질 수 있다. 그러나, 동일 스팬에 대한 날개 면적의 감소는 보다 복잡한 고양력장치와 높은 구조적인 가로세로비를 수반하며, 이는 모두 자체중량의 증가를 초래한다. 실용적인 스팬과 공기역학 효율을 제공하는 최적 날개 크기가 존재하는 것으로 나타났다.

표 5.1 전형적인 형상의 복층 여객기에 대한 설계 데이타

동체	등가 직경	7.5m
	길이	75m
	전체 체적	2651m^3
	전체 노출면적	1570m^2
	객실과 수하물 공간	1590m^3
	객실 플로어 면적	625 m^3
날개	스팬	80m
	전체 평면 면적	800m^2
	노출된 평면 면적	686m^2
	두께/시위 비율	0.14/0.10
	노출된 전체 체적	611m^3
	노출면직	1400m^2
수평 꼬리날개	노출된 평면 면적	180m^2
수직 꼬리날개	노출된 평면 면적	100m^2
엔진 나셀	노출면적	350m^2
	전체 체적	3262m^3
기체	전체 노출면적	3852m^2

5.5.2 날개만으로 충분한가

AWA 는 전형적인 설계로부터 단순히 꼬리날개만 제거하는 것으로 이루어질 수는 없는 급진적인 통합된 개념이다. 두 설계가 만족할만한 안정성과 조종성 특성을 가지고 있으면서 동일한 유용하중을 동일한 순항속도로 운반하는 경우에만 유용한 비교가 이루어질 수 있다. 그림 5.12(b)에 나오는 AWA 는 다음과 같은 특징을 갖는다.

- 플로어 하단에는 수하물 공간을 갖는 센터 섹션의 단일 데크상에 탑승객이 수용된다. 이 섹션은 전형적인 동체와 동일한 전체 체적을 갖는 반면, 바깥쪽 날개 전체는 전형적인 형상의 (노출된) 날개와 동일한 부피를 갖는다.
- 1582m^2 인 전체 평면면적은 전형적인 날개 면적의 거의 두 배이다. 동일한 총중량과 비행조건에 대해서 양력계수는 50% 감소해서, 전형적인 날개에 비해서 시위의 몇 퍼센트 정도 두꺼워질 수 있다.
- AWA 에서 설계자는 동체를 따르는 전후 방향이 아닌 날개 스팬을 따르는 가로방향으로 UL 을 분포시킬 수 있다. 이로 인해서 안쪽 날개의 굽힘은 줄어들고 구조적인 높이는 늘어나기 때문에

동일한 구조중량으로 스팬을 증가시킬 수 있다. 긴 스팬에도 불구하고 6 보다 약간 낮은 AWA 의 가로세로비는 여객기에 대해서는 비정상적으로 낮은 수치이다.[7]

- 무미익 비행기의 본질적인 문제는 이륙과 착륙시 높은 양력과 모멘트 평형을 동시에 이루는 방법에 있다. 낮은 익면하중으로 인해서 매우 높은 효율의 뒷전플랩의 필요성은 제거된다. 따라서, AWA 는 저속에서 높은 받음각으로 비행한다. 실속 받음각을 증가시키고 돌풍과 기동중 제어가 불가능한 피치업을 피하기 위해서 바깥쪽 날개에 슬랫이 적용된다.
- 과거 개발되었던 몇몇 무미익 (군용) 비행기는 극복하기 어려운 안정성과 조종성 문제를 가지고 있었다. 현재 AWA 에 적용되는 원리는 기본적으로 Northrop B-49 에 사용되었던 접근방법을 따르고 있다. 후퇴각은 바깥쪽 조종면을 무게중심(CG)후방으로 위치하도록 하는데 도움을 주지만, 이의 레버암은 전형적인 꼬리와 비교해서 더 짧기 때문에 보다 효율적인 조종면이 필요하다. 피치와 롤 조종은 가운데 날개의 뒷전에 있는 네 개의 엘리베이터와 바깥쪽 날개에 있는 네 개의 엘레본에 의해서 제공된다. 이중 힌지의 러더(double-hinged rudder)를 갖는 수직 윙렛과 항력 러더본(drag ruddervon)으로 불리기도 하는 항력을 생성하는 반으로 갈라지는 바깥쪽 날개의 엘레본은 방향 안정성과 조종을 담당한다.
- 여러개의 엔진을 가운데 날개 뒷전 상단에 근접하게 배치해서 장착하는 것은 AWA 의 매력적인 특징이다. 이러한 배열은 이륙시 소음차단을 향상시키고 객실의 소음은 감소시키며 탑승객의 안전을 증가시키고 엔진 고장시 방향 조종을 용이하게 만든다. 그러나 이러한 배열은 엔진 파손시 주변 엔진에도 영향을 줄 수 있기 때문에 내부적인 고장이 아닌 경우에 대해서는 취약하다. 이는 감항성 인증에 장애물이 될 수 있다.

현재의 레이아웃은 자체중량시 CG 와 유용하중이 1 차 구조의 대략 중간 정도에 위치하지만 동력장치의 장착으로 인해서 이는 최소한 5% 정도 후방인 45% MAC 로 이동하도록 한다. 공기역학 중심은 약 30% MAC 에 위치하기 때문에 만재 상태인 비행기는 15% MAC 인 음의 정적 여유를 갖게 되는데 이는 인위적인 안정성을 갖는 항공기에서도 허용될 수 없는 수준이다. 따라서 그림 5.12 에 나오는 AWA 설계의 전체적인 개념은 실현 가능성이 없기 때문에 L/D 의 예측은 의미가 없다. 또한 고도 35000ft 에서 수평비행시 AWA 는 최대 L/D 의 90%만을 성취할 수 있다는 것에 주목할 필요가 있다. 제안된 AWA 가 공기역학적인 잠재력을 모두 달성하기 위해서는 극단적으로 수정이 되어야 하며 최종적인 결과가 유용한 설계가 될 수 있을지는 여전히 의문으로 남는다[32].

5.5.3 블렌디드 윙바디

블렌디드 윙바디 (Blended Wing Body, BWB) 레이아웃의 탑승객 객실과 수하물 공간은 높은 두께비와 낮은 가로세로비 날개 형태를 갖는 리프팅바디 내부에 통합된다. 바깥쪽 날개 섹션 전체는

[7] 확실히 90m 스팬을 갖는 플라잉윙은 80×80m^2 박스의 내부에 주기될 수 있지만, 항공사나 공항 운용사가 이러한 주장을 확신하기는 어려울 것이다.

중간 정도 하중을 받는 전형적인 날개와 유사하다. BWB 의 높은 공기역학 효율은 주로 바람직한 전체 노출면적대 객실 부피의 비율과 수평 꼬리날개가 제거되는 것으로 인한 플로어 면적때문이다. BWB 를 이번 장의 관점에서 설명하기 위해서 참고문헌 [32, 49]와 다른 자료에서 논의된 원리에 따라서 일반적인 BWB 설계가 고안되었다. DWB 와 AWA 비행기에 사용되었던 유용한 하중(체적), 총중량 그리고 순항 마하수와 동일한 수치가 BWB 에 적용되었다. 그림 5.13 에 나오는 레이아웃 도면의 평면도는 탑승객 객실과 수하물 공간의 배열을 나타내고 있다. 맨 아래의 도면은 각 날개가 네 개의 직선 테이퍼 섹션으로 근사된 것을 보여주고 있다.

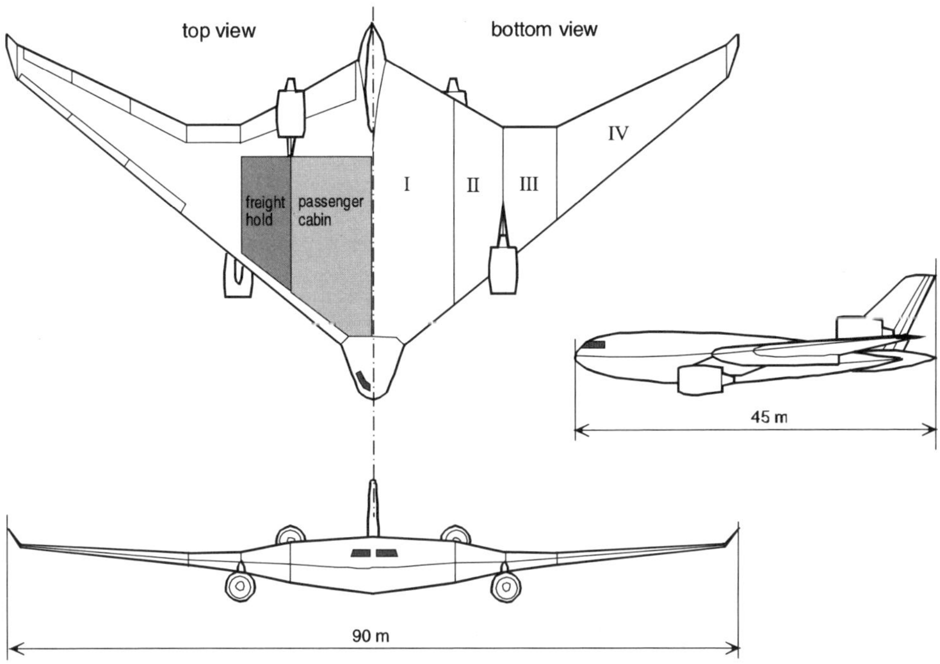

그림 5.13 블렌디드 윙바디 형상의 대형 여객기

- 섹션 I 는 여압객실, 랜딩기어 그리고 랜딩기어 베이 사이에 선택적인 언더플로어 연료탱크를 포함하는 상당히 큰 테이퍼를 갖는 중앙부위 바디를 형성한다. 후방 스파는 객실 탈출도어가 위치할 수 있는 뒷부분 압력 벌크헤드를 구성한다. 스팬방향으로 거의 타원형에 가까운 양력분포에 대해서 대형 가운데 날개 시위는 낮은 공기역학 하중을 초래하고, 공기유동의 3 차원 특성은 바디 상단의 표면속도를 감소시키는데 도움을 준다. 이는 전형적인 날개에 비해서 최소한 2%를 초과하는 두께비를 가능하도록 한다. 사용가능한 내부 높이는 (부분적으로) 복층 객실을 수용할 수 있도록 해서 양호한 노출면적대 전체 객실플로어 면적의 비율로 이어진다. 역방향으로 캠버를 갖는 중앙부위 날개섹션은 고속 비행시 전방에 하중이 걸리며 17%의 두께비를 갖는다.[8]

[8] 이러한 특성은 발표된 설계 프로젝트로부터 유도되었다. 이는 복층 BWB 의 실현 가능성에 대해서 결정적이기 때문에, 개념설계 단계에서 CFD 방법으로 검증되어야 한다.

- 각 섹션 II 는 수하물 공간과 메인 랜딩기어 베이를 포함한다. 에어포일 단면은 기본적으로 대칭이고, 안쪽에서는 17%의 두께비에서부터 바깥쪽에서는 15%로 테이퍼 형태를 갖는다. 조합된 양쪽의 섹션 I 와 II 는 실질적으로 전형적인 기본형 동체와 동일한 전체 부피와 평면 면적을 갖는다.
- 양쪽의 섹션 III 와 IV 의 조합은 전형적인 기본형 탱크 부피의 70%를 포함하는 가로세로비 6.70 인 날개를 형성한다. 두께비는 뿌리에서 15%, 킹크에서 13% 그리고 끝단에서 11%이다. 섹션 IV 에는 후방에서 하중을 받는 초임계 단면이 사용된다.

한 엔진의 파손시 주변 다른 엔진까지 파손되는 위험의 측면에서 항공기가 인증을 받을 수 없는 상황은, 세로축 조종에 대한 추력의 영향을 최소한으로 유지하는 비전형적인 동력장치 배열을 적용하는 것으로 피할 수 있다. 상당한 트림항력을 피하기 위해서 비행기는 피치 방향으로 고유한 불안정성을 갖는다. 스팬 방향에 대한 비틀림과 캠버의 분포는 고속 비행에서 거의 타원형에 가까운 양력분포를 얻는 것을 목표로 하며, 동시에 자체 밸런싱의 조건을 만족한다. 다시 말해서, 트림 상태에서 뒷전 조종면이 변위되지 않는다는 것이다. 순항 조건에서 트림항력을 무시할 수 있을 정도로 만드는 것이 목적으로, 이를 위해서는 밸런싱 과정에서 날개 평면 기하와 시스템 및 장비의 배치에 대한 세심한 조절을 해야할 필요가 있다. 높은 받음각에서 안정성의 변화는 피치업 또는 텀블링과 같은 현상이 발생하지 않도록 주의깊게 평가되어야 한다[60]. 높은 받음각 영역으로부터의 회복을 보장하기 위해서는 앞전이 일정한 후퇴각을 가져야 하고, 바깥쪽 날개에는 슬랫이 장착되어야 한다[36]. 뿐만 아니라, 안전한 저속비행을 보장하기 위해서는 인위적인 안정성과 조합된 CG 조절을 위한 노즈 연료탱크와 비행영역 보호가 제공되어야 한다.

표 5.2 고도 35000ft 및 마하수 0.85 에서 설계 개념에 대한 기하와 공기역학 성능. 스팬로더는 고도 40000ft 및 마하수 0.80

설계	Q_{tot} m^3	S m^2	S_{wet} m^2	Q_{tot}/Q_{wet}	M/D_{max}	C_L	L/D
분리된 날개와 동체	3262	800	3852	0.0571	20.6	0.47	19.7
전익 항공기	3319	1580	3562	0.0625	25.7	0.24	23.2
블렌디드 윙바디	3025	1320	3040	0.0688	26.1	0.28	24.4
하이브리드 윙바디	3230	1050	3445	0.0634	24.5	0.36	22.7
스팬로더	6700	1995	4800	0.0740	24.0	0.26	22.1

표 5.2 는 BWB 의 기하 데이타와 공기역학 성능을 DWB 와 AWA 설계와 비교하고 있다.[9] AWA 와 비교해서 스팬은 96m 에서부터 더 현실적인 90m 로 감소되었고, 날개 면적은 16% 작아졌다. 동체에 장착되는 100m^2 의 수직 꼬리날개는 작은 테일암을 보상하기 위해서 이중 힌지의 러더를 가지고 있다. 전체 노출표면적은 전형적인 설계에 비해서 21% 작다. 아주 크지 않은 스팬에도 불구하고

[9] BWB 는 그림 5.5 에 나오는 날개와 동체 조합의 패밀리와는 상당히 다르기 때문에, 5.3 장의 매개변수 연구는 필수적인 변경이 없이는 이러한 형상에 적용될 수 없다.

BWB 가 가장 높은 최대 양력효율을 가지며, 전형적인 설계와 동일한 고도 및 속도에서 순항시에는 이 값의 92.5%를 성취할 수 있다. 더 높은 고도에서 순항하는 경우에 BWB 는 전형적인 DWB 에 비해서 25%의 L/D 이득을 얻을 수 있는 잠재력을 갖는다. 낮은 익면하중으로 인해서 BWB 는 돌풍에는 더 민감하지만 보다 우수한 고고도의 버펫 여유를 갖는다. 따라서 기동과 돌풍 하중 제어는 BWB 의 바람직한 특징이다. 공기역학적인 성능의 관점에서 BWB 는 현재 지배적인 일반 배열에 대한 유망한 대안이라고 할 수 있다. 그러나 통합된 특성으로 인해서 BWB 의 설계과정은 일반적인 경우보다 훨씬 더 복잡하다.

5.5.4 하이브리드 플라잉윙

5.3 장의 매개변수 연구는 날개 내부의 30% 이상 유용한 하중 공간은 전형적인 TAW 와 AWA 와 비교해서 상당히 개선된 공기역학 성능으로 이어질 수 있다는 것을 보여주었다. 러시아의 TsAGI 에서 하이브리드 플라잉윙(Hybrid Flying Wing, HFW)으로 명명한 통합 윙바디(Integrated Wing Body, IWB)는 그림 5.14 와 같이 감소된 크기의 비양력 바디를 갖는다. 이 설계로부터 영감을 얻어 전형적인 DWB 에 대해서 사용되었던 것과 동일한 유용한 하중 부피, 총중량 그리고 순항마하수를 갖는 일반적인 HFW 가 고안되었다. 그림 5.15 의 평면도는 단일층 객실의 일반 배열을 보여주고 있다. 하부 도면(bottom view)은 날개 기하가 다음과 같은 특성을 갖는 세 개의 직선 테이퍼 섹션으로 근사될 수 있음을 보여준다.

그림 5.14 복층 객실 동체에 750 석 규모의 TsAGI HFW 여객기 [32]

- 두 개의 섹션 I 는 총 20m 폭에 15% 두께이며 날개에서 탑승객을 수용하는 부분을 이룬다. BWB 와 비교해서 섹션 I 는 더 작은 평균 시위를 가지며, 제한된 두께로 인해서 복층 형상을 수용하지 못한다.
- 수하물은 동체 객실 아래 부분의 벨리(belly)에 수납되며, 메인 랜딩기어 베이는 동체와 날개 섹션 I 에 위치한다. 엔진 장착은 BWB 와 동일한 레이아웃이 적용되었다.
- 섹션 II 와 III 의 조합은 가로세로비 7.20 인 전형적인 날개와 유사하다. 이는 뿌리에서 15%, 킹크에서 12% 그리고 끝단에서 10%의 두께비를 갖는다.
- 익면하중은 DWB 와 AWA 설계의 중간 지점에 위치하기 때문에, HFW 는 높은 양력을 위한 뒷전 플랩과 이의 변위로 인한 피칭모멘트에 대한 밸런싱을 위한 수단이 필요할 것이다. 섹션 I 의

뒷전에 있는 엘리베이터와 바깥쪽 엘레본(elevon)이 이러한 역할을 한다. 이중 힌지의 러더(double-hinged rudder)를 갖는 80m^2 의 수직 꼬리날개는 후방 동체에 장착되고, 방향 조종은 러더본(ruddervon)으로 보강된다.

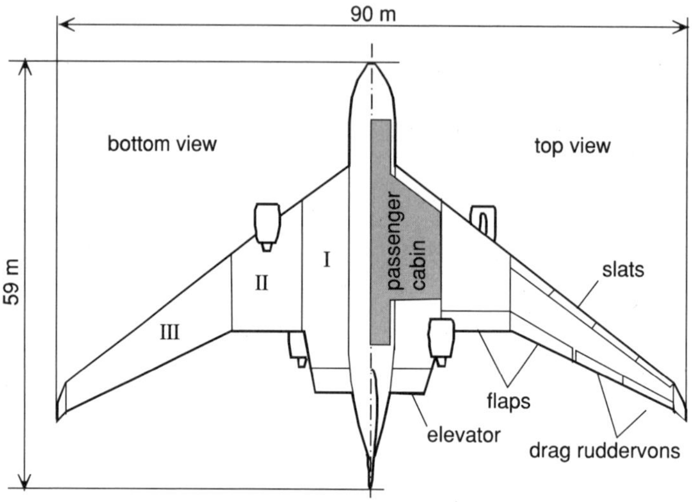

그림 5.15 HFW 여객기 개념

BWB 와 비교해서 HFW 는 동일한 총 부피와 날개 스팬을 갖는다. 이의 전체 날개 면적은 20% 작고, 노출면적은 13% 크며, 최대 L/D 는 6% 낮다. HFW 는 DWB 기본형에 비해서 19% 높은 L/D 를 갖지만, 만약 DWB 가 90m 날개 스팬을 갖는다면 이러한 이득은 대부분 사라질 것이다. HFW 가 BWB 보다 높은 L/D 를 제공하지 않지만, 현재 예측의 정확도는 너무 낮기 때문에 확실한 결론을 낼 수는 없다. 뿐만 아니라 HFW 는 다음과 같은 매력적인 특성을 갖는다.

- 주요 날개의 재설계의 필요성이 없이 원통형 바디 플러그로 동체를 연장하는 전통적인 방법으로 유상하중 수용력을 증가시킬 수 있다.
- 특히 단층 객실 형상의 경우에는 비상탈출 문제를 보다 용이하게 해결할 수 있다. 이러한 측면에 대해서 복층 객실의 탈출도 전형적인 항공기의 훨씬 대형인 동체보다 더 용이해진다.
- 수평비행시 객실 플로어에 경사가 없다.

5.5.5 스팬 로더

스팬 로더로 알려진 급진적인 플라잉윙 설계가 NASA 에서 시작되어[65] 1975~1985 기간 동안 Boeing 과 Lockheed 에서 연구되었다. 거대한 프리즘형 날개의 전체 스팬에 걸쳐서 1 차 구조 내부에 수하물을 분산시키는 것으로, 이러한 개념은 민간 및 군사 적용을 위한 전용 초대형 수송기의 개발을 목표로 했다. 스팬에 적재되는 수송기의 모든 수하물은 공기역학과 질량 하중 사이의 근접한 매치를 이루기 위해서 날개의 내부에 분산될 수 있다. 이러한 비테이퍼 구조에서 전방과 후방 스파는 평행하게 배치되며, 수하물 공간은 날개 끝단의 도어를 통해서 적재와 하역이 이루어질 수 있다. 스팬 적재 개념은 이의 긍정적인 효과를 이용해서 제곱 세제곱 법칙[62]의 부정적인 효과에 주로 대응하는 것을 목표로 한다. 따라서, 기동과 돌풍하중으로 인해서 날개 구조에 작용하는 전체 굽힘모멘트와 전단력은 상당히 감소된다.

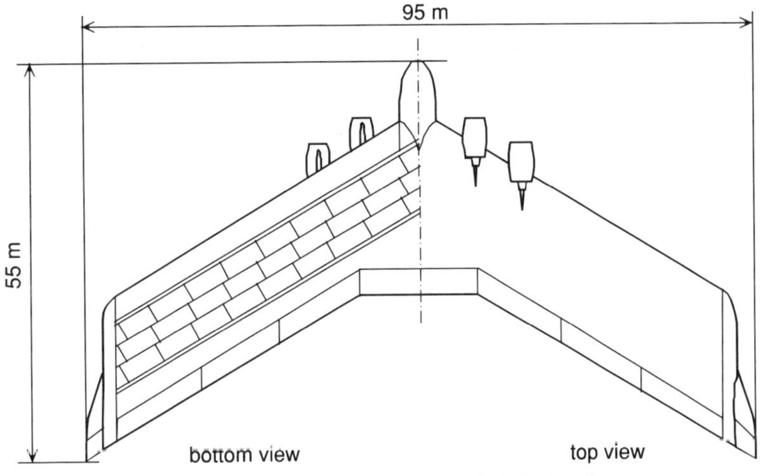

그림 5.16 스팬로더 형상을 갖는 대형 수송 항공기

아주 높지 않은 마하수에도 불구하고, 스팬 로더는 전형적인 수송기의 공기역학 하중의 절반 정도인 후퇴날개를 갖는다. 이는 모든 비행영역에서 낮은 양력계수로 운용되기 때문에 스팬 로더는 상대적으로 간단한 플랩 시스템으로 이룩할 수 있다. 이로 인해서 플라잉윙의 전형적인 트림과 관련된 문제를 피할 수 있다.[10] 뿐만 아니라, 스팬 로더는 낮은 기하학적 가로세로비를 가지며 낮은 공기역학 하중과 마하수는 높은 두께비를 허용한다. 천음속 적용을 위해서 Griffith 와 Goldschmied 단면에 기반한 18~20%의 두께비가 참고문헌 [69, 70]에서 제안되었다. 이러한 비전형적인 형상으로 인해서, 주어진 평면면적에 대해서 날개 내부에 큰 유용한 체적의 확보가 가능하다. 양력은 일반적인 경우와 비교해서 보다 바깥쪽에 집중되고, 시위 방향에 대한 순환의 분포는 타원형과는 거리가 멀고 유도항력은 이상적이지 않다. 그러나, 큰 끝단 시위로 인해서 스팬 로더는 테이퍼윙보다 윙렛으로부터 더 많은 장점을 얻는다. 대형 윙렛은 공기역학적 가로세로비를 상당히 증가시키며, 방향안정성과 조종을 제공한다.

민간 전용 수송기는 아마도 8×8×20ft 컨테이너를 운반하도록 크기가 정해질 것이다. 이는 천음속 스팬 로더가 약 3.50m 의 두께를 갖는다는 것을 의미하고, 이를 위해서는 시위 길이로 최소 20m 가 필요하다. 사용 가능한 내부 체적은 메인스파 사이에서 3 열 또는 4 열의 컨테이너 배열로 효율적으로 사용될 것이다. 그림 5.16 은 최대 유상하중 250 톤에 해당하는 48 개 컨테이너에 대한 수용능력을 갖는 스팬에 적재되는 플라잉윙 설계를 보여주고 있다. 전형적인 550 톤의 TOGW 에

---

[10] 세로방향 조종을 위해서 선미익을 사용하는 날개뿐 아니라 동체에도 수하물을 적재하는 하이브리드 스팬 로더가 제안되었다.

대해서 비행기는 350kN 의 이륙추력을 갖는 엔진 네 개가 필요하다. 이는 바람직한 노출면적대 부피의 비율을 갖는 반면, 기하학적 가로세로비는 겨우 4.5 에 불과하다. (표 5.2) 공기역학 효율은 두 개의 $80m^2$ 인 거의 수직인 윙렛이 공기역학적 가로세로비를 20% 증가시켜 A=5.4 라고 보수적으로 가정하고 예측할 수 있다. 예측된 최대 공기역학 효율인 24 는 앞에서 설명된 FW 여객기에 대한 수치와 유사하다. 40000ft 고도에서 양력계수는 0.26 이고 실제 L/D 는 다른 FW 설계보다 작다. 두께비 0.16 에 대해서 최대 속도는 마하수 0.75 로 제한된다. 자체 중량에 대한 스팬 적재의 바람직한 영향이 이러한 형상의 지배적인 특성이고 프리즘형 구조는 상대적으로 설계와 제조가 용이할 것이라는 것도 기대할 수 있다. 스팬 로더의 설계자에게 큰 어려움은 만족할만한 랜딩기어 형상을 개발하는 것이다.

5.6 플라잉윙 설계

5.6.1 플라잉윙의 가치

이번 장에서는 객실이 날개와 (부분적으로) 통합된 제트 여객기는 최대 공기역학 효율이 상당히 증가한다는 것을 증명하였다. 그러나 이러한 해석은 정확도(fidelity)가 낮기 때문에 많은 다른 측면에 대해서도 고려를 해야 한다. 예를 들어서, 전형적인 TAW 형상과 비교했을때 FW 는 층류 경계층을 얻기위해서 처리될 수 있는 표면적이 더 넓다. 따라서, 플라잉윙은 층류를 갖는 넓은 표면을 가질 수 있기 때문에, 전체가 난류 영역인 TAW 형상과 비교해서 훨씬 더 우수한 공기역학 효율을 얻을 수 있다. 뿐만 아니라, 일반적인 경우보다 상당히 더 큰 체적의 날개는 보다 우수한 구조적인 강성을 갖기 때문에 공탄성의 영향도 감소될 수 있다. 반면, 날개와 동체가 통합된 기체가 인증되어 항공사에 인도되기 전에 난해한 문제가 해결되어야 한다. 일부 중요한 항목이 그림 5.17 에 정리되어 있다.

- Number, location and structure of emergency exits.
- Comfort in passenger cabin.
- Appreciation by passengers of a windowless cabin.
- Cabin floor inclination in high-speed and low-speed flight.
- Embarking and disembarking of passengers.
- Arrangement and accessability of cargo holds.
- Landing gear wheel base and track.
- Turning the plane on taxiways.
- Community noise and wake vortices.
- Possibility of the family concept: stretching and shrinking.
- Acceptance of the airplane layout by airlines.

그림 5.17 플라잉윙 설계의 중요한 개발 측면

여객기의 증가된 크기는 택싱과 활주로 폭의 제한, 게이트 한계, 탑승객 처리, 인근 지역 소음 그리고 와류 후류를 피하기 위한 항공기의 분리와 같은 주요 우려사항으로 연결된다. 통합된 형상을 갖는 여객기에 대해서는, 기체에 탑승하고 내리는 접근성이 전형적인 비행기와는 많이 다르기 때문에

대부분의 운용상 문제점이 더욱 확대된다. 비상탈출 상황의 경우, 500~1000 명까지 탑승객이 가로방향 배열상 많은 통로를 가지며 출구까지 비정상적으로 긴 거리를 갖는 객실로부터 90 초 이내에 안전하게 탈출하도록 대비하는 것은 해결하기 어려운 문제점으로 보이기도 한다. 플라잉윙에 대해서 고유한 안정성과 조종성 문제는 최신의 복잡한 전자 기술로 해결되어야 한다. 비전형적인 플라잉윙 개념의 적용은 초대형 크기의 여객기에만 효과적일 것이고, 이에 대한 설계 과정은 어떤 경우라도 상당히 복잡할 것이다.

5.6.2 구조설계와 중량

FW 구조 설계자에게 있어서 주요 난관은 여압객실의 통합이다. 그림 5.18 에 나오는 Boeing 의 BWB-450 프로젝트는 중앙부의 리프팅바디와 두 개의 바깥쪽 날개와 같은 두 개의 주요 구성요소를 갖는다. 객실, 조종석 그리고 수하물 공간을 포함하는 중앙부위 바디의 앞부분은 객실 압력뿐 아니라 굽힘 하중을 담당하는 두꺼운 외피-스트링어 패널로 이루어져 있다. 전후방향의 내부 리브는 굽힘과 인장에서 압력하중을 전달하는 것으로 상부와 하부 표면을 연결한다. 피로가 설계 조건이 되며 CFRP 또는 GLARE 와 같은 복합재료가 여압선체의 대부분에 필요할 것으로 예상된다. 현재 수천 회의 비행 싸이클을 감당하는 조건으로 상당한 비원형 형상의 여압 구조를 사용한 경험이 거의 없기 때문에, 리프팅바디의 세부설계를 위해서는 대규모 기술개발 프로그램이 필요하다.

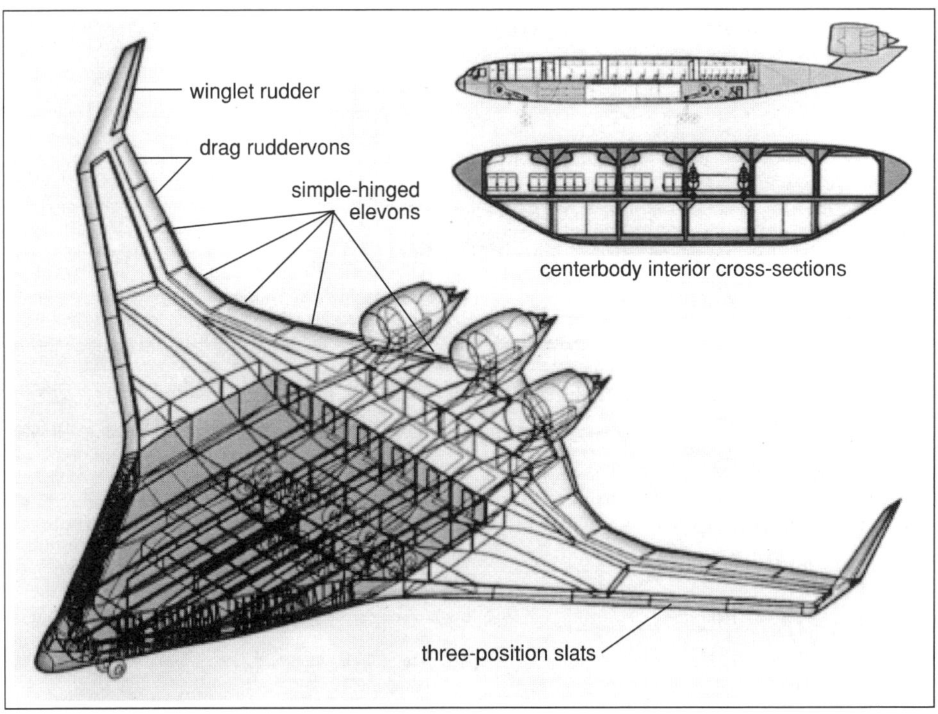

그림 5.18 Boeing BWB-450 기본형의 구조 개념과 비행조종 [49]

박스 형태의 여압 객실로 인해서 중앙부위 양력바디 구조는 전형적인 원형 단면의 동체 구조에 비해서 더 무거울 것이다. 이에 따른 보강으로 인해서 플라잉윙의 굽힘하중 경감으로 인한 중요한 중량 이점은 일부 상쇄될 것이다. 바깥쪽 BWB 날개는 크기는 더 작지만 구조적으로는 전형적인 수송기의 구조와 유사하고, 구조재료의 선택도 표준 설계절차를 따른다. 참고문헌 [58]에 따르면 알루미늄을 이용한 제조는 복합재료 날개와 비교해서 일반적으로 20% 중량 페널티를 초래할 것이다. 표 5.3 은 BWB 프로젝트에 대한 주요 중량 성분과 분율을 동일한 유상하중/항속거리를 갖는 전형적인 설계와 비교해서 보여주고 있다. 수치는 익면하중과 스팬과 같은 매개변수에 민감하지만, 두 설계의 전체 기체에 대한 구조중량과 자체중량 분율은 전형적인 설계가 약간의 이점이 있지만 거의 같다는 것에 주목할 필요가 있다. 결과적으로, 총 중량 감소에 대한 주요 영향은 향상된 공기역학 효율에 기인하고, 이로 인해서 연료비용과 장착엔진 추력이 상당히 감소된다고 할 수 있다.

표 5.3 복합재 구조인 480 석 BWB 와 전형적인 형상에 대한 중량 성분과 분율의 비교 [49]

성분	(양력) 바디	바깥쪽 날개	꼬리 또는 윙렛	OEW	MTOW
중량비 BWB/Conventional	1.21	0.73	0.18	0.91	0.89
중량 분율, BWB	0.128	0.075	0.003	0.472	1
중량 분율, Conventional	0.094	0.091	0.015	0.462	1

5.6.3 플라잉윙의 실현 가능성

5.3 장의 체계적인 사례 연구에서는, 순수한 플라잉윙이 전형적인 형상과 비교해서 낮은 순항속도와 높은 고도에서 그리고 두꺼운 에어포일 단면을 통해서만 보다 우수한 항속거리 성능 잠재력을 갖는다는 것을 보여주었다. 마하수 0.85 로 순항하는 현재 지배적인 형상의 공기역학 효율은 특히 날개 가로세로비가 25%까지 증가될 수 있다면 더 이상 개선하기 어렵다. 이러한 결론은 만약 유용한 하중이 매개변수 연구에서 가정되었던것 보다 더 정교한 방법으로 분산된다면 유효하지 않을 수도 있다. 이러한 특징은 TAW 에 비해서 공기역학 효율이 최소한 20% 향상되는 BWB 개념에도 적용된다. 또한 참고문헌 [52]에 따르면, 마하수 0.95 의 음속에 근접한 속도까지 BWB 를 설계할 수 있는 가능성이 존재한다고 서술되어 있다. HFW 는 약간 낮은 공기역학 성능을 갖는 덜 급진적인 개념이지만 몇 가지 장점이 되는 특징을 보이고 있다. 스팬로더 개념은 초대형 화물기 전용으로 고려할 가치가 있다. 그러나, 순수한 공기역학 성능만의 비교는 현실적인 설계 연구의 체계에서 완전하지 않다.

다양한 항공기 개념이 비교되면 탑승객 수용능력과 관련된 문제가 발생한다. 이는 대형 여객기에 대해서 가능해야 하는 많은 수의 좌석 수용, 탑승객-수하물 그리고 유상하중-항속거리 조합과 관련된다. 예를 들어, Boeing 747-400 은 전형적인 3-클래스 객실로는 416 석, 2-클래스 객실로는 524 석을 수용하며, 최대 구조적인 유상하중은 항속거리에 따라서 여객기와 화물기 버전에 대해서 67 에서 123 톤까지 달라진다. 근본적으로 다른 형상과의 비교는 항공사 입장에서는 무엇보다도 중요한 항목인 좌석수 그리고 유상하중-항속거리 성능이 동일하게 설계된 경우에만 유효할 수 있다. 또 다른 복잡성은, 동일한 좌석수이지만 근본적으로 다른 객실 레이아웃인 경우 사용 가능한 객실

공간과 플로어 면적의 차이로 인해서 탑승객의 안락함이 상당히 달라질 수 있다는 것이다. 예를 들어, 플라잉윙의 바깥쪽 좌석은 낮은 천장을 갖기 때문에, 현재 운용되는 광동체 여객기에 비해서 안락함이 줄어들 가능성이 있다. 그리고, 만약 다른 좌석수를 갖는 패밀리 개념의 설계를 개발하려고 한다면, 통합된 여압객실을 갖는 플라잉윙 형상의 장점은 줄어들 것이다.

참고문헌

[1] Maloney, E.T., Northrop FlyingWings,WorldWar II Publications, Planes of Fame Publishers, Inc., Buena Park, CA, 1975.

[2] Woolridge, E.T., Winged Wonders: The Story of the Flying Wing, Smithsonion Institution Press, Washington, DC, 1993.

[3] Nickel, K., and M. Wohlfahrt, Tailless Aircraft in Theory and Practice, AIAA Education Series, American Institute of Aeronautics and Astronautics, Inc., Washington, DC, USA, 1994.

[4] Sweetman, Bill, Inside the Stealth Bomber, MBI Publishing, Osceola, WI, 1999.

[5] Russell, L., Only the Wing: Reimar Horten's Epic Quest to Stabilize and Control the All-Wing Aircraft, Smithsonian Institution Press, Washington, DC, 2011.

Flying Wing Controversy

[6] Ashkenas, I.L., "Range Performance of Turbojet Airplanes", Journal of the Aeronautical Sciences, Vol. 15, No. 2, pp. 97–101, February 1948.

[7] Foa, J.V., and I.L. Ashkenas, Discussion of [6], in Readers Forum, Journal of the Aeronautical Sciences, Vol. 16, No. 4, pp. 253–254, April 1949.

[8] Gepfert, K., "Northrop Claims AF Scuttled Flying Wing", Los Angeles Times, December 1980.

[9] Foa, J.V., "The Flying Wing Reconsidered", The George Washington University Technical Report, GWU-TR-83-FW-2, January 1983. Also: Canadian Aeronautics and Space Journal, Vol. 30, No. 1, pp. 62–65, March 1984.

[10] Schreiber, T.S., "Subsonic Airplane Configurations for Maximum Range or Endurance", AIAA Paper No. 83-2536, October 1983.

[11] Sears, W.R., "Flying Wing Could Stealthily Reappear", Aerospace America, pp. 16–19, July 1987.

[12] Foa, J.V., Letter to the Editor of Defence Science, pp. DS6–DS9, March 1990.

[13] Torenbeek, E., "Aerodynamic Performance of Wing-Body Configurations and the Flying Wing", SAE Technical Paper No. 911019, April 1991.

[14] Torvik, P.J., "On the Maximum Range of Flying Wings", AIAA Paper No. 92-4223, August 1992.

Flying Wing Design

[15] Northrop, J.K., "The Development of All-Wing Aircraft", Journal of the Royal Aeronautical Society, pp. 481–510, 1947.

[16] Lee, G.H., "The Possibilities of Cost Reduction with All-Wing Aircraft", Journal of the Royal Aeronautical Society, pp. 744–749, November 1965.

[17] Caddell, W.E., "On the Use of Aircraft Density in Preliminary Design", SAWE Paper No. 813, May 1969.

[18] Davies, S.D., "The History of the AVRO Vulcan", 14th Chadwick Memorial Lecture, 12 March 1970, The Aeronautical Journal, Vol. 74, May 1970.

[19] Andersen, F., "Northrop, An Aeronautical History", Northrop Corporation, 1976.

[20] Sears, W.R., "Flying Wing Airplanes: The XB-35/YB-49 Program", AIAA Paper No. 80-3036, March 1980.

[21] Begin, L., "The Northrop Flying Wing Prototypes", AIAA Paper No. 83-1047, March 1983.

[22] Volkhausen, R., "Historie und Zukunft von Flugzeugen mit mittragender Nutlastzelle", DGLR Jahrbuch 1983 II, Paper 83-127, October 1983.

[23] Ashkenas, I.L., and D.H. Clyde, "Tailless Aircraft Performance Improvement with Relaxed Static Stability", NASAz CR-181806, March 1989.

[24] Grellman, H.W., "B-2 Aerodynamic Design", AIAA Paper No. 90-1802, February 1990.

[25] Roskam, J., S.M. Malaek, and W. Anemaat, "AAA (Advanced Aircraft Analysis): A User-Friendly Approach to Preliminary Aircraft Design", ICAS Paper No. 90-2.10.2, Stockholm, September 1990.

[26] Roskam, J., "The B-2 Bomber: Why?; How?; Is it Affordable?", paper presented to the Netherlands Association of Aeronautical Engineers (NVvL) on July 5, 1991.

[27] Fremaux, C.M., D.M. Vario, and R.D. Whipple, "Effect of Geometry and Mass Distribution on Tumbling Characteristics of Flying Wings", Journal of Aircraft, Vol. 32, No. 2, p. 404, March–April 1995.

[28] Denisov, V.E., A.L. Bolsunovsky, N.P. Busoverya, B.I. Gurevich, and L.M. Shkadov, "Conceptual Design of Passenger Airplanes of Very Large Passenger Capacity in Flying Wing Layout", ICAS Paper No. 96-4.6.1. September 1996.

[29] Göksel, B., "Conceptual Study for an Advanced Transport Aircraft with Extreme Large Capacity", Euroavia News, pp. 7–11, December 1996.

[30] Denning, R.M., J.E. Allen, and F.W. Armstrong, "Future Large Aircraft Design: The Delta With Suction", The Aeronautical Journal, Vol. 101, pp. 187–198, May 1997.

[31] Wood, R.M., and S.X.S. Bauer, "Flying Wings/Flying Fuselages", AIAA Paper No. 2001-0311, 2001.

[32] Bolsunovsky, A.L., N.P. Buzoverya, B.I. Gurevich, V.E. Denisov, A.I. Dunaevsky, L.M. Shkadov, O,V. Sonin, A.Yu. Udzhukhu, and Yu.P. Zhurihin, "Flying Wing: Problems and Decisions", Aircraft Design, Vol. 4, No. 4, pp. 193–219, December 2001.

[33] Denning, R.M., J.E. Allen, and F.W. Armstrong, "The Broad Delta Airliner", itshape The Aeronautical Journal, pp. 547–558, September 2003.

[34] Dmitriev, V.G., L.M. Shkadov, V.E. Denisov, B.I. Gurevitch, S.V. Lyapunov, and O.V. Sonin, "The FlyingWing Concept: Chances and Risks", AIAA Paper No. 2003-2887, September 2003.

[35] Martínez-Val, R., and E. Peréz, "Medium Sized Flying Wings", Innovative Configurations and Advanced Concepts for Future Civil Aircraft, von Kármán Institute for Fluid Dynamics, Lecture Series 2005-06, June, 2005.

[36] Bolsunovsky, A.L., N.P. Buzoverya, B.I. Gurevich, V.E. Denisov, and O.V. Sonin, "Flying-Wing: Problems and Decisions", Innovative Configurations and Advanced Concepts for Future Civil Aircraft, von Kármán Institute for Fluid Dynamics, Lecture Series 2005-06, June, 2005.

Blended Wing Body

[37] Callaghan, J.T., and R.H. Liebeck, "Some Thoughts on the Design of Subsonic Transport Aircraft for the 21st Century", SAE Paper No. 901987, October 1990.

[38] Liebeck, R.H., M.A. Page, B.K. Rawdon, P.W. Scott, and R.A. Wright, "Concepts for Advanced Subsonic Transports", NASA CR 4624, September 1994.

[39] Liebeck, R.H., M.A. Page, and B.K. Rawdon, "Evolution of the Revolutionary Blended Wing Body Subsonic Transport", Transportation Beyond 2000: Technologies Needed for Engineering Design, NASA Conference Publication 10184, pp. 431–460, February 1996.

[40] M.A. Potsdam, M.A. Page, and R.H. Liebeck, "Blended wing body Analysis and Design", AIAA Paper No. 97-2317, June 1997.

[41] Liebeck, R.H., "Configuration Control Document CCD-3: Blended Wing Body", Final Report Under Contract NAS1-20275, NASA Langley Research Center, October 1997.

[42] Liebeck, R.H., M.A. Page, and B.K. Rawdon, "Blended wing body Subsonic Commercial Transport", AIAA Paper No. 98-0438, January 1998.

[43] Denisov, V.E., A.L. Bolunovsky, N.P. Buzoverya, and B.I. Gurevich, "Recent Investigations of the Very Large Passenger Blended Wing Body Aircraft", ICAS Paper No. 98-4.10.2, September 1998.

[44] Wakayama, S., and I.H. Kroo, "The Challenge and Promise of Blended Wing Body Optimization", AIAA Paper No. 98-4736, September 1998.

[45] Wakayama, S., "Multidisciplinary Optimization of the BlendedWing Body", AIAA Paper No. 98-4938, September 1998.

[46] Wakayama, S., "Blended Wing Body Optimization Problem Setup", AIAA Paper No. 2000-4740, September 2000.

[47] Smith, H., "College of Aeronautics BWB Development Programme", ICAS Paper No. 1.1.4, September 2000.

[48] Österheld, C., W. Heinze, and P. Horst, "Preliminary Design of a Blended Wing Body Configuration Using the Design Tool PrADO", CEAS Conference on Aircraft Design and Optimization, 25–26 June 2001.

[49] Liebeck, R.H., "Design of the BlendedWing Body Subsonic Transport", 2002 Wright Brothers Lecture, AIAA Paper No. 2002-0002, January 2002.

[50] Mukopadhyay, V., J. Sobieszczanski-Sobieski, I. Kosaka, G Quinn, and C. Charpentier, "Analysis and Optimization of Non-cylindrical Fuselage for Blended Wing Body (BWB) Vehicle", AIAA Paper No. 2002-5664, September 2002.

[51] Mialon, B, T. Fol, and C. Bonnand, "Aerodynamic Optimization of Subsonic Flying Wing Configurations", AIAA Paper No. 2002-2931, June 2002.

[52] Gilmore, R., S. Wakayama, and D. Roman, "Optimization of High-Subsonic Blended Wing Body Configurations", AIAA Paper No. 2002-5666, September 2002.

[53] Roman, D., R. Gilmore and S. Wakayama, "Aerodynamics of High-Subsonic Blended Wing Body Configurations", AIAA Paper No. 2003-554, January 2003.

[54] Ko, Y.-Y. A., Leifsson, L.T., J.A. Schetz, W.H. Mason, B. Grossman, and R.T. Halftka, "MDO of a Blended Wing Body Transport Aircraft with Distributed Propulsion", AIAA Paper No. 2003-6732, November 2003.

[55] Wittmann, R., "Passenger Acceptance of BWB Configurations", ICAS Paper No. 2.6.0, September 2004.

[56] Qin, N., A. Vavalle, A. le Moigne, M. Laban, K. Hackett, and P. Weinerfelt, "Aerodynamic Considerations of Blended Wing Body Aircraft", Progress in Aerospace Sciences, Vol. 40, No. 6, 2004.

[57] Coppinger, R., "BWB Needs Larger Control Surfaces", Flight International, p. 42, 13–19 July 2004.

[58] Liebeck, R.H., "Design of the BlendedWing Body Subsonic Transport", Journal of Aircraft, Vol. 41, pp. 10–25, January–February 2004.

[59] Qin, N., A. Vavalle, and A Le Moigne, "Spanwise Lift Distribution for Blended Wing Body Aircraft", Journal of Aircraft, Vol. 42, No. 2, pp. 356–365, March–April 2005.

[60] Chambers, J.R., "The Blended Wing Body: Changing the Paradigm", Innovation in Flight: Research of the NASA Langley Research Center on Revolutionary Advanced Concepts for Aeronautics, NASA SP 2005-4539, August 2005.

[61] Nickol, C.L., and L.A. McCullers, "Hybrid Wing Body Configuration System Study", AIAA Paper No. 2009-931, January 2009.

Span-Distributed Loading Cargo Aircraft

[62] Cleveland, F.A., "Size Effects in Conventional Aircraft Design", Journal of Aircraft, Vol. 7, No. 6, pp. 483–512, November–December 1970.

[63] Whitehead, A.H.,"Preliminary Analysis of the Span-Distributed-Load Concept for Cargo Aircraft Design", NASA Technical Memorandum X-3319, December 1975.

[64] Whitehead, A.H., "The Promise of Air Cargo: Systems Aspects and Vehicle Design", NASA TM X 71981, July 1976.

[65] Whitlow, D.H., and P.C. Whitener, "Technical and Economic Assessment of Span-Distributed Loading Cargo Aircraft Concepts", NASA Contractor Report No. 144963, 1976. Also NASA CR-144962 (NASA), CR-145034 (Lockheed), and CR-145229 (Boeing).

[66] Jernell, L.S., "Preliminary Study of a Large Span-Distributed-Load Flying-Wing Cargo Airplane Concept", NASA Technical Paper TP-1158, 1978.

[67] Whitener, P.C., "Distributed Load Aircraft Concepts", Journal of Aircraft, Vol. 16, No. 2, pp. 72–77, February 1979.

[68] Toll, T.A., "Parametric Study of Variation in Cargo-Airplane Performance Related to Progression from Current to Spanloader Designs", NASA Technical Paper No. 1625, April 1980.

[69] Goldschmied, F.R., "Thick-Wing Spanloader All-Freighter: A Design Concept for Tomorrow's Air Cargo", AIAA Paper No. 90-3198, September 1990.

[70] Chaplin, H.R., "Application of Very Thick BLC Airfoils to a Flying Wing Type Transport Aircraft", SAE TP 901992, October 1990.

[71] Morris, S.J., and W.C. Sawyer, "Advanced Cargo Aircraft May Offer a Potential Renaissance in Freight Transportation", International Symposium "The Future of Cargo Transport Aircraft", Strasbourg, France, March 25–27, 1993.

제 6 장
클린시트 설계
Clean Sheet Design

우주에서 가장 높은 존재를 섬겨야 한다. 이는 만물을 활용하고 만사를 지배하는 것이다.

Marcus Aurelius (ad 121-180), *Meditations*, v. 21

6.1 지배적이고 급진적인 형상

클린시트 여객기의 일반 배열을 설계하는 것은 모든 개념설계 활동 중에서 가장 포괄적인 작업이다. 상당히 다양한 기존의 또는 가능한 형상이 사례로 나와 있지만, 최근 개발되고 계획중인 민간 항공기의 피상적인 외형에 대한 유사성으로 인해서 전문가 조차도 이들 사이의 구분을 쉽게 할 수 없는 정도이다. 그렇다고 해서 항공기 설계가 그 창의성의 종말에 도달했다고 결론을 내릴 수 있을지, 그리고 만약 그렇지 않다면, 어떤 이유로 인해서 이러한 대안 형상이 수용되지 않는 것인지 알아볼 필요가 있다.

항공의 역사는 계속되는 성공 스토리는 아니었다. 해당 시기를 기준으로, 고전적인 형상으로부터 벗어나려는 많은 시도 중에서 일부만이 성공적이었고, 대부분은 실패로 끝나고 말았다. 실패의 이유가 반드시 부족한 기술적인 배경이나 시장 전망에 대한 이해의 부족때문은 아니었다. 아마도 가장 극적인 사례는 초기 양호한 주문 기록을 가지고 있었고 앞선 기술적 성과를 보였던 훌륭한 개념인 초음속 (마하수 2) 콩코드 여객기일 것이다. 그러나 세계적인 여객기 수요와 일치하지 못했던, 예상하지 못했던 연료가격의 폭등과 오랜 개발기간으로 인해서 프로젝트는 사장되고 말았다[6]. 이만큼 극적이지는 않지만 많은 스토리가 있으며, 고등설계자라면 이러한 사례에 익숙해 지는 것이 도움이 될 것이다. 항공기 개념의 진화에 있어서 제안된 급격한 변화 중의 일부를 이번 장에서 살펴볼 것이다. 제 5 장에서 살펴본 튜브와 윙(Tube and Wing, TAW) 형상으로부터의 급진적인 변화에 추가해서, 동체와 양력 시스템의 비전형적인 조합에 근거한 몇 가지 대안 개념에 대해서도 다룰 것이다.

6.1.1 입증된 형상

개념설계는 대체로 입증된(established) 일반 배열과 비전형적인(unorthodox) 형상의 비교를 필요로 한다. 서로 다른 제안에 대한 상대적인 장점은 동일한 기술 수준과 체계적인 기본 원칙에 따라서 필수적인 사이징 과정을 완성하는 것으로 결정된다. 주요 항공기 구성요소의 형태(topography)에 대한 다음과 같은 기본적인 질문에 대해서 우선적으로 답을 해야 한다.

(a) 유용하중이 사용 가능한 내부 공간에 어떻게 분포되는지

(b) 날개, 수평 꼬리날개 그리고 수직안정판과 조종면과 같은 양력 표면의 위치는 어디로 정해지는지
(c) 몇 개의 (추진용) 엔진이 사용되고 어디에 장착되는지
(d) 모든 발생가능한 하중 및 비행 조건에서 항공기는 어떻게 밸런스가 맞춰지는지
(e) 랜딩기어와 기내 시스템은 어디에 장착되는지

최신 여객기의 대부분은 다음과 같은 TAW 개념의 원리에 따라서 개별적(discrete)으로 이루어진 주요 구성요소로 설계되었다.

- 여객기 승객, 조종석과 객실 승무원은 여압 객실 내에 배치된다. 이와 같은 선체(vessel)의 벽면은 동체 셸(fuselage shell), 전방과 후방 벌크헤드, 휠 수납공간 그리고 날개의 캐리쓰루(carry-through) 구조를 위한 외피로 이루어진다. 몇몇 경비지니스 제트를 제외하고, 기본적인 셸은 (거의) 원형인 단면을 갖는 실린더 형태이다. 여압이 없는 기수와 꼬리 부분은 필요한 유선형 형상을 제공한다. 탑승객 객실과 수하물 공간이 전체 동체 부피의 60 에서 80% 정도 차지한다. 나머지 공간의 대부분은 조종석, 전자장비를 위한 베이 그리고 랜딩기어 수납, 날개의 센터 섹션, 보조 동력장치(Auxiliary Power Unit, APU) 그리고 기타 시스템이 차지한다. 장거리 비지니스 제트는 후방 동체의 여압객실 외부에 연료탱크가 위치할 수도 있다. 일반적으로, 사용되지 않는 공간은 전체 동체 공간에서 매우 작은 부분만을 차지한다.
- 높은 가로세로비의 날개가 여압 객실의 윗부분 또는 아랫부분에 위치하면서 주요 양력 표면의 역할을 한다. 윙박스로 부르기도 하는 전방과 후방 스파 사이의 1 차 구조물은 전체 날개 부피의 약 55%까지 차지한다. 날개와 동체의 접합부위 바깥쪽 윙박스의 많은 부분을 연료탱크가 차지한다. 장거리 항공기는 중심부 캐리쓰루 구조물 내부도 연료탱크로 사용되기도 한다. 윙박스의 전방과 후방부위의 2 차 구조는 (가동되는) 고양력장치와 비행조종면이 장착되는 고정된 앞전과 뒷전 구조물로 이루어져 있다.
- 여객기의 터보팬은 파일런을 통해서 윙박스 또는 후방동체 구조물에 나셀의 형태로 장착된다. 3 발 엔진 항공기는 후방동체의 내부 또는 윗부분에 중앙 엔진이 장착된다. 프로펠러 항공기는 대부분 윙박스의 앞부분에 장착되는 트랙터 프로펠러 형식으로 터보팬 엔진을 갖는다.
- 날개 면적의 30 에서 45% 사이의 전체 면적을 갖는 꼬리날개는 상당히 대형이다. 수직 꼬리날개는 거의 항상 후방 동체의 최상단에 장착된다. 수평 꼬리날개는 후방동체 또는 수직안정판에 장착된다. 꼬리날개는 상대적으로 부피가 작지만, 일부 여객기는 무게중심(CG)의 제어를 위해서 꼬리날개 내부를 연료탱크로 사용하기도 한다.

현재 가장 지배적인 형상의 중요한 특징으로는, 날개와 동체가 유동에 노출되는 면적은 유사한 수준이지만 유용한 날개의 부피는 동체 부피의 20%를 넘지 않는다는 것이다.
입증된 일반 배열의 기본적인 특성은 원칙적으로 알려져 있기때문에, 이를 선택하는 것은 안전한 접근방법이면서도 경쟁력있는 설계를 찾기 위한 약간의 여지를 여전히 제공한다. 그러나, 새로운

기술과 상충하거나 극단적인 설계 요구조건의 경우 고전적인 것과는 다른 개념을 요구하는 경향을 갖는다. 예를 들어서, 오픈로터 엔진이 브레이튼(Brayton) 싸이클에 기반한 연료 효율적인 추진을 위한 궁극적인 해법으로 나타날 수 있는 반면, 새로운 세대의 터보팬은 훨씬 증가된 바이패스비와 팬 직경을 갖는다. 그러나 증가하는 엔진의 크기로 인해서 연소되는 연료의 감소 수준은 장착으로 인한 페널티와 고전적인 저익에 장착되는 엔진 포드에 대한 악조건으로 인해서 저하된다. 고익 또는 후방 동체에 장착되는 오픈로터 엔진은 제 3 장에서 살펴본 바와 같은 소음 차폐 특성과 함께 양호한 대안이 될 수 있을 것이다.

6.1.2 새로운 패러다임

1980 년대 동안 푸셔형 프로펠러가 장착된 카나드 형상, 결합날개(Joined Wing) 그리고 복엽 시스템과 같은 비전형적인 개념을 비지니스 항공기와 소형 여객기에 적용하는데 상당한 관심이 있었다. 그러나, 초기에 유망했던 많은 프로젝트가 결국은 취소되고 말았다. 인증에 결정적인 것으로 드러난 항목에 대한 사전 목록을 정리하는 것으로 일부 중요한 개발위험을 피할 수 있었을 것이다. 전형적인 설계의 실패사례는 참고문헌 [9]에 정리되어 있다. 몇몇 혁신적인 설계가 실제로 개발되었고 양산에 들어갔지만, 이로 인해서 비지니스 항공에 혁신을 일으키지는 못했다. 1980 년대 후반으로 가면서 많은 전문가는 전통적인 여객기 형상이 에너지 효율과 운용비용의 상당한 향상에 대해서 더 이상 최고의 해법을 제공하지 않을 수도 있다는 우려를 나타내기 시작했다. 이는 입증된 형상으로부터 급진적인 변화를 추구했던 전세계적인 연구와 기술 프로그램을 자극했고, 더욱 경제적이고 환경 친화적인 항공기를 개발하기 위한 가능성을 창조하게 되었다. 특히, 상당한 탑승객 수용능력을 갖춘 플라잉윙(Flying Wing, FW) 형상에 대한 설계연구가 러시아의 TsAGI 에서 수행되었다. NASA 의 시작으로부터 McDonell Douglas 는 그림 5.3 과 같은 혁신적인 블렌디드 윙바디(BWB) 개념에 대한 연구를 시작하였고, 이는 Boeing 과의 합병 이후에도 계속되었다. 이러한 혁신적인 개념은 상당한 (또는 극적인) 성능에 대한 이득을 보장하였고, 보다 깊은 연구와 응용 설계 연구를 위한 자금을 확보할 수 있을 정도로 충분한 가능성을 보였다.

BWB 형상에 대한 연구는 기체 제작사, 연구기관 그리고 대학의 연구팀 사이의 협력으로 수행되는 지속적인 기술 프로그램이 되었다. 연구자의 대부분은 BWB 개념이 대형 장거리 여객기에 대해서 상당한 잠재력을 가지고 있는 것으로 결론을 내렸다. 새로운 민간 항공기 개념 중에서 몇 가지 사전 경쟁단계 연구는 EU 의 지원금을 지급받았다. 천음속 박스형 날개, 결합날개 그리고 C-형 날개 항공기와 같이 특정 용도로 고려될 수 있는 대안 개념도 연구되었다. 그러나, 지금까지 이러한 개념 중에서 어느 것도 판매용 항공기 개발 프로그램의 시작점이 되지는 못했다. 결국 산업현장의 환경에서 새로운 개념은 경제적으로 실현 가능한 방법으로 실제 수요층을 목표로 하는 경우에만 정당화될 수 있다. 따라서, 설계 싸이클의 시작에서부터 설계 문제는 설계자, 제작사 그리고 운용사 사이의 협력을 바탕으로 접근되어야 한다. 일단 설계 개념과 요구사항이 일치한다면, 새로운 개념을 수용할 것인가에 대한 최종 결정이 내려질 수 있을 것이다.

6.2 형상의 형태론

과학자는 존재하는 것을 발견한다. 엔지니어는 존재하지 않았던 것을 창조한다.

Theodore von Kármán

6.2.1 분류

지난 10 여년간 고전적인 주날개-꼬리날개 그리고 TAW 설계 패러다임에 도전하기 위한 수 많은 시도가 이루어져 왔다. 상당히 다양한 종류의 기존 그리고 상상할 수 있는 비행기 개념을 고려하면, 체계적이고 완전한 목록을 만들겠다는 노력은 실패할 가능성이 높다. 대신에 여기서는 정면과 평면도를 기준으로 하는 도식적인 레이아웃에 대한 매트릭스를 논의할 것이다. 모든 개념은 (1) 유용하중의 비행기의 기체 내부에 바람직한 배치, (2) 트림된 그리고 보다 바람직하게는 고유한 안정된 비행, (3) 강건하고 가벼운 구조 개념과 같은 항목을 보장하는 목적을 가지고 있다. 공기역학적 관점에서 보면, 그림 6.1 에 나오는 정면도는 양력시스템의 수평(스팬)과 수직 범위에 주로 의존하는 와류 항력과 가장 관련된다. 그림 6.2 에 나오는 평면도는 비행기의 노출면적과 표면 마찰항력과 밀접한 관련이 있다. 만약 정면도가 동체를 포함한다면, 정면도와 평면도 사이의 면적 비율을 통해서 형상항력의 정도를 알 수 있지만, 대부분 상대적으로 작은 부분을 차지한다.

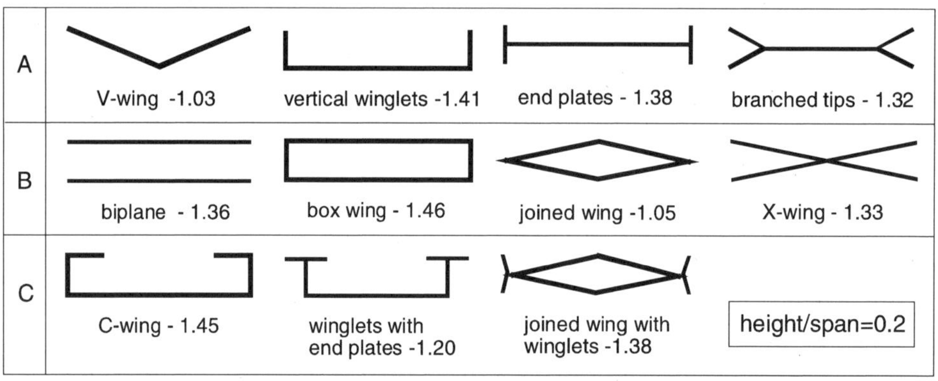

그림 6.1 양력 시스템 정면도와 최적 양력 분포에 대한 이론적인 스팬 효율계수 [72, 76, 89]

6.2.2 양력 시스템

비행기의 일반 배열 설계에서 양력 시스템의 형상은 가장 필수적인 특성이다. 이 시스템은 모든 비행 조건에서 항공기가 세로방향으로 트림을 유지할 수 있도록 충분한 양력의 발생을 보장해야 한다. 전통적인 해법은 평면상의 날개와 (수평)꼬리날개를 조합하는 단엽기이다. 그러나, 과거에는 특히 많은 대안 개념이 사용되었는데 1930 년대까지는 복엽기가 주로 이용되었다. 금속으로 제작되는 캔틸레버 단엽기가 고속 비행에서는 표준이 되었지만, 비평면상 날개, 복엽기 그리고 삼엽기와 같은 형태에 기반한 보다 효율적인 양력 시스템을 개발하기 위한 계속적인 시도가 이루어져 왔다. 다엽기는 대부분 비동일 평면상(non-(co)planar)에 위치하기 때문에, 다시 말해서 양력표면이 수직방향으로 서로 떨어져 위치한다는 의미이다. 명백하게도, 이와 같은 수직방향 간격이 유해항력과 유도항력 성분 그리고 구조중량에 미치는 영향이 중요하다. 비(동일)평면 양력 시스템의 장점에 대한 많은 연구가 20 세기 후반에 이루어졌고, 이는 지금도 계속되고 있다. 복엽기는 양력을 수직뿐 아니라 수평으로도 분산시키며 따라서 와류항력을 감소시키는 반면, 일부 개념은 또한 날개의 구조중량까지도 상당히 감소시킨다.

그림 6.1 의 분류는 양력시스템의 수직 거리가 스팬의 20%인 동일한 스팬에 대한 몇 가지 양력시스템의 스팬 효율계수를 비교하고 있다. 그림에 나오는 개념의 대부분은 타원형 하중분포를 갖는 평면 단엽기와 비교해서 높은 간섭항력을 갖는다.

- 카테고리 A – 비평면 단엽기

  V-윙은 큰 상반각에도 불구하고 와류항력의 겨우 몇 퍼센트만 감소되며, 수직 윙렛과 양력 엔드플레이트가 높은 효율을 가져올 수 있다. 대형 상반각과 윙렛 사이에서 많은 중간적인 형태를 얻을 수 있다. 예를 들어서, 분기된 끝단(branched tip)을 갖는 날개는 끝단 사이의 큰 수직거리로 인해서 높은 스팬효율을 기대할 수 있다[76]. 여기 나와 있지는 않지만 다른 관련된 개념으로는, 바깥쪽으로 경사진 윙렛, 스팬방향으로 캠버를 갖는 날개 그리고 갈매기형 날개 등이 있다.
- 카테고리 B – 복엽기와 박스형 날개 비행기

  복엽기와 박스형 날개 비행기는 4.3 장에 설명된 와류항력을 줄이기 위한 고전적인 공기역학 개념이다. 여기 나오지는 않았지만, 거의 동일한 스팬인 두 날개의 위치가 앞뒤 방향으로 상당한 스태거(stagger)를 갖는 형태의 복엽기는 탠덤윙(Tandem wing)으로 부르기도 한다. 직사각형 형태의 박스형 날개 비행기는 양력표면이 닫힌 형태로, 주어진 날개 스팬에 대해서 최소의 유도항력이 최종 목적이다. 이를 고아음속에 적용한 것을 천음속 박스형 날개 비행기(Transonic boxplane)라고 한다. 결합날개(Joined wing)는 중간 정도의 스팬효율 계수를 갖는다. 이는 날개 끝단에 수직 성분이 없는 박스형 날개 비행기라고 간주할 수도 있다. 결합날개의 중요한 특징은 정면뿐 아니라 평면상에서 보더라도 다이아몬드 형태로 인해서 자체적인 지지대를 갖는(self-bracing) 구조 개념이라는 것이다. 독특한 개념인 X-형 날개는 평면상에서 봤을때 날개가 X 자 형태를 이루는 시스템과 혼동하지 않아야 한다.
- 카테고리 C – 하이브리드 날개 시스템

  C 형 날개는 끝단에 대형 수직핀을 가지고 있고, 여기서 다시 안쪽을 향하는 두 번째 윙렛이 윗부분에 있는 형태이다. 이는 수직윙렛과 박스형 날개 비행기 중간 정도의 스팬 효율을 나타낸다. 날개 끝단에 수직윙렛이 장착된 형태의 날개는 실질적으로 끝단에 T-형 꼬리날개가 장착된 단엽기라고 할 수 있다. 이의 스팬효율은 C 형 날개에 비해서는 낮지만 더 짧은 스팬의 날개만으로 이러한 효율을 얻을 수 있다. 세 번째 개념의 경우, 결합날개의 효율은 대칭으로 경사진 윙렛으로 상당히 개선될 수 있다는 것을 보여준다.

그림에 나오는 급진적인 개념 중에서 일부가 새로운 설계 개념으로 채용된다면, 해당 설계는 아마도 심각한 유해항력의 증가와 상당한 구조 그리고 공탄성 복잡성으로 인한 페널티를 갖는 것으로 드러날 것이다.

6.2.3 평면도 분류

그림 6.2 는 양력 시스템 평면도와 유용한 하중의 할당에 따라서 비행기의 일반 배열을 구분하고 있다.

- 카테고리 A – 플라잉윙 (제 5 장 참조)
  - A1 – 전익 항공기(AWA) 또는 순수 플라잉윙: 모든 유용 하중을 날개 내부에서 담당하고 동체뿐 아니라 꼬리날개 또는 선미익을 갖지 않는다. 이상적으로 엔진은 날개 내부에 숨겨져 장착된다.
  - A2 – 블렌디드 윙바디(BWB): 동체가 양력표면의 기능을 하기 때문에 플라잉윙으로 간주된다.
  - A3 – 스팬 로더: (거의) 수직인 윙렛을 가지며 일정한 시위인 날개의 모든 스팬에 걸쳐서 끝단으로 수하물이 적재되는 대형 수송기
  - A4 – 날개의 양 끝단에 엔드 플레이트를 갖는 수직핀이 장착된 스팬 로더
- 카테고리 B – 평면 단엽기, 단일 몸체
  - B1 – 날개와 꼬리(Wing and Tail, WAT) 형상: 민간 비행기 대다수에 대한 일반 배열로, 대안의 꼬리 형상으로는 V 형 꼬리날개가 있다.
  - B2 – 카나드 또는 선미익 형상: 트림, 안정성과 조종성을 위해서 전방날개를 사용한다. 기존 카나드 항공기는 날개에 장착된 푸셔 방식 프로펠러를 사용한다.
  - B3 – 삼면익기 (또는 삼엽기): 일반적인 WAT 형상에 전방날개가 추가된다.
  - B4 – 무미익기: 수평안정판이 없지만 수직 꼬리날개는 가지고 있다.
- 카테고리 C – 비 (동일)평면 양력 시스템, 단일 몸체
  - C1 – 탠덤윙: 거의 동일한 양력을 발생시키는 동일한 스팬인 두 개의 날개가 큰 스태거로 배치된 복엽기
  - C2 – 결합날개: 평면뿐 아니라 정면상에서도 다이아몬드 형태인 닫힌 양력 시스템. 후퇴각에 위를 향하는 V 자 형태인 전방날개와, 전진각에 아래를 향하는 V 자 형태인 후방날개가 날개 끝단 또는 부근에서 결합된다.
  - C3 – 박스형 날개 비행기: 동일한 스팬의 두 날개가 끝단에서 수직 핀으로 연결되는 닫힌 형태의 복엽기 양력 시스템. 천음속 박스형 날개 비행기는 후퇴각인 전방 날개와 전진각인 후방 날개를 갖는다.
  - C4 – C-형 날개: 각 날개 끝단에서 안쪽을 향하는 윙렛을 갖는 수직핀이 특징이다. 이러한 윙렛은 수평안정판과 피치조종 장치의 역할을 한다.
- 카테고리 D – 동일평면 단엽기, 트윈 또는 멀티 바디. 사례로는 다음 중 하나의 특성을 갖는 쌍동체 항공기가 있다.
  - D1 – 단일 수평 꼬리날개

D2 – 동일한 이중 꼬리날개

D3 – 동체 사이의 선미익

D4 – 두 동체 사이에 통합된 객실과 날개 센터 섹션

- 카테고리 E – 앞서 설명된 개념이 조합된 하이브리드 형상

E1 – 하이브리드 플라잉윙(HFW): 몸체와 날개 내부의 통합된 객실

E2 – 대칭으로 기울어진 윙렛을 갖는 결합날개

E3 – HFW, C-형 날개 그리고 3 면익기의 특성을 조합한 C-형 날개

E4 – 뒷전에 엘리베이터를 갖는 양력 동체 레이아웃의 무미익 항공기[115]

그림 6.2 에는 동일한 스팬이지만 반대로 꺾어지고 수평 플레이트가 끝단에서 연결되어 평면도상에서 봤을때 결합날개처럼 보이는 두 개의 평면 양력 표면으로 구성된 평행사변형(rhomboidal) 날개는 나오지 않았다. 또한, 주로 공기역학적인 성능과 작은 수송기 또는 다목적 항공기에서 적재와 하역을 위한 접근을 개선하기 위한 목적으로 전형적인 WAT 레이아웃의 꼬리날개를 대체하는 붐에 장착되는 바깥쪽 수평안정판을 갖는 날개도 생략되었다[24].

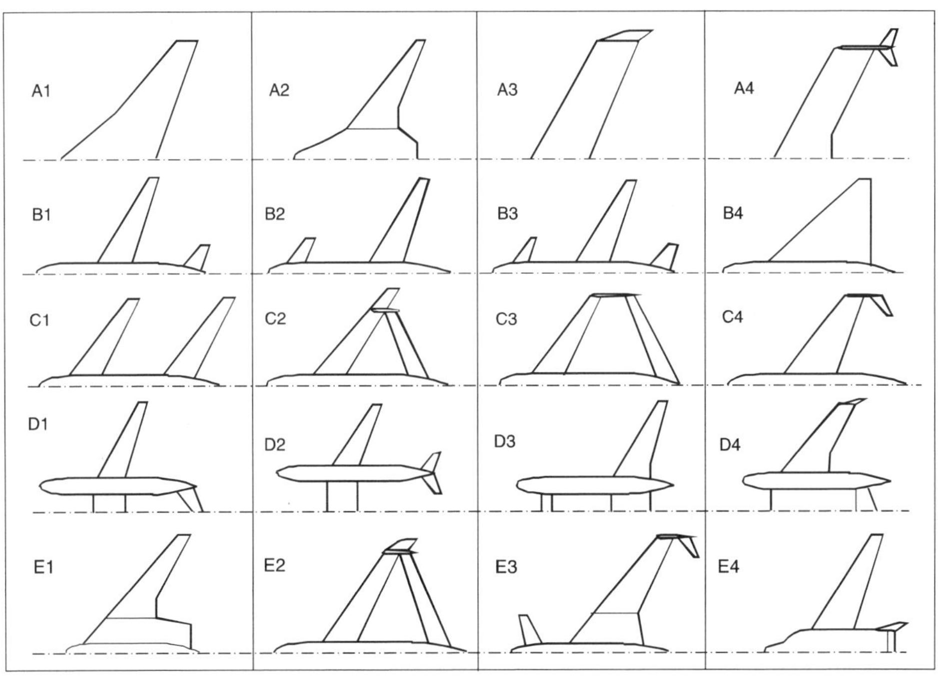

그림 6.2 민간 제트 비행기에 대한 일반 배열 스펙트럼

6.2.4 스트럿 지지 날개

오랜 기간 동안 스트럿 지지 날개(Strut Braced Wing, SBW)는 Short Skyvan 와 같이 저속 단거리 수송 항공기에서 특이한 형태는 아니었다. 1950 년대 초반 프랑스의 Hurel Dubois 는 매우 높은

가로세로비의 스트럿 지지 날개를 갖는 몇몇 항공기를 개발한 반면, Northrop 의 W. Pfenninger 는 초장거리 천음속 비행을 위한 트러스 지지 날개를 사용한 아이디어를 주장하였다. 1980 년대 무렵 NASA, Lockheed 그리고 Boeing 에 의해서 스트럿으로 지지되는 초대형 군용 수송기에 대한 연구가 발표되었다. 참고문헌 [48]에서는 보다 최근 NASA 에서 지원하고 Virginia Tech 에서 수행된 연구를 설명하고 있고, 이는 산업계/대학 연구로 이어져 [50]에 발표되었다. SBW 에 대해서 제기되는 장점은 몇 가지 시너지 효과를 갖는 설계 특성을 포함한다. 스트럿은 캔틸레버 구조와 비교해서 날개에 굽힘하중의 경감과 함께 트러스의 구조적 효율을 제공해서 날개의 중량 증가가 없이 스팬의 증가 및/또는 두께와 후퇴각의 감소를 가능하도록 한다. 따라서, 유해항력 및/또는 유도항력은 감소하는 반면 자연 층류를 위해서 날개의 후퇴각은 감소시킬 수 있다. 다른 방법으로 감소된 날개의 두께를 비행 마하수를 증가시키는데 사용할 수도 있다. 증가된 공기역학적 효율과 함께 감소된 총중량으로 인해서 보다 작은 엔진의 장착이 가능해진다. Virginia Tech 에서 수행된 연구[51]에 따르면 상당한 중량의 감소가 가능한 것으로 보인다. Boeing 777 등급의 광동체 여객기의 경우 9%까지 MOTW 가 감소하고, 연소되는 연료 절감은 11~16% 정도이며, 캔틸레버 날개 설계와 비교해서 장착추력의 감소는 20% 이상인 것으로 보고되었다. 최적 SBW 가로세로비는 9.7~12.2 사이에서 달라지며, 복합재료 날개의 경우 공탄성 문제는 예상되지 않는다.

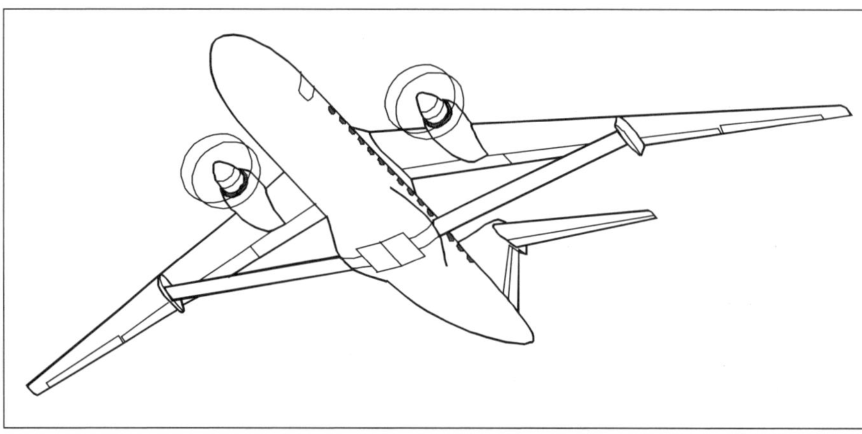

그림 6.3 스트럿 지지 날개와 CRPF 엔진이 장착된 중형 항공기 개념

SBW 설계의 도입이 반드시 급진적인 설계 패러다임이나 높은 비용의 R&D 프로그램을 필요로 하는 것은 아니며, 그림 6.3 은 전체적인 느낌이 특별히 거부감이 주는 정도는 아니라는 것을 보여준다. 그러나, 스트럿의 존재로 인해서 다음과 같은 주요 문제점을 갖게 된다.

- 비행기는 고익 형상을 갖게 되는데, 이는 수송기나 커뮤터로는 적절하겠지만 천음속 여객기로는 수용하기 어렵다.
- 스트럿의 존재는 바람직하지 않은 엔진의 장착 위치를 의미할 수도 있다. 예를 들어, 터보팬은 스트럿과 날개 연결부위의 바깥쪽, 날개의 윗부분 또는 동체의 후방 측면에 장착되어야 할 수도

있다.

- 스트럿 지지는 날개과 비교해서 하중을 담당하는 1 차 구조부재의 수가 증가하기 때문에 더 많은 가능한 고장 모드(failure mode)로 이어진다. 음(negative)의 하중 상황에서 스트럿에 작용하는 압축하중을 경감할 수 있는 메커니즘이 고안되어야 한다. 이는 추가적인 개발 위험과 증가되는 제작비용으로 이어질 것이다.
- 스트럿은 경계층이 지나가는 뒷전의 수를 추가시키고, 따라서 기체의 소음발생에 기여할 수도 있다. 그러나, 날개에 장착되는 오픈로터 엔진의 경우 소음 수준은 아마도 기체 소음에 의해서 지배되지는 않을 것이다.

6.2.5 추진과 개념의 통합

혁신적인 개념을 연구하기 위한 현실적인 시도는 기체와 엔진의 통합에 대한 고려를 포함하고, 이는 그림 6.2 에서 포함되지 않았던 또 다른 자유도를 도입하게 된다. 엔진을 장착하기 위한 적절한 위치를 찾는 것은 신개념 형상의 실현 가능성에 결정적인 영향을 미칠 수 있다. 다음 설명은 초기에 선호된 일반 배열이 실제 설계로 개발되는 과정에서 고려될 필요가 있는 주요 측면에 대한 내용이다. 전체 비행기 레이아웃의 모든 종류를 다루는 대신, 여기서는 가까운 미래에 적용될 것으로 주목을 받을 가치가 있는 몇 가지 기본적으로 충실한 개념에 대해서만 살펴볼 것이다. 이러한 선택은 공격적인 시너지 효과를 위한 기체와 추진의 상호작용이나 참고문헌 [31]에서 제안된 개념 통합은 대부분 포함하지 않을 것이다.

전형적인 고등설계 환경에서 비전형적인 형상의 특성은 경험이나 통계에 기반한 방법이 아닌 우선 이론에 근거한 방법으로 분석되어야 한다. MDO(Multidisciplinary Design Optimisation) 기법과 함께 주요 항공 분야에 대한 전산 처리능력의 지속적인 발전으로 인해서, 고등 설계자는 상세설계 개발을 시작하기 전부터 상당한 세부사항에 접근할 수 있게 되었다. 신개념의 필요성은 주로 비행기의 크기와 순항마하수, 항속거리 또는 이륙 활주거리와 같은 중요한 요구조건에 따라서 달라지기 때문에, 다음 설명에서 확정적인 결론을 내리지는 않을 것이고 또한 특정 개념에 대한 추천도 하지 않을 것이다.

6.3 날개와 꼬리날개 형상

후방에 꼬리가 장착되는 전통적인 비행기 레이아웃은 양호한 비행과 운용특성을 보장하는 충실한 접근방법으로써 입증되었다. 이의 설계 과정은 일반적으로 복잡하지 않아서, (거의) 동일한 꼬리날개와 같이 높은 공통성을 갖는 변형 설계를 생성할 수 있는 유연성을 보유한 균형잡힌 기본형으로 수렴된다. 그러나, 후방에 꼬리날개를 장착하는 것은 대략적으로 10%의 유해항력과 3%의 자체중량에 대한 페널티를 수반한다. 비행기의 일반 배열은 필요한 꼬리날개 크기에 큰 영향을 미치기 때문에, 필요한 최소 수직 꼬리날개 면적에 가장 영향을 미치는 설계 특성은 신중하게 선택해야 한다.

수평 꼬리날개 사이징은 무게중심(CG)이 모든 조건에서 한계 이내에 위치하도록 하기 위해서 날개, 몸체, 꼬리날개, 랜딩기어, 동력장치 그리고 각 시스템 구성요소와 같은 주요 부품의 상대적인 배치를 포함한 항공기의 밸런싱 과정에서 필수적인 항목이다. 주어진 항공기에 대한 하중 선도(loading diagram)는 항로비행(en route), 이륙과 착륙, 랜딩기어 올림과 내림과 같은 다양한 비행 단계에서의 각 유용 하중의 조건에서 GW 에 대한 CG 의 한계를 정의한다. 가장 관련된 것으로는 안정성과 조종성 요구조건으로부터 유도되는 공력한계와, 랜딩기어의 위치에 따라서 달라지는 랜딩기어 구성품의 강도로부터 유도되는 지상하중 한계가 있다. 전랜딩기어에 대한 전형적인 하중 한계는 지상활주 동안 노즈기어에 작용하는 최대 지면반력으로, 이는 GW 와 CG 위치에 따라서 달라진다.

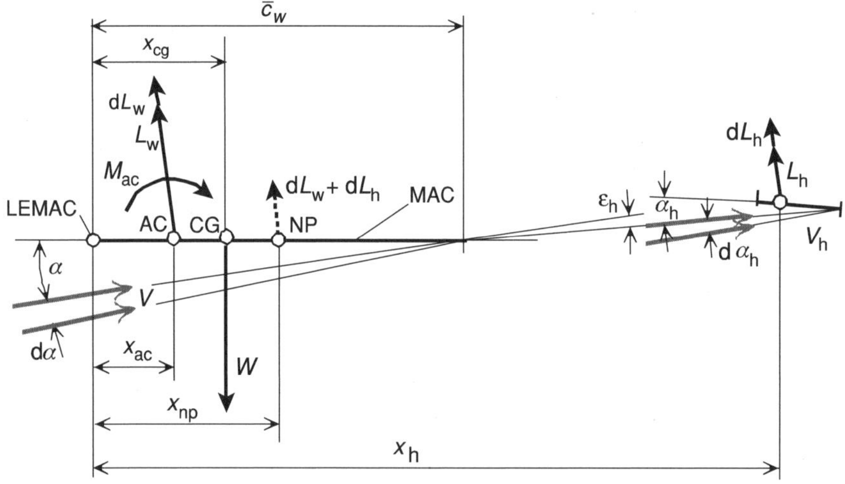

그림 6.4 안정하게 트림된 비행 조건의 유도에 대한 도식적 모델

6.3.1 공력 한계

필요한 최소 꼬리날개 크기는 개념 설계자의 통제범위 밖의 여러가지 요인에 따라서 영향을 받지만, 다음과 같은 유도(derivation)를 통해서 비행기의 일반 배열과 관련된 주요 영향에 대한 초기 평가를 할 수 있다. 필요한 꼬리날개 면적은 그림 6.4 와 같은 수평 꼬리날개(첨자 h)와 조합된 날개(첨자 w)의 도식적 모델을 통해서 유도될 수 있다. 여기서 날개는 수평 꼬리날개를 제외한 동체, 엔진 나셀 그리고 유동에 노출되는 다른 몸체를 포함한 비행기를 의미한다. X 축은 길이가 $\bar{c}$ 이고, 그 원점이 앞전(LEMAC)에 있는 날개의 평균공력시위(Mean Aerodynamic Chord, MAC)와 일치한다. 각 부품간의 수직방향의 상대적인 위치로 인한 효과는 고려하지 않기 때문에 Y 축은 표시되지 않았다. 피칭모멘트 M_{ac} 를 도입함으로써 꼬리날개가 없는 항공기의 양력 L_w 는 공력중심(Aerodynamic Centre, AC)으로 이동한다. 꼬리날개의 양력은 L_h 로 표시되며, 이의 피칭모멘트는 무시한다. GW 는 LEMAC 의 후방으로 x_{cg} 거리에 위치하는 CG 에 작용한다. 그림 6.4 는 트림된 조건뿐 아니라 받음각의 교란 $d\alpha$ 로 인한 양력 증가 상황에 대해서도 양의 방향으로 정의된 공기역학 힘과

피칭모멘트를 보여주고 있다. 양력 기여분은 지역 유동에 직각으로 작용하지만, 이의 피칭모멘트 기여분은 X 축에 직각으로 작용하는 것처럼 계산된다.

꼬리날개를 포함한 비행기의 밸런싱 과정을 보여주기 위해서, 세로 비행특성과 관련된 두 가지 기본적인 한계를 고려한다.

1. 정상 수평비행에서 정적 평형상태는 AC 주위의 피칭모멘트로부터 결정된다.

$$M = M_{ac} + W(x_{cg} - x_{ac}) - L_h(x_h - x_{ac}) \quad for \quad W = (L_w + L_h) \tag{6.1}$$

$M = 0$ 으로 하면, 수평 꼬리날개 부피 계수의 항으로 표현되는 요구되는 트림 능력을 구할 수 있다.

$$C_{L_h} \frac{S_h l_h}{S \bar{c}_w} \frac{q_h}{q} = C_{M_{ac}} + C_L \frac{x_{cg} - x_{ac}}{\bar{c}_w} \tag{6.2}$$

여기서 q_h/q 는 꼬리날개가 비행기의 후류에 잠기는 것으로 인한 동압의 손실을 설명하는 것이다. 꼬리날개 모멘트암 $l_h = x_h - x_{ac}$ 은 X 축 상에서 날개의 평균 1/4 시위점과 꼬리날개 사이의 거리에서 측정되는 값과 같다고 가정한다. AC 는 순항 형상으로부터 후방에 위치하는 반면, 고양력장치가 내려간 항공기는 큰 (음의 방향) 기수내림 $C_{M_{ac}}$ 를 갖기 때문에 꼬리날개에서 아래방향 힘($L_h < 0$)을 발생할 필요가 있다. 이는 일반적으로 전방 CG 한계에 대한 지배적인 조건이다.

2. 만약 비행기가 트림된 비행에서 받음각의 증가 또는 감소 $d\alpha$ 로 인한 교란을 받는다면, 날개와 꼬리날개 양력은 각각 dL_w 와 dL_h 만큼 증가하거나 감소한다. 결과적인 양력의 변화는 중립점(Neutral Point, NP)에 작용하고, 모멘트 방정식으로부터 구한 AC 후방의 거리는 $l_h \, dL_h / dL_{w+h}$ 가 된다. 양의 안정성을 위해서는 CG 가 반드시 NP 보다 전방에 위치해야 한다. 아래 식과 같은 CG 위치를 통해서 (양의 절대적인) 안정성 여유 Δx_{sm} 을 갖도록 하는 것으로 충분한 고유의 안정성을 부여할 수 있다.

$$x_{cg} = x_{np} - \Delta x_{sm} = x_{np} + \bar{c}_w \, dC_M / dC_L \tag{6.3}$$

식 (6.1)의 차이에 대입하면, CG 위치에 대한 필요한 안정성을 위한 꼬리날개 기여를 다음과 같이 구할 수 있다.

$$C_{L\alpha_h}(1 - d\varepsilon_h / d\alpha) \frac{S_h l_h}{S \bar{c}_w} \frac{q_h}{q} = C_{L\alpha_{w+h}} \frac{x_{cg} - x_{ac} + \Delta x_{sm}}{\bar{c}_w} \tag{6.4}$$

여기서 C_{L_α} 는 양력곡선 기울기이고, $d\varepsilon_h/d\alpha$ 는 꼬리날개의 다운워시 기울기이다. 대형 천음속 여객기의 꼬리날개 사이징 과정은 압축성과 공탄성 효과로 인해서 복잡해진다. 일반적으로, 고속비행이 후방 GC 한계에 대한 지배적인 조건이 된다.

6.3.2 균형잡힌 설계

동력으로 조종면이 작동되는 꼬리날개가 후방에 장착된 여객기에 대한 전형적인 꼬리날개 사이징 절차가 그림 6.5 에 나와있다. 실제로는 두 개 이상의 CG 한계가 고려되어야 하기 때문에, 이 사례는 단순화된 것이다.

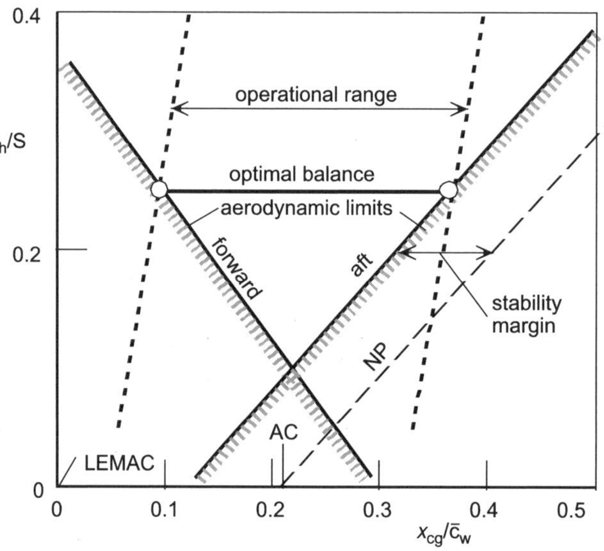

그림 6.5 균형잡힌 날개와 꼬리날개 형상에 대한 꼬리날개 크기대 CG 한계

- 중요한 전방 CG 한계는 착륙을 위한 고양력장치가 펼쳐진 항공기가 실속하는 능력에 따라서 결정된다. 이러한 조건에서 CG 는 꼬리날개가 없을때 양력 벡터의 전방에 위치하고, 따라서 모멘트 평형은 꼬리날개에서 아랫방향의 힘을 필요로 한다. 정상적인 비행으로 항공기를 되돌리기 위해서는 사용 가능한 충분한 엘리베이터 파워가 있어야 한다. 또 다른 필수적인 조종 요구조건으로는, 최소 언스틱(unstick) 속도를 달성하기 위한 이륙회전(take-off rotation)이다[121]. 그러면 필요한 꼬리날개의 아랫방향 힘은 메인 랜딩기어의 위치에 따라서 민감해진다.
- 고유한 안정성을 갖는 비행기의 후방 CG 한계는 대부분 순항 조건에서 허용 가능한 최고 세로안정성 여유에 따라서 결정된다.
- 수평 꼬리날개 면적을 증가시키면 전방과 후방 CG 공력 한계는 각각 전방과 후방으로 이동하기 때문에, 사용 가능한 CG 범위가 넓어진다. 공기역학 한계는 다양한 운용 하중 조건에 따라서 필요한 CG 이동에 최적의 방법으로 매칭되어야 한다.

그림 6.5는 씨저플롯(Scissor plot) 또는 X-플롯으로 알려진 그림을 보여주고 있다. 이는 공력 그리고 운용상의 CG 한계를 꼬리날개 면적의 함수로 계산해서 구한 것이다. 균형이 잡히지 않은 항공기의 경우, 전방과 후방 CG 한계의 교점은 전방 또는 후방 한계가 지배하도록 서로 다른 꼬리날개 면적을 만들게 된다. 공력한계 사이에서 운용 CG의 범위가 잘 일치하도록 날개를 동체를 따라서 전방이나 후방으로 이동함으로써 설계의 균형을 잡을 수 있다.[1] 최소 꼬리날개 크기가 최고의 전체적인 설계를 대표한다고 가정할 수 있고, 보다 개선된 최적 조건이 [54]에서 고려되었다.

최소 꼬리날개 면적은 식 (6.2)와 (6.4)에 따라서 CG 한계를 빼고, 그 차이를 운용 범위 Δx_{cg} 와 같다고 하는 것으로 해석적으로 구할 수 있다. 만약 거리 Δx_{ac} 로 인해서 AC 위치가 변하더라도 저속과 고속 비행 사이의 q_h/q 가 변하지 않는다면, 필요한 꼬리날개 부피는 다음으로부터 결정될 수 있다.

$$\frac{S_h l_h}{S_w \bar{c}_w} = \frac{-C_{M_{ac}}/C_{L_{max}} + (\Delta x_{cg} + \Delta x_{ac} + \Delta x_{sm})/\bar{c}_w}{\left\{(1 - d\varepsilon_h/d\alpha) C_{L\alpha_h}/C_{L\alpha_{w+h}} - C_{L_h}/C_{L_{max}}\right\} q_h/q} \tag{6.5}$$

여기서 $C_{M_{ac}}$ 와 $C_{L_{max}}$ 는 착륙플랩 설정에 대한 실속에 해당한다.

6.3.3 평가

고유한 안정성을 갖는 민간 제트 항공기 설계 개념은 다음과 같은 전형적인 입력값과 함께 식 (6.5)를 적용하는 것으로 비교될 수 있다.

- 동압비: 저익형상의 경우 $q_h/q = 0.85$, T-테일의 경우 0.95
- 다운워시 기울기: 저익형상의 경우 $d\varepsilon_h/d\alpha = 0.40$, T-테일의 경우 0.30
- 비행기 양력 기울기: $C_{L\alpha_{w+h}} = 1.10 C_{L\alpha_w}$
- 최소 안정성 여유: $\Delta x_{sm} = 0.02 l_h$
- AC 위치의 변화: $\Delta x_{ac} = 0.05$
- 플랩/슬랫 작동시 기수내림 피칭모멘트: $C_{M_{ac}} = -0.3 \Delta C_{L_{\alpha=0}}$
- 최대 꼬리날개 아랫방향 하중: $C_{L_h} = -0.80$

기존 제트 여객기의 면적비 S_h/S 는 0.15에서 0.35 사이의 범위로, 꼬리날개 부피 계수값의 변화가 더 작지만 여전히 중요하다. 통계적으로 결정되는 표현인 식 (A.7)로부터 필요한 꼬리날개 면적은 날개 면적뿐 아니라 동체의 기하에도 동일하게 의존한다는 것을 알 수 있다. 또한, 식 (6.5)는 변화의

---

[1] 밸런싱 과정은 참고문헌 [1]에 상세히 설명되었다. 저자는 [1]의 그림 9-19에서 수평 꼬리날개 중량의 추가가 기체의 CG를 후방이 아닌 전방으로 움직인다는 실수를 지적해준 R. Slingerland에게 감사한다.

많은 부분이 $l_h/\bar{c}$ 에 의존함을 설명하고 있다. 만약 엔진이 날개의 앞전보다 전방에 위치하고 수평안정판을 후퇴각을 갖는 수직 꼬리날개의 끝단에 장착하는 T-테일이 된다면, 꼬리날개 암의 길이가 상당히 증가한다. 뿐만 아니라, 엔진이 날개에 장착되는 경우와 같이 객실의 도심(cabin centroid)이 항공기 자체 중량의 무게중심 부근에 위치하는 경우에는 운용 CG 변화가 작다. 후방동체에 엔진이 장착되면 CG 의 이동이 커지며, 특히 객실이 만석인 경우에는 꼬리날개의 아랫방향 힘으로 인해서 높은 트림항력을 겪을 수 있다. 또 다른 지배적인 매개변수는 수평안정판의 수직위치이다. 높이 장착된 꼬리날개는 동압손실이 거의 없으며, 지역 다운워시 기울기는 낮은 꼬리날개에 비해서 더 작다. 후방동체에 엔진이 장착된 항공기의 큰 CG 이동은 부분적으로 T-테일의 적용으로 보상받을 수 있기 때문에, 이러한 경우 깊은 실속(deep stall) 문제에 대응하기 위해서 면적이 증가되어야 할 필요가 없다면 꼬리날개 면적비는 평균 정도가 된다. 몇몇 T-테일을 갖는 비지니스 제트의 높은 받음각 피치 조종은 두 개의 벤트럴 스트레이크(ventral strake)를 뒤집어진 V 자 형태로 후방 동체에 장착하는 것으로 개선되었다.

요약하면, 최소 꼬리날개 면적을 성능지수(Figure of Merit, FOM)로 하는 경우, 높이 장착된 수평꼬리날개와 조합되어 엔진이 날개에 장착되는 일반 배열이 최선의 방법으로 보인다. 예를 들어서, 저익과 낮은 꼬리날개인 Boeing 747-100 의 꼬리날개 면적비는 고익과 T-테일인 Lockheed C-5A 의 값에 비해서 1.7 배이고, 부피계수는 40% 더 크다.[2] 따라서, 엔진이 저익에 장착된 어떠한 여객기에서도 T-테일이 적용되지 않았다는 것은 다소 놀라운 일이다.

6.3.4 완화된 고유 안정성

전통적인 비행기 개념은 대부분의 비행 조건에서 꼬리날개에 아랫방향 하중을 받기 때문에, 트림항력이 발생하고 최대양력이 감소하는 특성을 감수해야 했다. 이러한 페널티는 예를 들어 꼬리날개를 트림탱크로 이용하는 것과 같이 CG 를 일반적인 경우에 비해서 더 후방으로 이동시킨다면 감소될 수 있다. 비행기에 안정성 증대 시스템(Stability Augmentation System, SAS)이 장착되어 있다면, 이와 관련된 안정성 여유의 감소를 허용할 수 있다. 이는 고속비행에서 꼬리날개의 아랫방향 하중을 감소시키고, 따라서 주날개는 큰 스팬으로 인해서 낮은 유도항력만으로 모든 양력을 전담하게 된다. 만약 이러한 밸런싱 과정이 완화된 안정성의 적용에 따른 것이라면, 날개는 동체에 대해서 전방으로 이동되고 꼬리날개 모멘트암은 증가될 수 있다. 식 (6.5)는 이러한 결과로 인해서 꼬리날개 크기가 감소한다는 것을 보여준다. 결과적으로, 완화된 안정성은 시스템 복잡성의 증가를 댓가로 중량과 항력의 가치있는 감소를 가져올 수 있다는 의미이다.

6.4 전방날개를 갖는 항공기

1980 년대 동안 몇몇 비지니스 항공기 설계자뿐 아니라 NASA 를 비롯한 학계 연구자는 후방에 꼬리날개가 장착된 형상과 관련된 일부 단점을 피하기 위한 다른 대안을 연구했다. 이들의 다수는

[2] C-5A 는 세로안정성 증대 시스템을 가지고 있다.

1970 년대 미국의 설계자인 Burt Rutan[3]에 의해서 개발된 혁신적인 일반 항공기 설계로부터 영감을 받았다. 이로 인해서 카나드와 3 면익기 형상이 등장하게 되었고, 이들은 모두 그림 6.6 에 나오는 것과 같이 전방날개(foreplane)를 가지고 있다.

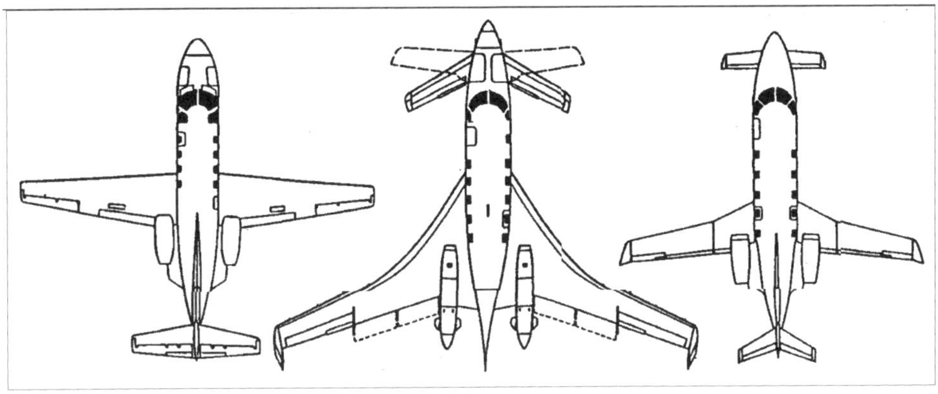

그림 6.6 유사한 탑승객 객실과 서로 다른 양력면 시스템: 날개와 꼬리(왼쪽), 카나드 형상(가운데) 그리고 삼면익(오른쪽) 형상 배열을 갖는 경비지니스 항공기 설계

6.4.1 카나드 형상

전투기에 이미 성공적으로 적용된 사례를 보면, 민간 항공기 설계에서도 역시 카나드에 대한 찬성론이 많이 있다는 것이 놀랍지 않다. 이를 위한 기본적인 주장은 다음과 같다. 카나드 형상은 전방날개에서 양의 양력 상태로 운용되기 때문에, 꼬리날개에서 아랫방향으로 하중을 받는 폐단에 대한 해결방법이 될 수 있다는 것이다. 그러나, 카나드 형상을 갖는 전투기는 높은 받음각에서 두 양력표면 사이의 공기역학적인 상호작용을 유리하게 이용하기 위한 목적으로 카나드가 날개의 전방 윗부분의 근거리 커플(close coupled)로 배치된다. 반면 카나드 형상의 여객기는, 일반적으로 두 양력표면 사이의 간섭을 최소로 하기위해서 주날개는 후방으로 이동하면서 선미익은 동체의 기수부분에 위치한다. 실제로 푸셔식 일반 배열에 카나드를 이용하는 주된 이유는 객실 안락함을 향상하기 위한 목적이다. 이러한 개념을 원거리 커플(long coupled) 카나드라고 하는데, 이의 장점은 주로 날개가 객실의 후방 또는 맨 뒷부분 아래쪽에 위치할 수 있고, 또한 엔진을 날개 뒷전의 윗부분 또는 후방에 장착할 수 있다는 것이다. 또 다른 영향으로는, 특히 날개 플랩이 전개된 경우 전방날개가 양의 양력 상태로 항공기의 트림을 맞추기 때문에, 따라서 주어진 전체 양력에 대해서 주날개가 작아질 수 있다는 것이다.

카나드 형상의 밸런싱에 대한 씨저플롯이 그림 6.7 에 나와 있다. 전방날개의 면적 S_c 가 증가함에 따라서 두 CG 한계는 S_c 에 비례해서 전방으로 이동하지만, 후방한계에 비해서 전방한계가 선미익의 크기에 더 민감하다. 씨저플롯을 통해서 이러한 설계는 다소 큰 선미익과 LEMAC 전방에서 작은 사용 가능한 CG 이동을 갖는다는 경향을 알 수 있다. 따라서 카나드의 설계자는 몇 가지 상반된 조건에 대응해야 한다.

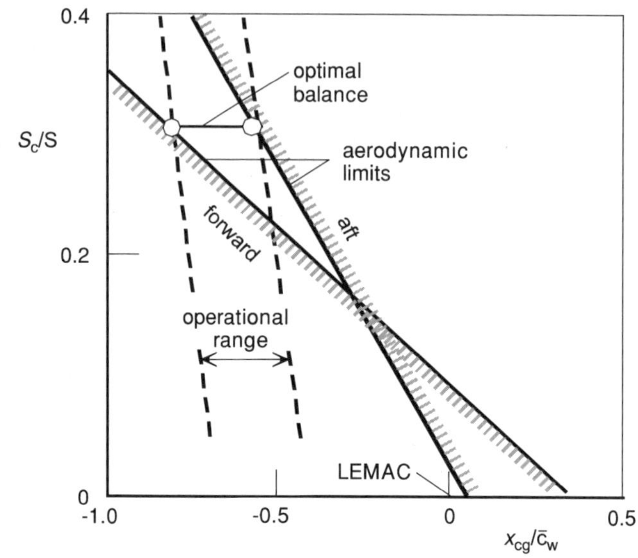

그림 6.7 밸런스된 카나드 형상을 위한 CG 대비 카나드의 크기

- 꼬리날개와는 달리 전방날개는 날개의 다운워시 내에서 작동하지 않기 때문에 효과적인 불안정판(de-stabilizer) 역할을 한다. 이러한 문제는 크기가 작고 가로세로비가 낮으며 두 양력표면 사이에 작은 수평방향 스태거(stagger)를 갖는 후퇴각의 전방날개를 적용하는 것으로 대응할 수 있다.
- 전방날개의 양력으로 인한 불가피한 유도항력 증분(제 4.3 장)은 수직방향의 거리차이와 큰 스태거를 선택하고 또한 전방날개의 스팬을 길게 하는 것으로 감소될 수 있다.
- 전방날개의 뒷전 와류판(trainilg vortex sheet)은 주날개 주면의 유동에 영향을 주기 때문에 양력분포가 타원형과는 전혀 달라진다. 전방날개의 뒷전 와류판이 날개의 아랫부분으로 지나가도록 음의 수직 간격을 적용하면 고속비행에서 간섭효과가 감소한다. 두 양력표면 사이의 간섭은 복잡하기 때문에 이의 예측은 풍동시험을 통해서 검증되어야 한다.
- 카나드 형상에서 (주)날개의 뒷전 플랩은 CG 보다 훨씬 더 후방에 위치하는 경향이 있어서 이를 전개하면 상당한 기수내림 피칭모멘트가 발생한다. 따라서 트림을 위해서는 카나드에서 상당한 양의 방향의 양력이 발생해야 한다. 실속에서 바람직한 기수내림 경향을 갖기 위해서는 선미익은 주날개가 최대 양력을 발생하는 것을 방해하지 않으면서 주날개와 비교해서 더 낮은 받음각에서 양력의 일부를 잃어야 한다. 실속으로부터의 회복을 위해서는 박리된 카나드 유동과 함께 엘리베이터의 효과가 유지되어야 한다.
- 만약 모든 연료탱크가 주 날개 윙박스 내에 있다면, 연료의 연소로 인한 큰 CG 의 이동이 발생할 것이다.
- 수직 꼬리날개 모멘트암은 작아지는 경향을 가지며, 긴 동체는 강한 방향 불안정을 만들 것이다.

이와 같은 필요사항과 요구조건 사이의 충돌을 해결하기 위해서 항력, 중량 그리고 복잡성의 증가와 같은 일반적인 결과를 갖는 다른 접근방법을 취할 수 있다. 매우 큰 전방날개를 피하기 위해서는 카나드 개념은 날개 크기와 밀접한 조화를 이루는 사이징 과정이 필요하며, 만약 비행특성과 관련된 문제가 나타난다면 마지막 순간에 조율할 여유가 남지 않는다. 연소되는 연료로 인한 CG 의 이동은 탱크를 전방날개의 뿌리 연장부위 내부에 장착하는 것으로 인한 유해항력과 자체중량의 증가를 댓가로 감소될 수 있다. 다른 대안으로는 동체의 기수 부분 또는 선미익 내부에 트림탱크를 적용하는 것으로 인한 복잡성을 수용하는 것이다.

이와 같은 연구는 순수한 카나드 형상은 여객기 적용에 대한 실현 가능한 개념으로 연결되지는 않을 것이라는 결론으로 이어진다. 그러나, 그림 6.6 과 같은 Beechcraft Starship 은 카나드 형상을 갖는 비지니스 비행기가 설계, 인증 그리고 고객에게 판매까지 될 수 있다는 것을 입증하였다. 이 설계는 1983 년 초도비행에 성공했던 Rutan 이 개발한 85% 축소모형의 비행시험 이후 완성되었다. Starship 은 안정성대 조종성이라는 상반된 조건을 위해서 독창적이지만 값비싼 해법으로써 전방날개에 가변후퇴각을 제공하는 메커니즘을 가지고 있다. 높은 가로세로비의 전방날개는 고속비행에서는 적절한 안정성을 위해서 후퇴각을 가지며, 저속비행에서는 트림을 위해서 전진각을 갖는다. 후퇴날개의 끝단에 장착된 대형 윙렛은 전형적으로 동체에 장착되는 수직 꼬리날개를 대체하였고, 상당한 후퇴각을 갖는 안쪽 날개의 앞전에는 연료탱크가 포함되어 있다. Starship 의 성능과 비행특성은 경쟁력을 갖지는 않는 것으로 보였고, 45 대가 고객에서 인도된 이후 생산이 중단되었다.

6.4.2 삼면익기

후방 동체에 보조 안정판이 장착된 Beechcraft 99 를 제외하면, 양호한 시장의 반응을 얻었던 유일한 인증된 삼면익기(Thtree-Surface Aircraft)는 그림 6.8(a)에 나오는 쌍발 비지니스 터보프롭인 Piaggio P180 Avanti 이다. P180 II 는 7~9 명의 승객과 하나 또는 둘의 조종사가 탑승할 수 있으며, 경비지니스 제트기와 비교할만한 객실 안락함과 속도를 가지고 있다. 두 대의 635kW (850HP) 출력인 P&W PT6A 터보프롭 엔진으로 추진되는 Avanti 는 최대 순항속도 730km/h 이고, 최대 운용고도는 12500m 로 Beech King Air 350 과 같은 기존 프로펠러 항공기에 비해서 훨씬 빠르고 높이 비행할 수 있다. IFR 예비연료 상태로 최대 항속거리는 2700km 이다. Avanti 의 비항속거리는 경쟁하는 터보팬 비지니스 제트에 비해서 유리하게 비교된다. 삼면익 항공기에 대한 설계 기준과 전형적인 그리고 카나드 형상과의 비교되는 이의 장단점은 참고문헌 [67]에 논의되어 있다. P180 의 공기역학 설계의 특징으로는 객실 후방부위의 중/고익 형태로 장착된 날개로, 이러한 위치로 인해서 전면 투영면적, 노출표면적 그리고 간섭항력을 최소로 할 수 있다. 층류형 날개 단면을 갖는 높은 가로세로비의 직선날개와 매우 매끄러운 표면의 외피로 이루어진 유선형 동체에 걸쳐서 확장된 자연층류(NLF) 영역을 확보할 수 있다. 푸셔식 배열은 모든 양력 표면이 프로펠러 후류의 외부에 위치하기 때문에 유해항력의 감소뿐 아니라 진동과 객실의 소음 수준까지도 낮아진다.

개념설계 단계 동안 P180 의 날개 위치는 선미익을 장착하는 것으로 인해서 객실 후방으로 이동하지만, 전형적인 피치 조종을 위한 후방 꼬리날개는 여전히 남는 것으로 타협하기로 결정되었다. 전방날개가 양력에 긍정적으로 기여하기 때문에, 동일한 전체 양력에 대해서 주날개 면적은 감소될 수 있다. 그러나, CG 는 LEMAC 의 전방에 위치하고 전형적인 배열과 비교해서 유상하중의 변화는 CG 의 이동을 증가시킨다. 반면, 꼬리날개 사이징 과정으로 인해서 주어진 꼬리날개 면적에 대해서 더 큰 CG 변화가 가능해진다. 순항과 하중조건에 따라서 이러한 형상은 유도항력에 미치는 영향은 거의 없이 양력표면의 유해항력만이 다소 추가된다. 동체 내부에서 날개의 센터 섹션의 상단에 연료탱크를 장착할 적절한 공간을 확보할 수 있고, 이로 인해서 날개 뿌리의 앞전 연장부위에 연료탱크를 장착할 필요가 사라지기 때문에 순수한 카나드 형상과 비교해서 밸런싱 문제는 감소한다. 플랩 제어 시스템은 P180 의 가장 비전형적인 특성 중의 하나이다. 멀리 떨어진 날개 위치는 플랩이 연장되면 큰 기수내림 모멘트를 발생시킨다. 과도한 꼬리날개의 아랫방향 하중을 피하기 위해서 비행기는 주날개 플랩과 선미익 플랩을 동기화해서 전개하는 것으로 밸런스를 맞춘다. 따라서, 전방날개 플랩은 전적으로 밸런싱만을 위해서 사용되며, 꼬리날개는 피치 제어를 위한 엘리베이터를 갖는다. 두 개의 바깥쪽 주날개 플랩은 비틀림샤프트를 통해서 기계적으로 연동되며, 두 개의 안쪽 플랩은 유사한 방법으로 작동하지만 이는 바깥쪽 플랩과는 기계적으로 독립된다. 유사한 방법으로, 두 개의 선미익 플랩은 기계적으로 독립된다. 플랩면 전개의 동기화는 전자식 제어장치에 의해서 제공된다.

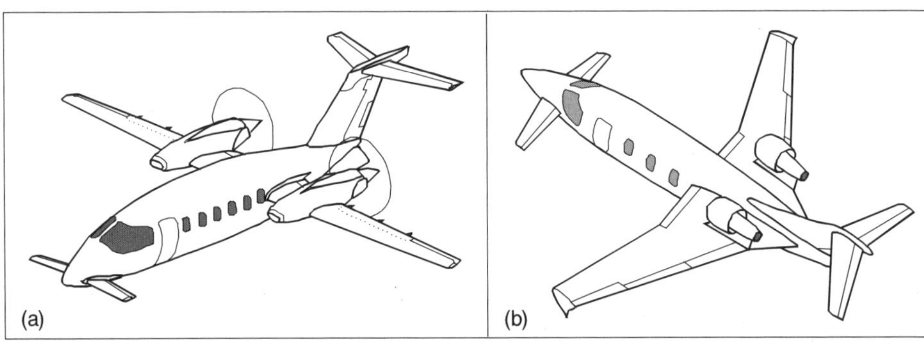

그림 6.8 3-면익 형상 비지니스 항공기 사례 (a) Piaggio P180 Avanti, (b) 가상적인 소형 비지니스 제트기

그림 6.8(b)는 삼면익 배열이 소형 비지니스 제트의 설계에도 고려될 수 있다는 것을 보여주고 있다. 날개 캐리쓰루 구조를 객실의 후방으로 이동하고 NLF 를 도모하기 위해서 전진각이 적용되었다. 날개는 양의 가로-방향안정성을 위해서 분명한 상반각을 가지고 있으며, 공탄성 발산을 피하기 위해서 복합재 구조로 제작되었다. 박리된 유동이 엔진의 공기흡입구로 들어가는 것을 피하기 위해서 날개는 소형 앞전 플랩을 가지고 있다. P180 과 유사한 방식으로 전방날개의 플랩은 주날개 플랩의 전개에 따른 기수내림 효과에 대한 트림을 잡아주며, 전형적인 후방 꼬리날개는 피치제어를 위해서 사용된다.

6.5 비평면 양력 시스템

6.5.1 천음속 박스형 비행기

Prandtl 은 제 4.3 장과 같은 다면익 양력 시스템에 대한 그의 해석에서 날개의 후퇴각은 고려하지 않았다. 그러나, Munk 의 스태거 이론의 적용은 날개에 후퇴각을 주는 것은 양력표면이 스태거를 가질때 양력 분포가 일정하게 유지된다면 와류 항력에는 영향을 미치지 않는다는 것을 의미한다. 이러한 이론은 전방에 장착된 저익형 후퇴각 날개와 후방에 장착된 고익형 전진각 날개로 구성되며 끝단에서 후퇴각을 갖는 수직 날개로 연결되는 천음속 박스형 비행기에도 적용된다. 천음속 박스형 비행기 개념은 Lockheed Corporation 의 L. Miranda 에 의해서 고안되었는데, 그는 이를 천음속 복엽기(Transonic biplane)라고 불렀다[68]. 이러한 형상은 동일한 스팬의 단엽기와 비교해서 상당히 감소된 와류항력을 가지며, 음속에 가까운 마하수로 순항하는 경우에 대한 이상적인 면적분포에 근접하게 일치하는 일정한 단면의 동체 형상을 이룰 수 있다. 고성능 박스형 비행기는 불필요한 높은 형상항력, 낮은 최대양력 그리고 유동의 조기 박리를 피하기 위해서 경쟁하는 단엽기와는 근본적으로 다른 형태의 캠버를 갖는다[71]. 천음속 복엽기에 대한 가능성 연구가 그림 6.9 에 나와 있고, 풍동시험을 통해서 고속에서 예상되는 낮은 유도항력이 검증되었다. 그러나, 플러터 해석 결과 요구되는 플러터 속도보다 훨씬 낮은 속도에서 적절히 억제될 수 없는 대칭 및 비대칭 불안정성이 발생하는 것으로 드러났다. 동일한 임무 능력의 단엽기와 비교해서 박스형 날개 비행기에 대한 날개와 꼬리날개의 상당한 중량 감소는 실현되지 않았다. 이러한 발견으로 인해서 Lockheed 의 박스형 비행기 연구는 중단되고 말았다.

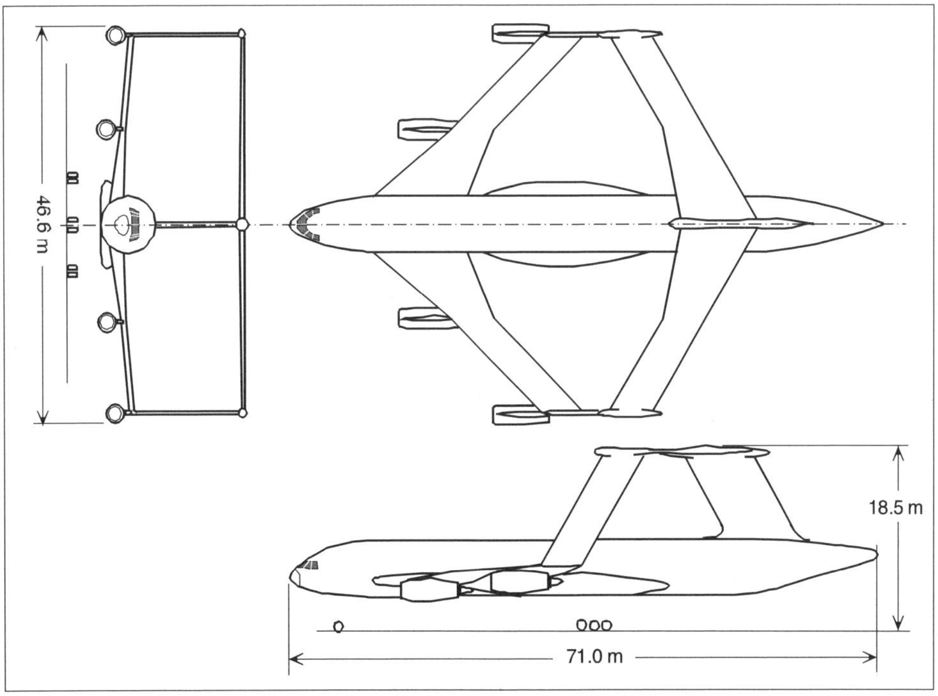

그림 6.9 마하수 0.95 의 Lockheed 천음속 복엽기 [70]

최근 고성능 항공기에 대한 박스형 날개의 공학적인 적용이 이탈리아의 대학에서 진행되고 있는데, 이를 Prandtl Plane 개념이라고 부른다. A. Frediani 에 따른 성과의 요약을 보면[80], Prandtl Plane 은 소형 비행기, 협동체 및 광동체 여객기 그리고 수송용 항공기에 적합한 형상을 제공한다. 그림 6.10 에 나오는 연구 형상은 Airbus A380 과 유사한 수용 능력을 갖는 대형 여객기이지만, 이는 14 좌석 너비에 3 개 통로를 갖는 훨씬 더 넓은 단층 객실을 특징으로 한다. 후방 날개는 동체 상단부에 위치하며 두 개의 수직 꼬리날개로 연결된다. 전방과 후방 날개는 대략적으로 동일한 양의 연료를 수납한다. 양력 시스템의 구조는 동체에 대해서 과구속되며, 정적 굽힘은 동일한 양력과 스팬을 갖는 캔틸레버 날개와 비교해서 더 낮다. 그림 6.10 은 동력장치 장착은 보여주지 않지만, [80]의 저자는 Pradtl Plane 이 저소음 항공기가 될 수 있는 몇 가지 방법을 제안하고 있다. 가로축 방향에 대한 큰 관성모멘트로 인해서 피치 제어는 매우 효과적일 것이다. 이는 두 날개상에서 서로 반대로 움직이는 한 세트의 엘레본으로 처리할 수 있다. 또한 날개에는 전스팬(full-span) 고양력 장치가 장착되며, 비행기는 매우 안정적인 실속특성을 가질 것으로 예상된다.

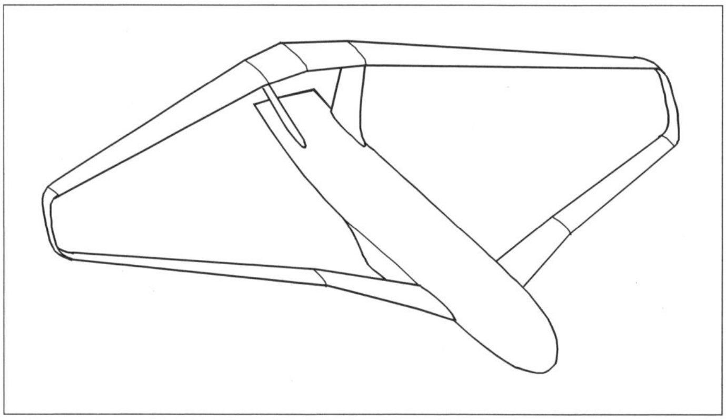

그림 6.10 대형 여객기의 Prandtl Plane 개념 [80]

박스형 날개 비행기는 경쟁력있는 수송기로써의 가능성이 의문스러운 몇 가지 고유한 특성을 가지고 있다. 박스형 날개 비행기는 수용할 수 없는 공탄성 특성으로부터 자유로운 효율적인 양력 시스템으로 개발하기에는 공기역학적으로 그리고 구조적으로 복잡하고, 따라서 높은 비용이 필요할 것이다. 주어진 스팬에 대해서 낮은 유도항력은 감소된 시위의 레이놀즈수와 양력과는 무관한 날개끝 수직 날개로 인해서 증가되는 유해항력과 감소되는 최대양력이라는 댓가가 필요하다. 통합된 특성으로 인해서, 모든 주요 구성요소의 대폭적인 재설계가 없이는 패밀리 개념으로 적용이 불가능하다.

6.5.2 C-형 날개

박스형 날개 비행기와 비교해서 C-형 날개는 동일한 스팬과 수직높이를 갖지만, 전체 양력 시스템에 대한 급격한 변경이 없이도 거의 동일한 이론적인 스팬 효율 계수를 갖는다. 그림 6.11 에 나오는 C-형 날개의 최적 양력 분포를 보면, 모든 윗방향 양력은 주 날개에 의해서 발생된다. 수직 꼬리날개는 상당한 안쪽으로 향하는 공기 하중을 수반하며, 수평방향인 윙렛은 작은 아랫방향 하중을 갖는다. 이를 그림 4.8(a)와 비교하면, 이러한 분포는 박스형 날개 비행기와는 상당히 다르다는 것을 알 수 있다. C-형 날개는 주로 대형 여객기에 대한 적용으로 연구가 되었지만, 이는 다른 비행기 개념으로도 또한 고려될 수 있을 것이다.

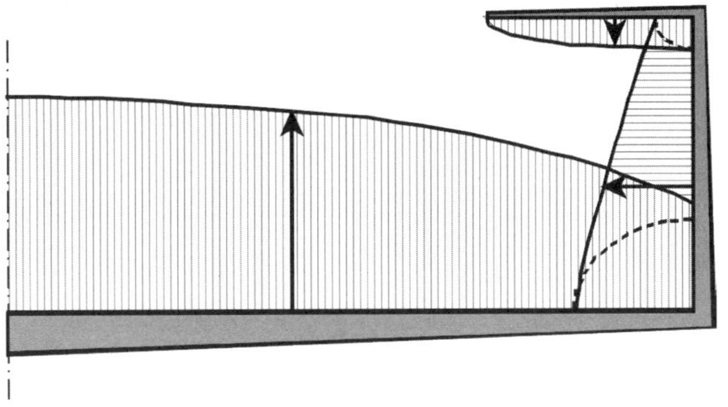

그림 6.11 C-형 날개 성분에 대한 양력분포

C-형 날개를 전체 항공기 시스템에 통합하는 것은 초대형 수송기의 문제점 중에서 가장 좋지 않은 부분을 개선할 수 있는 몇 가지 바람직한 시너지 효과를 기대할 수 있다[79]. 특히, C-형 날개를 적용하면 스팬에 대해서 상당한 구속을 받는 초대형 여객기의 공기역학적 성능과 비행특성을 향상시킬 수 있다. J. McMasters 와 I. Kroo 는 600 인승 단층 스팬로더에 적용한 C-형 날개 개념에 대해서 1995 년 설계 특허를 받았다. 그림 6.12 는 수정된 버전을 보여주고 있다. 여압 객실의 일부는 전형적인 광동체 내부에 포함되며, 일부는 상대적으로 두꺼운 안쪽 날개의 내부에 포함되기 때문에 이러한 항공기를 하이브리드 플라잉윙(Hybrid Flying Wing)으로 분류한다. 적당한 테이퍼를 갖는 주날개는 낮은 가로세로비를 가지고 있다. 끝단에 장착되는 비평면 양력면 (non-planar lifting surface) 시스템은 전형적인 비행기의 꼬리날개를 대체하는 조종면을 형성한다. 각 수직 꼬리날개는 대략 Boeing 747 의 수직 꼬리날개 정도의 크기를 갖는다. 수평표면은 전방날개와 함께 작동해서 이러한 형상을 실질적으로 3 면익 항공기가 되도록 한다. 다음과 같은 기본적인 특성으로 인해서 C-형 날개 형상을 초대형 수송기를 위한 잠재적인 후보로 고려할 수 있다.

- 80m 박스 활주로 제한과 관련된 날개 스팬의 문제가 상당한 유도항력 페널티 없이 해결될 수 있다.
- 단층 객실은 초대형 여객기의 비상탈출 문제를 감소시킨다.
- 전반적인 날개 재설계에 대한 필요성이 없이 원통형 바디 플러그를 이용해서 동체를 연장하는 기존의 편리한 방식으로 비행기의 크기 증가를 수용할 수 있다.
- 뒷전 와류장은 상당히 비평면이기 때문에, 와류 후류로 인한 위험을 감소시킬 수 있는 잠재적인 가능성을 갖는다. 이를 검증하기 위해서는 해결해야 하는 많은 연구가 남아있다.

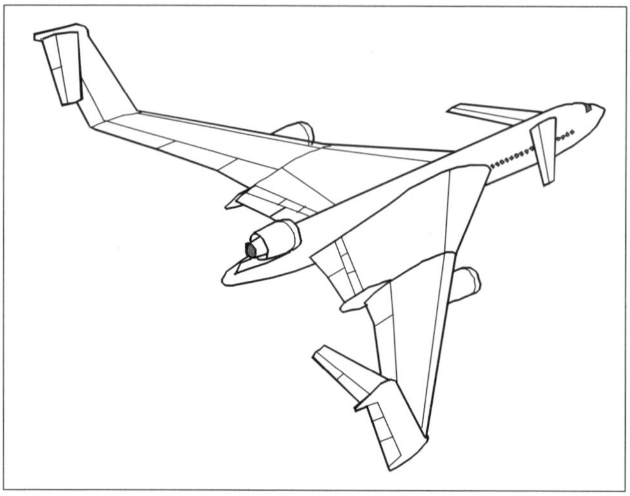

그림 6.12 600 인승 C-형 날개 수송기 형상[79]

연구 결과에 따르면, 충분한 추가적인 노력이 이어진다면 제안된 C-형 날개 형상은 아마도 성공할 수 있을 것이라는 결론에 이르렀다. 참고문헌 [79]에서는 그림 6.12 에 나오는 형상의 특성을 최적화된 전형적인 WAT 비행기와 비교하고 있다. 이는 C-형 날개의 중량과 성능 수치는 전형적인 경쟁 형상과 비교해서 부족하다는 것을 분명히 보여주며, 결론적으로 탑승객 수가 세 개의 등급 배열을 기준으로 약 600 명을 넘지 않는 아음속 수송기에만 적합하다고 할 수 있다. 추가 설명은 나오지 않지만, 박스형 날개 비행기와 유사한 문제 중의 일부를 갖는 것으로 보인다. 특히 이러한 개념은 난해한 구조 동역학적인 문제를 포함하기 때문에, C-형 날개 구조의 설계자는 난관에 직면하게 된다. 또 다른 문제가 되는 사항으로는, 아마도 날개의 내부에 들어가는 여압 객실 부분의 중량과 18% 두께를 갖는 안쪽 날개에서의 항력일 것이다.

6.6 결합날개 항공기

결합날개 형상은 J. Wolkovitch[82, 83]에 의해서 특허를 받았고, 이론적으로 그리고 실험적으로 연구되었다. 결합날개 항공기(Joined Wing Aircraft, JWA)는 두 개의 이중 주날개를 가지고 있으면서 평면과 정면상에서 모두 다이아몬드 형태를 이루도록 배열된 비행기 형상으로 정의할 수 있어서, 복엽-다이아몬드 또는 다이아몬드-링 날개로 부르기도 한다. 단일 수직 꼬리날개 또는 이중 꼬리날개를 이용해서 후방 주날개의 센터 섹션을 지지할 수 있다. 공기역학적 그리고 구조적 최적화에 따라서 결합부위는 전방 주날개의 끝단 또는 안쪽에 위치할 수 있다. 주날개는 유선형의 바디를 통해서 연결될 수 있지만, 또한 날개의 끝단에서 윙렛으로 연결되는 것도 가능하다. 결합날개의 장점으로 주장되는 것으로는 낮은 중량, 높은 강성, 낮은 와류항력, 양호한 천음속 면적분포로 인한 낮은 조파항력, 직접 양력 및 횡력 제어 능력 그리고 높은 트림된 최대 양력을 포함한다. JWA 는 전형적인 항공기와 비교해서 초기 상승(climb-out)과 착륙 접근시 아마도 더

조용할 것이다. 이러한 주장의 대부분은 전반적인 개요[89]상에 설명된 독립된 연구, 설계해석 그리고 풍동시험을 통해서 뒷받침되었다. 여기 언급된 설명은 대부분 이 자료의 정보를 참고한 것이다.

결합날개 개념을 민간 항공기에 통합하면 비전형적인 일반 배열이 나타난다. 그림 6.13 에 나오는 가상적인 고급 비지니스 제트 사례의 특징은 다음과 같다.

- 후방에 터보팬이 장착되고 단일 수직 꼬리날개를 갖는 전형적인 동체
- 뒷전 플랩을 갖는 높은 가로세로비의 후퇴각 전방 주날개
- 뿌리가 수직 꼬리날개 상단에 부착되는 뒷전 플랩을 갖는 전진각의 후방 주날개
- 두 주날개에 모두 장착된 전스팬 길이인 뒷전 플랩
- 전방 주날개의 끝단 안쪽의 뒷전 바로 앞에서 후방 주날개의 끝단과 결합
- 동체 구조 내부로 수납되는 메인 랜딩기어를 위한 페어링

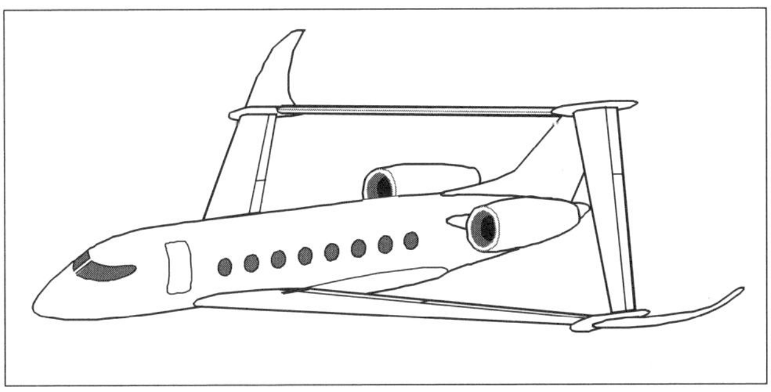

그림 6.13 결합날개를 갖는 고속 고급 비지니스 제트기 개념

6.6.1 구조적 원리 및 중량

결합날개는 캔틸레버 날개를 갖는 전형적인 WAT 와는 외형뿐 아니라 내부 구조까지도 다르다. 그림 6.14 는 각 날개에서 발생하는 양력 하중이 결합날개로 형성되는 트러스 구조에 대해서 수직과 수평방향 성분으로 어떻게 분해되는지 보여주고 있다. 평면상의 성분은 트러스에 의해서 잘 저항되고, 평면 밖의 성분은 날개 구조를 세로(longitudinal)축에 대해서 각도 θ 만큼 기울어진 굽힘축에 대해서 굽힘을 가한다. 각 날개의 1 차 구조는 등가 패널 두께의 시위방향 테이퍼를 포함하는데, 이는 결합날개 개념의 필수 특성으로 상당한 중량 감소의 이득을 제공한다. 만약 굽힘이 굽힘축에 대한 최대 2 차 관성모멘트를 갖는 빔으로 저항된다면, 구조재료를 최소로 할 수 있다. 이는 그림 6.14 의 아래 그림에 나온 것과 같이, 재료가 상부 전방스파 스파캡과 하부 후방 스파캡 근처에 집중되어야 한다는 것을 의미한다. 뿐만 아니라, 결빙제거, 고양력장치 그리고 조종면에 필요한 공간으로 결정되는 한계를 갖는 시위 중에서 가능한 최대한을 이용하는 것이 유리할 것이다. 예를 들어서, 캔틸레버 날개의 경우 윙박스가 시위의 15~65%를 차지하는 것에 비해서 결합날개의 윙박스는 5~75%를 차지할 것이다.

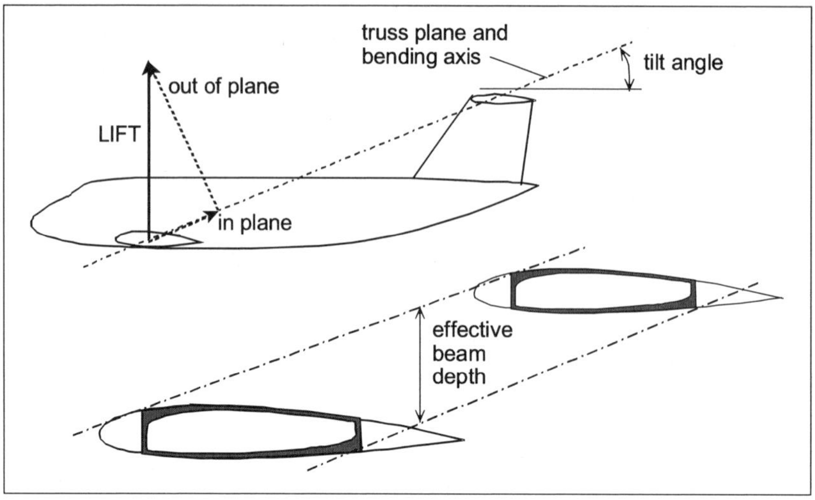

그림 6.14 결합날개 항공기의 구조적인 원리

결합날개에서 실질적인 빔의 깊이는 에어포일의 시위에 따라서 결정되며, 에어포일의 두께는 부차적이다. 따라서, 캔틸레버 날개에서보다 가볍고 항력도 작은 더 얇은 에어포일을 적용할 수도 있다. 한 날개의 비틀림은 다른 날개의 유연성에 의해서 저항되기 때문에, 결합날개는 높은 비틀림강성을 갖는다. 이로 인해서 유사한 중량의 캔틸레버 날개와 비교했을때 더 높은 에일러론 효율성과 더 높은 플러터 속도를 제공한다. 양의 하중계수 상황에서 후방 주날개는 압축을 받기 때문에 전체적인 기둥 좌굴(column buckling)을 고려해야 한다. 참고문헌 [88]에서는 후방 주날개의 좌굴이 구속조건은 아닌 것으로 밝혀졌지만, 참고문헌 [95]에 따르면 DC-9 등급의 JWA 에 대해서 이는 치명적인 설계 문제인 것으로 드러났다. 결합날개가 공기역학적으로 동등한 WAT 조합과 비교해서 항상 가벼운 것만은 아니다. 중량은 만약 날개의 평면 형상이 적절히 선택된 경우 그리고 내부 구조가 최적화된 경우에만 절감될 수 있다. 참고문헌 [88]에서는 다양한 기하 매개변수의 연구를 통해서 일부 결합날개 형상이 WAT 형상에 비해서 1 차 구조중량의 20~35% 사이의 중량 감소를 실현하는 것으로 보고되었다. 만약 결합날개의 날개스팬에 대한 구속조건이 없다면, 최고의 날개 결합위치는 세미스팬의 약 70%이다.

6.6.2 공기역학적 측면

동일 스팬의 복엽기 날개와 유사하게, 양 끝단이 결합된 날개는 최소 와류항력을 이루기 위해서 대략적으로 동일한 양력을 발생시키는 반면 비최적 양력분포에 대한 민감도는 낮다. 스팬 효율계수는 주로 간격에 따라서 달라진다. 다시 말해서, 날개의 뿌리 부분에서 두 개의 날개 사이의 수직거리를 의미한다. 결합날개 전체는 박스형 날개 비행기와 비슷하게 닫힌 형태의 양력 시스템을 형성한다. 그럼에도 불구하고, 끝단의 와류가 작은 영역에서 발생하기 때문에 이의 스팬 효율은 단엽기와 비교해서 단지 약간만 증가할 뿐이다. 그림 6.15 는 현실적인 간격/스팬 비율에 대해서 이론적인 스팬효율 계수 e_v 가 1.05~1.10 사이라는 것을 보여준다. 따라서, 날개끝단이 결합된 날개의 최소 와류항력은 동일한 스팬의 고립된 단엽기의 최소 와류항력에 비해서 5~10% 감소한다. 이러한 항력 감소는 날개 끝단의 안쪽에서 날개가 결합되는 날개 중간에 조인트를 갖는 날개에 대해서는 겨우 2~3%로 그 수준이 줄어든다. 결합날개는 비평면 형상으로 인한 유도항력의 이득은 거의 없지만, 밸런스를 위해서 닫힌 양력 시스템을 활용하는 것으로 순항비행에서 트림항력은 1% 미만으로 감소시킨다[81]. 그림 6.15 는 또한 날개 끝단에 대칭으로 기울어진 윙렛을 장착하면, 스팬효율 계수는 동일한 수직거리대 스팬의 비율을 갖는 박스형 날개 비행기의 수치에 근접하는 것을 보여준다.

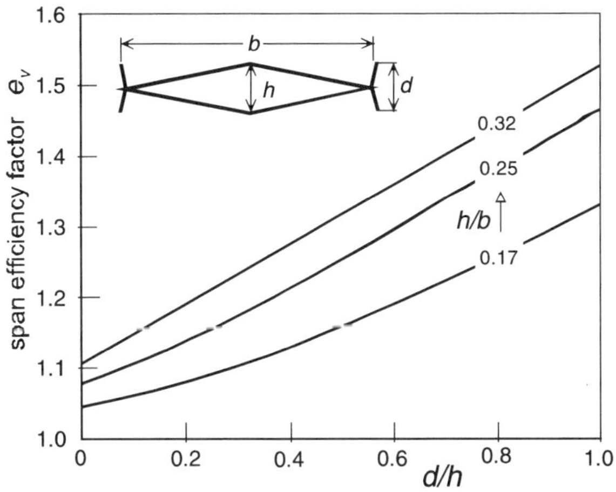

그림 6.15 결합날개 항공기의 스팬 효율계수에 대한 윙렛의 영향 [89]

JWA 기하를 정의하는 수 많은 기하학적 특성의 측면으로 보면, 유해항력에 대한 일반적으로 유효한 결론을 내리는 것은 가능하지 않다. 참고문헌 [89]의 해석을 통한 결론을 다음과 같이 정리할 수 있다.

- 전방과 후방 주날개 사이의 부정적인 간섭은 날개의 결합부위 근처에서 겹치지 않는 에어포일을 사용하는 것으로 피할 수 있다. 후방 주날개와 수직 꼬리날개의 교차지점은 적절히 필렛(fillet)처리가 되어야 한다.
- 보다 부드러운 면적의 증가로 인해서, JWA 는 유사한 앞전 후퇴각을 갖는 전형적인 비행기에 비해서 더 낮은 무양력 조파항력을 갖는다. 자체적으로 지지되는 날개의 적용으로 인해서 상대적으로 얇은 에어포일의 날개를 사용할 수 있고, 이로 인해서 추가적인 항력 감소가 가능하다.
- 각 에어포일의 양력은 다른 에어포일이 휘어진 유동장(curved flow field)에 들어가도록 한다. 이는 유도된 유동 곡률을 만들기 때문에, 결합날개의 에어포일은 다중 에어포일에 사용되는 방법과 유사한 방법을 이용해서 설계되어야 한다. 전방 주날개는 후방 주날개보다 더 큰 캠버를 가져야 하고, 날개 끝단 방향으로 갈수록 워시아웃(wash-out)되어야 한다. 후방 주날개는 워시인(wash-in)을 가져야 한다.

고양력장치가 없는 결합날개 형상의 풍동시험 결과를 보면, 트림된 최대 양력계수는 동일한 노출면적을 갖는 전형적인 WAT 에 비해서 결합날개가 4~7% 더 높다. 후방 주날개가 전방 주날개의 다운워시 영역에 들어가기 때문에, 정적으로 안정한 JWA 의 전방 주날개 에어포일이 먼저 실속에 들어간다. 이러한 특성은 양호한 실속 회복을 제공하지만, 이는 후방 주날개가 저속 형상에 대해서 필요한 트림 양력을 발생하는 것으로는 과도한 크기를 가질 수도 있음을 의미한다. 더구나, 고양력장치는 캔틸레버 날개에 비해서 작은 부분만을 차지하기 때문에 효과가 떨어지게 된다. 최대양력을 증가시키기 위해서 다음 방법이 도움이 될 수 있다.

- 전방 주날개와 비교해서 시위를 늘리고 후퇴각은 줄이는 것으로 후방 주날개의 양력곡선 기울기 기여분을 증가시킨다.
- 무양력 조건에서 양의 피칭모멘트를 만들기 위해서 캠버, 워시아웃 그리고 두 에어포일의 붙임각을 최적화한다.
- 예를 들어서, 꼬리날개에 트림탱크를 사용해서 CG 를 후방으로 이동시켜 정적 여유를 감소시킨다.
- 앞전플랩, 슬랫 또는 전방 주날개의 안쪽 뿌리 부근에 스트레이크를 장착한다.
- 그림 6.16 에 나온 것과 같이, 전방 주날개의 안쪽과 후방 주날개의 바깥쪽에서 뒷전플랩의 변위를 최대로 적용한다. 이는 무양력 피칭모멘트를 보다 기수올림으로 만들게 된다.

만약 이러한 방법이 충분하지 않은 것으로 나타난다면, AC 의 전방 이동이 거의 없이 상당한 기수올림 피칭을 확보하기 위해서 낮은 가로세로비의 전방날개를 이용할 수도 있다.

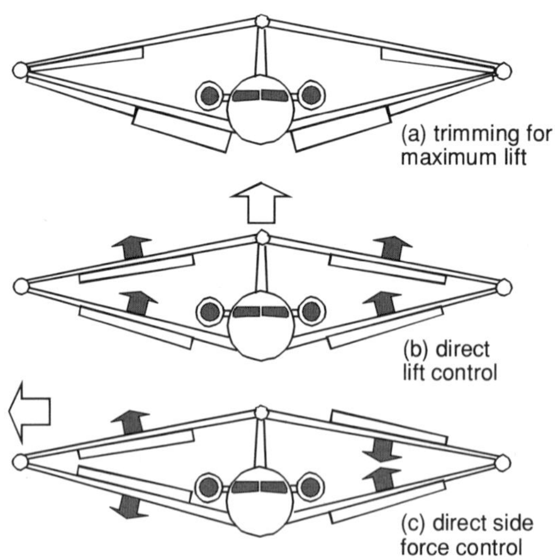

그림 6.16 결합날개 항공기의 양력 및 조종 능력

6.6.3 안정성과 조종성

낮은 받음각에서 JWA 형상의 공력중심(AC)은 결합날개의 면적중심보다 전방에 위치한다. 중간

그리고 실속보다는 낮은 높은 받음각에서 AC 는 점차 후방으로 이동해서 기수내림 경향을 초래하는데, 이는 필요하다면 적절한 공기역학 설계에 의해서 감소될 수도 있다. 엘리베이터는 전방과 후방 주날개 모두 그리고 (만약 존재한다면) 전방날개(foreplane)에도 장착될 수 있다. 만약 이들이 동일한 각도로 변위된다면, 결과적인 양력은 CG 근처에 작용해서 그림 6.16 과 같은 직접 양력제어(direct lift control)가 가능해진다. 직접 양력제어와 전방 엘리베이터의 변위를 이용해서 이륙회전을 용이하게 할 수 있다. 그림 6.16 은 결합날개 형상은 전방 주날개의 큰 상반각과 후방 주날개의 큰 하반각으로 인해서 측풍착륙시 항공기 제어에 유용하게 사용할 수 있는 직접 횡력제어(direct side force control)의 가능성 또한 가지고 있다는 것을 보여준다. 결론적으로, 잘 설계된 JWA 설계는 전형적인 항공기와 비교해서 동등하거나 또는 그 이상의 조종성과 안정성 특성을 가질 수 있다고 할 수 있다.

6.6.4 설계 통합

기존 비행기의 바디와 수직 꼬리날개에 결합날개를 장착한다고 생각할 수도 있지만, 이러한 방법으로는 최고의 결과를 가져오지 않을 것이다. 그러나 완전히 새로운 JWA 기체의 개념설계는 연료탱크, 랜딩기어 그리고 날개와 바디 기하뿐 아니라 하중과 밸런스 측면에서도 몇 가지 새로운 고려를 필요로 한다. 예를 들어서, 끝단에서 결합되는 날개는 일반적으로 전방과 후방 주날개 모두에 연료를 수납할 것이다. 동일한 면적과 기하의 두 날개의 부피가 캔틸레버 단엽기의 부피보다는 작아지겠지만, 윙박스가 차지하는 시위의 분율이 증가되기 때문에 이를 보상할 수 있을 것이다. 그리고, 동체 설계에 대해서는 다음 사항이 관련된다.

- 동체가 낮은 세장비를 갖는 것이 최소 중량을 위해서는 바람직한 것으로 보인다. JWA 는 큰 꼬리날개 모멘트암을 제공하기 위한 긴 동체가 필요하지 않기 때문에, 이는 JWA 의 공기역학적 요구조건과도 잘 어울린다.
- JWA 의 두 날개는 항공기가 높은 윗방향 하중을 겪을때 윗방향 양력을 발생시킨다. 따라서, 동체는 전후방 양 끝단 부근에서 지지된다. 이에 비해서, 전형적인 날개는 기수와 꼬리의 중간 부분에서 지지되며 꼬리에는 아랫방향 하중이 작용한다. 공력하중에 저항하기 위해 설계되는 JWA 동체의 부품은 따라서 일반적인 경우와 비교해서 더 가벼워질 수 있다. 반면 랜딩기어가 장착되는 부위의 바디는 보강이 되어야 한다.
- 여객기 패밀리 개념을 위해서는 서로 다른 유상하중 수용능력에 맞추기 위해서 바디가 늘어나고 줄어들 수 있어야 한다. 이러한 유연성을 대규모 설계변경이 없이 JWA 에 적용하는 것은 쉽지 않을 것이다.

JWA 는 전형적인 형상과 비교해서 몇 가지 우월한 고유한 장점을 가지고 있어서, 소형 승객용 비행기뿐 아니라 상당히 다른 수용능력을 갖는 여객기의 설계에서도 심각한 후보로 분류되고 있다. 그러나, JWA 는 일반적인 경우와 비교해서 보다 복잡한 양력 및 비행조종 시스템이 필요한 고도의 통합된 개념을 대표하기 때문에 아마도 제작뿐 아니라 유지비용도 더 많이 필요할 것이다.

6.7 쌍동체 항공기

쌍동체 항공기(Twin Fuselage Aircraft, TBA)는 대칭면상으로부터 바깥쪽으로 동일한 거리상에 위치한 두 동체에서 유상하중을 담당하는 방법으로 날개의 굽힘을 감소시키기 위해서 스팬상 분포하중(Span Distributed Loading, SDL)으로 인한 유리한 구조적인 효과를 갖는다. SDL 은 동일한 스팬에 대해서 상당한 날개 구조중량의 감소를 가져오고, 이로 인해서 전형적인 배열과 비교했을때 더 큰 최적 가로세로비를 사용할 수 있다. 그림 6.17 은 Lockheed Georgia Company 에서 고안한 초대형 쌍동체 수송 항공기를 보여주고 있다. 두 개의 바깥쪽 동체의 사이에 중앙동체를 추가하는 삼동체 항공기(Tri-body aircraft)도 생각할 수 있지만, 민간 비행기 설계를 위한 후보가 되기에 충분한 장점을 제공하지는 못할 것이다.[3]

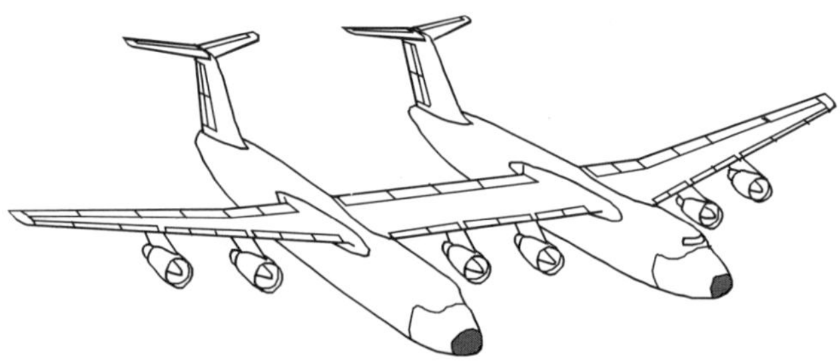

그림 6.17 쌍동체 형상을 갖는 Lockheed 의 초대형 화물 항공기설계 [103]

동일한 유상하중/항속거리 능력을 갖는 전형적인 비행기와 TBA 를 비교하면, 쌍동체 항공기에는 상당한 자체중량 절감이 가능하다는 것을 알 수 있다. 가장 중요한 것은 그림 6.18 에 나오는 비전형적인 SDL 의 효과이다. 동체로 인한 양력의 손실은 무시하고, 두 형상은 스팬방향에 대해서 거의 동일한 양력분포를 갖지만 질량분포는 상당히 달라진다. 두 날개는 모두 날개가 동체가 연결되는 부위에서 최대 굽힘모멘트를 겪게 된다. 그러나, 전형적인 쌍동체 항공기의 최대 굽힘 모멘트는 일반적인 경우와 비교해서 최소한 50% 더 낮고, 동체 사이의 굽힘하중은 중심선으로 가면서 급격하게 낮아진다.[4] 반면 비틀림은 중앙 날개에서 큰 부분을 차지하는 지배적인 하중이 된다. 전체적으로 중앙 날개는 전형적인 항공기의 안쪽 날개와 캐리쓰루 구조와 비교해서 훨씬 더 낮은 단위 스팬당 중량을 갖는다. 굽힘모멘트가 분포되는 아랫부분의 면적을 통해서 굽힘에 견디는데 필요한 재료를 가늠할 수 있기 때문에, 주어진 스팬에 대해서 상당한 중량감소를 기대할 수 있다. 유도항력, 다시 말해서 날개 스팬에 대한 연료중량의 민감도 측면에서 보면, 전통적인 비행기에 비해서 TBA 가 더 큰 최적 스팬을 갖는다.

---

[3] 미국의 설계자인 Burt Rutan 은 1989 년 세계를 무착륙으로 일주한 Voyager 항공기에 삼동체 형상을 적용하였고 보다 최근에는 준궤도(sub-orbital) Virgin Galactic Space Ship Two 의 발사체인 White Knight Two 에도 적용하였다.

[4] 동체가 각 반쪽 날개의 압력중심에 매달리는 경우, 양력으로 인한 굽힘모멘트는 대칭면상에서 0 이다.

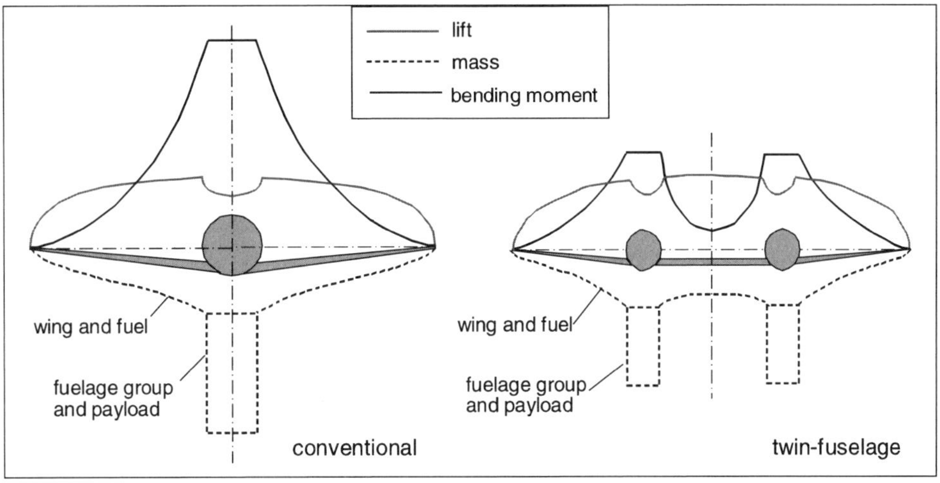

그림 6.18 쌍동체기와 전형적인 항공기에 대한 스팬 방향에 대한 양력, 질량 및 굽힘모멘트 분포의 비교

객실 셸 구조의 큰 부분을 사이징하는 기준으로는 지정된 횟수의 여압 싸이클에 견딜 수 있어야 한다는 것이다. 그림 6.19 와 같이 직경이 d 인 원통형 객실에 작용하는 과압 Δp 로 인해서 외피에는 $p = 0.5ld\Delta p$ 에 해당하는 인장력이 작용한다. 주어진 후프 응력 σ 에 대해서 필요한 외피의 두께는 $t = 0.5d\,\Delta p/\sigma$ 이다. 따라서 외피의 두께는 객실 직경에 비례하고, 외피의 중량은 다음과 같이 구할 수 있다.

$$W_{skin} = \frac{\pi}{2} ld^2 \rho g \frac{\Delta p}{\sigma} = 2Q\rho g \frac{\Delta p}{\sigma} \tag{6.6}$$

여기서 ρ 와 Q 는 각각 재료의 밀도와 객실의 부피를 나타낸다. 결과적으로, 여압객실의 외피 중량은 그 체적에 비례한다. 이러한 결과는 다음과 같이 다른 방법으로 사용될 수 있다.

1. 전통적인 여객기를 동일한 전체 여압객실 부피와 유사한 기하를 갖는 TBA 에 비교한다. 식 (6.6)은 두 가지 형상은 동일한 외피 중량을 갖는다는 것을 보여준다.
2. TBA 객실을 전통적인 비행기 객실과 동일한 전체 플로어 면적을 갖도록 설계한다. 그림 6.19 와 같이 유사한 기하에 대해서, 각 객실은 $l/\sqrt{2}$, 직경은 $d/\sqrt{2}$ 그리고 부피는 $Q/(2\sqrt{2})$ 를 갖는다. 식 (6.6)을 이용하면, 두 종류에 대한 외피는 모두 단일 동체 객실을 $\sqrt{2}$ 로 나눈 것과 동일한 중량, 다시 말해서 29% 이득을 갖는다는 것을 알 수 있다. 유사한 결과가 전방과 후방의 압력 벌크헤드에 대해서도 밝혀졌다.

두 번째 옵션에 대한 부피와 중량 감소는 단층 객실인 광동체 여객기에서 사용되지 않는 공간에 기인하며, 쌍동체 형상에서는 이러한 손실이 제거된다. 부정적인 결과로는 두 개의 협동체에 대한 전체 수하물 공간의 부피가 단일동체 형상에 비해서 상대적으로 줄어든다는 것이다. 만약 이를 수용할 수 없다면, 요구되는 수하물 공간 수용능력을 만족하기 위해서 쌍동체의 단면이 수정되어야 할 것이다. 그러면 TBA 외피의 중량 절감은 29%보다 줄어들게 된다. 동일한 전체 플로어 면적으로 두 개의 단일층 객실보다 공간활용에서는 더 우수한 복층 객실의 경우에는 이와는 반대인 주장이 적용될 것이다.

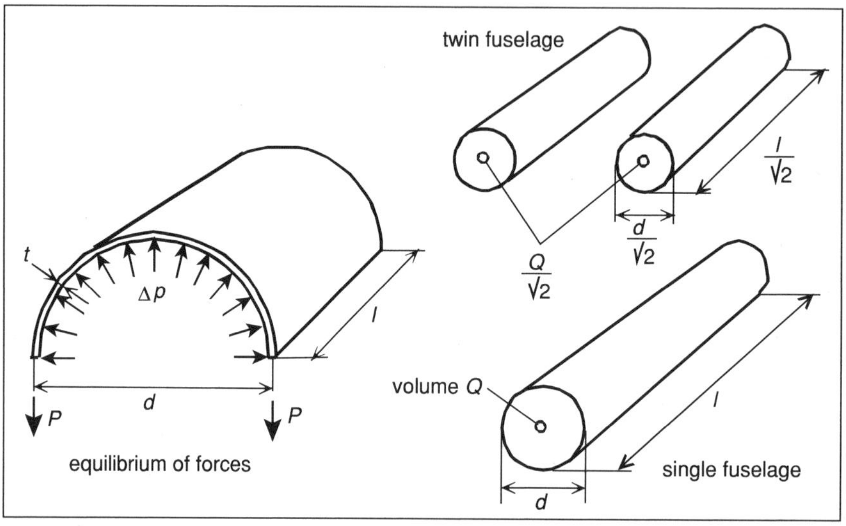

그림 6.19 동일한 플로어 면적을 갖는 단일 여압 객실과 비교한 두 개 동체의 과압된 크기에 대한 중량 이점

앞의 논의로부터 두 개의 협동체는 동일한 전체 탑승객 좌석수를 갖는 광동체기에 비해서 작은 전체 노출면적과 감소된 유해항력을 갖는다고 결론을 내릴 수 있다. 결과적으로, 만약 좌석수가 200 에서 400 석 범위라면, 두 개의 동체를 사용하는 것으로 항력 감소가 가능할 것으로 보인다. 이러한 고찰은 좌석수 대비 동체의 전체 노출면적에 대한 통계적인 자료에서도 확인되었다[112].

- 단층 객실, 단일 통로: 2.6~2.9 m^2
- 단층 객실, 두 개 통로: 3.0~3.5 m^2
- 복층 객실, 네 개 통로: 2.4~2.6 m^2

이는 두 개의 협동체의 노출면적이 동일한 좌석수를 갖는 한 개의 광동체에 비해서 15~20% 작다는 것을 확인하는 것이다. 이러한 차이는 쌍동체 비행기의 한 동체에서 조종석이 제거되는 것으로 더욱 증가할 수도 있다. 그러나, 이러한 유리한 효과는 광동체의 유해 항력계수가 표준 동체에 비해서 감소하도록 만드는 표면 마찰항력에 대한 스케일 효과(scale effect)로 인해서 사라질 수도 있다.

6.7.1 설계 통합

그림 6.20 은 한 개의 통로를 갖는 두 개의 협동체로 이루어진 클린시트 설계를 보여주고 있다[114].

표 6.1 은 이 설계를 동일한 기본 원칙에 따라서 설계된 동일한 탑승객 수용능력을 가진 전통적인 광동체 여객기와 비교하고 있다. 이에 따르면, 설계중량, 연료소모 그리고 장착엔진 추력의 상당한 감소를 알 수 있다. 참고문헌에 따르면, 중형 여객기뿐 아니라 보다 대형 항공기에 대해서도 총 중량의 감소는 10~16% 사이이고, 연료효율의 증가는 약 20% 정도로 제안되고 있다. 비용의 감소는 낮은 자체중량, 장착추력 그리고 연료소모까지도 포함된다. 몇몇 자료에 따르면, 저렴한 비용으로 동체를 구성하기 위해서 기존 수송기 설계로부터 동체를 조합하는 가능성도 제기되었다[113, 105]. 두 개의 동체와 꼬리날개 사이의 부품 공통성과 관련되어 정비 비용도 감소한다. 특히 단거리 또는 중거리 적용의 경우, TBA 개념은 운용비용이 두 배보다 훨씬 적은 비용만으로 협동체 여객기의 탑승객 수용능력을 두 배로 늘리는 매력적인 대안이 될 수 있다. 일반적으로 TBA 는 다음과 같은 유망한 특성을 갖는다.

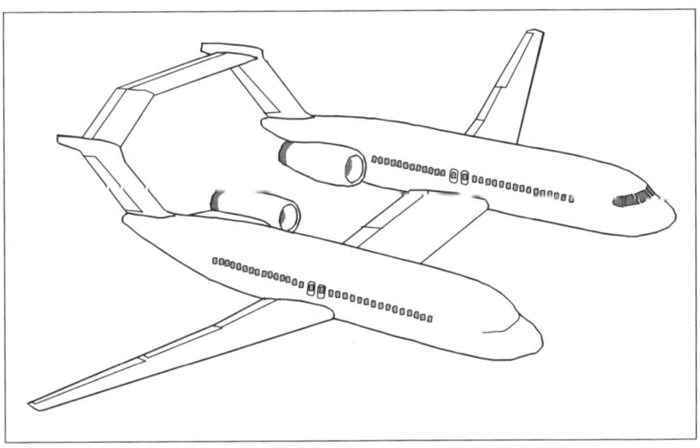

그림 6.20 250~300 인승 쌍동체 형상인 중거리 여객기 설계 [114]

- BWB 또는 C-형 날개와 같은 급진적인 비전형적인 개념과는 달리, TBA 형상은 전형적인 기술에 기반하고 있어서 낮은 위험도라는 분명한 장점을 갖는 대안을 제공한다. 장점으로는 선호할만한 시너지 효과와 함께 전형적인 기술이 조합되는 일반 배열 자체에 있다.
- TBA 는 전통적인 (대형기) 설계와 비교해서 훨씬 더 낮은 장착추력만을 필요로 한다. 이는 중심선상에 추력을 적용할 수 있도록, 중앙 날개에 동력장치를 장착할 수 있는 자유도와 함께 네 개의 엔진이 아닌 세 개의 엔진이 선호될 수도 있다. 그림 6.20 에 나와 있는 이러한 배열은 또한 엔진 소음에 대한 차폐 가능성도 가지고 있다.
- 후퇴각이 없고 상대적으로 얇은 중앙 날개는 NLF 또는 HLFC 를 적용하는 것과 기본형에서 날개 스팬이 증가된 버전을 적용하는데 이상적인 단순한 프리즘형 구조(prismatic structure)로 설계될 수 있다.
- 이 형상은 특히 동체 사이의 날개가 프려즘 형태라면 패밀리 개념에 이상적으로 적합하다.

쌍동체 개념은 어떤 크기의 여객기에도 고려될 수 있다. 그러나, 초대형 항공기의 경우 한 개의 복층식 동체가 두 개의 단일층 광동체에 비해서 더 우수할 수도 있다. TBA 의 최적 스팬은 전형적인 80m 박스 스팬 구속조건보다 더 크기 때문에, 그 성능은 전형적인 형상에 대한 것보다 더욱 감소된다. 바깥쪽에 위치하는 동체와 동체 사이의 날개 내부에 객실이 위치하는 그림 6.2 의 D4 와 같은 형상을 대안으로 고려할 수도 있을 것이다. 공탄성, 착륙접근과 착륙 비행특성 그리고 비상탈출에 대해서 적절한 고려를 해야 한다. 몇몇 연구의 결과[113, 104]에 따르면, 최신 제어기법이 적용된다면 공탄성 거동과 비행특성은 전형적이라는 결론을 보여주고 있다.

표 6.1 그림 6.20 의 설계와 동일한 유상하중/항속거리 능력을 갖는 전형적인 설계의 특성 비교

질량 또는 힘	단위	전형적인 형상	쌍동체	Δ%
최대 이륙중량	kg	155000	134000	-13.5
최대 착륙중량	kg	128000	113000	-11.7
최대 무연료중량	kg	120000	106000	-11.7
운용 자체하중	kg	84000	70000	-16.7
최대 구조 유상하중	kg	36000	36000	0
8000km 항속거리에 대한 임무연료	kg	40715	34245	-15.9
엔진 추력(SL ISA)	kN	2×222.5	2×178.0	-20.0

클린시트 TBA 설계를 어떤 방식으로 해결할 것인가에 대한 몇 가지 기술적인 불확실성이 존재한다. 두 개의 도어를 이용한 적재와 하역 시설이 마련된다면 효율적인 지상 운용이 가능할 것이다. 비상탈출 절차는 비전형적이고, 동체 사이의 특정 영역에서는 탈출이 불가능할 수도 있다. 그러나, 안전에 대한 측면은 잠재적인 장애물이라고 고려되지는 않는다. 여러가지 긍정적인 발견에도 불구하고, 아직까지 제조사에서는 클린시트 또는 파생형 설계에 TBA 를 적용한 적이 없다. 이들의 우려 중 한 가지는 중심선에서 벗어난 객실의 가로방향 위치로 인해서 객실 안락감에 대한 부정적인 의견이 발생할 수도 있다는 예상이다.

6.8 수소연료 상업용 수송기

1950 년대 중반 NASA 에서는 액화수소(LH2) 연료 시스템이 장착된 B-57 항공기의 비행 테스트를 성공적으로 수행했다. 1970 년대 오일 파동으로 인해서 수십 년 내에 원유 자원의 심각한 부족이 있을 것이라는 우려가 제기되었다. 이는 NASA 에서 지원하고 Lockheed and Douglas 에서 연구한 가스터빈 엔진의 연료로 LH2 를 이용하는 형상의 항공기를 시작하도록 만들었다. 민간 수송기에 수소를 처음으로 이용한 것은 러시아에서 본격적으로 개발된 Tupolev Tu-155 로, 1988 년 초도비행을 했고 LH2 와 액화천연가스로 성공적인 비행을 수행했다. 1990 년대 동안 독일의 DASA 는 Tupolev 와 극저온 연료(cryogenic fuel) 시스템에 대한 협력으로 그림 6.21 과 같은 Cryoplane 프로젝트로 이어졌다. EU 에서 지원한 Cryoplane 연구는 상업 항공에 대한 미래 적용 가능성을 파악하려는 목적이었다[118].

6.8.1 LH2 의 특성

액화수소의 사용으로부터 얻을 수 있는 주요 장점은 기본적으로 대기 오염이 없다는 것이다. 동일한 추력을 발생하는 제트 연료 엔진과 비교해서, 수소 연소의 생성물질은 온실효과를 [5] 적게 발생시키는 비행운상에 포함된 H2O 양의 2.6 배로 구성되는 반면, 희박연소로 인해서 80%까지의 NOx 가 감소될 수 있다[118]. 수소는 매우 높은 칼로리값($H = 120\text{kJ/g}$)을 제공하는데, 이는 현재 제트 연료의 280% 수준이다. 특히 장거리 항공기의 경우, 이는 상당한 연소되는 연료와 총 중량의 감소를 가져온다. LH2 의 주요 단점으로는 낮은 밀도와 극단적으로 낮은 온도이다. 액체상태에서 액화 수소는 약 20K 의 온도를 가지며, 비질량은 케로신 6 의 800kg/m^3 와 비교해서 겨우 70.8kg/m^3 이다.[6] 결과적으로, 주어진 양의 내부 에너지에 대해서 LH2 의 저장은 일반 제트 연료탱크 부피의 4 배 크기인 가압탱크가 필요하다는 것인데, 이는 지나치게 크기 때문에 전형적인 비행기 날개에는 수용될 수 없다.

그림 6.21 DASA Cryoplane LH2 추진 광동체 여객기, Daimler-Benz Aerospace Airbus GmbH

이러한 특성으로 인한 결과로 수소를 동력원으로 사용하는 항공기는 전형적인 연료를 사용하는 항공기와는 상당히 다른 외형을 갖게 된다. 주요 차이로는 추가 저장공간을 확보하기 위해서 비정상적으로 큰 동체 또는 그림 6.22 와 같이 날개에 장착되는 대형 유선형의 바디를 사용하는

[5] H2O 는 상층부 대기에서 수명이 6 개월인 온실가스인 반면, 케로신의 연소로 인한 CO2 는 100 년 이상 지속되어 떠다닌다.
[6] 수소가 기화하면 가스는 14°C 로 가열되고, 이의 밀도는 83.8kg/m^3 으로 증가한다.

것이다. 다른 방법에 대해서는 참고문헌 [121]에 논의되어 있다. 극저온 연료의 특성으로 인해서 LH2 탱크는 상당히 고립되고 가압되어야 한다. 따라서, LH2 를 연료로 사용하는 항공기는 상대적으로 낮은 공기역학 효율과 증가된 자체중량이라는 특징을 갖는다. 이러한 사실에도 불구하고, 항공기 총 중량의 대폭적인 감소로 인해서 연료 에너지에 대한 요구조건은 약 5 에서 20%, 연료 중량은 65~70% 정도 줄어든다[116]. 뿐만 아니라, 감소된 이륙 총중량으로 인해서 더 작은 엔진의 장착이 가능해진다.

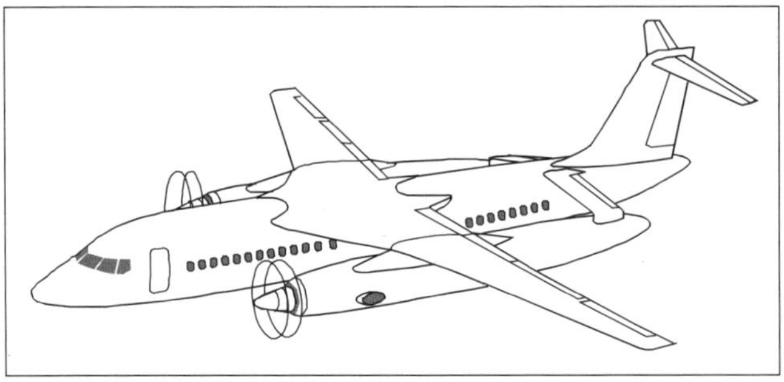

그림 6.22 가상적인 LH2 추진 중형 여객기

6.8.2 연료 시스템

수소 연료 시스템은 우주임무 적용을 위해서 개발되었지만, 항공기에 대한 요구조건은 임무 시간, 시스템 수명, 운용 싸이클 그리고 안전에 대한 측면에 대해서 매우 다르기 때문에 완전히 다른 설계 문제가 해결되어야 한다. 수소는 동력장치와 그 시스템의 일부 변경만으로 일반 항공용 가스터빈 연료로 사용될 수 있다. 터보 기계는 변하지 않을 것이지만, 연소실과 연료제어 시스템은 새로 설계되어야 하고, 연료를 기화하기 위한 열교환기가 추가되어야 한다. 수소는 온도 20.0~22.3K 그리고 압력 1.2~2.0bar 에서 액체 형태로 저장되어야 한다. 그리고, 이는 연료 인젝터를 구동하기 위해서 약 150K 와 엔진 연소실 압력의 두 배로 가열된다. 열교환기는 가스발생기 배기파이프 주변을 둘러싸기 때문에 엔진의 형태, 중량 그리고 항력에 미치는 영향은 별로 없다. 이를 이용하면 그렇지 않은 경우 낭비되는 열로 인해서 기존의 연료와 비교해서 싸이클 효율이 향상된다. 그러나, 연료시스템 내에서 두 가지 상태의 유동으로 인해서 압축성이 나타난다. 탱크의 단열특성과 연소실 입구 조건 사이의 밸런스에 따라서 내부 압력은 연속적으로 변화한다. 결과적으로, 수소 연료 시스템은 예상할 수 없는 동역학과 임계 고장모드를 나타낼 수 있다.

대형 탱크의 중량은 특별한 주의가 필요한 주요 이슈이다. 단열을 가볍고 효과적이고 신뢰성이 있으면서 파손에도 견디도록 만들기 위해서, 탱크는 폼(foam) 또는 수퍼 단열재(super-insulation) 종류인 다층(multi-layer) 재료로 제작될 수 있다. 저장된 상태에서는 액체에서 기체로 또는 그 반대로 계속되는 상태 변화가 존재하고, 항공기가 비행 중간에 주기되는 동안 일부 수소는 끓어오름으로 인해서 불가피하게 손실될 것이다. 가압 연료탱크를 항공기에 통합하는 것은 수소 연료 적용에서 가장 난해한 도전이다. 최고의 탱크 레이아웃은 항공기 종류와 일반 배열에 따라서 달라진다. 동체는 이미 여압된 선체이므로 적절한 위치로 보이지만, 수소탱크 옆에 승객이 자리한다는 것은 대중적인 우려가 제기될 수도 있다. 광동체 수송기의 경우, 연료는 탑승객 객실의 전방과 후방에 저장될 수도 있다. 연료의 연소로 인한 CG 의 이동을 최소화하기 위해서는 동체의 길이/직경 비율과 탱크의 크기가 줄어들 수 있고, 엔진이 동체의 후방 끝단에 장착될 수도 있다. 삼면익 형상이 이러한 종류의 항공기를 위한 양호한 배열이 될 수도 있다. 디스크의 파열(disk burst)이 LH2 탱크의 폭발로 이어질 수도 있는 위험에 대한 특별한 주의가 필요하다.

6.8.3 취급 안전, 경제성 그리고 물류

항공용으로 수소를 사용하고 취급하는 일반적인 안전 측면을 고려하면, 안전 절차가 철저히 준수된다는 조건에서 전반적인 안전 수준은 최소한 케로신을 사용하는 것만큼 높다는 연구 결과를 보여주었다[121]. 전체적인 공항 레이아웃과 절차는 변경될 필요가 없으며, 항공기는 케로신 연료를 사용하는 항공기와 동일한 위치에서 서비스를 받을 수 있다. 증가된 연료 부피로 인해서 재급유 시간이 두 배로 늘어나겠지만, 이로 인해서 반드시 턴어라운드(turnaround) 시간이 늘어나지는 않으며, 공항 운용까지 항공기 자체에 적합하도록 대폭 변경될 필요도 없을 것이다. 그러나 극저온 연료의 수요를 충족할 수 있는 LH2 의 생산설비가 각 공항마다 설립되지 않는다면, 세계적으로 연료의 수송과 저장 그리고 취급을 위한 거대하고 완전히 새로운 물류 시스템이 필요할 것이다. 이러한 문제는 다가올 오랜 시간 동안 이와 같은 연료 기술에 대한 급격한 변화의 실행을 방해할 것이다.

Cryoplane 프로젝트의 결과 LH2 는 기술적인 측면으로는 미래의 대안 연료가 될 수 있다고 확인되었지만, LH2 를 연료로 사용하는 항공기의 경제성에서는 이야기가 달라진다. 극저온 연료 시스템의 특성상 수소연료 항공기에 페널티가 발생하지만, 수소를 항공에 적용하는 것과 관련된 기술적인 도전은 항공기 개념에 대한 적용이 아닌 수소의 저렴한, 환경친화적인 그리고 대규모 생산과 더 관련된다. 물에서 LH2 를 생산하기 위한 전기분해 공정과 액화는 LH2 의 연소과정에서 발생하는 에너지의 네 배에서 다섯 배 정도가 필요하다. 수소를 생산하기 위해서 화석연료 또는 가스로부터 발생하는 전기를 사용하는 것은 제트-A 연료보다 몇 배나 더 비싸기 때문에 에너지 자원을 보존하기 위한 방법은 아닌 것으로 보인다. 분열, 융합, 풍력 또는 태양 에너지로부터 저렴하고 무제한의 에너지를 사용할 수 있을때까지는 부족한 기반시설과 수소 시스템에 대한 위험과 투자로 인해서 이의 적용은 진행되지 않을 것으로 보인다.

6.9 유망한 개념

TAW 가 1950 년대 처음 등장한 이후부터 혁신적인 개념의 도전을 받아왔지만, 대부분 클린시트 설계의 일반 배열로 계속해서 선호될 것이다. 원통형 바디 셸(body shell)은 유연한 좌석배치, 높은 공간 효율성 그리고 패밀리 개념의 용이한 구현이 가능한 탑승객용 객실로 사용할 수 있는 이상적인 여압 선체(pressure vessel)를 형성한다. 승객의 탑승, 지상에서 취급 그리고 비상탈출 등을 위한 만족할만한 준비가 가능하고 안전, 신뢰성, 내구성 그리고 정비성을 위한 풍부한 설계경험도 축적되어 있다. 높은 가로세로비 날개의 공기역학은 $L/D = 20$ 까지의 최대 효율을 갖는 장거리 천음속 순항뿐 아니라 훌륭한 저속 성능을 위해서도 철저히 최적화된다. 지배적인 형상의 밸런싱은 대부분의 하중 상황에서 고유한 안정성과 낮은 트림 항력으로 일반적으로 만족스럽다.

추가 통합을 통한 개선과 개별적인 주요 구성 요소를 통한 개선 사이의 선택이 중요한 관심사항이다. 제 5 장과 6 장에서는 현재 지배적인 형상이 어떻게 비전형적인 또는 혁신적인 개념에 의해서 개선될 수 있는지에 대해서 보여주었고, 이를 다음과 같이 정리할 수 있다.

- BWB 와 HFW 는 탑승객 좌석수 600 석 이상의 초대형 항공기를 위한 강력한 경쟁자이다. BWB 는 상당히 통합된 플라잉윙 개념으로, 공기역학 효율을 $L/D = 25$ 까지 제공한다. 이의 설계 과정은 복잡하기 때문에 연구에 상당한 노력이 투자되었지만, 판매용 항공기로 개발하기 위해서는 많은 부분이 추가로 연구되어야 한다. 80m 박스의 스팬 구속조건은 이러한 초대형 항공기에 대해서 심각하게 불리한 조건으로, 이는 비평면 날개 형상 또는 힌지가 적용된 날개 끝단을 적용하는 것으로 대응할 수 있다. 두 가지 해결방법 모두 상당한 중량 페널티를 초래한다.
- 쌍동체 형상은 좌석수 200~400 석 규모인 단거리에서 중거리 항공기에 고려될 만한 가치가 있다. 스팬 하중의 특성상 (훨씬) 더 증가된 날개 스팬이 가능하기 때문에, 날개의 구조중량에 대한 증가 없이 와류항력을 상당히 줄일 수 있다. 쌍동체 레이아웃은 층류와 매우 높은 바이패스비 터보팬 또는 오픈로터 엔진의 적용을 위한 양호한 플랫폼을 제공하며, 값비싼 기술 개발을 필요로하지 않는다.
- 중거리 항공기(regional aircraft)에 오픈로터 엔진을 장착하면 마하수 0.75 까지 높은 순항속도를 얻을 수 있을 것이다. 스트럿 지지를 이용하면 고익 형상의 여객기가 가능하며 중량증가가 거의 또는 전혀 없이도 스팬을 증가시킬 수 있다.
- 중량과 항력 페널티가 없이 객실 안락함을 향상시킬 수 있다면 혁신적인 비지니스 제트 형상을 고려할 수 있다. 경비지니스 제트를 위해서는 객실의 후방에 중앙 날개가 위치하는 3 면익 형상이 선호될 것이다. 결합날개를 장거리 고급 비지니스 제트에 적용하면, 순항비행시 공기역학 효율을 개선할 수 있고 자체중량도 감소한다.

지배적인 형상으로부터 대폭적으로 변화하기 위해서는 경제성, 환경문제, 운용과 안전에 대한 측면에 영향을 미치는 모든 인자를 고려한 전면적인 전체 항공기 시스템의 최적화가 필요하다. 결과적으로, 고등 설계자는 다학제 최적화(MDO)에 익숙해야 한다.

참고문헌

[1] Torenbeek, E., Synthesis of Subsonic Airplane Design, Chapters 2 and 9, Springer Verlag, Heidelberg, 1981.
[2] Stinton, D., The Design of the Aeroplane, Granada Publishing Ltd., London, 1983.
[3] Downie, D. and J. Downie, The Complete Guide to Rutan Aircraft, Third Edition, Airlife Publishing Ltd., Shrewsbury, 1987.
[4] Sterk, F.J., and E. Torenbeek, 'Unconventional Aircraft Concepts', in Proceedings of a Symposium of the Netherlands Society of

Aeronautical Technology, Delft University Press, 1987.

[5] Stinton, D., Flying Qualities and Flight Testing of the Aeroplane, Blackwell Science Ltd., Oxford, 1996.

[6] Fielding, J.P., Introduction to Aircraft Design, Cambridge University Presss, Cambridge, 1999.

[7] Torenbeek, E., and H. Deconinck (eds), Innovative Configurations and Advanced Concepts for Future Civil Aircraft, von Kármán Institute for Fluid Dynamics, Lecture Series 2005–06, June 2005.

[8] Whitford, R., Evolution of the Airliner, The Crowood Press, Ramsbury, 2007.

[9] Roskam, J., Lessons Learned in Aircraft Design, DAR Corporation, Lawrence, Kansas, 2007.

Advanced Concepts and Technology

[10] Black, R.E., and J.A. Stern, “Advanced Subsonic Transports: A Challenge for the 1990’s”, Journal of Aircraft, Vol. 13, No. 5, pp. 321–326, May 1976.

[11] Clay, C.W., and A. Sigalla, “Shape of the Future Long-Haul Airplane”, Journal of Aircraft, Vol. 13, No. 8, pp. 551–558, August 1976.

[12] Lange, R.H., and E.S. Bradley, “Parametric Study of Advanced Long Range Military/Commercial Cargo Transports”, AIAA Paper No. 77–1221, 1977.

[13] Conner, D.W., and J.C. Vaughan, “Multi-Role Cargo Aircraft Options and Configuration”, NASA TM 80177, October 1979.

[14] Klug, H.G., “Neue Konfigurationen und ihr Beitrag zur Reduzierung der Betriebskosten von Verkehrsflugzeugen”, Jahrbuch der DGLR, 1981.

[15] Arata, W.H. Jr., “Very Large Vehicles: Technology Looking for a Need”, Astronautics and Aeronautics, April 1982.

[16] Lange, R.H., and J.W. Moore, “Application of Composite Materials and New Design Concepts for Future Transport Aircraft”, ICAS Paper No. 82–2.7.3, September 1982.

[17] Rosenthal, L., “Nouvelle Architecture des Avions”, L’Aéronautique et l’Astronautique, 1986–1 – No. 116, 1986.

[18] Lange, R.H., “A Review of Advanced Turboprop Transport Aircraft”, Progress in Aerospace Sciences, Vol. 23, pp. 151–166, 1986.

[19] Lange, R.H., Review of Unconventional Design Concepts”, Journal of Aircraft, Vol. 25, No. 5, pp. 385 392, May 1988.

[20] Roskam, J., “What Drives Unique Configurations”, SAE Technical Paper 881353, October 1988.

[21] Kentfield, J.A.C., “Aircraft Configurations with Outboard Horizontal Stabilizers”, Department of Mechanical Engineering, University of Calgary, January 1990.

[22] Roskam, J., and C. Gomer, “Design Developments for General Aviation Aircraft”, SAE Paper No. 911022, April 1991.

[23] Weisshaar, T., and C. Allen, “Design of a Turbofan Powered Regional Transport Aircraft”, AIAA Paper No. 91–3080, September 1991.

[24] Kentfield, J.A.C., “Aircraft Configurations with Outboard Horizontal Stabilizers”, Journal of Aircraft, Vol. 28, No. 10, pp. 670–672, October 1991.

[25] Oelkers, W., “High Capacity Aircraft”, ICAS Paper No. 92–1.10.3, September 1992.

[26] Bushnell, D.M. (ed.), “Potential Impacts of Advanced Aerodynamic Technology on Air Transportation System Productivity”, NASA Technical Memorandum 109154, September 1994.

[27] Morris, S.J., “Advanced Aerodynamic Configurations and Their Integration into the Airport Environment”, Session II of [26], September 1994.

[28] Kentfield, “Case for Aircraft with Outboard Horizontal Stabilizers”, Journal of Aircraft, Vol. 32, No. 2, pp. 398–403, March-April 1995.

[29] Hefner, J.N., W.L. Sellers III, J.L. Thomas, R.W. Wlezien and R.N. Antcliff, “Challenges and Opportunities in Fluid Mechanics Research”, ICAS Paper No. 96–2.1.1, September 1996.

[30] Peel, C.J., “Advances in Materials for Aerospace”, The Aeronautical Journal, Vol. 100, No. 1000, pp. 487–503, December 1996.

[31] Yaros, S.F., M.G. Sexstone, L.D. Huebner, J.E. Lamar, R.E. McKinley, A.O. Torres, C.L. Burley, R.C. Scott, andW.J. Small, “Synergistic Airframe-Propulsion Interactions and Integrations,” White Paper prepared by the 1996–1997 Langley Aeronautics Technical Committee, March 1998.

[32] Sandoz, P.L., “The Next Careful Steps in Commercial Aircraft Structures”, Structures Technology; Historical Perspective and Evolution, A.M. Noor (ed.), pp. 91–106, American Institute of Aeronautics and Astronautics, 1998.

[33] Bushnell, D.M., “Frontiers of the “Responsibly Imaginable” in (Civilian) Aeronautics”, The 1998 Dryden Lecture, American Institute of Aeronautics and Astronautics, 1998.

[34] Greitzer, E.M. et al., “N+3 Aircraft Concept Designs and Trade Studies”, Final Report, Volume 1 and 2., NASA/CR – 2010–216794/VOL1 and VOL2, December 2010.

Flying Qualities and Airplane Design

[35] Trubshaw, E.B., “Low Speed Handling with Special Reference to the Super Stall”, Journal of the Royal Aeronautical Society, Vol. 70, pp. 695–704, July 1966.

[36] Sliwa, S.M., “Impact of Longitudinal Flying Qualities Upon the Design of a Transport with Active Controls”, AIAA Paper No. 80–1570, August, 1980.

[37] Sliwa, S.M., "Economic Evaluation of Flying-Qualities Design Criteria for a Transport Aircraft with Relaxed Static Stability", NASA Technical Paper No. 1760, December 1980.

[38] Hood, R.V., S.M. Dollyhigh, and J.R. Newsom, "Impact of Flight Systems Integration on Future Aircraft Design", AIAA Paper No. 84–2459, 1984.

[39] Huber, B., "Center of Gravity Control on Airbus Aircraft – Fuel, Range and Loading Benefits", SAWE Paper No. 1843, May 1988.

[40] Roskam, J., "Evolution of Airplane Stability and Control: a Designer's Viewpoint", Journal of Guidance, Control, and Dynamics, Vol. 14, pp. 481–491, May-June 1991.

[41] Slingerland, R., "Prediction of Tail Downwash, Ground Effect and Minimum Unstick Speed of Jet Transport Aircraft", Doctoral Thesis, Delft University of Technology, June 2005.

Airplanes with Strut-braced Wings

[42] Kulfan, R.M., and J.D. Vachal, "Wing Planform Geometry Effects on Large Subsonic Military Transport Airplanes", AFFDL-TR-78–16, February 1978.

[43] Carrier, G., O. Atinault, S. Dequand, et al., "Investigation of a Strut-Braced Wing Configuration for Future Commercial Transport", ICAS Paper No. 1.10.2, September 2012.

[44] Park, P.H., "The Effect on Block Fuel Consumption of a Strutted vs. Cantilever Wing for a Short-Haul Transport Including Strut Aeroelastic Considerations", AIAA Paper No. 78–1454, August 1978.

[45] Jobe, C.E., and R.M. Kulfan, "Wing Planforms for Large Military Transports", Journal of Aircraft, Vol. 16, pp. 425–432, July 1979.

[46] Turriziani, R.V., W.A. Lovell, G.L.Martin, J.E. Price, E.E. Swanson, and G.F.Washburn, "Preliminary Design Characteristics of a Subsonic Business Jet Concept Employing an Aspect Ratio 25 Strut-Braced Wing", NASA CR-159361, October 1980.

[47] Smith, P.M., J. DeYoung, W.A. Lovell, J.E. Price, and G.F. Washburn, "A Study of High-Altitude Manned Research Aircraft Employing Strut-BracedWings of High Aspect Ratio", NASA CR-159262, February 1981.

[48] Grasmeyer, J.M., et al., "Multidisciplinary Design Optimization of a Strut-Braced Wing Aircraft with Tip-Mounted Engines", Virginia Polytechnic Institute and State University, MADCenter Report 98–01-01, Virginia Tech., January 1998.

[49] Grasmeyer, J.M., et al., "Multidisciplinary Design Optimization of a Strut-BracedWing Aircraft", MSc thesis, Virginia Polytechnic Institute and State University, April 1998.

[50] Martin, K.C., and B.A. Kopec, "A Structural and Aerodynamic Investigation of a Strut-Braced Wing Transport Aircraft Concept", Lockheed Martin Aeronautical Systems, Report No. LG98ER0431, November 1998.

[51] Gundlach, J.F., et al., "Conceptual Design Studies of a Strut-Braced Wing Transonic Transport", Journal of Aircraft, Vol. 37, No. 6, pp. 976–983, November–December 2000 (Also: AIAA Paper 2000–0420).

Two-Surface and Three-Surface Airplanes

[52] Anderson, S.B., "Handling Qualities of Canards, Tandem Wings, and other Unconventional Configurations", SAE Paper No. 830763, April 1983.

[53] Butler, G.F., "Effect of Downwash on the Induced Drag of Canard-Wing Combinations", Journal of Aircraft, Vol. 19, pp. 410–411, May 10982.

[54] Kroo, I.H., "Tail Sizing for Fuel-Efficient Transports", AIAA Paper No. 83–2476, October 1983.

[55] Butler, G.F., "An Analytical Study of the Induced Drag of Canard-Wing-Tail Aircraft Configurations with Various Levels of Static Stability", Aeronautical Journal, Vol. 87, pp. 293–300, October 1983.

[56] McGeer, T., and I.M. Kroo, "A Fundamental Comparison of Canard and Conventional Configurations", Journal of Aircraft, Vol. 20, pp. 983–992, November 1983.

[57] Kendall, E.R., "The Minimum Induced Drag, Longitudinal Trim and Static Longitudinal Stability of Two-Surface and Three-Surface Airplanes", AIAA Paper No. 84–2164, 1984.

[58] Kendall, E.R., "The Aerodynamics of Three-Surface Airplanes", AIAA Paper No. 84–2508, 1984.

[59] Yip, L.P., "Wind-Tunnel Investigation of a Full-Scale Canard Configuration General Aviation Airplane", NASA TP No. 2383, March 1985.

[60] Arbuckle, P.D., and S.M. Sliwa, "Parametric Study of a Canard-Configured Transport Using Conceptual Design Optimization", NASA TP No. 2400, March 1985.

[61] Rokhsaz, K., and B.P. Selberg, "Analytical Study of Three-Surface Lifting Systems", SAE Paper No. 850866, April 1985.

[62] Selberg, B.P., and K. Rokhsaz, K., "Aerodynamic Trade-Off Study of Conventional, Canard, and Tri-surface Aircraft Systems", Journal of Aircraft, Vol. 23, No. 10, October 1986.

[63] Muchmore Jr., C.B., "TheEffects of Canard-Wing Flow-Field Interactions on Longitudinal Stability, Effective Dihedral and Potential Deep-Stall Trim", AIAA Paper 88–2514 CP, 1988.

[64] Goodrich, K.W., S.M. Sliwa, and F.J. Lallman, "A Closed-Form Trim Solution Yielding Minimum Trim Drag for Airplanes with Multiple Longitudinal-Control Effectors," NASA Technical Paper 2907, 1989.

[65] Pompeis, R de, P. Cinquetti, and S. Martini, "Development and Certification Flight Test on the Piaggio P.180 Avanti Aircraft: A

General Overview", AIAA Paper No. 911003, April 1991.

[66] Middel, J., Development of a Computer Assisted Toolbox for Aerodynamic Design of Aircraft at Subcritical Conditions with Application to Three-Surface and Canard Aircraft, Doctoral Thesis, Delft University Press, ISBN 90–6275-768–5 / CIP, April 1992.

[67] Sacca, G., and C. Lanari, "The Three Lifting Surface Concept and Lessons Learned from the Piaggio P180", Innovative Configurations and Advanced Concepts for Future Civil Aircraft, von Kármán Institute for Fluid Dynamics, Lecture Series 2005–06, June 2005.

Aircraft with Non-planar Lifting Surfaces

[68] Miranda, L.R., "Boxplane Configuration: Conceptual Analysis and Initial Experimental Verification", Lockheed California Company Report, LR 25180, March 1972.

[69] Miranda, L.R., and G.L. Dougherty, "Transonic Wind Tunnel Testing of a Low Induced Drag Lifting System", Vols. I and II, Lockheed Aircraft Corp., Burbank, CA, February 1974.

[70] Lange, R.H., J.F. Cahill, et al., "Feasibility Study of the Transonic Biplane Concept for Transport Aircraft Application", NASA Contractor Report CR-132462, June 1974.

[71] Addoms, R.B., and F.W. Spaid, "Aerodynamic Design of High Performance Biplane Wings", Journal of Airaft, Vol. 12, pp. 629–630, August 1975.

[72] De Young, J., "Induced Drag Ideal-Efficiency Factor for Arbitrary Lateral-Vertical Wing Forms", NASA Contractor Report 3357, December 1980,

[73] Rhodes, M.D., and B.P. Selberg, "Benefits of Dual Wings over Single Wings for High-Performance Business Airplanes", Journal of Aircraft, Vol. 21, February 1984.

[74] Kroo, I.M., "A General Approach to Multiple Lifting Surface Design andAnalysis", AIAA Paper No. 84–2507, 1984.

[75] Gall, P.D., and H.C. Smith, "Aerodynamic Characteristics of Biplanes with Winglets", Journal of Aircraft, Vol. 24, pp. 518–522, August 1987.

[76] Kroo, I.H., J. McMasters, and S.C. Smith, "Highly Non-Planar Lifting Systems", Transportation Beyond 2000: Technologies Needed for Engineering Design, NASA TP 10184, pp. 331–370, 1996.

[77] McMasters, J.H., D.J. Paisley, R.J. Hubert, I. Kroo, K.K. Bofah, J.P. Sullivan, and M. Drela, "Advanced Configurations for Very Large Subsonic Transport Airplanes", NASA CR-198351, October 1996.

[78] Grasmeyer, J., "A Discrete Vortex Method for Calculating the Minimum Induced Drag and Optimal Load Distribution for Aircraft Configurations with Noncoplanar Surfaces", Report VPI-AOE-242, January 1997.

[79] McMasters, J.H., and I.M. Kroo, "Advanced Configurations for Very Large Transport Airplanes", Aircraft Design, Vol. 1, No. 4, pp. 217–242, 1998; also AIAA Paper No. 98–0439.

[80] Frediani, A., "The Prandtl Wing", in Innovative Configurations and Advanced Concepts for Future Civil Aircraft, von Kármán Institute for Fluid Dynamics, Lecture Series 2005–06, June 2005.

[81] Kroo, I.H., "Nonplanar Wing Concepts for Increased Aircraft Efficiency", Innovative Configurations and Advanced Concepts for Future Civil Aircraft, von Kármán Institute for Fluid Dynamics, Lecture Series 2005–06, June 2005.

Joined Wing Aircraft

[82] Wolkovitch, J., Joined Wing Aircraft, U.S. Patents 3 942 747 (1976) and

[83] Wolkovitch, J., "Principles of the Joined Wing", Engel Engineering Report No. 80–1, December 1980.

[84] Samuels, M.F., "Structural Weight Comparison of a Joined Wing and a Conventional Wing", Journal of Aircraft, Vol 19, pp. 485–491, June 1982.

[85] Kuhlman, J.M., and T.J. Ku, "Numerical Optimization Techniques for Bound Circulation Distribution for Minimum Induced Drag of Non-PlanarWings: Computer Program Documentation", NASA CR-3458, August 1982.

[86] Hajela, P., "Weight Evaluation of the Joined Wing Configuration", Final Report, Department of Engineering Sciences, University of Florida, Gainesville, FL, 1983.

[87] Wolkovitch, J., and W.H. Bettes, "Low-Speed Wind Tunnel on Joined Wing and Monoplane Configurations", Vol. I: Analysis of Results, Vol. II: Test Data, ACA Report 82–2, 1984.

[88] Miura, H., A. Shyu, and J. Wolkovitch, "Parametric Weight Evaluation of Joined Wings by Structural Optimization", AIAA Paper No. 85–0642, April 1985.

[89] Wolkovitch, J., "The Joined Wing: An Overview", Journal of Aircraft, Vol. 23, No. 3, pp. 161–178, March 1986. (also AIAA Paper No. 85–0274, 1985).

[90] Selberg, B.P., and D.L. Cronin, "Aerodynamic-Structural Optimization of Positive/Negative Stagger Joined Wing Configurations", AIAA Paper No. 86–2686, October 1986.

[91] Wolkovitch, J., "A Second Look at the JoinedWing", in Proceedings of the NVvL Symposium "Unconventional Aircraft Concepts", Delft University Press, 1987.

[92] Gallman, J.W., I.M. Kroo, and S.C. Smith, "Design Synthesis and Optimization of Joined-Wing Transports", AIAA Paper No. 90–3197, September 1990.

[93] Hashimoto, M., M. Ishikawa, N. Hirose, and T. Ohnuki, "A Computational and Experimental Analysis of Joined-Wing Aerodynamics", ICAS Paper No. 90–2.6.1, September 1990.

[94] Gallman, J.W., Structural and Aerodynamic Optimization of Joined Wing Aircraft", Doctoral Thesis, Stanford University, 1992.

[95] Gallman, J.W., S.C. Smith, and I.M. Kroo, "Optimization of Joined-Wing Aircraft", Journal of Aircraft, Vol. 30, No. 6, pp. 897–905, November–December 1993.

[96] Gallman, J.W., and I.M. Kroo, "Structural Optimization for Joined Wing Synthesis", Journal of Aircraft, Vol. 33, No. 1, pp. 214–223, January 1996.

[97] Bagwill, T., and B.P. Selberg, "Aerodynamic Investigation of Joined Wing Configurations for Transport Aircraft", AIAA Paper No. 96–2373, June 1997.

[98] Nangia, R.K., and M.E. Palmer, and C.P. Tillman, "Unconventional High Aspect Ratio Joined-Wing Aircraft with Aft & Forward-Swept Wing-Tips", AIAA Paper No. 2003–0605, January 2003.

Multi-Body and Lifting-Body Aircraft

[99] Lange, R.H., "Trends in Very Large Aircraft Design and Technology", AIAA Paper No. 80–0902, 1982.

[100] Houbolt, J.C., "Why Twin-Fuselage Aircraft?", AIAA Astronautics and Aeronautics, pp. 26–35, April 1982.

[101] Arata Jr., W.H., "Very Large Vehicles: Technology Looking for a Need", AIAA Astronautics and Aeronautics, pp. 42–43, April 1982.

[102] Moore, J.W., and D.V. Maddalon, "Design Analysis and Benefit Evaluation of Multi-Body Aircraft", AIAA Paper No. 82–0810, May 1982.

[103] Moore, J.W., E.P. Craven, B.T. Farmer, J.F. Honrath, R.E. Stephens, and R.T. Meyer, "Multibody Aircraft Study Volume I and II., NASA Contractor Report 165829, July 1982.

[104] Grantham, W.D., P.L. Deal, G.L. Keyser Jr., and P.M. Smith, "Simulator Study of Flight Characteristics of a Large Twin-Fuselage Cargo Transport Airplane During Approach and Landing", NASA TP-2183, 1983.

[105] Nangia, R.K., "Multi-Fuselage Fuel-Efficient Aircraft Concepts (Including Conversions of Existing Types)", RKN/AERO/REP 85–09, Issue 2, September 1985.

[106] Udin, S.V., and W.J. Anderson, "Wing Mass Formula for Twin Fuselage Aircraft", Journal of Aircraft, Vol. 29, No. 5, pp. 907–914, September-October 1992.

[107] Lauter, C.E. et al., "Design Study: A Global Range Large SubsonicMilitary Transport", ICAS Paper 94–1.3.3, September 1994.

[108] Hahl, R., and J. Katz, "Lifting Fuselage/Wing Aircraft Having an Elliptical Forebody", U.S. Patent Application 08–642997, May 13, 1996.

[109] Spearman, M.L., "A High-Capacity Airplane Design Concept Having an Inboard-Wing Bounded by Twin Tip-Mounted Fuselages", AIAA Paper No. 97–2276, June 1997.

[110] Katz, J., S. Byrne, and R. Hahl, "Stall Resistance Features of Lifting-Body Airplane Configurations", Journal of Aircraft, Vol. 36, No. 2, pp. 471–474, 1999.

[111] Roskam, J., "Design and Economic Challenges of 10–22 Passenger, Jet-Powered Regional Transports", Aircraft Design, Vol. 3, No 1, pp. 33–48, 2000.

[112] Torenbeek, E., "The Case for Twin-Fuselage Configurations and the H-Cabin", National Aerospace Laboratory NLR-TR-2000–095, February 2000.

[113] Schoemaker, F.C., "Aeroelastic Characteristics of Twin-fuselage Configurations", National Aerospace Laboratory NLR-TR-2001–046, July 2001.

[114] Torenbeek, E., and E. Jesse, "Exploratory Design Study of a Transonic Airliner with Twin Fuselage Configuration", National Aerospace Laboratory NLR-TR-2001–309, July 2001.

[115] Kalyguina, G.V., et al., "The Dolphin: A New 100-Seat Aircraft in Lifting-Fuselage Layout", ICAS 2002 Congress, pp. 152.1–152.8, September 2002.

Liquid Hydrogen-Fuelled Aircraft

[116] Brewer, G.D., et al., "Study of Fuel Systems for LH2-Fueled Subsonic Transport Aircraft", NASA CR 145369, Lockheed California Co., July 1978.

[117] Klug, H.G., "Cryoplane: Quantitative Comparison of Contributions to Anthropogenic Greenhouse Effect of Liquid Hydrogen Aircraft Versus Conventional Kerosene Aircraft", EGS XXI General Assembly, Den Haag. May 1996.

[118] Westenberger, A., "Liquid Hydrogen Fuelled Aircraft: System Analysis, Cryoplane", Final Technical Report, GRD1–1999-10014, submitted to the European Commission, 2003.

[119] Svensson, F., A. Hasselrot, and J. Moldanova, "Reduced Environmental Impact by Lowered Cruise Altitude for Liquid Hydrogen-Fuelled Aircraft", Aerospace Science and Technology, Vol. 8, pp. 307–320, 2004.

[120] Svensson, F., "Potential of Reducing the Environmental Impact of Civil Subsonic Aviation by Using Liquid Hydrogen", Ph.D. Thesis, Cranfield University School of Engineering, April 2005.

[121] Slingerland, R., "Aircraft with LH2 Propulsion", Innovative Configurations and Advanced Concepts for Future Civil Aircraft, von Kármán Institute for Fluid Dynamics, Lecture Series 2005–06, June 6–10, 2005.

제 7 장
항공기 설계 최적화
Aircraft Design Optimization

그림에서 엔지니어를 잘라내는 대신, 최적화에서는 엔지니어를 정확히 중심에 둔다. 이는 특히 하나 이상 변수의 상호작용이 포함되는 경우에 적용되는 또 다른 설계 도구이다.

W.Z. Stepniewski and C.F. Kalmbach [17] (1970)

7.1 완벽한 설계의 실현 가능성

항공기 개발의 초기 시대에는, 이전 프로젝트 및 회사의 전통과 함께 개인적인 경험에 기반에서 개념설계가 이루어졌다. 기체의 중량, 비행성능 그리고 운용비용은 직선자와 계산기의 도움으로 어림짐작과 설계 핸드북에 따라서 예측되었다. 기하는 제도판을 이용해서 도면상에 이루어졌다. 최적화는 일부 주요 설계 매개변수의 변화에 따른 영향을 연구하기 위해서 상대적으로 표면적인 연구로 제한되었다. 이러한 접근방법은 숙련된 실세자에게는 짧은 시긴에 새로운 설계를 고안해낼 수 있도록 하기 때문에, 핸드북 방법은 지금까지도 여전히 특정 목적의 연구에 사용되고 있다. 그러나, 많은 다른 형상을 연구할 수 있고 최고의 적절한 제품을 기한 내에 전달할 수 있도록 해석의 모든 측면을 상대적으로 짧은 시간 기간 내에 처리하는 것은 항상 엔지니어의 희망사항이었다. 이는 지금도 여전히 원하는 사항이기는 하지만, 설계 과정에 도입된 수학적인 최적화 기법의 적용으로 인해서 실제 설계를 처리하는 시간은 더욱 짧아지게 되었다. 이러한 기법을 어떻게 그리고 언제 사용할 것인가는 고등 공학 처리에 있어서 분명한 핵심적인 요소이다[66]. 성공을 이루기 위한 한 가지 조건은 일련의 최적화 알고리즘과 조합되어 검증된 전산화된 설계 종합 프로그램의 사용 여부이다.

1970 년대 이후 고등 설계자를 보조하는 최적화 전략과 알고리즘이 상당히 확정되었다. 자동화된 최적화의 도입으로 인해서, 설계자는 이전보다 훨씬 심도있고 신뢰도가 있는 해석을 수행할 수 있게 되었다. 자동화된 제어 논리를 통해서, 기능 그룹 분야별 입력과 출력을 효과적으로 연결하는 종합 프로그램이 항공기 제작사, 연구기관 그리고 학계에서 개발되어 왔다. 3 차원 바디의 기하를 정의하기 위한 정교한 전산 보조 설계(CAD) 시스템과 매개변수 연구를 신속하게 준비하기 위한 컴퓨터 그래픽 툴을 적당한 비용으로 사용할 수 있다. 시스템 공학 방법은 프로젝트 개발의 패러다임을 통합된 제품 개발(Integrated Product Development, IPD)로 이동시켰고, 적어도 전통적인 설계에 대해서 이러한 접근방법은 상당히 개선되었으며 널리 수용되고 있다. 그러나, 이와 같은 방법은 통계 데이터로 보정될 수 없는 이유로 인해서, 비전형적인 항공기 개념의 경우 그 결과가 신뢰성을 갖지 못할 위험이 높기 때문에 기존의 종합 프로그램은 완전히 수정되어야할 것이다. 더구나, 실제적인 최적화 분야의 발전은 빠른 컴퓨터 또는 효율적인 최적화 알고리즘의 여부에만

전적으로 의존하는 것이 아니라, 전체적으로 회사 전반에 걸친 유연성, 자동화 그리고 신뢰도가 높은 해석 시스템의 이용을 위한 전산화 체제의 개발에 따라서 달라진다[93].

이러한 개발에도 불구하고, 개념 탐구와 초기 개념설계 단계를 지원하는 전산화된 도구를 고안하는 것에는 별다른 진전이 없었다. 이와 같은 민감한 작업을 처리하는 엔지니어에게 주어지는 큰 도전은 반드시 현실적인 클린시트 비행기 설계를 고안하는 것이 아니라, 프로젝트 매니저에게 제안된 시장의 요구를 만족하는 실현 가능한 최고의 개념에 대한 확신을 주는 것이다. 이전 프로젝트에 근거한 전문가의 통찰을 대신할 대안은 존재하지 않는다는 주장이 종종 제기되고 있음에도, 정형화된 최적화 방법을 개발하려는 노력이 널리 기울여지고 있다. 기본적인 문제는 설계의 품질을 정의하는 단일 성능지수(FOM)의 선택은 적절하지 않으며, 다목적함수 최적화도 역시 항상 만능은 아니라는 것이다. 동시에, 빠르고 저렴한 컴퓨터에서도 구동되는 정교한 수치해석 방법과 최적화 알고리즘은 경험이 없는 초보자가 관련이 없는 때로는 잘못된 결과를 생성하는 연습을 시도하도록 현혹하기도 한다. 이러한 상황을 피하기 위해서, 고등설계 매니저는 다학제 작업을 위한 최신 최적화 도구에 대한 이해를 가지고 있어야 한다. 이번 장의 목표는 비전문가를 위해서 개념설계 단계에서 효과적이라고 검증된 접근방법에 대한 기본적인 개요를 제공하는 것이다.

7.2 최적화의 요소

수치 최적화/탐색의 설계 적용에 대한 기법은 매우 난해하다. 최적화 알고리즘에 대한 설명은 이 책에서 다룰 영역에 해당하지는 않지만, 고등설계 엔지니어에게 중요한 항목과 용어에 대한 개요에 대해서 설명한다. 보다 자세한 사항에 대해서는 참고문헌 [5, 6, 11]을 참조할 수 있다. 항공기 설계 종합에 대한 최적화 기법은 1.5 장에 나오는 매개변수 연구에서 설명된 동일한 공학적 절차를 이용한다. 매개변수와 최적화 연구의 기본적인 차이는 반복계산에 대한 제어 시스템의 도입 여부에 있는데, 이는 수치적인 결과를 해석하고 목적함수에 대한 전역 최적값을 탐색하기 위해서 반복적으로 변수를 평가하는 그림 1.8 에 나오는 최적화 드라이버이다. 항공기 설계 분야에 대해서는 어떠한 형상이 최고의 설계변수의 조합으로 고려되는가를 결정하기 위해서 목적함수가 사용된다. 전형적인 사례로는 (비)항속거리, 최대 이륙중량, 에너지 효율 그리고 운용비용과 같은 성능지수(FOM)가 있다.

7.2.1 설계 매개변수

최적화 노력의 결과는 절차를 처리하기 위해서 설정되는 문제 구조에 의해서 주로 결정된다. 따라서, 계산과정에서 물리적인 특성의 값과 양을 정의하는 설계 매개변수를 어떻게 분류할 것인가를 모호하지 않게 명시하는 것이 필수이다. 특히, 상수, 독립 그리고 종속변수 사이의 구분은 세심하게 이루어져야 한다. 항공기 설계 분야에서는 다음과 같은 용어가 사용된다.

- 기설정된 매개변수(pre-assigned parameter)는 시작부터 고정되어 최적화 동안 일정하게 유지되는 특성 또는 양을 정의한다. 일반적으로 기설정된 매개변수는 설계 요구조건, 최신 기술에 대한

허용되는 원칙 및 가정 또는 기존의 설계 경험으로부터 도출된다. 예를 들어서 클린시트 설계의 경우, 설계 임무 유상하중 및 항속거리, 구조재료의 특성과 가스터빈 엔진 싸이클이 기설정된 매개변수로 나열된다. 그리고, 기체가 특정 엔진에 매칭되는 경우의 설계에서는 고도에 따른 추력과 연료소모율의 변화, 엔진의 치수와 중량과 같은 엔진 특성이 이러한 범주에 해당한다. 그러나, 이러한 특별한 경우, 설계 임무 유상하중과 항속거리는 최적화의 변화하는 결과를 이루게 된다.

- 독립변수(independent variable)는 해당 작업에 대해서 가장 적절한 항공기를 찾는 과정에서 수정되는 다양한 값을 갖는 매개변수이다. 설계 분야에서는 이를 대부분 선택변수(selection variable)라고 부른다. 여기서 추가로 분류하자면, (1) 정수 최적화(integer optimisation)는 선택변수가 정수인 경우이고, 사례로는 객실 좌석수와 추진엔진의 수가 해당하고, (2) 선택변수의 연속 최적화(continuous optimisation)는 특정 간격을 갖는 모든 실수로 정의될 수 있다. 전형적인 연속변수는 엔진의 이륙출력 또는 추력, 날개면적 그리고 가로세로비가 있다. 독립변수의 수는 설계의 자유도를 반영해서 설계공간의 차원으로 부르며, 이의 상한선과 하한선은 경계 영역을 제한한다.
- 거동변수(behaviour variable)로도 알려진 종속변수(dependent variable)는 설계(최적화) 과정에서 생성되는 매개변수이다. 설계 해석의 결과를 형성하면서 그 값은 선택변수에 의해서 제어된다. 전형적인 종속 설계변수로는 기하 선택변수, 기체 구성요소의 중량과 관성모멘트, 양력과 항력계수 및 안정성 미계수와 같은 공기역학 매개변수 그리고 항공기 운용 환경에 대한 영향을 정의하는 수치로부터 도출되는 기하 매개변수가 있다.

원칙적으로, 선택변수의 모든 조합은 전체가 특정한 항공기 설계를 대표하는 한 세트의 거동변수를 생성하는 설계해석으로 이어진다. 새로운 선택변수가 추가되면 설계공간은 한 차원 증가되어 또 다른 세트의 설계가 생성되고 최적화 과정에 포함된다. 강력한 컴퓨터를 사용할 수 있음에도 불구하고, 수치화될 많은 양의 관계와 해석 과정의 반복적인 특성은 계산의 폭증을 쉽게 일으킬 수 있다. 해석적으로 도출되는 최적값, 발전된 최적화 기법 그리고 효율적인 프로그래밍 시스템의 사용은 이러한 상황을 피하는데 도움이 될 것이다. 과정을 통제하기 위한 실제적인 가정을 하는데 있어서 공학적인 판단이 필수이다.

7.2.2 최적 제어와 이산 변수 최적화

근본적으로 다른 두 가지 형식의 최적화 문제가[17] 일반적으로 항공기 설계 종합에 대해서, 그리고 특히 최적화에 대해서 구분될 수 있다.

1. 항공공학에서 최적 제어 문제는 한 세트의 상미분방정식(Ordinary 에 의해서 수학적으로 서술되는 가장 유리한 과정을 탐색하는 경우에 접할 수 있다. 문제의 목표는 일반적으로 몇몇 제어 매개변수의 특정한 간격 내에서 최적의 변화를 찾는 요구조건으로, 예를 들어서 받음각 및/또는

엔진 제어 설정이 해당한다. 목적함수(objective)는 지불 또는 소모되는 양의 함수적인 표현으로, 일반적으로 주어진 시간에 이동한 거리 또는 연소된 연료와 같은 적분값이다. 일반적으로 최적 제어 문제는, 예를 들어 지정된 항속거리에 대한 최적 경로[28, 49] 또는 최적 시간-기동과 같은 비행역학에서 찾아볼 수 있다. 또 다른 사례로는, 주어진 양력에 대해서 항력을 최소로 하는 에어포일 단면 형상을 찾는 것이다. 설계와는 반대로 항공기 비행역학과 공기역학은 단순화된 가정에 기대지 않고 풀 수 있는 확립된 일련의 방정식에 기반하는 단일 분야이다. 경로 최적화는 비행동역학 측면으로 복잡하고, 원론적으로 변분법(calculus of variation) 또는 동적 프로그래밍(dynamic programming)과 같은 기법의 적용을 필요로 한다.

2. 이산변수(discrete variable) 최적화는 최적화되는 목적함수(objective)가 연속적으로 변하는 매개변수에 대한 함수로 표현되는 과정으로 정의된다. 이는 닫힌 형태의 해석적인 표현 또는 일련의 선형 또는 비선형 대수방정식의 수치적인 방법에 의해서 처리된다. 최적값(optimum)은 최적해(optimizer)로 알려진 모든 변수의 이산값에 의해서 정의된다. 항공기 또는 그 구성요소의 설계와 관련된 대부분의 최적화는 이산변수 범주에 포함된다. 사례로는, 엔진의 이륙추력, 날개면적, 스팬, 후퇴각, 날개 뿌리 단면의 두께비와 테이퍼비와 같은 최소 이륙 총중량으로 이어지는 일련의 특성을 탐색하는 것이다.

개념설계 종합에 비행경로 최적화를 도입하는 문제가 몇몇 저자에 의해서 연구되었다[22, 62, 42]. 이러한 프로그램은 그림 1.5와 같은 임무해석 과정에 포함될 수 있고, 종합 프로그램에 추가적인 내부 루프를 도입하게 된다. 그러나, 이러한 접근방법은 계산 시스템을 상당히 복잡하게 만들고, 이로 인한 보상은 대부분 제한적이다. 아음속 민간 비행기 설계에서 비행 경로상의 동적인 단계는 종종 무시되거나 (유사) 해석적인 근사화를 통해서 단순화된다. 예를 들어서, 개념설계 단계에서는, 비순항 단계에 대한 해석적인 근사와 조합한 Bréguet 항속거리 방정식이 순항비행에 대한 임무 항속거리 계산에서 일반적으로 충분히 정확하다(제 12 장). 그러면 운동학적 측면이 매개변수화될 수 있고, 문제를 이산 최적화로 축소한다. 다음의 논의는 이산변수 최적화에 적용된다.

7.2.3 기본적인 용어

기술 시스템을 정의하는 구성 방정식(constituent equation)의 수치화에 의해서 결정되는 비선형 구속 최적화의 주제는 [5, 6]과 같은 여러 책에서 다루고 있다. 여기서는 용어에 대한 간단한 요약과 함께 최적화 문제에 대한 기본이 되는 수학적인 공식화에 대해서만 다룰 것이다.

- 목적함수(objective function)는 최적화 과정에서 최소화 또는 최대화되는 설계변수의 스칼라 함수이다. 다른 용어로는 비용함수, 성능지수(FOM) 그리고 효용성 기준 등이 있다.
- 구속조건(constraint)은 설계에 부과되는 제한을 나타내는 설계변수의 함수이다. 충실한 공학적 판단에 근거해서, 구속조건은 최상위 요구조건, 감항성 규정, 운용에 대한 규정 그리고 다른 실용적인 또는 물리적인 제약으로부터 도출된다. 등식, 부등식 그리고 상/하한선 구속조건으로

구분된다.

- 등식 구속조건(equality constraint)은 설계 임무 항속거리와 같은 거동변수에 부과될 수 있다. 이러한 구속조건은 변수의 수를 하나 줄여주기 때문에 설계 공간에서 한 차원을 제거한다. 많은 사이징 조건은 등식 구속조건으로 작용하는 식으로 변환되지만, 대부분 단지 일반적인 항공역학 관계이기 때문에 항상 그렇게 인식되는 것은 아니다. 예를 들어서, 직선 수평비행에서 $T = D$ 는, '특정 비행조건과 순항레이팅에서, 엔진은 항력과 밸런스를 이루는데 필요한 추력을 제공할 수 있는 크기로 정해진다'고 해석될 수 있다
- 부등식 구속조건(inequality constraint)은 실현 가능과 불가능 설계를 구분하는 실제적인 또는 물리적인 조건이다. 부등식 구속조건은 독립변수의 특정 조합은 고려할 필요가 없도록 하기 위해서 설계공간의 크기를 감소시킨다. 항공역학에서 일정한 세트의 부등식 구속조건은 거의 항상 몇몇 복잡한 독립변수의 음함수(implicit function)를 포함한다. 전형적인 사례로는, 요구되는 이륙 활주로 길이 및 접근속도에 대한 상한선과 초기 순항고도에 대한 하한선이 있다. 기하에 대한 부등식 구속조건의 사례로는, 지정된 장거리 순항 임무를 위해서 필요한 모든 연료를 수납할 충분한 공간이 날개에 확보되어야 한다는 조건이다. 주로 날개의 평면형상과 평균 두께비에 따라서 달라지는 이와 같은 구속조건은 날개 면석에 내한 하한선으로 이어진다. 실현 가능한 설계는 모든 부등식 구속조건을 만족하는 선택변수의 조합으로 정의된다.
- 선택변수에 대한 상/하한선 구속조건(side constraint)은 다음과 같이 해석될 수 있다. 선택변수 x_1 에 대해서 주어진 x_L 과 x_U 사이 범위의 값만 고려한다.

활성 구속조건(active constraint)은 등식 구속조건 또는 정확히 만족하는 부등식 구속조건이다. 실현 가능설계(feasible design)는 모든 구속조건을 만족하는 선택변수에 대한 값의 벡터이다. 가능지점(feasible point)의 모든 집합을 가능영역(feasible region)이라고 한다.

7.2.4 단일 목적함수 최적화

항공기 개념설계의 많은 최적화 문제는 중량 또는 운용비용의 성분과 같은 비용함수(cost function)를 최소화하거나 또는 유상하중이나 항속거리와 같은 성능함수(merit function)를 최대화하는 것으로 풀 수 있다. 하나의 비용 또는 성능 함수만으로 전체 설계의 품질을 대표하는 것으로 고려하기 때문에, 이러한 종류의 문제를 단일 목적함수 최적화라고 부른다. 문제의 수식화는 다음과 같다.

독립변수는 제어벡터로 알려진 N 개의 실수로 이루어진 집합으로 대표된다.

$$\vec{X} = (x_1, x_2, ..., x_n, ..., x_N)^T \quad x_L \le x_n \le x_U \tag{7.1}$$

이는 닫힌 경계영역을 정의하는 각각 상한선 및/또는 하한선 구속조건인 x_U 와 x_L 로 구속된다. 최적화 작업은 경계영역의 내부에서 연속이라고 가정되는 목적함수 $F(\vec{X})$ 를 최소화하는

제어벡터를 찾는 것이다. 제어벡터는 부등식 구속조건의 집합에 따라서 달라진다.

$$L \le g_i(\vec{X}) \le U \quad i = 1,2,\dots,n,\dots,I \tag{7.2}$$

여기서 U 와 L 은 각각 제어벡터의 상한과 하한 경계를 나타낸다. 등식 구속조건 함수 g_n 은 $L_n = U_n$ 으로 설정함으로써 정의될 수 있다. 문제가 과구속되는 것을 피하기 위해서, 등식 구속조건의 수는 반드시 $I < N$ 을 만족해야 한다. 이렇게 구성된 최적화는 볼록함수 $F(\vec{X})$ 의 최적값을 찾는데 사용된다. 오목함수 $F(\vec{X})$ 의 최대화는 $F(\vec{X}) > 0$ 에 대해서 $-F(\vec{X})$ 또는 $1/F(\vec{X})$ 를 최소화하는 것으로 처리된다.

설계 문제에 대한 적용에서, $x_1, x_2, \dots, x_n, \dots, x_N$ 은 N 차원의 유클리드 설계공간을 정의하는 $\vec{X}$ 의 성분으로 해석될 수 있는 설계변수이다. 이들의 변화는 $(N+1)$ 차원의 반응면으로 대표되고 시각화될 수 있는 $F(\vec{X})$ 값의 집합을 생성한다. 제 8 장부터 10 장까지는 3 차원 반응면의 형태를 갖는 두 변수로 구성되는 문제에 대한 최적화 사례를 다룰 것이다. 다음은 반응면의 기하를 어떻게 해석할 수 있는가에 대한 설명이다.

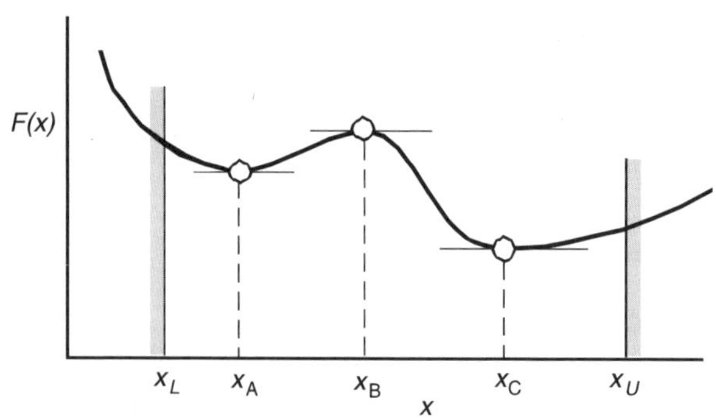

그림 7.1 선형 최적화에서 상/하한선 구속조건과 최적화

목적함수 $F(x)$ 와 구속함수 $g(x)$ 는 설계 사이징 과정의 모듈에 포함된 비선형 방정식을 통해서 설계변수와 관련된다. 이러한 방정식은 그림 1.8 에 나오는 데이터 흐름을 사용해서 수치적으로 풀 수 있다. 2 차원 반응면의 간단한 사례로는, 그림 7.1 에 나오는 것과 같은 선형 모델의 결과가 있다. 지역 최적해는 최소한 근처의 다른 어떤 지점만큼 양호한 목적함수 값을 갖는 가능한 설계이다. $F(x)$ 의 지역 최소해는 x_A 이다. 1 차 도함수 $dF(x)/dx$ 는 왼쪽에서는 음이고, 오른쪽에서는 양이며, x_A 지점에서는 0 이기 때문에 목적함수는 볼록이다. 이는 x_C 에도 동일하게 적용된다. $F(x)$ 의 2 차 도함수는 A 와 C 에서 양이므로, x_A 지점과 x_C 지점은 지역 최소해이다. 목적함수가 오목인 B 에서 2 차 도함수는 음이기 때문에, x_B 지점은 지역 최대해가 된다. 전역 최적해는 경계영역 내에서 최소한 다른 어떤 지역 최적해만큼 목적함수에 대한 양호한 값을 제공하는 지역 최적해이다. 그림 7.1 에서 x_C 지점은 $F(x)$ 의 전역 최적해이다.

7.2.5 비구속 최적해

만약 변수에 대한 부등식 구속조건이 없고 목적함수가 해석에 의해서 미분가능이라면, 뉴톤의 극한이론의 적용이 최적화에 대한 가능한 가장 단순한 접근방법이다. 만약 $F(\vec{X})$ 가 연속이고 미분가능이라면, 이의 편미분(partial derivative)을 0 이라고 설정할 수 있고 결과적인 방정식 집합을 최적해에 대해서 풀 수 있다. 해의 특성은 Hessian 행렬로 정의되는 2 차 편미분(second partial derivative)의 부호(양, 음 또는 0)에 따라서 결정된다. 만약 최적해의 바로 부근에서 목적함수가 모든 곳에서 더 높은 값을 갖는다면, 지역 최소해가 구해진다.

그림 7.2 는 그림의 평면상 직교축을 따라서 변화하는 독립변수 x_1 과 x_2 를 갖는 2 차원 최적화의 목적함수 $F(\vec{X})$ 를 보여주고 있다. $F(\vec{X})$ 는 동일한 F 값을 갖는 지점을 연결하는 번호가 붙여진 곡선으로 표현되는 3 차원 반응면을 형성한다. 그림 평면에 대한 투영은 반응면을 시각화하며, 이를 컨투어 선도(contour plot)이라고 한다. 다른 표현으로는 등가성능(iso-merit) 선도 또는 지문(thumbprint) 선도라고도 한다. 그림에 나오는 사례는 개념설계 최적화에서 흔히 찾아볼 수 있는 전형적인 상향경사(hilly)를 갖는 특성을 보여주고 있다. 주어진 x_2 에 대해서 $\mathcal{A}$ 지점은 $\partial F/\partial x_1 = 0$ 인 부분 최적값을 정의하고, 여기서 컨투어는 수평인 접선을 갖는다. 변수 x_1 에 대한 $\mathcal{A}$ 시점의 집합은 곡선 O_1 으로 표시되었다. 유사한 방법으로, $\mathcal{B}$ 지점은 F-컨투어에 대해서 수직으로 접선인 $\partial F/\partial x_2 = 0$ 를 정의하고, 곡선 O_2 는 이러한 부분 최적값의 집합을 이룬다. $F(\vec{X})$ 의 최소해는 O_1 과 O_2 가 교차하는 $\mathcal{O}$ 지점이다. 3 차원 설계공간에서 최소 목적함수는 두 개의 0 의 값을 갖는 1 차 도함수와 두 개의 양의 부호를 갖는 2 차 도함수로 정의된다.

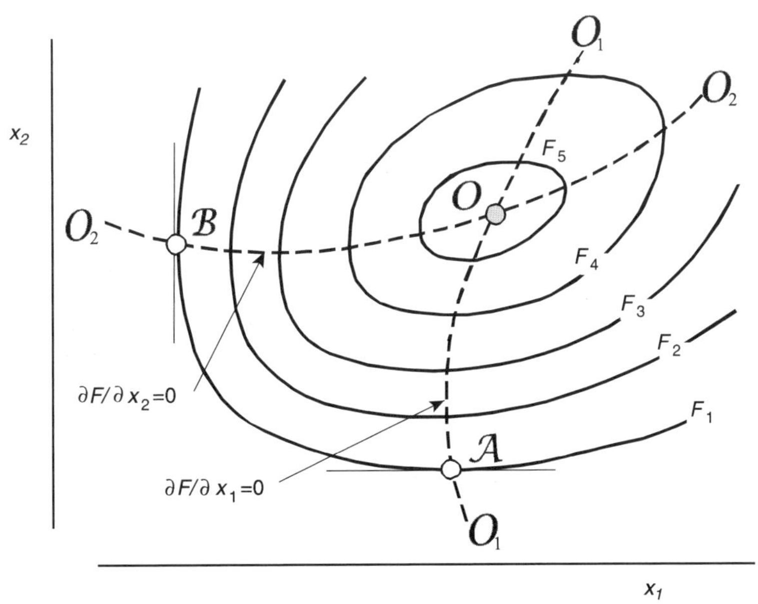

그림 7.2 2 차원 목적함수의 최적해

최적화에 대한 문헌을 보면, 안장점(saddle point)을 갖는 목적함수의 상황에 대한 언급이 간혹 나오기도 한다. 그림 7.3 에 나오는 안장점에서는 두 개의 편미분이 모두 0 인 반면, 2 차 도함수는 x_1 에 대해서는 양의 값을 가지며 x_2 에 대해서는 음의 값을 갖는다. 이와 같은 상황이 수학적으로 잘 정의되기는 하지만, 설계 최적화 체계상에서의 해석은 문제가 된다. 안장점은 동일한 목적함수에 대해서 지역 최대값이면서, 동시에 최소값이기도 하기 때문이다. 안장면의 특이한 사례는 그림 10.11 에 나오는 공기역학 효율 L/D 의 반응면이다. 독립 설계변수를 추가하면 문제의 차원이 증가해서 초공간이 되기 때문에, 불가능하지는 않지만 시각화가 어려워진다. 모든 선택변수에 대한 전역 최적해는 부분 최적해 $\mathcal{O}_1, \mathcal{O}_2, \ldots, \mathcal{O}_N$ 이 동일 지점에서 만나는 교점이다.

부분 최적해가 교차하지 않는 경우는 서로간에 양립할 수 없다는 것이다. 이러한 상황에서는 전역 최소해는 존재하지 않으며, 이를 풀기 위해서는 하나 또는 그 이상의 구속조건을 추가하는 것이 필요하다. 양립할 수 없는 편미분의 사례는, 압축성 항력을 무시하는 것으로 인해서 공기역학적 모델이 과도하게 단순화된 제트 비행기에 대한 가장 연료 경제적인 순항속도와 고도를 계산할때 나타난다. (제 12 장) 설계 최적화에서 또 다른 복잡성은, 목적함수가 많은 방정식의 반복계산을 통해서 계산되는 경우에 나타나기도 해서 해석적인 미분을 불가능하게 만든다. 실용적인 해법은 (수치적으로 구한) 미분 또는 반응면의 근사에 기반한 직접탐색 방법을 통한 미적분에 근거한 방법을 사용하는 것이다. (7.3 장)

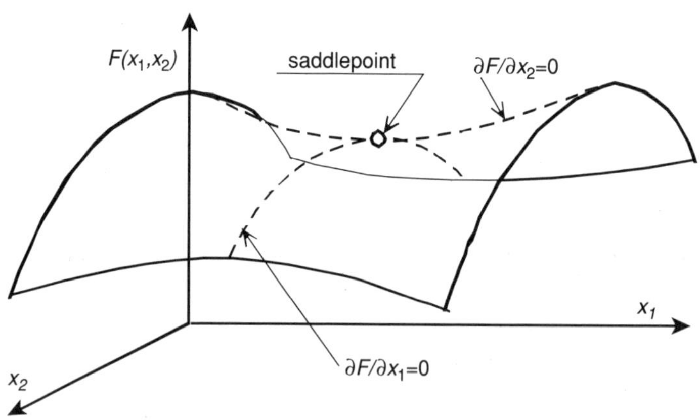

그림 7.3 안장점을 갖는 목적함수

7.2.6 구속 최적화

원칙적으로, 등식 구속조건을 부과하는 것은 시스템에 방정식을 추가하는 것으로 처리될 수 있어서 실질적으로 독립변수의 수를 하나 줄이는 것이다. 예를 들어서, J 개의 등식 구속조건이 시스템에 적용되어 있다면, 이 문제의 차원은 $(N-J)$ 로 감소한다. 그러면 감소된 문제는 다음과 같이 수식화될 수 있다.

다음과 같이 정의되는 $(N-J)$ 개 선택변수의 수정된 제어벡터를 갖는 목적함수 $F(\vec{X}')$ 를 최소화한다.

$$\vec{X}' = (x_1, x_2, ..., x_{N-J})^T \tag{7.3}$$

여기서 부등식 구속조건은 다음과 같다.

$$L \le g_i(\vec{X}') \le U \quad i = 1, 2, ..., (I - J) \tag{7.4}$$

그림 7.2 의 비구속 문제는 몇 개의 부등식 구속조건을 추가하는 것으로 증가된다고 가정한다. 각 구속조건은 그림 7.4 에서 빗금으로 표시된 것과 같이 설계공간을 가능영역과 불가능영역으로 다시 구분한다. 가능영역은 구속조건 g_2 의 오른쪽과 구속조건 g_3 의 위쪽이다. 새로운 상황은 다음과 같은 결론으로 이어진다.

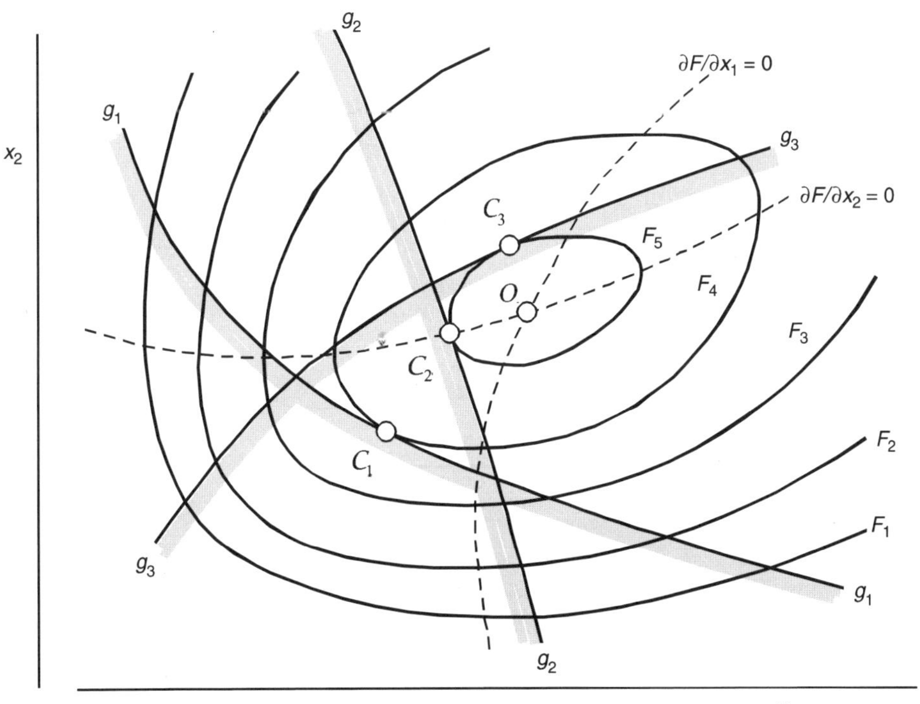

그림 7.4 부등식 구속조건을 갖는 목적함수의 최적해

- 전역 최적해 O 는 불가능영역에 위치하기 때문에 불가능이다. 이로 인해서, (가능한) 전역 최적값을 찾기 위해 부분 최적값의 교점을 이용하는 방법을 사용할 수 없다.
- 구속조건 g_1 은 전체 설계 영역에서 비활성이고 이의 최적해 C_1 은 불가능이며 (관련성이 없다).
- 구속조건 g_2 에 대한 최적해 C_2 는 가능영역에 위치하지 않기 때문에 불가능이다.

• 활성 구속조건 g_3 에 대한 최적해 C_3 는 가능영역의 경계에 위치한다. 따라서, C_3 는 목적함수의 구속 최적해를 나타낸다.

현재 사례는 하나의 활성 구속조건에 의해서 결정되는 전역 최적해를 특성으로 한다. 항공기 설계 최적화에서, 최고의 가능한 최적해는 보통 두 개의 부등식 구속조건의 교점에서 발견된다. 반면, 가능한 설계가 항상 식별되는 것은 아니다. 보다 명백하게는, 매우 도전적인 최상위 요구조건의 경우, 모든 구속조건을 만족하는 설계를 고안하는 것이 불가능할 수도 있다. 만약 구속조건이 전반적인 설계 품질에 부정적인 영향을 미치는 것으로 나타난다면, 고등설계팀은 과도한 최적값을 추구하는 대신 구속조건을 바람직한 수준으로 완화하는 것으로 보다 실용적인 또는 경제적인 설계를 목표로 하도록 결정할 수 있는 권한을 가져야 한다. 결과적으로, 구속 설계는 비구속 전역 최적값의 근사값에 가까워질 수 있다.

7.3 해석적 또는 수치적 최적화

7.3.1 해석적 접근방법

최적화 전략의 선택은 문제의 종류와 관련된다. 그림 7.5 의 분류는 작은 설계공간을 다루는 복잡하지 않은 문제와 많은 독립변수를 갖는 복잡한 비해석적인 문제로 구분하고 있다. 이러한 분류는 통계에 기반한 표면적인 연구에서 시작해서 보다 세부적인 매개변수와 트레이드오프 연구를 거쳐 복잡한 고신뢰도 다차원 해석과 다변수 최적화(Multivariate Optimisation, MVO)에 이르기까지 계산의 복잡성이 증가하는 고등설계 실무의 서로 다른 각 단계에 해당한다.

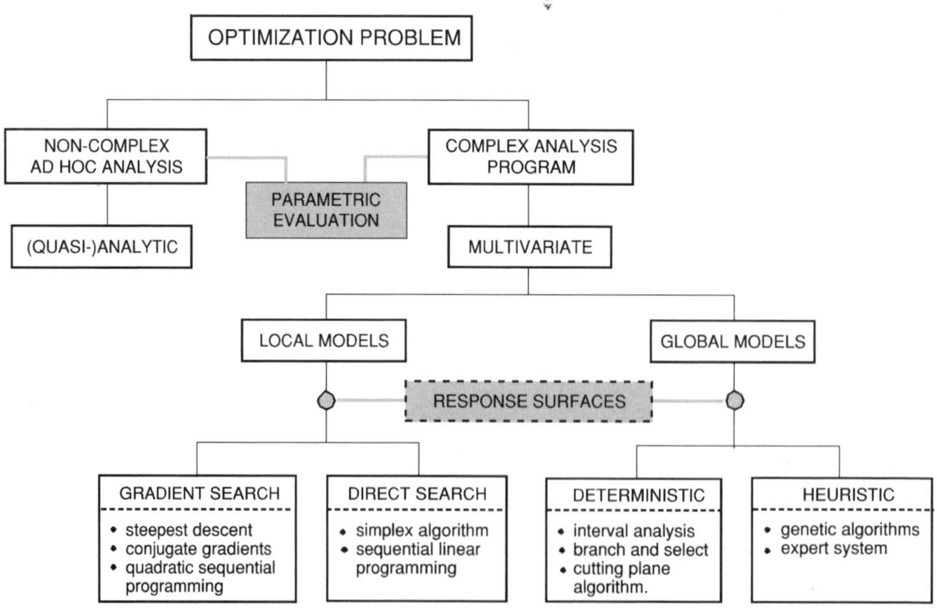

그림 7.5 항공기 설계에서 단일 목적함수 최적화에 대한 방법의 분류

컴퓨터가 생성하는 답에 대한 신뢰도를 높여가기 위해서는, 해석적인 방법을 통해서 해의 일부를 근사하는 모델을 사용하는 것이 유용할 것이다. 예를 들어서, 일시적인 문제는 목적함수와 구속조건이 해석함수인 경우 사용할 수 있는 Newton 의 극값 이론(theory of extrema)을 이용해서 풀 수도 있다. 전역 최적해는 모든 부분 최적값을 만족하는 설계이다. 등식 구속조건은 시스템 방정식 세트에 대입되거나 본래 변수에 라그랑지 승수(Lagrange multiplier)로 알려진 허위변수(pseudo-variable)를 더하는 것으로 제거할 수도 있다. 그러면, 구속문제에 대한 최소해는 라그랑지 함수(Lagrangian function)에 의해서 증가된 본래 목적함수를 최소화하는 것으로 찾아낼 수 있다.

표 7.1 매개변수 연구의 평가

장점
산업계 실무에 근거한 전통적인 방법
상대적으로 간단한 프로그래밍
설계자가 선택에 대한 통제를 유지함
목적함수에 대한 선험적 선택이 필요하지 않음
비최적 조건에 대한 설계의 민감도가 여전히 드러나도록 유지됨
단점
많아야 4~5 개 정도로, 일부 선택변수만이 처리될 수 있음
(거의) 최적값이 식별되었다는 보장이 불충분함
많은 설계가 계산되지만, 실제로 서의 사용되지 않음
해석자가 탐색을 확장하도록 격려되지 않음
설계 (요구조건)의 변경으로 인해서 대부분의 결과가 무용해짐

흥미로운 전략은 단항식(monomial)과 단항식의 합으로 이루어진 함수(posynomial)에 기반하는 특별한 종류의 문제에 적용되는 기하학적 프로그래밍(Geometric programming, GP)이다. 단항은 다음과 같은 형태를 갖는다.

$$f(x) = cx_1^{a_1} x_2^{a_2} \ldots x_n^{a_n} \tag{7.5}$$

여기서, $c > 0$ 이고 $a_i \in \mathbf{R}$ 이다. 하나 또는 그 이상 단항식의 합을 posynomial 함수라고 한다. GP 에 대한 초기 자료는 [1]에서 찾아볼 수 있고, 최근의 개요는 [60]에 발표되었다. 항공기 설계에 대한 GP 의 적용은 통계데이타의 회귀분석(regreession analysis)으로부터 도출되는 중량 성분으로 구성되는 posynomial 의 최소화의 형태로 생각할 수 있다. 그러나, 통계적인 방정식은 설계 민감도에 잘못된 인상을 줄 수도 있기 때문에 이의 사용이 항상 추천되는 것은 아니다.

복잡하지 않고 잘 구성된 방정식 세트로부터 도출되는 표 7.1 에 나오는 매개변수 연구를 통해서 구속조건을 포함한 반응면을 계산하고 시각화할 수 있다. 그림 1.9 에 사례가 나와 있다. 이러한 접근방법은 명시적인 최적화와 의사결정에 유연한 방법을 제공한다. 고찰을 거의 제공하지 않는 자동화된 설계와 비교해서, 매개변수 연구는 비최적 설계변수에 대한 설계의 민감도를 설명하는데 유용하다. 이는 또한 변화하는 설계 구속조건의 영향을 살펴보는 것과 기술적인 또는 트레이드오프 연구에도 유용하다. 그러나, 이러한 연구는 선택변수가 5 개를 넘지 않는 문제에 대해서만 가능하다.

7.3.2 다변수 최적화

만약 AD 팀이 검증된 컴퓨터 보조 설계 사이징과 해석 시스템을 사용한다면, 다변수 최적화(MVO)는 강력한 도구이다. 종합적인 최적화 작업을 위해서는 일반적으로 10~30 개 사이의 다양한 범위의 선택변수를 처리할 수 있는 수학적인 기법을 사용할 필요가 있다. 사용 가능한 일련의 MVO 알고리즘을 포함하는 모듈이 설계 사이징 프로그램과 느슨하게 결합되어야 한다. 그림 7.5 에 나오는 계획은 지역과 전역 모델 사이의 차이를 보여주고 있다.

- 지역 모델은 단계적인 방법으로 진행된다. 이는 초기에 어림짐작으로 시작해서 설계를 개선하는 방향을 가리키는 새로운 제어벡터를 계산한다. 이러한 과정 동안 해석이 되는 설계를 활성지점이라고 한다. 탐색은 목적함수가 지역 최적해에 고정되면 종료된다.
- 전역 모델은 지역뿐 아니라 전역 최적해의 식별까지도 목표로 한다. 이는 닫힌 경계영역 내에 분포된 세심하게 선택된 (여러) 설계의 목적함수에 대한 직접적인 평가를 수행한다. 이러한 과정은 반응면 근사와 함께 또는 선험적인(heuristic based) 알고리즘을 사용하는 것으로 진행될 수 있다.

표 7.2 다변수 항공기 설계 최적화의 평가

장점
잠재적으로 설계 품질의 향상으로 이어질 수 있는 엄격한 접근방법
편향된 결정의 최소 출현
비전형적인 형상에 대한 유일한 가능한 접근방법
기본형 설계/요구조건의 변경에 대한 즉각적인 수용
단점
프로그래밍과 디버깅이 복잡하고 시간이 오래 걸림
수렴 문제의 발생
전역 최적값이 아닌 지역값에 고착될 위험
합리적인 결과를 얻기 위해서는 몇 가지 알고리즘이 테스트되어야 할 수도 있음
주요 설계변수에 대한 설계민감도 정보를 제공하지 않음
비숙련 설계자는 비현실적인 결과를 초래할 수도 있음

자동화된 최적화는 해석될 형상의 수를 상당히 감소시키고, 이후에 거부되어야 하는 형상을 생성하는 막대한 낭비를 피할 수 있다. MVO 를 위한 여러가지 전략이 연구되고 보고되었지만, 현실적인 항공기 설계 환경에서 검증을 받은 것은 많지 않다. MVO 의 도입은 흔히 너무나 많은 계산상의 위험과 실수와 관련되기 때문에, 수학적으로 정확하고 신뢰할 수 있는 해법을 찾는다는 것은 어려운 것으로 보인다. 자동화된 최적화의 사용은 항공우주 설계를 포함한 여러 기술설계 분야의 적용에서 찾아볼 수 있지만, MVO 방법은 여전히 단점을 가지고 있다. 이는 본질적으로

프로그래밍과 디버깅이 어렵고, 최적화 알고리즘이 항상 효과적이지는 않으며, 수렴 문제는 해가 발견되지 않는다는 것을 의미할 수도 있다. 각 형상당 계산비용에 따라서 해석자는 대규모와 복잡성과 관련된 크기의 문제를 겪을 수도 있다. 표 7.2 에 나오는 MVO 의 장점과 단점에 대한 전반적인 개요로부터 최적화 문제에 MVO 를 적용할 것인가에 대한 결정은 철저히 준비되어야 한다고 결론을 내릴 수 있다.

일부 복잡한 비해석적인 문제는 양호한 거동을 보이기도 한다. 다시 말해서, 목적함수가 각 독립변수에 대해서 부드럽게 변한다는 것이다. 이런 경우 간접(indirect) 또는 구배탐색(gradient search)으로 알려진 알고리즘이 최적값을 가장 신속하게 찾아낼 것이다. 구배법은 민감도 정보로 알려진 목적함수의 지역 도함수를 찾기위해서 미적분에 근거한 정보를 이용한다. 이는 활성지점 부근 영역에서 문제의 지역 모델을 구성하는데 사용된다. 지역모델은 실제 목적함수와 구속조건 함수를 근사하기 위한 목적인 낮은 차수의 다항식(low degree polynomial)이다. 이는 지역 최소해의 방향을 가리키는 제어벡터를 도출하는데 사용된다. 활성지점을 향한 모든 단계는 목적함수의 지역 컨투어 곡선에 수직이다.

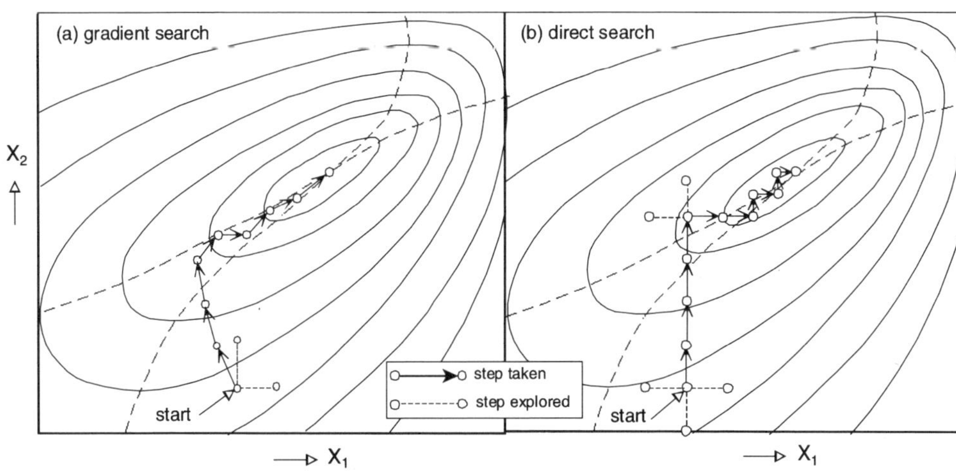

그림 7.6 비구속 최적화를 위한 구배하강법 및 직접탐색법

7.3.3 비구속 최적화

초기에 짐작된 독립변수 세트에서 시작해서 단계적인 탐색을 보여주는 구배를 이용한 비구속 최적화가 그림 7.6(a)에 나와 있다. 탐색된 단계는 지역 근사화 모델을 이용해서 최적해를 찾는데 사용된다. 지역 반응면 근사의 가장 높은 구배를 따라서 이동하면 지역 목적함수가 개선되고, 변수의 직교방향으로 1 차원 탐색에 따라서 발견될 수 있다. 만약 반응면 근사를 위해서 2 차 다항식이 사용된다면, 이의 지역 곡률을 이용해서 Hessian 행렬과 최적 스텝의 크기를 도출할 수 있다. 이는 증가된 계산노력을 댓가로 보다 효율적인 탐색이 가능하도록 한다. 과정은 연속해서 변화하는 방향과 스텝의 크기를 가지고 더 이상 개선이 없을때까지 스텝을 따라서 진행된다. 이 방법은

구배하강법(steepest descent algorithm)으로 알려져 있다. 대체로, 구배 탐색 경로는 부분 최적값의 위치에 따라서 결정되며, 점선으로 표시되어 있다.

구배법은 시작점의 위치에 따라서 서서히 수렴하는 과정일 수 있다. 공액 구배 알고리즘(conjugate gradient algorithm)은 이전 반복 단계로부터의 정보를 이용해서 수렴을 상당히 개선한다. 원칙적으로 구배법은 지역 최적해의 정확한 해를 식별한다. 구배법은 단순하고 연속적인 수학적 모델이 사용되어 많은 문제가 잘 작동하기 때문에 주로 개념설계에 적용된다. 그러나, 보다 복잡한 프로그램의 경우 간접 탐색법은 지역 최적값에서 멈출 수도 있다. 가능하다고 예상되는 설계지점에서 구배법을 시작하는 것이 유리하다. 구배법은 지역 최적해를 식별하기 때문에 다른 지점에서 탐색을 시작해서 반복하는 것이 도움이 된다. 보다 심각한 문제는 설계공간의 서로 다른 영역에 적용되는 서로 다른 설계 기준 사이의 전환으로 인해서 반응면상에서 킹크 또는 불연속이 나타날때 발생한다. 또 다른 어려움은, 복잡한 다학제 계산 시스템이 포함되는 경우 발생하는 계산상의 잡음이다. 많은 공학 최적화 문제는 이런 까다로운 종류에 해당하고, 이들의 거동을 예측하는 것은 쉽지 않다. 이러한 상황에서는 전역 최적값을 찾기위해서 (목적) 함수 정보만을 사용하는 직접탐색 형태가 더 잘 작동할 수도 있다.

직접탐색법은 목적함수 도함수를 사용하지 않기 때문에 지역 설계 민감도 정보가 부족한 경우에 유용하다. 대신, 직접탐색법은 단순히 많은 수의 설계를 생성하고 직접탐색 알고리즘을 이용해서 지역 최적값을 식별한다. 전형적인 직접탐색법으로는 목적함수와 구속조건을 1 차 Taylor 전개(Taylor expansion)로 근사하는 순차적 선형계획법(Sequential Liner Programming, SLP)이 있다. 결과적인 선형 구속 문제는 심플렉스 알고리즘(Simplex algorithm)과 같이 널리 사용되는 표준 방법으로 풀 수 있다[25]. 그림 7.6(b)는 독립변수의 직교방향으로 스텝을 갖는 직접 지역탐색의 사례를 보여준다. 초기 짐작된 지점에서 출발해서 첫 스텝은 한 축의 방향으로 목적함수가 더 이상 개선되지 않을 때까지 선형 탐색이 된다. 다음으로 선형 탐색은 다른 축에 대해서 계속된다. 목적함수가 정지되는 지점에서 첫 변수는 더 이상 부분 최적값에 있지 않고 다음 스텝은 원래 방향으로 다시 시작된다. 이 사례에서 최종 단계는 두 부분 최적값 사이를 왔다갔다 이동하는 느린 수렴을 보여준다. 직접탐색법은 정확한 해를 제공하지는 않지만 수렴에 대해서 신뢰성이 있고 강건(robust)하다. 그러나, 직접방법 접근은 최적화 알고리즘의 매 단계마다 값비싼 설계 해석이 필요하다.

7.3.4 구속 최적화

구배탐색을 이용한 구속최적화의 효율적인 방법은 순차적 이차계획법(Sequential Quadratic Programming, SQP)이다. 그림 7.7 과 같이 구속조건의 선형 근사에 따른 목적함수의 지역 이차 근사를 찾기 위해서 미적분에 기반한 알고리즘이 사용된다. SQP 는 (가능한) 활성지점 S 에서 가장 급한 경사를 찾기 위해서 구배법을 이용하고, 해당 방향으로 직선 탐색을 수행한다. 활성지점이 구속조건의 불가능 영역에 도달하면 탐색 방향이 변하고, 설계가 구속 최적해 C 에 도달하기까지 지역 구속함수를 따라서 계속된다. 시작점이 적절히 선택된다면, 이러한 과정은 일반적으로

신속하게 최적해에 이르도록 한다. SQP 코드의 적용에 대해서는 참고문헌 [38]에서 찾아볼 수 있다. 모든 구배법과 마찬가지로 SQP 는 반응면상에서 불연속을 보이지 않고 계곡이나 뾰족한 휘어짐 같은 도함수를 생성하지 않는 문제에서만 유용하다. 또한, 이 방법은 CFD 나 FEM 방법과 같은 복잡한 수치해석의 풀이에 발생하기 쉬운 도함수에 대한 계산상의 잡음 오류에 민감하다. 항공기 설계에 대한 적용은 [41, 50]에 발표되어 있다.

일부 알고리즘은 구속문제를 비구속 문제로 간주한 후에 비구속 알고리즘의 하나를 사용하려고 하기도 한다. 이는 구속 위반(constraint violation)이 발생하는 영역의 목적함수상에 페널티를 추가하는 페널티 함수를 이용한다. 그러면, 부과된 페널티를 추가하는 것으로 인해서 본래 목적함수로부터 생성된 허위 목적함수(pseudo-objct function)가 최적화된다. 이러한 방법을 순차 비구속 최소화기법(Sequential Unconstrained Minimization Technique, SUMT)이라고 한다. 또 다른 접근방법으로는 설계공간에서 구속조건과 목적함수 경계를 단일면으로 대체하기 위해서 Kreisselmeier-Steinhauser(KS) 방법을 이용하는 것이다[43]. KS 방법은 연속으로 미분가능한 함수에 기반한다.

$$KS(X) - \frac{1}{\rho} ln \sum_{k=1}^{K} exp\{f_k(X)\} \tag{7.6}$$

여기서 $f_k(X)$는 K개의 목적과 구속함수의 집합이다. 매개변수 ρ는 X에서 평가된 이러한 함수 집합의 최대값으로부터 KS 함수 표면까지의 거리를 제어한다. 이와 같은 포락선 함수(envelope function)의 공식화는 구속 문제를 비구속 단일목적 문제로 효과적으로 변환하고, 이는 이후 논의될 다수준 최적화(multilevel optimization)에도 유용할 수 있다.

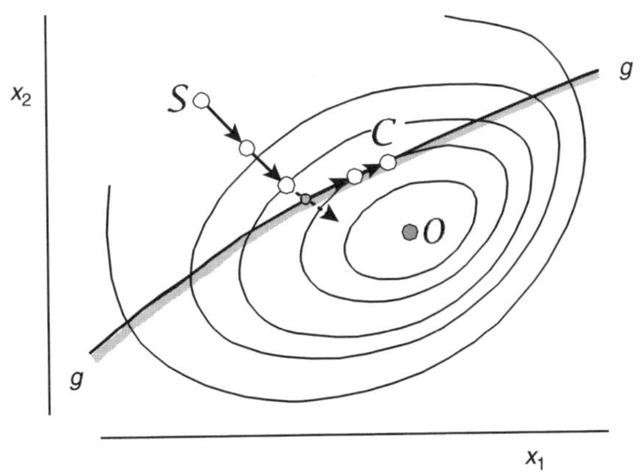

그림 7.7 두 개의 독립변수에 대한 SQP 방법의 기하학적 해석

7.3.5 반응면 근사

직접방법은 전체 설계 영역의 전역 최적해를 찾는데 사용된다. 이는 활성지점의 단계적인 개선을

이용하는 것이 아닌 정확한 해석을 통해서 (일반적으로 상당히) 많은 수의 설계지점을 평가한다. 그러나, 전체 반응면의 계산은 문제의 크기에 따라서 기하급수적으로 증가하기 때문에 (a) 설계해석 모델을 단순화하거나 또는 (b) 탐색과정을 단순화하는 것을 고려할 필요가 있다. 첫 번째 선택은 허용할 수 없는 수준의 정확하지 않은 반응면으로 이어질 수 있는 반면, 두 번째 선택은 부정확한 최적해로 이어질 수도 그렇지 않을 수도 있지만, 불확실성은 허용할 수 있는 수준이다. 따라서, 실제 최적값의 근사를 잠재적으로 생성하는 방법이 개발되었다. 세부적이고 값비싼 고신뢰도 해석을 최적화 알고리즘에 통합하는 것과 비교해서, 근사모델은 계산과정이 비싸지 않은 적당한 횟수의 직접 그리고 정확한 평가만을 필요로한다. 선험적인 시뮬레이션을 수행함으로써 이러한 시뮬레이션 모델은 표면 피팅과 최적화 노력으로부터 효과적으로 분리된다. 이로 인해서 해석자는 이러한 과정을 순차적으로 실행할 수 있고, 전체 과정을 다양하게 활용할 수 있다. 터보팬 엔진의 선택에 적용했던 초기 사례를 참고문헌 [26]에서 찾아볼 수 있다.

반응면을 위한 근사모델은 해석과정에서 값비싼 시뮬레이션 코드를 대체하고, 따라서 계산비용을 감소시킨다. 이는 실제 반응면을 독립변수의 단순한 함수로 근사한다. 근사는 실험설계의 적절한 방법에 따라서 주의깊게 선정된 많은 수의 샘플 지점에서 목적과 구속함수를 계산하는 것으로 시작된다.[1] 그리고 나서 이는 서로 다른 반응면 피팅을 사용해서 모두 근사화된다. 근사모델은 일반적으로 실제 함수값에 대한 회귀로부터 유도되는 항에 대한 계수를 갖는 낮은 차수의 다항식에 기반한다. 표면 피팅은 통계적인 평가에 따라서 검증되고, 수용된 이후 최적화 자체는 해당 카테고리에서 하나의 알고리즘을 사용해서 반응면 피팅의 구배탐색으로 진행된다. 전역 반응면은 지역뿐 아니라 전역 최적해를 식별하고, 설계자에게는 복잡한 현상의 거동에 대한 통찰(insight)을 제공한다. 예를 들어서, 심사절차(screening process)를 통해서 설계문제로부터 목적함수에 대한 영향이 미미하다고 보이는 변수를 제거할 수 있다.

7.3.6 전역 모델

전역 최적화는 여러개의 서로 다른 지역 최적값을 갖는 비오목 함수의 극값 위치(extremal location)를 연구하는 수학의 분야이다. 전역 최적화의 높은 복잡성으로 인해서, 이를 실행하는 것은 계산적으로 매우 비용이 많이 들며, 고등 항공기 설계에 적용할 수 있는 널리 알려진 방법은 아직 발견되지 않았다. 따라서, 다음에 나오는 개요는 피상적인 것이고, 여기서는 두 가지 기본적인 종류의 알고리즘에 대해서만 집중한다.

1. 결정론적(deterministic) 방법은 전역 최적해에 수렴하는 지점을 생성하기 위해서 문제의 해석적인 특성을 이용한다. 사례로는 분기와 선택(branch and select) 알고리즘, 절단평면(cutting plane) 알고리즘, 구간분석(interval analysis) 그리고 동적 프로그래밍(dynamic programming)이 있다.
2. 선험적인 방법(heuristic method)은 양호한 답을 제공할 것이라는 기본적으로 경험법칙이다. 이는

[1] 이러한 의미에서 설계는 본래 공학적인 문제가 아닌 샘플 지점을 선택하기 위한 방법을 의미한다.

결정론적 방법에 비해더 보다 유연하고 효율적인 것으로 밝혀졌다.

선험적인 방법으로 구한 해의 품질은 보장될 수 없기 때문에 양호한 전통적인 방법이 존재하는 문제에 대해서는 적용이 추천되지 않는다. 이는 특히 지식을 수학적인 모델의 형식으로 표현할 수 있는 경우에 해당한다. 그럼에도 불구하고, 항공기 설계에 선험적인 최적화 기법의 성공적인 적용이 유전자 알고리즘(genetic algorithm)과 전문가 시스템(expert system)에 대해서 발표되었다.
유전자 알고리즘은 긴 문자열을 조작하는 Darwin 의 적자생존 모델을 개인복제 유전자에 대한 유추로 이용해서 설계 최적화를 수행한다. 자연적인 개체군과 유사하게, 시작점은 설계의 집합이고, 서로 다른 선택변수의 세트를 갖는 각 설계는 비트 문자열로 매핑된다. 보다 적합한 개체군으로의 이동은 새로운 비트 문자열을 형성하기 위한 유망한 비트 문자열에 대해서 반복되는 교배(mating)와 임의적인 돌연변이(mutating) 비트 문자열에 의해서 이루어진다. 유전자 알고리즘은 상대적으로 적용이 용이하고, 굴곡진 반응면에서 지역 최적값에 고착되지 않는다는 장점을 갖는다. 그러나, 이는 전역 최적값을 보장하지 않으며, 만족할만한 근사적인 해를 구하기 위해서는 과도하게 많은 함수에 대한 평가가 필요할 수도 있다. 유전자 알고리즘에 대한 세부적인 설명은 [9]를 참조하고, 초음속 여객기 설계에 대한 적용에 대해서는 [74]를 참조한다.
전문가 시스템은 명시적으로 인간 전문가의 문제해결 능력에 기반하는 인공지능(AI) 분야로부터의 나온 방법이다. 전문가 시스템은 규칙기반(rule base) 또는 지식기반(knowledge base)[2]으로 알려진 비정형 객체지향 데이타베이스와 추론엔진(inference engine)으로 부르는 단일 모듈에 기반을 둔다. 유추엔진은 적용과 관련된 객체에 대한 선언문을 포함하는 규칙의 실행에 대한 권한을 갖는다. 최적화에 대한 전문가 시스템의 관련성은 객체에 대한 정형화된 지식을 활용할 수 있는 잠재력에 있다. 객체는 물리적인 (항공기) 구성요소, 데이타 구조, 매개변수의 값 또는 설계 절차가 될 수 있다. 항공기 설계에 대한 적용은 참고문헌 [94]를 참조한다.

7.4 대규모 최적화 문제

> 모든 변수와 매개변수를 점차 확장한 이후, 이들의 대부분이 관련성이 없다는 것을 발견하고 결국 가장 중요한 항목은 어딘가 다른 곳에 있다는 것을 발견할 위험성이 존재한다. 전체 최적화의 실현 가능성을 정립하는 것은 긴 시간이 필요한 작업일 것이다.
>
> R. Cockburn [23]

1980 년대 초 이후, 복잡한 공학 시스템으로 대표되는 인공물(artifacts)에 대한 통합된 해석과 최적화의 어려움을 극복하기 위해서 대표적인 사례로 항공기 설계의 다학제 설계 최적화(Multidisciplinary Design Optimisation, MDO)와 같은 새로운 연구분야가 개척되었다. 그 결과물은 분산된 계산능력을 갖춘 설계 조직 내에서 엔지니어가 서로 협력하는 방법과 본질적으로 호환될 수 있다. J. Sobieszczanski-Sobieski 와 NASA Langley 에 있는 그의 동료들이 MDO 기법에

[2] 설계 분야의 적용에 대한 전문가 시스템은 또한 지식기반공학(Knowledge Based Engineering, KBE)로도 알려져 있다.

중요한 기여를 했다. 지난 10 년간, MDO 는 상당한 이론적인 체계와 다수의 실제적인 적용에 기반해서 설계팀의 손에 있는 강력한 도구로 발전되었다. MDO 는 산업계뿐 아니라 연구분야에서도 강한 관심을 불러 일으켰다.[3] MDO 는 이를 새로운 공학 분야로 부르는 것을 합리화할 수 있을 정도로 설계가 조직되는 방법을 철저히 변화시켰다[72].

지속적으로 파워가 증가하는 컴퓨터 시뮬레이션을 다양한 종류의 물리현상을 모델링하는데 사용할 수 있다. 고등설계(AD) 환경에서 엔지니어/해석가는 이러한 시뮬레이션을 통해서 물리 실험으로부터 알 수 있었던 것보다 더 많은 관련된 과정과 물리학에 대해서 알 수 있다. 그러나, 복잡성의 측면에서 보면 사이징과 최적화 프로그램은 전통적으로 다른 기술분야에서 처리되었던 것과는 별개로 전문가에 의해서 개발되고 유지되어 왔다. 결과적으로, 최적화 과정은 부차적인 최적화, 계산상의 비효율성 그리고 프로젝트의 지연으로 이어지는 순차적인 분야별 활동으로 구성되었다. 오늘날 실무에서 다학제 해석과 최적화는 서로 상호작용을 하는 계산 영역의 시너지 효과를 일관적으로 이용해서 복합적인 공학적 시스템의 설계를 향상시킨다.

7.4.1 개념 사이징 및 평가

개념설계는 기체 설계에 대한 요구조건을 만족하기 위한 대안 개념의 탐구를 포함한다. 개념 사이징은 실현 가능성에 대한 구속조건을 포함해서 주어진 임무를 만족하는 설계의 기하, 중량, 성능 그리고 다른 물리적인 특성을 결정하는 프로그램으로 설명할 수 있다. 개념 사이징 프로그램은 (1) 데이타 처리 시스템, (2) 기여하는 분야별 해석 프로그램, (3) 형상 관리와 평가를 위한 사용자 인터페이스, (4) 일련의 최적화 알고리즘과 같은 기본적인 구성요소로 이루어진다. 그림 7.8 은 광범위한 분야가 개념사이징 프로그램 내에서 상호작용을 하는 방법을 보여주고 있다. 처리과정의 결과는 비행성능, 비행특성 그리고 경제적인 성능지수(FOM)에 대해서 정의된다.

개념 사이징 도구의 선택 또는 개발에서 중요한 사항은 일반 배열과 기술을 표현하는 자유도에 있다. 이러한 프로그램을 통해서 설계자는 선택 매개변수, 구속조건 그리고 목적함수를 자유롭게 변경할 수 있어야 한다. 분야별 해석 프로그램은 핸드북, 자체적인 지식 그리고 통계으로부터 가져온 검증된 품질의 낮은 또는 중간 정도 신뢰도 계산에 기반한다. 컴퓨터 보조 모델링 시스템은 매개변수 기하를 생성해서 몇 가지 후보 설계를 3 차원 모델로 정의할 수 있도록 한다. 설계 품질의 평가는 매개변수 조사, 트레이드오프 그리고 가정법(what-if) 연구를 통해서 이루어진다.

비행기 개념 사이징 과정은 상대적으로 소수의 AD 팀에 의해서 처리되고, 일반적으로 단일 분야 최적화의 특성을 갖는다. 그러나, 개념 사이징 프로그램은 대부분 AD 팀과 전문 분야로부터의 지식을 제공하는 각 기능 그룹 사이의 협력을 통해서 만들어지고 유지된다. 따라서, 개념 사이징은 분명한 다학제 특성을 가지며, 이 단계에서 최적화는 MDO 문제의 한 종류인 단일 수준(single level) 최적화로 간주된다. 대규모 MDO 시스템과는 달리, 계산 지원의 핵심은 컴퓨터에 집중된

---

[3] 지속적으로 증가하는 MDO 에 대한 자료는 너무나 방대해서 이번 장의 참고문헌에서 완전히 인용할 수 없다. 발전사항은 2 년마다 AIAA/ISSMO 컨퍼런스에서 발표된다.

시뮬레이션이 아닌 유연하고 강건성을 가지며 사용자 편의성을 갖춘 시스템을 제공하는 것이다. 주요 작업은 최고의 설계를 선택할 수 있는 근거가 되는 성능지수(FOM)의 평가를 수행하는 것이다. 이는 다목적 최적화(Multi-Objective Optimization)가 필요할 수도 있다.

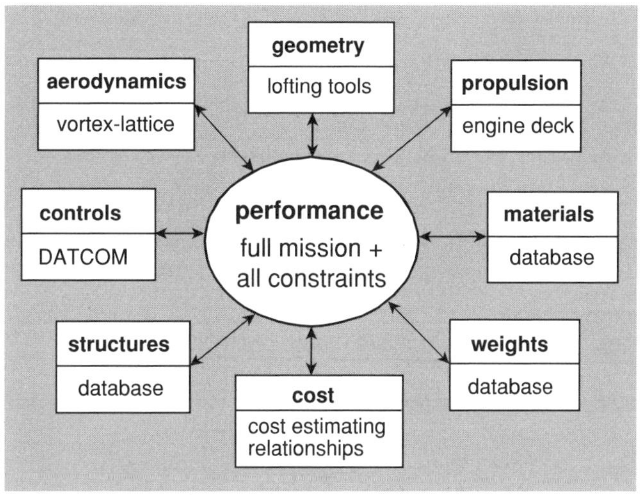

그림 7.8 개념설계 분야와 도구. NATO STO-CSO

7.4.2 다학제 설계 최적화

설계 개념이 선정된 이후, 설계와 해석 과정은 실제 구성요소와 서브시스템이 정의되는 예비설계 단계로 진화한다. 조직내 다양한 기능그룹의 전문가가 여러 서브시스템의 설계와 해석에 참여한다. 이들은 각 전문 분야에 대해서 더욱 세분화된 사항을 이용하기 때문에 다른 분야와의 상호작용은 더욱 제한된다. 그럼에도 불구하고, 서로 다른 분야와 전체 기체 시스템 사이의 상호작용은 여전히 필수이다. 다학제 설계 최적화(Multidisciplinary Design Optimisation, MDO)는 몇 가지 기능그룹 사이의 상호작용이 반드시 고려되어야 하고, 한 기능그룹의 설계가가 다른 분야와 시스템 수준의 성능에 상당한 영향을 자유롭게 미칠 수 있는 시스템 최적설계를 위한 방법론이라고 설명할 수 있다[73]. 항공기와 같은 복잡한 공학 시스템의 설계에서 다학제 상호작용은 일반적으로 통합된 제품설계(IPD) 그리고 특히 MDO 의 구성에서는 중요한 사항이다. 이러한 시스템에 대한 전면적인 최적화는 감당할 수 없는 데이타 흐름과 매우 값비싼 계산 과정을 초래할 것이다.

표 7.3 Sobieszczanski-Sobieski[72]가 다루었던 논의에 기반한 MDO 와 관련된 정보과학과 기술

정보과학과 기술	설계 특화 다학제 해석	MDO
제품데이타 모델	수학적 모델링	분야별 최적화
소프트웨어 표준	교환비용대 정확도	분해
데이타 관리, 보관 및 시각화	스마트 재해석	설계공간 탐색
소프트웨어 공학 실습	민감도 해석	근사화
인간 인터페이스		최적화 과정

표 7.3 은 MDO 분야에 대한 분류체계를 보여준다. MDO 를 위한 전제조건은 기하에 대한 기본을 형성하는 매개변수화된 제품데이타 모델(Product Data Model, PDM)과 분야에 걸쳐서 일관된 이산화된 모델(discretization model)의 여부이다. MDO 프로그램을 항공기 설계 노력에 통합하기 위해서는, 몇몇 공학 분야의 상호작용의 영향을 설명할 수 있는 해석과 최적화 과정이 구현되어야 한다. MDO 를 위한 필수 특성은 관련된 기능그룹 사이의 데이타 통신과 전달을 위한 양호한 시스템 제어 소프트웨어이다. 원칙적으로, MDO 방법론은 어떤 설계 단계에서도 사용될 수 있지만, 그 복잡성으로 인해서 초기 개념 단계에서의 적용은 합리적이지 않다. 항공기 예비설계에 적용할 수 있도록 제조시 고려사항 및 구속조건 그리고 해석에 비용영향의 예측을 포함하는 실용적인 MDO 방법을 만들기 위해서 현재 상당한 노력이 기울여지고 있다.

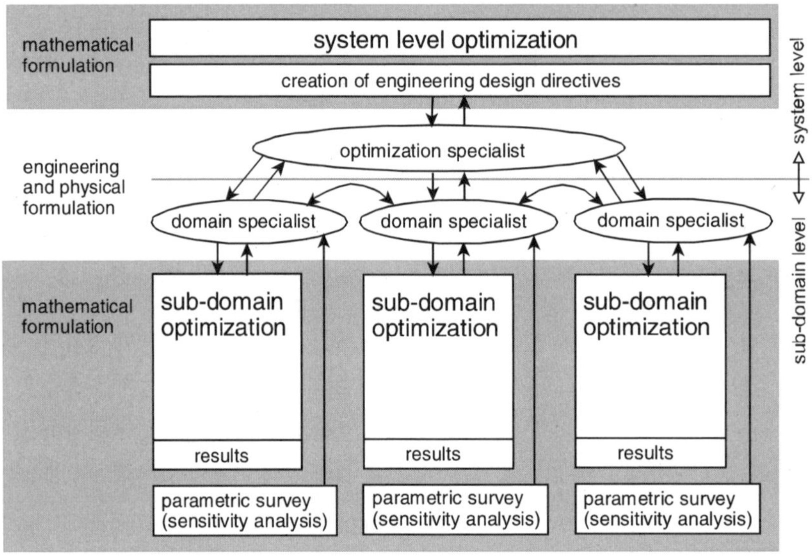

그림 7.9 대규모 산업계 이중수준 통합된 시스템 최적화 과정에 대한 도식적인 개요. 실제로 하위영역의 수는 세 개보다 훨씬 더 많다[80].

7.4.3 시스템 분해

MDO 방법론은 1980 년대 소개된 시스템 분해에 의해서 대규모 공학 시스템의 해석과 최적화를 위한 공식적인 방법에 기반한다[61, 65]. 대규모 최적화 작업은 그림 7.9 와 같이 상호작용은 그대로 유지하면서도 동시에 풀 수 있는 일련의 (덜 종속적인) 소규모인 하위작업(subtask)으로 분해된다. 문제의 구조에 따라서, 하위작업은 조립된 시스템이 최상위가 되고 서열수준에 따라서 배열된다. 하위영역(sub-domain)의 과정은 다른 하위영역으로부터 입력을 받으면서 지역 수준의 최적화로 수행된다. 시스템 수준 처리는 하위영역 사이의 객체와 구속조건 정보의 교환을 제어한다. 분해법은 반복되는 단계의 수를 최소화하는 것으로 최대의 계산효율을 가져오는 분야별 세부처리(sub-process)에 대한 최고의 절차를 식별하는 것이 목적이다. 분해의 원리로 인해서 해석과 (구배를 이용한) 최적화를 동시에 독립적으로 처리할 수 있으며, 한 서브시스템의 매개변수 변경이 다른 서브시스템의 매개변수에 미치는 영향을 설명할 수 있다. 최적화 문제의 분해는 다음과 같은 장점을 갖는 것으로 나타났다.

- 서브시스템간의 통신에 대한 향상된 이해
- 설계공간과 최적값이 성취되는 방법에 대한 향상된 이해
- 최적화와 서브시스템 정보 민감도에 대한 기능그룹의 처리
- 종속과 독립변수의 선택에 대한 유연성
- 각 서브시스템의 해석 방법 선택에 대한 유연성

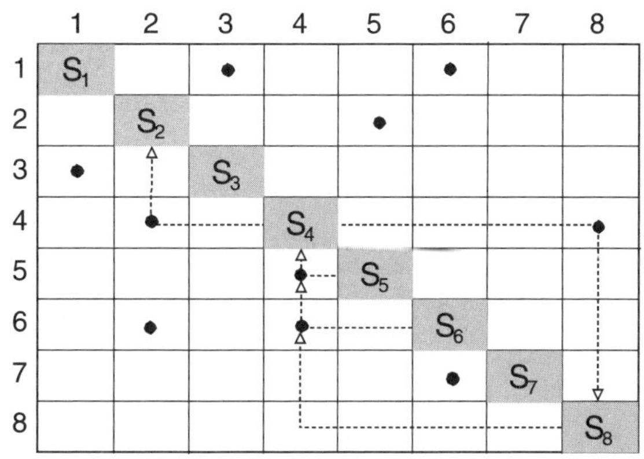

그림 7.10 단순한 DSM 의 사례[92]. 서브시스템 4 는 서브시스템 2 와 8 의 입력을 제공하고 이는 서브시스템 5, 6 및 8 로부터 입력을 받는다.

시스템 분해는 협력 공학(collaborative engineering)을 일상적으로 적용하고, 시스템공학으로부터의 도구를 사용해서 촉진될 수 있는 산업계에서 이루어지는 절차와 일치한다. 기술 시스템의 설계 과정은 서브시스템 사이의 흐름을 시각화하고 최적화하는 간단한 행렬 형태로 나타낼 수 있다. 널리 알려진 표현으로는 설계 구조 행렬(Design Structure Matrix, DSM) 또는 N^2 선도가 있는데, 여기서 N 은 서브시스템의 수를 의미한다. 한 가지 사례로, 그림 7.10 은 서브시스템 또는 설계업무가 대각선으로 배열된 소규모 DSM 을 보여주고 있다. 서브시스템의 실행 순서는 대각선상의 위치에 반영되는데, 왼쪽 상단에서 시작해서 오른쪽 하단에서 끝난다. 피드포워드(feed-forward) 관계는 대각선 상단의 점으로 표시되며, 점선 피드백 입력은 대각선 하단에 위치한다. 대각선을 따라 배치된 서브시스템의 위치는 계산처리의 효율성에 중요한 영향을 미친다. 가능한 많은 피드백 관계를 제거하고 따라서 계산의 반복횟수를 최소로 하기 위한 목적으로 서브시스템의 위치를 재배열하는데 분할 알고리즘(partitioning algorithm) 및/또는 상식적인 판단을 이용한다. 예를 들어서, 대각선상의 6 번과 7 번 작업의 위치가 바뀐다면, 피드백은 보다 바람직한 피드포워드로 변환될 수 있다. 그러나, 실제 설계 문제는 너무나 복잡하기 때문에 깔끔하게 배열되는 DSM 으로 계산절차를 담아내는 것은 불가능하다.

7.4.4 다수준 최적화

설계변수와 구속조건을 서브영역에 해당하는 것과 전체 시스템을 지배하는 것으로 구분하는 것이 바람직한 것으로 보인다. 다수준 최적화(Multilevel Optimisation)는 분해된 시스템의 분야별 최적화를 활용하는 방법론이다. 협업 조건에서 다수준 최적화는 전체 최적화를 하위영역 최적화로 구분하고, 이를 시스템 수준에서 조율하는 것을 목적으로 MDO 툴박스의 일부가 된다. 이 방법은 모두 목적함수와 다른 분야로부터의 변화하는 입력값에 대한 한 분야 최적값의 민감도에 대한 특정한 정의를 갖는 다양한 하위영역으로부터의 정보 흐름을 조율한다.

해석변수와 설계변수의 수는 추가되는 각 분야에 따라서 합산된다. 각 하위영역 최적화에 단일 목적함수가 사용될 수도 있지만, 전체 시스템 최적화는 관련된 계산비용의 증가를 수반하는 다목적 함수가 필요할 수도 있다. 이러한 문제점은 MDO 가 시스템 수준에서 사용되어야 하는 경우 더욱 확대될 수 있다. 결과적으로, 산업 환경에서는 분해되지 않는 일련의 서브시스템을 조율하는 시스템 수준을 갖는 것을 특징으로 하는 이중 수준(Bi-level) 최적화에 많은 관심이 기울여지고 있다. 이중 수준 최적화 전략의 사례로는 이중 수준 통합 시스템 종합(Bi-Level Integrated System Synthesis, BLISS)과 협동 최적화가 있다[83, 89].

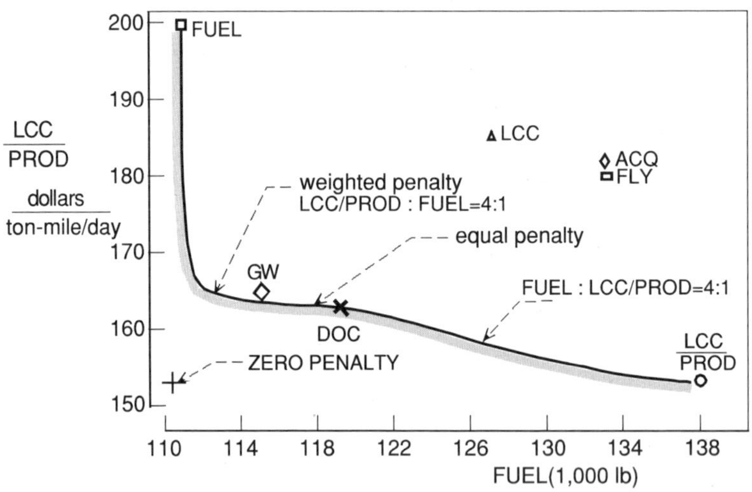

그림 7.11 7 개의 목적함수에 대해서 최적화된 서로 다른 설계의 성능 트레이드 경계

지금까지 이루어진 상당한 진전에도 불구하고, 항공산업과 같이 분산되고 고도로 다양화된 환경에서 MDO 최적화를 실현하기 위한 조직적인 도전은 여전히 어려운 상태로 남아있다. 그림 7.9 에 나오는 분야간 상호작용의 장점을 이용하는 이중 수준 최적화의 산업 환경은 공통 분야의 전문가 사이의 조율을 위한 특정한 설명과정(briefing process)을 필요로 한다. 모든 최적화 작업을 위한 기본은 잘 정립된 문제의 정의이다. 컴퓨터를 이용한 다학제 능력은 일반적으로 개발이 난해하고 값이 비싸기 때문에 이러한 전략이 필요하다. 따라서, 설계변수와 이의 허용범위,

구속조건과 목적함수에 대한 분명한 설명이 필요하다. 적절한 전략은 다음과 같은 요인에 따라서 달라질 수 있다.

- 연속과 이산변수의 혼재
- 분야간 상호작용의 강도
- 설계 변수에 대한 구속조건의 분리성
- 알고리즘 잡음에 대한 해석 도구의 취약성
- 해석에 대한 전산 요구조건
- 기존의 조직 구조 및 문화와 MDO 전략 사이의 공존성

7.4.5 다목적 최적화

설계시간을 단축하기 위해서, 1.5 장에 나온 것과 같이 개념 사이징 프로그램은 각 분야 사이에서 자동화된 통신 기능을 가지고 있다. 각 분야는 자체적인 목적과 구속조건의 세트를 선택할 수 있다. 이러한 환경에서는 서로 다른 분야간 이해관계 사이의 충돌이 해결되어야 한다. 이같은 문제는 적절한 가중치 적용 방법이 마련되어야 하는 시스템 수준에서 해결되어야 한다. 문제는 서로 다른 하위영역 최적화 목적함수 사이의 트레이드오프를 수행하고, 이러한 하위영역에 적용되는 모든 구속조건을 동시에 만족하기 위한 전략을 개발하는 것이다. 이와 같이 다중 기준 또는 다목적 최적화(Multi-Objective Optimisation, MOO)로 알려진 본질적으로 복잡한 문제는, 시스템 목적함수의 구성요소가 서로 다른 측정단위를 갖는 경우에는 풀이가 훨씬 더 힘들어진다. 설계 벡터보다는 목적함수값을 비교하는 것이 용이하기 때문에, MOO 는 설계공간이 아닌 목적함수 공간을 처리한다. 설계자는 다른 목적함수에 대해서 최적화된 항공기 설계는 형상, 기술 그리고 성능 특성이 상당히 달라질 수도 있다는 것을 인식해야 한다.

항공기 설계에서 다목적 최적화는 임무 요구조건과 표 2.1 에 언급된 것과 같은 다른 설계인자를 동시에 만족하기 위해서 모든 상충하는 설계 목적과 구속조건을 고려한다. 이러한 주제에 대한 접근방법은 전형적인 광동체 수송 항공기의 개념설계에 대한 적용을 포함하는 참고문헌 [45]에 논의되어 있다. 연구된 해법 중 하나는 식 (7.6)에 정의된 Kreisselmeier-Steinhauser(KS) 함수에 기반하고 있다. 예비설계를 위한 다학제 방법은 다른 연관된 하위영역에서 사용된 다중 목적함수를 트레이드오프하기 위해서 시스템 수준의 MOO 를 필요로 한다[63]. 아마도 KS 방법을 MDO 에 대한 적용에 KS 방법을 사용하는 것은 가능한 접근방법으로 보인다[64].

사전 개념 기술 평가에 대한 초기 MOO 의 적용은 참고문헌 [32]와 [33]에 논의되어 있다. 이 중에서 두 번째 문헌에서는 속도를 강조하는 직접 운용경비(DOC)와 자체중량을 강조하는 획득비용과 같은 성능지수(FOM)을 비교하고 있다. 이러한 수치는 마하수, 날개 평면형상 그리고 엔진 추력과 같은 선택변수에 따라서 서로 다른 방법으로 영향을 받는다. 그림 7.11 은 임무연료와 수명주기 비용(Life Cycle Cost, LCC)을 생산성(Productivity, PROD)으로 나눈 값을 두 개의 축으로 하는 2 차원 목적 공간상에서 서로 다른 성능지수에 대해서 최적화된 여러 설계를 보여주고 있다. 성능 트레이드

경계(Merit trade boundary)로 부르는 것은 널리 알려진 개념인 파레토 프론트(Pareto front)에 비유할 수 있다. 이 사례의 경우, 두 개의 파레토 최적값(Pareto optimum) 설계가 트레이드 경계의 양 극단에 있다. 최소연료 설계는 매우 높은 가로세로비의 대형 날개를 가지며, 낮은 마하수로 순항하며, 생산성에 비해서 높은 LCC 를 갖는다. 최소 LCC/PROD 를 갖는 설계는 이를 임무연료에서 25% 페널티와 높은 추력대 중량비로 얻을 수 있다. 최소 대당가격(Flyaway, FLY), 획득비용(Acquisition, ACQ) 그리고 LCC 에 대해서 최적화된 설계는 동력이 부족하고, 낮은 고도로 순항하며, 최고 설계를 위한 트레이드 경계와는 멀리 떨어져 있다. 최소 GW 에 대한 설계와 DOC 에 대한 설계는 서로 매우 유사하고, 페널티가 0 인 가상의 설계와 비교해서 가장 낮은 전체 페널티를 갖는다. 이 사례는 다목적 최적화를 위해서는 설계자가 다양한 트레이드에 대한 양호한 통찰력을 가지고 있어야 한다는 것을 분명하게 보여주고 있다. 특히, 설계 기술을 결정하는 경우 대표적인 (가중치가 적용된) 목적함수의 선택이 무엇보다도 중요하다.

7.5 개념설계에서 실용적인 최적화

> 가장 우아한 자동화된 최적화 절차라고 하더라도, 목적함수 설정과 불확실성에 대한 고려(allowances)에 익숙하지 않은 설계자에게는 그 유용성이 매우 제한될 것이다.
>
> U. Haupt, AIAA Paper No. 77-1244

7.5.1 회의론자의 주장

산업환경의 경우 복잡한 최적화 문제의 자동화에서는 설계자가 전산화된 절차에 내재된 기본적인 현실과의 접촉을 잃어버릴 위험이 존재한다는 주장이 종종 제기된다. 이는 판단의 실패와 인지하지 못한 오류의 수용을 초래해서, 극단적인 상황에서는 컴퓨터가 관리의 도구가 아닌 주체가 될 수도 있다. 그러나, 이와 같은 반대 의견은 대규모 설계공간을 처리할 수 있고, 고등설계 그룹이 경험하지 못했던 최적설계를 식별할 수 있는 능력이라는 엄격한 최적화로 인한 대단한 장점의 직접적인 결과이다.

자동화된 최적화 프로그램은 단일 목적함수에 대한 최고의 설계를 생성하는 반면, 일반적으로 설계자는 단순한 수학적인 최적값 보다는 설계에 대해서 더 많이 알아내고자 한다. 예를 들어서, 만약 최적값이 몇몇 활주로 성능 요구조건에 따라서 상당히 구속된다면, 이러한 구속조건을 조금씩 완화시키고 기술 수준을 향상시키거나 기설정된 매개변수로 취급되었던 일부 설계 매개변수의 변경을 고려하는 것이 합리적이다. 따라서, 컴퓨터 프로그램의 한 가지 바람직한 특성은 최적설계 부근 영역에서 반응면에 대한 시각적인 확인이 가능하다는 것이다.

7.5.2 문제 구조

1.4 장에서 논의된 설계 사이징 과정은 어떤 통합 문제가 나타날 수 있는가에 따라서 일반적으로 유효한 단계의 순서를 정하는데 필요한 충분한 세부사항을 제공하지 못한다. 엔진과 기체의 매칭 문제가 전형적인 사례라고 할 수 있다.

- 만약 최상위 요구조건이 기선택된 기존 (또는 예정된) 엔진 종류로 만족되어야 한다면, 최적의 방법으로 기체와 매칭되어 출력이 변경될 수 있는 연구 엔진의 경우와는 다른 절차로 진행될 것이다.
- 민간 항공기 설계의 현실 상황에서는 클린시트 항공기 또는 기존 종류의 변형모델이 유사한 엔진이 장착된 기존 여객기 또는 비지니스 제트와 동시에 개발되는 식으로, 두 가지 방식이 혼재될 것이다.
- 항공기는 완전한 고립상태로 설계되지 않으며, 엔진은 기존 여객기에 대해서 최적화된 종류의 미래형 변형일 것이다.
- 여객기는 여러가지 종류의 대안 (경쟁) 엔진 중에서 선택할 수 있도록 고객에게 제공될 수도 있다.
- 비행기 설계 개념연구를 위한 정보를 생성하기 위해서, 예를 들어 바이패스비와 전체 압력비와 같은 터보팬 엔진 싸이클 매개변수에 대한 연구가 수행될 수 있다.

개념 사이징 프로그램은 이와 같은 문제를 포함한 다른 문제 구조에도 대응할 수 있도록 충분한 유연성을 가져야 한다.

7.5.3 선택변수의 선정

설계자가 보다 세부사항으로 진입할수록 선택 변수의 수는 크게 증가하게 된다. 설계자는 2 차 매개변수의 최적화에 자원을 소모할 여유가 없기 때문에 선택변수에 대한 신중한 분류가 중요하다. 예를 들어, 날개의 가로세로비가 여전히 변경될 수 있는 경우, 날개 리브의 피치에 대한 최적화의 필요성과 같은 문제가 여기에 해당할 수 있다. 항공기 형상에 대한 정의에 영향을 미치는 선택변수와 주어진 항공기의 운용에 영향을 미치는 제어 매개변수를 구분하는 것이 유용할 것이다. 예를 들어서, 경험이 많은 설계자라면 일반적으로 양력계수의 (최적)값에 대한 양호한 감각을 가지고 있기 때문에, 순항비행시 양력계수를 선택변수로 취급하려고 생각할 수도 있을 것이다. 이를 위해서는 다음과 같은 고려사항이 필요하다.

- 정상 수평비행시 수직방향 평형을 위해서는 $W = L = 0.5\rho V^2 SC_L$ 이 필요하다. 주어진 총 중량에 대해서, 순항고도와 비행속도, 양력계수와 날개면적은 서로 관련되기 때문에 동시에 독립변수로 사용될 수 없다.
- 이륙총중량은 설계 임무에서 벗어나는 비행 프로파일에 따라서 다르기 때문에 특정한 순항 양력계수는 존재하지 않는다.
- 총중량은 비행하는 동안 시간에 따라서 달라진다.
- 만약 양력계수를 선택변수로 취급한다면, 이의 변화가 날개 항력과 구조중량에 미치는 영향이 분명하지 않다.

따라서, 만약 문제구조를 완전히 이해하지 못한다면, 제어 매개변수를 선택변수로 취급하는 것은 예상하지 못한 영향을 초래할 수도 있다. 이와 비슷한 논리가 (초기) 순항고도에도 적용된다. 이 사례로부터 (전체) 날개면적과 사용 가능한 엔진 출력을 주요 선택변수로 고려하는 것이 추천된다는 것을 알 수 있다.

순항 마하수는 선택변수뿐 아니라 제어 매개변수로 볼 수도 있기 때문에 이의 선택은 특별히 주의할 필요가 있다. 순항 마하수를 독립 설계변수로 취급하는 것은 설계 민감도 정보, 최적의 기체 기하, 가장 적절한 추진장치의 종류 그리고 장착엔진 출력에 분명한 영향을 갖는다. DOC 나 생산성과 같은 경제적인 성능 역시 순항 마하수에 민감하다. 반면 제 12 장에 나오는 것과 같이, 완전히 정의된 항공기에 대한 최고(best)의 순항 마하수 도출은 단순한 작업이 아니다. 순항 마하수를 선택변수뿐 아니라 제어변수로 고려하는 것은 통합 과정에서 부가적인 반복루프를 추가해서 계산 비용을 상당히 증가시킨다. 이와 같은 이유로 인해서 바람직한 순항 마하수는 일반적으로 사전 개념연구 단계에서 결정되고, 따라서 이를 기설정된 매개변수로 고려하는 것이다. 그러나, 비행성능 해석에서는 마하수를 제어변수로 별도로 취급해서 임무에 따라 다른 값을 가질 수도 있다.

일반적으로 다음과 같은 이유로 인해서, 특정 설계 매개변수는 공식적인 최적화를 통해서 선정되지는 않는다.

- 이의 변화에 대한 설계민감도를 계산하기 어렵거나 또는 불가능하기도 하다.
- 이의 변화로 인한 항공기의 기술/경제적인 품질에 미치는 영향은 무시할 수 있는 수준이다.
- 설계 품질에 대해서 일반적으로 수용되는 기준이 존재하지 않기 때문에, 단일 성능지수(FOM)은 가치가 없다.

이러한 종류의 설계 매개변수에 대한 선택은 엄격한 계산보다는 보통 이전의 경험과 공학적인 판단에 의해서 이루어진다. 전형적인 사례로는 날개의 테이퍼비가 있다. 설계 경험에 따르면, 공기역학/구조적인 측면에서 테이퍼비는 일반적으로 비현실적으로 낮은 값에서 최적화된다. 설계 민감도를 정립하기 위해서 상당한 노력을 기울이는 대신, 테이퍼비에 날개끝 실속 또는 충격실속을 피할 수 있는 낮은 구속값을 할당하는 것이 더 합리적이다. 이와 같은 접근방법은 자체중량과 항력에 약간의 페널티를 추가할 수 있지만, 예를 들어서 허용 가능한 실속 거동을 해석적인 목적함수에 추가하도록 기대하는 것은 비현실적이다.

민간 여객기 또는 비지니스 항공기의 첫 최적화 동안에는 다음과 같은 매개변수가 선택변수로 가장 적절할 것이다.

- ICAO 표준대기(ISA)의 정적 해면고도(Sea Level Static, SLS) 조건으로 정규화된 엔진의 총 이륙출력 P_{to} 또는 추력 T_{to}. 대안으로는 제트 항공기의 경우, 일반적으로 추력대 중량비 T_{TO}/W_{TO} 또는 추력하중 W_{TO}/T_{TO} 가 사용된다. 동력대 중량비 P_{TO}/W_{TO} 또는 동력하중 W_{TO}/P_{TO} 은 대부분 프로펠러 항공기에 사용된다.

- 날개 면적 S_w 또는 이륙 익면하중 W_{TO}/W_w
- 날개 스팬 b_w 또는 가로세로비 $A_w = b_w^2/S_w$
- 날개 후퇴각 Λ_w
- 날개의 뿌리와 끝단에서의 두께비 t/c 또는 이의 평균값

만약 이러한 다섯 개 또는 여섯 개 정도의 매개변수에 대해서, 각 변수당 값이 열 개씩만 변한다고 하더라도 설계 공간은 10^5 또는 10^6 개의 서로 다른 설계를 구성할 것이다. 이렇게 많은 경우를 설계하고 평가하는 것은 개념 수준이라고 하더라도 엄청난 노력이 필요할 것이다. 따라서, 다음 장에서 소개될 것과 같은 다른 접근방법을 적용하는 것이 명백할 것이다.

7.5.4 설계 민감도

최적화는 설계변수와 이러한 변수에 의해서 영향을 받는 목적함수 사이의 모든 관계가 사이징 과정 동안 설계 내의 변화에 민감한 경우에만 유용하다. 이런 조건은 최적화 과정에 상당한 복잡성을 유발하지만 계산비용을 줄이기 위해서 여러 방법을 적용할 수 있다. 사이징 해석 루틴에 내장되는 해석방법은 일반적으로 낮기니 중긴 정도의 신뢰도를 갖지만, 이는 의미있는 트레이드오프의 민감도를 제공할 수 있을 정도로 충분히 상세해야 한다. 개념설계에서는 일반적으로 통계에 기반한 중량예측 방법이 사용되지만, 요소별 중량의 통계적인 변화는 선택변수에 반드시 함수적으로 관련되지는 않는 회귀분석(regression analysis)에 기반하기 때문에 이는 최적화에는 적절하지 않을 수도 있다. 따라서, 계산에서 통계의 사용은 최적화의 결과에 영향을 미치지 않는 경우에만 허용된다. 예를 들어, 통계는 객실 가구, 운용상 품목 및 일부 기내 시스템 부품과 같이 날개 형상의 변화에 영향을 받지 않는 부품의 중량 예측에 사용될 수 있다.

설계 민감도는 일부 매개변수의 비율변화에 대한 성능 측정값의 비율변화로 정의할 수 있다. 모든 종합 프로그램의 중요한 결과는 주요 영역의 평가를 할 수 있도록 하는 민감도 정보이다. 기하와 거동 변수에 대한 서브시스템의 영향을 정확하게 반영하기 위해서는 형상 최적화에 대한 서브시스템의 입력이 충분한 기술적인 깊이를 가져야 한다. 한 가지 (다소 극단적인) 사례를 들어 보면, 여객기 날개의 구조중량은 통계적으로 MTOW 의 12%에 근접하는데, 이러한 간단한 경험법칙은 초기 예측에 대해서 유용하게 사용할 수 있다. 그러나, 이러한 경험법칙은 날개의 크기, 낮거나 높은 가로세로비 그리고 두껍거나 얇은 단면과 같은 기하 변동이 날개 중량에 미치는 영향은 반영하지 못한다. 통계적인 방정식의 검증된 절대적인 정확도에도 불구하고, 날개설계 최적화는 통계적인 방정식이 보장하는 것보다 더욱 정교한 오차를 요구한다. 따라서, 최적 날개설계에 사용되어야 하는 중량예측 방법은 필수적으로 설계에 민감해야 한다. 경험적인 통계 데이타는 절대적인 정확도를 현실적으로 수정하는데 있어서 필수이기 때문에 통계의 사용이 배제되는 것은 아니다.

7.5.5 목적함수

다음과 같은 사례에서 볼 수 있듯이, 목적함수의 가장 중요한 선택은 문제가 될 수도 있다. 설계자가 날개 스팬을 증가시키는 것으로 연료소모를 감소시키려는 상황을 가정한다. 설계자는 계산을 통해서 작은 스팬으로 낮은 날개 구조중량과 자체중량을 얻을 수 있다고 결론을 내릴 것이다. 최소 연료와 자체중량은 모두 바람직한 특성이지만, 이들은 서로 상충하는 목적이기 때문에 동일한 설계에서 실현될 수 없다. 개념설계에서 전통적인 성능지수(FOM)는 이러한 문제를 일부 해결하는 MTOW 가 사용되었다. 더구나 MTOW 는 최적화뿐 아니라 여러가지 목적을 위해서 정확하게 계산되어야 하는 필수적인 특성이다.

최적화 과정 동안, 필요한 장착엔진 추력과 추진장치 중량 또한 연료 중량과 유사한 경향을 따른다는 것을 알 수 있을 것이다. 따라서, 만약 임무연료와 자체중량이 동일한 중요성을 갖는다고 가정하면, MTOW 를 최소로 하는 것이 합리적이다. 그러나, 엔진과 연료 중량의 경제적인 중요성은 서로 다르고, 이들의 합을 최소화 하는 것은 과도한 단순화가 된다. 따라서, 운용비용에 대한 각각의 기여에 따라서 가중치를 적용하는 것이 보다 합리적이라고 할 수 있다. 이를 위해서는 훨씬 더 깊은 해석, 정보 그리고 가정이 필요하고, 시간에 따라서 연료가격이 급격하게 변동하는 문제가 개입할 수도 있다. 그리고, 만약 운용에 대한 경제성과 대기오염과 같은 두 가지 서로 다른 기준이 경쟁한다면, 두 특성을 모두 목적함수로 고려하는 것이 바람직한 것으로 보인다. 다시 말해서, 이는 다목적 최적화로 이어지는 것이다.

참고문헌

[1] Duffin, R., E. Peterson, and C. Zener, Geometric Programming: Theory and Application, Wiley and Sons, New York, 1967.

[2] Wilde, D.J., and C.S. Beightler, Foundations of Optimization, Chapter 4, Polynomial Inequalities: Geometric Programming, Prentice-Hall, Inc., Englewood Cliffs, NJ, 1967.

[3] Fox, R.L., Optimization Methods for Engineering Design, Addison-Wesley Publishing Company, Inc., Menlo Park, CA, 1971.

[4] Burley, D.M., Studies in Optimization, Intertext Books, ISBN 0 7002 0248 X, 1975.

[5] Gill, P.E., W. Murry, and M.H. Wright, Practical Optimization, Academic Press, New York, 1981.

[6] Vanderplaats, G.N., Numerical Optimization Techniques for Engineering Design: with Applications, McGraw-Hill Book Company, New York, 1984.

[7] Box, E.P., and N.R. Draper, Empirical Model-Building and Response Surfaces, JohnWiley & Sons, New York, 1987.

[8] Farin, G., Curves and Surfaces for Computer Aided Geometric Design: A Practical Guide, Academic Press Professional, Inc., San Diego, CA, USA, 1988.

[9] Goldberg, D.E., Genetic Algorithms in Search, Optimization and Machine Learning, Addison-Wesley, Inc., Reading, MA, 1989.

[10] Arora, J.S., Introduction to Optimum Design, Second Edition, Elsevier, San Diego, CA, 2004.

[11] Horst, R., and P.M. Pardalos, Handbook of Global Optimization, Kluwer Academic Publishers, Dordrecht, 1995.

[12] Vanderplaats Research & Development, Inc., DOT User's Manual, Version 4.20, Colorado Springs, CO, 1995

[13] Nocedal, J., and S. Wright, Numerical Optimization, First Edition, Series in Operational Research, Springer Verlag, New York, 1999.

[14] Hönlinger, H. (ed.), CEAS Conference on Multidisciplinary Aircraft Design and Optimization, Maternushaus, Köln, 25–26 June, 2001.

Optimization Techniques

[15] Krzywoblocki, M.Z., von, and W.Z. Stepniewski, "Application of Optimization Techniques to the Design and Operation of V/STOL Aircraft", in Proceedings of the International Congress of Subsonic Aeronautics", the New York Academy of Sciences, NY, April 1967.

[16] Hague, D.S., and C.R. Glatt, "An Introduction to Multivariate Search Techniques for Parameter Optimization", NASA CR-

73200, April 1968.

[17] Stepniewski, W.Z., and C.F. Kalmbach, "Multivariate Search in Aircraft Design Optimisation", Journal of the Royal Aeronautical Society, Vol. 74, pp. 419–432, May 1970.

[18] Piggott, B.A.M., and B.E. Taylor, "Application of Numerical Optimization Techniques to the Prelimnary Design of a Transport Aircraft", Royal Aircraft Establishment Technical TR-71074, April 1971.

[19] Kirkpatrick, D.L.I., "Review of Two Methods of Optimising Aircraft Design", Royal Aircraft Establishment TM Aero-1423, June 1972; also AGARD LS-56, Paper No. 12, April 1972.

[20] Kirkpatrick, D.L.I., and D.H. Peckham, "Multivariate Analysis Applied to Aircraft Optimization – Some Effects of Research Advances on the Design of Future Subsonic Aircraft", RAE Technical Memorandum Aero 1448, September 1972.

[21] Beale, E.M.L., "OptimizationMethods Based on Linear Programming", Paper No. 2, Symposium on Optimization in Aircraft Design, The Royal Aeronautical Society, November 15, 1972.

[22] Hague, D.S., C.R. Glatt, and R.T. Jones, "Integration of Aerospace Vehicle Performance and Design Optimization", AIAA Paper No. 72-948, September 1972.

[23] Bishop, A.W., "Optimisation in Aircraft Design: the Whole Aircraft" Paper presented at the Symposium on Optimisation in Aircraft Design, Royal Aeronautical Society, November, 1972.

[24] Kirkpatrick, D.L.I., and M.J. Larcombe, "Initial Design Optimisation of Civil and Military Aircraft", AGARD CP-147, Vol. 1, Paper No. 19, October 1973.

[25] Olsson, D.M., "A Sequential Simplex Program for Solving Minimization Problems", Journal of Quality Technology, Vol. 6, No. 1, pp. 53–57, January 1974.

[26] Healy, M.J., J.S. Kowalik, and J.W. Ramsey, "Airplane Engine Selection by Optimization on Surface Fit Approximations", Journal of Aircraft, Vol. 12, No. 7, pp. 593–599, July 1975.

[27] Vanderplaats, G.N., "Automated Optimization Techniques for Aircraft Synthesis", AIAA Paper No. 76-909, September 1976.

[28] Barman, J.F., and H. Erzberger, "Constrained Optimum Trajectories for Specified Range", Journal of Aircraft, Vol. 30, No. 10, pp. 748–754, October 1976.

[29] Edwards, J.B., "The Use of Computer Based Optimisation Methods in Aircraft Studies", AGARD CP 280, Paper No. 4, September 1979.

[30] Torenbeek, E. "Some Fundamental Aspects of Transport Aircraft Conceptual Design Optimization", AGARD CP-280, Paper No. 5, 1979.

[31] Dixit, C.S., and T.S. Patel, "Multivariate Optimum Design of a Subsonic Jet Passenger Airplane", Journal of Aircraft, Vol. 17, No. 6, pp. 429–433, June 1980.

[32] Sliwa, S.M., "Use of Constrained Optimization in the Conceptual Design of a Medium-Range Subsonic Transport", NASA Technical Paper 1762, December 1980. Also AIAA Paper No. 80-1095, 1980.

[33] Jensen, S.C., I.H. Rettie, and E.A. Barber, "Role of Figures of Merit in Design Optimization and Technology Assessment", Journal of Aircraft, Vol. 18, No. 2, pp. 76–81, January 1981.

[34] Ashley, H., "On Making Things the Best: Aeronautical Uses of Optimization", AIAA 44th Wright Brothers Lecture in Aeronautics, AIAA Paper No. 81-1738, 1981; also Journal of Aircraft, Vol. 19, No. 1, January 1982.

[35] Collingbourne, J., "Multivariate Optimisation Applied to the Initial Design of Transport Aircraft", RAE TR 84044, 1984.

[36] Haberland, C., J. Thorbeck, and W. Fenske, "A Computer Augmented Procedure for Commercial Aircraft Preliminary Design and Optimization", ICAS Paper 4.8.1, 1984.

[37] Chacksfield, J.E., "Multivariate Optimization as Applied to Aircraft Project Design", ICAS Paper 4.8.2, 1984.

[38] Gill, P.E., W.Murry, M.A. Saunders, and M.H. Wright, "User's Guide for NPSOL (Version 4.0): A Fortran Package for Nonlinear Programming", Technical Report SOL 86-2, Department of Operations Research, Stanford University, January 1986.

[39] Alsina, J., J.P. Fielding, and A.J. Morris, "Progress Towards an Aircraft Design Expert System", Computer Applications in Aircraft Design and Operation, ComputationalMechanics Publications, Springer Verlag, Berlin, 1987.

[40] Britton, C.L., andW.W. Jenkinson, "A Computer-Aided Design System for Airplane Configuration", Computer Applications in Aircraft Design and Operation, ComputationalMechanics Publications, Springer Verlag, Berlin, 1987.

[41] Bil, C., Development and Application of a Computer-Based System for Conceptual Aircraft Design, doctoral dissertation, Delft University of Technology, Delft University Press, 1988.

[42] Simos, D., and L.R. Jenkinson, "Optimization of the Conceptual Design and Mission Profiles of Short-Haul Aircraft", Journal of Aircraft, Vol. 25, No. 7, pp. 618–624, July 1988.

[43] Wrenn, G.A., "An Indirect Method for Numerical Optimization Using the Kreisselmeier-Steinhauser Function", NASA CR-4220, March 1989.

[44] Takai, M., "A New Architecture and Expert System for Aircraft Design Synthesis", Stanford PhD thesis, June 1990.

[45] Dovi, A.R., and G.A. Wrenn, "Aircraft Design for Mission Performance using Non-Linear Multi-objective Optimization Methods", NASA CR-4328, 1990. Also AIAA Paper No. 89-2078.

[46] Jenkinson, L.R., "Regional Fanjet Aircraft Optimization Studies", Journal of Aircraft, Vol. 30, No. 2, March–April 1993.

[47] Velden, A. van der, "Tools for Applied EngineeringOptimization",AGARD ReportNo. 803, AGARD-FDP-VKI Special Course, April 1994.

[48] Gallman, J.W., R.W. Kaul, R.M. Chandrasekharan, and M.L. Hinson, "Optimization of an Advanced Business Jet", AIAA Paper No. 94-4303-CP, September 1994.

[49] Lee, H., "Optimal Aircraft Trajectories for Specified Range", Report ARC-11282, NASA, 1994.

[50] Gage, P.J. "New Approaches to Optimization in Aerospace Design", NASA Contractor Report 196695, March 1995.

[51] Wakayama, S., and I.M. Kroo, "Subsonic Wing Planform Design Using Multidisciplinary Optimization", Journal of Aircraft, Vol. 32, No. 4, pp. 746–753, July–August 1995.

[52] Cramer, E.J., "Numerical Methods for Aircraft Performance", AIAA Paper No. 95-3879, September 1995.

[53] Anderson, M.B., and G.A. Gebert, "Using Pareto Genetic Algorithms for Preliminary Subsonic Wing Design," AIAA Paper No. 96-4023, September 1996.

[54] Obayashi, S.,Y.Yamaguchi, and T. Nakamura, "Multi-objective Genetic Algorithm for MultidisciplinaryDesign of Transonic Wing Planform", Journal of Aircraft, Vol. 34, No. 5, pp. 690–693, May 1997.

[55] Roth, G.L., andW.A. Crossley, "Commercial Transport Aircraft Conceptual Design Using a Genetic Algorithm Based Approach", AIAA Paper No. 98-4934, 1998.

[56] Pant, R.K., and J. Fielding, "Aircraft Configuration and Flight Profile OptimizationUsing Simulated Annealing," Aircraft Design, Vol. 2, No. 4, December 1999.

[57] Jameson, A., "Re-Engineering the Design Process Through Computation", Journal of Aircraft, Vol. 36, No. 1, pp. 36–50, January–February 1999.

[58] Willcox, K, and S. Wakayama, "Simultaneous Optimization of a Multiple-Aircraft Family", AIAA Paper No. 2002-1423, 2002.

[59] Buonanno, M.A., and D.N. Mavris, "Aerospace Vehicle Concept Selection Using Parallel, Variable Fidelity Genetic Algorithms", paper presented at AIAA/ISSMO Multidisciplinary Analysis and Design Conference, August/September 2004.

[60] Boyd, S., S-J Kim, L. Vandenberghe, and A. Hassibi, "A Tutorial on Geometric Programming", Optimization and Engineering, (2007)-8, pp. 67–127, 2007.

Multidisciplinary Design and Optimization

[61] Sobiezczanski-Sobieski, J., "A Linear Decomposition Method for Large Optimization Problems: Blueprint for Development", NASA TM 83248, 1982.

[62] McCullers, L.A., "FLOPS: Flight Optimization System", Recent Experience in Multidisciplinary Analysis and Optimization, Part 1, NASA CP-2327, pp. 395–412, April 1984.

[63] Sobiezczanski-Sobieski, J., J-F.M. Barthlemy, and G.L. Giles, "Aerospace Engineering Design by Systematic Decomposition and Multilevel Optimization", ICAS Paper 84-4.7.3, September 1984.

[64] Sobiezczanski-Sobieski, J., A.R. Dovi, and G.A. Wrenn, "A New Algorithm for General Multiobjective Optimization", NASA TM-100539, March 1988.

[65] Sobiezczanski-Sobieski, J., "Sensitivity Analysis and Multidisciplinary Optimization for Aircraft Design: Recent Advances and Results", ICAS Paper 88-1.7.3, September 1988.

[66] Abdi, F., H. Ide, M. Levine, and L. Ausrel, "The Art of Spacecraft Design: a Multidisciplinary Challenge", NASA Langley Research Center, Recent Advances in Multidisciplinary Analysis and Optimization, NASA CP-3031, Part 3 pp. 1137–1155, 1989.

[67] Kirkpatrick, D.L.I, and J.S. Smith, "Multidisciplinary Optimisation in Aircraft Design", ICAS Paper No. 90-2.3.1, September 1990.

[68] Consoli, R.D., and J. Sobiezczanski-Sobieski, "Application of Advanced Multidisciplinary Analysis and Optimization Methods to Vehicle Design Synthesis", ICAS Paper No. 90-2.3.4, September 1990.

[69] Kroo, I., S., S. Altus, R. Braun, P. Gage, and I. Sobieski, "Multidisciplinary Optimization Methods for Aircraft Preliminary Design", AiAA Paper No. 94-4325, September 1994.

[70] Martens, P., "Airplane Sizing Using Implicit Mission Analysis", AIAA Paper No. 94-4406, September 1994.

[71] Malone, B., and W.H. Mason, "Multidisciplinary Optimization in Aircraft Design Using Analytic Technology Models", Journal of Aircraft, Vol. 32, No. 2, pp. 431–438, March–April 1995.

[72] Sobieszczanski-Sobieski, J., "Multidisciplinary Design Optimization: An Emerging New Engineering Discipline", Advances in Structural Optimization (483–496), Kluwer Academic Publishers, 1995.

[73] Sobieszczanski-Sobieski, J., and R.T. Haftka, "Multidisciplinary Aerospace Design Optimization: Survey of Recent Developments", AIAA Paper No. 96-0711, January 1996.

[74] Bos, A.H.W., Multidisciplinary Design Optimization of a Second-Generation Supersonic Transport Aircraft Using a Hybrid Genetic / Gradient-Guided Algorithm, PhD thesis, Delft University of Technology, Faculty of Aerospace Engineering, Delft, the Netherlands, ISBN 90-5623-041-7, June 1996.

[75] Kroo, I.H., "Multidisciplinary Optimization Application in Preliminary Design: Status and Direction", AIAA Paper No. 1997-1408, April 1997.

[76] Korte, J.J., R.P. Weston, and T.A. Zang: "Multidisciplinary Optimization Methods for Preliminary Design", AGARD CP-600, Vol. 3, April 14–17, 1997.

[77] Rogers, J.L., "Tools and Techniques for Decomposing and Managing Complex Design Projects", Journal of Aircraft, Vol. 36,

No. 1, January–February 1999.
[78] Sobieszczanski-Sobieski, J., "Multidisciplinary Design Optimization Methods: Their Synergy with Computer Technology in the Design Process", The Aeronautical Journal, Vol. 103, No. 1026, pp. 373–383, August 1999.
[79] Morris, A., "Distributed MDO: TheWay of the Future", CEAS Conference on Multidisciplinary Aircraft Design and Optimization, Maternushaus, K¨oln, pp. 3–18 of [14], June 2001.
[80] Meussen, M., "An Industrial Approach to Multidisciplinary Optimization", CEAS Conference on Multidisciplinary Aircraft Design and Optimization, Maternushaus, K¨oln, pp. 57–62, June 2001.
[81] Kriszler, T., M. Dugas, and N. Kresse, "Multidisciplinary Wing Analysis and Optimization in the Predesign Phase", CEAS Conference on Multidisciplinary AircraftDesign and Optimization, Maternushaus, Köln, pp. 155–164, June 2001.
[82] Raymer, D.P., "Enhancing Aircraft Conceptual Design Using Multidisciplinary Optimization", doctoral thesis, KTH-Royal Institute of Technology, Department of Aeronautics, Stockholm, Sweden, ISBN 91-7283-259-2, May 2002.
[83] Sobieszczanski-Sobieski, J., T.D. Altus, M. Phillips, and R.R. Sandusky Jr., "Bi-Level Integrated System Synthesis (BLISS) for Concurrent and Distributed Processing", AQIAA Paper No. 2002-5409, September 2002.
[84] Belie, R., "Nontechnical Barriers to Multidisciplinary Analysis and Optimisation in the Aerospace Industry", AIAA Paper No. 2002-5439, September 2009.
[85] Laban, M., P. Arendsen, W.F.J.A. Rouwhorst, andW.J. Vankan, "A Computational Design Engine for Multidisciplinary Optimisation with Application to a BlendedWing Body Configuration", AIAA Paper No. 2002-5446, September 2002.
[86] Morris, A., P. Arendsen, G. La Rocca, M. Laban, R. Voss and H. Honlinger, "MOB: A European Project on Multidisciplinary Design Optimisation", in Proceedings of the 24th ICAS Congress, Yokohama, Japan, September 2004.
[87] Perez, R.E., and H.H.T. Liu, "Evaluation ofMultidisciplinary Optimization Approaches for Aircraft Conceptual Design", AIAA Paper No. 2004-4537, August/September 2004.
[88] Kim, H., S. Ragon, G. Soremekun, B. Malone, and J. Sobieszczanski-Sobieski, "Flexible ApproximationModel Approach for Bi-Level Integrated System Synthesis", AIAA Paper No. 2004-4545, August/September 2004.
[89] Kroo, I.H., "Distributed Multidisciplinary Design and Collaborative Optimization", VKI Lecture Series on Optimization Methods & Tools for Multicriteria/Multidisciplinary Design, von Kármán Institute for Fluid Dynamics, Rhode Saint Genèse, Belgium, November 2004.
[90] Perez, R.E., H.H.T. Liu, and K. Behdinan, "Relaxed Static Stability Aircraft Design via Longitudinal Control-Configured Multidisciplinary Design Optimization Methodology", Canadian Aerospace and Space Journal, Vol. 52, No. 1, pp. 1–14, March 2006.
[91] Alonso, J.J., "Requirements for MA&O in the NASA Fundamental Aeronautics Program", 12th AIAA/ISSMO Multidisciplinary Anlysis and Optimization Conference, Reston, VA, USA, 2008.
[92] Gerwen, D. van, "Multidisciplinary Design Optimization", in Advanced Design Methodologies, TU Delft, Department of Aerospace Engineering, Lecture Notes AEA-232, January 2009. [93] La Rocca, G., and M.J.L. van Tooren, "Knowledge-Based Engineering Approach to Support Aircraft Multidisciplinary Design and Optimization", Journal of Aircraft, Vol. 46, No. 6, pp. 1875–1885, November–December 2009.
[94] La Rocca, G., and M.J.L. van Tooren, "Knowledge-Based Engineering to Support Aircraft Multidisciplinary Design and Optimization", Proc. IMechE Vol. 224, Part G: J. Aerospace Engineering, February 2010.

Geometry Representation

[95] Samareh, J.A., "Survey of Shape Parameterization Techniques for High-Fidelity Multidisciplinary Shape Optimization", AIAA Journal, Vol. 39, No. 5, pp. 877–884, May 2002.
[96] Kulfan, B.M., "Universal Parametric Geometry Representation Method", Journal of Aircraft, Vol. 45, No. 1, pp. 142–158, January–February 2008.
[97] Ciampa, P.D., T. Zill, and B. Nagel, "CST Parametrization for Unconventional Aircraft Design Optimization", ICAS Paper No. 2010-1.4.3, September 2010.

제 8 장
최적 중량 이론
Theory of Optimum Weight

중량과 중량 분포 또는 밸런스는 다른 어떤 공학 분야보다 항공기 설계에서 더욱 중요성을 갖는다는 것에는 의심의 여지가 없다.

T.P. Wright [4] (1999)

8.1 중량 공학: 항공기 설계의 핵심

산업계 어디에서도 설계 과정에서 중량 엔지니어의 역할이 항공기 설계에서만큼 필수적인 곳은 찾아볼 수 없다. 중량 공학 활동은 개념탐색의 단계 동안 시작되며, 개념, 예비 그리고 상세설계 동안 계속해서 중요한 부분을 차지한다. 항공기 프로그램의 제작, 테스트 그리고 인증과정 동안에도 중량 정보는 여전히 생성되며, 모든 프로그램 참여자가 이를 사용한다. 중량 엔지니어는 또한 인도된 항공기의 운용배치 과정 동안 항공사의 지원에 적극적이며, 기본 항공기와 수정 및 변형 모델의 개발에도 참여한다. 항공기 업계에서는 검증을 위해서 전통적으로 축적된 통계 데이타를 이용하고, 중량 요소와 가장 영향력있는 설계 매개변수와의 상호관계를 위해서는 회귀분석을 이용해서 설계 단계에서 비행기의 중량 예측을 위한 관계를 도출하였다. 통계로 수정된 반경험식이 여전히 사용되고 있는데, 이는 일반적으로 요소별 기능, 기하, 하중과 사이징 기준 사이의 해석적인 관계에 따라서 보강된다. 특히, 날개와 같은 주요 구조에 대한 해석적인 중량예측 방법을 개발하기 위해서 상당한 노력이 기울여져 왔다. 설계 단계에 따라서 다양한 수준으로 달라지는 예측 정확도는, 초기 개념 단계에서는 약 10% 표준편차에서부터 예비단계에서는 몇 % 수준까지 내려간다.

새로운 프로젝트에서 중량 공학 활동은 형상에 대한 세부사항이 결정되자마자 특히 항공기 밸런싱 과정에서 준비된다. 이는 비행기의 일반 배열이 정의되고 서브시스템이 세부설계 단계에 진입하면 가장 집중적으로 이루어진다. 개발 과정에 참여하는 분야별 그룹의 모든 범위로부터 취합된 정보는 중량관리 그룹에 중앙 집중되어 통제된다. 주로 예측에 비해서 과도한 서브시스템 중량으로 구성되는 중량 문제가 세부설계 단계에서 나타날 수도 있다. 이러한 상황은 거의 모든 조직이 참여하는 포괄적인 중량감소 프로그램을 이용해서 처리되어야 한다. 일반적으로 중량 엔지니어가 새로운 항공기 설계를 고안하는 것은 아니지만, 새로운 항공기 프로그램뿐 아니라 파생형 모델의 개발에도 필수적인 기여를 하게 된다.

비용이 많이 드는 상세설계 단계가 시작하기 전에 프로젝트의 가능성에 대한 신중한 결정시 중량예측이 중요하며 따라서 정확해야 한다. 날개 기하와 엔진 출력 또는 추력과 같은 설계특성의 선택은 자체중량, 연료소모, 운용비용 그리고 비행기의 경제성 효율에 기여하는 다른 특성에 중요한 영향을 미친다. 이번 장에서는 전체 민간 비행기에 대한 초기 중량예측에 대한 개요를 설명하고 날개와 엔진에 대한 전형적인 초기 사이징이 처리되는 방법을 보여줄 것이다. 이러한 목적을 위해서, 설계에 민감한 시스템 수준의 자체중량 성분과 함께 동력장치와 전체 연료하중에 대한 단순화된 관계를 도출할 것이다. 이러한 접근방법은 운용 자체중량(OEW), 유용하중(UL) 그리고 최대 이륙중량(MTOW)과 같은 중요한 중량에 대한 반응면의 형태로 명백한 최적화를 가능하도록 하는 닫힌 형태의 해를 개발하는 것을 목표로 한다는 점에서 독특하다고 할 수 있다. 또한, 비구속 최적값에 대해서 기본적인 선택변수의 변화가 중량분포과 해석 조건에 미치는 영향도 유도된다. 마지막으로, 순항비행에서 비행기의 최대 에너지 효율을 성취하기 위한 조건을 도출할 것이다. 저속 성능과 기타 요구조건으로 인해서 부과되는 설계 구속조건의 영향은 제 9 장에서 다룰 것이다.

8.1.1 예측 방법

> 다년간 일반화된 중량예측 방법을 개발하고, 사용하고 그리고 개선하는 업무를 경험한 이후 저자는 항공기 구성 요소의 중량은 하중 보다는 크기에 따라서 달라진다고 확신한다.
>
> W.E. Caddell [9]

개념설계 동안 이루어지는 중량예측은 주요 구성품 수준에서 합리적인 정확도를 가져할뿐 아니라 트레이드오프와 최적화 연구를 위한 신뢰할만한 경향을 제공해야 한다. 바람직한 정확도는 통계데이타를 통한 교정으로 보장될 수 있다. 그러나, 위에 언급된 문구에 따르면 개념 설계자는 주요 성분의 기하와 설계 중량이 충분히 결정되면 이를 사용해야 한다는 것을 의미한다. 그 자체로 평가될 형상에 대한 (예비적인) 3 면도가 준비되는 순간 특정 기체 기하와 설계 요구조건에 민감한 보다 세부적인 방법을 적용하는 것이 추천된다. 기능적인 민감도는 주요 구성요소의 크기, 설계 요구조건 그리고 공기역학적 하중과 객실 과압(cabin overpressure)과 같은 조건과 관련된 성분 중량 사이징에 대한 기본 원칙을 이용해서 구할 수 있다. Class I 방법으로부터 구한 예비 설계 중량이 입력값으로 사용된다. 날개 윙박스와 동체 셸 구조와 같은 주요 구성품에 대해서는, 유사-해석적인 방법과 다중 스테이션 해석(multiple station analysis) 사이에서 선택이 이루어져야 한다.

- 유사-해석적인 접근방법은 기능적인 고려사항, 도식화된 구조모델 그리고 구성품에 대한 단일 하중 케이스에 기반한다. 도출된 표현은 보통 회귀분석에 따라서 선형화되고, 인증된 항공기의 경험 데이타를 이용해서 교정된다. 각 중량 성분에 대해서, 예측값은 알려진 정확도의 단일 항으로 구성된다. 이러한 방법은 과거 또는 현재 기술에 대해서 검증되었기 때문에, 이의 설계 민감도는 의심의 여지가 제기될 수 있다는 단점을 갖는다. 사례는 참고문헌 [16]과 [27]에서 찾아볼 수 있다.
- 다중 스테이션 방법은 구성부품의 길이방향으로 적절한 수의 스테이션을 정의한다. 설계 기준과 적용되는 하중을 각 스테이션에서 결정하고, 각 스테이션에서 지배적인 하중에 견디는 단위 길이당 필요한 재료의 양을 계산한다. 길이 방향에 대한 각 재료를 적분하면 구성부품의 중량이 된다. 다중 스테이션 방법은 동체와 날개의 1 차 구조물과 같은 대형 구조에 주로 사용된다. 이는 정확하고, 설계에 민감하며, 비전형적인 개념과 최신 구조재료의 (지역적인) 적용에도 대응할 수 있다는 다목적인 잠재력을 갖는다. 유사-해석적인 접근방법과 비교해서 스테이션 해석 방법은

개발을 위한 노력이 더 필요하고, 기하에 대한 세부적인 정보와 교정을 위한 방대한 데이타의 수집을 필요로 한다. 사례는 참고문헌 [13, 28]에서 찾아볼 수 있다.

유사-해석적인 접근방법은 대부분 Class II 중량예측에 적용된다. 다중 스테이션 방법은 훨씬 더 많은 입력이 필요하며, 따라서 일반적으로 예비설계 단계에 적용 가능한 Class III 중량예측으로 간주된다.

8.1.2 통계의 사용

비행기 사이징과 가능성 연구를 시작하기 위해서는 초기 중량예측이 필요하다. 그러나, 설계 초기 단계에서 구조물과 비행 시스템의 모든 부분을 계산하는 것은 불가능하다. 상세도면이 나오고 정확한 중량예측을 위한 충분히 세부적인 정보가 나오기까지는 수 개월의 설계노력이 필요하다. 뿐만 아니라, 만들어지지 않을지도 모르는 비행기를 위해서 구조와 시스템의 상세설계에 노력을 기울이는 것은 합리적이지도 않다. 그럼에도 불구하고, 비행기의 자체중량은 프로젝트의 가능성에 대한 결정이 내려지기 전에 충분한 정확도로 예측되어야 한다. 통계를 세심하게 사용하면 이러한 난관을 해결할 수 있다.

중량예측 방법을 개발하는 과정에서 엔지니어는 여러가지 난관과 부정확성으로 이어지는 요인에 직면할 수 있다.

- 설계 핸드북에 나오는 방법은 서로 다른 (업계의) 출처에서 가져온 항을 포함하기 때문에, 이들이 서로 혼합되면 부정확성으로 이어질 수 있다.
- 유사-해석적인 예측방법의 교정은 과거 그리고 현재 항공기의 중량 분해가 필요하지만, 이는 소유권의 문제로 인해서 쉽게 사용할 수 없다. 더구나, 중량 분해가 반드시 적용되는 생산 단계를 나타내는 것도 아니다.
- 표준화된 중량 분해 형식이 존재하지만, 많은 제조사에서는 이러한 표준의 자체적인 버전을 사용한다. 예를 들어, 특정 제작사에서는 공기역학적인 동체와 날개 사이의 페어링을 날개 요소로 고려할 수 있지만, 다른 곳에서는 이를 바디의 성분에 포함하기도 한다. 이는 서로 다른 제조사에서 마련되어 호환될 수 없는 기체의 중량 분해를 의미한다. 이와 관련된 부정확성은 모든 항목이 합산되어 자체중량이 나오면 서로 상쇄될 수 있다.
- 또한, 중량 예측은 만약 새로운 기술 또는 비전형적인 형상이 채용된다면 기존 항공기에서 상당히 벗어나는 설계에 대해서는 문제가 될 수 있다.

개념설계에서 통계의 사용은 불가피하기 때문에, 성분중량 예측은 대부분 5~10% 사이의 표준편차를 갖는다. 다행히도, 전기체 형상 OEW 예측의 표준편차는 각 구성요소의 평균 편차에 비해서 상당히 더 낮아질 수 있다[31]. 특정한 비행기 등급에 대해서 교정된 방법이 대규모이지만 분산된 집합에 대해서 정립된 일반적인 방법보다 더 신뢰할 수 있다.

표준편차 10% 이하인 간단한 통계적인 날개 중량 예측 공식이 존재한다. 만약 이 공식이 만족스럽지 않다면, 다음과 같은 방법을 통해서 개선될 수 있다.

1. 특히 날개 크기, 설계 중량 그리고 임계 하중계수와 같은 영향력 있는 매개변수의 수를 증가시킨다.
2. 예를 들어, 윙박스의 상부와 하부 패널, 전단웹, 리브, 2 차 구조와 비최적 중량과 같이 구조물을 서로 다른 기능에 따라서 설계될 각 성분으로 분해되는 항의 수를 증가시킨다.

중량 엔지니어들은 첫번째 전략이 항상 성공적이지는 않다는 것을 경험했고, 이로써 이미 1950 년대에 제기되었던 보다 영향력있는 매개변수가 포함된다고 해서 중량예측의 정확성이 반드시 향상되는 것은 아니라는 주장을 확인할 수 있었다[5]. 저자는 이와 같은 놀라운 결론에 대해서는 발표된 합리적인 설명을 알지 못한다. 하지만, 순수하게 통계적인 날개 중량 예측에 대해서 성취된 정확성이 만족스럽다고 하더라도, 주요 설계 매개변수의 변화에 대한 민감도는 최적화에 필수이다. 선택변수와 목적함수의 선택은 논리적이어야 하고, 그렇지 않으면 설계자는 항공기의 특성을 향상시키는 그들의 노력에 대한 지침을 갖지 못한다. 예상되는 정확성은 윙박스 또는 여압객실과 같은 1 차 구조 성분에 대해서는 다중 스테이션 방법을 사용하고, 대부분 여러가지 서로 다른 기능별 요구조건에 따라서 크기가 정해지는 2 차 구조에 대해서는 통계에 기반한 방법을 조합해서 사용하는 것으로 최적화될 수 있다.

8.2 설계 민감도

8.2.1 문제 구조

제 5 장에서 다루었던 민감도 해석의 사례는 유용체적의 분포가 일정한 전체 유용체적을 갖는 기체의 공기역학적 성능에 미치는 영향을 설명한다. 이번 장에서는 전형적인 튜브와 윙(TAW) 형상을 갖는 제트 수송기에 대한 최적 중량분포를 찾는 포괄적인 문제를 다룰 것이다. 이전의 경우와는 달리, 객실 배열과 동체의 외부 기하는 결정된 것으로 가정한다. 설계 임무에 대한 익면하중과 초기 순항고도는 선택변수로 취급한다. 동체의 기하와 유용한 체적은 고정되는 반면, 날개면적, 날개 체적 그리고 기체의 전체 유용체적은 변경될 수 있다.
날개의 크기와 엔진 추력에 따른 순항비행과 저속 성능 능력의 연구는 설계 종합에서 필수 요소를 형성한다. 이러한 활동은 최상위 요구조건에 의해서 부과되는 구속조건 내에서 가장 경제적인 항공기로 이어지는 개념을 정의하는 목적을 갖는다. 7.2 장에 따라서, 설계자는 문제를 다음과 같이 구성할 수 있다.

- 선택은 운용 특성과 경제성이 최적화되어야 하는 시나리오를 정의하는 설계 조건으로 이루어진다. 최적화의 용어에서, 설계조건은 기설정된 매개변수로 지정된다. 전형적인 사례로는 유상하중, 항속거리 그리고 순항속도 또는 마하수의 대표적인 조합이다.
- 목적함수는 최고의 항공기를 정의하는 것으로 선정된다. MTOW 는 대부분의 운용과 경제성 특성에 영향을 미치기 때문에, 많은 설계자는 상업용 항공기에 대해서는 MTOW 를 주요

성능지수(FOM)으로 간주한다. 뿐만 아니라, MTOW 는 기체의 사이징에 대해서도 예측되어야 하고 각 설계 반복마다 재계산되어야 한다. 이번 해석연구의 또 다른 목적은 서로 다른 목적함수에 대해서 최적화된 설계를 비교하는 것이다. 예를 들어서, 에너지 효율도 유용한 FOM 의 대안으로 고려된다.

- 선택변수에 대한 주요 설계 특성의 민감도가 정립된다. 특히, 공기역학 항력, 장착엔진 추력, 주요 성분의 중량 및 비행조건의 변화가 정립된다. 날개 크기와 장착엔진 추력은 개발, 제조 그리고 운용비용에 영향을 미치지만, 이러한 민감도는 불가능한 것은 아니더라도 초기 설계 단계에서 정량화하기는 어렵다.
- 최상위 요구조건(Top Level Requirement, TLR), 인증규정 그리고 기술적인 제한으로부터 일련의 설계 구속조건이 도출된다. 최고의 설계는 대부분 구속 최적화로부터 도출된다.

구속 설계 최적화 문제의 해법은 최고의 순항고도를 찾는 것과 같은 상대적으로 기본적인 것이라도 상당한 노력이 필요하다. 단일 FOM 의 사용에 대한 적정성에는 논란의 여지가 있지만, 포괄적인 해법은 높은 우선순위를 갖지 않으며, 주요 설계 문제와 가능한 해법에 대한 신속한 통찰을 위해서 단순화된 문제 정의를 수용할 수 있다고 결정할 수 있다.

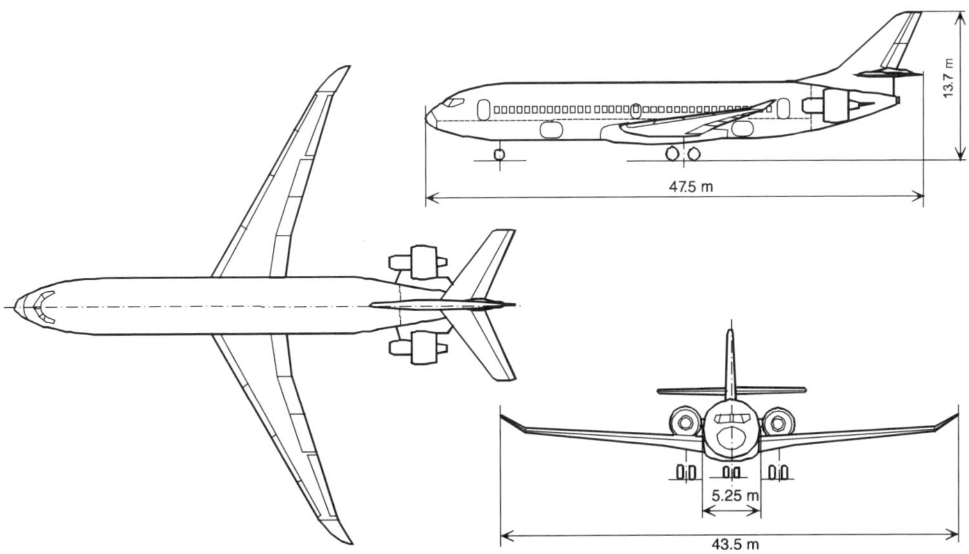

그림 8.1 180~210 석 규모의 2 열 통로를 갖는 중거리 여객기의 기본형 설계. 마하수: 0.8, 조화 항속거리: 7300km

8.2.2 선택변수

이번 장의 접근방법은 유사-해석적인 중량 예측에 기반한 비구속 최적화를 보여주며, 설계 구속조건의 도입은 제 9 장과 10 장에서 설명된다. 주요 중량성분과 MTOW 의 유도는 일반적으로 초기 설계작업에서 사용하는 입력을 이용한다. 이러한 해석은 그림 8.1 에 나오는 가상의 중거리 제트여객기 설계를 사례로 표현될 수 있다.

개념 날개설계 단계에서는 (1) (총) 날개면적 S_w, (2) 가로세로비, 테이퍼비 그리고 후퇴각에 대한 날개 평면형상, 그리고 (3) 스팬방향에 대한 에어포일 단면의 변화와 붙임각의 차이가 결정된다. 이번 연구에서는 TOGW 와 설계임무를 만족하는데 필요한 주요 중량성분의 최적화에 집중한다. 날개 형상의 최적화는 제 10 장에서 다룰 주제이다. 다음 매개변수를 선택변수로 한다.

1. (최대) 익면하중 W_{MTO}/S_w. 주어진 항공기의 GW 는 비행하는 동안 감소함에도 불구하고, 최대 TOGW 가 주요 종속 설계변수라는 것에 주목할 필요가 있다.
2. 부록 B 와 같은 (상대)주변대기압 δ 에 의해서 정의되는 초기 순항고도. 이와 같은 고도는 비행기의 설계특성은 아니지만, 이는 명시된 순항 마하수에 도달하는데 필요한 출력을 결정하고 또한 지정된 순항 레이팅에 대해서 장착될 이륙추력을 결정한다.

이러한 변수를 사용하면 해석과 최적화의 결과로 닫힌 형태의 해를 구할 수 있다. 그러나, 만약 설계 종합 프로그램이 최적화에 사용된다면, 날개 면적과 엔진 이륙추력을 선택변수로 고려하는 것이 보다 적절할 것이다. 그러면 최대 TOGW 와 순항고도는 종속변수가 된다.

8.3 제트 수송기 자체 중량

이번 장에 나오는 간단한 중량예측 방법론은 초기 사이징과 최적화 연구에 사용되었던 접근방법을 보여준다. 보다 정확한 방법은 참고문헌 [1, 2, 16]과 SAWE 페이퍼에서 찾아볼 수 있다. 제안된 식은 (분산된) 데이타베이스에 따라서 교정이 되었지만, 전체적으로 높은 예측 정확성은 담보되지 않는다. 비전형적인 항공기 형상, 최신 설계 기술 또는 구조재료가 사용된다면 상당한 편차가 발생할 수도 있다. 해석자는 자체적인 정보를 통해서 통계에 기반한 계수를 검증하도록 주의할 필요가 있다.

8.3.1 중량 분해

현재 설명에서 설계 유상하중/항속거리 그리고 순항 마하수는 기설정된 매개변수이고, MTOW 와 연료 하중은 공기역학 효율과 순항비행시 전체 엔진 효율의 영향을 받는 종속변수이다. 제조사의 최대 자체중량(MEW)은 기체구조, 동력장치, 기체 시스템 그리고 내장(furnishing) 및 장비와 같은 그룹별 중량으로 분해된다. 운용사 항목(Operator's Item, OI)을 추가하면 항공기는 비행을 위한 준비가 완료되는 것이다. 그림 8.2 는 그룹별 중량을 추가적으로 서브 그룹으로 나누는 방법을 보여주고 있다.

기술의 발전은, 동시에 설계 요구조건이 더 엄격해지는 경우, 성분 중량 감소에 반영되지 않을 수도 있다는 것을 이해해야 한다. 예를 들어서, 최신 재료의 적용으로 인해서 탑승객 좌석 중량이 감소되지만, 안전에 대비와 개선된 안락감으로 인해서 다시 증가한다. 보수적일뿐 아니라 낙관적인 가정은 누적되는 예측 오차로 이어질 수도 있기 때문에 피해야 한다. 현재 접근 방법은 비정수 지수(non-integer exponent)의 항을 포함하는 경험적인 (통계적인) 방정식을 선형화하여 제트 수송기의 기본적인 Class II 중량예측이 민감도 해석을 개발하기 위해서 사용되는 방법을 보여주고 있다. 항목별 번호는 그림 8.2 를 참조한다.

1. AIRFRAME STRUCTURE	2. POWERPLANT
10. Wing 11. Fuselage 12. Horizontal Tailplane 13. Vertical Tailplane 14. Landing Gear 15. Engine Pylons	20. Equipped Engines (Incl. Nacelles) 21. Bleed Air System 22. Engine Control System 23. Fuel System
	4. FURNISHING AND EQUIPMENT
3. AIRFRAME SYSTEMS	40. Thermal and Acoustic Insulation 41. Crew Seats 42. Flight Deck and Cabin Furnishing 43. Fixed Emergency Oxygen 44. Lighting 45. Water Installation
30. Auxiliary Power Unit 31. Hydraulic and Pneumatic Systems 32. Environmental Control System 33. De-Icing and Anti-Icing 34. Fire Protection 35. Flight Controls 36. Flight Deck Instruments 37. Navigation and Communication 38. Electrical and Electronic Systems	5. OPERATOR'S ITEMS 50. Standard Items (Incl. Passenger Seats) 51. Operational Items

그림 8.2 제트 수송기 자체중량 분해 계획

8.3.2 날개 구조 (항목 10)

트레이드오프 연구와 날개 기하의 최적화는 MTOW, 날개면적, 가로세로비, 두께비 그리고 후퇴각과 같은 설계변수의 영향을 반영하는 구조중량 예측이 필요하다. 제 11 장에서는 예비설계 단계에서 사용하기 위해서 개발된 Class II 날개 중량 예측 방법이 서술되었다. 이의 적용을 위해서는 초기 개념 단계에서는 사용할 수 없는 설계 데이타에 대한 지식이 필요하기 때문에 설계 민감도를 정확하게 반영하는 단순화된 버전의 사용이 선호된다. 참고문헌 [2]의 그림 18.18 에 나오는 반경험 예측 방법은 이러한 요구조건을 만족한다. 이는 두 개의 항으로 이루어진 다음과 같은 방정식으로 근사된다.

$$W_w = 0.0013 n_{ult} (W_{MZF} W_{MTO})^{0.5} \frac{\eta_{cp} b_w}{b_{ref}} \frac{A_w}{(\overline{t/c})_w (\cos \Lambda_w)^2} + \Omega_S S_w \tag{8.1}$$

계수 b_{ref} 와 Ω_S 는 구조 외형과 재료, 기하 그리고 고양력장치 작동, 스케일효과 그리고 많은 다른 요소에 종속된다. 이는 [2]와 같은 정보로부터 도출될 수 있고 자체 데이타로 교정된다. 이번 장에서 설명되는 사례에 이용된 값으로는 $b_{ref} = 100$m (328ft) 그리고 $\Omega_S = 210$N/m^2 (4.4lbf/ft^2) 이다. 이러한 수치는 주로 금속 날개에 적용된다.

식 (8.1)의 첫 번째 항은 1 차 구조 중량을 나타낸다. 극한 하중계수는 제한 하중계수의 1.5 배이다. MTOW 가 50000lbf (222.5kN)을 초과하는 경우 $n_{lim} = 2.50$ 이다. 만약 기동하중이 최대 돌풍하중을 초과한다면 구조는 $n_{ult} = 3.75$ 로 설계된다. (11.2 장 참조) 1 차 구조 성분은 날개의 굽힘, 전단 그리고 비틀림에 견디도록 크기가 정해진다. 굽힘은 중량이 b_w 에 비례하는 상단과 하단 커버로 지지된다. 따라서, 이와 같은 MTOW 의 분율로 나타내는 중량 성분은 날개의 크기에 따라서 증가한다. 이와 같은 제곱 세제곱 법칙의 결과는 구조재료의 적절한 선택과 또한 정도는 덜하지만 연료와 스팬 방향에 대한 엔진 포드의 분포를 조절하는 것으로 극복될 수 있다. 연료로 인한 관성의 경감은 MTOW 대신 식 (8.1)의 총중량 $(W_{MZF}W_{MTO})^{0.5}$ 를 사용해서 표현할 수 있다. 압력중심의 무차원 가로방향 좌표는 날개의 테이퍼비의 함수 $\eta_{cp} = 0.36(1+\lambda_w)^{0.5}$ 로 근사할 수 있다. 계수 $(\overline{t/c})_w$ 는 시위로 가중된 평균 두께비이다. 항 $(cos\,\Lambda_w)^2$ 을 이용하면 구조 스팬에 대한 후퇴각의 영향을 설명할 수 있다.

식 (8.1)의 두 번째 항은 앞전 및 뒷전 구조물, 고양력장치 및 비행조종면 그리고 이의 지지와 제어를 포함한 것과 같은 2 차 구조의 중량이다. 이는 주로 이러한 구조의 평면 면적과 구동 시스템 및 지지 구조의 복잡성에 따라 달라진다. 주어진 설계에 대해서, 비중량 Ω_S 는 날개 면적의 변화에는 거의 영향을 받지 않지만, 그 값은 통계적으로 비행기의 MTOW 에 따라서 달라진다. 이번 분석에서는 동일한 가로세로비, 두께비, 테이퍼비와 후퇴각, 극한 하중계수 그리고 W_{MZF}/W_{MTO} 에 대한 날개 면적의 변화를 고려한다. 식 (8.1)로부터 날개 중량 분율은 다음과 같다.

$$\mu_w \overset{\text{def}}{=} \frac{W_w}{W_{MTO}} = \left(\frac{\Omega_W S_w}{W_{MTO}}\right)^{0.5} + \frac{\Omega_S S_w}{W_{MTO}} \tag{8.2}$$

여기서 $\Omega_W = 30\text{N/m}^2$ 이 그림 8.1 의 기본형 설계에 적용된다.

8.3.3 동체 구조 (항목 11)

동체 기하는 날개 기하에는 독립된 것으로 고려한다. 이의 구조중량 예측은 주로 금속 동체에 적용되는 유사-해석적인 표현으로 나오는 기본 원칙에 기반한다.

$$W_{fus} = C_{shell} d_{fus}^2 (l_{fus} + l_{ref}) + \Omega_{fl} n_{ult}^{0.5} d_{fus} l_{fus} \tag{8.3}$$

여기서 $l_{ref} = 1.50\text{m}$ (5ft)이다. 그림 A.1 에 나오는 등가 직경은 $d_{fus} = 0.5(w_{fus} + h_{fus})$ 로 정의된다. 단층 객실을 갖는 바디에 대한 교정계수는 $C_{shell} = 60\text{N/m}^3$ (0.38lbf/ft^3) 이고, $\Omega_{fl} = 160\text{N/m}^2$ (3.3lbf/ft^2) 이다. 식 (8.3)의 항은 다음과 같이 해석할 수 있다.

1. 첫 항의 주요 부분은 여압 객실의 부피에 비례하는 셸 중량이다. 이론적으로 이상적인 알루미늄 합금 중량은 0.5bar 과압에 대해서 $25ld^2$ 이고, 피로저항 외피에 대해서는 인장강도 84MPa 이다. 만약 보강재와 론저론(longeron)의 중량이 외피 중량의 50%이고 프레임 중량은 보강된 외피

중량의 20%라고 가정하면, 결과적으로 이상적인 전체 셸 중량은 $45ld^2$ 이다. 그러나, 기수와 꼬리부분은 원통형이 아니기 때문에 과압이 지배적인 설계조건이 아닌 부위에는 추가적인 외피 두께가 필요하며, 전체 셸 중량은 컷아웃 및 오프닝에 대해서 수정되어야 한다. 이는 통계적으로 결정된 비율 60/45 를 설명한다.

2. 두 번째 항은 객실 길이에 독립된 압력 벌크헤드의 중량이다.
3. 세 번째 항은 객실 플로어와 플로어 지지, 도어, 창, 수하물 공간, 휠베이, 날개 캐리쓰루(carry-through) 구조 주위의 페어링, 날개, 꼬리 및 노즈 랜딩기어를 위한 부착구조물의 중량을 요약한 것이다. 후방동체에 엔진이 장착되는 부착구조는 고려하지 않는다. 이러한 성분의 대부분은 객실 플로어 면적과 밀접한 관계를 가지며 또한 어느 정도는 극한 하중계수와도 관련된다.

첫 번째와 마지막 항은 동일한 자리수를 가지며, 두 번째 항은 셸 중량의 5%를 넘지 않는다.
식 (8.3)은 플로어 단위 면적당 동체 중량의 많은 부분이 동체의 직경에 비례한다는 것을 보여주고 있다. 이는 또 다른 제곱 세제곱 법칙의 결과로, 비행기는 크기가 증가하면 중량도 늘어난다는 것을 설명한다. 10 개 이상의 좌석폭을 갖는 객실에 대해서는 복층 또는 다른 형태의 객실 단면이 거의 불가피하다. 제곱 세제곱 법칙은 비중량 대비 허용 가능한 후프 응력(hoop stress)의 비율이 높은 셸 재료를 적용하는 것으로 대응할 수 있다. 이는 확률적인 1.5g 아래방향 굽힘과 객실 가압/감압 싸이클의 조합으로 인한 인장응력이 피로 임계를 초래하는 경우에 해당하는 부분에서 매우 효과적이다. 알루미늄 합금 외피를 섬유금속 접합(fiber metal laminate)으로 대체하는 것으로 광동체 여객기에 대해서 5~10% 정도의 동체 중량감소를 성취할 수 있다. 참고문헌 [40]에 나온 것과 같이, 피로임계 경우(fatigue critical case)는 주로 동체 크라운(crown)의 후방 패널에서 발생한다. Glare3 의 적용은 중량을 20~30% 감소시킬 수 있지만, 동체 중량에 대한 중량 이득의 분율은 크지 않다. 전체 복합재 구조를 적용하면 중량이 상당히 줄어드는 보다 얇은 셸을 만들 수 있다.

8.3.4 꼬리날개 구조 (항목 12 및 13)

알루미늄 합금 꼬리날개는 평면면적 기준으로 단위 제곱미터당 전형적인 비중량 250N 을 갖는다. 식 (A.7)과 (A.8)로 예측된 꼬리날개 면적에 대해서, 꼬리날개 중량은 다음과 같이 근사될 수 있다.

$$W_{emp} = W_{12} + W_{13} = 250\,(0.2S_w^{1.5} + l_{fus}d_{fus}^2)(l_h l_v)^{-0.5} \tag{8.4}$$

또 다른 접근방법으로는, 수평 꼬리날개의 중량은 날개 중량의 비율로, 수직 꼬리날개는 동체의 비율로 고려하는 것이다.

$$W_{emp} = r_h W_w + r_v W_{fus} \tag{8.5}$$

대표적인 값으로 $r_h = 0.10$ 이고 $r_v = 0.07$ 이며, 이는 유사한 항공기 데이타로 교정될 수 있다. 전체 복합재료인 꼬리날개는 금속인 경우와 비교해서 20%까지 가벼워질 수 있다.

8.3.5 랜딩기어 구조 (항목 14)

랜딩기어 설계시 주요 기준은 이륙실패 과정에서 발생하는 열과 착륙 터치다운시 하중이다. 따라서, 랜딩기어 중량은 일반적으로 다음과 같이 MTOW 와 MLW 에 따라서 달라진다.

$$W_{lg} = W_{14} = 0.025 W_{MTO} + 0.016 W_{ML} \tag{8.6}$$

여기서 상수는 통계에 기반한 값이다. 만약 MLW 를 모른다면, 저익기의 랜딩기어 중량의 비율에 대해서는 다음의 경험식을 사용할 수 있다.

$$\mu_{lg} \overset{\text{def}}{=} \frac{W_{lg}}{W_{MTO}} = 0.039\left(1 + \frac{l_{fus}}{l_{ref}}\right) \tag{8.7}$$

여기서 $l_{ref} = 1100\text{m}$ (3600ft)이다. 고익기의 랜딩기어는 외부 수납베이(retraction bay) 중량이 포함되면 저익기와 비교해서 더 무거워지는 경향이 있다.

8.3.6 동력장치와 엔진 파일런 (항목 2 및 15)

터보팬 엔진의 자체 중량(bare weight)은 이륙조건에서 엔진에 흡입되는 공기유동에 대략적으로 비례한다. 그러나, 몇몇 엔진 구성품 중량은 추력변화의 영향을 받지 않기 때문에 바람직한 스케일 효과가 존재한다. 예를 들어, 한 개의 대형 엔진이 동일한 추력을 내는 두 개의 엔진 중량에 비해서 약 15%정도 가볍다. 유사한 효과가 엔진 포드와 기체 사이에 있는 동력장치 중량의 약 14%를 차지하는 파일런 구조에도 적용된다. 통계에 따르면, 완전히 조립되어 장착되는 터보팬 엔진의 전체 중량은 $T_{TO}^{0.8}$ 에 비례하는 것으로 나타났다. 이러한 엔진 비중량에 대한 스케일 효과는 전체 동력장치 중량을 선형화하는 것으로 고려할 수 있다. 그러면 엔진당 추력이 5 에서 50 톤 사이인 경우에 대해서 다음과 같다.

$$W_{pp} = W_2 + W_{15} = 0.25 T_{TO} + N_{eng}(W_{pp})_{fix} \tag{8.8}$$

여기서 N_{eng} 는 장착된 추력 엔진의 수이다. 스케일 효과는 엔진당 8000N (1800lbf)인 $(W_{pp})_{fix}$ 항으로 정량화된다.

8.3.7 시스템, 설비 및 운용 품목 (항목 3, 4 및 5)

다음에 나오는 중량 성분은 미터 단위인 동체의 길이와 직경을 포함하는 참고문헌 [31]에 나오는 통계식이다.

기체 시스템:

$$W_{sys} = W_3 = 270 l_{fus} d_{fus} + 150 l_{fus} \tag{8.9}$$

내장과 장비:

$$W_{fur} = W_4 = 12 l_{fus} d_{fus} (3d_{fus} + 0.5N_{deck} + 1) + 3500 \tag{8.10}$$

여기서 N_{deck} 은 객실 데크의 수이다.

좌석당 운용사 항목의 중량은 일반적으로 다음과 같다.

2-등급 표준 동체, 단거리/중거리: 350N

2-등급 광동체, 중거리: 500N

3-등급 광동체, 장거리: 700N

표 8.1 185 석 객실에 대해서 유도된 그림 8.1 의 기본형 설계에 대한 자체중량 분해 (W_{MTO}=1100kN, T_{TO}=275kN)

구성부품	방법	중량 (kN)	기호
날개 구조	식 (8.2)	121	W_w
동체 구조	식 (8.3)	142	W_{fus}
꼬리날개 구조	$0.10W_w+0.07W_{fus}$	22	W_{emp}
랜딩기어	$0.038W_{MTO}$	42	W_{lg}
동력장치	식 (8.8)	85	W_{pp}
시스템	식 (8.9)	66	W_{sys}
내장, 장비	식 (8.10)	48	W_{fur}
운용사 항목	좌석당 400N	74	W_{ops}
운용자체중량	$340+0.1955W_{MTO}+231S_w$	600	W_{OE}

8.3.8 운용 자체중량: 사례

자체중량을 고정성분과 변동성분으로 분해하는 것은 문제구조에 맞추어 조정되어야 한다. 현재 설명에서 날개면적, 장착엔진 추력 그리고 MTOW 에 대한 민감도는 모든 중량 성분에 명시적으로 되어있다. 단순화된 자체중량 예측의 결과는 표 8.1 에 요약되어 있다. 만약 최적화 문제가 이를 필요로 한다면, 이러한 접근방법은 개선하고 확장되어야 할 수도 있다. 현재 경우에 대한 결과적인 OEW 는 다음과 같다.

$$W_{OE} = \sum W_{fix} + \left\{(1 + r_h)\mu_w + \mu_{lg}\right\} W_{MTO} + \mu_T T_{TO} \tag{8.11}$$

$\sum W_{fix}$ 항은 동체와 수직 꼬리날개 구조, 기체 시스템, 내장 및 장비 그리고 OI 를 포함하는 바디 그룹과 관련된 중량 성분이다. 두 번째 항은 MTOW 에 비례하는 중량 성분을 요약한 것이다. 마지막

항은 동력장치 중량이다. 이륙추력은 8.5 장에 나오는 것과 같이, 날개와 동체 항력의 밸런스를 위해서 필요한 순항추력과 관련된 항으로 분해된다.

8.4 기체 항력의 설계 민감도

개념 사이징 동안 날개 면적과 장착 엔진 추력은 기본 선택변수이다. 이의 변화는 순항비행에서 공기역학 효율, 연료중량, 엔진 중량과 TOGW 에 영향을 미친다. 날개 면적의 변화는 설계 최적화의 필수 요소인 항력곡선에 상당한 영향을 미친다는 것이 강조된다. 제 4 장의 배경정보를 이용해서, 이번 장에서는 날개 면적과 비행고도에 대한 항력곡선과 고속비행에 필요한 추력의 의존성을 설명한다. 장착엔진 추력의 변화는 러버엔진 개념에 기반하고, 엔진 나셀은 필요한 추력에 매칭하기 위해서 스케일이 달라진다. 따라서, 전체 항력은 기체항력 $\overline{D}$ 와 장착추력 및 전체 효율의 손실로 간주될 수 있는 나셀항력으로 구분할 수 있다. (8.5 장)

8.4.1 항력 분해

비행기의 항력을 분해하는 몇 가지 방법이 제 4 장에서 논의되었다. 순항형상으로 정상 수평비행에 대해서 두 개의 항으로 이루어진 항력 곡선의 포물선 근사를 사용한다.

$$C_D = C_{D_0} + C_{D_L} = C_{D_0} + K_L C_L^2 \tag{8.12}$$

엔진 나셀은 양력과 스팬 방향에 대한 양력분포에 기여하지 않는다고 가정하면 항공기 전체의 양력으로 인한 항력과 기체는 동일하다고 가정할 수 있다. 이번 장에서는 날개 가로세로비의 변화는 고려하지 않기 때문에 계수 K_L 은 일정하다. (식 4.22 참조) 무양력 항력 면적은 유동에 노출되는 N 개의 모든 비행기 성분의 유해항력 면적을 합산하는 것으로 구할 수 있다.

$$C_{D_0} S_w = \sum_1^N (C_{D_P} S)_i \tag{8.13}$$

무양력 항력 면적은 날개면적 S_w 에 따른 변화하는 항력면적과 고정된 항력면적으로 분해된다.

- 만약 프로파일 항력 계수가 일정하다면, 날개 항력 면적은 S_w 에 비례한다.
- 동체의 기하는 날개 기하에 독립하다고 가정하기 때문에 동체의 항력면적은 일정하다.
- 수평과 수직 꼬리날개의 평면면적은 동체와 날개 기하의 영향을 받는다. (부록 A) 따라서, 꼬리날개 항력면적은 동체 기하에 따라서 달라지는 상수항과 날개 면적에 따라서 달라지는 변수항으로 이루어진다. 이러한 구분은 수직 꼬리날개(첨자 v) 항력은 동체 기하와 관련된 고정된 항으로 그리고 수평 꼬리날개(첨자 h) 항력은 날개 기하와 관련된 변화하는 항으로 간주하는 것으로 단순화할 수 있다.
- 엔진 나셀의 항력면적은 모든 엔진의 합산된 전체 표면적에 비례한다. 식 (A.10)은 이 관계가 전체

엔진 이륙추력과 엔진당 표면적에 비례하는 항으로 이루어진다는 것을 보여준다. 첫 항은 장착추력의 손실로 해석되며 마지막 항은 (고정된) 기체 항력 성분으로 계산된다.

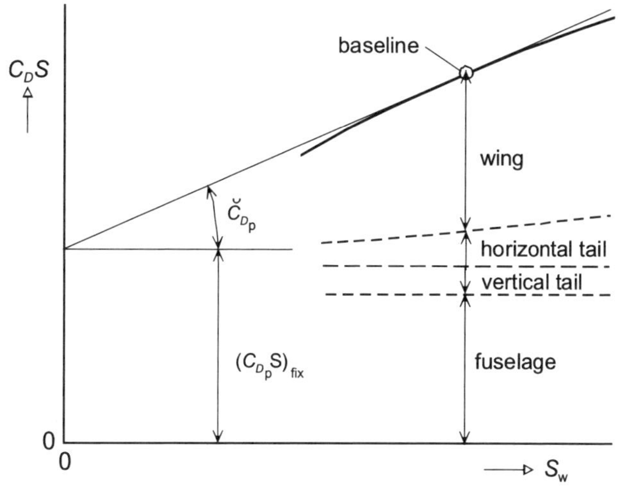

그림 8.3 날개면적에 따른 기체의 유해항력 변화

기체 표면적은 모든 성분의 전체 총 표면적보다 작다. 페어링이 간섭항력을 최소화하는 역할을 하지만, 이는 부가적인 노출표면적에 기여한다. 최종적인(net) 효과를 정량화하기 위해서는 상당한 노력이 필요하다. 따라서, 기체의 유해항력은 각 성분의 전체 표면적에 기반한 항력성분의 합으로 고려한다. 이로 인해서 기체의 항력면적은 다양한 항으로 분해된다.

$$(C_{D_P}S)_{var} = (C_{D_P}S)_w + (C_{D_P}S)_h \tag{8.14}$$

그리고, 변화하지 않는 항은

$$C_{D_P}S = (C_{D_P}S)_{fus} + (C_{D_P}S)_v + (C_{D_P}S)_{eng} \tag{8.15}$$

나셀 노출면적의 선형화된 표현으로부터 나온 (작은)항 S_{eng} 은 식 (A.10)의 두 번째 항이다. 우선, 변화하는 항력 면적은 날개와 수평 꼬리날개 면적에 비례한다. 그러나, 면적의 변화는 시위에 대한 레이놀즈수, 따라서 C_{D_P} 에 영향을 미치고, 항력면적은 $S_w^{0.92}$ 에 비례하는 것으로 나타난다. 그림 8.3 은 항력이 날개면적이 기본형 설계로부터 제한된 범위 내에서 변화하는 경우에 대해서 선형화될 수 있음을 보여준다. 이는 변화하는 날개와 꼬리날개 항력의 8% 감소와 기본형(첨자 base) 날개와 꼬리날개 항력 면적의 8%와 같은 고정된 항력면적의 증가의 영향을 받는다. 따라서, 전체 기체의 항력은 다음과 같이 표현할 수 있다.

$$C_{\overline{D}_0} S_w = \breve{C}_{D_P} S_w + (C_{D_P} S)_{fix} \tag{8.16}$$

여기서

$$\breve{C}_{D_P} = 0.92 \left\{ (C_{D_P})_w + (C_{D_P})_h \, S_h / S_w \right\} \tag{8.17}$$

그리고

$$(C_{D_P} S)_{fix} = (C_{D_P} S)_{fus} + (C_{D_P} S)_v + (C_{D_P} S)_{eng} + 0.08 \left\{ (C_{D_P} S)_{w+h} \right\}_{base} \tag{8.18}$$

동체와 꼬리날개는 대체로 항력 발산이 순항마하수보다 높은 속도에서 발생하도록 설계된다. 따라서, 압축성 항력이 날개의 형상항력과 양력으로 인한 항력의 증가로 계산되어야 한다.

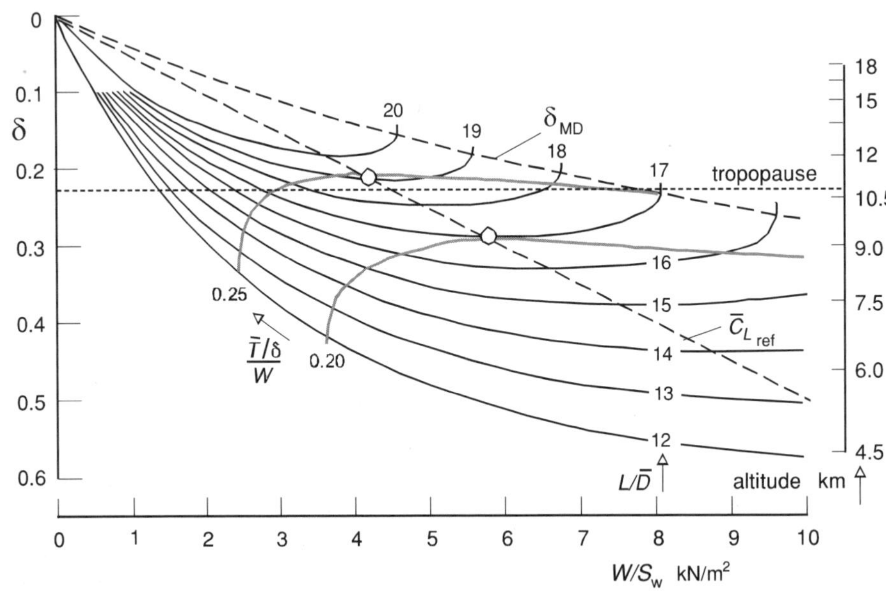

그림 8.4 그림 8.1 에 나오는 설계에 대한 익면하중과 순항고도의 영향을 받는 마하수 0.8 에서 기체의 공기역학 효율. 공기역학 데이타: $\breve{C}_{D_P}$=0.008, $(C_D S)_{fix}$=1.9m^2 그리고 K_L=0.040

8.4.2 공기역학 효율

주어진 총 중량으로 직선 수평비행에서, 기체항력의 변화는 식 (8.12)와 (8.16)으로부터 유도될 수 있다.

$$\frac{L}{\overline{D}} = \left\{ \frac{\breve{C}_{D_P}}{C_L} + \frac{\delta \, q_{sl} (C_{D_P} S)_{fix}}{W} + K_L C_L \right\}^{-1} \tag{8.19}$$

여기서 $q_{sl} = 0.5\gamma p_{sl} M^2$ 은 해면고도에서 순항마하수로 비행하는 경우의 가상적인 동압이고, $\delta = p/p_{sl}$ 은 상대 주변대기압이다. 그림 8.4 는 주어진 마하수와 총중량 상태로 비행하는 가상적인 제트 여객기 설계에 대해서 선택변수 [1]의 변화에 대한 $L/\overline{D}$ 의 민감도를 보여주고 있다. 다음과 같은 부분 최적값이 관련된다.

1. 일정 고도: 최대 $L/\overline{D}$ 는 부분 최적 양력계수와 익면하중을 정의하는 최소 날개와 관련된 항력에서 발생한다.

$$\overline{C}_{L_{ref}} = \sqrt{\breve{C}_{D_P} K_L^{-1}} \quad \text{and} \quad (W/S_w)_{ref} = q_{sl}\delta\,\overline{C}_{L_{ref}} \tag{8.20}$$

이 조건의 경우, 날개와 관련된 프로파일 항력은 양력으로 인한 항력과 같고 최대 공기역학 효율은 다음과 같다.

$$\frac{L}{\overline{D}} = \left\{ 2\sqrt{\breve{C}_{D_P} K_L} + \frac{q(C_{D_P} S)_{fix}}{W} \right\}^{-1} \tag{8.21}$$

그림 8.4 는 익면하중을 최적해보다 20% 높거나 낮게 선택하는 것으로 인해서 기체 공기역학 효율에 미치는 영향은 거의 없다는 것을 보여준다.

2. 일정한 익면하중: 무양력 항력계수는 일정하고, 최소 기체항력에 대한 조건은 다음과 같다.

$$\overline{C}_{L_{MD}} = \sqrt{C_{\overline{D}_0} K_L^{-1}} \quad \text{and} \quad \frac{L}{\overline{D}} = \left(2\sqrt{C_{\overline{D}_0} K_L} \right)^{-1} \tag{8.22}$$

해당하는 최소 항력에 대한 고도는 다음과 같이 결정된다.

$$\delta_{MD} = \frac{W}{q_{sl}\overline{C}_{L_{MD}} S_w} \tag{8.23}$$

이와 같은 두 개의 최적해는 서로 호환되지 않기 때문에, 비구속된 기체의 최대 공기역학 효율은 존재하지 않는다. 그림 8.4 는 성취할 수 있는 $L/\overline{D}$ 는 익면하중이 동시에 감소한다는 조건에서 고도를 증가시키는 것으로 향상될 수 있다는 것을 보여준다. 예를 들어, 고도 11km 에서 최적 익면하중을 갖는 설계는 9.5km 에서의 최적인 설계에 비해서 12% 높은 $L/\overline{D}$ 를 갖는다. 그러나,

---

[1] 그림 8.4 에 나오는 익면하중과 고도의 비현실적인 범위는 설명을 위한 목적이다. L/D 컨투어는 기본형 설계로부터 적당히 벗어난 편차에 대해서만 정확하다.

높은 고도로 비행하는 항공기는 25% 높은 장착추력과 45% 큰 날개가 필요하다. 전체적인 시스템에 대한 최적화 설계는 식 (8.20)에 따른 기준값보다 더 높은 익면하중을 가지며, 최소항력에 대한 고도보다 낮게 비행한다. 다시 말해서, 최고 C_L 은 $\overline{C}_{L_{ref}}$ 와 $\overline{C}_{L_{MD}}$ 사이에 위치한다. 공기역학 효율이 연료 경제성에 상당히 기여하지만, 이는 전체 시스템 최적화에 대해서는 적절한 FOM 이 아니다. 이러한 결론에 대해서는 다음 장에서 보다 자세히 살펴본다.

8.5 추력, 동력장치 및 연료 중량

대부분의 시스템 설계 최적화 연구는 MTOW 의 대략 30%를 차지하는 기체의 구조중량을 줄이는 것을 목표로 한다. 그러나, 동력장치와 전체 연료중량의 합은 MTOW 의 25~50% 사이에 이른다. 따라서, 이를 최소화되어야 하는 추진중량 페널티로 고려하는 것이 유용하다. 두 중량 성분은 주로 MTOW 에 의존하기 때문에, 이번 장에서는 고정된 MTOW 에 대한 최적화를 고려한다.

8.5.1 장착추력과 동력장치 중량

상대적으로 소형인 (중거리) 항공기를 제외하고, 기존의 시판되는 엔진을 수송 항공기에 장착하기 위해서 사용하는 것은 일반적이지 않다. 대신, 엔진 선정은 엔진과 기체의 매칭 연구와 기체와 엔진 제조사 사이의 협상 결과에 따라서 이루어진다. 이번 연구의 범위에서, 이는 엔진은 성능 능력이 달라질 수 있음을 의미한다. 장착추력 또는 출력뿐 아니라 특정한 엔진 싸이클 매개변수를 선택변수로 고려할 수도 있다. 전형적인 사례로는 터보팬 엔진의 바이패스비와 터보프롭 엔진의 프로펠러 직경이다. (제 3 장) 다음 해석은 작동압력과 온도가 일정한 상태에서 공기흡입구 직경이 달라지는 것으로 공기유동과 기본형 엔진의 추력의 스케일이 증가하고 감소할 수 있음을 의미하는 러버엔진 개념에 따른 장착된 터보팬의 추력 변화를 전적으로 살펴본다. 엔진 러버라이징은 직경, 카울 길이, 중량과 같이 이륙추력과 같은 기본엔진 특성을 이륙추력과 관련시키는 일련의 스케일링 법칙을 필요로 한다. 엔진 제조사는 일반적으로 비선형인 스케일링 법칙을 사용하지만, 이번 연구에서는 선형화된 관계도 허용될 수 있는 것으로 간주한다.

장착 이륙추력은 상승 최고점(Top of Climb, TOC)에 도달한 이후 초기 순항조건(첨자 cr)에서 정상 수평비행시 $\overline{T} = \overline{D}$ 인 조건을 만족하도록 선정된다. 엔진이 최대 순항레이팅 또는 이에 대한 특정 비율로 작동한다면, 최소 장착추력이 필요하다.[2] 따라서 필요한 해면고도 정적(SLS) 추력은 다음과 같다.

$$T_{TO} = \frac{T_{TO}}{\overline{T}_{cr}} \left(W \frac{C_{\overline{D}}}{C_L} \right)_{cr} \tag{8.24}$$

고도에 따른 추력감율은 나셀(첨자 nac) 항력을 포함하도록 수정된 식 (3.10)으로 정의되는 수정된

[2] 만약 엔진이 지배적인 이륙 요구조건에 따라서 크기가 정해진다면, 순항레이팅은 최대 허용값보다 작아질 수도 있다. (제 9 장)

감율로부터 도출된다.

$$\bar{\tau} = \frac{\bar{T}/\delta}{T_{TO}} = \frac{T - D_{nac}}{\delta T_{TO}} = \tau - q_{sl}\frac{(C_D S)_{nac}}{T_{TO}} \tag{8.25}$$

성층권에서는 온도가 일정하기 때문에, 주어진 레이팅과 마하수에서 터보팬 추력은 주변대기압에 비례한다. 따라서, τ 뿐 아니라 $\bar{\tau}$ 도 고도에는 독립하며 [3], 엔진 싸이클에 따라 달라지며 순항 비행에서 두 값은 별로 차이가 나지 않는다. 식 (8.25)를 (8.24)에 대입하면 다음과 같다.

$$T_{TO} = \left(\frac{W}{\bar{\tau}\delta}\frac{C_{\bar{D}}}{C_L}\right)_{cr} \tag{8.26}$$

이륙과 상승 과정에서 TOGW 의 2% 연료가 소모된다고 가정하면, 동력장치(첨자 pp) 중량은 다음과 같다.

$$W_{pp} = \mu_T\left(\frac{W}{\bar{\tau}\delta}\frac{C_{\bar{D}}}{C_L}\right)_{cr} + N_{eng}W_{ref} \tag{8.27}$$

여기서 전형적인 값으로는 $\mu_T = 0.26$ 이고 $W_{ref} = 8\text{kN}$ 이다. 식 (8.26)과 (8.8)로부터 장착엔진 추력과 동력장치 중량은 증가하는 순항고도에 민감하다는 것을 알 수 있다.

8.5.2 임무 연료

τ 와 η_{ov} 와 유사하게, 터보팬의 장착 전체 효율은 마하수에만 의존한다.

$$\bar{\eta}_o \overset{\text{def}}{=} \frac{(T - D_{nac})V}{\dot{W}_f H/g} = \eta_o\left(1 - \frac{D_{nac}}{T}\right) = \eta_o\frac{\bar{\tau}}{\tau} \tag{8.28}$$

나셀항력으로 인한 장착효율의 손실은 천음속 마하수의 고바이패스 터보팬에 대해서는 상당한 반면, 수평방향 평형을 위해서는 장착추력이 기체항력과 같아야한다. 따라서, 항속거리 매개변수에 대한 두 표현은 $\eta_o L/D = \bar{\eta}_o L/\bar{D}$ 로 동일하다. 엔진 크기의 스케일이 증가하고 감소하기 때문에, 이 장에서 사용되는 첨자 기호는 수정이 필요하다. 그러나, 만약 기체항력과 장착추력 대신에 항공기 항력과 비장착 엔진 추력과 같은 전통적인 첨자기호가 사용된다면, 모든 유도된 수식은 동등하게 유효하다.

2.3 장에서 도출되었던 단순화된 임무연료 중량 예측을 등가 항속거리를 도입함으로써 약간 변형된

---

[3] 이번 적용에 해당하지는 않는 사항이지만, 수정 추력감율은 대류권에서는 정확하게 일정하지는 않다.

형태로 여기서 사용한다.

$$R_{eq} \stackrel{\text{def}}{=} (R_{mis} + R_{lost})(1 - 0.5W_{misf}/W_{MTO}) \tag{8.29}$$

최적화의 체제 안에서 수 많은 세부적인 계산이 반복될 필요가 없기 때문에, 이러한 개념이 사용될 수 있다. 식 (8.29)의 두 번째 가로항은 순항비행 동안 감소하는 총중량으로 인해서 계속해서 감소하는 추력과 연료유동을 감안한 것이다. 최적조건 부근에서 이 항은 기본형설계에 대한 값과 실질적으로 동일하다. 이륙, 상승 그리고 하강하는 동안 감소된 비항속거리를 나타내는 손실되는 항속거리 R_{lost} 는 수 백 킬로미터 정도 된다. 이는 장거리 비행에 대해서는 상대적으로 크지 않은 항목이지만, 단거리 비행에서는 순항 항속거리의 10%까지 차지할 수도 있다. R_{lost} 와 R_{eq} 는 상수로 취급된다. 임무 연료중량은 이륙 총중량의 분율로 나타낸다.

$$\frac{W_{misf}}{W_{MTO}} = \frac{R_{eq}}{\overline{\eta}_o H/g} \frac{C_{\overline{D}}}{C_L} \tag{8.30}$$

MTOW 의 계산은 임무 항속거리를 최대 유상하중과 함께 조화 항속거리로 대체해서 사용한다.

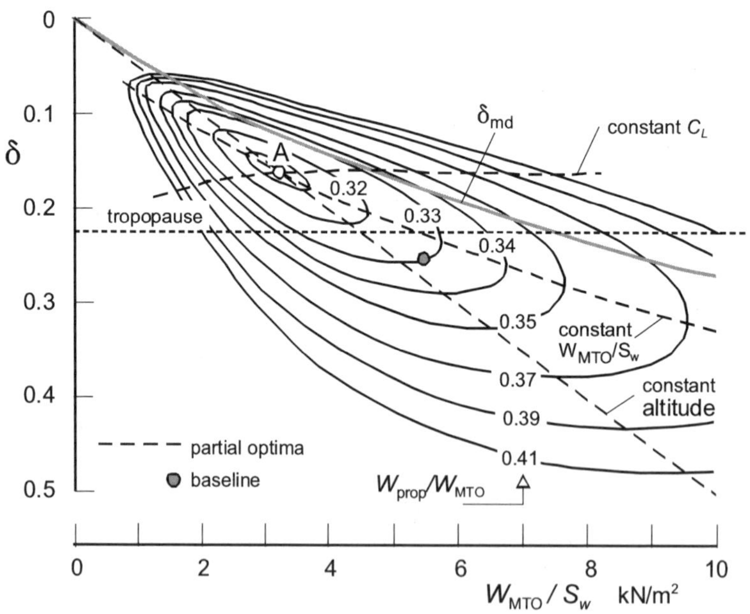

그림 8.5 익면하중과 고도의 영향을 받는 추진중량 분율. 데이타: $\overline{\eta}_o = 0.33$, $\mu_T = 0.25$, $\overline{\tau} = 0.8$

8.5.3 추진 중량 페널티

동력장치 중량과 임무연료 중량의 조합을 추진중량 페널티로 정의한다. 이는 식 (8.12), (8.27) 그리고 (8.30)을 조합해서 구할 수 있다.

$$\frac{W_{prop}}{W_{MTO}} = F_{prop}\left\{\frac{\breve{C}_{D_P}}{C_L} + \frac{\delta q_{sl}(C_D S)_{fix}}{W_{MTO}} + K_L C_L\right\} \tag{8.31}$$

여기서 추진함수는 다음과 같이 정의된다.

$$F_{prop} \stackrel{\text{def}}{=} \frac{R_{eq}}{\overline{\eta}_o H/g} + \frac{\mu_T}{\overline{\tau}\delta} \tag{8.32}$$

변화하는 익면하중과 순항고도의 영향은 추진중량 페널티 분율 컨투어를 나타내는 그림 8.5 에 명확하게 나와 있다. 또한, 다음과 같은 선택변수의 부분 최적값도 보여주고 있다.

1. 일정한 고도의 경우, F_{prop} 은 일정하고 최적 익면하중은 식 (8.20)으로 정의되는 기준 익면하중과 동일하다.
2. 일정한 익면하중의 경우, 최적 고도는 식 (8.22)로 정의되는 최소 항력고도보다 낮다. 식 (8.31)의 편미분을 0 으로 두면, 단순하지만 초월 방정식(transcendental equation)을 제공한다.

$$\delta = \delta_{MD}\left(1 + 2\frac{W_{pp}}{W_{misf}}\right)^{0.5} = \delta_{MD}\left(1 + 2\frac{\mu_T}{\overline{\tau}\delta}\frac{\overline{\eta}_o H/g}{R_{eq}}\right)^{0.5} \tag{8.33}$$

이로부터 순항고도는 반복계산으로 구할 수 있다. 그림 8.5 의 최적 고도는 최소 항력고도보다 1500m (5000ft) 아래인 것으로 나타난다.

공기역학 효율과 임무연료 경우와는 반대로, 추진중량 페널티의 부분 최적값은 두 부분 최적값의 교점인 그림 8.5 의 A 지점에서 호환된다. 이 전역 최적해는 다음과 같은 상수항을 도입하는 것으로 해석적으로 구할 수 있다.

- 최소 날개관련 항력을 극복하는데 필요한 임무연료 분율

$$\mu_1 \stackrel{\text{def}}{=} 2\frac{R_{eq}}{\overline{\eta}_o H/g}\sqrt{\breve{C}_{D_P} K_L} \tag{8.34}$$

- 변하지 않는 유해항력을 극복하는데 필요한 동력장치 중량 분율

$$\mu_2 \stackrel{\text{def}}{=} \frac{\mu_T}{\overline{\tau}}\frac{q_{sl}(C_D S)_{fix}}{W_{MTO}} \tag{8.35}$$

최적해에 대한 닫힌 형태의 해석적인 표현은 μ_1 과 μ_2 를 식 (8.31)에 대입하고 고도에 대한 미분값을 0 으로 두는 것으로 구할 수 있다.

$$\text{날개면적:}\quad S_w = \frac{(C_D S)_{fix}}{2\breve{C}_{D_P}}\sqrt{\frac{\mu_1}{\mu_2}} \tag{8.36}$$

$$\text{고도:}\quad \delta = \frac{\mu_T}{\bar{\tau}}\frac{\bar{\eta}_o H/g}{R_{eq}}\sqrt{\frac{\mu_1}{\mu_2}} \tag{8.37}$$

$$\text{추력:}\quad \frac{T_{TO}}{W_{MTO}} = \frac{\mu_2 + \sqrt{\mu_1\mu_2}}{\mu_T} \tag{8.38}$$

대응하는 임무연료와 동력장치 중량 분율은

$$\frac{W_{misf}}{W_{MTO}} = \mu_1 + \sqrt{\mu_1\mu_2} \quad \text{and} \quad \frac{W_{pp}}{W_{MTO}} = \mu_2 + \sqrt{\mu_1\mu_2} \tag{8.39}$$

동력장치대 임무연료 중량의 최적비율은

$$\frac{W_{pp}}{W_{misf}} = \sqrt{\frac{\mu_2}{\mu_1}} \tag{8.40}$$

그리고 최소 추진중량 페널티는 다음과 같은 표현으로 정의될 수 있다.

$$\frac{W_{prop}}{W_{MTO}} = \left(\sqrt{\mu_1} + \sqrt{\mu_2}\right)^2 \tag{8.41}$$

위 식의 단순함에도 불구하고, 그 결과는 신중하게 해석되어야 한다. 예를 들어, 그림 8.5 에서 지점 A 는 단지 3200N/m^2 인 익면하중과 비정상적으로 높은 초기 순항고도인 13000m 에 해당하는 것을 알 수 있다. 이는 비실용적으로 크고 무거운 날개로 반영되어 자체중량과 이륙중량을 증가시킨다. 따라서, 날개의 중량을 포함해서 최적화를 확장하는 것이 적절하다. 또한 제 9 장의 주제인 날개와 추력하중에 대한 구속조건도 고려되어야 한다.

8.5.4 날개와 추진 중량 분율

식 (8.2)에 따른 (날개 부착물 중량은 제외) 날개중량을 추진중량 페널티에 추가하면 다음과 같다.

$$\frac{W_w + W_{prop}}{W_{MTO}} = \left(\frac{\Omega_W}{W_{MTO}/S_w}\right)^{0.5} + \frac{\Omega_S}{W_{MTO}/S_w} + \frac{W_{prop}}{W_{MTO}} \tag{8.42}$$

여기서 마지막 항은 식 (8.31)에 의해서 정의된다. 이 중량분율의 컨투어는 그림 8.5 와 유사한 형태를 갖지만, 이는 상당히 더 높은 익면하중으로 이동되었다. 부분 최적값은 그림 8.6 에 요약되었고, 이로부터 다음을 알 수 있다.

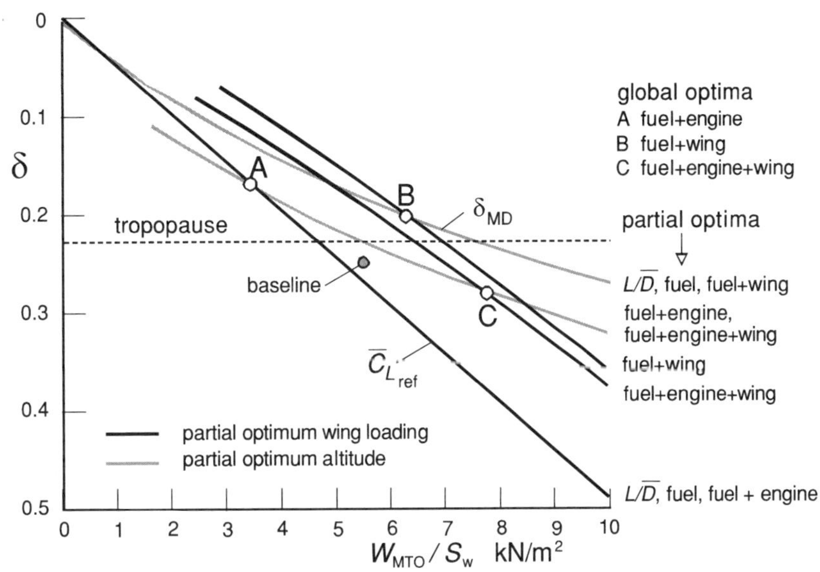

그림 8.6 몇 가지 중량분율을 목적함수로 처리한 최적 익면하중과 순항고도

- 일정한 고도에 대해서, 최적 익면하중은 식 (8.42)의 편미분을 0 으로 두는 것으로 다음과 같이 구할 수 있다.

$$\frac{W_{MTO}}{S_w} = \left(\frac{W_{MTO}}{S_w}\right)_{ref} \left(1 + \frac{0.5\sqrt{\Omega_W W_{MTO}/S_w} + \Omega_S}{\delta\, q_{sl} \breve{C}_{D_P} F_{prop}}\right)^{0.5} \tag{8.43}$$

  여기서 $(W_{MTO}/S_w)_{ref}$ 는 식 (8.20)에 의해서 정의된다. 이 식은 연속적인 반복계산(successive iteration)으로 풀어야 한다. 초기 근사는 기준 익면하중의 1.4 배를 제곱근 항에 대입하는 것으로 구할 수 있다.
- 최적 고도: 날개 구조중량은 순항고도에 독립하기 때문에, 부분 최적값은 식 (8.33)에 따른 최소 추진중량에 대한 고도와 같다.

8.5.5 최적 중량 분율 비교

그림 8.6 은 상당한 차이를 갖는 비행기 설계를 정의하는 세 개의 비구속 최적해 A, B 그리고 C 를 보여주고 있다. 관련된 고도와 익면하중에 대한 값은 식 (8.20), (8.33) 그리고 (8.43)으로부터 구할 수 있다. (연료와 동력장치 중량 분율의 최소값에 대한) 설계 A 는 자체중량에 미치는 변화하는 날개 크기의 영향을 무시하기 때문에 비현실적이다. 연료와 날개 중량분율의 최소값에 대한 설계 B 는 여기서 명시적으로 유도되지는 않았지만 보다 실용적인 해법이다. 이는 설계 A 에 비해서 더 낮은 최적고도(optimum altitude)와 상당히 더 높은 익면하중을 갖는다. 연료, 동력장치 및 날개 중량분율의 최소값에 대한 설계 C 는 가장 완전한(most complete) 성능지수(FOM)로부터 유도되며, 이는 가장 낮은 MTOW 를 갖는 설계를 대표한다. 그러나, 설계 C 는 높은 익면하중을 가지며 낮은 고도에서 비행한다.

저속성능 요구조건에 의해서 부과되는 날개와 추력하중 구속조건은 무시되었기 때문에, 이와 같은 비구속 최적해 중에서 하나를 선정하는 것이 반드시 양호한 설계로 이어지는 것은 아니다. 추진중량 페널티와 날개 중량분율의 조합은 비최적 조건에 민감하지 않기 때문에 이는 문제될 필요가 없다. 보다 심각한 문제는 날개 구조중량 변화로 인한 경제적인 영향이 엔진 추력과 연료중량 변화보다 덜 중요하다는 것이다. 원칙적으로, 이러한 효과는 각각의 경제적인 영향으로부터 구한 가중치가 적용된 세 개의 항을 곱하는 것으로 포함시킬 수 있다.

8.6 이륙중량, 추력 및 연료 효율

이전 최적화는 주어진 MTOW 에 대해서 유도되었다. 개념설계의 실제 현실에서는 유상하중과 항속거리가 일반적으로 지정되며, MTOW 는 모든 자체중량 성분과 유용한 하중을 합산한 결과를 이룬다. 따라서, 다음 단계는 지정된 유상하중과 항속거리 능력의 경우에 대한 다양한 최적해를 검토하는 것이다. 많은 자체중량 성분이 MTOW 에 따라서 달라지기 때문에, 현재 유사-해석적인 접근방법의 목적은 지정된 유상하중과 항속거리 능력에 대한 MTOW 를 위한 닫힌 형태의 방정식을 도출하는 것이다.

8.6.1 최대 이륙중량

이전 장에서 유도되었던 방정식은 모든 자체중량 성분, 유상하중 그리고 연료를 합산하는데 사용된다. 이를 MTOW 에 대해서 풀면 다음과 같다.

$$W_{MTO} = \frac{W_{pay} + \sum W_{fix} + F_{prop}\delta\, q_{sl}(C_{D_P}S)_{fix}}{1 - \left\{\mu_{resf} + \mu_{lg} + (1+r_h)\mu_w + F_{prop}(\breve{C}_{D_P}/C_L + K_L C_L)\right\}} \tag{8.44}$$

추진함수 F_{prop} 은 식 (8.32)로 정의되고, 양력계수는 익면하중에 비례해서 $C_L = (W_{MTO}/S_w)/q$ 이다. 표 8.1 에 따라서, 다음과 같은 중량성분 그룹이 식 (8.44)에서 확인된다.

- 분자는 MTOW 에 (실질적으로) 독립된 설계 유상하중, 객실과 내장, 시스템, 운용사

항목(operator's item), 동체와 수직 꼬리날개 구조 그리고 엔진의 수와 관련된 일부 항목을 포함하는 고정된 중량 성분을 요약하고 있다. 동체와 수직 꼬리날개의 기하는 날개 기하에 독립된 것으로 간주되기 때문에 이들의 중량은 고정된다. F_{prop} 에 비례하는 항은 임무연료 중량과 동체와 수직 꼬리날개 항력을 임무거리 동안 밸런스를 맞추는데 필요한 추력에 기인하는 동력장치 중량을 나타낸다. 이러한 엔진 중량 성분이 고도에 독립된다는 것을 보이는 것은 어렵지 않다. 그러나, 관련된 연료중량 성분이 주변대기압에 비례하기 때문에 이는 고도의 증가에 따라서 감소한다.

- 분모는 MTOW 의 분율로 취급되는 모든 중량 성분을 요약한다. 통계에 따르면 예비연료 하중은 MTOW 의 분율로 $\mu_{resf} = 0.045$ 로 고려될 수 있다. 식 (8.7)에 따르면, 랜딩기어 중량 분율의 전형적인 값은 $\mu_{lg} = 0.040$ 이다. $r_h \approx 0.10$ 항은 수평 꼬리날개의 중량에 대한 수정계수(correction factor)이고, 식 (8.2)가 날개 중량분율 μ_w 를 대체한다. F_{prop} 에 비례하는 항은 임무거리 동안 날개와 수평 꼬리날개 항력의 밸런스를 맞추는데 필요한 추력에 기인하는 추진중량 페널티를 나타낸다. 연료중량 분율은 고도에 독립되고, 엔진중량 분율은 주변대기압에 반비례하며 고도증가에 따라서 (상당히) 증가한다. 두 항은 모두 동체의 기하에는 독립된다.

식 (8.44)는 익면하중과 초기 순항고도의 명시적 최적화를 위한 적절한 도구로, 날개 평면기하와 두께비의 변화에 대응하기 위해서 쉽게 적응될 수 있다. 그림 8.7 은 초기 순항고도 10000m 에서 익면하중 7kN/m^2 (설계 D)에 대한 비구속 최적해를 갖는 MTOW 를 보여주고 있다. 이 최적값은 특히 만약 고도가 각 익면하중에 최적화된다면 익면하중에는 민감하지 않다. 식 (8.44)의 또 다른 유용한 특성은 닫힌 형태의 해법을 이용해서 필요한 엔진추력과 임무연료 하중과 같은 중요한 특성에 대한 빠른 계산이 가능하다는 것이다.

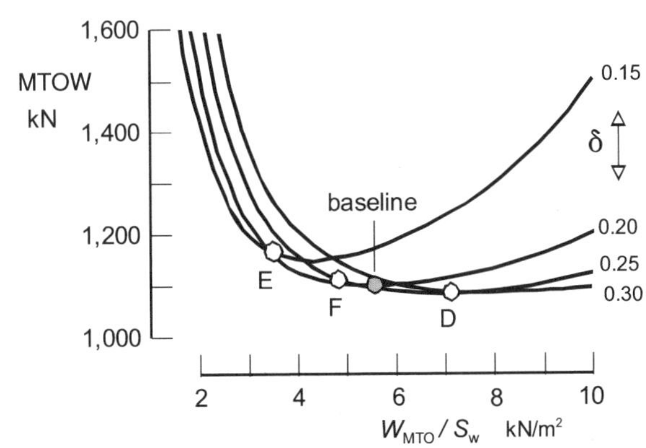

그림 8.7 MTOW 에 대한 익면하중과 초기 순항고도. 기본형: 그림 8.1

보통 새로운 여객기 설계의 품질을 평가하는데 있어서 MTOW 가 가장 완벽한 성능지수(FOM)라고 언급된다. 이러한 출발점은 단일 기준에 집중하도록 하는 반면, 설계의 가능성에 기여하는 다른 인자는 명시적으로 고려되지 않도록 한다. 이의 사례로는 필요한 장착엔진 추력과 연료에너지 효율이 있다.

8.6.2 장착추력과 연료에너지 효율

순항에 맞추어 사이징된 엔진의 장착추력은 초기 순항조건으로부터 구할 수 있다.

$$T_{TO} = \frac{\overline{D}}{\overline{\tau}\delta} = \overline{\tau}^{-1}\left\{q_{sl}(C_{D_P}S)_{fix} + \delta^{-1}(\breve{C}_{D_P}/C_L + K_L C_L)W_{MTO}\right\} \tag{8.45}$$

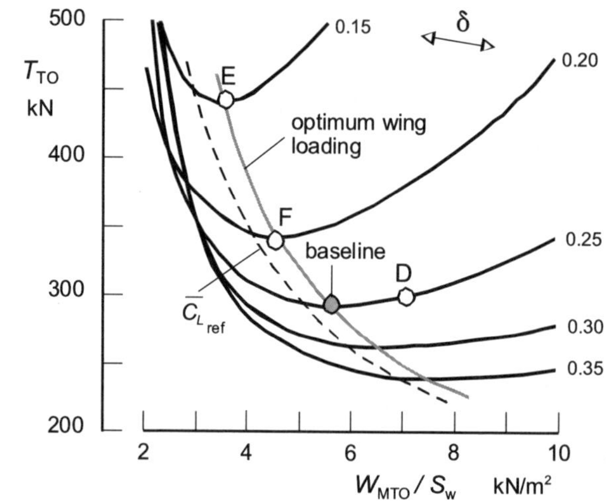

그림 8.8 장착추력에 대한 익면하중과 순항고도의 영향. 기본형: 그림 8.1

고정된 유해항력 감율은 고도에 따른 추력감율과 같기 때문에, 유해항력과 밸런스를 맞추는데 필요한 추력은 순항고도에 독립된다. 그러나, 식 (8.45)의 날개 항력 기여로 인해서 날개 항력과의 밸런스를 위해서 필요한 추력은 순항고도에 민감해진다. 그림 8.8은 최소 추력에 대한 익면하중은 식 (8.20)에 따라서 정의된 기준 익면하중에 비해서 500N/m^2 더 높다는 것을 보여준다. 이러한 부분 최적값을 따라서 고도를 증가시키면, 고도에 따라서 필요한 추력은 점차 증가하는 결과를 초래한다. 이와 같은 추력 최소화는 제 9 장의 주제인 저속성능으로부터 도출되는 구속조건으로 보강되어야 한다.

에너지 효율(2.5 장)은 서로 다른 상업용 수송 항공기의 연료경제성을 비교하는데 유용한 수치이다. 이는 순간(instantaneous) 성능으로 표현될 수 있지만, 실제 운용에서는 변화하는 GW와 순항 이외의 비행단계 동안 감소되는 연료효율로 인해서 비행하는 동안 변화한다. 전체 임무에 대한 평균 연료에너지 효율은 식 (2.26)와 (8.30)으로부터 유도된다.

$$E_{EN} = \square\, \overline{\eta}_o \frac{L}{\overline{D}} \frac{W_{pay}}{W_{MTO}} \frac{R_{mis}}{R_{eq}} \tag{8.46}$$

여기서 □ $= \rho_f H N_s / W_{pay} = 37$ seat-km/litre (75.5seat-nm/gallon)이다. 위의 그림 8.9(a)는 연료효율이 익면하중과 순항고도에 민감하다는 것을 보여주고 있다.

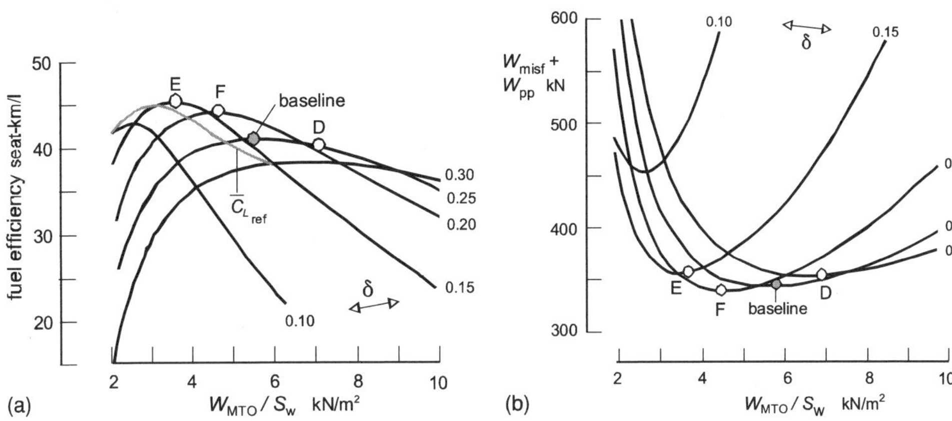

그림 8.9 추진특성에 대한 익면하중과 순항고도의 영향. (a) 연료에너지 효율 (b) 추진중량 페널티

추진중량 페널티는 임무연료와 동력장치의 복합된 중량으로 정의된다. (8.5 장) 이를 중량분율로 나타낸 것과는 달리, 그림 8.9(b)에서는 절대수치로 표현되었다.

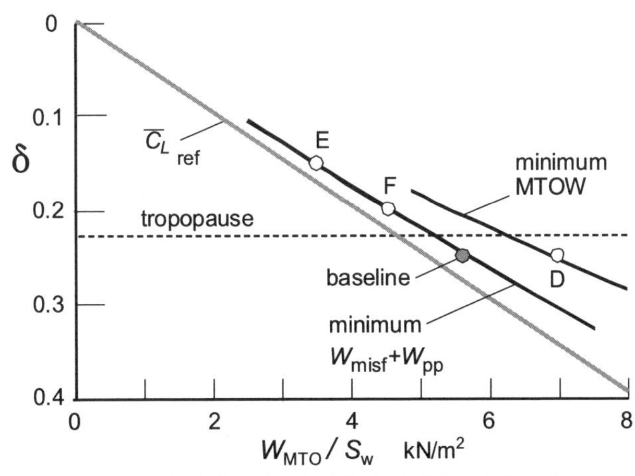

그림 8.10 몇 가지 성능지수에 대한 최적 익면하중과 순항고도

8.6.3 비구속 최적값 비교

그림 8.10 은 최소 MTOW 에 대한 설계 D, 최소 연료에 대한 설계 E 그리고 최소 추진중량 페널티에 대한 설계 F 와 같은 세 개의 비구속 최적해를 보여주고 있다. 설계 D 는 다른 최적해와 비교해서 다소 낮은 MTOW 를 갖지만 익면하중은 훨씬 더 높다. 설계 E 는 익면하중 3.6kN/m^2 에 고도 13500m 에서 단위 연료 리터당 45seat-km 를 달성하고 있는데, 이는 설계 D 보다 연료효율이 12% 더

높은 수치이다. 그러나, 이러한 높은 연료효율은 47% 더 높은 장착추력이라는 비용이 필요하다. 최소 추진중량인 설계 F는 성층권보다 약간 더 높은 초기 순항고도에서 익면하중 4.6kN/m^2 에 대한 비구속 최적값이다. 이 설계는 설계 D 와 비교해서 13% 더 높은 장착추력을 가지며, 설계 E 와 비교해서는 몇 % 정도 낮은 연료효율를 갖는다. 설계 F 는 익면하중과 추력하중이 저고도 성능 구속조건을 만족한다면 양호한 절충안으로 보인다. 이러한 수치는 상업용 항공기의 최적화에서 몇 가지의 성능지수(FOM)와 이의 민감도를 고려하는 것의 중요성을 보여주는 것이다.

8.6.4 주어진 MTOW 에 대한 항속거리

최적화 연구에 대한 일반적인 접근방법은 최대 유상하중과 조화 항속거리 (또는 다른 설계 유상하중/항속거리의 조합)을 기설정된 매개변수로 고려하는 것이다. 그러면 MTOW는 반복계산 과정을 통해서 구할 수 있다. 만약 MTOW가 최적화 연구에서 많은 선택변수에 따라서 달라지는 목적함수라면 설계종합 프로그램의 사용이 불가피하다. 그러나 수 많은 반복계산은 과도한 컴퓨터의 사용으로 이어진다. 유용한 대안으로는 기본형에 대해서 구한 MTOW를 기설정된 양으로 간주하고, 항속거리를 목적함수로 고려하는 것이다. 이러한 접근방법은 계산비용이 적게 들지만, 문제는 주어진 항속거리에 대한 최소 MTOW 설계가 일정한 (기본형) MTOW 에 대한 최대 항속거리 설계와 동일할 것인가의 여부이다. 저자는 이러한 다소 간단한 문제 구조가 (거의) 동일한 최적 설계를 갖는다는 어떤 발표된 증거도 알지 못한다.

주어진 MTOW 에 대한 등가 항속거리는 식 (8.44)로부터 구할 수 있다.

$$\frac{R_{eq}g}{\overline{\eta}_o H} = \frac{1-\left\{\mu_{lg}+\mu_{resf}+(1+r_h)\mu_w\right\}W_{MTO}-W_{pay}-\sum W_{fix}}{\delta q_{sl}(C_D S)_{fix}+(\breve{C}_{Dp}/C_L+K_L C_L)W_{MTO}}-\frac{\mu_T}{\overline{\tau}\delta} \tag{8.47}$$

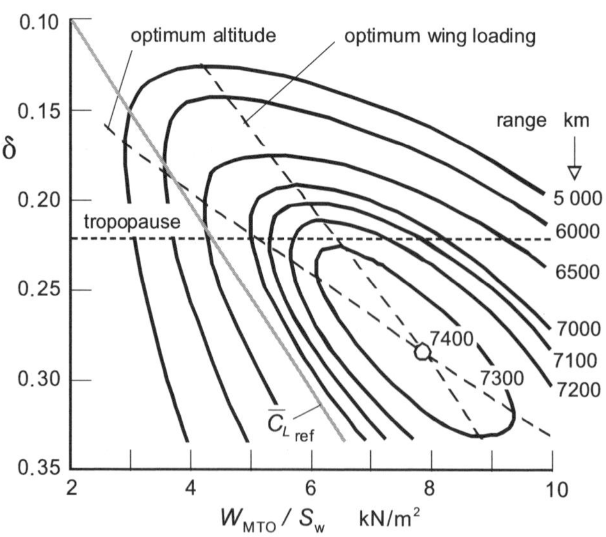

그림 8.11 일정한 MTOW 에 대해서 성취 가능한 항속거리. 기본형: 그림 8.1

그림 8.11 에 나오는 일정한 항속거리의 컨투어는, 주어진 MTOW 에 대한 최대 항속거리 설계가 주어진 항속거리에 대한 최소 MTOW 설계에 비해서 10% 높은 익면하중을 가지며, 더 낮은 고도로 비행한다는 것을 보여준다. 또한, 성층권 부근에서 비행하는 설계에 대해서 성취 가능한 항속거리는, 익면하중과 순항고도가 조정된다는 조건에서, 단지 몇 퍼센트 정도만 낮다는 것이 명백하다. 식 (8.44)와 (8.47)이 동일한 최적해를 갖는다는 것을 증명하기 위한 이론적인 노력은 실패할 가능성이 있음에도 불구하고, 개념설계 실무에서는 이러한 단순화된 접근방법이 수용될 수 있을 것이다.

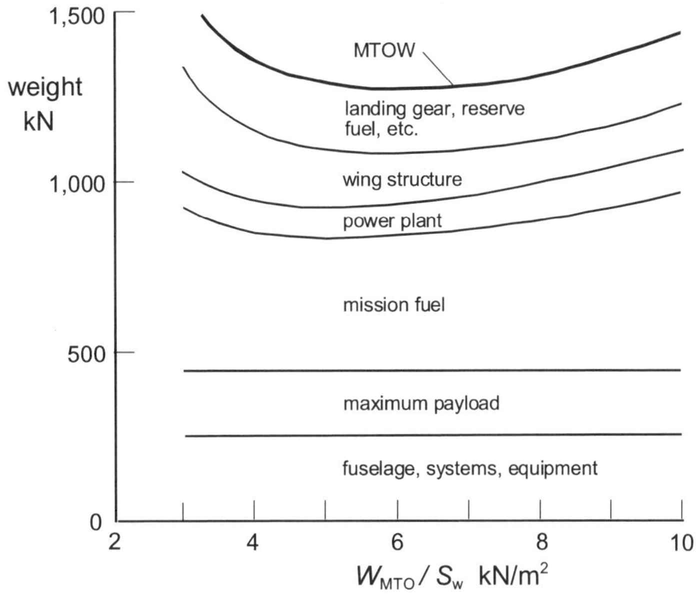

그림 8.12 연장된 항속거리를 갖는 기본형 설계의 중량분포

8.6.5 연장된 항속거리 버전

식 (8.44)의 유용한 적용은 기본형 설계의 변형 버전에 대한 1 차 중량 해석이다. 그림 8.12 에서는 그림 8.1 에 나오는 설계에 대한 연장된 항속거리(Extended Range, ER) 버전의 중량분포를 보여주고 있다. 조화 항속거리는 7000 에서 10000km 로 43% 증가되었다. 한 가지 가능성으로는 두 가지 버전 모두 동일한 날개 면적을 갖는다고 가정하는 것이다. 이로 인해서 익면하중은 5.6kN/m^2 에서 6.6kN/m^2 으로 19% 증가하고 임무연료는 49% 증가한다. 증가된 연료중량 분율은 최적 익면하중을 감소시키지만, MTOW 최적값의 평탄한 구간으로 인해서 증가된 익면하중의 페널티는 무시할 수 있다. 또 다른 방법으로는, 두 설계가 모두 5.5kN/m^2 의 익면하중을 갖고 10500m 의 동일한 초기 순항고도를 갖도록 날개 면적을 증가시키는 것이다. 이러한 접근방법은 49%의 임무연료 증가분에 영향을 미치지 않지만, 이륙과 착륙에 동일한 활주로를 사용할 수 있도록 할 것이다. 두 가지 경우 모두에서 연료 효율은 40 에서 36seat-km/litre 로 감소한다.

8.7 요약과 검토

8.7.1 성능지수(FOM)의 선택

이번 장에서 살펴본 내용을 통해서, 고려되는 성분에 대한 중량 분율과 절대중량은 서로 다른 최적값 조건을 갖는다는 것을 알 수 있다. 또한, 중량 분율에 비해서 절대중량이 비최적 조건에 더 민감하다. 따라서, 중량 성분을 최대 유상하중 또는 좌석수와 같이 변하지 않는 수량과 관계시키는 것이 바람직하다. 또한, 항공기의 사이징 과정에서 어떤 중량 성분을 적절한 성능지수(FOM)로 고려할 것인가는 해결되지 않는 문제로 남는다.

중거리 상업용 항공기의 수명주기 동안 소모되는 연료의 누적비용은 일반적으로 항공기의 1 차 비용과 동일한 크기로, 설계 임무연료 중량은 OEW 의 약 50% 정도이다. 반면, 엔진의 1 차 비용은 항공기의 1 차 비용의 약 20%를 차지하고, 중량은 일반적으로 OEW 의 12% 정도를 차지한다. 장착추력의 감소를 통한 엔진중량의 절감은 동일한 연료중량의 절감만큼 가치가 있는 것으로 보인다. 반면, (익면하중과 MTOW 를 통한) 소모되는 연료와 필요한 추력에 대한 간접적인 영향이 훨씬 더 중요하겠지만, 동일한 날개 구조중량의 절감이 항공기 운용비용에 대해서 비교할만한 직접적인 효과를 갖지는 않을 것이다. 이는 익면하중과 초기 순항고도의 최적화를 위해서는 MTOW 보다는 (임무에 기반한) 추진중량 성분이 더 유용한 FOM 이라는 주장으로 이어진다.

경제적인 그리고 환경적인 측면에서 보면, 다양한 중량 성분이 모두 동일하게 중요한 것은 아니다. 그렇다면 이들의 가중치는 어떻게 측정되는지 이해할 필요가 있다. 예를 들어, 임무연료 비용은 매우 상당한 부분을 차지하며 모든 설계 결정을 지배하겠지만, 예비연료는 거의 소모되는 일이 없으며 총중량에 기여하는 것을 통해서 비용에는 간접적으로만 영향을 미친다. CO2 발생은 연소되는 연료에 비례하기 때문에 연료는 대기오염의 원인이다. 반면 (가스터빈) 엔진은 가격이 매우 비싸지만, 장착출력 보다는 적절한 엔진 종류의 사용가능 여부가 더 결정적일 수도 있다.[4] 장착될 엔진의 수는 아직까지 해석에 포함되지 않았지만, 이러한 상황은 설계 구속조건이 도입될 제 9 장에서는 달라질 것이라는 것도 역시 중요하다. 그리고, 마지막으로 날개 중량 고려사항이 조합된 최적값의 위치를 지배하지만, 날개 구조를 설계하고 제조하는 비용이 엔진에 관련된 비용과 누적되는 연료비용보다는 훨씬 낮다. 이로 인해서 MTOW 는 FOM 으로써의 적정성이 떨어진다고 할 수 있다.

8.7.2 결론

익면하중과 초기 순항고도의 변화에 대한 공기역학 효율, 연료하중, 장착되는 동력장치의 중량과 추력, 날개중량 그리고 이륙시 항공기 총중량에 대한 민감도를 살펴보았다. 연료하중, 동력장치와 날개 구조중량을 MTOW 의 분율로 나타내는 해석적인 표현을 유도하기 위해서, 항력과 중량을 날개,

[4] 장착엔진 비용은 주로 이륙추력에 비례하는 것으로 가정한다. 이러한 가정은 통계적인 증거에 기반하는 것으로, 실제 설계 실무에서는 유효하지 않을 수도 있다. 특히 상당히 연료 효율적인 엔진은 동일한 추력의 구식 기술이 적용된 엔진에 비해서 값이 더 비싸다.

엔진 장착 그리고 (주로 유상하중과 관련된) 변하지 않는 항목의 기여로 나타내는 합리적인 분해방법이 제안되었다. 익면하중과 초기 순항고도에 대한 비구속 최적값으로 이어지는 닫힌 형태의 방정식을 구하기 위해서는 단순화가 필요했지만, 현실적인 결과가 이러한 가정의 유효한 범위 이내에서 발견되었다고 결론을 내릴 수 있다.

- 순항비행에서 공기역학 효율 L/D 는 두 변수 모두에 대한 조합된 비구속 최적값을 정의하기에는 서로 호환되지 않는 익면하중과 고도에 대해서 부분 최적값을 갖는다. 높은 L/D 는 여객기에서 매우 중요한 특성이지만, 이는 전체 시스템에 대한 FOM 으로는 적절하지 않다. 임무연료중량 분율은 L/D 에 반비례하는 반면, 전체 엔진 효율은 독립하며, 실질적으로 성층권에서는 일정하기 때문에 동일한 이유로 인해서 역시 적절한 FOM 이 될 수 없다.
- 동일한 엔진 레이팅에 대해서 초기 순항고도가 증가하면, 장착 엔진추력과 중량도 상당히 증가한다. 주어진 고도에서 필요한 순항추력은 최소값을 가지며, 이는 최적값으로부터 위 또는 아래로 상당히 큰 변화에 대해서 익면하중에는 민감하지 않다.
- 도출된 순항고도와 익면하중에 대한 최적값으로부터 추진기여(propulsion contribution)로 부르는 연료와 엔진에 대한 최소 조합된 중량분율을 구할 수 있다. 부분과 전역 비구속 최적값을 닫힌 형태의 해석적인 표현으로 나타내었다. 날개 중량은 이러한 최적화에서 제외되기 때문에, 그 결과는 비현실적으로 낮은 익면하중을 갖는 설계가 된다.
- 날개와 추진중량 분율을 합산하는 것은 이전 최적값과는 상당히 다른 최적조건으로 이어질 수 있다. 조합된 중량은 쉽게 계산할 수 있지만, 비구속 최적값은 명시적인 형태로 표현되지는 않았다.
- OEW 는 대부분 유상하중과 관련된 변하지 않는 중량 성분과 MTOW 에 비례하는 것으로 간주되는 중량 성분의 합산으로부터 구할 수 있다. MTOW 에 대한 결과적인 표현은 MTOW 뿐 아니라 구성하는 중량성분, 특히 중량에 대한 추진기여를 최소화하는데 유용한 비반복 해법을 제공하는 것으로 나타난다.
- 예제 설계를 최적화하고 현실적인 결과를 구하기 위해서 MTOW 방정식의 부산물이 유도되고 적용되었다. 예를 들어, 주어진 MTOW 에 대해서 최대 설계 항속거리를 위한 조건과 주어진 항속거리에 대해서 최소 MTOW 를 위한 조건이 정확하게는 않지만 거의 동일한 것으로 나타났다. 유사-해석적인 접근방법의 또 다른 특성은 기본형 설계의 연장된 항속거리 버전에 대한 신속한 중량분포의 계산이다. 그리고 마지막으로, 단위 연료 연소율에 대해서 전달되는 생산성으로 표현되는 연료효율과 기본형 설계로부터 항속거리가 변화하는 정도에 대한 민감도를 쉽게 구할 수 있다. 연료효율은 약 6000km 를 초과하는 항속거리에 대해서는 상당히 저하되는 것으로 나타났다.

8.7.3 정확도

단순화된 최적조건을 도출하기 위한 목적으로 이루어진 몇 가지 가정이 결과의 정확도에 영향을 미칠 수도 있다.

- 저속성능 요구조건, 사용 가능한 연료탱크 부피 그리고 다른 실용적인 고려사항으로 인한 날개면적과 엔진 이륙추력에 대한 구속조건은 고려되지 않았다.
- 항력에 대한 초임계 압축성 효과가 공식적으로 고려되었지만, 높은 익면하중 및/또는 고도로 인해서 높은 순항 양력계수으로 이어진다. 이는 날개의 후퇴각 증가 및/또는 감소된 두께비의 조합으로만 가능하다. 두 가지 변경은 날개의 구조중량을 증가시키고, 최고 익면하중은 현재 예측보다 낮아질 수 있다.
- 전체 엔진 효율은 성층권상 고도에는 독립된 것으로 가정한다. 레이놀즈수 변화로 인한 영향은 수치적인 해법을 통해서 해석에 쉽게 적용될 수 있다. 보다 정확한 해법은 최적값을 가장 높은 전체 엔진 효율을 얻을 수 있는 성층권에 약간 더 근접한 순항고도로 이동시킬 것이다.
- 순항고도의 증가는 보다 큰 객실의 압력차이가 필요하고, 이는 동체의 구조중량뿐 아니라 몇 가지 시스템 성분의 중량도 증가시킬 것이다. 이는 설계 순항고도를 최적값 이하로 감소시켜야 한다는 또 다른 논리가 된다.

처음의 두 가지 항목이 가장 중요한 사항으로, 이는 제 9 장과 10 장에서 상세히 논의될 것이다. 나머지 항목도 포괄적인 최적화 연구에서 깊이 살펴볼 가치가 있는 부분이지만, 이 책에서 다룰 범위를 벗어난다.

참고문헌

[1] Torenbeek, E., Synthesis of Subsonic Airplane Design, Chapter 9 and Appendix D, Springer Verlag, Heidelberg, 1981.

[2] Shevell, R.S., Fundamentals of Flight, Chapter 18, Second Edition, Prentice-Hall, Englewood Cliffs, NJ, 1989.

[3] Roskam, J., Airplane Design, Part V: Component Weight Estimation, Roskam Aviation and Engineering Corporation, Ottawa, Kansas, 1989.

[4] Schatzberg, E.M., Wings of Wood, Wings of Metal: Culture and Technical Choice in American Airplane Materials, 1914–1945, Princeton University Press, Princeton, NJ, 1999.

Design Sensitivity of Weight

[5] Carayette, J.F., "Aircraft Wing Weight Estimation", Aircraft Engineering, January pp. 8–11 and April p. 119, 1950.

[6] Burt, M.E., "StructuralWeight Estimation for Novel Configurations", Journal of the Royal Aeronautical Society, pp. 15–30, January 1962.

[7] Küchemann, H., and Weber, J., "An Analysis of Some Performances of Various Types of Aircraft Designed to Fly over Different Ranges at Different Speeds", Progress in Aeronautical Sciences, Vol. 9, Pergamon Press, 1968, pp. 329–456.

[8] Coker, B.B., "Problems in Airframe Development Associated with Weight and Balance Control in Heavy Logistics Transport Vehicles such as the C-5A Transport", Short Course in modern theory and practice of weight optimization and control for advanced aeronautical systems, University of Tennessee, November 1968.

[9] Caddell, W.E., "On the Use of Aircraft Density in Preliminary Design", SAWE Paper No. 813, May 1969.

[10] Gerend, R.P., and J.P. Roundhill, "Correlation of Gas Turbine Engine Weights and Dimensions", AIAA Paper No. 70-669, June 1970.

[11] Howe, D., "The Prediction of EmptyWeight Ratio and Cruise Performance of Very Large Subsonic Jet Transport Aircraft", Cranfield Report Aero 3, 1971.

[12] Marsh, D.P., "Post-Design Analysis for Structural Weight Estimation", SAWE Paper No. 936, 1972. (Douglas Paper 6021).

[13] Schneider, W., "Project Weight Prediction Based on Advanced Statistical Methods", AGARD CP-147 Vol. 1, Paper No. 17, 1973.

[14] Patterson, R.W., "Weight Estimates for QUIET/STOL Aircraft", SAWE Paper No. 1001, 1974.

[15] Waters, M.H., and E.T. Schairer, "Analysis of Turbofan Propulsion System Weight and Dimensions", NASA TM X-73199,

January 1977.

[16] Beltramo, M.N., D.L. Trapp, B.W. Kimoto, and D.P. Marsh, "Parametric Study of Transport Aircraft Systems Cost and Weight", NASA CR-151970, April 1977.

[17] Storey, R.E., "Dynamic Loads and Airplane Structural Weight", SAWE Paper No. 1153, 1977.

[18] Onat, E., and G.W. Klees, "A Method to Estimate Weight and Dimensions of Large and Small Gas Turbine Engines", NASA CR-159481, 1979.

[19] Anonymus, "Requirements for Short/Medium Range Aircraft for the 1980s", Association of European Airlines, document G.2110/R2, Third Edition, July 1981.

[20] Scott, P.W., "Developing Highly Accurate Empirical Weight Estimating Relationships: Obstacles and Tactics", SAWE Paper No. 2091, May 1992.

[21] Martin, J.F., "´Etude Preliminaire d'un Avion de Transport `a Reaction", l'Aeronautique et l'Astronautique, 1992-6, No. 157, pp. 62–70, 1992.

[22] Scott, P.W., "Conceptual Estimation of Moments of Inertia", SAWE Paper No. 2171, May 1993.

[23] Schneegans, A., "Weight Analysis of Commercial Aircraft Dependent on Cruising Altitude", DGLR Jahrbuch 1993, Paper No. 93-03-096, 1993.

[24] Read, A., "Stretching an Aircraft: A Case Study", SAWE Paper No. 2165, May 1993.

[25] Giles, G.L. 'Equivalent Plate Modelling for Conceptual Design', AIAA Paper No. 95–3945, September 1995.

[26] Liebeck, R.H., D,A, Andrastek, J. Chau, R. Girvin, R. Lyon, B.K. Rawdon, P.W. Scott, and R.A. Wright, "Advanced Subsonic Airplane Design and Economic Studies", NASA CR-195443, April 1995.

[27] Ardema, M.D., M.C. Chambers, A.P. Patron, A.S. Hahn, H. Miura, and M.D. Moore: "Analytical Fuselage andWingWeight Estimation of Transport Aircraft", NASA TM-110392, 1996 (also AIAA Paper No. 96-5583, October 1996).

[28] Schmidt, A., M. L¨apple, and R. Kelm, "Advanced Fuselage Weight Estimation for the New Generation of Transport Aircraft", SAWE Paper No. 2406, May 1997.

[29] Saeedipour, H.R., and T.N Stevenson, "The Effects of Small Changes to the Design Specification of a Jet Civil Transport Aircraft", Aircraft Design, Vol. 1, No. 1, pp. 25–41, 1998.

[30] Shustrov, Y.M., "Starting Mass: A Complex Criterion of Quality for Aircraft On-Board Systems", Aircraft Design, Vol. 1, No. 4, pp. 193–203, 1998.

[31] Dorbath, F., "Civil Aircraft Mass Analysis (MTOM> 40t): Statistical Mass Estimation", LTH Mass Analysis, UL-442.0(T), Ausgabe A, DLR-LY/Airbus, 2011.

Structures Technologies and Materials

[32] Lovell, D.T., and M.A. Disotell, "StructuralMaterial Trends in Commercial Aircraft", AIAA Paper No. 781552, August 1978.

[33] Wissel, W.D., "Advanced Material Application on the EuropeanWide Body Transport Aircraft Airbus", SAWE Paper No. 1484, 1982.

[34] Lange, R.H., and J.W. Moore, "Systems Study of Application of Composite Materials for Future Transport Aircraft", AIAA Paper No. 82-0812–1982.

[35] Burns, J.W., "Advanced Composites SizingGuide for PreliminaryWeight Estimates", SAWE Journal, pp. 44–61, Fall 1992.

[36] Giles, G.L., "Equivalent Plate Modeling for Conceptual Design of Aircraft Wing Structures", AIAA Paper No. 95-3945, September 1995.

[37] Peel, C.J., "Advances in Materials for Aerospace", The Aeronautical Journal, Vol. 100, No. 1000, pp. 487–503, December 1996.

[38] Anonymous, "Metallic Materials and Processes", http://www.nap.edu/openbook/0309053900/html/26.html, copyright 1996, The National Academy of Sciences, 2000.

[39] Rudolph, P.K.C., "High-Lift Systems on Commercial Subsonic Airliners", NASA Contractor Report 4746, September 1996.

[40] Slingerland R., F. van Reijn van Alkemade, and B. Vermeulen, "A Preliminary Prediction Method for the Effect of New Fuselage Materials on Transport Aircraft Weight," AIAA Paper 2007-2289, April 2007.

[41] Sandoz, P.L., "The Next Careful Steps in Commercial Aircraft Structures", Structures Technology: Historical Perspective and Evolution, A.M. Noor, (ed.), AIAA, pp. 91–106, 1998.

[42] Curran, R., A. Rothwell, and S. Castagne, "Numerical Method for Cost-Weight Optimization of Stringer-Skin Panels", Journal of Aircraft, Vol. 43, No. 1, pp. 264–274, January–February 2006.

[43] Ciampa, P.D., B. Nagel, and M.J.L. van Tooren, "Global Local Structural Optimization of Transport Aircraft Wings", AIAA Paper No. 2010-3098, April 2010.

제 9 장
엔진과 기체의 매칭
Matching Engines and Airframe

Wright 형제의 업적은, 만약 항공기 엔진이 최적 비행속도에 맞추어 크기가 정해진다면 조종사는 항공기의 출력이 부족하다고 느낄 것이라는, 오늘날에도 여전히 유효한 설계의 진리를 발견했다는 것이다.

B.H. Carson, AIAA Paper 80-1847 (1980)

9.1 요구조건과 구속조건

익면하중, 초기 순항고도 그리고 장착엔진 추력의 변화에 대한 설계 민감도는 이전 장에서 다룬 주제였다. 공력효율, 임무연료, 연료를 포함한 추진장치 중량 그리고 최대 이륙중량(MTOW)과 같은 몇 가지 기본적인 목적함수의 비구속 최적화가 주로 강조되었다. 이러한 목적함수의 최적화는 날개면적, 엔진추력 그리고 순항고도에 대해서 널리 달라지는 최적값을 보인다는 것을 알 수 있었다. 엔진 선정의 중요성을 감안해서 이번 장에서는 설계사에게 주어지는 신택의 자유를 제한하는 설계 구속조건에 대해서 자세히 살펴본다. 이와 가장 관련된 구속조건은 사용 가능한 이륙과 착륙거리 그리고 한 엔진 부작동시 상승 또는 순항성능과 같이 최상위이면서 안전에 대한 요구조건이다. 성능 구속조건은 대부분 장착엔진 추력과 날개면적에 대해서 필요한 최소값으로 해석된다. 엔진 추력은 예를 들어 최대 연료 하중이 윙박스 내부에 저장되어야 한다거나 순항 양력계수는 고속 버펫을 피하기 위해서 제한되어야 한다는 날개 면적에 대한 하한선을 부과하는 구속조건과는 관계가 없다. 이러한 구속조건에 대해서는 제 10 장에서 다룰 것이다.

최신의 성숙된 가스터빈 엔진은 매우 높은 신뢰성을 갖기 때문에 비행 중 엔진정지(In-Flight Shutdown, IFSD) 비율은 1 세대 터보팬 엔진의 10000 엔진 작동 시간당 한 건에서 현재 엔진에서는 100000 시간당 한 건으로 감소되었다. 그럼에도 불구하고, 여객기당 연간 평균 이용율이 4000 시간인 비행편의 경우 간혹 비행 도중에 출력 또는 추력의 상당한 감소 또는 완전한 엔진의 정지까지도 겪을 수 있다. 이러한 상황에서도 장착된 추진엔진의 개수와 무관하게, 성능 수준은 저하된 상태일지라도 비행의 안전한 지속이 반드시 가능해야 한다. 그리고 비행기가 여전히 활주로상에 있는 경우, 조종사가 이륙 중지를 결정한다면 비상 정지 또한 반드시 안전하게 처리될 수 있어야 한다. 엔진 고장은 엔진이 최대 레이팅 상태로 작동하는 이륙과 초기 상승 중에 발생할 가능성이 높지만, 긴 비행 시간을 감안한다면 비행의 안전한 지속은 해수면 상공을 비행하는 동안에도 동일하게 중요하다고 할 수 있다. 엔진 고장과 관련된 감항성 요구조건은 활주로의 길이와 표고, 주변대기온도과 압력과 같은 운용조건에 따라서 달라질 수 있는데, 이는 민간항공기라면 반드시 준수해야 하는 한 엔진 부작동시(One Engine Inoperative, OEI) 요구조건이다. 명백하게도 엔진 고장의 결과가 성능에 미치는 영향은 장착된 엔진의 개수와 기체상에 장착된 상대적인 위치에 민감하다. 이러한 두 가지 주제는 이 책에서 다룰 범위를 벗어나기 때문에, 여기서는 장착된 엔진의 개수는 미리 정해지는 것으로 가정한다.

최상위 요구조건(TLR)은 엔진과 기체의 매칭 과정을 지배하는 비행성능을 지정하는데, 여기서 가장 관련된 매개변수는 장착추력과 날개면적이다. 이러한 선택변수에 대한 구속조건은 다음의 성능 구속조건으로부터 유도된다.

- 간혹 초기 순항고도 능력(Initial Cruise Altitude Capability, ICAC)[1]과 조합되어, MTOW로 이륙, 상승 최고점(TOC)까지 상승 그리고 순항속도까지 가속한 이후 순항속도 또는 순항 마하수
- 몇 가지 비행 단계와 항공기 형상에 대해서 엔진 고장 이후 획득할 수 있는 상승 구배
- OEI 상태로 수평비행에서 도달할 수 있는 고도인 엔진 고장시 고도 능력(Engine-Out Altitude Capability, EOAC). 이 요구조건은 상당한 거리의 비거주 지역(uninhabited terrain)과 대양을 횡단하는 능력을 가진 항공기와 관련된다.
- 임계속도에서 엔진 고장시 이륙에 필요한 이륙 활주거리(Take-off Field Length, TOFL)
- 접근속도 및/또는 필요한 착륙 활주거리(Landing Field Length, LFL)

저속비행, 활주로 성능 그리고 순항속도 능력은 부록 B에 나오는 ICAO 표준대기(ISA)에서 정의되는 표준 및/또는 비표준 대기조건을 포함할 수 있다.

9.2 순항에 맞춰진 엔진

TOC에 도달하고 나면, 비행기는 초기 순항속도까지 가속하고 최대 상승 레이팅으로 지정된 상승율(ROC)에 도달할 수 있으면 ICAC에 이르는 것이다. 현재 해석은 최대 상승에서 순항 레이팅으로 쓰로틀을 내린 이후 엔진이 지정된 속도와 고도에서 수평비행을 할 수 있는 충분한 추력을 가지고 있다는 것을 가정함으로써 이러한 요구조건을 단순화한다. 1m/s (200ft/min)의 ROC는 기울기로는 0.4%에 해당하고, 이는 일반적으로 순항추력의 8%를 필요로 한다. 따라서, 만약 최대상승과 순항 레이팅이 1.08의 추력비를 낸다면, 두 가지 기준은 동일한 추력 요구조건을 나타내는 것이다. 순항조건에 대한 추력감율은 이러한 요구조건을 해면고도 ISA에서 장착 이륙추력으로 변환하는데 사용된다.

9.2.1 장착 이륙추력

엔진 추력과 항공기 항력 사이의 매칭 관계는 8.5장에서 설명되었던 러버엔진 개념을 이용한다. 필수적인 특성은 식 (3.10)으로 정의된 수정 감율이다.

---

[1] 초기 순항고도 능력(ICAC)은 해당 고도에서 전형적인 순항 속도와 엔진이 최대 상승 레이팅에서 작동하는 상태에서 지정된 상승율을 유지할 수 있는 능력으로 정의된다.

$$\tau \overset{\text{def}}{=} \frac{T/p}{T_{TO}/p_{sl}} = \frac{T/\delta}{T_{TO}} \tag{9.1}$$

이는 기본 엔진 성능 정보에서 유도된다. 예를 들어, 수정 순항 추력감율은 다음과 같이 구할 수 있다.

$$\tau^* = \frac{T^*/p^*}{T_{TO}/p_{sl}} \tag{9.2}$$

여기서 *는 대류권계면에서의 특성을 나타낸다. (성층권과 같은) 높은 고도에서의 추력은 (이론적으로) 주변대기압에 비례하기 때문에, 수정 감율은 엔진 싸이클과 순항 마하수에 따라서만 달라진다. 따라서, 고도가 대류권계면 위아래로 과도하게 달라지지 않는다면 일정한 $\tau = \tau^*$ 로 가정할 수 있다. 초기 순항중량이 TOW 와 같다고 가정하면, 이륙추력(모든엔진)과 초기 순항고도 사이의 관계는 식 (8.45)로부터 다음과 같이 구할 수 있다.

$$T_{TO} = \frac{T/\delta}{\tau} = \frac{\overline{D}/\delta}{\overline{\tau}} = \frac{1}{\overline{\tau}}\left[q_{sl}\left\{(C_{D_P}S)_{fix} + \breve{C}_{D_P}S_w\right\} + K_L\frac{(W_{MTO}/\delta)^2}{q_{sl}S_w}\right] \tag{9.3}$$

여기서 $q_{sl} = 0.5\gamma p_{sl}M^2$ 이고 δ 는 초기 순항고도에서의 상대 주변대기압이다. 엔진 추력에서 나셀 항력을 제한 장착 추력감율 $\overline{\tau}$ 와 나머지 기호에 대한 정의는 8.4 장과 8.5 장에 나와 있다. 식 (9.3)은 필요한 추력/중량비가 순항고도와 이륙시 익면하중에 따라서 어떻게 달라지는가를 결정한다. MTOW 의 존재로 인해서 약간 복잡해지지만, 이는 식 (8.44)를 대입해서 풀 수 있다.

9.2.2 성능 지문차트

일부 설계자는 성능 지문차트(Performance Thumbprint)라고 부르는 그림 9.1 에 나오는 설계 선택 차트는 명백한 최적화에 유용한 도표로, 고양력장치 기술에 대한 적용은 참고문헌 [21]에 나와 있다. 이 도표는 이륙시 익면하중에 대한 장착 추력대 MTOW 의 비율을 나타낸다. 만약 MTOW 가 고정되고 8.6 장에서 논의된 것과 같이 설계 항속거리를 성능지수(FOM)로 고려한다면, 날개 면적에 대한 장착추력 또는 출력의 형태로 나타낸 도표가 상당히 유리할 것이다. 그림 9.1 은 비구속 최적화 경우를 보여주고 있는데, 이후에 논의될 완전한 선택 차트는 몇 가지 성능, 기하 그리고 공기역학 구속조건을 MTOW 또는 임무 연료중량과 같은 목적함수와 같이 조합해서 시각화할 수 있다. 이번 예제에 대해서는 다음 설명이 적용된다.

- 일정 고도 곡선은 익면하중과 고도의 일반적인 조합에 대해서 다소 수평에 가깝다. 따라서, 만약 기본형의 날개 면적으로부터 약간의 편차만을 고려한다면, 필요한 순항추력은 다시 확인할 필요가 거의 없을 것이다.
- 날개 구조중량은 비구속 최적해(D 지점)의 위치에 중요한 영향을 미치지만, MTOW 는

익면하중보다는 고도에 더 민감하다. D 지점은 다소 높은 익면하중과 낮은 초기 순항고도의 조합을 가지며, 저속성능 구속조건으로 인해서 D 지점의 설계는 실현이 불가능할 것이다.

- 고정된 (동체와 관련된) 항력은 순항고도의 증가에 따라서 감소하고, 최소 날개 항력은 고도에 민감하지 않다. 이러한 영향은 순항고도의 증가에 따른 장착엔진 추력과 중량의 증가로 인해서 대응될 수 있다. 곡선 I 는 주어진 익면하중에 대한 부분 최적 추력을 정의한다.
- 주어진 추력에 대한 최적 익면 하중은 곡선 II 에 의해서 정의된다. 이를 주어진 엔진 종류의 경우에 대한 최소 MTOW 로 볼 수 있다.
- 주어진 고도에 대한 최적 익면하중과 추력하중은 곡선 III 으로 정의된다. 양력계수가 $C_L = 0.63$ 이 되도록 최적 익면하중은 고도에 따라서 감소하는 것으로 나타났다. 그림 8.8 과 같이 장착될 추력은 고도 증가에 따라서 상당히 증가한다.

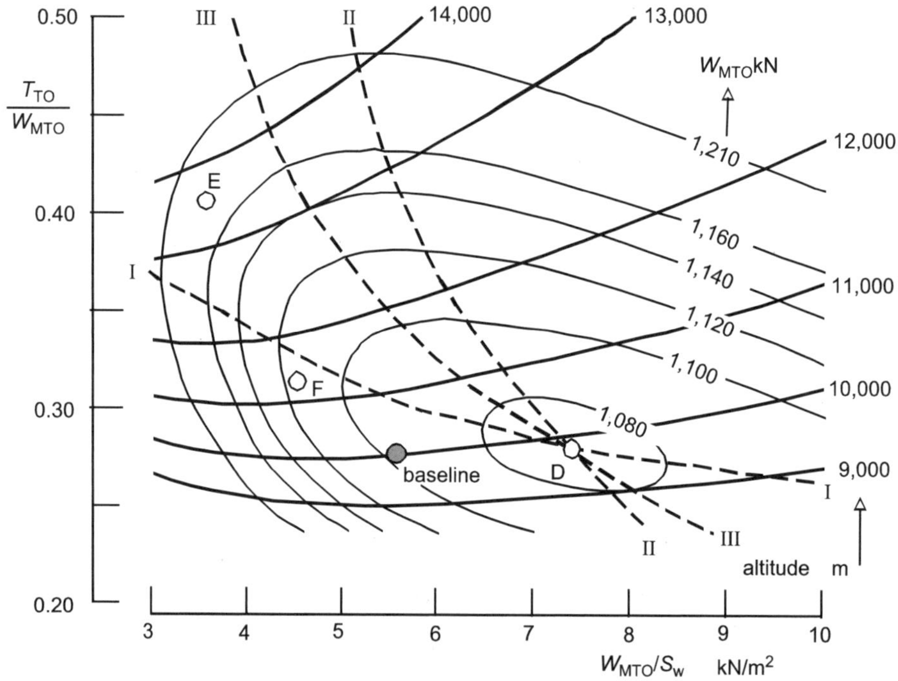

그림 9.1 그림 8.1 의 설계에 대한 MTOW 컨투어를 갖는 설계선택 차트. 부분최적값: I-일정한 익면하중, II- 일정한 추력/중량, III-일정한 고도

그림 9.1 에서 설계점 E 와 F 는 각각 최소 임무연료와 최소 추진중량 페널티에 대한 비구속 최적해이다. 거의 13000m 에 이르는 초기 순항고도로 인해서, 설계 E 는 대형 날개와 함께 극단적으로 큰 엔진을 필요로하기 때문에 설계 D 와 비교해서 6% 더 높은 총중량을 갖는다. 값비싼 두 개의 항목에 대해서 가장 낮은 중량 페널티와 단지 2%만의 MTOW 페널티를 갖는 설계 F 는 매력적인 절충안이 될 수 있다. 이 설계가 순항속도 요구조건 이외의 구속조건을 만족하는지 여부에 대해서는 추가로 살펴보아야 한다.

설계 선택 차트상의 MTOW 컨투어에 대해서 추력과 날개 크기가 미치는 영향의 계산은 MTOW 에 대해서 유도된다. 그러나, 다음 장에서 다룰 성능은 고려될 각 경우에 대해서 최대 총중량보다 작거나 같은 항공기 총중량에 적용된다. 따라서, 이륙에 대해서는 W_{TO} , 착륙에 대해서는 W_L 과 같이 일반적으로 정의되는 용어를 사용할 것이다.

9.3 저속 요구조건

민간 항공기의 임계 상승성능은 (a) 특히 한 엔진의 고장 이후 비행의 위험한 임계 상황 동안 도달할 수 있는 최소 상승기울기, 그리고 (b) 총(gross) 비행경로에서 기울기 편차를 제하는 것으로 구할 수 있는 순(net) 비행 경로에 대한 장애물 고도 요구조건으로 구분할 수 있다. 두 가지 성능 모두 모든 운용에 대한 안전 요구조건을 충족해야 하지만, 엔진과 기체의 매칭 과정에는 인증 요구조건만이 영향을 미친다. 이와 관련된 운용에 대한 변수는 항공기의 총중량, 압력고도 그리고 주변대기온도이다. 허용 가능한 TOGW 는 모든 상승 요구조건을 만족하는 가장 높은 $GW \le MTOW$ 이다. 표준 주변대기온도보다 높은 온도를 갖는 표고가 높은 활주로의 경우에는, 허용 가능한 TOGW 는 MTOW 보다 상당히 낮아질 수도 있어서 유상하중 또는 항속거리의 불가피한 감소를 가져올 수도 있나. 착륙에 대한 유사한 논리는 일반적으로 다소 덜 제한적이다. 결과적으로, 엔진 사이징은 주로 운용될 활주로 중에서 가장 표고가 높은, 이른바 고온 및 고지대(hot and high) 조건에 따라서 결정된다.

9.3.1 실속 속도

이륙 과정 동안 및 직후, 그리고 착륙 직전의 안전 속도는 고양력장치가 전개된 상태의 실속속도 V_S 와 관련된다. 1-g 실속속도 $(V_S)_{1\text{-}g}$ 는 항공기에 하중계수 급감(g-break)이 발생하기까지 1kt/s 로 감속하는 동안 수평 비행 테스트로부터 구할 수 있다. 실속은 하강으로 발전되며, 비실속 상태로의 회복으로 이어진다.[2] 기준속도는 실속이 발생하는 동안의 최저속도 또는 $0.94(V_S)_{1\text{-}g}$ 에 따라서 결정된다. 이 중에서 후자가 더 높다고 가정하면, TOGW 상태의 비행에서 (등가) 실속속도는 다음과 같다.

$$V_S = 0.94\left(\frac{2W_{TO}}{\rho_{TO} S_w C_{L_{max}}}\right)^{1/2} \tag{9.4}$$

여기서 계수 0.94 는 이륙 기동에서 정상 하중계수 0.88 을 사용하는 것으로 하중계수 급감을 설명하는 것과 같다.[3] 아니면, 공기역학 데이터로부터 구한 최대 양력계수를 13%만큼 증가시킬

---

[2] 많은 여객기는 비행기가 실속에 진입하는 것을 방지하는 비행영역 보호시스템을 가지고 있다. 그럼에도 불구하고 실속속도는 인증의 대상이다.

[3] 이러한 효과는 $C_{L2}=C_{Lmax}/1.2^2$ 을 이용하는 경우 무시되어 실속속도와 이륙거리에 상당한 오차를 초래한다.

수도 있다. 자유대기 안전속도 V_2 는 한 엔진 부작동 상태에서 기체의 부양 이후 초기 상승을 하는 동안 항공기가 가속되는 속도이다. 제트항공기에 대해서 이 속도는 $V_2 \geq 1.20V_S$ 를 만족해야 한다. $V_2 = 1.20V_S$ 에서 한 엔진 부작동시 안전속도는 다음과 같다.

$$V_2 = \left(\frac{2W_{TO}}{\rho_{TO} S_w C_{L_2}} \right)^{1/2} \tag{9.5}$$

여기서 $C_{L_2} = 0.786 C_{L_{max}}$ 이다. (공기역학적인) 최대 양력계수 대신 V_2 에서의 양력계수를 기본 매개변수로 취급할 수도 있다. 개념 단계에서는 엔진 사이징에 지배적인 조건인 C_{L_2} 와 V_2 를 최적화할 수 있는 가능성을 제공한다. 최적 C_{L_2} 에 해당하는 플랩의 변위는 이후 설계 단계에서 결정되어야 하는 공기역학과 기계적인 플랩 설계에 대한 여러가지 설계 경우 중의 하나이다.

9.3.2 이륙 상승

민간 수송용 항공기에 대해서 가장 관련된 상승 요구조건이 한 엔진 부작동 이후 지속된 이륙(Continued Take-off, CTO)을 포함해서 표 9.1 에 정리되어 있다. 부양(Lift-off, LOF) 이후 비행경로는 다음과 같은 네 가지 단계로 구분된다.

표 9.1 FAR/JAR 25 제트 수송기에 대한 상승 요구조건 요약 (N: 장착엔진 개수, OEI: 한 엔진 부작동, AEO: 모든 엔진 작동)

비행 단계	비행기 형상			비행속도	상승 기울기%		
	플랩	랜딩기어	엔진레이팅		N=2	N=3	N=4
부양, 1st	TP	DN		$V_{LOF} \rightarrow V_2$	0	0.3	0.5
이륙, 2nd	TO	UP	OEI	$V_2 \geq 1.20V_S$	2.4	2.7	3.0
경로, final	UP	UP		$V \geq 1.25V_S$	1.2	1.5	1.7
접근상승	APP	UP		$V \leq 1.5V_S$	2.1	2.4	2.7
착륙상승	LD	DN	AEO	$V \leq 1.3V_S$	3.2	3.2	3.2

- 첫 번째 단계는 OEI 상태로 부양하는 시점에서 시작된다. 랜딩기어는 부양 이후 최소 3 초에서 올림이 시작되고, 완전히 접힌 상태가 되면 첫 단계의 종료를 의미한다. 이 단계 동안의 비행성능은 지면효과의 혜택을 받지만, 필요한 상승 구배는 지면효과를 벗어난 비행과 관련된다.
- 두 번째 단계 동안, 엔진 출력과 플랩 위치는 첫 번째 단계와 동일하지만, 랜딩기어가 접힘으로 인해서 상승 기울기는 증가한다. 이 단계는 적어도 고도 400ft (120m)에서 시작되는 플랩의 올림이 시작되기까지 지속된다.
- (표시되지 않은) 세 번째 단계는 항공기가 플랩 접힘속도까지 가속하는 동안의 비행 상태로, 플랩은 접히고 엔진 레이팅은 최대 지속출력으로 감소된다. 속도는 최종적으로 플랩업 안전속도에 도달하기까지 증가된다.

- 마지막 단계는 작동하는 엔진이 최대 지속 레이팅으로 조절된 항로비행(en route) 형상의 항공기를 의미한다.

최소 이륙 (또는 자유대기) 안전속도는 FAR/JAR 25.107(b)와 같이 4 발 프로펠러 항공기와 특정 등급의 제트 항공기를 제외한 대다수 다발엔진 항공기에 대해서 $V_2 = 1.20V_S$ 이다. 높은 상승 구배를 위한 최고(best) 속도인 V_X 는 $1.20V_S$ 보다 높기 때문에, $V_2 > 1.20V_S$ 에서는 항공기의 상승성능이 향상된다. 이러한 과속 상황는 이륙회전을 지연시킴으로써 만들어낼 수 있다. 설계 단계에서는, 일반적으로 TOFL 요구조건이 지배적이기 때문에 과속은 선택 옵션이 아니다.

9.3.3 접근 및 착륙 상승

표 9.1 에 나오는 상승 요구조건은 엔진 고장 이후 접근 상승 및 착륙포기 이후의 초기 상승과 관련된다.

1. 접근실패는 결심고도(decision height) 또는 그 이상에서 중단되는 것으로, 이후 이어지는 비행 단계를 접근 상승(approach climb)이라고 한다. 복행(go around)에 대한 결정은 플랩이 접근세팅 상태에서 엔진 고장 이후에 이루어진다. 이때 랜딩기어는 접히고, 나머지 작동하는 엔진은 이륙출력 또는 추력으로 조절된다.
2. 만약 착륙 터치다운 이후 지상 활주가 중단되면, 모든 엔진에 대한 추력 레버는 플랩의 세팅을 바꾸지 않은채 최대 이륙출력 위치로 조절된다. 이와 같이 중단된 착륙 이후의 상승을 착륙 상승이라고 한다. 만약 플랩의 각도가 아주 크지 않다면, 이와 같은 경우가 엔진 출력에 영향을 주지는 않을 것이다. 플랩의 각도가 아주 큰 경우 이를 감소시켜야 할 수도 있는데, 이는 실속속도와 착륙거리를 분명히 증가시킬 것이다.

9.3.4 두 번째 단계의 상승 기울기

다음의 유도는 흔히 치명적인 두 번째 단계의 상승에 대한 설명이다. OEI 상태에서 V_2 속도로 정상 비행시 상승각은 작은 상승각에 대한 운동 방정식으로부터 구할 수 있다.

$$\gamma_2 = \frac{(1 - N_{eng}^{-1})T_{V_2}}{W_{TO}} - \left(\frac{C_D}{C_L}\right)_{V_2} \tag{9.6}$$

여기서 T_{V_2} 는 N_{eng} 개의 장착된 엔진에 대한 전체 추력이다. 식 (4.36)을 대입하면 특정 상승 구배에 대한 추력대 중량비를 계산할 수 있다.

$$\frac{T_{V_2}}{W_{TO}} = \frac{N_{eng}}{N_{eng} - 1}\left(\gamma_2 + C_0 + \frac{C_{L_2}}{\pi A_w E}\right) \quad \text{for} \quad 1.2 \le C_{L_2} \le 1.8 \tag{9.7}$$

엔진의 개수를 제외하고, V_2 에서의 양력계수와 날개의 가로세로비 A_w 가 필요한 추력에 대해서 가장 영향을 미치는 매개변수이다. 필요한 이륙추력은 정적상태와 V_2 로 초기상승하는 조건 사이의 비행속도 차이에 대한 엔진의 추력감율로부터 계산된다. 표준 주변대기 조건의 경우, 엔진의 추력감율은 주로 비추력 (또는 바이패스비) 그리고 안전속도에 따라서 달라진다. 만약 이륙이 고온 및 고지대(hot and high) 활주로로 지정된다면, 필요한 추력의 상당한 증가가 적용되어야 한다. 이는 이륙추력이 주변대기온도와 활주로의 표고에 따라서 어떻게 달라지는가를 나타내는 엔진의 일정 정격 특성(Flat rating characteristics)에 대한 정보를 필요로 한다.

식 (9.7)은 초기상승(climb-out) 양력계수가 낮은 경우 필요한 추력이 감소한다는 것을 분명하게 보여주고 있다. 그러나, 이는 높은 부양속도와 긴 지상 활주거리를 초래한다. 다음 장에서는 복합된 이륙과 이륙상승(climb away) 성능 해석에 대한 최적 C_{L_2} 를 유도하는 방법을 설명할 것이다.

9.4 도식적인(schematic) 이륙 해석

상업용 수송 항공기의 요구 이륙성능 능력은 날개와 엔진의 사이징에 필수이지만, 이는 모든 비행성능 요구조건 중에서 가장 복잡하기도 하다. 예를 들어, FAR/JAR 25.103 에서 25.121 까지 관련된 감항성 규정상의 정의와 절차를 살펴보면 이는 더욱 분명해진다. 이러한 규정이 민간 항공기의 운용에 어떻게 사용되는가에 대한 자세한 설명은 참고문헌 [4]에 나와있다.

9.4.1 이륙 활주거리의 정의

운용되는 여객기에 대해서 필요한 이륙 활주거리(TOFL)는 건조한 콘크리트 활주로상에서 인증 비행시험을 통해서 확인되는 비행교범(Flight Manual, FM) 상에 정의되어 있다. 젖은 활주로에 대한 운용상의 이륙 특성은 별도로 평가된다. 모든 엔진이 지속적으로 작동하는 정상적인 상황에 대해서 활주로가 충분히 길고, 만약 이륙 과정동안 가장 치명적인 속도에서 엔진 고장이 발생한다면 이륙은 안전할 것이다. 사용 가능한 활주로가 기본적인 조종기술을 준수하면서 다음과 같은 거리 중에서 가장 긴 거리를 수용할 수 있을 정도로 충분히 길다면, 비행기는 이륙할 수 있다.

1. 모든 엔진이 작동중(All Engine Operative, AEO)인 상태로 이륙에 필요한 거리. 활주로에서 정지상태로부터 이륙회전 속도 V_R 까지의 가속 이후 부양속도 V_{LOF} 그리고 35ft (10.7m) 장애물고도까지 상승한다. 정상 상황에서 벗어난 기술적인 그리고 운용에 따른 편차를 감안하기 위해서, 필요한 활주로 길이는 정상 이륙거리(Regular Take-off Distance, RTOD)에 1.15 를 곱한 값과 같다.
2. 활주로 상에서 정지상태로부터 한 엔진이 고장나는 속도까지 가속을 하고 이후 OEI 상태로 계속된 이륙(Continued Take-off, CTO)을 하는데 필요한 거리. 이 거리는 계속된 이륙거리(Continued Take-off Distance, CTOD)라고 한다.

3. 활주로 상에서 정지상태로부터 엔진이 고장나는 속도 V_{EF} 까지 가속하고 이후 최대 제동력을 이용해서 정지상태까지 감속하는데 필요한 거리. 이러한 이륙실패(Rejected Take-off, RTO) 동안 항공기는 지면상에 머무는 상태가 된다. 이때 필요한 활주로 길이를 가속-정지 거리(Accelerate-Stop Distance, ASD)라고 한다.

주어진 활주로에서 안전한 이륙을 보장하기 위해서, 그림 9.2 와 같이 위에서 언급된 세 가지 길이 중에서 가장 긴 거리로 결정된다. 두 번째와 세 번째는 V_{EF} 에 따라서 달라지기 때문에, 임계상황은 CTOD 와 ASD 가 동일할 때 발생한다. 결심속도 V_1 은 조종사가 한 엔진 부작동시 적절히 대응할 수 있도록 지정된다. 만약 지상활주 동안 엔진이 V_1 이하의 속도에서 고장난다면, 이륙은 포기되고, 그렇지 않다면 이륙은 지속된다. $V_1 \le V_R$ 요구조건은 일단 이륙을 위한 회전이 시작되었다면 이륙은 포기되지 않아야 한다는 것을 의미한다. 균형 활주로거리(Balanced Field Length, BFL)는 CTOD 와 ASD 가 동일한 상황을 의미하는 것이다.

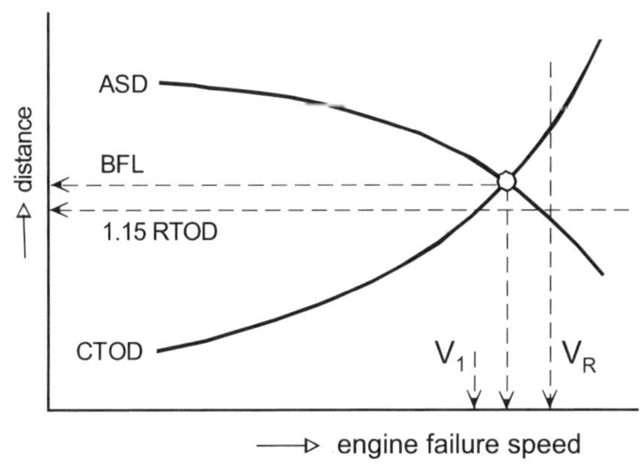

그림 9.2 이륙회전 속도, 결심속도 그리고 균형 활주로 길이

개념설계 단계에서 이륙 해석은 상세한 공기역학 데이터 및 비상제동 특성에 대한 부재로 인해서 복잡해질 수 있다. 따라서, 장착 이륙추력을 유도하기 위해서는 일반적으로 BFL 이 지배적인 요구조건이라고 가정한다. 엔진이 두 개인 경우 한 엔진이 고장나면 출력 또는 추력은 50% 감소하기 때문에, 이는 쌍발엔진에 대해서는 올바른 가정이 될 수 있다. 그러나, 4 개의 엔진이 장착되는 대형 제트 여객기는 대기중을 지나는 거리와 비교해서 긴 이륙활주 거리를 가지며, 15%의 이륙거리 여유분은 한 엔진 부작동으로 인한 25% 추력감소의 영향을 훨씬 초과할 수도 있다. 다음에 나오는 이륙해석은 이륙활주 과정에서 엔진이 고장나고 이후 OEI 상태로 지속된 이륙을 하는 상황에 적용된다.

9.4.2 이륙 활주

이륙 활주는 정지상태로부터 약 $1.15V_S$ 인 V_{LOF} 까지 가속으로 이루어진다. 이륙 활주길이 $\mathcal{L}_{RUN}$

은 다음과 같이 에너지 방정식으로부터 계산된다.

$$\mathcal{L}_{RUN} = \frac{kinetic\ energy\ at\ lift\text{-}off}{mean\ accelerating\ force} = \frac{(E_k)_{LOF}}{\overline{F}_{acc}} \tag{9.8}$$

비행기가 움직이기 시작하면, 가속힘은 AEO 상태의 정적추력 T_{TO} 에서 활주로 마찰을 제한 것과 같다. 추력은 V_{EF} 에서 엔진 고장이 발생하기까지 속도에 따라서 서서히 감소하고, 이후 OEI 추력까지는 급격하게 떨어진다. V_2 는 V_{LOF} 보다 단지 약간 더 높기 때문에, 부양시 추력 T_{LOF} 는 이륙동안 가속을 결정하는 지배적인 매개변수로 취급하는 안전속도에서의 추력 T_{V_2} 와 같다고 가정한다. 공기역학 항력은 V^2 에 비례해서 증가하고, 상대적으로 작은 값에 머물지만 회전속도 V_R 과 V_{LOF} 사이에서 점차 증가된다. 이륙 활주에 대한 길이는 다음과 같이 표현할 수 있다.

$$S_{RUN} = \frac{W_{TO}^2}{\rho_{TO} g S_w C_{L_2} k_T T_{V_2}} \quad \text{where} \quad k_T \overset{\text{def}}{=} \left(\frac{V_2}{V_{LOF}}\right)^2 \frac{\overline{F}_{acc}}{T_{V_2}} \tag{9.9}$$

매개변수 k_T 는 추력, 마찰항력 그리고 공기역학 항력의 변화 및 부양 이후 속도 증가를 설명한다. 이의 크기의 정도(order of magnitude)는 0.85 로 통계적인 검증이 필요하다.

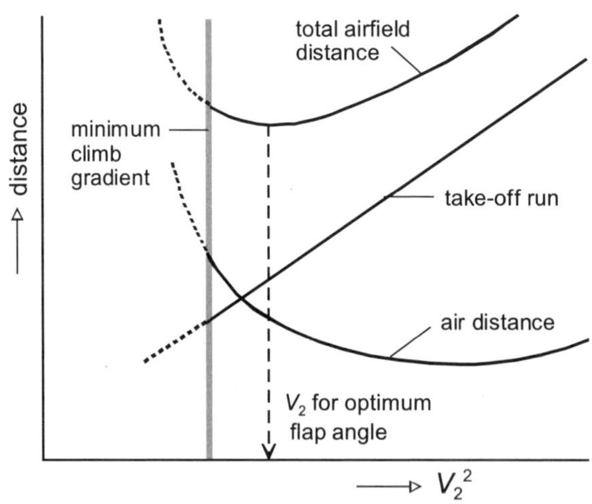

그림 9.3 이륙 안전속도의 영향을 받는 이륙거리

9.4.3 대기중 거리

받음각과 양력은 비행기가 부양을 하기까지 로테이션을 하는 동안 급격하게 증가한다. 상승단계 동안 비행기는 조종사가 제어하는 피치각으로 정상상태 상승각에 이르기까지 곡선 경로를 따르게 된다. 엔진고장 조건으로 인해서 가속은 거의 이루어지지 않는다. 제트 수송기와 쌍발 터보프롭 항공기에 대해서 장애물 고도 최저 속도 V_2 는 무동력 실속속도 V_S 에 1.2를 곱한 값이다. 대기중

비행 동안 고장난 엔진의 남아있는 추력과 윈드밀 항력은 일반적으로 개념설계 단계에서는 알 수 없는 엔진 특성에 따라서 달라진다. 비대칭 추력으로 인한 요잉 모멘트는 유도항력을 발생시키는 수직 꼬리날개의 가로방향 힘으로 보상된다. 랜딩기어 올림과 지면효과는 또 다른 항력의 변화를 초래한다. 엔진 고장 이후 CTO 의 정확한 해석은 개념설계 단계 동안에는 어려운 것으로 간주해야 하고, 대안으로 유사-해석적인 근사적인 방법이 추천된다. 특히, 작동하는 엔진의 추력은 일정하게 유지되고 고장난 엔진은 부양 이후 추력을 발생하지 않는 것으로 보수적으로 가정한다.

상승 단계는 일정한 피치율의 기동[5] 또는 원형 경로 이후 정상 상승으로 모델링할 수 있다. 해석의 전형적인 결과는 대기중 거리가 기울기 γ_2 로 장애물 고도의 두 배와 같은 기준 고도 h_{TO} 까지 정상 상승하는 동안 이동한 거리와 같다는 것이다. 따라서, 식 (9.6)으로부터 유도되는 부양과 장애물을 지나는 사이의 수평거리는 다음과 같이 정리할 수 있다.

$$\mathcal{L}_{AIR} = \frac{h_{TO}}{\gamma_2} = h_{TO}\left\{\frac{(1-N_{eng}^{-1})T_{V_2}}{W_{TO}} - \left(\frac{C_D}{C_L}\right)_{V_2}\right\}^{-1} \tag{9.10}$$

여기서 $h_{TO} = 21\text{m}$ 이다.

9.4.4 이륙거리

CTO 에 필요한 활주로 길이는 식 (9.9)와 (9.10)을 합하고 식 (4.36)에 따라서 C_{D_2}/C_{L_2} 를 대체하는 것으로 다음과 같이 구할 수 있다.

$$\mathcal{L}_{TO} = \frac{W_{TO}^2}{\rho_{TO} g S_w C_{L_2} k_T T_{V_2}} + h_{TO}\left\{\frac{(1-N_{eng}^{-1})T_{V_2}}{W_{TO}} - \left(C_0 + \frac{C_{L_2}}{\pi A_w E}\right)\right\}^{-1} \tag{9.11}$$

이 표현은 CTO 에 필요한 최소거리는 C_{L_2} 가 증가했을 때 짧은 이륙활주와 긴 대기중 거리 사이의 절충을 통해서 구해질 수 있다는 것을 분명히 보여준다. 최적값은 식 (9.11)로부터 C_{L_2} 에 대해서 최소화하는 것으로 다음과 같이 구할 수 있다.

$$\frac{C_{L_2}}{\pi A_w E} = \frac{(1-N_{eng}^{-1})T_{V_2} - C_0 W_{TO}}{W_{TO} + (h_{TO}\rho_{TO} g \pi A_w E S_w k_T T_{V_2})^{0.5}} \tag{9.12}$$

여기서 C_{L_2} 는 1.20~1.80 범위이다. 결과적으로, 많은 엔진이 장착되어 있거나 또는 추력대 중량비가 높은 경우, 최고(best)의 C_{L_2} 값은 가로세로비가 큰 날개에 대해서 높아진다. 식 (9.12)에 따른 최적값이 반드시 정확한 것은 아니지만, 최소 이륙거리는 C_{L_2} 에 대한 (실제) 최적값으로부터의 편차에 민감하지 않다.

9.4.5 일반화된 추력 및 스팬하중 구속조건

최상위 요구조건은 이륙활주 길이에 대한 상한선을 설정하고, 고등 설계자는 이로부터 장착엔진 추력과 날개면적의 가능한 조합을 유도해야 한다. 이는 전형적인 리버스 엔지니어링(reverse engineering) 문제의 사례이다. 몇몇 핸드북 방법은 TOFL이 이륙활주 거리(takeoff run distance)를 결정하는 설계변수의 동일한 조합에 의해서 결정되는 것으로 간주함으로써 통계에 근거한 해법을 제공하고 있다. 이는 주어진 TOFL 구속조건에 대응하는데 필요한 추력을 최소화하기 위해서는 C_{L_2} (그리고 $C_{L_{max}}$)가 높아야 한다는 결론으로 이어진다. 이러한 방법은 C_{L_2} 가 일반적인 범위 내에서 선택되는 경우 유효할 수도 있지만, 경험이 많지 않은 설계자는 매우 높은 $C_{L_{max}}$ 값을 시도하려고 할 수도 있다. 실제로, 그림 9.4는 C_{L_2} 가 높은 경우 주어진 활주로 길이 내에서 부양에 필요한 추력이 작다는 것을 보여주고 있지만, 이 경우 지정된 양의 상승구배를 성취하기 위해서는 높은 추력이 필요하다. 반대로, 대기중 이동거리를 줄이기 위해서는 낮은 C_{L_2} 가 선호되지만, 활주거리를 줄이기 위해서는 높은 추력이 필요하다. 올바른 C_{L_2} 를 선택하기 위한 닫힌 형태의 해는 식 (9.11)의 두 항을 조합하는 것으로 구할 수 있다.

$$k_D \overset{\text{def}}{=} 1 - C_0 \frac{W_{TO}}{T_{V_2}} \quad \text{with} \quad C_0 \frac{W_{TO}}{T_{V_2}} << 1.0 \tag{9.13}$$

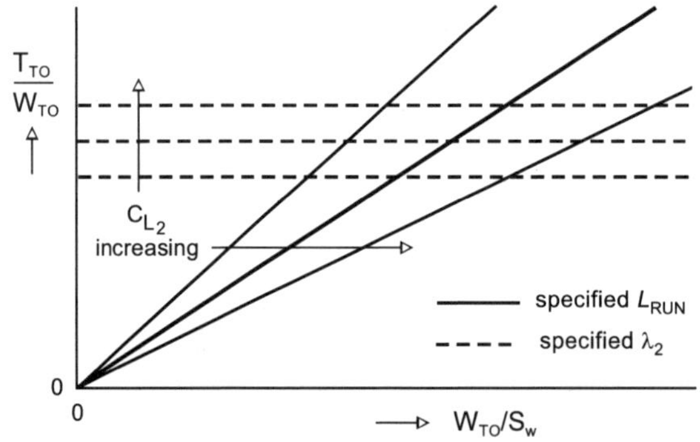

그림 9.4 V_2에서 지정된 양력계수로 이륙하는데 필요한 추력대 중량비

그리고 계수 k_D 를 다음의 무차원 매개변수에 추가하면,

$$\text{스팬하중:} \quad \Omega \overset{\text{def}}{=} \frac{\mathcal{L}_{TO}}{h_{TO}} \frac{(k_D - N_{eng}^{-1})}{k_T \rho_{TO} g h_{TO}} \frac{W_{TO}}{b_w^2 \pi E} \tag{9.14}$$

$$\text{추력대 중량비:} \quad \Theta \overset{\text{def}}{=} \frac{\mathcal{L}_{TO}}{h_{TO}} (k_D - N_{eng}^{-1}) \frac{T_{V_2}}{W_{TO}} \tag{9.15}$$

$$V_2 \text{ 에서의 양력계수:} \quad \Lambda \stackrel{\text{def}}{=} \frac{\mathcal{L}_{TO}}{h_{TO}} \frac{C_{L_2}}{\pi A_w E} \tag{9.16}$$

식 (9.11)을 이와 같은 매개변수에 대해서 정리하면 다음과 같다.

$$\Theta\Lambda\left\{1-(\Theta-\Lambda)^{-1}\right\}-\Omega=0 \tag{9.17}$$

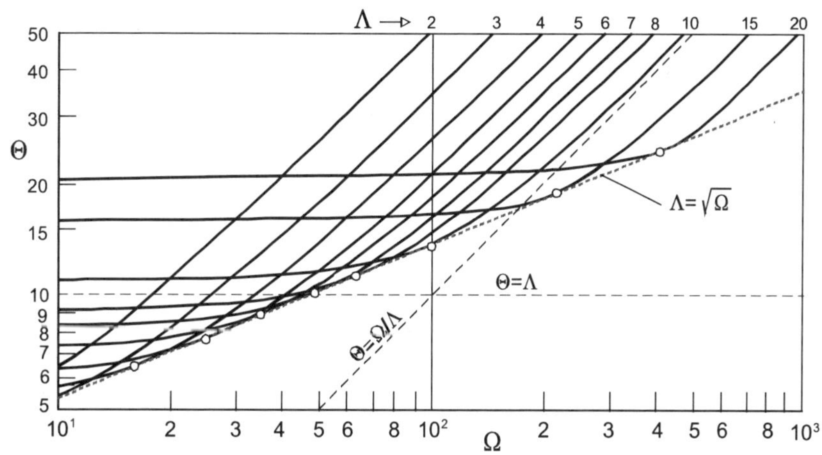

그림 9.5 주어진 이륙활주거리를 초래하는 스팬하중 Ω 와 추력대 중량비 Θ 의 조합에 대한 일반화된 해법

주어진 TOFL 에 대해서 필요한 추력하중을 결정하는데 있어서 익면하중 보다는 스팬하중 W_{TO}/b_w^2 이 주요 선택변수가 되는 것에 주목할 필요가 있다. 가로세로비는 초기상승 양력계수와의 조합에만 나타난다. 식 (9.17)이 그림 9.5 에 시각화되어 있다. 일반화된 추력 구속조건이 두 개의 점근선 사이의 홉합된 곡선이라는 것을 보여주기 위해서, 매개변수 변화의 스케일이 실제 적용에 필요한 것보다 (훨씬) 크게 표현되었다.

1. 높은 스팬하중에 대한 추력대 중량비가 Ω 에 비례하는 경향을 갖고, 그 기울기는 Λ^{-1} 에 접근한다.
2. 각 구속조건의 왼쪽 부분은 초기 상승각도가 반드시 양의 값이어야 한다는 요구조건에 의해서 지배되어, 수평 점근선 $\Theta=\Lambda$ 를 정의한다. 다시 말해서, 유도된 TOFL 구속조건은 첫 단계 상승 구배 요구조건 또한 만족한다.
3. 주어진 스팬하중에 대해서 필요한 추력은 포락선(enveloping curve)에 의해서 결정되는 안전속도에서 최적 양력계수에 해당하는 최소값을 갖는다.

$$\Theta - s\sqrt{\Theta} = \sqrt{\Omega} = \Lambda \tag{9.18}$$

그림 9.5 는 일정한 Λ 에 대한 곡선이 포락선에 접하는 이산 지점(discrete points)으로 나타나는

최적해를 보여주고 있다.

식 (9.18)이 주어진 스팬과 추력하중을 갖는 항공기의 TOFL 을 최소화하는 초기상승 양력계수를 정의하는 식 (9.12)와 동일하다는 것을 알 수 있다.

9.4.6 주어진 TOFL 에 대한 최소 추력

식 (9.18)은 지정된 이륙 활주로 길이에 대해서 필요한 최소 추력을 나타내는 이차방정식이다. 이는 $\Theta = 1.15\sqrt{\Omega} + 2$ 로 근사화 되거나 또는 아래와 같이 나타낼 수 있다.

$$\frac{T_{V_2}}{W_{TO}} = 1.15\left\{\frac{W_{TO}/b_w^2}{(k_D - N_{eng}^{-1})\mathcal{L}_{TO}k_T\rho_{TO}g\pi E}\right\}^{0.5} + \frac{42(\mathrm{m})}{(k_D - N_{eng}^{-1})\mathcal{L}_{TO}} \tag{9.19}$$

여기서 k_D 는 식 (9.13)으로 결정된다. 이 표현으로부터 초기상승 양력계수가 최적화된다면, 익면하중과 최대 양력계수가 아닌 스팬하중과 수정된 Oswald 계수 E가 필수적인 변수라는 것을 알 수 있다. 실제 적용을 위해서, 식 (9.19)는 다음과 같이 간단히 정리할 수 있다.

$$\frac{T_{V_2}}{W_{TO}} = 0.78\left(\frac{N_{eng}}{0.89N_{eng}-1}\frac{W_{TO}/b_w^2}{\mathcal{L}_{TO}\rho_{TO}g}\right)^{0.5}\frac{42(\mathrm{m})}{\mathcal{L}_{TO}}\frac{N_{eng}}{0.89N_{eng}-1} \tag{9.20}$$

이 표현의 정확성은 이를 통계 정보에 따라서 보정하는 것으로 향상될 수 있다. 식 (9.6)과 유사한 방법으로, 모든 엔진이 작동시 필요한 이륙추력을 찾기 위해서는 엔진의 추력감율이 사용되어야 한다.

9.5 접근과 착륙

착륙 활주거리(LFL)에 대한 최상위 요구조건은 착륙을 위해서 (일반적으로 완전히) 전개된 플랩과 랜딩기어가 내려간 상태인 최대 착륙중량(MLW)의 수송용 항공기와 관련된다. 비행기는 실속속도의 최소 130%의 교정대기속도로 안정된 최종 접근을 하게 된다. 여객기 운용시 건조한 활주로에 착륙을 수행하기 위해서 사용 가능한 활주로는 인증시험으로부터 계산된 공칭 착륙거리의 최소 5/3 배가 되어야 한다. 젖은 활주로에 착륙하는 경우 추가적인 안전계수로 1.15 가 적용된다. 활주로 길이 계수는 일상적인 운용에서 여객기의 착륙은 인증 비행시험과는 상당히 차이가 난다는 것을 고려하는 것이다. 예를 들어서, 인증시험은 바람이 없는 상태에서 상대적으로 급한 착륙접근, 터치다운시 높은 수직속도 그리고 최대 제동력을 적용하는 시험비행 조종사에 의해서 이루어진다. 항공기의 조종성과 역추력의 효율성은 (비대칭) 엔진 고장시 부정적인 영향을 받기 때문에 역추력에 대한 보상은 주어지지 않는다. 그러나, 정상적인 비행에서 여객기는 2.5 에서 3 도의 강하각으로 활주로 시단(threshold)에 접근한 다음 일반적으로 짧은 플로트(float) 이후 플레어(flare)를 한다.

반면, 비행기는 정풍 상태에서 착륙할 수 있고, 제동은 일반적으로 역추력을 적용하는 것으로 향상된다.

9.5.1 착륙거리 해석

대기중 거리 $\mathcal{L}_{AB}$ 는 50ft (15m) 장애물고도 h_S 에서부터 강하각 γ 로 정상상태 강하 이후 플레어 및 V_{TD} 의 속도로 터치다운을 하기까지 이동한 수평거리이다. 에너지 방정식을 이용하면 다음과 같다.

$$\mathcal{L}_{AB} = \frac{W_L}{(D-T)_{av}}\left(\frac{V_{APP}^2 - V_{TD}^2}{2g} + h_S\right) \tag{9.21}$$

하강과 수평 활주로 사이에서 일정하게 증가하는 하중계수 Δn 으로 (가상적인) 원형 플레어 이후 터치다운 속도는 다음과 같다.

$$V_{TD} = V_{APP}\sqrt{1-\gamma^2/\Delta n} \tag{9.22}$$

터치다운으로부터 평균 감속도 a_{av} 로 완전한 정지에 이르기까지 필요한 지상활주거리 $\mathcal{L}_{GR}$ 은 다음과 같다.

$$\mathcal{L}_{GR} = \frac{V_{TD}^2}{2a_{av}} \tag{9.23}$$

식 (9.21)과 (9.23)을 더하면 착륙거리를 구할 수 있다.

$$\mathcal{L}_{LD} = \frac{W_L}{(D-T)_{av}}h_S + \frac{V_{APP}^2}{2g}\left\{\frac{1-\gamma^2/\Delta n}{a_{av}/g} + \frac{\gamma^2}{\Delta n}\frac{W_L}{(D-T)_{av}}\right\} \tag{9.24}$$

제트 수송기에 대한 양호한 예측은 $\Delta n = 0.10$, $\gamma = 0.08$ 그리고 $W_L/(D-T)_{av} = 10$ 과 h_S 를 대체하는 것으로 계수화(factored)된 LFL 을 구할 수 있다.

$$\mathcal{L}_{LF} = 250(\text{m}) + \frac{V_{APP}^2}{2g}\left(\frac{1.56}{a_{av}/g} + 1.07\right) \tag{9.25}$$

착륙활주 동안 평균 감속도의 예측은 스포일러(lift dumper) 및/또는 에어브레이크의 효율성, 휠브레이크의 작동과 성능에 대한 정보를 필요로 한다. 만약 이러한 정보가 부족하다면, 통계의 사용이 불가피하다. 제트 여객기와 비즈니스 제트의 착륙 성능에 대한 비교에 따르면 감속도는 주로 자동 스포일러의 사용과 메인 랜딩기어 형상에 따라서 달라지는 것을 보여주었다[2]. 자동으로 작동하는 지상 스포일러가 장착된 제트 항공기의 경우, 식 (9.25)에서 두 개의 휠을 갖는 트럭에 대해서는 $a_{av}/g = 0.40$, 네 개의 휠을 갖는 트럭에 대해서는 $a_{av}/g = 0.32$ 를 사용하면 현실적인 근사값을 제공한다.

9.5.2 접근속도와 익면하중

착륙거리에 영향을 미치는 주요 매개변수로는 접근속도와 제동활주 동안의 감속도가 있다. 이 두 가지는 모두 기술 수준의 영향을 받는다.

- 주어진 날개 기하와 착륙중량에 대해서, 실속속도는 플랩이 착륙형상인 경우의 최대 양력계수로 결정된다. 세심한 공기역학-기계적인 설계와는 별개로, $C_{L_{max}}$ 는 앞전 고양력장치, 다중의 뒷전 플랩 슬롯 및/또는 긴 스팬의 플랩을 적용하는 것으로 증가될 수 있다.
- 최신 상업용 항공기는 미끄럼방지 장치가 장착되어 있고, 또한 다수는 카본 브레이크가 적용되어 있다. 주어진 전체 랜딩기어 하중에 대해서, 감속도는 메인과 노즈 랜딩기어 모두에 제동을 가하는 것으로 증가될 수 있다. 스포일러는 메인 기어의 하중과 지상활주 동안 공기 항력을 증가시킨다. 일부 중형 항공기는 공기역학 스피드 브레이크를 대기중과 지상에서 모두 사용한다.

복잡한 기술의 적용은 높은 개발, 생산 그리고 정비 비용을 초래하며, 복잡한 플랩 시스템은 접근시 항력과 외부 소음 또한 증가시킨다. 장거리 항공기는 낮은 MLW/MTOW 값으로 인해서 TOFL 에 비해서 LFL 에 대한 요구조건이 덜 치명적이기 때문에, 매우 높은 최대값을 발생하는 플랩에 대한 필요성은 덜 엄격하다. 그러나, 많은 중형 여객기는 낮은 접근속도와 착륙 활주동안 높은 감속을 위해서 효과적인 뒷전플랩 시스템, 효과적인 브레이크와 지상 스포일러를 가지고 있다.

접근과 착륙에 대한 초기 날개 사이징 과정은 $C_{L_{max}}$ 와 평균 감속도에 대한 가정된 값으로 시작될 것이다. 지정된 LFL 에 대해서, 접근속도는 식 (9.25)로부터 구할 수 있고, 실속속도는 접근속도의 0.77 배가 된다. 이륙의 경우와 유사하게, 실속속도는 1-g 실속속도의 0.94 배가 되고, 따라서 $V_{APP} = 1.22(V_S)_{1\text{-}g}$ 이다. 이는 착륙 익면하중에 대한 다음과 같은 구속조건으로 이어진다.

$$\frac{W_L}{S_w} \le 0.335\rho_{sl}V_{APP}^2 C_{L_{max}} \tag{9.26}$$

9.6 엔진 선정과 장착

9.6.1 최고 매칭의 식별

그림 9.6 은 그림 9.1 의 MTOW 컨투어에 중첩된 추력과 익면하중에 대한 구속조건을 포함한다. 현재 설계는 모든 구속조건이 활성화되었기 때문에 최소 MTOW 인 설계 D 가 불가능한 전형적인 상황을 나타낸다. 설계 P 는 가장 낮은 MTOW 를 가지며 순항고도 구속조건을 만족하지만, TOFL 과 LFL 구속조건은 만족하지 못한다. 설계 Q 는 가장 낮은 MTOW 와 모든 구속조건을 만족하고

있어서 MTOW 에 최적화된 실현 가능한 설계를 나타낸다. 기본형 설계(baseline design)는 실현 가능성이 없지만, 이는 장착추력을 7% 증가시키는 것으로 동일한 익면하중에 대해서 개선될 수 있다. 그러면 이는 실질적으로 ICAC 와 TOFL 구속조건의 교점상에 있는 설계 R 과 동일하게 된다. 설계 R 이 구속된 MTOW 최적해를 나타내는 것은 아니지만, 이의 낮은 익면하중으로 인해서 설계 작은 이륙중량 페널티만으로 설계 Q 에 비해서 8% 낮은 추력을 사용할 수 있도록 한다. 분명 설계 R 은 더 낮은 익면하중으로 인해서 약간의 중량증가 가능성을 제공하기 때문에, 이를 현재 성능 요구조건에 대한 최고의 해법으로 고려할 수 있다. 가장 높은 연료 경제성을 갖는 설계 E 는 실용적인 선택이 아니다. 반면, 최소 추진중량 기여를 갖는 설계 F 는 설계 R 에 비해서 총중량과 추력에 대한 이점을 제공하지 못한다.

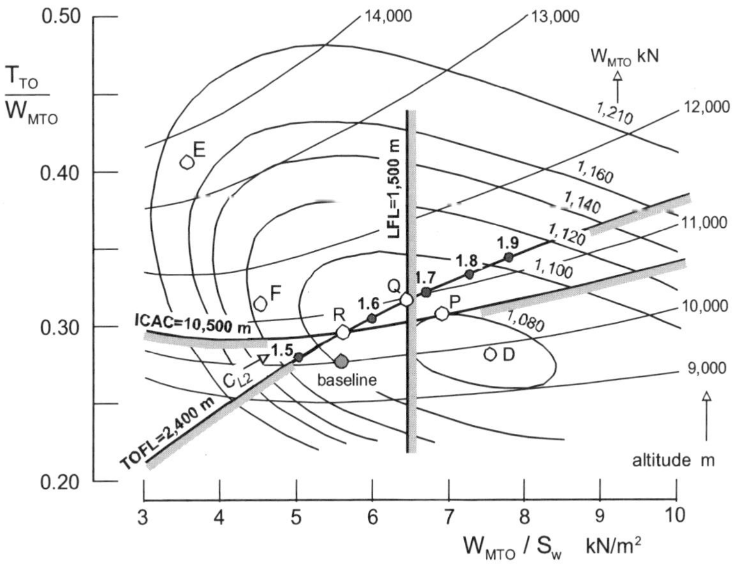

그림 9.6 최상위 성능 요구조건으로부터 유도된 구속조건을 포함하는 설계선택 차트. 기본형: 그림 8.1

엔진과 기체의 매칭 차트는 다양한 구속 및 비구속 최적값을 할당하고 설계 민감도를 명확하게 보여준다. 여기에 에너지 효율과 직접 운용경비(DOC) 컨투어를 겹쳐놓으면 훨씬 더 유용해진다. 버펫(buffet) 경계와 제 10 장과 같이 최대 연료 체적을 포함하는데 필요한 최소 날개 크기와 같은 다른 중요한 설계 기준 또한 추가될 수 있다. 만약 최고의 가능한 설계가 구속조건으로 인해서 비구속 최적값으로부터 과도하게 밀려나는 페널티를 갖는다면, 설계자는 (보다) 최신의 설계기술 또는 비전형적인 일반 배열까지도 도입할 수 있다. 그리고 만약 특정한 요구조건이 매우 지배적인 것으로 나타난다면, 관련된 최상위 요구조건을 다시 고려해야 할 수도 있다. 잘 조율되었다고 고려되는 설계에서 모든 요구조건이 만족된다면, 적절한 엔진의 선정과 추가적인 날개 설계의 개선은 고등 설계자의 다음 업무가 된다. 따라서, 설계 선택 차트는 명시적인 다목적 최적화를 위한 유용한 도구이다.

9.6.2 초기 엔진평가

초기 엔진 선정에 대한 직접적인 접근방법은 가능한 설계 영역 내에서 추력 또는 출력 요구조건을 만족하는 엔진 종류를 비교하는 것이다. 예를 들어, 그림 9.6 은 각 엔진의 장착추력이 대략적으로 MTOW 의 0.15 가 되어야 한다는 것을 보여주고 있다. 만약 (대략적으로) 이런 추력을 갖는 기존 또는 계획중인 엔진이 있다면, 잠재적인 후보엔진의 비교를 위해서 사용될 기본적인 정보를 제조사에 요청할 수 있다. 제 8 장에서 소개되었던 추진 중량 페널티는 비행기의 MTOW 에 대한 서로 다른 엔진의 영향을 비교하는데 유용한 성능지수(FOM)이다.

추진장치는 (건조) 추진엔진, 나셀 그리고 관련된 시스템과 악세서리로 구성된다. 임무연료와 MTOW 는 순항 비행시 전체 엔진 효율, 나셀 항력 그리고 동력장치 중량으로 결정된다. 이러한 특성은 다시 말해서 임무연료와 동력장치 중량의 조합인 추진 중량 페널티를 유도하기 위해서 8.5 장에서 조합되었다. 기체의 공기역학 효율과는 무관하게, 이러한 큰 중량 성분은 다음과 같은 추진함수에 비례한다.

$$F_{prop} \overset{\text{def}}{=} \frac{R_{eq}}{\overline{\eta}_o H/g} + \frac{\mu_T}{\overline{\tau}\delta} \tag{9.27}$$

여기서 $H/g = 4350\text{km}$ 이다. F_{prop} 의 최저값은 서로 다른 엔진을 비교하는 기준의 역할로 사용될 수 있다. 만약 추진함수에 H/g 와 R_{eq}^{-1} 을 곱하면, 이는 보다 보편적인 중요성을 갖는다. 그 결과는 아래와 같은 무차원의 엔진 성능지수(FOM)가 된다.

$$EFM = \left(\frac{1}{overall\ efficiency} + \frac{H/g}{R_{eq}} \frac{p.p\ weight}{cruise\ thrust} \right) \left(1 - \frac{nacelle\ drag}{cruise\ thrust} \right)^{-1} \tag{9.28}$$

나셀을 포함한 완전한 장착을 정의하기 위해서 일반적인 엔진 성능 매개변수가 적용된다. 초기 순항 조건은 속도, 장착추력 그리고 전체 효율을 정의한다. 두 번째 항의 분모에는 등가 항속거리가 사용된다. 동력장치 중량대 순항추력의 비율은 고도에 따라서 달라지지만, 대류권계면(11000m, 36000ft)에서의 최대 순항추력을 표준으로 사용할 수 있다. 주어진 마하수에서 나셀항력과 추력 모두 주변대기압에 비례하기 때문에, 식 (8.25)는 나셀항력대 추력의 비율이 고도에 독립된다는 것을 증명한다.

식 (9.28)의 두 번째 항과 첫 번째 항의 비율은 동력장치 중량대 임무연료 중량의 비율과 동일하다는 것에 주목할 필요가 있다. 만약 새로운 엔진 종류의 제조사가 예를 들어 BPR 이나 OPR 의 증가와 같은 전체 효율을 증가시키는 방법을 적용했다면, 이는 일반적으로 엔진 중량의 증가로 인해서 효과가 상쇄될 것이다. EFM 은 이러한 영향을 효과적으로 비교할 수 있도록 하고 또한 엔진 선정 과정과 일반적인 경향을 밝혀내는데 유용하다. 예를 들어서, 단거리 항공기에 적용될 목적의 엔진에 대해서는 두 번째 항이 첫 번째 항만큼 중요해서, 바이패스비 및/또는 전체 압력비에 대한 다소 높은 값의 선택으로 이어질 수도 있다.

9.6.3 엔진 선정

엔진의 선정은 선호하는 추력 (또는 출력)의 전달과 연료 경제성만으로 처리되지는 않는다.

- 만약 OPR 의 증가로 인해서 엔진의 SFC 가 감소한다면, 엔진의 가격 [4]과 NOx 배출에서 페널티가 지불되어야 한다.
- 매우 높은 BPR 엔진의 팬은 작은 코어로 작동해서 팬과 터빈의 회전속도의 매칭은 더욱 어려워진다. 이와 같은 문제는 팬의 속도를 감속하기 위해서 기어박스를 이용하는 기어구동 터보팬(Geared Turbofan, GTF)으로 해결할 수 있다.
- 날개에 장착되는 매우 큰 직경을 갖는 엔진의 경우, 충분한 지면간격을 확보하기 위해서 더 길고 무거운 랜딩기어가 필요하기 때문에 기체 설계에서 페널티가 발생할 수 있다. 뿐만 아니라, 엔진으로 인해서 날개 주위의 공기유동이 영향을 받기 때문에 부정적인 상호작용으로 인해서 높은 항력을 초래할 수 있다. 이러한 문제는 엔진을 동체의 후방에 장착하는 것으로 피할 수 있다.

현재 생산중인 엔진을 선택하는 것은 엔진 성능의 과도한 예측으로 인해서 실제 고객에게 전달되는 성능이 확보되지 못하는 것과 관련된 위험성을 최소화할 수 있다. 이미 운용중인 엔진을 적용하는 것이 추가되는 물류에 대한 부담과 초기 불량문제의 가능성이 있는 새로운 엔진을 도입하는 것에 비해서 항상 보다 장점이 있다. 뿐만 아니라, 항공사는 장착하고자 하는 엔진이 기존의 장비 목록에 있다는 것을 장점으로 받아들인다.
새로운 엔진의 개발은 상당한 비용이 필요한 작업이고, 상업용 항공기의 설계자는 일반적으로 단 몇 가지 후보 엔진 중에서 적절한 것을 선택할 수 밖에 없다. 소형 일반 항공기의 경우, 엔진 요구조건은 상용품 엔진으로 충족될 수 있을 것이다. 그러면 엔진과 기체의 매칭은 이번 장에서 살펴본 것과 같이 예상되는 엔진의 추력 또는 출력이 항공기 성능 요구조건에 맞추어 최적의 방법으로 변경될 수 있는 경우와는 다르게 진행될 것이다. 민간항공기 설계 업계의 상황은 이러한 경우가 혼재된 상태일 것이다. 예를 들어, 새로운 항공기 또는 기존 항공기의 변형 모델이 유사한 엔진이 장착된 항공기와 동시에 개발된다. 결국, 항공기가 완전히 고립된 상태로 개발되는 경우는 거의 없으며, 이러한 항공기의 엔진은 기존의 종류 또는 변형일 것이다. 반대로, 새로운 여객기 세대라면 아마도 (매우) 유사한 추력을 갖는 다른 형태의 엔진이 제공될 것이다.

참고문헌

[1] Torenbeek, E., Synthesis of Subsonic Airplane Design, Chapter 5 and Appendix K, Springer Verlag, Heidelberg, 1981.
[2] Shevell, R.S., Fundamentals of Flight, Chapter 15, Second Edition, Prentice-Hall, Englewood Cliffs, NJ, 1989.
[3] Jenkinson, L.R., P. Simpkin, and D. Rhodes, Civil Jet Aircraft Design, Chapter 9: Powerplant and Installation, Arnold, London,

[4] 참고문헌 [3]의 통계정보에 따르면 1%의 TSFC 감소에 대해서 엔진 가격은 거의 3% 증가할 것으로 제시하고 있다.

1999.

[4] Swatton, P.J., Aircraft Performance Theory for Pilots, Blackwell Science, Oxford, 2000. Take-Off and Landing Performance

[5] Perry, D.H., "The Airborne Path During Takeoff for Constant Rate-of-Pitch Manoeuvres", Aeronautical Research Counsil, CP No. 1042, 1969.

[6] Perry, D.H. "A Review of Methods for Estimating the Airfield Performance of Conventional Fixed-Wing Aircraft", RAE Technical Memorandum Aero 1264, 1970.

[7] Torenbeek, E, "An Analytical Expression for the Balanced Field Length." AGARD Lecture Series 56, Paper 9, April 1972.

[8] Anonymous, "First Approximation to Take-off Field Length of Multi-engined Transport Aeroplanes", ESDU Item Number 76011, May 1976.

[9] Anonymous, "First Approximation to Landing Field Length for Civil Transport Aeroplanes (50 ft, 15.24 m screen)", ESDU Data Item No. 84040, December 1984.

[10] Chandrasekharan, R.M., "Improved Method of Analyzing Takeoff Performance Data", AIAA Paper No. 88– 4509, September 1988.

Matching Engines to the Airframe

[11] Pakendorf, H., "Zur Optimierung der Triebwerksanlage eines Kurzstreckenfleugzeuges, unter Besonderer Berücksichtigung der Höher Bypass Verhältnisse", WGLR Jahrbuch, pp. 261–270, 1966.

[12] Whitlow, J.B., and G.A. Kraft, "Optimization of Engines for Commercial Air Transports Designed for Cruise Speeds ranging from Mach 0.9 to 0.98", NASA TM X-67906, 1971.

[13] Dugan, J.F., "Engine Selection for Transport and Combat Aircraft", NASATMX-68009, 1971. Also in AGARD Lecture Series No. 56, Paper No. 6, April 1972.

[14] McIntire, W.L., and P.E. Beam Jr., "Engine and Airplane: Will It Be a Happy Marriage?", SAWE Paper No. 910, May 1972.

[15] Healy, M.J., J.S. Kowalik, and J.W. Ramsey, "Airplane Engine Selection by Optimization on Surface Fit Approximations", Journal of Aircraft, Vol. 12, No. 7, July 1975, pp. 593–599.

[16] Bowles, J.V., M.H.Waters, and T.L. Galloway, "Thrust andWing Loading Requirements for Short Haul Aircraft Constrained by Engine Noise and Field Length", NASA TN D-8144, 1976.

[17] Keith Jackson Jr., S., "Propulsion System Sizing . . . No Longer Exists", Annual Aircraft Design Short Course, University of Dayton, Ohio, August 1977.

[18] Hopps, R.H., and E.C.B. Danforth, "Correlation of Wind-Tunnel and Flight-Test Data for the Lockheed L-1011 Tristar Airplane", AGARD Conference Proceedings No. 242, Paper No. 21, 11–13 October 1977.

[19] D.B. Morden, "Engine/Airplane Performance Matching", The Aerodynamics of Aircraft Gas Turbine Engines, Chapter 9, AFAPL-TR-78–52, The Boeing Commercial Airplane Company, 1978.

[20] Conlon, J.A., and J.V. Bowles, "Powered Lift and Mechanical Flap Concepts for Civil Short-Haul Aircraft", Journal of Aircraft, Vol. 15, No. 3, pp. 168–174, March 1978.

[21] Sullivan, R.L., "The Size and Performance Effects of High Lift System Technology on a Modern Twin Engine Jet Transport", AIAA Paper No. 79–1795, August 1979.

[22] Loftin Jr., L.K., "Subsonic Aircraft, Evolution and the Matching of Size to Performance", NASA Reference Publication 1060, August 1980.

[23] Snyder, J.R., "Advanced Technology Tactical Transport", AIAA Paper No. 86–2668, October 1986.

[24] Lavelle, T.M., R.M. Plencner, and J.A. Seidel, "Concurrent Optimization of Airframe and Engine Design Variables", AIAA Paper No. 92–4713, September 1992.

[25] Guha, A. D. Boylan, and P. Gallagher, "Determination of Optimum Specific Thrust for Civil Aero Gas Turbine Engines: A Multidisciplinary Synthesis and Optimization", Journal of Aerospace Engineering, Proceedings of the Institution of Mechanical Engineers, Part G: 0(0) pp. 1–26, March 2012.

Engine Integration

[26] Swan, W.C., and A. Sigalla, "The Problem of Installing a Modern High Bypass Engine on a Twin Jet Transport Aircraft", AGARD CP-124, Paper No. 17, April 1973.

[27] Barche, J., "Tragflügelentwurf am Beispiel des Verkehrsflugzeuges VFW 614", Zeitschrift für Flugwissenschaften, Vol. 22, pp. 101–115, April 1974.

[28] Krenz, G., and B. Ewald, "Airframe-Engine Interaction for Engine Configurations Mounted above the Wing", AGARD CP-150, Paper 26, 1975.

[29] Smyth, R., "Computer Programs for the Design and Performance of Nacelles for High Bypass-Ratio Engines", AGARD CP-280, Paper No. 25, 1979.

[30] Reubush, D.E., "Effect of Over-the-Wing Nacelles on Wing-Body Aerodynamics", Journal of Aircraft, Vol. 16, No. 6, pp. 359–365, June 1979.

[31] Krenz, G., "Engine/Airframe Interference", AGARD-FDP-VKI Special Course, May 1983.

[32] Henderson, W.P., and J.C. Patterson, "Propulsion Installation Characteristics", AIAA Paper No. 83–0087, 1983.

[33] Szodruch, J., and J. Kotschote, “Wind Tunnel Tests of Over-the-Wing Nacelles”, Journal of Aircraft, Vol. 20, No. 7, pp. 606–611, July 1983.

[34] Awker, R.W., “Application of Propfan Propulsion to General Aviation”, AIAA Paper No. 86–2698, October 1886.

[35] Mirat, J.J., R. Perin, and C. Castan, “Engine Installation Design for Subsonic Transport Aircraft”, ICAS Paper No. 90–2.7.4, 1990.

[36] Greff, E., K. Becker, M. Karwing, and S. Rill, “Integration of High By-pass Ratio Engines onModern Transonic Wings for Regional Aircraft”, Paper 91–160, DGLR Jahrbuch 1991.

[37] Rossow, C.C., J.L. Goddard, H. Hoheisel, et al., “Investigation of Propulsion Integration Interference Effects on a Transport Aircraft Configuration”, Journal of Aircraft, Vol. 31, No. 5, pp. 1022–1030, 1992.

[38] Bacon, R.J. and J. Roskam, “The 3X Jet: An Advanced Engine Configuration for Two-Engine Aircraft”, AIAA Paper No. 95–3963, September 1995.

[39] Rüd, K., and H.J. Lichtfuss, “Trends in Aero-Engine Development, Aspects of Engine Airframe Integration for Transport Aircraft”, Proceedings of the DLR Workshop, Braunschweig, Germany, 6–7 March 1996.

[40] Spreen, J.S., R. Slingerland, and E. Jesse, “The 3X Propulsion Concept Applied to a Business Jet Aircraft: Integration of Two Dissimilarly Sized Turbofan Engines”, AIAA Paper No. 2007–1047, January 2007.

제 10 장
날개 공기역학 설계의 요소
Elements of Aerodynamic Wing Design

날개가 적당한 수준의 (또한 인증 기관에서 요구하는 만큼의) 안전성으로 요금을 지불하는 탑승객을 최소한의 비용으로 필요한 임무거리만큼 수송할 수 있도록 한다면, 항공사는 다른 것에는 관심을 갖지 않는다.

J.A. Jupp [27]

10.1 개요

날개는 항공기 설계자의 주요 관심의 대상인 주요 항력과 자체중량 성분이라는 댓가를 감수하면서 비행을 지속하는데 필요한 양력을 발생시킨다. 날개 설계는 특정한 적용의 필요성을 만족하는데 필요한 독특한 형상으로 진화하고 따라서 보편적인 최고의 날개는 존재하지 않는다. 고려 대상을 민간 아음속 항공기로 한정한다고 하더라도, 항공기의 진화가 압도적이었던 동안 다양한 종류의 날개 형상이 등장해왔다. 그림 10.1 은 과거 문서로부터 선정된 몇 가지 기하학적 순열(permutation)을 보여주고 있다.

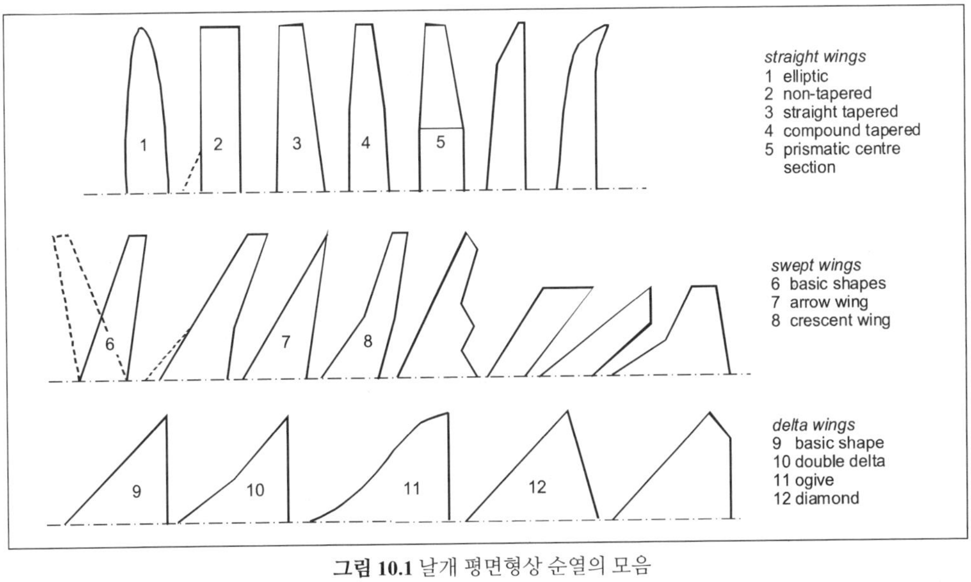

그림 10.1 날개 평면형상 순열의 모음

이러한 집합의 크기를 증가시키는 것은 어렵지 않을 것이고 만약 날개의 개념과 기술어를 특징짓는 단어의 리스트를 만든다면 60 개 항목 이상이 될 것이다[11]. 그러나, 개념설계 동안에는 (후반부) 상세설계 단계에서 설정될 최종 기하를 특정하는 많은 세부사항을 고려하는 것은 필요하지도

(바람직하지도) 않다. 실제로 순항비행시 공기역학 효율 L/D 에 대한 날개의 주요 기여는 대부분 평면면적과 스팬 또는 가로세로비와 같은 두 가지 주요 매개변수에 의해서 결정된다. 두 가지 특성 모두 높은 L/D 를 위해서 필요하며, 이는 또한 이륙과 착륙에 대한 활주로 길이 요구조건을 만족하는 것에도 도움이 된다. 높은 고도에서 장거리 순항을 위한 날개는 긴 스팬과 넓은 면적이라는 특징을 갖는다. 날개 후퇴각은 L/D 에 직접적으로 기여하지는 않지만, 마하수 0.7 을 초과하는 순항속도에 대한 요구조건을 만족하기 위해서는 필수이다. 반면, 날개 스팬과 면적은 구조중량을 증가시키는 주요 기여인자(strong driver)로써, 최적 해법은 높은 공기역학 효율과 낮은 구조중량 사이의 절충점으로부터 구해진다.

10.1.1 문제 구조

날개의 공기역학 설계는 다소 상호 독립적인 활동으로 분해될 수 있다.

- 면적, 스팬, 테이퍼비 및 후퇴각과 같은 기본 평면형상의 선정
- 에어포일 단면과 스팬방향에 대한 비틀림각의 분포 생성
- 고양력장치과 비행조종면에 대한 기본적인 개념 및 기하 고안

첫 두 항목은 주로 고속에서 성능과 비행특성과 관련되고, 세 번째 항목은 항공기가 수행할 수 있어야 하는 임무에 대한 바람직한 저속특성을 만족하는 것을 목표로 한다. 이번 장의 주요 주제는 일반적으로 가로방향에 대한 에어포일 단면과 비틀림의 분포에 대한 구상보다 더 우선하는, 최상의 평면형상에 대한 선정이다. 아음속 비행기의 날개에 대해서 이는 많은 노력이 필요한 작업이 아니므로, 설계에 대한 핸드북과 다른 참고자료를 통해서 정보를 얻을 수 있다. 그러나, 고속 날개 설계는 일반적으로 압축성 효과 그리고 특히 충격파의 발생으로 인해서 복잡해진다. 이는 공기역학 설계자에게는 난해한 작업으로, 설계점 및 탈설계점 조건에 대한 세부적인 압력분포의 예측을 위한 최신 CFD 방법을 통해서 개선된 날개 형상을 얻을 수 있다. 또한 고속 날개 설계는 동체와 날개에 장착되는 엔진 나셀 주위에 대한 유동의 상호작용으로 인해서 더욱 복잡해진다. 이러한 주제는 예를 들어 참고문헌 [4]와 같이, 그 자체만으로 별도의 책자로 만들어질 수 있는 정도이기 때문에 여기서는 몇 가지 기본사항에 대해서만 다룰 것이다.

현재 최적화는 튜브와 윙(TAW) 비행기로 알려진 고전적인 항공기 형상에 적용된다. 따라서, 날개 내부의 유용하중은 전적으로 연료로 사용되며, 동체 내부의 유상하중 수납은 날개의 설계 최적화에 거의 아무런 영향을 미치지 않는다. 구조설계에 대해서는 명시적인 관심을 두지는 않지만, 날개 구조물의 형태는 외부 날개 위상(topology)에 그대로 적응될 수 있도록 유연한 것으로 가정한다. 만약 날개가 후퇴각 또는 전진각과 함께 높은 가로세로비를 갖는다면, 공탄성 특성이 중요한 영향을 미칠 것이고 날개의 과도한 변형을 피하기 위해서는 구조중량 페널티가 부과되어야 할 수도 있다. 뿐만 아니라, 가로방향 강성분포는 치구상 형태에서 벗어나도록 하는 하중을 받는 조건에서 날개의 형상 따라서 항력을 결정한다. 공탄성 효과는 일반적으로 개념설계의 후반부에서 다루기 때문에

이는 이 책에서 다룰 범위를 벗어나는 것으로 간주한다.

10.1.2 엔진 선정과의 관계

장착될 엔진의 사이징과 선정은 이전 장에서 다루었던 주제이다. 날개 설계 과정은 예비엔진 선정이 끝나면 바로 시작될 수 있다. 실제 설계에서는 엔진 사이징 기준과 공기역학적 날개 설계가 서로 얽혀있기 때문에, 이런 상황이 더욱 복잡해질 수 있다. 예를 들어서, 날개 스팬의 선택은 순항고도/속도 또는 이륙거리 구속조건과 같은 구속된 성능의 경우에는 필요한 엔진 추력에 상당한 영향을 미치게 된다. 따라서, 다음과 같은 접근방법 중의 하나에 따라서 설계 과정을 분류하는 것이 유용하다.

A. 일정한 비행성능 구속조건과 엔진의 (순항) 레이팅에 대해서 날개 기하의 변경을 연구한다. 일반적으로 8.5 장에 나오는 러버라이징 개념을 해용해서 장착될 엔진 추력을 날개설계 변경에 맞추어 조정한다. 엔진 선정은 날개 설계가 완료된 이후에 수행된다.
B. 지정된 출력 또는 추력특성, 중량 및 기하를 갖는 주어진 엔진 종류에 대해서 날개 설계가 이루어진다. 그러면 날개 기하의 변경은 비행성능의 변화를 가져온다.

옵션 A 는 이륙 익면하중과 장착추력대 MTOW 의 비율이 주요 선택변수로 취급되었던 이전 장에서의 주제였다. 선택 도표의 사례에서 초기 순항고도, MTOW 그리고 저속성능 구속조건이 익면하중과 추력대 중량비에 대한 최상의 선택에 미치는 영향을 알 수 있었다. 이 사례는 주어진 익면하중에 대해서 필요한 이륙추력은 초기 순항고도에 민감한 반면, 주어진 순항고도에 대한 익면하중의 변화는 영향이 미미한 것을 보여주었다. 현재 연구에 대해서는, 순항비행에 대한 초기 운용조건(고도 및 속도)은 이미 할당된 것으로 간주한다. 날개 형상은 앞서 논의되었던 경우에 대해서 사용되었더 민감도 해석의 확장을 필요로 하는 최적화의 대상이다. 최적화될 항공기의 성능지수(FOM)는 임무연료와 MTOW 이다.

옵션 B 는 옵션 A 와 동일한 민감도 해석을 사용하지만, 최적화는 기본적으로 서로 다른 항력과 중량 특성을 갖는 설계에 대한 중량과 성능해석이다. 목적함수로는 (a) 주어진 임무연료와 항속거리에 대한 MTOW, (b) 주어진 항속거리와 MTOW 에 대해서 필요한 임무연료, (c) 주어진 연료와 MTOW 에 대한 임무 항속거리, 또는 (d) 보다 정교한 경제적인 성능지수(FOM)가 될 수 있다. 예비설계 단계의 활동은 경쟁하는 엔진 종류 및/또는 날개 설계의 미세조율을 비교하기 위해서 필요한 상세한 공기역학과 엔진성능 정보를 이용한다.

10.2 평면형상 기하

> 비전형적인 날개가 제시된다면, 사람들은 용이한 방법으로는 만족될 수 없는 성능 사양의 집합으로 인해서 이러한 결과가 나온 것이라고 의심할 수 있을 것이다.
>
> J. Chuprun [11]

날개의 공기역학 설계에 대한 접근방법은 대체로 운용상의 요구조건 특히 고속 영역과 사용 가능한 활주로 길이에 따라서 달라진다. 민간항공기의 날개는 다음과 같이 설계될 항공기 분류에 따라서 구분될 수 있다.

1. 아음속 항공기 날개는 마하수 0.65 의 속도까지는 임계 압축성 효과를 겪지 않는다. 이는 2 차 대전 이후 민간 비행기에 적용되어온 공기역학적 그리고 구조적인 원리에 따라서 설계된다. 이러한 항공기의 날개는 큰 후퇴각을 갖지 않으며, 그림 10.2(a)와 같이 평면형상이나 정면형상 모두 대부분 직선 테이퍼 형태를 갖는다. 나셀 사이에는 테이퍼가 없는 부분이 종종 적용되기도 한다. 가로세로비는 일반적으로 9~13 이며, 단면 형상은 주로 표준 에어포일 목록으로부터 선정된다. 두께비는 뿌리에서는 0.15 에서 0.20 사이로 변하며, 날개 끝단에서는 0.12 에서 0.15 사이가 된다. 아음속 비행기의 날개는 대부분 알루미늄 합금으로 제조되는 구조 박스를 가지며, 일부 최근의 설계는 바깥쪽 부분에 복합재료를 사용하기도 한다.

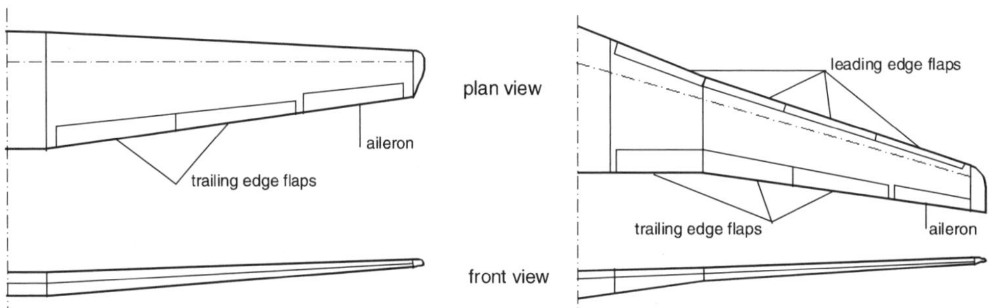

(a) subsonic aircraft (b) transonic aircraft

그림 10.2 두 가지 민간용 비행기 날개의 기본적인 평면형상 도해

2. 천음속 항공기는 마하수 0.95 까지 비행하기 때문에 고속에서 날개 주위에 초임계(supercritical) 유동을 갖는다. 이러한 날개 설계의 근간은 1945~1955 기간으로부터 시작되었지만, 이후 이루어진 개선으로 인해서 공기역학적 그리고 구조적인 특성이 상당히 향상되는 결과를 가져왔다. 이는 그림 10.2(b)와 같은 양호한 압력분포를 얻기 위해서, CFD 에 기반한 절차로부터 계산된 복잡한 기하를 갖는 날개 형태가 되었다. 마하수 0.70 또는 이상으로 비행하는 민간 항공기의 날개는 대부분 1/4 시위선상에서 15 에서 40 도 사이의 후퇴각을 갖는다.[1] 이는 가로세로비가 7~10 사이인 주로 전용으로 설계된(purpose-designed) 에어포일과 조합된다. 전형적인 두께비는 날개의 뿌리에서 0.15 까지이며, 끝단에서는 0.10~0.12 사이의 값을 갖는다. 대다수의 천음속 날개는 앞전과 뒷전에서 확연한 킹크로 안쪽과 바깥쪽 부분이 분명하게 구분되는 복합 테이퍼의 특징을 갖는다. NASA 에서 지원한 Subsonic Ultra Green Aircraft Research(SUGAR)의 체계에서,

[1] 전진각 날개는 1960 년대 개발된 고급 비지니스 제트기인 HFB 320 Hansa Jet 에 적용되었다.

Boeing 은 신개념의 후퇴각이 없는 매우 높은 가로세로비를 갖는 스트럿 지지 날개를 제안하였다. (그림 10.3)

그림 10.3 NASA/CR-2011-216847 에 서술된 긴 스팬의 스트럿 지지 접이식 날개 개념

고려된 첫 번째 경우는 아음속 유동에 대해서 설계된 공기역학적으로 무시할 수 있는 후퇴각을 갖는 직선 테이퍼 날개의 최적 평면 기하이다. 두께와 테이퍼비는 일정하고, 최적화되는 선택변수는 (총) 날개면적과 스팬 뿐이며, 스팬은 구속조건 없이 변경될 수 있다고 가정한다. 다음 경우는 천음속 날개의 최적 공기역학 설계이다. 이는 항공기가 유동의 초임계 압축성으로 인한 큰 항력 페널티를 겪지 않으면서 지정된 마하수로 순항해야 한다는 요구조건으로 인해서 복잡해진다. 주어진 에어포일 기술에 대해서 날개의 임계마하수는 두께비, 후퇴각 그리고 양력계수의 영향을 받는다. 따라서, 주어진 설계 순항 마하수에 대해서 익면하중의 변화는 항력과 중량에 영향을 미친다. 이는 설계 민감도 해석에서 고려된다.

10.2.1 날개 면적과 설계 양력계수

개념사이징 문제에 대해서 날개의 평면면적 S_w 는 분명한 주요 설계 매개변수이다.[2] 익면하중 W_{MTO}/S_w 가 주로 독립변수로 취급되지만, MTOW 는 일반적으로 비행기가 주어진 유상하중을 지정된 거리만큼 운반해야 한다는 요구조건으로 결정되기 때문에 이는 엄격하게는 종속변수이다. 구조 및 연료중량과 같은 큰 중량성분은 그 자체로 많은 중량 기여분의 합산으로부터 구해지는 MTOW 에 따라서 달라진다. 이로 인해서, 설계 중량에 대한 닫힌 형태의 설계 민감도 방정식이 유도되지 않는다면 사이징과 최적화 문제가 복잡해진다. 이전과 현재 장에서는 목적함수로 간주되는 선택변수, MTOW 그리고 다른 중량성분 사이의 명시적인 관계를 도출하는 것을 목표로 한다. 사이징 지배방정식의 비반복 해법(non-iterative solution)을 통해서 설계자는 다목적 최적화를 가능하도록 하는 설계공간을 계산하고 시각화할 수 있다.

이번 장에서 사용되는 주요 선택변수는 다음과 같은 설계 양력계수이다.

[2] 기체 제작사는 앞전과 뒷전을 중심선으로 연장하기 위해서 서로 다른 방법을 사용하기 때문에, 총 날개 면적을 정의하는 국제적인 표준은 존재하지 않는다.

$$\hat{C}_L = \frac{W_{MTO}}{\hat{q} S_w} \tag{10.1}$$

이번 장에서는 동압 $\hat{q} = 0.5 \rho V^2 = 0.5 \gamma \, p M^2$ 을 초기 순항고도 조건을 나타내는 미리 할당된 매개변수로 취급한다. 순항고도까지 상승하는 동안 연소되는 연료의 측면에서, 초기 순항 GW 는 MTOW 보다 2~3% 정도 낮으며, 이는 실제 동압을 동일한 퍼센티지만큼 증가시키는 것으로 고려된다. 설계 양력계수 $\hat{C}_L$ 은 익면하중에 비례하며 특이하게 정의되는 독립변수로, 이는 특히 천음속 여객기에 대한 날개의 공기역학 설계에 대해서 쉽지 않은 조건이 된다.

10.2.2 스팬과 가로세로비

날개 스팬 b_w 는 명확한(well-defined) 기하 특성으로, 다시 말해서 날개의 양 끝단 사이의 거리이다.[3]
와류항력은 스팬하중 W_{MTO}/b_w^2 에 반비례하고, 낮은 스팬하중은 낮은 이륙거리를 초래한다. (9.4 장)
그러나, 긴 날개 스팬은 스트럿 브레이싱과 같이 비전형적인 방법이 추가되지 않는다면 높은 구조중량을 초래한다.

공기역학 효율 L/D 와 양력곡선 기울기 $dC_L/d\alpha$ 와 같은 공기역학 특성은 일반적으로 가로세로비의 항으로 표현된다.

$$A_w \overset{\text{def}}{=} \frac{b_w^2}{S_w} \tag{10.2}$$

가로세로비는 날개가 성능 요구조건에 최적의 방법으로 매칭될 수 있도록 하는 가장 중요한 매개변수이기 때문에, 항공기 설계자는 이에 익숙하다. 다른 선택변수와는 달리 가로세로비는 일반적으로 상당히 넓은 범위 안에서 구체적인 구속조건이 없이 변경될 수 있다. 예외로는, ICAO 활주로 등급에서 규정하는 날개 스팬에 대한 상한선으로 인한 제한이 있다.

다음 그림 10.4 는 평면면적과 가로세로비에 대한 이차원 설계공간의 구성요소를 나타내는 날개와 동체 조합의 행렬을 보여주고 있다. 모든 설계는 동일한 동체, 날개 후퇴각 그리고 테이퍼비를 가지고 있다. 후퇴각과 날개 크기의 변화는 이러한 날개가 대형 장거리 제트여객기에 대한 설계공간의 구성요소가 될 수 있다는 것을 알려준다. 현실적인 연구에서는, 서로 다른 에어포일 단면과 고양력장치가 넓은 영역의 설계 양력계수 및 익면하중 범위에 매칭될 가능성이 높다. 시작점으로, 연료탱크 용량과 같은 실용적인 구속조건에 대한 고려가 없이 설계 공간을 살펴볼 것이다. 그림 10.4 에 나오는 날개 기하의 폭넓은 변화가 다소 비현실적으로 보일 수도 있지만, 이는 전체적인 설계민감도와 비최적 선택으로 인한 페널티에 대한 훌륭한 개요를 보여주고 있다. 우연하게도 현재 설계 경우는, 그림 5.5 에 나온 것과 같은 동일한 전체 체적을 갖는 날개와 동체

---

[3] 끝단에 윙렛이 장착된다면 스팬의 정의는 조정되어야 할 수도 있다.

조합에 대한 진전과는 근본적으로 다르다.

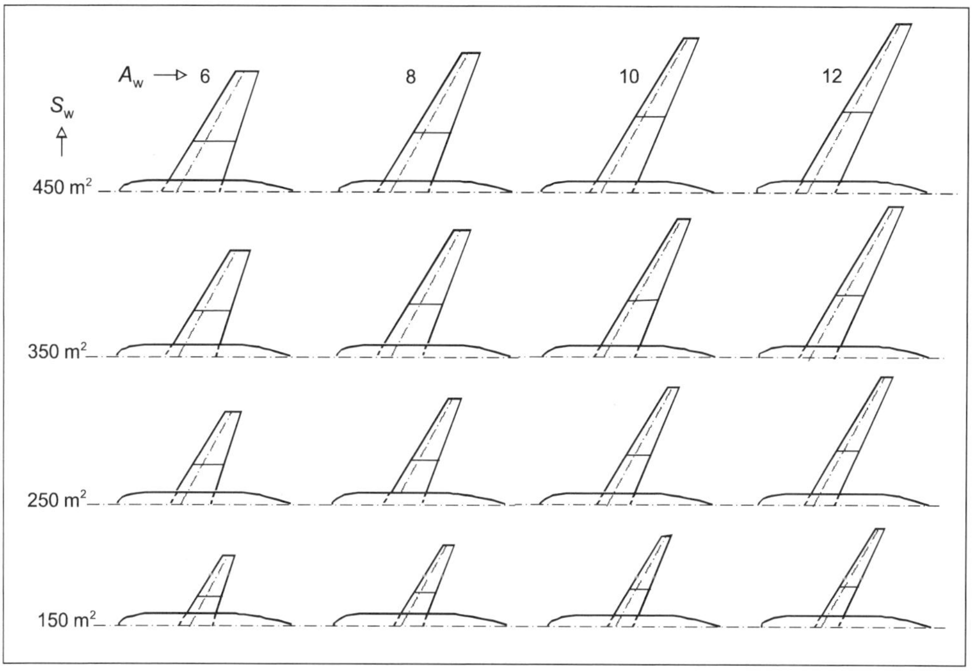

그림 10.4 서로 다른 면적과 가로세로비를 갖는 날개와 동체의 조합

10.3 설계 민감도 정보

현실적인 최적화를 위해서는 선택변수와 관련된 항공기의 항력과 중량의 함수적인 민감도에 대해서 파악하는 것이 필수이다. 제 8 장과 9 장에서 논의되었던 방법론이 이번 장의 기초가 되지만, 설계공간은 다른 기하학적 특성을 최적화하기 위한 적용으로 확장된다. 이전 장에서와는 달리, 초기 순항고도는 일정하게 유지되고 $\widehat{C}_L$ 의 변화는 변화하는 익면하중의 영향을 받는다.

10.3.1 공기역학 효율

현재 최적화를 위해서 필수적인 기체 항력 성분은 날개와 수평 꼬리날개의 프로파일 항력, 동체와 수직 꼬리날개의 유해항력 그리고 양력으로 인한 항력이다. 날개 면적에 대한 항력성분의 변화는 8.4 장에서 논의되었다. 식 (8.17)에 따른 프로파일 항력계수 $\breve{C}_{D_P}$ 는 수평 꼬리날개가 날개면적에 비례해서 스케일되는 것으로 고려한다. 동체와 수직 꼬리날개의 항력면적은 고정된 것으로 가정하고, 따라서 날개 기하에는 독립적이다. 장착엔진의 추력 또는 출력의 변화의 측면에서, 나셀 항력은 엔진 추력의 감소로 취급될 수 있다. 그러나, 이번 장에서는, 엔진은 일정한 순항고도에 대해서 크기가 정해지고 엔진 추력과 나셀 크기의 변화는 작다. 항공기 항력과 기체 항력의 구분이 여전히 이루어질 수 있지만, 단순함을 위해서 여기서는 이를 무시하고 나셀 항력은 고정된 것으로 간주한다.

식 (8.19)에 따른 설계 조건에서 공기역학 효율의 역수는 가로세로비에 따라 달라지는 양력으로 인한 항력계수 K_L 에 대해서 정리될 수 있다.

$$\frac{\widehat{C}_D}{\widehat{C}_L} = \frac{C_{D0}}{\widehat{C}_L} + \frac{\widehat{C}_L}{\pi A_w \breve{e}} = \frac{\breve{C}_{DP}}{\widehat{C}_L} + \widehat{q}\,\frac{(C_{DP} S)_{fix}}{W_{MTO}} + \frac{\widehat{C}_L}{\pi A_w \breve{e}} \tag{10.3}$$

8.4 장은 시위 레이놀즈수와 표면 마찰항력에 대한 스케일 효과로 인해서 $\breve{C}_{D_P}$ 가 날개면적 변화에 다소 민감하다는 것을 설명하고 있다. $\widehat{C}_L$ 과 A_w 가 설계변수가 되면, 이는 더 복잡해져서 $\breve{C}_{D_P} \propto (\widehat{C}_L A_w)^{1/12}$ 가 되는 것을 알 수 있다. 이러한 개선은 수치해석으로 처리될 수 있지만, 여기서는 현재 유사-해석적인 접근방법의 단순화를 이유로 무시한다. 공기역학적인 날개 설계는 그림 4.3 과 같이 최적 캠버와 워시아웃 분포의 선택으로 $\widehat{C}_L$ 의 변화에 조정되는 것으로 가정한다. 이는 일반적인 Oswald 계수보다 높은, 예를 들어 0.90 에서 0.95 사이인 수정된 Oswald 계수 $\breve{e}$ 에 반영되어 있다.

양력으로 인한 항력계수는 가로세로비가 증가하면 계속해서 감소하기 때문에, 최대 공기역학 효율을 제공하는 가로세로비는 존재하지 않는다. 그러나 설계 양력계수는 부분 최적값을 갖는다.

$$\widehat{C}_{L_{ref}} \overset{\text{def}}{=} \sqrt{\breve{C}_{D_P} \pi A_w \breve{e}} \tag{10.4}$$

이로 인해서 주어진 GW 와 비행조건에 대한 최소 성취 가능한 항력은 다음과 같다.

$$\left(\frac{\widehat{C}_D}{\widehat{C}_L}\right)_{ref} = 2\sqrt{\frac{\breve{C}_{D_P}}{\pi A_w \breve{e}} + \widehat{q}\,\frac{(C_D S)_{fix}}{W}} \tag{10.5}$$

식 (10.4)와 (10.5)는 포물선 항력곡선을 갖는 (완전히 정의된) 운용 항공기에 대한 최소 항력조건과는 다르다는 사실에 주목하는 것이 중요하다.

$$\left(\frac{C_D}{C_L}\right)_{min} = 2\sqrt{\frac{C_{D0}}{\pi A_w e}} \quad \text{for} \quad C_{L_{MD}} = \sqrt{C_{D0} \pi A_w e} \tag{10.6}$$

이에 대한 설명으로는, $\widehat{C}_{L_{ref}}$ 는 주어진 비행조건에서 최대 $\widehat{C}_L / \widehat{C}_D$ 에 대한 익면하중을 정의하는 반면, $C_{L_{MD}}$ 는 주어진 날개 기하에 대한 최적 비행조건을 정의한다는 것이다. 두 기준이 전체 시스템으로써의 항공기에 대한 최적 설계와 운용조건을 나타내지는 않는다. 두 최적해가 외형상 유사해 보이지만, 이들은 서로 다른 목적함수에 적용된다. 이러한 근본적인 측면은 이번 장에서 개발되는 이론에 대해서 광범위한 영향을 미친다.

10.3.2 추진중량 기여

8.5 장에서 도출된 결과가 이번 적용을 위해서 다음과 같이 요약되었다.

- MTOW 의 분율로 표시된 임무연료는 다음과 같다.

$$\frac{W_{misf}}{W_{MTO}} = \frac{R_{eq}}{\eta_o H/g} \frac{\widehat{C}_D}{\widehat{C}_L} \tag{10.7}$$

여기서 $H/g = 4350\text{km}$ (2349nm)이다. 등가 항속거리 R_{eq} 는 임무 항속거리를 순항하는 동안의 총중량 감소와 이륙, 상승, 하강, 접근과 착륙하는 동안 연소된 연료에 대해서 수정한 것이다.

- 전체 이륙추력의 분율로 표시되는 동력장치 중량은 순항시 항력과 밸런스를 맞추기 위해서 필요한 추력으로부터 구할 수 있다.

$$\frac{W_{pp}}{W_{MTO}} = \frac{\mu_T}{\tau\delta} \frac{\widehat{C}_D}{\widehat{C}_L} \tag{10.8}$$

여기서 μ_T 는 단위 이륙추력당 동력장치 중량이다. 매개변수 τ 는 수정 추력감율을 나타내는 것으로, 다시 말해서 수정된 최대 순항추력 T/δ 를 이륙추력 T_{TO} 로 나눈 값으로, 여기서 δ 는 상대 주변대기압을 의미한다.

- 추진중량 페널티는 임무연료와 동력장치 중량의 조합이다.

$$\frac{W_{prop}}{W_{MTO}} = F_{prop} \frac{\widehat{C}_D}{\widehat{C}_L} = \left(\frac{R_{eq}}{\eta_o H/g} + \frac{\mu_T}{\tau\delta} \right) \left\{ \frac{\breve{C}_{D_P}}{\widehat{C}_L} + \frac{\widehat{q}(C_D S)_{fix}}{W_{MTO}} + \frac{\widehat{C}_L}{\pi A \breve{e}} \right\} \tag{10.9}$$

지정된 순항조건에 대해서, 추진함수 F_{prop} 은 기체의 특성에 따라서 달라지지 않는 상수이다.

10.3.3 날개와 꼬리날개 구조 중량

아음속 날개는 일반적으로 후퇴각이 거의 0 에 가깝고, 두께비는 임계 압축성 효과를 피하기 위한 목적에 따라서 제한되는 상한선을 갖는다.

원칙적으로, 재료의 두께를 결정하는 모든 구조성분에 대한 하중 케이스를 고려할 필요가 있고, 이러한 접근방법은 많은 수의 단계와 반복계산이 필요하다. 예를 들어, 구조부품은 임계조건을 찾기 위해서 연료와 유상하중, 설계속도 및 고도 등의 조합과 같은 몇 가지 하중 분포에 견딜 수 있도록 크기가 정해진다. 뿐만 아니라, 선험적으로 알려지지 않은 날개의 구조중량 분포는 관성경감 효과에도 영향을 미친다. 이러한 방법론의 사례가 제 11 장에 설명되어 있다. 각 요소의 스팬방향에 대한 임계하중 변화를 고려하기 위해서는 보다 정교한 다중스테이션 방법(Multiple station method)이 필요하다. 상부와 하부 박스 패널과 같은 부품에 대해서는 외피/스트링어 형상과 리브 간격에 대한 선택이 이루어져야 한다. 뿐만 아니라, 날개 박스의 모든 주요 부품은 부차적인 최적화를 해야 하고, 각 날개 기하는 구조적인 위상에 맞추어 조정되어야 하기 때문에, 이러한 접근방법은 시간이 많이 필요한 계산과정을 수반할 것이다. 수평 꼬리날개 중량의 예측은 꼬리날개 기하와 임계 꼬리날개 하중에 대한 정보가 필요하며, 날개에 대한 것과 동일한 구조 사이징 방법을 따른다. 전체 중량예측은 오랜 시간과 집중적인 컴퓨터의 사용이 필요하며, 정확도의 향상을 보장하지 않으면서 비행기 시스템의 최적화 효율은 저하시킨다.

현재 해석적인 최적화를 위해서, 식 (8.1)이 날개중량 민감도의 계산을 위한 시작점으로 사용된다. 기동하중이 날개면적과 가로세로비의 모든 값에 대한 임계조건이라고 가정된다. 수평 꼬리날개 중량은 날개면적과 밀접한 관계가 있기 때문에, 꼬리날개 중량은 날개중량의 분율로 설명된다

$$r_h \overset{\text{def}}{=} \frac{W_h}{W_w} \tag{10.10}$$

여기서 전형적인 값은 $r_h = 0.10$ 이다. 이를 식 (8.1)에 대입하면, 날개와 수평 꼬리날개 중량 분율을 구할 수 있다.

$$\mu_{w+h} \overset{\text{def}}{=} \frac{W_w + W_h}{W_{MTO}} = \Phi_1 A_w \sqrt{\frac{A_w}{\hat{C}_L}} + \frac{\Phi_2}{\hat{C}_L} \tag{10.11}$$

무차원 중량 매개변수는 다음과 같이 정의된다.

$$\Phi_1 = 0.0013(1 + r_h)\frac{\sqrt{W_{MZF}/\hat{q}}}{b_{ref}} \frac{n_{ult}\eta_{cp}}{\overline{(t/c)}_w(cos\,\Lambda_w)^2} \tag{10.12}$$

여기서 $b_{ref} = 100\text{m}$ (328ft)이고

$$\Phi_2 = (1 + r_h)\frac{\Omega_S}{\hat{q}} \tag{10.13}$$

그림 8.1 에 나오는 기본형 설계를 위해서 사용된 전형적인 값으로는, $\Phi_1 = 0.0020$ 그리고 $\Phi_2 = 0.025$ 이다.

10.3.4 날개 페널티 함수와 MTOW

추진중량 페널티와 유사하게 필수적으로 필요한 날개와 관련된 중량페널티를 고려한다. 날개

페널티 함수(Wing Penalty Function, WPF)는 세 개의 서로 독립된 중량 성분으로 구성된다.

(1) 날개와 꼬리날개 구조중량
(2) 날개와 수평 꼬리날개 항력과 밸런스를 맞추는데 필요한 엔진 중량
(3) 임무 항속거리 동안 날개와 수평 꼬리날개 항력과 밸런스를 맞추는데 필요한 임무 연료 중량

WPF 는 고정된 항력 면적으로 인한 항력을 제하고, 날개와 수평 꼬리날개 구조중량을 더하는 것으로 식 (10.9)로부터 구할 수 있다.

$$F_{wp} \overset{\text{def}}{=} \Phi_1 A_w \sqrt{\frac{A_w}{\hat{C}_L}} + \frac{\Phi_2}{\hat{C}_L} + F_{prop}\left(\frac{\breve{C}_{D_P}}{\hat{C}_L} + \frac{\hat{C}_L}{\pi A \breve{e}}\right) \tag{10.14}$$

선택변수 $\hat{C}_L$ 과 A_w 는 이 식에서 명시적이고, 이는 해석적인 최적해를 도출하는데 용이한 상황이다. 최대 이륙중량(MTOW)은 민간 항공기에서는 중요한 성능지수(FOM)이고, 설계 최적화에서 복석함수로 흔히 사용된다. 8.6 장에서 도출된 MTOW 는 다음과 같이 수정된다.

(a) 나셀 항력을 추력 손실로 고려하지 않고, $\bar{\tau}$ 는 τ 로 대체된다.
(b) 고정된 항력면적 $(\breve{C}_{D_P}S)_{fix}$ 가 나셀 항력면적을 포함한다.

MTOW 에 대한 결과적인 표현은 다음과 같다.

$$W_{MTO} = \frac{W_{pay} + \sum W_{fix} + F_{prop} q (\breve{C}_{D_P} S)_{fix}}{1 - (\mu_{resf} + \mu_{lg} + F_{wp})} \tag{10.15}$$

이 식은 날개의 페널티 함수 F_{wp} 가 $\hat{C}_L$ 과 A_w 의 변화를 반영하는 유일한 항이라는 것을 보여준다. 따라서, 주어진 순항고도와 속도에 대해서 WPF 의 최소화는 MTOW 의 최소화의 경우와 동일한 최적해를 제공한다. 다시 말해서, 식 (10.15)의 분자에 있는 모든 중량성분에 대한 정보가 없이 WPF 에 근거해서 날개 설계를 최적화하는 것이 적절하다는 의미이다. 이는 최적 날개 면적과 가로세로비가 WPF 에 포함되지 않는 모든 항력과 중량성분에 대해서 독립하다는 것을 의미한다. 뿐만 아니라, 최적해의 정확도는 WPF 의 예측 정확도에만 의존한다는 것이다.

10.4 아음속 항공기 날개

10.4.1 문제 구조

아음속 날개는 대부분 후퇴각이 0 에 가깝고, 두께비는 압축성 효과를 피하기 위한 목적으로 정해지는 상한선을 갖는다. 따라서, 후퇴각과 두께비는 일정한 이미 설정된 매개변수이다. 날개의

최적화는 일정한 비행조건 $\bar{q}$ 에 대해서 수행된다. 원칙적으로 MZFW, 압력중심의 위치 그리고 Ω_S 는 종속변수이지만, 기본형 설계값으로부터의 편차는 무시할 수 있다. 따라서, 날개와 수평꼬리날개의 중량을 결정하는 매개변수 Φ_1 와 Φ_2 는 상수로 취급된다.

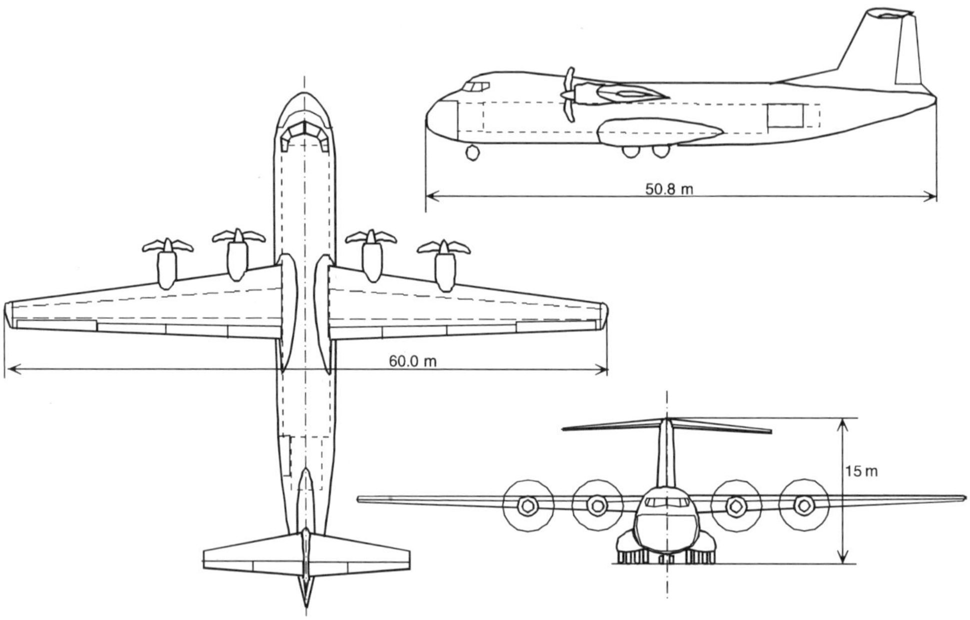

그림 10.5 유상하중 20 톤을 4000km 수송할 수 있도록 설계된 프로펠러 추진 수송 항공기의 기본형. 고도 9150m 에서 순항속도 600km/h 으로 최대 항속거리 6000km

이러한 이론이 그림 10.5 에 나오는 터보프롭 수송기 설계에 대해서 나와 있다. 이전 해석을 일반적으로 적용할 수 있지만, 추진함수 F_{prop} 은 터보프롭에 조정되어야 한다. 특히, 임무연료 중량항의 전체 효율 η_o 는 식 (3.28)과 같이 등가 동력 P_{eq} 에 기반한 엔진효율과 프로펠러 효율 η_{pr} 의 곱과 같다. 동력장치 중량 기여는 무차원 상수항으로 정의된다.

$$\frac{\mu_T}{\tau\delta} = \frac{power\ \ plant\ \ weight}{available\ \ cruise\ \ thrust} = \frac{W_{pp}}{T} = \frac{(W_{eng} + W_{nac} + W_{pr})V}{\eta_{pr} P_{eq}} \tag{10.16}$$

여기서 첨자 pr 은 프로펠러를 나타낸다. 이번 장은 최소 성취 가능한 MTOW 에 대한 조건을 유도하고, 최소 임무연료에 대한 조건으로 확장하는 것에 집중할 것이다.

10.4.2 비구속 최적값

예제 항공기에 대한 MTOW 컨투어가 그림 10.6 에 나와 있다. 몇몇 최적해가 곡선과 점으로 표시되어 있다.

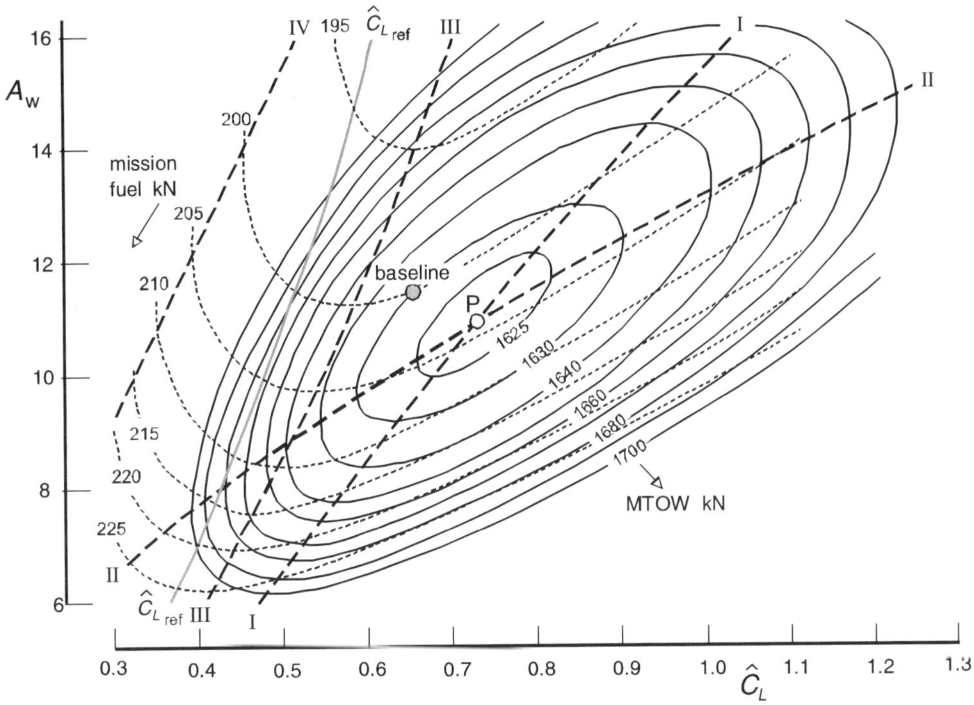

그림 10.6 그림 10.5 의 설계에 대해서 설계 양력계수 및 가로세로비가 MTOW 와 임무연료에 미치는 영향

1. 주어진 가로세로비에 대한 최적 설계 양력계수(곡선 I)는 조건 $\partial F_{wp} / \partial \hat{C}_L = 0$ 으로 정의되어 식 (8.43)과 동일한 초월방정식(transcendental equation)으로 표현된다.

$$\hat{C}_L = \sqrt{\breve{C}_{D_P} \pi A_w \breve{e}} \left(1 + \frac{0.5\Phi_1 A_w \sqrt{A_w \hat{C}_L} + \Phi_2}{\breve{C}_{D_P} F_{prop}} \right)^{0.5} \tag{10.17}$$

그림 10.6 은 현재 최적값과 최소 날개 항력에 대한 양력계수 $\hat{C}_{L_{ref}}$ 의 차이를 분명히 보여주고 있다. 연료중량에 대한 날개중량이 증가하는 것으로 인해서, 가로세로비가 증가하면 해당하는 익면하중값 사이의 차이도 증가한다. 전역 최적값 부근의 반응면은 평평하기 때문에, MTOW 는 비최적값에 대해서 그다지 민감하지는 않다. 예를 들어, 최적 $\hat{C}_L$ 보다 20% 위 또는 아래인 경우, MTOW 에는 1.5%만큼 페널티가 추가된다.

2. 주어진 양력계수에 대한 최적 가로세로비(곡선 II)는 $\partial F_{wp} / \partial A_w = 0$ 으로부터 다음과 같이 구할 수 있다.

$$A_w = \hat{C}_L^{0.6} \left(\frac{2F_{prop}}{3\Phi_1 \pi \breve{e}} \right)^{0.4} \tag{10.18}$$

이 가로세로비는 높은 $\hat{C}_L$ 에 대해서 민감하게 증가하지만, MTOW 는 부분 최적해로부터의 편차에는 민감하지 않다.

3. 비구속 전역 최적해. 곡선 I 와 II 의 교점(설계 P)은 설계 양력계수에 대한 닫힌 형태의 해석 방정식으로 정의된다.

$$\hat{C}_L = (\breve{C}_{D_P} + \Phi_2 / F_{prop})^{5/7} (1.5\pi\breve{e})^{3/7} (F_{prop} / \Phi_1)^{2/7} \tag{10.19}$$

그리고, 가로세로비는

$$A_w = (\breve{C}_{D_P} + \Phi_2 / F_{prop})^{3/7} (1.5\pi\breve{e})^{-1/7} (F_{prop} / \Phi_1)^{4/7} \tag{10.20}$$

최적 선택변수는 다음과 같이 조합된다.

$$\frac{\hat{C}_L}{\sqrt{A_w}} = \sqrt{1.5\pi\,\breve{e}(\breve{C}_{D_P} + \Phi_2 / F_{prop})} \tag{10.21}$$

반면 임무연료 중량에 대한 날개와 꼬리날개 구조중량의 최적 비율은

$$\frac{W_w + W_h}{W_{misf}} = \frac{2\breve{C}_{D_P} F_{prop} + 4\Phi_2}{5\breve{C}_{D_P} F_{prop} + 3\Phi_2} \tag{10.22}$$

최소 날개 페널티 함수는 다음과 같다.

$$F_{wp} = 3.5 \left(\frac{F_{prop}}{1.5\pi\,\breve{e}} \right)^{3/7} \left\{ \Phi_1 (\breve{C}_{D_P} F_{prop} + \Phi_2) \right\}^{2/7} \tag{10.23}$$

이러한 결과에 대한 관찰로부터 다음과 같은 효용성을 알 수 있다.

- 전역 최적해 부근에서 반응면이 상당히 평평하기 때문에, $\hat{C}_L$ 과 A_w 가 최적값 근처에서 선택된다면 F_w 는 정확히 근사될 수 있다. 따라서, 만약 익면하중과 가로세로비가 아직 선정되지 않았다면, 식 (10.23)은 MTOW 의 첫 예측으로 유용하다.
- 다양한 공기역학 그리고 (날개) 중량 매개변수에 대한 날개 페널티 함수의 민감도는 쉽게 계산할 수 있기 때문에, 기술평가를 위한 유용한 도구로 사용할 수 있다. 예를 들어, 날개에 대한 층류제어(LFC)의 적용은 유해항력을 상당히 감소시키고, 최소 MTOW 에 대한 최적 익면하중과 가로세로비는 일반적인 날개에 비해서 낮아질 것이다. 이러한 결론은 날개중량 증분과 흡입동력

요구조건과 같은 부차적인 영향을 고려한다고 하더라도 여전히 유효하다.

- 설계 항속거리가 길어지면 F_{prop} 도 증가한다. 주어진 순항고도에 대해서, 초장거리 항공기 날개는 높은 설계 양력계수와 높은 가로세로비를 가져야 한다. 전역 최적 날개와 꼬리날개 구조중량은 임무연료 중량의 50~60% 정도이다.
- 식 (10.21)과 (10.22)는 1 차 날개 중량 매개변수 Φ_1 에 독립인 최적비율을 나타낸다. 장거리 비행기에 대해서, 2 차 날개 중량 매개변수 Φ_2 는 이 비율에 대해서 상대적으로 작은 영향을 갖는다. $\Phi_2 = 0$ 에 대해서, 최적 양력계수는 최소 날개항력에 대한 양력계수 $C_{L_{ref}}$ 에 비해서 22% 높다.

10.4.3 최소 추진중량 페널티

8.7 장에서는 임무연료와 동력장치 장착의 조합된 비용이 중요한 DOC 페널티를 구성한다고 주장되었다. 따라서, 추진중량 페널티의 절대값을 최소화하는 것이 합리적이다.

$$W_{prop} = F_{prop}\left\{\left(\frac{\breve{C}_{D_P}}{\hat{C}_L} + \frac{\hat{C}_L}{\pi A_w \breve{e}}\right)W_{MTO} + \hat{q}(C_D S)_{fix}\right\} \tag{10.24}$$

여기서 F_{prop} 은 식 (10.9)에 의해서 정의된다. 식 (10.15)를 대입하면 W_{prop} 의 부분 최적값이 다음에 대한 값과 같다는 것을 알 수 있다.

$$(1-\mu_{resf}-\mu_{lg}-\mu_{w+h})^{-1}\left(\frac{\breve{C}_{D_P}}{\hat{C}_L} + \frac{\hat{C}_L}{\pi A_w \breve{e}}\right) \tag{10.25}$$

부분 최적값의 해석적인 유도로부터 초월방정식을 얻을 수 있다. 부분 최적 설계 양력계수에 대한 다음 근사가 제안된다.

$$\hat{C}_L = \hat{C}_{L_{ref}}(1+\mu_{w+h}) \tag{10.26}$$

그리고, 부분 최적 가로세로비는

$$A_w = \hat{C}_L\left(\frac{1-\mu_{resf}-\mu_{lg}-\mu_{w+h}}{3\Phi_1 \breve{C}_{D_P}\pi \breve{e}}\right)^{0.4} \tag{10.27}$$

최소 추진중량 페널티에 대한 최적값은 그림 10.6 에서 예제 설계에 대한 컨투어 곡선의 형태로 나타낸 최소 임무연료에 대한 최적값과 동일하다. (상당히 평평한) 최적 $\hat{C}_L$ (곡선 III)은 $\hat{C}_{L_{ref}}$ 에 비해서 12~16% 더 높다. 주어진 익면하중에 대한 최적 가로세로비(곡선 IV)는 너무 높기 때문에 현실적인 설계가 될 수 없다. 매우 높은 가로세로비는 예제 설계에서는 유용하지 않다.

10.4.4 정확도

비구속 부분 및 전역 최적해의 유도는 단순화된 유사-해석적인 방정식에 기반한다. Φ_1 과 Φ_2 의 예측은 부분적으로 통계에 기반하기 때문에 5~10%의 오차를 예상해야 한다. 유도된 방정식으로부터 익면하중과 가로세로비에 대한 최적해에서 유사한 오차가 발생할 것이라는 것을 알 수 있다. 날개 페널티 함수는 1~2%의 오차를 가질 수도 있지만, 결과는 여전히 현실적이다. 날개 박스 중량 예측의 정확도는 스테이션 해석 및/또는 유한요소법(Finite Element Method, FEM)의 적용으로 향상될 수 있는 반면, 2 차 구조중량은 개념설계 단계에서는 정확한 예측이 어렵다(제 11 장). 몇몇 발표된 최적화 연구에서는 2 차 날개 중량을 단순히 1 차 구조 중량의 퍼센티지로 취급했다. 그러나, 만약 1 차 날개 중량이 전체 날개 중량의 2/3 이라면, Φ_1 에는 1.5 가 곱해지고 $\Phi_2 = 0$ 이 되어 모든 최적해에 대해서 잘못된 결과를 가져온다.

예를 들어, 날개 페널티 함수 자체는 실질적으로 영향을 받지 않더라도 전역 최적 익면하중과 가로세로비는 모두 20~35% 감소하고, 날개와 꼬리날개 중량은 40%로 내려가며, 임무연료는 60%로 증가한다. 보다 대략적인 단순화는 날개 중량을 일정한 비중량에 날개면적을 곱해서 계산하는 것이다. 현재 이론상 이는 $\Phi_1 = 0$ 이고 Φ_2 는 3 배만큼 증가한다는 것을 의미한다. 이와 같은 경우, 최적 가로세로비는 무한대가 되고 현실적인 $A_w = 11$ 에 대해서 (부분) 최적 익면하중은 25%만큼 증가한다. 이러한 문제의 일부는 부등식 구속조건을 부과하는 것으로 피할 수 있지만, 이러한 인위적인 해결방법은 결과의 신뢰성을 저하시킨다.

10.5 구속 최적값

비구속 전역 최적 날개면적과 가로세로비는 실용적인 설계 요구조건으로 인해서 불가능할 수도 있다. 특히, 이륙거리에 대한 제한은 날개면적과 스팬에 구속조건을 부과한다. 만약 이 조건이 활성 구속조건이 된다면, 가능한 최적 스팬하중은 영향을 받게 된다. 구속조건과 최소 MTOW 에 대한 구속 최적값이 그림 10.7 에 나와 있다. 각각에 대한 상대적인 위치와 비구속 최적값에 대한 상대적인 위치가 최종적으로 최상의 가능한 설계를 결정한다. 만약 성능 요구조건이 너무 까다롭지 않고 설계 기술이 적절하다면, 모든 구속조건의 조합은 설계 공간에서 가능한 영역을 나타낸다. 최적 날개 설계는 모든 구속조건에서 식별될 수 있다. 만약 이들 중에서 어느 것도 모든 구속조건을 만족하지 못한다면, 전역 최적값은 두 구속조건의 교점상에 위치한다.

10.5.1 이륙 활주거리

9.4 장에서는 주어진 활주로에서 이륙하는데 필요한 엔진 추력은 주로 스팬하중 W_{MTO}/b_w^2 에 따라서 결정된다는 것을 살펴보았다. 현재 사례의 경우, 장착 이륙추력대 중량비는 기본형 항공기에

대해서 알려진 것으로 간주한다. 따라서, 활주로 길이 구속조건은 스팬하중에 대한 구속조건과 동일하다.

$$\frac{\hat{C}_L}{A_w} = \frac{W_{MTO}}{\hat{q}b_w^2} \tag{10.28}$$

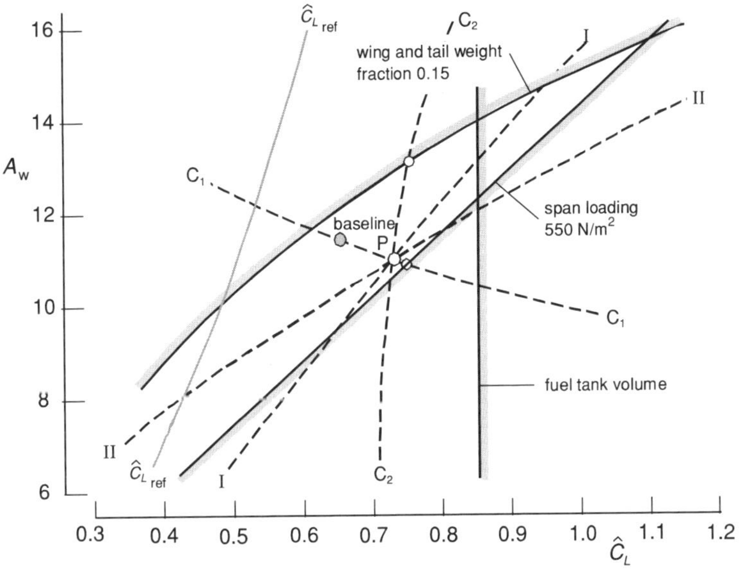

그림 10.7 그림 10.5 의 설계에 대한 부등식 구속조건과 구속 최적값

이는 설계 선택 차트인 그림 10.7 에서 직선으로 표시되어 있다. 구속 최적값은 지역 등가 MTOW(iso-MTOW) 컨투어에 접하는 지점이다. 이는 식 (10.28)을 식 (10.14)에 대입하고, 이의 미분값을 0 으로 두는 것으로 해석적으로 도출할 수 있다.

$$A_w\hat{C}_L^{1/3} = \left(\frac{\breve{C}_{D_P}F_{prop} + \Phi_2}{\Phi_1}\right)^{2/3} \tag{10.29}$$

이 결과는 설계 P 에서 모든 부분 최적해를 교차하는 곡선 C_1 으로 표시되어 있다.

10.5.2 탱크 체적

민간항공기에 대해서 흔히 부과되는 요구조건은 모든 연료가 날개 내부에 저장되어야 한다는 것이다. 연료탱크의 사용 가능한 체적과 필요한 체적 사이의 전형적인 관계를 이용하면, 주어진 평균 두께비에 대한 사용 가능한 연료탱크 부피는 다음과 같다.

$$V_{tank} = 0.90\eta_{tank}\overline{(t/c)}_w S_w^{1.5} A_w^{-0.5} \tag{10.30}$$

주로 평면 면적의 분율로써 나타내는 날개 박스의 평면 면적에 따라서 달라지는, 전체 일체형 연료탱크 날개(wet wing)의 체적효율 η_{tank} 는 약 0.55 정도이다. 탱크의 체적은 그림 2.3 의 최대 순항거리 R_M 을 비행하는데 필요한 전체 연료체적보다 몇 퍼센트 정도 더 크며, 이는 임무연료와 예비연료로부터 다음과 같이 구할 수 있다.

$$(W_f)_{max} = \frac{(R_M)_{eq}}{\eta_o H/g}\left\{\left(\frac{\breve{C}_{D_P}}{\widehat{C}_L} + \frac{\widehat{C}_L}{\pi A_w \breve{e}}\right)W_{MTO} + \widehat{q}(C_D S)_{fix}\right\} + C_{resf}W_{MTO} \tag{10.31}$$

여기서 등가 항속거리는 식 (8.29)로 정의된다. 만약 모든 연료가 날개 탱크에 저장된다면, 이륙 익면하중의 상한선은 이러한 두 방정식을 조합하는 것으로 풀 수 있다. 날개 체적과 최대 L/D 비율은 모두 $\sqrt{A_w}$ 에 반비례하기 때문에, 익면하중 구속조건은 가로세로비에 민감하지 않다. 예로 들었던 기본형 화물 수송기 설계는 중거리 항공기이고, 날개 탱크 체적 구속조건은 대부분의 설계공간에서 비활성인 것으로 나타난다.

익면하중 구속조건은 $W_{MTO}^{1/3}$ 에 비례해서 변화하기 때문에, 체적 구속조건은 상대적으로 소형인 장거리 항공기에 대해서는 문제가 될 수 있다. 만약 결과적인 중량 페널티를 받아들일 수 없다면, 순항고도의 증가를 고려할 수 있고, 이는 장착엔진 추력의 증가를 댓가로 최적 날개면적의 증가와 소모되는 연료의 감소로 이어질 수 있다. 몇몇 비지니스 제트 항공기에 적용된 또 다른 해결방법으로는 후방 동체에 연료탱크를 장착하는 것이다.

10.5.3 날개와 꼬리날개 중량 분율

식 (10.19)와 (10.20)에 따른 비구속 최적해는 항속거리가 증가하면 최적 익면하중과 가로세로비 모두 증가한다는 것을 보여준다. 이는 부분적으로는 최적 날개와 꼬리날개 중량이 연료중량의 특정 분율로 나타난다는 사실로 설명될 수 있다. 개발과 제작비용은 자체중량과 관계되기 때문에, 큰 날개는 바람직하지 않다는 것에는 이론의 여지가 없다. 만약 중량분율 μ_{w+h} 에 제한이 부과된다면, 가로세로비의 상한선은 식 (10.11)로부터 구할 수 있다.

$$A_w \le \widehat{C}_L^{1/3}\left(\frac{\mu_{w+h} - \Phi_2/\widehat{C}_L}{\Phi_1}\right)^{2/3} \tag{10.32}$$

이는 그림 10.7 에 $\mu_{w+h} = 0.15$ 에 대해서 표시되어 있다. 식 (10.14)의 적용은 구속 최적값이 일정한 날개와 꼬리날개 중량 분율에 대한 최대 L/D 비율과 동일하다는 것을 증명한다. 다시 말해서, 다음 조건이 최소 MTOW 뿐 아니라 최소 연료중량에도 적용된다는 것이다.

$$\hat{C}_L = \sqrt{1.5\breve{C}_{D_P}\pi A_w \breve{e}}\left(1 - \frac{\Phi_2}{\Phi_1 A_w^{1.5}\hat{C}_L^{0.5}}\right)^{-0.5} \tag{10.33}$$

이는 그림 10.7 에 곡선 C_2 로 표시되어 있다. 가로세로비가 이 방정식에서 중요하지만, 최적 $\hat{C}_L$ 은 이에 민감하지는 않은 것으로 보인다.

10.5.4 설계의 선정

그림 10.6 와 10.7 의 조합은 여기에 표시되지는 않았지만 그림 9.6 과 유사하고, 이를 설계선택 차트라고 한다. 화물 항공기 설계자에게 이 차트는 비구속 최적값인 설계 P 를 포함하는 편리한 가능영역이 존재하기 때문에 더 없이 유용하다. 현재 사례에서 기본형 설계는 설계 P 와 비교해서 다소 높은 가로세로비와 10% 낮은 익면하중을 갖는다. 기본형 설계는 0.4% 높은 MTOW 를 댓가로 지불하면서 전역 최적값보다 2% 작은 임무연료가 필요하며 더 우수한 활주로 성능을 갖는다. 보다 일반적인 상황에서는, 비구속 최적값이 가능 설계공간의 외부에 있거나 또는 가능한 설계가 존재하지 않는다. 첫 번째의 경우, 설계점은 구속조건상에서 또는 두 개의 구속조건의 교점에서 선택된다. 두 번째의 경우에는 엔진 선정에 대해서 다시 고려하고, 최신 기술을 도입하고 그리고/또는 가장 임계가 되는 요구조건을 완화할 필요가 있겠지만, 이는 새로운 설계 반복계산이 불가피하다.

10.6 천음속 항공기 날개

> 이 연구는 또한 주요 경향이 감지하기 어렵고 잘 숨어있어서, 컴퓨터를 이용해서 구하는 순수한 수학적인 해법이 아닌 근사적인 해법으로부터 전부 쉽게 놓칠 수도 있는 정말 중요한 것에 대해서 얼마나 많은 통찰력을 얻을 수 있는가를 매우 분명하게 보여주고 있다.
>
> D. Küchemann [1] page 419 (1978)

10.6.1 기하

천음속 날개의 공기역학 설계는 압축성 효과를 고려할 필요가 있다. 이는 순항비행에서 설계 마하수에 따라서 달라지는 날개 기하의 변화가 필요하다. 대부분의 고속 날개는 양의 후퇴각과 시위상의 킹크 그리고 스팬 방향에 대한 두께비의 분포를 가지고 있다(그림 10.2). 킹크의 바깥쪽 날개는 안쪽 날개와 비교해서 감소된 테이퍼와 작은 두께비를 갖는다. 뿌리의 두께비는 일반적으로 1.2 배 더 높다. 이러한 형상은 (a) 구조적인 하중이 가장 높은 뿌리에서 높은 두께비와 (b) 압축성 효과가 더욱 요구되는 바깥쪽 날개에서 감소된 거의 일정한 두께비를 조합하는 것으로 인해서 서로 상반되는 공기역학 그리고 구조적인 목표의 절충점을 이루는 것이다. 천음속 날개 개념설계의 경우, 후퇴각 Λ_w 와 평균 두께비 $\overline{(t/c)}_w$ 가 추가적인 선택변수가 된다.

- 저속 공기역학 특성을 계산하기 위해서는 대부분 1/4 시위선이 사용되지만, 여기서는 바깥쪽 날개의 중간 시위선을 이용해서 후퇴각 Λ_w 를 정의한다. 그 이유는 높은 하중을 받는 바깥쪽 부분의 초임계 압력분포에 대한 특징을 대표하기 위해서는 중간 시위선(mid-chord line)이 더 적절하기 때문이다.
- 그림 10.2(a)에 나온 것과 같이, 직선 테이퍼 날개의 평균두께비 $(\overline{t/c})_w$ 는 뿌리와 끝단 두께비의 평균값이다. 그림 10.2(b)에 나온 것과 같은 복잡한 날개의 겨우, 앞전 킹크에서의 두께비를 사용하는 것이 바람직하다.

설계 양력계수와 무관하게, 가로세로비, 후퇴각 그리고 두께비는 천음속 민간항공기 날개에 대한 주요 선택변수이다. 이는 식 (10.11)과 (10.12)에서 정의되었던 날개와 수평 꼬리날개 중량에 대해서 다음과 같은 수정을 필요로 한다.

$$\mu_{w+h} = \frac{\Phi_3}{(\overline{t/c})_w(cos\,\Lambda_w)^2} A_w \sqrt{\frac{A_w}{\hat{C}_L}} + \frac{\Phi_2}{\hat{C}_L} \tag{10.34}$$

여기서

$$\Phi_3 = 0.0013(1 + r_h)\eta_{cp} n_{ult} \frac{\sqrt{W_{MZF}/\hat{q}}}{b_{ref}} \tag{10.35}$$

그림 8.1 에 나오는 설계는 $\Phi_3 = 0.0002$ 를 가지며, Φ_1 보다 한 자리수(one order of magnitude) 더 작다.

10.6.2 설계조건에서 날개 항력

4.5 장과 4.4 장에 나오는 항공기 항력에 대한 논의에서는 항력계수가 마하수와 양력계수에 따라서 달라진다는 것을 설명하였다. 그림 4.11 에 나오는 전체 천음속 항력 특성에 대한 신뢰할만한 예측을 위해서 CFD 방법 외의 다른 대안은 없다. 그러나, 현재 적용에서는 예비설계 단계 동안 세부적인 날개설계가 최적화될 설계조건에서의 항력에 집중한다. 이는 주로 후퇴각과 두께비의 선정을 필요로 해서, 그 결과 설계조건인 순항비행에서 지정된 압축성 항력이 된다. 다음의 항력 분해가 이러한 원리를 만족한다.

1. 무양력 항력은 대부분 마찰항력으로 구성되며, 설계조건에서 압력항력은 그 크기가 작다. 비압축성 유동에서 에어포일 단면의 무양력 프로파일 항력 계수는 평판의 표면 마찰항력계수 C_f 에 표면속도(supervelocity)와 압력항력을 설명하기 위한 형상계수를 곱하는 것으로 계산된다.

$$c_{d_P} = 2\Phi_f C_f = 2(1 + r_\Phi\, t/c) C_f \tag{10.36}$$

천이점과 최대 흡입이 발생하는 지점에 따라서, 형상계수 r_Φ 의 크기는 두께비 0.15 까지 2.5 에서 3.5 사이가 된다. 단면 항력을 3 차원 날개 항력으로 변환하기 위해서 날개의 후퇴각이 다음과 같이 적용된다.

$$(\breve{C}_{D_P})_w = 2\left\{1 + r_\Phi (\overline{t/c})_w (\cos\Lambda_w)^2\right\} C_f \tag{10.37}$$

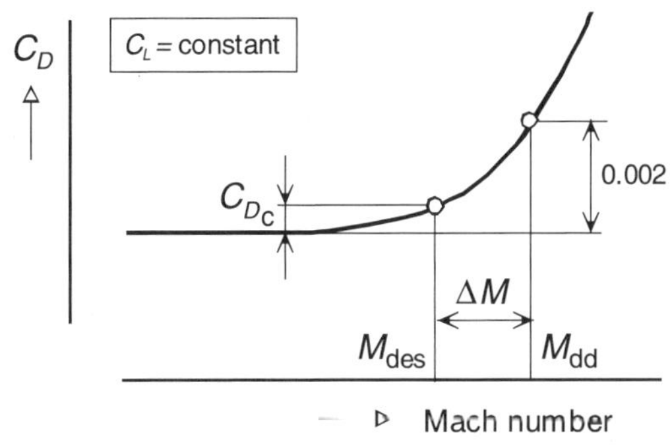

그림 10.8 천음속 마하수에 따른 항력계수의 변화

평균 두께비 $(\overline{t/c})_w$ 는 전면 면적대 평면 면적의 비율과 같다. 양력조건에서 프로파일 항력을 최소로 하기 위해서는 캠버에 대한 수정이 필요하다. 이 항은 일반적으로 설계 양력계수의 제곱에 비례하기 때문에, 이를 양력으로 인한 항력의 증분으로 간주한다. 수평 꼬리날개의 프로파일 항력은 날개의 프로파일 항력의 일정한 분율이라고 가정한다. 따라서, 날개의 프로파일 항력에 계수를 곱한다.

$$d_{w+h} \overset{\text{def}}{=} 1 + (\breve{C}_{D_P} S)_h \big/ (\breve{C}_{D_P} S)_w \tag{10.38}$$

이의 전형적인 값은 1.2~1.3 이다. 전체 날개와 꼬리날개를 합한 프로파일 항력은 따라서 다음과 같다.

$$\breve{C}_{D_P} = 2 d_{w+h} \left\{1 + r_\Phi (\overline{t/c})_w (\cos\Lambda_w)^2\right\} C_f \tag{10.39}$$

2. 양력으로 인한 항력은 타원형 양력분포로 인한 와류항력, 비타원형에 대한 수정 그리고 양력으로 인한 프로파일 항력으로 구성되어 다음과 같이 조합된다.

$$C_{D_L} = K_L \widehat{C}_L^2 = \frac{\widehat{C}_L^2}{\pi A_w \breve{e}} \tag{10.40}$$

평면 날개의 경우, 매개변수 $\breve{e}$ 는 1.0 보다 작지만 설계점과 탈설계점 조건에서 항공기의 항력곡선에 적용되는 전통적인 Oswald 계수보다는 높다. 유동의 박리는 설계 조건에서 적절한 에어포일 형상과 비틀림 분포를 이용해서 피할 수 있는 것으로 가정한다.

3. 압축성항력 C_{D_c} 는 모든 노출된 항공기 성분에서 발생할 수 있다. 그러나 초기 항력상승에는 날개의 기여만이 중요하고, 일정한 C_L 에 대한 전형적인 항력곡선은 그림 10.8 에 나와 있다. NASA 에서는 항력발산 마하수 M_{dd} 를 $\partial C_D/\partial M = 0.10$ 인 조건으로 정의하고 있다. 다른 정의는 M_{dd} 를, 예를 들어 $C_{D_c} = 0.0020$ 과 같은 항력페널티에 기반해서 결정하는 것이다. 연료효율적인 장거리 순항(Long Range Cruise, LRC)에서 압축성항력 C_{D_c} 는 대부분 항력 카운트가 10 보다 작으며, 고속 순항(High Speed Cruise, HSC)에서는 이보다 높은 항력 페널티가 허용된다.

지정된 설계 마하수에 대한 항력발산 마하수는

$$M_{dd} = M_{des} + \Delta M \tag{10.41}$$

여기서 ΔM 의 전형적인 값은 0~0.05 이다. M_{des} 에서 전체 날개 항력은 앞에서 언급된 항력 기여분을 합산하는 것으로 구한다.

$$C_{D_w} = \breve{C}_{D_P} + C_{D_L} + C_{D_c} \tag{10.42}$$

여기서 C_{D_c} 는 일반적으로 0.0005~0.0010 이다.

10.6.3 수정된 날개 페널티 함수

10.3 장에서 유도된 날개 페널티 함수(Wing Penalty Function, WPF)는 이의 최소값이 최소 MTOW 에 해당하기 때문에 날개 설계에 대한 목적함수를 나타낸다. 아음속 비행기에 대한 WPF 는 주어진 두께비 $(\overline{t/c})_w$ 와 후퇴각 Λ_w 에 대해서 식 (10.12)로 정의된 날개 중량 매개변수 Φ_1 을 포함한다. 그러나, 지정된 천음속 비행 조건에 대한 날개 최적화는 $(\overline{t/c})_w$ 와 Λ_w 를 설계마하수와 양력계수에 대해서 조정할 필요가 있다. 이러한 설계민감도를 적용하기 위해서, Φ_1 을 식 (10.35)에 따라서 Φ_3 로 대체한다. 그 결과 식 (10.14)의 수정된 형태는 다음과 같다.

$$F_{wp} = \frac{\Phi_3 A_w \sqrt{A_w/\hat{C}_L}}{(\overline{t/c})_w (cos\,\Lambda_w)^2} + \frac{\Phi_2}{\hat{C}_L} + F_{prop}\left(\frac{\breve{C}_{D_P} + C_{D_c}}{\hat{C}_L} + \frac{\hat{C}_L}{\pi A\breve{e}}\right) \tag{10.43}$$

이 식은 $(\overline{t/c})_w$ 와 Λ_w 를 포함하는 두 개의 기여인자를 갖는다.

$$\frac{\Phi_3 A_w \sqrt{A_w/\hat{C}_L}}{(\overline{t/c})_w(\cos\Lambda_w)^2} \quad \text{and} \quad \breve{C}_{D_P} = 2\left\{1 + r_\Phi(\overline{t/c})_w(\cos\Lambda_w)^2\right\}C_f \tag{10.44}$$

첫 번째 항은 두께비가 증가하면 감소하는 날개의 주요(primary) 구조중량이다. 두께비가 줄어들면 날개 두께항력과 밸런스를 맞추기 위한 날개연료와 동력장치 중량을 나타내는 두 번째 항도 감소한다. 이의 조합은 식 (10.44)의 두 항이 같은 경우 다음에 대해서 최소값을 갖는다.

$$(\overline{t/c})_w(\cos\Lambda_w)^2 = A_w^{0.75}\hat{C}_L^{0.25}\sqrt{\frac{\Phi_3}{2d_{w+h}r_\Phi C_f F_{prop}}} \tag{10.45}$$

이 최적 두께비는 흥미로운 결과처럼 보이지만, 실제로 이는 천음속 여객기에 대해서 실질적인 의미를 갖기에는 너무 높은 값이다. 보다 현실적인 설계목표는, 순항조건에서 수용할 수 있는 압축성 항력의 한도 내에서 $(\overline{t/c})_w(\cos\Lambda_w)^2$ 에 대한 최상의 값을 찾는 것이다. 다음 단락에서는 설계 마하수보다 지정된 여유만큼 높은 항력발산 마하수를 갖는 날개의 설계를 알아볼 것이다.

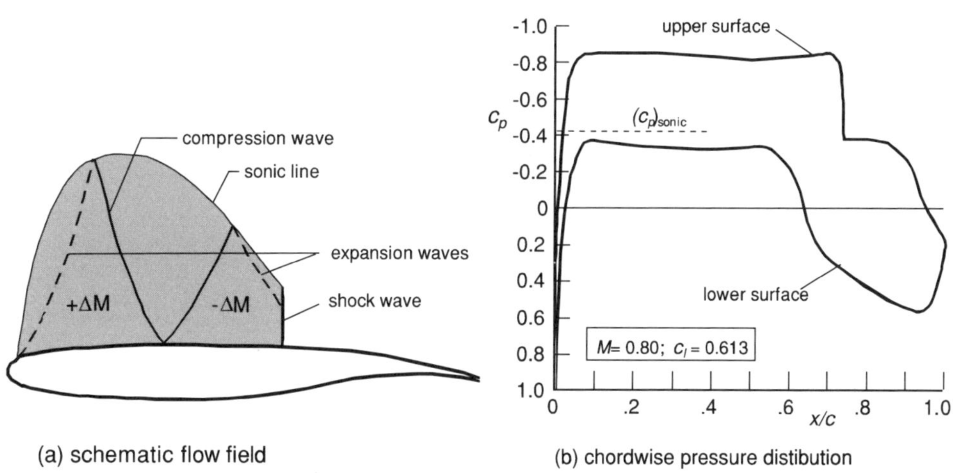

그림 10.9 설계 마하수 부근에서 11% 두께비의 초임계 단면에 대한 유동의 특성 [22]

10.6.4 두께비의 한도

천음속 에어포일 단면의 두께비는 설계 마하수에서 매우 제한된 정도의 압축성 항력을 허용하는 능력에 따라서 결정되는 상한선을 갖는다. 공기역학적 날개 설계 기술은 이러한 한계에 큰 영향을 미친다. 1960 년대 동안 장거리 여객기와 비지니스 항공기는 날개의 앞쪽 윗부분에서 작은 초음속 유동 포켓(pocket)을 가지며 작동하는 피키 에어포일(peaky airfoil)로 설계되었다. 1970~1990 사이에 개발된 보다 발전된 초임계 에어포일(supercritical airfoil)은 현재 최신 기술을 대표한다. 이는 그림 10.9 와 같이 상대적으로 큰 앞전반경, 상단 표면의 중간 영역에서 감소된 곡률 그리고 뒷부분에서는 상당한 캠버를 갖는 특징을 갖는다. 이러한 기하는 윗부분에서 약한 충격파로 둘러싸인 넓은 영역의 초임계 유동과 설계 조건에서 상당한 후방 하중(aft loading)을 발생시킨다. 초임계 단면의 설계 한도는 Korn 방정식으로 정량화될 수 있다[20].

$$M_{dd} + t/c + 0.10c_l = \kappa \tag{10.46}$$

초임계 날개 단면에 대한 공기역학 기술 계수 κ는 약 0.95 정도이다. 다음과 같은 수정된 버전의 Korn 방정식은 2 세대 초임계 단면에 대한 경험데이타에 기반한다[22].

$$M_{dd} + t/c + 0.10c_l^{1.5} = M^* \quad \text{with} \quad M^* = 0.935 \tag{10.47}$$

식 (10.47)은 단순 후퇴각 이론을 이용해서 다음과 같이 3 차원 에어포일에 대해서 조정된다.

$$M_{dd} \cos\Lambda_w + \frac{(\overline{t/c})_w}{\cos\Lambda_w} + 0.10\left\{\frac{1.1\hat{C}_L}{(\cos\Lambda_w)^2}\right\}^{1.5} = M^* \tag{10.48}$$

계수 1.1 은 바깥쪽 날개에서 평균보다 높은 공기역학 하중을 설명하고, 후퇴각은 바깥쪽 중간 시위선을 기준으로 한다. 두께비의 상한선은 다음으로부터 구할 수 있다.

$$(\overline{t/c})_w(\cos\Lambda_w)^2 = (\cos\Lambda_w)^3(M^* - M_{dd}\cos\Lambda_w) - 0.115\hat{C}_L^{1.5} \tag{10.49}$$

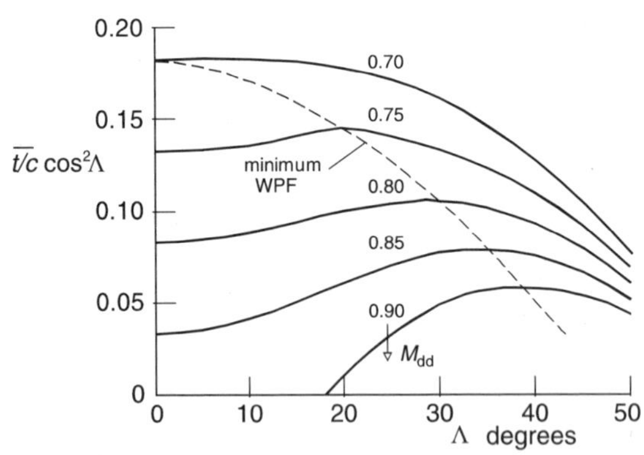

그림 10.10 $\hat{C}_L$=0.55, M^*=0.935 에 대한 항력발산 마하수와 관련된 두께비의 상한선

그림 10.10 은 이러한 관계를 나타내며, $M_{dd} \geq 0.75M^*$ 인 조건에서 $(\overline{t/c})_w(\cos\Lambda_w)^2$ 가 최대값을 갖는 후퇴각을 확인할 수 있다는 것을 보여준다.

$$\cos\Lambda_w = 0.75\frac{M^*}{M_{dd}} \tag{10.50}$$

이러한 특징을 갖는 후퇴각은 양력계수에 무관하다는 것에 주목할 필요가 있다. 마하수 0.7 또는 미만인 경우, 이 조건은 가장 높은 두께비 한계를 갖기 위해서 후퇴날개가 필요하지 않다는 것을 의미한다. 만약 이러한 조건이 식 (10.44)에 추가된다면, 지배적인 날개 중량과 관련된 항은 최소값을 갖는다. 이 기준은 최소 날개 페널티 함수의 조건을 정의한다. 이는 M_{dd} 로 비행하는 경우, 중간시위선에 수직인 마하수 성분은 $0.75M^*$ 과 같아야 한다는 추천사항으로 해석될 수 있다. 실제로 최신 수송기와 비지니스 항공기의 후퇴각과 최대 순항마하수는 $M_{des}\cos\Lambda_w \approx 0.70$ 의 관계를 갖는 것으로 확인되었고, 통계적으로도 그러한 것으로 나타난다. 따라서, 최적 후퇴각은 주로 설계 마하수와 공기역학 기술에 따라서 달라진다. 최신 공기역학 날개 설계는 높은 M^* 에 해당하며, 최신 기술이 적용되지 않은 날개와 비교해서 작은 후퇴각을 허용한다. 그러나, 최상의 두께비는 절대적으로 설계 양력계수의 영향을 받는다. 따라서, 후퇴각을 먼저 선정하고 식 (10.48)로 결정되는 가장 높은 두께비에 대해서 계산하는 것이 합리적이다.

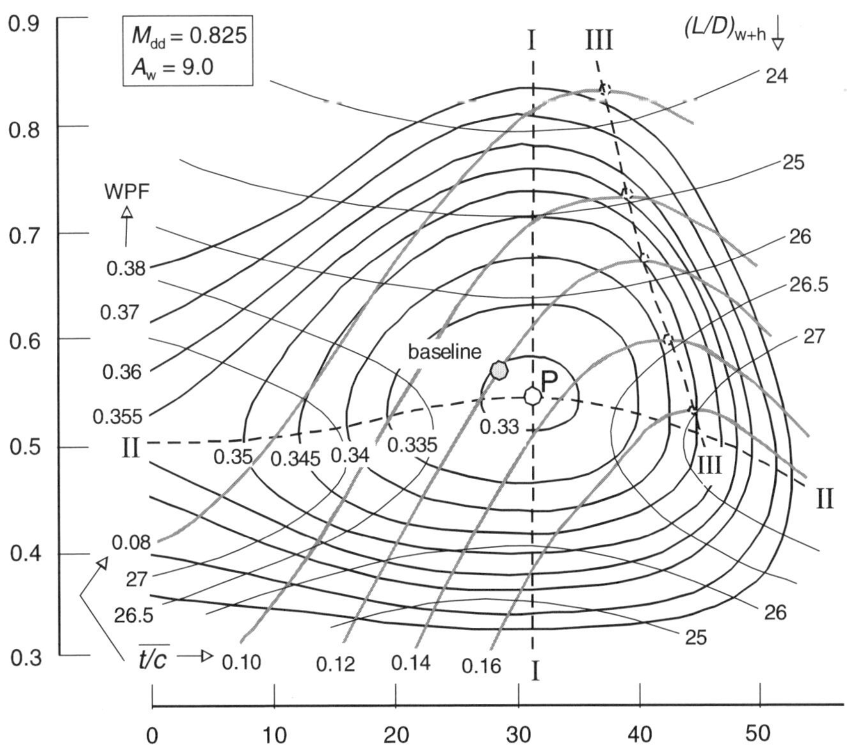

그림 10.11 날개 페널티함수와 평면형상 및 양력계수의 영향을 받는 날개/꼬리날개 공기역학 효율 설계: 그림 8.1

10.6.5 후퇴각과 두께비가 WPF 에 미치는 영향

설계 양력계수 $\hat{C}_L$ 에 대해서 Λ_w 와 $\overline{(t/c)}_w$ 의 조합을 조정하는 것으로 후퇴각과 두께비 변화가

WPF 에 미치는 영향의 흥미로운 사례를 알아볼 수 있다. 다음 결론은 그림 10.11 에 나오는 제 8 장의 최적화 연구 결과에 근거한 것이다.

- 이전 설명에 따라서, 가장 낮은 WPF 를 생성하는 후퇴각인 $\Lambda_w = 31.2$ 도의 직선 I 는 $\hat{C}_L$ 에 독립된다. 몇 도 더 작은 후퇴각을 선정하는 것은 WPF 에는 단지 약간의 영향을 미치는 반면 저속 공기역학 특성은 개선되기 때문에 바람직하다. 더 작은 후퇴각을 위한 또 다른 주장으로는, 능동 피치업 제한(active pitch-up limit)의 경우 이는 더 높은 가로세로비를 허용한다는 것이다.
- 최소 F_{wp} 에 대한 부분 최적 $\hat{C}_L$ 은 곡선 II 로 표시되었다. 이의 해석적인 유도는 10.7 장에서 논의된다.
- 날개와 꼬리날개 L/D 의 반응면은 안장면(saddle surface)이다. 부분 최적 $\hat{C}_L$ 은 MTOW 에 대한 최적값(곡선 II)과 거의 차이가 없고 신중하게 선정되어야 한다. 후퇴각 변화에 대한 민감도는 낮다. 날개가 매우 얇기 때문에 후퇴각이 없는 경우에 대한 프로파일 항력이 낮고, 이는 강한 $(cos\,\Lambda_w)^2$ 의 영향으로 인해서 높은 후퇴각에 대해서도 낮다.
- 가능한 가장 높은 순항 양력계수를 성취하는 것은 최소 날개 면적을 초래하기 때문에, 참고문헌 [25]는 이의 중요성을 강조하고 있다. 최대 $\hat{C}_L$ 을 위한 조건은 식 (10.49)를 이용해서 후퇴각에 대한 편미분을 0 으로 두는 것으로 다음과 같이 유도할 수 있다.

$$cos\,\Lambda_w = \frac{3M^*}{8M_{dd}}\left\{1+\sqrt{1-\frac{32(\overline{t/c})_w M_{dd}}{9(M^*)^2}}\right\} \tag{10.51}$$

이는 그림 10.11 에서 곡선 III 으로 표시되어 있다. 그러나, 이러한 기준을 만족하기 위해서는 상당히 더 큰 후퇴각과 최소 WPF 를 정의하는 식 (10.50)에 비해서 더 높은 MTOW 가 필요하다.

이러한 결론은 순수한 공기역학적인 기준을 목적함수로 이용하면 최적에 미치지 못하는 준최적(sub-optimum) 해법으로 이어짐을 분명하게 보여주는 것이다. 기본형 설계의 30 도 후퇴각은 완전히 정당화된다. 다음 장에서는 $(\overline{t/c})_w$ 와 $\hat{C}_L$ 의 선택이 서로 밀접하게 관련되어 있다는 것을 보여줄 것이다.

10.7 양력계수와 가로세로비

10.7.1 부분 최적값

천음속 항공기에 대한 후퇴각과 두께비는 선택변수로 취급되어야 하기 때문에, 날개 페널티 함수 최적화는 다시 고려되어야 한다. 식 (10.43)과 (10.49)를 이용해서 터보프롭 수송기 설계에 대한 그림 10.5 에 나오는 것으로부터 상당히 벗어난 그림 10.12 에 나오는 WPF 컨투어를 계산할 수 있다. 그림 10.13 은 $A_w \geq 6$ 에 대해서 부분 최적 $\hat{C}_L$ (곡선 I)은 식 (10.17)과 같은 일정한 두께비의 경우에 대해서 정의된 값보다 더욱 아래쪽에 있다는 것을 보여준다. 식 (10.18)에 따른 부분 최적 가로세로비는 날개 중량 계수 Φ_1 이 식 (10.35)로 후퇴각과 두께비의 변화에 대해서 조정된다면 여전히 유효하다. 조건 $\partial F_{wp}/\partial A_w = 0$ 으로부터 다음을 구할 수 있다.

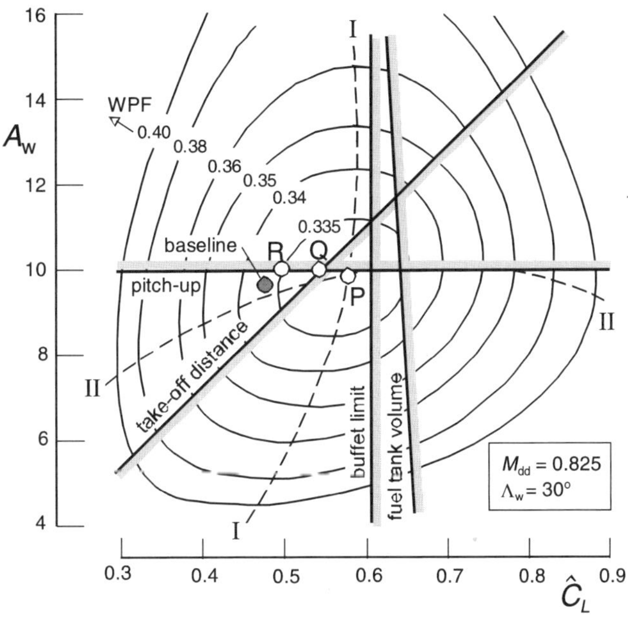

그림 10.12 $\hat{C}_L$-A_w 설계공간에서 WPF. 조건: 그림 10.11

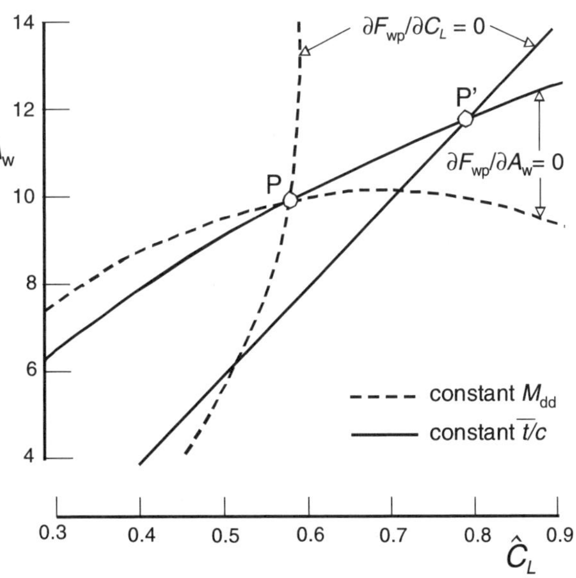

그림 10.13 일정한 항력상승 마하수와 일정 두께비에 대한 항력발산 마하수 최적값 비교

$$A_w = \hat{C}_L^{0.6}\left[\frac{2F_{prop}}{3\pi\breve{e}\Phi_3}\left\{(cos\,\Lambda_w)^3(M^* - M_{dd}\,cos\,\Lambda_w) - 0.11\hat{C}_L^{0.15}\right\}\right]^{0.4} \qquad (10.52)$$

이는 곡선 II 로 표시되었다. 이 해법은 $\hat{C}_L > 0.6$ 에 대한 아임계(subcritical)인 경우와는 상당히 다르다. 천음속 날개에 대한 전역 최적설계 P'는 일정한 두께비에 대한 최적해와 비교해서 훨씬 더 낮은 익면하중과 가로세로비를 갖는다.

10.7.2 구속조건

10.4 장에서 언급되었던 것과 같은 설계 제한사항은 아음속뿐 아니라 천음속 항공기에도 적용된다. 그러나, 이는 후퇴각과 두께비의 변화를 설명하기 위해서 수정되어야 한다. 그림 10.12 에 나오는 스팬하중 구속조건은 BFL 제한으로부터 유도된다. 구속 최적값(설계 Q)에 대한 해석적인 해를 유도하려는 시도는 성공적이지 않았다. 연료탱크로 사용할 수 있는 날개박스 체적은 두께비의 변화에 민감하다. 체적 제한은 가로세로비에는 거의 무관한 설계 양력계수를 정의하게 된다. 따라서, 해당하는 두께비는 일정하다고 가정되며, 식 (10.31)은 수정이 필요하지 않다.

천음속 유동을 위한 날개 설계는 매우 제한적이지만, 정확한 예측이 어렵지는 않은 몇 가지 추가적인 제한사항이 발생한다.

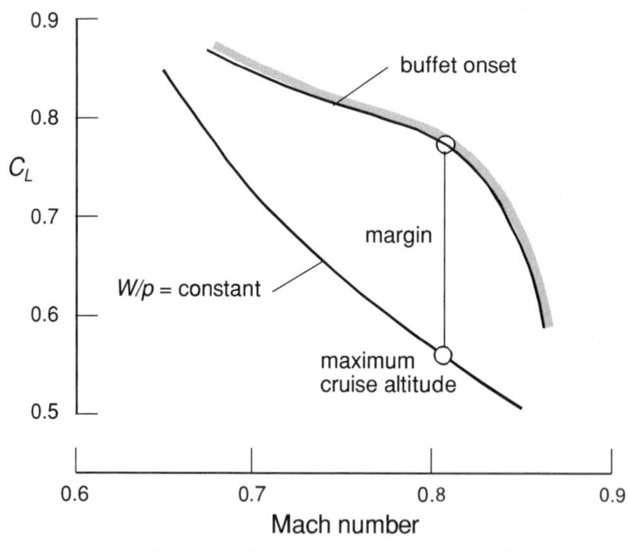

그림 10.14 일정고도 순항과 비교된 버펫 경계

- 순항비행시 평형으로부터 벗어나는 조건은 기동 또는 돌풍 교란의 결과로 인해서 발생한다. 이와 관련된 받음각과 마하수의 변화는 충격파, 충격-경계층 상호작용 그리고 수평 꼬리날개에 영향을 미치는 난류인 날개 후류로 이어질 수 있다. 이러한 현상은 항공기에서는 버펫으로 감지된다. 그림 10.14 는 초기 버펫의 시작에 대한 전형적인 양력계수의 변화를 보여준다. 일반적으로, 기동

하중계수 최소 1.30 또는 트림상태에서 수직 돌풍속도 12.5m/s 에서는 버펫이 발생하지 않아야 한다. 예비설계 동안에는 버펫 시작에 대한 C_L 의 예측이 어렵기 때문에, 이는 일반적으로 풍동시험이나 비행시험을 통해서 구한다. 연구 항공기를 위한 그림 10.12 에 나오는 버펫 한계는 현재 CFD 기술상 $C_L = 0.80$ 의 버펫시작 한계를 정상 마하수 0.81 의 순항속도에서 12% 두께의 초임계 날개에 실현할 수 있다는 가정에 기반한다.

- 또 다른 탈설계점 요구조건은 고속에서의 비행특성과 관련된다. 받음각 증가에 대한 반응으로 항공기는 피치다운 경향을 가져야 한다. 만약 유동이 바깥쪽 날개에서 떨어져 나간다면, 이는 압력중심을 전방과 안쪽으로 이동시켜 수평안정판에서 다운워시가 증가할 것이다. 결과적으로, 후퇴각과 가로세로비가 증가하면 피치업 경향이 더 강해질 것이다. 따라서, 고속 피치업과 임계 공탄성 효과를 피하기 위해서 날개의 후퇴각과 테이퍼비에 따른 최대 가로세로비 제한이 부과된다. 현재 최신 민간 항공기의 추세에 따르면, 가로세로비 $A_w = 10$ 이 30 도 후퇴각 날개에 대한 피치업 한계를 이루는 것으로 고려된다.

그림 10.12 의 연구 설계 Q 는 구속 최적값 $\hat{C}_L = 0.54$ 와 $A_w = 10$ 을 갖는다. 두 값은 기본형 설계에 대한 값보다 약간 더 높은 수치이다. $\hat{C}_L = 0.50$ 과 $A_w = 10$ 인 바람직한 수정된 설계 R 은 비구속 최적설계 P 와 비교해서 1%의 MTOW 페널티를 지불하는 대신 임무연료의 유용한 감소를 확보할 수 있다.

이번 장에서 도출되는 해석적인 최적값은 날개 기하에 대한 초기 선택을 위한 가이드라인을 위한 것이다. 현재 등급의 항공기의 경우, 그림 10.12 에 나오는 것과 같은 명시적인 결과가 (부분과 전역을 포함하는) 다양한 최적값에 대한 닫힌 형태의 표현보다 더 유용하다. 등가성능(iso-merit) 컨투어의 계산이 더 많은 시간을 필요로 하지만, 기본형과 전역 최적값으로부터 벗어나는 것에 대한 설계 민감도의 시각화는 충분한 가치가 있다. 추진함수와 연료에너지 효율과 같은 FOM 이 명시적으로 보이는 경우 이러한 선도는 훨씬 더 유용해진다.

10.7.3 최적화의 개선

이번 장에서는 익면하중과 가로세로비를 주요 선택변수로 취급했다. 아음속 항공기의 최적화를 위해서 날개는 후퇴각이 없고 일정한 두께비를 갖는 것으로 가정했다. 천음속 항공기에 대해서는 후퇴각과 두께비가 지정된 항력발산(drag-divergence) 마하수를 성취하는 것과 관련된 추가적인 선택변수였다. 식 (10.14)와 (10.43)에 따라서, WPF 에 대한 상대적으로 간단한 관계를 이용해서 명시적인 최적화를 사용할 수 있었다. 두 가지 예제 설계가 비구속 최적해와 비교해서 다소간의 페널티만으로 구속 최적해가 할당될 수 있는 가능한 영역을 갖는 것으로 나타났다. 그러나, 경험이 많은 설계자라면 실제 설계 업무 상황은 훨씬 복잡하다고 주장할 수도 있다. 지금부터는 하중계수와 착륙을 위한 최대 양력계수를 설계 매개변수 또는 구속조건으로 취급하는 경우에 대해서 살펴볼 것이다.

식 (10.12)와 (10.35)에 나오는 극한 하중계수(ultimate load factor)는 제한 하중계수(limit load factor)의 1.5 배로, 기동 하중계수나 돌풍 하중계수보다 더 높다.

$$n_{gust} = 1 + \frac{0.5 K_g \rho_{sl} U_{DE} V_C S_w C_{L_\alpha}}{W_{MTO}} \tag{10.53}$$

주어진 돌풍 하중 경감계수 $K_g = 0.8$ 에 대해서, 기동 하중계수는 다음에 대해서 임계가 된다.

$$\frac{W_{MTO}}{S_w} \geq \frac{0.4 \rho_{sl} U_{DE} V_C C_{L_\alpha}}{n_{man} - 1} \tag{10.54}$$

만약 익면하중이 이 조건을 만족하지 못한다면, 돌풍 하중계수가 지배적이고 극한 하중계수는 다음과 같다.

$$n_{ult} = 1.5 + 0.6 \rho_{sl} U_{DE} V_C C_{L_\alpha} \left(\frac{W_{MTO}}{S_w} \right)^{-1} \tag{10.55}$$

단순화를 위해서, 기동 하중계수가 지배적이기 때문에 극한 하중계수 n_{ult} 는 날개 설계의 영향을 받지 않는 것으로 가정되었다. 이는 식 (10.54)를 부등식 구속조건으로 취급하는 경우에만 정당화될 수 있다. 현실적으로, 이 방정식은 단지 단순화된 목적함수의 유효성에 대한 한계를 나타내는 것으로, 식 (10.54)를 만족하지 못하는 익면하중을 실현불가능으로 고려하는 것에 대한 유효한 주장은 존재하지 않는다. 대신, 이러한 익면하중에 대해서는 돌풍 하중계수를 지배적인 것으로 취급해야 한다. 그러면, 주어진 가로세로비와 GW 에 대해서, 날개의 굽힘을 견디는데 필요한 구조중량은 $S_w^{1.5}$ 에 비례하는 항과 $S_w^{0.5}$ 에 비례하는 항으로 구성되며, 첫 번째 항이 지배적이다.

착륙시 익면하중은 최소중량에 대한 값보다 더 낮근 값의 접근속도 상한선으로 구속될 수 있다. 이러한 제한은 $C_{L_{max}}$ 에 비례하기 때문에, 이 계수를 설계변수로 취급하기 위한 개선이 필요할 수도 있다. 이는 고양력장치 설계 매개변수와 날개 중량 사이의 설계 민감도 관계를 필요로 한다. 주어진 시스템 형상에 대해서, 플랩의 시위와 변위 각도를 증가시키는 것으로 $C_{L_{max}}$ 를 제한된 정도로 증가시키는 것이 가능하다고 예상된다. 만약 이러한 방법을 플랩의 중량으로 표현한다면 익면하중 구속조건이 완화될 수 있다. 실제로 이는 시간이 오래 걸리고 복잡한 작업일 것이다.

한 눈에 보기에는 익면하중과 가로세로비의 모든 조합에 대한 날개 페널티 함수에 대해서 동일한 표현을 사용하는 것으로 최적화 문제가 과도하게 단순화된 것으로 보인다. 그러나, 설계공간은 다음과 같은 세 가지 영역으로 구분될 수 있다. (1) 낮은 익면하중에 대해서 익면하중이 증가하면 n_{ult} 가 감소, (2) 중간 익면하중에 대해서 $C_{L_{max}}$ 와 n_{ult} 가 일정, (3) 높은 익면하중에 대해서 익면하중이 증가하면 n_{ult} 는 일정하고 $C_{L_{max}}$ 는 증가하는 영역이다. 그림 10.15 는 설계 기준을 목적함수가 다르게 계산되는 설계 공간상 두 영역 사이의 경계선으로 취급하는 것이 유용할 수 있다는 사례를 보여준다. 그림 10.15(a)에서 실속속도 구속조건은 활성이기 때문에, 비구속 최적 설계 P 는 불가능이다. 구속 최적 설계 Q 는 $C_{L_{max}} = 2.80$ 에 적용된다. 이러한 해석은 부등식 구속조건을 완화하고, 이를 $C_{L_{max}}$ 가 변하는 영역의 경계선으로 변환하는 것으로 개선될 수 있다. 그림 10.15(b)에서 새로운 비구속 최적값 P 는 $C_{L_{max}} > 2.80$ 에 해당한다.

하중계수가 일정한 경우에 대한 날개 익면하중은 그림 10.15(a)에서 부등식 구속조건이다. 익면하중이 이러한 한계 아래로 감소되면 돌풍하중이 지배적이 되며, 날개 중량은 더욱 계속해서 증가하며, 목적함수는 그림 10.15(b)와 같은 일정한 하중계수에 대한 것보다 상당히 더 설계에 민감하게 된다. 그럼에도 불구하고, 부등식 구속조건은 활성화가 아니기 때문에 최적 위치는 영향을 받지 않는다. 완화는 활성 구속조건에 대해서만 가치가 있다.

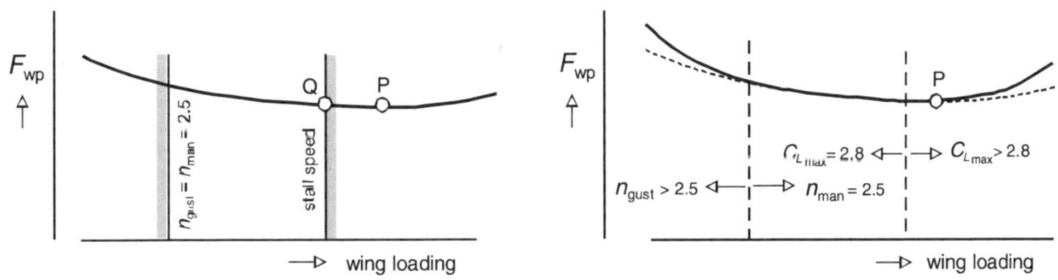

(a) $n = 2.5$, $C_{L\max} = 2.8$, two inequality constraints (b) variable n and $C_{L\max}$, unconstrained optimum P

그림 10.15 설계 한계를 부등식 또는 등식 구속조건으로 취급

이러한 결론은 현재 장에서 이루어지는 단순화된 접근방법을 정당화하며, 동시에 과도한 단순화에 대해서는 경고를 한다. 설계변수가 선정되는 순간, 최적값이 구속인지 아닌지 확인할 필요가 생긴다. 만약 예를 들어, 익면하중이 활주로 길이 요구조건에 의해서 상당히 구속되는 것으로 나타난다면, MTOW, 임무연료 그리고 부과되는 장착추력 페널티를 계산하는 것이 유용하다. 만약 이러한 항목이 상당한 것으로 나타난다면, 더욱 정교한 또는 강력한 고양력장치가 고려되어야 한다. 이러한 원리를 각 활성 구속조건에 적용할 수 있지만, 경험이 많은 설계자라면 설계공간을 구분하는 것으로 인한 복잡성이 가치가 있을지에 대해서 먼저 예측할 것이다. 날개 설계 최적화의 첫 단계는 가능한 설계공간의 경계를 이루는 활성 구속조건의 설계 민감도 해석이 되어야 한다고 결론을 내릴 수 있다. 비구속 최적화는 부차적인 활동을 이룬다.

10.8 상세설계

최적 날개 형상은 지배적이라고 간주되는 목적함수에 따라서 달라진다. 지금까지는 날개의 구조중량, 엔진과 연료중량 그리고 MTOW 만이 날개의 사이징을 위한 목적함수로 사용되었다. 날개 기하에 대한 추가 세부사항이 중량 민감도에 일부 영향을 미치겠지만, 많은 선택은 하나의 분명한 성능지수(FOM)로 표현될 수 없는 비행특성, 운용상 유연성, 안전과 환경에 대한 영향과 같은 실용적인 고려사항에 기반을 두어야 한다. 또한, 날개의 공기역학적 설계는 특히 설계 항속거리에서 벗어난 임무, 비최적 속도와 고도에서의 순항비행 그리고 고양력장치가 전개된 저속비행과 같은 탈설계 조건에 대한 고려까지도 필요로 한다. 다음 개요는 정성적인(qualitative) 고려에 기반한 설명이다.

10.8.1 테이퍼와 양력분포

공기역학적 날개 설계의 원칙은 최소 와류항력을 위해서 설계조건에서의 양력분포가 거의 타원에 근접해야 한다는 것이다. 이는 타원형 평면형상으로 성취될 수 있지만, 여러가지 이유로 인해서 비행기 제조사에서는 직선 테이퍼 날개를 선호한다.

- 테이퍼 날개는 제조가 간단하고 저렴하다.
- 높은 테이퍼비의 날개는 보다 삼각형에 가까운 양력분포를 갖기 때문에, 높은 하중이 작용하는 날개 뿌리에서 굽힘이 감소될 수 있다.
- 주어진 평면 면적과 스팬에 대해서, 뿌리부분의 단면이 더 두껍고 날개 구조가 가벼워진다.
- 가로방향 각 단면 스테이션에서 구조 형태가 임계 하중케이스에 대응하는데 필요한 형상에 보다 적합해질 수 있다. 이는 보다 이상적인 중량을 초래한다.
- 많은 후퇴각 날개는 앞전 또는 뒷전에 킹크를 가지며, 이로 인해서 복합 테이퍼 날개를 이룬다. 눈에 띄는 뒷전 킹크는 일반적으로 뿌리부분의 시위 증가와 관련되며, 이는 랜딩기어 수납을 위한 공간을 생성한다.

만약 테이퍼(비)가 최소 유도항력 대한 값에 근접하고 비틀림 분포가 정확하다면, 직선 테이퍼로 인한 유도항력 페널티는 매우 작다. 과도하게 높은 양력계수를 피하기 위해서는 바깥쪽 날개 테이퍼비에 대한 더 낮은 한계가 부과된다. 킹크 안쪽의 양력계수는 상당히 낮아서 뿌리부분 단면을 두껍게 할 수 있고, 이는 날개 구조중량의 감소에 유용하다.

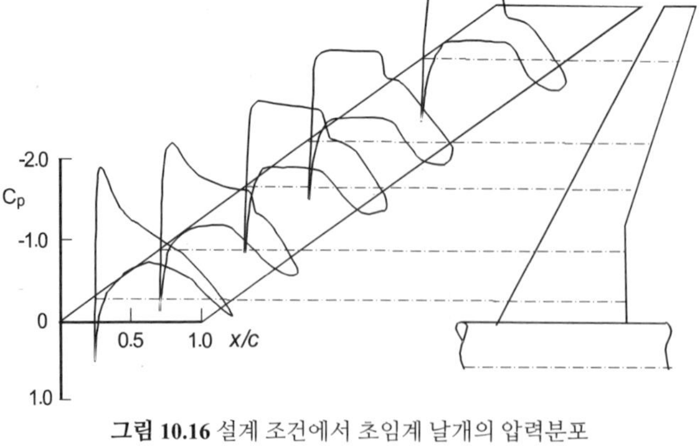

그림 10.16 설계 조건에서 초임계 날개의 압력분포

10.8.2 캠버와 비틀림 분포

그림 10.16 은 설계 (순항)조건에서 초임계 날개의 넓은 영역에 걸쳐 거의 2 차원인 압력분포를 갖는다는 것을 보여준다. 바깥쪽 날개에는 상부 표면의 위로 $M \approx 1.20$ 의 플래토(plateau) 형태를 이루는 최고점(crest)까지 초음속 유동 영역을 가지며 높은 하중을 받는다. 큰 캠버를 갖는 바깥쪽 날개는 후방에 하중이 걸리기 때문에 높은 양력계수를 갖는다. 이러한 양력분포의 부작용은 기수내림(nose down) 피칭모멘트로, 이는 트림항력 페널티를 수반하는 수평 꼬리날개의 아래방향 힘으로 밸런스를 맞추어야 한다. 이러한 단점은 안쪽 날개에 비틀림을 주고 날개와 동체의 접합부 근처에 음의 캠버를 적용하는 것으로 감소될 수 있다. 결과적인 압력분포는 그림 10.17 과 같이 뿌리에서는 전방에 하중이 걸리도록 해서 바깥쪽 날개의 후방 하중을 상쇄하도록 한다. 증가된 안쪽 날개의 앞전 후퇴각은 이러한 효과를 더욱 강화할 것이다. 뾰족한(peaky) 압력분포는 등압선을 후방으로 미루는데 효과적이고, 따라서 뿌리 부분에서 공기역학적인 젖힘 제거(un-sweeping) 효과를 최소화할 것이다. 에어포일 캠버의 변화는 가로방향 양력분포를 최적화하고, 과도하게 높은 바깥쪽 날개 양력계수를 피하기 위해서 특히 안쪽 날개에서 비틀림과 조합된다. 끝단 영역을 제외하고, 그림 10.17 의 바깥쪽 날개는 2 차원 압력분포에 최대한 근접하도록 근사하기 위해서 비틀림을 거의 갖지 않는다.[4] 이러한 수단으로 인한 순 영향(net effect)은 특히 킹크 안쪽부분의 복잡한 날개 기하이다.

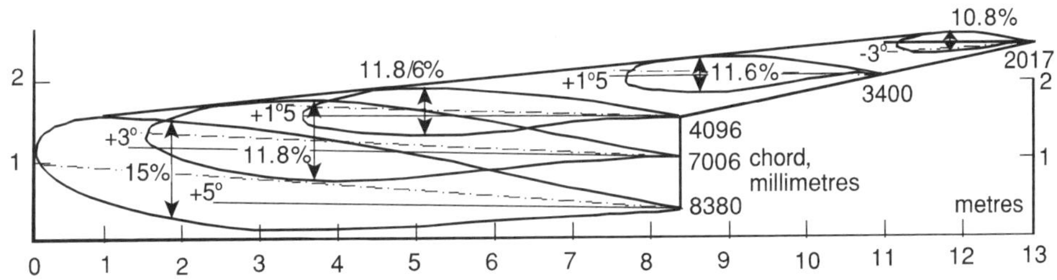

그림 10.17 Airbus A310 초임계 날개의 기하

10.8.3 전진각 날개(FSW)

날개의 젖힘(sweeping)은 항력발산 마하수를 증가시키는 효과적인 방법으로, 이는 젖힘의 방향이 양의 방향(후퇴각)인가 또는 음의 방향(전진각)인가에 무관하게 동일한 효과를 얻을 수 있다. 그러나, 후퇴각 날개(Aft Swept Wing, ASW)와 비교해서 전진각 날개(Forward Swept Wing, FSW)의 바깥쪽 부분은 감소된 하중을 가지며, 날개의 압력중심은 후방으로 젖혀진 날개(ASW)와 비교해서 보다 안쪽에 위치한다. 동일한 평면면적, 스팬 그리고 양력을 갖는 ASW 와 FSW 를 비교하면, FSW 는 구조적인 날개 뿌리에서 감소된 굽힘모멘트를 갖는다. 따라서, 만약 FSW 의 스팬이 뿌리부분의 굽힘모멘트가 ASW 와 동일할때까지 증가된다면, 감소된 스팬하중으로 인해서 유도항력도 감소한다. FSW 는 안쪽 날개에서 먼저 실속이 시작되는 경향을 가지며, 높은 받음각에서 ASW

[4] 공탄성 변형으로 후퇴날개의 끝단 구조에 만들어진 치구형상은 비행중 원하는 1-g 하중을 받는 형상과는 몇 도 정도 달라질 수도 있다.

고유의 단점인 피치업을 겪지 않는다. 또한, 전진각은 안쪽으로 이동하는 앞전 유동이 동체의 경계층으로 오염되지 않기때문에 NLF를 갖는 것에도 바람직하다.

FSW 항공기가 높은 동압상태에서 기동을 하면 날개의 굽힘으로 인해서 바깥쪽 날개의 끝단에서 받음각과 비틀림이 증가한다. FSW는 과도한 중량 페널티가 없다면 일반적인 금속 구조로는 해결될 수 없는 구조발산의 공탄성 현상을 겪을 것이다. 복합재료 날개를 이용해서 이전에 일반적인 구조로 얻은 값에 비해서 상당히 높은 동압상태에서 바람직한 변위를 갖도록 외피의 적층을 조정할 수 있다[42]. 복합재료 적용에 대한 발전으로 인해서, 약간의 또는 전혀 없는 중량 페널티로 발산 문제를 제거할 수 있게 되었다. 바람직한 공기역학적 특성에도 불구하고, 단지 몇 가지 FSW 항공기만이 설계, 제작 및 비행을 했다. 한 가지 유명한 사례로는, HFB 320 Hansa 비지니스 제트[41]가 있는데, 이는 1960년대 초에 판매가 되었지만 상업적인 성공을 거두지는 못했다.

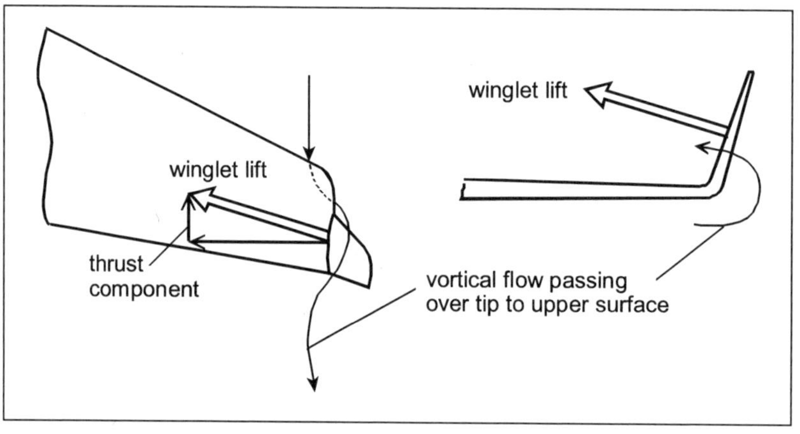

그림 10.18 항력 감소를 위한 윙렛 개념

10.8.4 날개끝 장치

날개끝에 장착하는 양력표면의 추가는 날개끝 와류의 구조를 분산시키고 와류항력을 감소시킨다는 사실이 지난 수 십 년간 알려져 왔다. 바람직한 옵션은 그림 10.18과 같이 상대적으로 작은 수직 또는 바깥쪽으로 경사진 양력면인 윙렛을 사용하는 것이다. 이는 날개 끝단의 상단에서 안쪽으로 향하는 속도성분을 가지며, 하부에서 상부로 지나가는 지역 와류유동의 내부에 들어간다. 윙렛은 이러한 유동에 대해서 유도각을 갖는 상태에서 작용하기 때문에 양력을 발생시킨다. 그림에서 추력 성분으로 표시하고 있는 이러한 비행방향에 대한 성분은 윙렛의 와류항력과 밸런스를 맞추게 된다. 뒷전 와류면(trailing vortex sheet)은 위쪽과 후방으로 퍼져나가고, 날개는 끝단에서 감소된 다운워시를 갖는다. 기본 날개 형상과 윙렛의 높이에 따라서, 결과적인 와류항력의 감소는 10~15% 정도이다. 높은 바깥쪽 양력계수로 설계된 날개는 이러한 날개끝 장치를 위한 훌륭한 후보이다. 와류항력의 감소는 윙렛 자체의 유해항력 및 주날개와의 간섭항력으로 인해서 부분적으로 상쇄되는 반면, 윙렛을 지나는 유동은 날개와 윙렛이 만나는 부위에서 충격파를 형성할 수도 있다. 블렌디드 윙렛(blended winglet)은 이러한 부정적인 효과를 감소시키는 것을 목적으로 한다[64]. 몇몇 여객기에 대한 순항비행시 전체 항력감소는 날개 스팬 절반 길이의 12~16% 높이를 갖는 윙렛에 대해서 3.5~4.5% 정도이다. 이는 전단끝단(sheared tip)을 이용해서 날개 스팬이 10% 증가된 경우의 5.5% 감소와 비교된다.

특히, 날개 스팬에 대한 구속조건의 경우, 윙렛을 장착하는 것은 바람직한 옵션이다. 다른 모든 경우에 대해서, 근본적인 문제는 날개끝 장치를 추가하는 대신 날개 끝단을 연장할 것인가의 여부이다. 참고문헌 [50]의 매개변수 연구에서는 두 가지 경우에 대해서 동일한 날개 뿌리 굽힘모멘트를 갖는다는 가정으로 날개끝 연장과 최적화된 윙렛을 장착하는 것으로 인한 유도항력의 개선을 비교하고 있다. 거의 모든 날개끝 연장에 대해서, 더욱 우수한 성능의 윙렛이 발견될 수 있는 것으로 나타났다. 참고문헌 [55]와 같은 또 다른 연구에서는 보다 준수한 장점을 보여주었다. 높은 표고와 고온의 활주로에서 임계 엔진-고장 성능을 갖는 항공기의 경우, 이륙상승 동안 유용한 유도항력 감소를 얻을 수 있기때문에 비행기가 증가된 중량으로 이륙할 수 있도록 한다. 윙렛을 적용할 것인가 여부의 문제는 각 형상에 대해서 최종적인(net) 항력의 감소, 굽힘모멘트의 증가, 중량 페널티 그리고 제조비용에 대해서 확인을 해야하기 때문에 일반적으로 답을 할 수는 없다. 추가로 장착되는 장치가 불리할 수도 있기 때문에, 날개에 통합되는 성분으로 설계된 윙렛이 장점을 갖는다고 널리 인정되고 있다. 또한 공기역학적인 날개끝 장치는 만약 상대적으로 최소한의 구조적인 변경만으로 장착될 수 있다면, 기존 여객기의 신형 모델에 도입되기도 한다.

10.9 고양력 장치

10.9.1 공기역학적 효과

블로운 플랩(blown flap) 그리고 제트플랩(jet flap)과 같이 동력으로 작동하는 시스템을 제외하고, 고양력장치는 기본적으로 1 차 윙박스의 전방과 후방 (2 차) 구조물에 대한 가변 기하의 기계적인 변경이다. 민간항공기는 슬롯을 갖는 플랩이 안쪽 날개의 뒷전에 장착되며, 이들의 대다수는 앞전 플랩도 가지고 있다. 에어포일 단면에서 뒷전 플랩의 변위는 캠버를 증가시켜 양력이 증가된다. 만약 플랩 변위가 시위를 확장시키지 않는다면, 양력 증분 Δc_l 은 받음각 α 에 독립된다. 그림 10.19(a)는 작은 플랩 변위에 대해서 Δc_l 은 플랩의 각도 δ_{fl} 에 비례하는 것을 보여준다. 플랩 표면 상단을 지나는 유동의 박리로 인해서, 플랩의 효율은 큰 변위에서는 감소한다. (슬롯이 없는) 플레인 플랩(plain flap)에 대해서 박리는 상대적으로 작은 플랩 각도에서부터 시작된다. 단일 슬롯 플랩은 높은 변위에서 효과적이며, 이중 그리고 삼중 슬롯 플랩은 50 도 변위까지도 대응할 수 있다. 슬롯 플랩 중에서도 특히 파울러 플랩은 확장(extension)되는 동안 후방으로 이동한다. 증가된 시위 길이는 α 에 비례하는 양력 증분을 더욱 증가시킨다.

확장형 슬롯 플랩을 갖는 날개는 일련의 공기역학적으로 상호작용을 하는 에어포일로 볼 수 있다. 각 에어포일은 양력을 발생하는 순환을 겪게 되어, 앞선 에어포일의 주변 유동에는 업워시를, 뒤따르는 에어포일의 주변 유동에는 다운워시를 각각 유도하게 된다. 앞선 에어포일은 증가된 지역 업워시로 인한 박리를 피하기 위해서 아래로 굴절된다. 뒤따르는 에어포일의 노즈 흡입은 앞선 에어포일의 뒷전 유동에 에너지를 공급하는 역할을 한다. 이러한 상호작용은 에어포일이 서로 상대적으로 세심하게 위치가 정해진다면 보다 높은 받음각과 플랩 변위에서 박리를 지연시킨다. 그림 10.19(b)는 3 차원 날개의 양력곡선에 대한 이러한 영향을 보여준다. 앞전 장치가 없는 날개에서 성취할 수 있는 $\Delta C_{L_{max}}$ 는 낮은 받음각에서의 ΔC_L 보다 작지만, 슬랫은 양력곡선을 상당히 높은 α_{crit} 까지 연장시키고, 주어진 받음각에서의 양력에는 거의 영향을 미치지 않는다. 전체 스팬에 걸친 슬랫과 조합된 다중 슬롯 부분 스팬 파울러 플랩은 항공기의 $\Delta C_{L_{max}}$ 를 100%까지만큼 증가시킬 수 있기 때문에, 고속 설계에 대한 절충이 없이 날개 평면 면적을 결정할 수 있도록 한다. 그러나 9.4 장에서와 같이, 이륙형상에 대해서 낮은 항력은 최소한 높은 양력만큼 중요하다. 이와 관련된 추가적인 설명은 참고문헌 [68, 71, 77]을 참조한다.

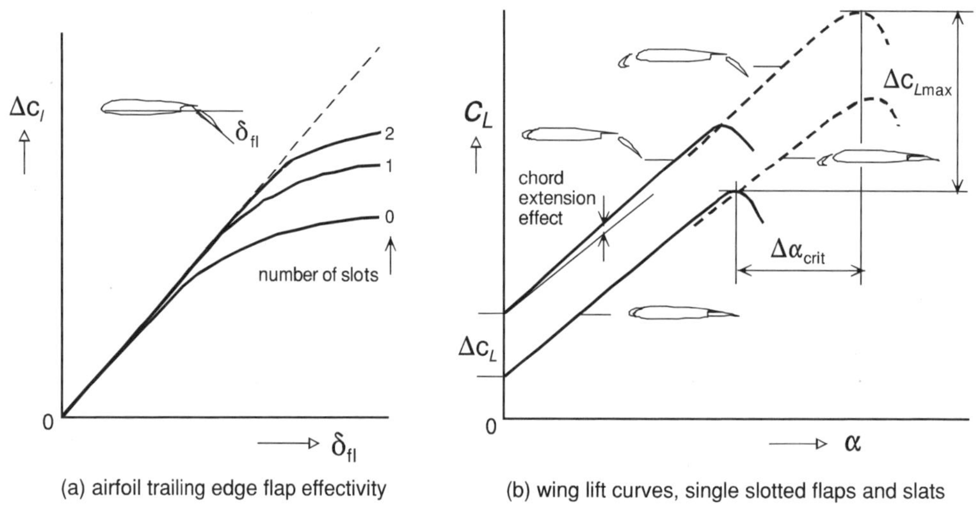

그림 10.19 확장형 고양력장치의 양력에 대한 효과

10.9.2 설계 측면

큰 후퇴각과 얇은 날개를 갖는 고속 항공기에 대한 슬랫의 적용은 고속비행을 위해서 노즈 형상을 최적화할 수 있는 확장된 자유도와 함께 높은 최대양력을 제공하기 때문에 거의 필수이다. 고양력장치 전개에 대한 페널티는 프로파일 항력의 증가인 반면, 부분 스팬 플랩은 와류항력 또한 증가시킨다. 뿐만 아니라, 뒷전 플랩은 날개의 기수내림 피칭모멘트를 증가시킨다. 이러한 효과는 트림항력을 댓가로 지불하면서 꼬리날개의 아래방향 힘으로 보상되어야 한다. 마하수 0.70~0.75 영역 이하의 속도로 순항하는 항공기는 후퇴각이 거의 없으며, 상당히 두꺼운 에어포일을 특징으로 한다. 이러한 날개는 슬랫이 없이 뒷전장치의 변위만으로도 $C_{L_{max}}$ 값을 3.0 까지 얻을 수 있다. 몇몇 고급 비지니스 항공기는 상대적으로 낮은 익면하중으로 높은 고도에서 순항하도록 최적화되며, 이륙을 위한 높은 추력과 조합해서 날개는 앞전플랩이 없이 설계될 수도 있다. 슬랫 시스템의

복잡성을 피하는 것은 전체 항공기 개념과 운용 특성을 단순화하기 때문에 값진 비용 절감을 형성한다. 따라서, 중간 정도의 $C_{L_{max}}$ 를 갖는 항공기를 기술적으로 열등한 것으로 취급하지 않아야 한다. 실제로, 최신 복합재 구조 재료의 적용을 제외하고, 그림 10.20 에 나오는 1984 년까지의 역사적인 경향과 비교해서 오늘날 항공기 세대의 고양력장치 개념상에 극적인 발전은 없었다. 민간 수송기가 착륙 형상에서 실현 가능한 가장 높은 값은 $C_{L_{max}} \approx 3.5\, cos\, \Lambda_{0.25}$ 이지만, 많은 최신 여객기는 이러한 수치를 필요로하지 않는다. 초임계 날개의 탁월한 양력특성과 관련해서 현재 경향은 기계적으로 단순한 시스템을 추구하고 있다. 이는 대부분 단일 슬롯 플랩과 슬랫에 기반하며, 플랩과 슬랫 트랙과 같은 공학적인 부가장치의 영향에 대응하는 것으로 항력과 공기역학적 소음 발생의 감소에 대한 강조가 증가되고 있다. 최신 상업용 여객기에 사용된 고양력장치의 기계적인 원리에 대한 포괄적인 개요는 참고문헌 [27]과 [82]에서 찾아볼 수 있다.

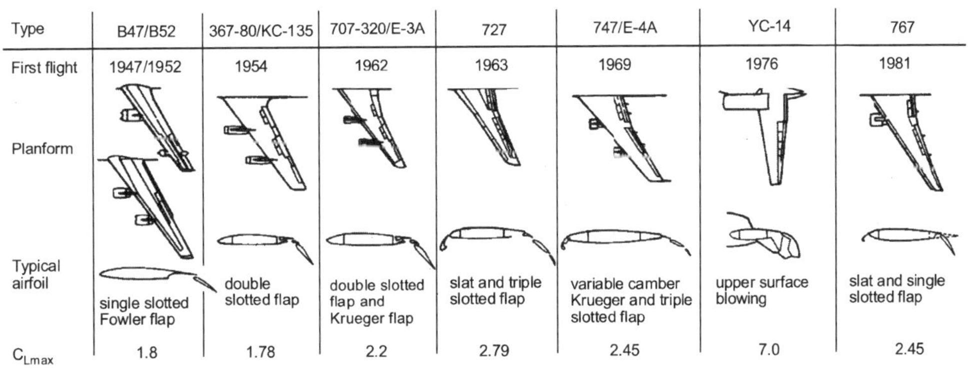

그림 10.20 보잉 수송기 고양력 시스템 개발의 역사적인 추세. NATO STO-CSO

참고문헌

[1] Küchemann, D., The Aerodynamic Design of Aircraft, Pergamon Press, Oxford, 1978.

[2] Torenbeek, E., Synthesis of Subsonic Airplane Design, Appendix F, Delft University Press, 1981.

[3] Shevell, R.S., Fundamentals of Flight, Chapter 11, Second Edition, Prentice-Hall, Englewood Cliffs, NJ, 1989.

[4] Obert, E., Aerodynamic Design of Transport Aircraft, Part 5, Delft University of Technology, Faculty of Aerospace Engineering, IOS Press, Amsterdam, 2009. Conventional and SupercriticalWing Design

[5] McRAe, D.M., "The Aerodynamic Development of the Wing of the A300B", Aeronautical Journal, Vol. 77, pp. 367–379, July 1973.

[6] Whitcomb, R.T., "Review of NASA Supercritical Airfoils", ICAS Paper No. 74-10, August 1974.

[7] Kyser, A.C., "An Elementary Analysis of the Effect of Sweep, Mach Number, and Lift Coefficient on Wing Structure Weight", NASA Technical Memorandum 74072, September 1977.

[8] Hicks, R., and P.A. Henne, "Wing Design by Numerical Optimization", Journal of Aircraft, Vol. 15, pp. 407–412, 1978. Also: AIAA Paper No. 77-1247.

[9] McGhee, R.J., and W.D. Beasly, "Low-Speed Aerodynamic Characteristics of a 13 Percent-Thick Medium-Speed Airfoil Designed for General Aviation Applications", NASA TP-1498, 1979.

[10] Henne, P.A., "Inverse Transonic Wing Design Method", Journal of Aircraft, Vol. 18, No. 2, pp. 121–127, February 1981. Also: AIAA Paper No. 77-1247. Also: AIAA Paper No. 80-0330.

[11] Chuprun, J., "The Evolution of AircraftWing Design", in Proceedings of the Symposium, Dayton, Ohio,March 18 and 19, 1980. Also: AIAA Paper No. 80-3031, 1980.

[12] Torenbeek, E., "Fundamentals of Conceptual Design Optimization of Subsonic Transport Aircraft", TU Delft, Department of

[80] Anonymous, "Maximum Lift ofWings with Leading-Edge Devices and Trailing-Edge Flaps Deployed", ESDU Item 92031, London, November 1995.

[81] Van Dam, C.P., and R.S. Pepper, "Design Methodology forMulti-Element High-Lift Systems on Subsonic Civil Transport Aircraft", NASA CR-202365, 1996.

[82] Rudolph, P.K.C., "High-Lift Systems on Commercial Subsonic Airliners", NASA CR-4746, September 1996. Variable Camber

[83] Hilbig, R., and H. Wagner, "Variable Wing Camber for Civil Transport Aircraft", ICAS Paper No. 85-5.2.1., 1984.

[84] Szodruch, J., "The Influence of Wing Camber Variation on the Aerodynamics of Civil Transport Aircraft", AIAA Paper No. 85-0353, January 1985.

[85] Renken, J.H., "Mission Adaptive Wing Camber Control Systems for Transport Aircraft", AIAA Paper No. 85-5006, 1985.

[86] Szodruch, J., and R. Hilbig, "Variable Wing Camber for Transport Aircraft", Progress in Aerospace Sciences, Vol. 25, pp. 297–328, 1988.

[87] Greff, E., "AerodynamicDesign and Integration of aVariable Camber Wing for a New Generation Long/Medium Aircraft", ICAS Paper No. 88-2.2.3, September 1988.

[88] Greff, E., "The Development and Design Integration of a Variable Camber Wing for Long/Medium Range Aircraft", The Aeronautical Journal, Vol. 94, No. 939, pp. 301–312, 1990.

제 11 장
날개 구조와 중량
The Wing Structure and Its Weight

후퇴익 항공기 날개의 구조중량은 널리 논의되고 있는 주제이지만, 상당히 복잡한 설계 과정의 결과에 대한 것을 제외하고는 이해되는 부분이 많지 않다.

A.C. Kyser [26] (1977)

11.1 개요

날개의 공기역학 성능과 중량은 민간 비행기 최적화의 주요 기여인자이다. 동체와는 다르게 날개 설계는 공기역학 항력과 구조중량을 최소화할 수 있는 다양한 범위의 가능성을 제공한다. 그러나, 항력을 감소시키는 가장 효과적인 방법은 날개 중량을 증가시키는 경향을 갖기 때문에 세심한 트레이드오프가 필요하다. 이러한 결론은 비행기의 다른 성분에도 또한 적용되지만, 그 중에서도 날개가 가장 지배적이기 때문에 따라서 날개 중량의 예측은 고전적인 연구의 주제이다. 몇몇 참고문헌에 따르면, 날개 중량은 유한요소법에 기반한 정교한 계산 프로그램을 적용하는 것으로 1~2% 이내의 오차로 예측하는 것이 가능하다. 이는 예비설계의 후기 단계에 대해서는 적용될 수 있지만, 완전한 시스템으로써의 비행기 최적화는 매우 정확하면서도 동시에 설계에 민감한 예측은 허용하지 않는다. 최근의 주요 여객기 개발 프로그램 조차도 매우 정확한 중량예측과 철저한(radical) 중량감소 프로그램에도 불구하고, 새로 개발된 항공기의 자체중량은 설계 사양에서 보장된 것에 비해서 상당히 높아질 수 있음을 증명하였다.

개념설계에서 날개 중량 예측은 이 책의 모든 장에서 이를 다루고 있는 것을 정당화하는, 실제로 과학보다는 일종의 기법(art)에 가깝다. 여기서는 전적으로 날개 구조에 대해서만 다루기 때문에, 이전 장에서 사용되었던 면적, 스팬, 후퇴각, 두께, 가로세로비와 같은 기하학적 날개 매개변수에 대한 첨자 w 는 편집상의 편의를 위해서 생략되었다.

11.1.1 통계의 유용성

초기 설계 단계에서 Class I 날개 구조 중량 예측은 날개 중량과 몇 가지 주요 영향력있는 특성 (8.1 장) 사이의 통계적인 관계에 기반한다. 예를 들어서, 만약 최대 이륙중량(MTOW)를 알고 있다면 유사한 항공기에 대한 날개 구조 중량 데이타 자료의 취합이 유용한 시작점이 된다. MTOW 의 분율로써 날개 중량은 날개 크기에 대해서는 변화가 별로 없다는 것이 흔히 발견되며, 주어진 항공기 등급에 대해서 다음과 같다.

$$W_w \propto W_{MTO} \tag{11.1}$$

11.2.1 중량 분해 및 구조 개념

전형적인 수송기와 비지니스 항공기의 날개 구조는 그림 11.1 에서 분류된 많은 수의 부품으로 구성된다. 1 차 구조물은 다중 리브 설계 개념을 갖는 통합된 연료탱크로 사용되는 닫힌 박스 빔의 형태를 갖는다. 주요 구성 요소로는 상부와 하부 보강된 외피 패널, 전방스파, 후방스파 그리고 리브가 있다. 박스의 시위방향 길이는 단거리와 장거리 항공기의 경우 일반적으로 날개 시위의 각각 약 45 와 50% 사이 정도를 차지한다. 대부분 후퇴익의 1 차 구조는 안쪽과 바깥족 부분 그리고 센터 섹션(Centre Section, CS)으로 알려진 캐리쓰루 구조로 구분된다. 지배적인 공기역학 힘은 날개와 동체 접합부의 바깥쪽의 노출된 날개에 작용하는 양력이다. 뿐만 아니라, 날개 구조, 연료 그리고 부착된 고정 질량에는 관성력도 작용한다. 이들은 양력으로 인한 날개의 굽힘에 반대로 작용하기 때문에, 이러한 힘은 관성경감(inertia relief)으로 알려진 상당한 중량 감소를 수반한다.

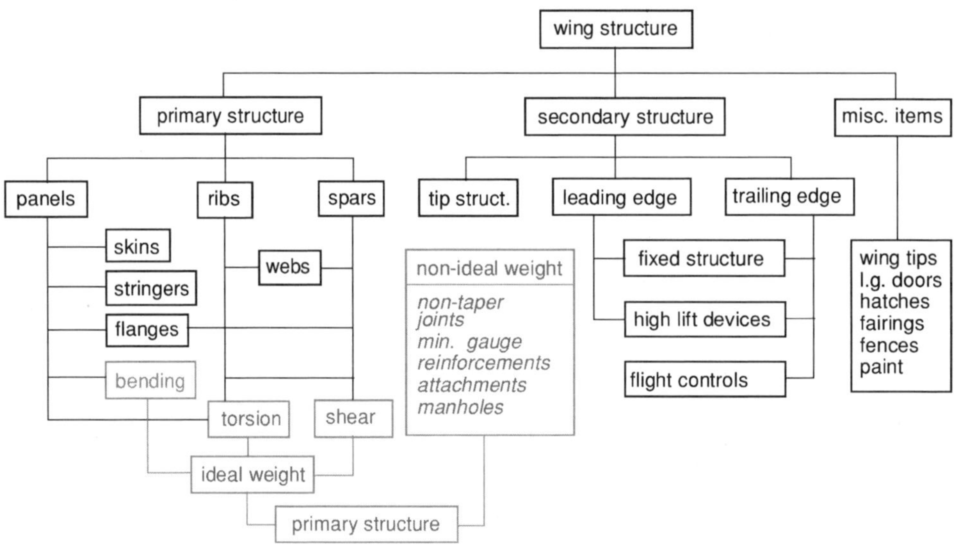

그림 11.1 민간용 항공기 날개 구조에 대한 기능별 및 하드웨어 성분의 분류

박스 빔은 날개에 작용하는 공기역학, 관성 그리고 지면반력으로 인한 하중을 모두 수용하며, 2 차 구조물뿐 아니라 엔진, 나셀 및 파일론과 같은 날개에 장착된 항목으로부터의 하중까지도 담당한다. 날개 평면에 수직으로 작용하는 하중은 CS 가 바깥쪽 부위와 체결되는 보강된 리브로 이루어지는 구조적인 뿌리(Structural Root, SR)의 접합부위에 의해서 동체 구조로 전달된다. 날개의 평면상에 작용하는 하중은 수직 하중의 작은 부분을 차지하기 때문에 대부분의 중량예측 방법에서 무시되지만, 이는 항상 합리화될 수는 없다는 것이 증명되었다. 모든 하중의 조합은 빔 박스의 굽힘, 전단 그리고 비틀림을 유발한다. 중량의 대부분은 임계 하중조건을 견디는데 필요한 재료의 양에 따라서 결정된다. 고장시 안전에 대한 원칙, 손상허용 그리고 제조뿐 아니라 운용과 정비에 대한 고려를 위해서는 이상적이지 않은 중량 증분이 필요하다. 지면반력은 랜딩기어로 연결되는 구조를 통해서 작용한다.

2 차 구조는 전방스파의 앞부분과 후방스파의 뒷부분에 있는 부품으로 구성된다. 일부 부품은 고정된 구조인 반면, 고양력장치와 비행조종면은 움직일 수 있다. 주로 크기와 움직일 수 있는 장치의 복잡성 및 이의 메커니즘과 지지장치에 따라서 모든 2 차 구조물의 합산은 날개 중량의 약 35%까지로 상당한 부분을 차지한다. 이러한 중량은 기본 원리를 이용해서 쉽게 계산되지는 않기 때문에 개념설계 단계에서는 통계가 사용되어야 한다. 이들의 일부는 이상적이지 않은 1 차 구조물로 볼 수 있다. 점검창은 이상적이지 않은 박스 구조물로 분류되며, 플랩 지지 페어링은 플랩과 조종면 성분으로 간주된다. 대부분의 제작사는 대형 날개/동체 페어링을 날개 구조물의 성분으로 분류하지 않는다. 기타 항목(miscellaneous item)의 중량을 항상 별도 분류로 고려하는 것은 아니지만, 여기서는 모든것을 설명하기 위해서 언급되었다.

11.2.2 기본적인 접근방법

현재 중량 예측 방법은 전적으로 응력외피 구조로 제작되는 전형적인 1 차 구조물에 적용될 수 있다. 그림 11.1 에 나오는 기능적인 구분과 그림 11.2 의 용어를 참고해서, 다음과 같은 기본적인 원리가 일반적인 중량예측 방법론을 위해서 사용된다.

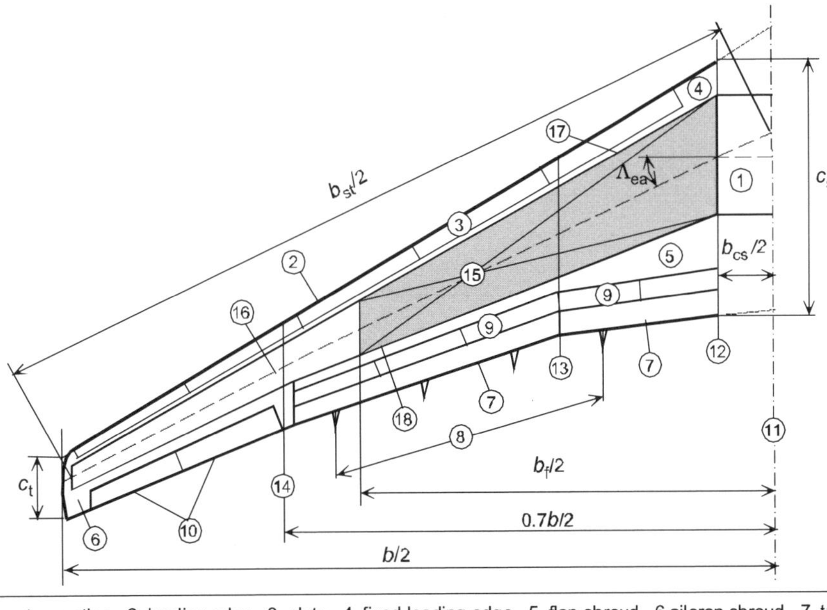

1 centre section 2 leading edge 3 slats 4 fixed leading edge 5 flap shroud 6 aileron shroud 7 trailing edge flaps 8 flap supports 9 lift dumpers / spoilers 10 ailerons 11 centreline 12 structural root 13 kink 14 reference chord 15 fuel tank 16 elastic axis 17 front spar 18 aft spar

그림 11.2 전형적인 고속 항공기 날개 구조에 대한 기하학적 정의 및 용어

- 이 방법은 주로 알루미늄 합금으로 제조되는 전형적인 높은 가로세로비의 캔틸레버 날개에 적용된다. 복합재료의 사용에 대한 수정을 위해서 가이드가 제공된다.
- 날개는 정적으로 결정되는 단단한(rigid) 구조물로 취급된다. 공탄성 변형에 저항하는데 필요한

$$\frac{W_G}{S}=\frac{dC_L}{d\alpha}\left(0.44\frac{\rho_{sl}U_{DE}V_{EAS}}{n_{man}-1}-2.65\frac{\rho gS}{b}\right) \tag{11.9}$$

익면하중이 이 값보다 낮은 날개에 대해서는, 돌풍 하중계수가 기동 하중계수를 초과한다. 이러한 조건은 날개 면적 변화에 대한 날개 중량의 민감도를 증가시킨다.

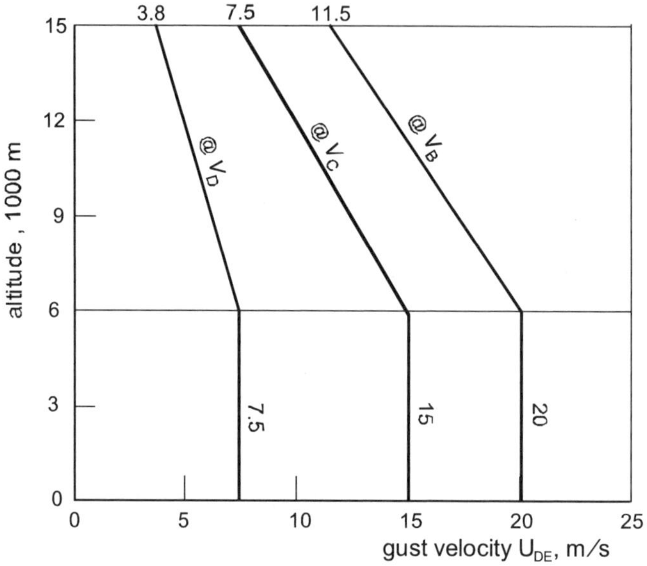

그림 11.3 FAR 25.341(a)에 따른 개별 돌풍 기준에 대해서 유도된 돌풍속도

개별적인 돌풍 설계 기준에 나오는 돌풍의 속도는 고도에 대한 선형 함수로 그림 11.3 에 지정되어 있다.[3] 최대 돌풍 속도는 최대 돌풍강도 V_B 에 대한 설계 대기속도에서 발생한다. 낮은 돌풍속도는 항공기의 비행선도상에 지정된 최대 순항속도 V_C 와 설계 강하속도 V_D 에 적용된다. 최대 돌풍 하중계수는 $U_{DE}V_{EAS}\,dC_L/d\alpha$ 의 최대값에 따라서 정해진다. 여기서 세 가지 매개변수 모두 비행속도와 고도의 영향을 받기 때문에 임계조건이 바로 명확하지는 않다. 출발점은 돌풍속도가 15m/s 가 임계조건이 되는 고도 20000ft (6100m)에서의 설계 순항속도 V_C 를 선택하는 것이다. 보다 심층적인 접근방법을 위해서는 FAR/JAR 25.333 에 나오는 돌풍선도를 몇몇 고도에 대해서 그려야 한다. 질량 매개변수와 돌풍 하중계수의 계산을 위해서는 양력곡선 기울기가 필요하다. 직선 테이퍼 에어포일에 대해서는 DATCOM 방법[18]으로 예측할 수 있다

$$\frac{dC_L}{d\alpha}=\frac{2\pi A}{\left\{(tan^2\Lambda_{0.50}+1-M^2)A^2+4\right\}^{1/2}+2}\ \text{rad}^{-1} \tag{11.10}$$

[3] 1990 년 이전에 인증받은 수송 항공기는 보다 엄격한 돌풍속도 조건을 만족한다.

이 식은 천음속 양력 발산을 설명하지 못한다. 천음속 여객기의 최대 수평비행속도는 식 (11.10)이 날개의 양력 기울기를 5~10% 정도 과소예측하는 항력 발산(force break) 부근에서 발생한다. 반면 일반적으로 전체 항공기의 양력은 날개의 하중을 결정하는 노출된 날개의 양력보다 작다..

11.3 기본 날개 박스

기본 중량 해석이 단순화된 날개 기하에 적용된다. 특히 동체와 캐리쓰루 구조의 존재는 무시하고, 날개는 앞전과 뒷전 킹크는 갖지 않는 것으로 가정하며, 윙렛과 전단 끝단과 같은 날개끝단 구조도 역시 무시한다. 따라서, 날개는 기하의 변화에 대한 주요 효과가 필요한 경우 허용될 수 있는 단순화인 직선 테이퍼 선직면(ruled surface)으로 도식화될 수 있다. 이에 대한 개선 사항은 11.8 장에서 논의되었다.

11.3.1 양력으로 인한 굽힘

날개의 수직 굽힘은 받음각 증가로 인해서 날개 평면에 윗방향으로 작용하는 공기역학 힘의 수직 성분으로 인해서 발생한다. 민간 항공기의 비행신도 내에서 이러한 수직힘은 양력보다 약간 작아진다. 따라서, 굽힘하중을 계산할때 수직 압력힘 성분 대신 양력을 사용하는 것이 보수적인 방법이다. 그림 11.4 의 용어 설명을 참조해서, 대칭면으로부터 거리 y 만큼 떨어진 지점의 가로방향 날개 스테이션에서 양력으로 인한 굽힘모멘트(첨자 BL)는 이의 바깥쪽 부분의 양력을 적분하는 것으로 구할 수 있다.

$$M_{BL}(y) = \int_{y}^{b/2} \frac{y' - y}{\cos \Lambda_{ea}} dL(y') \qquad (11.11)$$

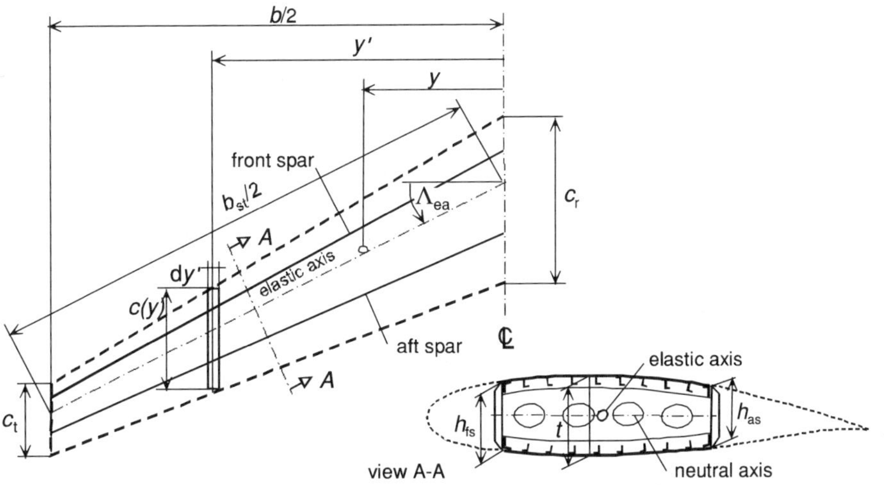

그림 11.4 양력으로 인한 굽힘모멘트 계산을 위한 용어와 단면 효율 계수

이 함수가 몇 가지 테이퍼비에 대해서 그림 11.5 에 그려져 있다. 이러한 곡선은 다음을 이용해서 정확하게 근사될 수 있는것으로 밝혀졌다.

$$I_1(\eta) = (1-\eta)^{3-2\lambda+\lambda^2} \tag{11.23}$$

• 타원형 양력 분포는 다음과 같이 정의된다.

$$\gamma = \frac{4}{\pi}\sqrt{1-\eta^2} \tag{11.24}$$

여기서 식 (11.17)에 따른 CP 의 위치는

$$\eta_{cp} = \frac{4}{3\pi} = 0.424 \tag{11.25}$$

이와 같은 경우, 식 (11.19)에 따른 양력분포 함수는 적분으로 구할 수 있다.

$$I_1(\eta) = (1-\eta^2)^{0.5}(1-0.5\eta^2) - 1.5\eta(cos\,\eta)^{-1} \tag{11.26}$$

그림 11.5 는 이러한 결과가 이전의 경우와 매우 유사하고 다음과 같이 정확하게 근사될 수 있음을 보여준다.

$$I_1(\eta) = (1-\eta)^{2.39} \tag{11.27}$$

이 결과는 $\lambda = 0.376$ 에 대해서 식 (11.23)과 동일하고, 직선 테이퍼 평면형 날개에 대한 최소 유도항력을 제공한다.

식 (11.18)에 따른 양력으로 인한 굽힘모멘트가 날개의 패널 하중을 계산하는데 사용된다. 일반적인 테이퍼비에 대해서 함수 $I_1(\eta)$ 는 테이퍼비와 양력분포에 상대적으로 민감하지 않은 것으로 나타난다. 따라서, 이제 문제는 CP 의 위치를 계산하는 것으로 이동한다. 직선 날개에 대해서 잘 알려진 근사법은 다음과 같이 위에서 고려된 두 가지 기본적인 경우의 평균값을 취하는 것이다.

$$\eta_{cp} = \frac{2}{3\pi} + \frac{1+2\lambda}{6(1+\lambda)} \tag{11.28}$$

후퇴각은 $\Delta\eta_{cp} = 0.02\,sin\,\Lambda_{0.25}$ 를 추가하는 것으로 설명될 수 있는 반면, 굽힘 유연성으로 인한 유효 비틀림은 CP 를 안쪽으로 이동시킨다. CP 의 위치에 대한 순 효과(net effect)는 날개의 유연성에 따라서 달라지지만, 이는 개념설계에서는 계산이 어렵기 때문에 무시되었다.

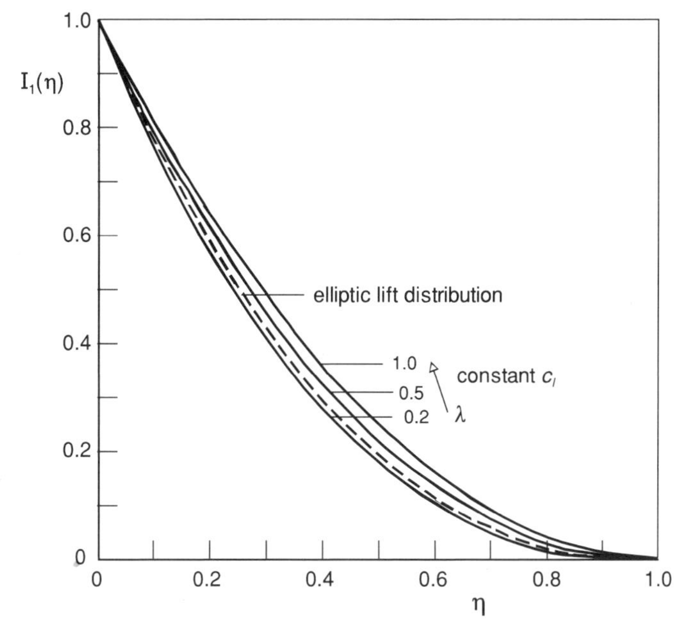

그림 11.5 두 가지 기본적인 양력분포에 대한 굽힘모멘트 함수

CP 위치에 대한 또 다른 영향은 1-g 비행 조건과는 다른 하중계수에서 양력분포의 변화와 관련된다. 공기역학적으로 최적화된 날개는 스팬방향으로 최적의 붙임각(비틀림)을 갖게되어 순항비행에서 타원형에 가까운 기본 양력 분포를 보인다. 높은 받음각에서는 시위 분포에 따라서 달라지는 부가적인 양력이 지배적이 된다. 이러한 효과를 설명하기 위해서, CP 위치에 대한 하중계수의 영향에 대한 다음과 같은 표현이 제안된다.

$$\eta_{cp} = \frac{1}{3n}\left\{\frac{4}{\pi} + (n-1)\frac{1+2\lambda}{1+\lambda}\right\} \tag{11.29}$$

기동 또는 돌풍이 발생하는 동안 하중계수가 증가하면, $\lambda < 0.376$ 인 경우 CP 는 $\eta_{cp} = 0.4244$ 인 날개의 안쪽으로 이동한다. 예를 들어, 테이퍼비 $\lambda = 0.2$ 인 날개에 $n_{ULT} = 3.75$ 인 하중이 작용한다면, 타원형 양력분포에 비해서 상대적으로 6%의 감소된 뿌리부분의 굽힘모멘트를 받을 것이다.

11.3.2 굽힘 재료

그림 11.4 와 같이 스파 플랜지를 포함한 상부와 하부의 보강된 외피 패널은 인장과 압축응력으로 이어지는 수직하중에 의한 굽힘에 저항한다. 양력으로 인한 굽힘(첨자 BL)에 견디기 위한 스팬방향에 대한 응력의 변화는 다음과 같다.

$$|\sigma(y)| = \frac{M_{BL}(y)t(y)}{2I_z(y)} \tag{11.30}$$

여기서 중립축은 상부와 하부 패널 사이의 중간지점을 취했다. 굽힘 관성모멘트 I_z 는 패널을 유효 상호 거리 $\eta_t t(y)$ 상에서 패널 단면적 $A(y)$ 와 등가 두께 $\delta(y)$ 를 갖는 동등한 외피로 대체하는 것으로 다음과 같이 구할 수 있다.

$$\eta_t \stackrel{\text{def}}{=} \sqrt{\frac{2I_z(y)}{A(y)t^2(y)}} \tag{11.31}$$

이와 같은 유효성 계수(effectiveness factor)는 날개 단면형상, 전방스파(첨자 fs)와 후방스파(첨자 as)의 위치 그리고 그림 11.2 의 용어가 날개 뿌리에 적용되는 패널 기하에 따라서 달라진다. 참고문헌 [1]과 [22]에 나오는 η_t 의 계산을 위한 방법은 세부적인 입력이 필요하고 구형의 날개 단면에 적용된다. 대신, 다음과 같은 1 차 예측이 제안된다.

$$\eta_t = \sqrt{\frac{1+(h_{fs}/t)^2+(h_{as}/t)^2}{3}} - t_{sk}/t \tag{11.32}$$

여기서 t_{sk}/t 는 섹션 두께의 분율로 나타내는 등가(smeared) 외피 두께이다. 이 분율의 전형적인 값은 0.025 이다. 만약 스파에서 섹션 두께를 알 수 없다면, η_t 의 값은 아음속에 대해서는 0.81, 천음속 (초임계) 단면에 대해서는 0.84 와 같다고 가정할 수 있다. 필요한 패널 단면적은 이전 두 개의 식으로부터 구할 수 있다.

$$A(y) = \frac{M_{BL}(y)}{\eta_t(y)|\sigma(y)|} \tag{11.33}$$

그리고, 상부와 하부 날개 박스 커버의 전체 중량은

$$W_{BL} = 2\rho g \int_0^{b_{st}/2} A(y)dy \tag{11.34}$$

여기서 ρ 는 재료의 비밀도(specific density)이다. 최대 굽힘모멘트는 양력이 극한 하중계수와 총중량 W_G 의 곱과 같을때 작용한다. 식 (11.18)과 (11.33)을 조합하면 양력으로 인한 굽힘에 견디는데 필요한 재료의 중량을 구할 수 있다.

$$W_{BL} = 0.5 n_{ULT} W_G b_{st} \frac{\eta_{cp}}{\eta_t} \frac{b_{st}}{2t_r} \left\{ \frac{\rho g}{\sigma_t(y=0)}(I_2)_t + \frac{\rho g}{\sigma_c(y=0)}(I_2)_c \right\} \tag{11.35}$$

첨자 t 와 c 는 각각 인장(tension)과 압축(compression)을 나타낸다.

$$I_2 = \int_0^1 I_1(\eta) \frac{(\sigma t)_{\eta=0}}{\sigma(\eta) t(\eta)} d\eta \tag{11.36}$$

위의 적분값은 상부(인장)와 하부(압축) 패널에 대해서 다르게 처리된다.

- 하부 패널의 이론적인 최소 중량은 인장응력이 스팬방향으로 일정하다는 가정으로 구한다. 허용되는 인장응력은 항공기의 지정된 수명기간에 따라서 결정되는 (피로)응력한계 또는 사용된 재료의 최대 인장응력이다. 기본적인 접근방법은 스팬 방향으로 일정한 두께비, 다시 말해서 두께 테이퍼 $t(\eta)/t(\eta=0)$ 의 변화가 평면 형상의 테이퍼와 같다고 가정하는 것이다. 앞에서 논의된 양력분포 함수를 사용하면, 대부분의 실용적인 테이퍼비에 대해서 $(I_2)_t = 0.36$ 이다. 이 값은 스팬 방향에 대한 재료 중량의 타원형 변화에 대한 $(I_2)_t = 1/3$ 보다 10% 더 높다는 것에 주목할 필요가 있다.
- 허용 가능한 상부 패널의 압축응력은 내부분 기둥 좌굴이 빌생하시 않아야 한나는 기준에 따라서 정해진다. 그 한계는 단위 너비당 패널 하중을 리브 간격으로 나눈 값으로 정의되는 지역 구조 지수(local structural index)의 제곱근에 비례하는 것으로 가정한다. 가벼운 하중이 걸리는 구조의 경우, 접선계수(tangent modulus)는 일정하고, 일정한 박스 시위대 날개 시위의 비율과 스팬방향에 대한 일정한 리브 간격에 대해서 다음 관계식을 갖는다.

$$\sigma_c \propto \sqrt{\frac{M_{BL}(y)}{t(y)c(y)}} \tag{11.37}$$

여기서 비례계수는 보강 형상(stiffening configuration)에 따라서 달라진다. 일정한 단면 두께비에 대한 결과는 다음과 같다.

$$(I_2)_c = \int_0^1 \sqrt{I_1(\eta)}\, d\eta \tag{11.38}$$

하부 표면 패널과 유사하게, 고려된 양력 분포는 이 적분값에 상당한 변화를 초래하지 않는다. 양호한 평균값으로는 $(I_2)_c = 0.45$ 이다. 높은 하중이 작용하는 구조의 경우, 압축응력은 최대 압축응력을 초과할 수 없다. 보다 자세한 사항은 11.7 장을 참조한다.

식 (11.35)는 굽힘에 견디는데 필요한 재료의 중량이 구조적인 스팬의 절반 길이대 날개 뿌리에서 최대 박스 두께의 비율로 정의되는 캔틸레버비(cantilevel ratio)에 비례한다는 것을 보여준다.

$$R_{cant} = \frac{b_{st}}{2t_r} = \frac{b}{2t_r \cos\Lambda_{ea}} = \frac{A(1+\lambda)}{4(t/c)_r \cos\Lambda_{ea}} \tag{11.39}$$

여기서 $A = b^2/S$ 는 가로세로비이다. 식 (11.39)의 우변 마지막 항은, 예를 들어 식 (8.1)과 같은 몇 가지 알려진 날개중량 예측 공식을 나타낸다. R_{cant} 를 식 (11.35)에 대입하면 다음과 같다.

$$W_{BL} = (I_2)_t \frac{\rho g}{\overline{\sigma}_r} n_{ULT} W_G R_{cant} \frac{\eta_{cp}}{\eta_t} b_{st} \tag{11.40}$$

여기서 날개 뿌리에서 평균 응력 수준은 다음과 같이 정의된다.

$$\frac{1}{\overline{\sigma}_r} = 0.5\left\{\frac{1}{\sigma_t} + \frac{1.25}{\sigma_c}\right\} \tag{11.41}$$

지금까지 이루어진 상대적으로 대략적인 가정으로 인해서, 이 결과는 지나치게 단순하다. 그러나, 이의 적용은 11.4 장과 11.7 장에서 다루어진 주제인 날개 내부의 연료 분포와 허용 가능한 응력 수준에 대한 정보를 필요로 한다. 주어진 재료의 응력, 하중계수 및 캔틸레버비에 대해서, 식 (11.40)은 굽힘재료 중량 분율은 날개 스팬에 비례해서 증가함을 증명한다는 것에 주목할 필요가 있다. 이와 같은 제곱 세제곱 법칙[15, 16]의 중요한 결과는, 특히 대형 여객기에 대해서 날개 중량을 감소시키는데 더 많은 노력이 투자되어야 하는 이유를 설명하는 것이다.

11.3.3 전단 재료

날개 양력으로 인한 전단력은 대각선 인장 웹으로 보강되는 전체 두께만큼의 높이를 갖는 것으로 가정되는 스파 웹을 통해서 전달되고, 스파 플랜지는 굽힘에 약 5% 정도 기여하는 재료로 취급된다. 굽힘모멘트와 유사한 방법으로, 특정 스테이션에서의 양력으로 인한 전단력(첨자 SL)은 해당 스테이션 바깥쪽의 양력을 적분하는 것으로 구할 수 있다.

$$F_{SL}(y) = \frac{n_{ULT} W_G}{2} I_3(\eta) \tag{11.42}$$

여기서

$$I_3(\eta) \overset{\text{def}}{=} \int_\eta^1 \gamma' \, d\eta' \tag{11.43}$$

필요한 전단재료는 전단웹에 걸쳐서 동등하게 분담되는 것으로 가정한다. 이의 면적 $A(y)$ 는 전단력을 (평균) 전단응력 $\tau(y)$ 로 나눈 것과 같다.

$$A_{SL}(y) = \frac{F_{SL}(y)}{\tau(y)} \tag{11.44}$$

스팬 방향에 대한 일정한 전단응력의 경우, 양력을 날개 뿌리로 전달하는데 필요한 재료의 전체 중량은 다음과 같다.

$$W_{SL} = 0.5 n_{ULT} W_G b_{st} \frac{\rho g}{\tau} \int_0^1 I_3(\eta) d\eta \tag{11.45}$$

우변에 있는 적분은 CP 의 가로방향 좌표과 같다. 상부 커버 패널의 압축응력과 유사한 방법으로, 허용 가능한 전단응력은 바깥쪽 방향으로 갈수록 감소한다. 이의 평균값은 상부와 하부 커버 패널의 평균 중심선 응력의 50%와 같다고 가정한다. 웹의 보강을 위한 추가 20%와 함께 전단 재료의 중량은 다음과 같이 구할 수 있다.

$$W_{SL} = 1.20 n_{ULT} W_G \eta_{cp} b_{st} \frac{\rho g}{\sigma} \tag{11.46}$$

11.3.4 평면상 하중과 비틀림

이상적인 기본 박스 중량의 도출에서, 윗방향으로 작용하는 양력으로 인한 굽힘과 전단 하중이 필요한 재료를 결정한다고 가정하였다. 실제로는 평면상에 작용하는 굽힘과 전단에 대한 대응으로 인한 중량 페널티를 무시할 수 없다.

- 수직하중 N 에 추가해서, 날개는 앞전 흡입력 $L \sin\alpha$ 에서 날개 항력을 제한 것과 같은 접선 방향의 전방힘을 받는다. 이의 크기는 예상보다 상당히 클 수도 있다. 예를 들어, 받음각 15 도에서 평면상 공기역학 힘은 양력의 약 20% 정도를 차지한다. 결과적인 평면상 굽힘과 전단 하중은 탄성축 후방에서는 전단응력과 증가된 인장응력 그리고 탄성축 전방에서는 압축응력을 일으킨다.
- 직선 날개는 CP 가 EA 의 전방에 위치하는 것으로 인해서 (기수가 들리는) 양의 비틀림 모멘트를 받는다. 이의 크기는 대략적으로 양력으로 인한 굽힘모멘트를 가로세로비로 나눈 것과 같다. 또한, 날개의 캠버와 비틀림은 (일반적으로 음의) 비틀림을 유발하며, 이는 설계 강하속도 V_D 에서 가장 높은 값을 갖는다.
- 후퇴각은 CP 를 뿌리부분에 비해서 후방으로 이동시킨다. 이는 직선날개에 대해서 언급되었던 양의 비틀림하중에 대응하는 안쪽 날개에 음의 비틀림을 유발한다. CP 가 구조적인 뿌리에서 전단중심과 일치한다면, 전체(net) 효과는 0 이 된다. 이는 후퇴각이 10 도 정도 크기인 경우에 해당한다. 보다 일반적인 후퇴각의 경우, 작용하는 비틀림은 안쪽 후방스파가 보강되는 것이 필요하다. 이러한 영향의 크기는 구조 위상에 따라서 상당히 달라진다.

현재 방법은 날개 뿌리에서의 커버 패널 하중을 5% 늘리는 것으로 이러한 효과를 설명한다.

11.3.5 리브

리브는 날개 단면의 형태를 이루며 다양한 기능을 수행하도록 설계된다. 일반적인 리브는 특히 압축하중을 받는 패널을 포함해서 외피를 지지하며 안정화하고, 상부와 하부 패널로부터 분산된 공기역학적인 압력 하중을 스파로 전달한다. 리브는 또한 비틀림에 저항도록 날개의 강성을 증가시키며, 날개의 굽힘으로 인한 압착 하중(crushing load)에도 저항한다. 특수 리브는 고양력장치, 조종면, 랜딩기어 그리고 엔진 포드로부터의 집중하중을 담당하며, 이를 박스의 주요 성분으로 전달한다. 일부 특수 리브는 항공기가 기동시 연료의 서지를 방지하는 배플(baffle)의 역할을 하기도 한다. 구조 뿌리의 벌크헤드는 수직하중을 동체로 전달한다. 리브의 질량은 구조적인 위상(topology)에 따라서 달라지며, 단지 몇 개의 리브만이 전형적인 것으로 고려될 수 있기 때문에 이의 중량예측에 대한 해석적인 접근방법은 제외되었다. 대형 여객기의 CS 에서 일반 리브의 질량은 등가(smeared) 두께로는 3.6mm 에 해당하는 대략 10kg/m^2 이고, 바깥쪽 리브의 질량은 이 수치의 약 절반 정도가 된다. 그러나, 집중하중을 담당하는 특수 리브는 두 배에서 세 배 정도 더 무거워질 수도 있다.

전형적인 리브의 질량이 정확히 예측될 수 있다고 하더라도, 리브의 수를 알아야 전체 중량을 계산할 수 있다. 일부 저자는 압축패널과 리브의 중량을 최소화하기 위한 목적으로 리브 간격을 최적화하려는 시도를 했다. 실제 리브 간격은 최소 중량이 아닌 플랩의 위치와 엔진 장착과 같은 고려사항에 따라서 선택되기 때문에, 이러한 접근방법의 결과는 비현실적인 것으로 나타났다. 스팬 방향에 걸쳐서 리브의 간격이 변하기는 하지만, 0.75m 의 평균 간격은 안쪽이나 바깥쪽 부분에서 큰 차이가 없다. 여기서 제시된 예측방법은 날개와 동체의 접합부위 벌크헤드와 연료탱크 경계를 포함한 일반적인 리브 중량에 적용되지만, 11.5 장의 지지 구조물에 대한 페널티는 포함하지 않는다. 기본적인 가정은 다음과 같다.

- 단위 리브 면적당 중량은 스팬 방향에 대해서 일정하다.
- 일정한 리브 간격에 대해서, 리브의 개수는 스팬에 비례한다. 그러면 리브의 중량은 평균 날개 시위, 평균 단면 두께 그리고 스팬의 곱에 비례한다. 다시 말해서, 리브의 중량은 날개 체적에 비례한다.
- 만약 리브 피치가 평균 날개 두께에 비례한다면, 단위 스팬당 리브의 개수는 이에 반비례한다. 그러면, 리브의 중량은 평균 리브 시위 곱하기 스팬, 다시 말해서 날개 면적에 비례한다.

만약 실제 리브 피치가 첫 번째 가정의 일부와 두 번째 가정의 일부로 결정된다면, 일반적인 리브의 중량은 다음과 같다.

$$W_{rib} = k_{rib} \rho g S \left(t_{ref} + \frac{t_r + t_t}{2} \right) \tag{11.47}$$

이는 날개와 동체의 접합부위와 연료탱크 벌크헤드를 포함한다. 수정될 계수로는 $k_{rib} = 0.5\times10^{-3}$ 그리고 $t_{ref} = 1\text{m}$ 이다.

11.4 관성 경감과 설계 하중

> B-52 의 날개는 B-47 의 날개보다 훨씬 크고, 따라서 스파 사이에 큰 공간을 갖는다. B-52 에서 이러한 내부 날개 체적은 연료탱크로 사용되었다. 동체에도 또한 대형의 연료탱크가 있었다. 날개 연료의 사용으로 상당한 날개 중량을 절감할 수 있었다. B-52 는 또한 상대적으로 작은 바깥쪽 날개 연료탱크 포드도 가지고 있었다.
>
> G. Schairer, July/August 1989

날개 구조, 내부 구조물 그리고 날개에 장착되는 (엔진) 질량에 작용하는 관성력은 양력과는 반대방향으로 굽힘과 전단 하중을 경감시킨다. 날개 내부의 많은 연료량은 장거리 비행기가 이륙할때 상당한 하중 경감을 제공하지만, 이로한 경감은 비행이 끝나는 시점에서는 더 이상 적용되지 않는다. 유상하중은 임무에 따라서 달라지고 연료는 비행중 변하기 때문에, 날개 구조에 대한 설계 조건을 이루는 임계하중 조건이 식별되어야 한다. 이번 장의 주제는 중량 임계인 하중조건과 주어진 총중량과 하중계수에 대해서, 이전 장에서 도출했던 이상적인 날개 박스 중량에 대한 수정을 유도하는 것이다.

11.4.1 고정된 질량으로 인한 경감

일정한 하중계수로 비행 중인 항공기와 그 내용물에 작용하는 관성력의 결과는 양력과 동일하다. 양력과 관성력이 스팬방향으로 동일하게 분포되는 (가상적인) 전익 항공기의 경우에 대해서, 날개는 굽힘이나 전단을 받지 않는다. 이러한 스팬 하중 효과는 실제적인 설계에서는 덜 지배적이지만, 최대한 많은 유용한 하중을 날개에 할당하는 것은 장점이 있다. (제 5 장) 전형적인 TAW 형상에서 동체 그룹과 내용물은 동체와 날개 접합부위의 안쪽에 집중된다. 조합된 관성력을 지지하는데 필요한 양력은 날개에 주요 굽힘과 전단하중을 일으키는 반면, 날개 그룹과 이의 내용물로 인한 관성력 경감은 날개의 구조중량을 20% 를 넘지 않는 정도로 감소시킨다. 자체중량 성분으로 인한 관성 경감의 계산은 어렵지 않다. 주요 경감은 날개 구조와 날개에 장착되는 엔진으로부터 기인하며, 날개에 장착되는 랜딩기어나 시스템 성분의 효과는 일반적으로 무시되는 수준이다.

날개 구조, 연료시스템 그리고 비행조종 시스템의 질량은 날개 그룹(첨자 wg) 질량으로 표현한다. 양력과 마찬가지로, 이의 중량은 날개 뿌리와 끝단 사이에 분포된다. 날개의 단위 시위 길이당 구조중량은 바깥쪽으로 갈수록 감소하고, 단위 시위 길이당 양력은 다소 일정하기 때문에, 결과적인 관성 경감은 CP 의 안쪽에 집중된다. 상대적인 굽힘모멘트 감소는 날개 중량 분율보다 약 20% 정도 작지만, 이는 날개 내부의 시스템으로 인한 관성 경감으로 보상된다. 이러한 결과는 날개 뿌리의 굽힘모멘트에 대한 경감계수로 표현될 수 있다.

$$(R_{in})_{wg} = \frac{y_{wg}W_{wg}}{y_{cp}W_{MTO}} \approx \frac{W_w}{W_{MTO}} \tag{11.48}$$

이 표현의 적용을 위해서는 날개 구조중량 예측의 결과인 날개 중량과 이의 분포에 대한 정보가 필요하다. 따라서, 관성경감의 계산은 필수적으로 반복계산이 된다. 이러한 반복계산을 피하는 실용적인 방법으로는 식 (11.3)과 같은 통계적인 방법으로부터 Class I 날개중량 예측값을 입력하는 것이다. 그러면 두 번째 근사는 보통 필요하지 않다.

날개에 장착된 엔진(첨자 eng)은 일정한 전단력과 장착부위의 안쪽에서 선형 굽힘모멘트 감소를 일으킨다. 한쪽 날개에서 한 엔진으로 인한 관성경감 계수는 근사적으로 다음과 같다.

$$(R_{in})_{eng} = 3\frac{\eta_{eng}^2}{\eta_{cp}}\frac{W_{eng}}{W_{MTO}} \tag{11.49}$$

여기서 η_{eng} 는 그림 11.6 과 같이 엔진이 장착되는 무차원 가로방향 좌표이고, W_{eng} 는 나셀, 역추력장치 및 파일런을 포함한 장착된 한 엔진의 중량이다. 만약 한쪽 날개에 엔진 두 개가 장착된다면, 이들의 기여분은 합산된다. 전형적인 관성경감 계수는 날개에 장착되는 터보팬을 기준으로 쌍발 엔진과 4 발 엔진에 대해서 각각 0.03 과 0.08 이다.

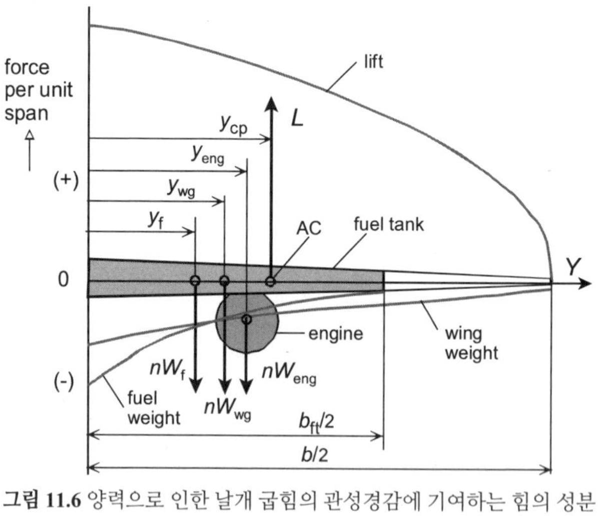

그림 11.6 양력으로 인한 날개 굽힘의 관성경감에 기여하는 힘의 성분

11.4.2 중량임계 유용하중과 설계 중량

날개 뿌리의 굽힘모멘트에 대한 채워진 연료탱크의 영향은 양력으로 인한 굽힘모멘트와 유사한 방법으로 결정된다. 내부 탱크 벌크헤드는 그림 11.7 과 같이 뿌리 스테이션과 일치하는 것으로 가정하고, 양력과 연료(첨자 LF)로 인한 윗방향 모멘트는 다음과 같다.

$$(M_{LF})_{y=0} = 0.25 b_{st} n_{ULT} (\eta_{cp} W_G - \eta_f W_f) \tag{11.50}$$

또는

$$(M_{LF})_{y=0} = 0.25 \eta_{cp} b_{st} n_{ULT} \left\{ W_{ZF} + \left(1 - \frac{\eta_f}{\eta_{cp}} \right) W_f \right\} \tag{11.51}$$

테이퍼비 λ_{ft} 인 연료가 채워진 직선 테이퍼 연료탱크에 대한 연료 CG 의 가로방향 좌표는 다음과 같다.

$$\eta_f = \frac{y_f}{b/2} = \frac{(1 + 2\lambda_{ft} + 3\lambda_{ft}^2)}{4(1 + \lambda_{ft} + \lambda_{ft}^2)} \frac{b_{ft}}{b} \tag{11.52}$$

이른바 일체형 연료탱크 날개(wet wing)로 부르는 만재된 전 스팬 길이의 연료탱크에 대해서, 탱크와 날개 스팬 그리고 테이퍼비는 (거의) 동일하고, 식 (11.29)와 (11.52)로부터 $\eta_f < \eta_{cp}$ 임을 알 수 있다. 주어진 GW 에 대해서, 연료하중과 이로 인한 관성 경감의 감소는 양력으로 인한 굽힘모멘트의 감소보다 더 크다. 따라서, 가장 높은 뿌리 부분 굽힘모멘트는 항공기가 최대 유상하중을 적재하고 MTOW 상태로 이륙할때 발생한다.

$$(M_{LF})_{y=0} = 0.25 \eta_{cp} b_{st} n_{ULT} W_{MTO} \left\{ 1 - \frac{\eta_f}{\eta_{cp}} \left(1 - \frac{W_{MZF}}{W_{MTO}} \right) \right\} \tag{11.53}$$

연료의 관성경감으로 인한 굽힘 재료의 감소는 식 (11.29), (11.52) 그리고 (11.53)으로부터 도출된다. 양력으로 인한 굽힘재료의 스팬방향 변화는 지역 시위 길이에 비례하고, 연료 경감으로 인한 이의 감소는 지역 시위의 제곱에 비례한다고 가정하면, 해법은 수학적으로 용이해진다. 그러나, 정확한 답은 번거롭기 때문에 만약 날개와 날개 박스가 동일한 테이퍼비를 갖는다면 다음과 같은 연료에 대한 관성경감 계수가 제안된다.

$$(R_{in})_f = 0.5 \frac{b_f}{b} \left(1 + \frac{3\lambda^2}{1 + 2\lambda} \right) \left(1 - \frac{W_{MZF}}{W_{MTO}} \right) \tag{11.54}$$

이 식은 b_f/b 가 채워진 연료탱크를 만족하도록 적용되어야 한다. 또한 MZFW 에 대응하는 연료량은 일반적으로 최대 연료 용량보다 (훨씬) 작다. 따라서, 이는 임계 하중 조건을 대표하지 않기 때문에 식 (11.54)는 일체형 연료탱크 날개(wet wing)에는 적용되지 않아야 한다. 연료 관성경감으로 인한 굽힘재료의 감소는 대부분 양력을 견디는데 필요한 재료의 15% 미만인 것으로 나타났다.
만약 내부 연료탱크 벌크헤드가 날개의 뿌리보다 바깥쪽에 위치한다면 추가적인 해석이 필요하다.

주어진 연료량에 대해서, 이는 뿌리의 굽힘모멘트를 연료 CG 가 날개 CP 와 일치하는 지점까지 감소시킨다. 만약 연료탱크 CG 가 CP 로부터 바깥쪽으로 이동한다면, 최대 뿌리 굽힘은 탱크가 비었을때 발생하고, 날개 구조중량은 무연료 조건에서 계산되어야 한다. 그러나, 구조피로를 줄이기 위해서 채워진 바깥쪽 연료탱크는 1-g 비행에서 날개의 굽힘을 감소시킨다. 일부 터보프롭 항공기는 연료탱크를 날개에 장착된 엔진의 바깥쪽 부위에만 갖기도 한다. 그러면 구조적인 예비연료는 설계조건을 선택하기 위해서 사용된다. FAR/JAR 25.343 과 같은 감항성 규정은 감소된 최대 하중계수를 허용한다. 이러한 결과로부터 연료로 인한 관성경감은 기동 임계 상황에서만 중요하다고 결론을 내릴 수 있다.

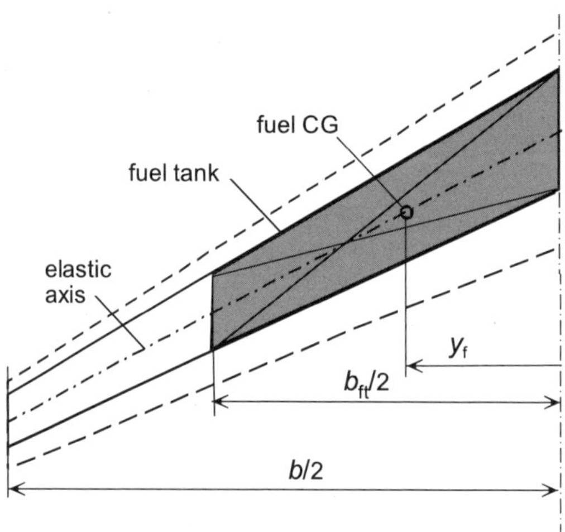

그림 11.7 연료탱크 기하

11.5 비이상적 중량

이상적인 날개 박스 중량은 정적 굽힘 및 전단 하중 그리고 전응력 구조(fully stressed structure)로 부르는, 모든 단면에서 허용 가능한 응력 수준으로부터 도출된다. 실제 날개 설계에서는 테이퍼가 없는 외피, 서브 어셈블리로 구분, 하부 박스 커버 플레이트의 점검창 등과 같은 비이상적 특성에 대한 허용이 감안된다. 그림 11.8 에 나오는 대형 수송 비행기에 대해서 전형적인 스파와 패널 외피 설계 조건은 1 차 박스의 몇몇 부분이 기동과 돌풍 하중에 따라서 서로 크기가 다르게 정해지는 것을 보여준다. 뿐만 아니라, 일부 구조 성분은 에일러론 조종과 랜딩 플랩 하중 조건, 착륙시 충격하중, 동적 하중 그리고 임계 공탄성 효과를 피하기 위한 비틀림 강성에 대한 요구조건에 따라서 크기가 정해진다.

몇몇 문헌에서는 비이상적 중량 페널티를 비최적 중량(non-optimum weight)으로 부르기도 한다. 이는 계산 과정에서 충분한 주의를 기울인다면 비이상적 중량은 필요하지 않으며 피할 수 있다고 시사하기 때문에 부적절한 명칭이다. 그러나, 비이상적 중량이 최소화될 수 있다고 하더라도, 이는 전부 제거될 수는 없다. 비용의 효율성 측면에서 최적의 비이상적 중량(optimum non-ideal weight)이라고 얘기할 수도 있을 것이다. 대부분의 비이상적 중량 페널티는 해석적으로 취급될 수 없기 때문에, 이는 통계로부터 유도되고 생산된 항공기로부터 수집된 데이타에 따라서 수정되어야 한다. 일부 예측 방법은 이상적 중량에 수정계수를 적용하는 것으로 비이상적 중량을 계산한다. 이는 이상적 중량과 비이상적 중량에 대한 항 사이의 함수관계가 존재함을 제시하는 것이다. 그러나, 대부분의 비이상적 중량은 이상적인 중량과는 다른 설계변수와 사이징 기준 조건에 의해서 결정되기 때문에, 설계 민감도는 이런 방법으로는 적절히 표현될 수 없다. 현재의 대안 접근방법은 이러한 함정을 피하는 것을 목표로 한다.

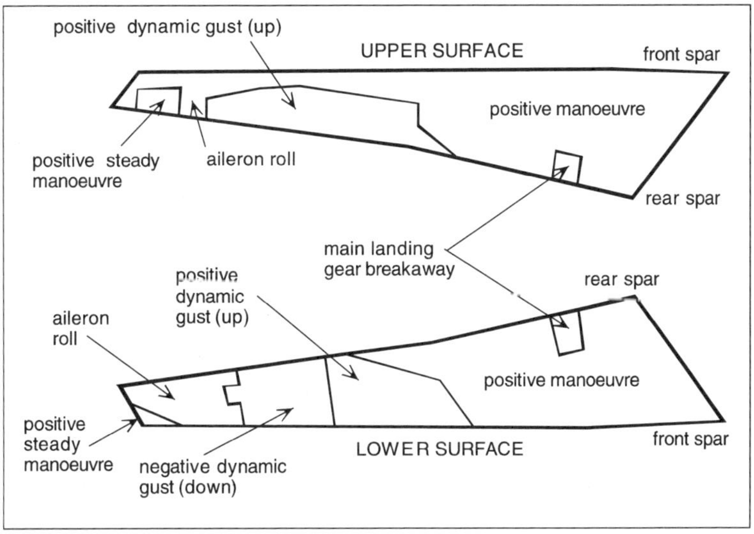

그림 11.8 주요 날개 구조에 대한 패널 설계 조건의 사례 [27]

11.5.1 비테이퍼, 조인트 그리고 고정구

생산 구속조건과 비용 고려사항으로 인해서, 스팬 방향에 대한 외피/스트링어 형상의 이론적인 최적값에 대한 계속적인 수정은 가능하지 않다. 예를 들어서, 날개 끝단 부근에 가벼운 하중이 작용하는 부품에는 일반적으로 0.8mm 인 최소 치수 판재의 두께가 적용된다. 패널을 스플라이스로 연결되는 부분으로 구분하는 것으로 단계적인 외피 두께의 조정이 가능하다. 이론적으로 비테이퍼 판재로 인한 조합된 중량 페널티와 조인트가 최소가 되는 단계의 최적 수가 존재한다. 일정한 두께의 판재와 비교해서, 선형 판재 테이퍼의 적용과 통합되어 가공되는 패널은 비테이퍼 중량 페널티를 상당히 감소시킨다. 날개가 주요 생산 조인트와 커버 패널의 스플라이스로 이어지는 서브 어셈블리로 구분되는 경우에도 페널티가 발생한다. 날개의 크기와 제작 개념에 따라서, 중량 페널티는 박스 중량의 5 에서 10% 사이로 합산된다. 이러한 비이상적(첨자 nid) 중량의 주요 부분은 날개 박스의 표면적과 관련되기 때문에, 등가(smeared) 두께 증분 $\Delta\delta$ 를 패널 외피와 전단 웹에 적용하는 것으로 다음과 같이 예측할 수 있다.

$$\Delta_{nid}W = \delta_{nid}\rho g\sum S_{box} \approx 1.20\delta_{nid}\rho gS \tag{11.55}$$

여기서 $\sum S_{box}$ 는 박스 패널과 스파 웹의 전체 투영면적(projected area)을 나타낸다. 고강도 고정구 기술에 기반해서 제작된 (조립된) 구조의 경우, 전형적인 값은 $\delta_{nid} = 10^{-3}$m 이다. 접착된(bonded) 또는 통합 가공된(integrally machined) 구조물의 경우, 이러한 페널티는 각각 20 또는 50%만큼 감소될 수 있다.

11.5.2 고장안전과 손상허용

날개의 비틀림에 따른 전단에 대응하기 위해서 증가된 웹 두께와 웹 보강재 및 리브 포스트에 필요한 대비를 위해서 이상적인 전단재료 중량은 증가되어야 한다. 뿐만 아니라, 민간 항공기에 대한 필수적인 요구조건으로 날개는 반드시 고장안전(fail safe)과 손상허용(damage tolerance) 구조를 가져야 한다고 명시되어 있다. 특히, 날개 스파의 완전한 파손은 보조 스파로 대응할 수 있어야 하거나 또는 전적으로 회피되어야 하는 잠재적인 위험이다. 크랙 스토퍼(crack stopper)는 전단웹이 특히 통합된 구조를 이루고 있을때 이를 완전한 파손으로부터 보호하는 효과적인 방법이다. 이러한 방법으로 인한 복합적인 효과는 식 (11.46)에 따른 기본적인 전단 재료에 대한 15%의 페널티로 예측된다.

$$\Delta_{nid}W = 0.18n_{ULT}W_G\eta_{cp}b_{st}\frac{\rho g}{\sigma} \tag{11.56}$$

11.5.3 맨홀과 접근창

구조물의 컷아웃(cutout)은 하중을 재분포시키기 위해서 컷아웃 주변 구조물의 보강을 필요로 하기 때문에 예외없이 중량을 증가시킨다. 구조와 탱크의 상태에 대한 점검과 정비를 위해서, 하부 박스 커버는 점검용 커버(첨자 ic)를 갖는 많은 맨홀을 가지고 있다. 맨홀은 접근 방식(access type)에 따라서 중량 페널티가 달라진다. 바깥쪽 날개의 점검 해치(inspection hatch)는 시위에 비해서 크기가 크고 중량 페널티를 줄이기 위해서 응력을 받는다. 비응력 해치는 주로 안쪽과 중간 날개 부분 그리고 캐리쓰루 구조에 적용된다. 맨홀 주위의 보강으로 인한 중량 페널티는 다음과 같은 가정으로 예측될 수 있다. (a) 하부 박스 커버의 구조적인 폭은 컷아웃 폭으로 유효하게 감소된다, (b) 커버는 컷아웃된 재료와 동일한 양으로 등가 두께를 증가시켜 보강된다, (c) 점검창 커버의 등가 두께는 증가된 커버 두께와 동일하다. 이와 같은 방법을 통해서 구조 스팬 방향에 대한 커버의 두께 증가는 컷아웃대 평균 박스 폭의 비율과 실질적으로 같아지도록 한다. 만약 평균 박스 시위가 평균 기하 시위의 50%라고 가정한다면, 이상적인 하부 패널 중량은 다음과 같은 계수로 수정될 수 있다.

$$R_{ic} = 1 + 2\frac{w_{ic}b_{st}}{S} \tag{11.57}$$

표준 IC 컷아웃 폭 10 인치에 대해서, $w_{ic} = 0.25\text{m}$ 이다. 이러한 수정의 적용은 대형 여객기에 대해서는 5%에서 소형 여객기의 경우 15% 사이로 하부 박스 커버 중량 페널티를 추가한다. 이러한 결과는 점검해치와 맨홀을 제공하는 것으로 인한 순(net) 중량 페널티가 컷아웃 재료 중량의 1.5 배가 된다는 참고문헌 [34]의 추천사항을 준수한다.

11.5.4 보강, 부착 및 지지 구조

엔진과 랜딩기어를 날개 박스에 장착하고, 날개와 동체를 결합하기 위해서는 구조적인 부품이 필요하다.

- 날개 앞전 아래에 포드를 통해서 엔진을 장착하기 위해서는 파일런 부착, 추가 리브 및 스파의 보강과 특수 리브 그리고 커버가 필요하다. 다음과 같은 중량 페널티는 얼마 되지 않는 제트 항공기에 대한 통계 데이타에 기반한 것이다.

$$\Delta_{nid} W = 0.015(1 + 0.2 N_{eng}) W_{pp} \tag{11.58}$$

  날개에 장착되는 엔진의 수는 N_{eng} 로 표시되며, 동력장치 중량 W_{pp} 는 8.3 장과 같이 엔진, 나셀, 역추력과 파일런을 포함한다. 바깥쪽 날개에 장착되는 엔진은 공탄성 특성에 상당한 영향을 미친다. 탄성축에 대한 엔진의 상대적인 위치에 따라서, 이는 중량의 감소 또는 페널티가 될 수도 있다.

- 날개에 장착되는 랜딩기어로 흡수되는 착륙 충격하중은 기어 벌크헤드, 충격하중을 동체로 전달하는 부가 스파 구조, 후방스파와 리브의 보강 그리고 휠 수납부 도어를 필요로 한다. 전체 비최적 중량 페널티는 MLW 의 분율로, 예를 들어서 다음과 같이 나타낼 수 있다.

$$\Delta_{nid} W = 0.006\, W_{ML} \tag{11.59}$$

  이는 충격하중계수 n_{land} 의 영향을 받는 착륙 충격하중에 따라서 달라진다. 만약 하중계수와 충격흡수 특성을 알고 있다면, 예측은 다음과 같이 개선될 수 있다.

$$\Delta_{nid} W = 0.0015\, n_{land} W_{ML} \tag{11.60}$$

  만약 랜딩기어가 동체에 장착된다면 이 페널티는 생략된다.

- 날개와 동체를 결합하기 위해서는 장착구조, 리브 보강 그리고 다른 하드웨어가 필요하다. 연속되는 캐리쓰루 구조의 경우 이러한 중량 페널티는 다음과 같다.

$$\Delta_{nid} W = 0.0003\, n_{ULT} W_{MTO} \tag{11.61}$$

11.5.5 동적 오버스윙

대형 제트 여객기의 날개는 대부분 돌풍하중보다 더 임계가 되는 기동하중에 따라서 설계된다. 기동하는 동안 양력의 증가는 점진적이기 때문에 동역학이 굽힘과 전단하중에 미치는 영향은 미미하다. 그러나, 돌풍임계 상황에서는 동적 영향이 중요해질 수도 있다. 정적 돌풍 하중계수와는 반대로, 동적 거동은 표준화된 돌풍 분포를 통해서 탄성구조의 자유도를 설명할 수 있도록 해석되어야 한다[2]. 이러한 해석은 전체 구조설계에 대한 정보가 필요하며, 스팬방향을 따른 모든 스테이션에 대한 동적 오버스윙(over swing) 변위를 산출한다. 그러나, 이러한 해석은 현재 적용하는 방법의 범위를 벗어난다. 대신 식 (11.7)에 따른 돌풍 하중계수에 과거 설계경험으로부터 구하고 개념설계 후반부의 동적 해석으로 확인되는 보정계수를 곱해서 사용할 수 있다. 그러나, 동적 돌풍 하중은 일반적으로 공탄성에 대응하기 위해서 추가적인 보강이 이루어지는 날개 바깥쪽에 집중된다. 따라서, 동적 돌풍하중이 이후 다루어질 항목을 초과하는 중량 페널티를 수반하지는 않을 것이다.

11.5.6 비틀림 강성

정적 굽힘과 전단뿐 아니라 기본 구조의 특정 부위 중에서도 특히 에일러론 앞부분의 날개 박스에 대한 보강을 고려할 필요가 있다. 이러한 중량 페널티의 일부는 설계에 따라서 크게 달라지지만, 나머지는 보다 일반적인 조건과 관련된다. 원칙적으로, 높은 동압상태로 비행할 때 공탄성 발산을 피하기 위한 필요성은 일반적인 설계 특성에 따라서 달라지는 중량 페널티를 초래한다. 11.3 장에서 날개의 양력분포에 대해서 다루었을때, 정적 공기 하중 분포와 날개의 비틀림 사이의 상호작용이 존재한다고 언급되었다. 양력을 안쪽 날개로 이동시키려는 정적 변형은 굽힘강성의 함수이고, 양력을 날개 바깥쪽으로 이동시키려는 정적 변형은 비틀림 강성의 함수인 것으로 밝혀졌다. 일반적인 결과로는, 후퇴날개에 대해서는 안쪽 날개로 약간의 CP 이동이 있으며, 직선 날개에 대해서는 훨씬 작은 바깥쪽 이동이 발생한다. 날개 중량 예측과 관련된 다른 공탄성 현상은 주로 후퇴각과 동압의 영향을 받는다.

그림 11.9 는 후퇴각의 변화에 따른 정적 공탄성 발산, 굽힘-비틀림 플러터 그리고 에일러론 역전이 발생하는 속도를 질적인(qualitative) 지표로 보여주고 있다.

- (거의) 직선인 날개의 경우, 발산 조건은 일반적으로 에일러론 역전이 만족되면 해결된다. 플러터 조건은 별도로 조사되어야 한다.
- 후퇴각은 윗방향 굽힘으로 인한 바깥쪽 양력의 경감으로부터 플러터와 발산에 대해서 완화하는 효과를 갖지만, 에일러론 역전이 일반적으로 임계 설계 조건이 된다. 일부 높은 가로세로비 후퇴각 날개는 에일러론 역전으로 인해서 문제가 되었다. A310 의 경우, 날개 안쪽에 고속 에일러론과 스포일러의 조합을 적용함으로써 해결된 것으로 밝혀졌다.
- 발산은 전진각 날개를 설계할때 임계 조건이 된다. 공탄성 테일러링을 통해서 변위특성을 제어하기 위해서는 최신 복잡재 구조가 가장 적절하다.

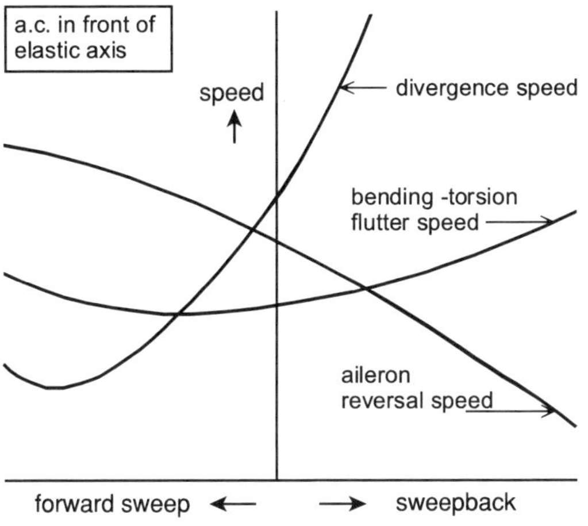

그림 11.9 발산, 에일러론 역전 및 플러터 속도에 대한 날개 후퇴각의 영향

고속 비행기의 특정 종류의 경우, 비틀림 강성 요구조건이 지배적이 될 수 있고, 플러터에 대한 보호에 필요한 추가구조가 날개 중량의 20%까지 차지할 수도 있다. 날개의 관성축에 대한 바깥쪽 날개에 장착되는 엔진의 상대적인 위치는 플러터 속도에 상당한 영향을 미친다. 고속 비행과 날개의 높은 가로세로비가 조합되면 플러터를 피하기 위한 중량 페널티는 불가피해질 것이다. 일부 저자는 높은 속도에서 날개 구조의 부정적인 공탄성 거동을 피하는데 필요한 탄성축 주위의 선형 비틀림모드에서 비틀림 변형에너지에 대한 해석적인 기준을 제시하였다. 이러한 기준은 비선형 천음속 공기역학 특성을 갖는 초임계 날개의 등장에 따라서 구식이 되었다. 그럼에도 불구하고, 적절한 비틀림 강성을 확보하는 것은 개념 및 예비설계에 대해서 유효한 원칙으로 남아 있다.

날개 박스 패널 중량에 대한 비틀림 강성 요구조건의 기본적인 영향이 그림 11.10 에 나와 있다. 곡선 A 는 굽힘에 저항하는데 필요한 최적 외피에 스트링어가 추가된 등가 두께이며, 곡선 B 는 단지 외피 두께만을 나타낸다. 최적 압축 구조에 대한 외피대 스트링어의 재료 비율은 40:60 에서 50:50 정도이다. 곡선 C 는 필요한 비틀림 강성을 제공하는 스팬 방향에 대한 외피 두께의 가능한 변화를 나타낸다. 강성은 주어진 비틀림 변위와 관련된 변형에너지로 정의된다. 기준 스테이션은 보통 날개 뿌리로부터 바깥쪽으로 70% 세미스팬이다. 굽힘에 대응하는데 필요한 안쪽 날개 외피 재료의 양은 비틀림 요구조건을 초과하기 때문에, 바깥쪽 외피 두께는 곡선 C 에서 곡선 D 로 감소될 수 있다. 스트링어를 추가하면 이는 관련된 중량 페널티를 정의하는 해치 면적과 함께 굽힘과 비틀림 요구조건 모두를 만족하는 질량분포를 나타내는 곡선 E 가 된다. 이 페널티는 강성 요구조건이 지배하는 부위의 스트링어 피치를 증가시키는 것으로 추가로 감소될 수 있고, 따라서 외피대 스트링어의 재료비는 예를 들어 55:45 로 수정된다. 또 다른 옵션으로는, 외피 두께의 증가와 조합하여 리브 간격을 증가시키는 것이다. 기본적으로 이러한 접근방법은, 공탄성 효과로 인한 최소 중량 페널티를 날개의 바깥쪽 부분에 걸쳐 외피 치수를 지역적으로 증가시키는 것으로 얻을 수 있다는 설계경험을 따르는 것이다. 공탄성 요구조건을 준수하기 위해서 외피를 두껍게 하는 것을 제외하고, 바깥쪽 날개 외피는 최소 치수 요구조건, 에일러론 하중의 전달, 동적 돌풍 등을 만족하기 위해서도 두꺼워질 필요가 있다. 모든 주어진 가로방향 위치에서 어떤 경우가 임계인가를 찾기 위해서는 세부적인 스테이션 해석이 필요하다.

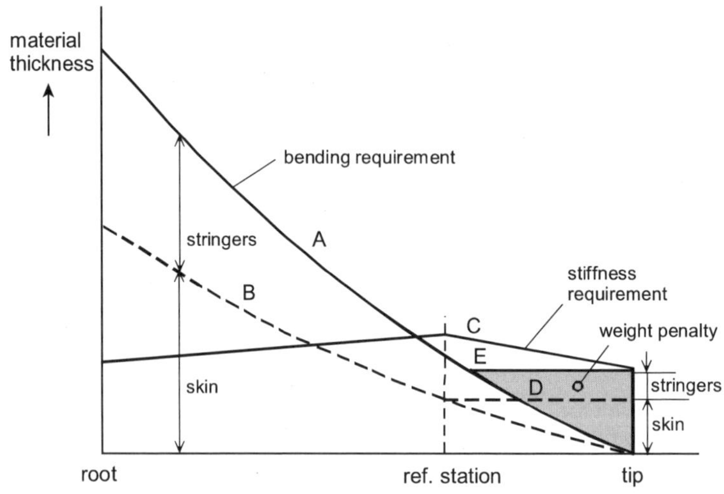

그림 11.10 비틀림 강성 요구조건을 만족하는데 필요한 재료

강성 요구조건의 적용은 스팬 방향에 대한 비틀림 강성 변화와 관성축과 유연축의 위치와 같은 세부사항을 알고 있는 경우에만 가능하다. 문헌연구에 따르면, 알루미늄 합금 박스 구조에 대한 경험적인 중량 페널티는 다음과 같은 형태를 가질 것이라고 결론을 내릴 수 있다.

$$\Delta_{nid}W = W_{ref}\frac{q_D}{q_{ref}}\left(\frac{b\cos\Lambda_0}{b_{ref}}\right)^3\left(\frac{t}{c}\right)_{ref}^{-2}(1-\sin\Lambda_{0.50})\left\{1-(M_D\cos\Lambda_{0.50})^2\right\}^{-0.5} \qquad (11.62)$$

여기서 $q_{ref}=30\text{kN/m}^2$ 이고 $b_{ref}=50\text{m}$ 이다. 앞전과 중간 시위의 후퇴각은 각각 첨자 Λ_0 과 $\Lambda_{0.50}$ 으로 나타내었고, 두께비 $(t/c)_{ref}$ 는 그림 11.2 의 에일러론 바로 안쪽의 기준 날개 시위를 나타낸다. 설계 강하속도에서 동압 q_D 와 마하수 M_D 는 비행선도로부터 구할 수 있다. 보정계수 W_{ref} 는 이전 설계 정보를 통해서 예측할 수 있다. 만약 이 정보가 부족하다면, 전형적인 $W_{ref}=200\text{N}$ 을 사용하면 중형 여객기에 대해서는 약 2%, 광동체 여객기에 대해서는 5%까지의 날개 중량 페널티로 이어질 수 있다. 이러한 강성 수정은 스팬과 두께비에 가장 민감하다.

11.6 2 차 구조와 기타 항목

고양력 시스템 부품의 비중량이 항공기의 크기에 따라서 현저히 변한다는 근거는 별로 없다

P.K.C. Rudolph [36]

2 차 구조는 날개 중량의 35%까지 기여할 수 있지만, 발표된 방법에 따르면 설계 기준을 정의하는

과정에서 겪은 어려움으로 인해서 이러한 예측을 피상적인 것으로 취급하고 있다. 따라서, 중량예측은 대부분 기본적인 기하와 기능적인 매개변수를 입력으로 사용하는 통계적인 증거에 기반한다. 2 차 중량(성분)과 비행기 MTOW 사이에는 함수적인 관계가 거의 없기 때문에, 통계적인 예측 방법은 스케일 효과를 설명하기 위해서 MTOW 를 사용할 수 있다. 반면, 설계 사이징 과정에서 사소한 MTOW 변화를 설명하기 위해서 2 차 구조 중량 (성분)을 변경할 필요는 없다. 이번 장에서는 기본 원리와 통계정보에 근거한 앞전과 뒷전 구조 중량 성분과 그림 11.1 의 날개끝 구조에 대한 계산식을 제시한다.

대부분의 제시된 방정식은 참고문헌 [31]에서 1980 년대까지 운용되었던 약 20 여가지 민간항공기의 회귀분석을 통해서 유도되었다. 이는 기본적으로 알루미늄 합금 구조에 적용되기 때문에, 만약 가능하다면 최근 항공기에 대한 정보를 통해서 성분 중량을 보정하는 것이 추천된다. 복합재료의 적용으로 성취할 수 있는 중량감소 계수는 11.8 장에 나와 있다. 대부분의 성분 중량은 $S_{ref} = 10\text{m}^2$ 으로 정규화되는 각 성분의 평면면적에 대한 비중량 Ω 의 항으로 표현되었다. 기본적인 2 차 구조는 날개 단면과 일부 유사한 기하를 갖는 양력표면이기 때문에, 각각 1mm 의 두께를 갖는 두 장의 알루미늄 합금 외피로 제작된 얇은 단면의 가상적인 중량과 동일한 기준 비중량 $\Omega_{ref} = 56\text{N/m}^2$ 이 정의된다.

11.6.1 고정된 앞전

(제빙 시스템을 제외한) 고정된 앞전(첨자 fle)은 모든 작동하는 앞전 장치가 제거되었을때 남는 1 차 박스의 전방에 있는 구조이다. 전형적인 고정된 앞전 중량은 전체 날개의 4~7% 정도 차지한다. 앞전 표면 패널은 일반적으로 날개 박스의 굽힘과 비틀림 하중의 일부를 담당하도록 설계되지 않는다. 주요 설계 하중은 공기역학적인 표면 압력이다. 비중량에 대한 다음 표현은 약 10%의 표준편차를 갖는다.

$$\Omega_{fle} = 3.15 k_{fle}\, \Omega_{ref} \left(\frac{q_D}{q_{ref}}\right)^{0.25} \left(\frac{W_{MTO} b_{st}}{W_{ref} b_{ref}}\right)^{0.145} \tag{11.63}$$

여기서 $q_{ref} = 30\text{kN/m}^2$, $W_{ref} = 10^6\text{N}$ 그리고 $b_{ref} = 50\text{m}$ 이다. 비중량은 고양력장치가 제거된 앞전의 평면면적을 나타낸다. 만약 앞전이 슬랫이나 Krueger 플랩을 갖지 않는다면 $k_{fle} = 1.0$ 을 사용하고, 슬랫의 지지를 위한 보강이 필요하다면 $k_{fle} = 1.3$ 을 사용한다.

11.6.2 앞전 고양력 장치

슬랫과 Krueger 플랩은 앞전 고양력 장치로 가장 흔하게 사용된다. 패널 구조, 액추에이터 지지와 트랙을 포함한 중량은 플랩이 전개된 위치에서 평면 면적을 나타낸다. 과거 일부 민간 비행기에는 숙여지는 드룹 노즈(droop nose)가 사용되기도 했다. 슬랫과 비교해서 드룹 노즈가 기계적으로 간단하지만, 공기역학적인 효율은 떨어진다. 이의 비중량은 슬랫과 비슷한 수준이다. 슬랫은 수직방향 힘을 전달하도록 주로 응력을 받고, 노즈는 비로 인한 부식과 우박으로 인한 손상으로부터 날개를 보호해야 한다. 공기역학 하중을 전달하기 위해서는 근접한 간격의 슬랫 리브가 필요하고, 액추에이터 지지와 트랙이 위치하는 곳에는 무거운 리브가 필요하다. 트랙은 연장된 슬랫에 작용하는 높은 굽힘하중에 대응하기 위해서 일반적으로 고강도강 또는 티타늄으로 만들어진다. 전체 슬랫 시스템은 일반적으로 전체 날개 중량의 5% 정도를 차지한다.
슬랫의 비중량은 표준편차가 14%인 다음 관계로부터 알 수 있듯이 상당히 높은 편이다.

$$\Omega_{slat} = 4.83\Omega_{ref}\left(\frac{S_{slat}}{S_{ref}}\right)^{0.183} \tag{11.64}$$

이 중량은 날개와 일체된 형상으로 안착된(nested) 슬랫 면적을 의미하고, 이는 트랙과 지지구조는 포함하지만 액추에이터는 제외한다. 슬랫이 항상 전체 스팬에 걸쳐서 장착되는 것은 아니고, 시위는 보통 날개 시위의 15~20% 정도이다. Krueger 플랩은 대부분 후퇴날개의 안쪽 부분에 사용된다. 고정 기하의 Krueger 플랩은 일반적으로 한 조각의 재료로 만들어진다. 전개된 위치에서 평면 면적을 나타내는 비중량은 슬랫 비중량의 대략 절반 정도이지만, 전개 메커니즘의 차이로 인해서 큰 편차가 있다. 가변 캠버는 비중량을 약 60% 정도 증가시킨다.

11.6.3 고정된 뒷전

고정된 뒷전(첨자 fte)은 뒷전 플랩과 조종면을 제거했을때 남는 후방스파의 뒷부분 구조이다. 후방스파로부터 힌지와 액추에이터를 통해서 작동하는 스포일러와 양력 덤퍼(lift dumper)는 포함되지 않는다. 그러나 가동식 슈라우드(moving shroud) 스포일러와 양력 덤퍼는 보통 뒷전 구조와 상당히 통합되기 때문에 구별이 어렵다. 이러한 경우 조합된 중량이 고려되어야 한다. 고정된 뒷전 중량은 전체 날개 중량의 약 8% 정도를 차지한다. 대형 항공기의 뒷전 슈라우드는 외피 패널, 조종면 힌지를 지지하는 리브, 중간 지지와 보조 빔으로 구성된다. 랜딩기어 지지 구조의 일부 또한 이 구조에 통합될 수 있다. 비중량은 주로 오버행과 플랩 지지의 형상에 따라서 달라진다. 단일 슬롯의 플랩과 에일러론에 대한 뒷전 슈라우드의 평면 면적에 기반한 비중량은 다음과 같다.

$$\Omega_{fte} = 2.6\Omega_{ref}\left(\frac{W_{MTO}b_{st}}{W_{ref}b_{ref}}\right)^{0.0544} \tag{11.65}$$

여기서 기준 중량과 스팬은 식 (11.63)에 사용된 값이다. 이는 단일 슬롯의 파울러 플랩과 이중 슬롯 플랩을 지지하는 구조에 대해서는 40N/m^2, 이중 슬롯의 파울러 플랩과 삼중 슬롯 플랩을 지지하는 경우에는 100N/m^2 만큼 증가되어야 한다. 뒷전 면적은 개방된 슈라우드 스포일러는 제외하고, 주로 후방 스파의 위치, 뒷전 킹크의 유무 그리고 플랩 지지의 기계적인 설계에 따라서 달라진다.

11.6.4 뒷전 플랩

뒷전 고양력장치의 공기역학적 효율은 주어진 받음각과 변위각도에 대한 양력계수의 증가로 표현할 수 있다. 이는 주로 전체 플랩 형상과 작동, 단면과 평면 기하의 영향을 받는다. 플랩 하중은 플랩의 크기, 양력 증분 그리고 최대 전개 속도에서의 동압에 비례한다. 뒷전 플랩의 전체 시스템은 전체 날개 구조의 20%까지 차지하기 때문에, 플랩의 중량을 감소시키고 그 예측방법을 개선하는 것이 중요하다. 플랩을 각 부분에 대한 서브 그룹으로 구분하는 것이 가장 높은 중량예측 정확도를 성취하는데 필수이다. 다음은 수송 항공기에 대한 전형적인 사례이다.

- 플랩 표면 중량은 공기하중과 굽힘모멘트 분포에 의해서 결정되며, 이 중에서 후자는 지지구조 형태의 영향을 받는다. 또 다른 요인으로는 플랩 부위의 두께/스팬 비율이다. 절대두께는 고속 날개 플랩에 대해서는 특히 뒷전 슈라우드 아래로 전개되는 경우 상당히 작아질 수 있다.
- 슬롯 플랩 지지와 베인 제어는 고정된 힌지, 4-바 링크 또는 트랙 시스템과 같은 종류에 따라서 중량이 달라진다. 이의 중량은 주로 완전히 전개된 위치에서 시위 방향의 연장과 굴절각에 따라서 달라진다.
- 지지 페어링 중량은 노출표면적에 비례한다.
- 슈라우드 도어 중량은 투영면적에 비례한다.
- 플랩 작동(actuation)은 포함되지 않는다.

개념단계에서는 플랩시스템 설계 기준에 대한 많은 부분을 여전히 알 수 없다. 앞에서 언급된 모든 고려사항을 감안하는 일반화된 중량 예측 방법을 개발하려는 시도는 많은 입력 데이터를 필요로하는 복잡한 절차를 가져오겠지만, 평균 예측 오차는 20%보다 좋지 않을 것이다. 보다 효과적인 방법은 유사한 배열과 크기를 갖는 플랩 시스템에 대해서 알 수 있는 정보를 이용하는 것이다. 그러면 플랩 구성요소의 중량은 실제 크기에 따라서 스케일이 조정될 수 있다. 만약 (정보의 부재로 인해서) 이런 방법을 사용할 수 없다면, 플랩 하중과 비중량은 통계적으로 MTOW 에 관계된다고 가정할 수 있다. 다음과 같은 알루미늄 합금 플랩의 비중량은 모든 플랩이 제자리에 안착된(nested) 위치일때의 평면 면적에 근거한 것이다.

$$\Omega_{tef} = 1.7 k_{sup} k_{slot}\, \Omega_{ref} \left\{ 1 + (W_{MTO} / W_{ref})^{0.35} \right\} \tag{11.66}$$

여기서 $W_{ref} = 10^6\,\mathrm{N}$ 이다. 식에서 곱해지는 계수는 플랩 시스템의 기계적인 특성에 따라서 달라진다.

- 계수 k_{sup} 는 주요 플랩 움직임 지지의 복잡성을 나타낸다. 이는 다순한 힌지 외부 지지인 경우 1.0, 링크/트랙 엔드 지지에 대해서는 1.2 이며, 후크를 갖는 트랙 외부 지지를 갖는 Fowler 플랩에 대해서는 1.6 이다. 보조 뒷전 힌지 플랩은 k_{sup} 를 0.2 만큼 증가시킨다.

- 계수 k_{slot} 은 슬롯의 수와 플랩의 각도변화 정도를 나타낸다. 이는 단일 슬롯 플랩에 대해서는 1.0, 고정된 노즈 베인을 갖는 이중 슬롯 플랩에 대해서는 1.5, 그리고 굴절되는 베인을 갖는 이중 슬롯 플랩에 대해서는 2.0 이다.[4]

예를 들어, 날개 안쪽에는 이중 슬롯이고 바깥쪽에는 단일 슬롯인 경우처럼 서로 다른 플랩 시스템이 장착된 날개의 경우, 비중량과 플랩 면적은 각각의 플랩 종류에 대해서 별도로 곱해진다. 뒷전 플랩 시위는 지역 날개 시위의 25~35%이고, 이의 스팬은 일반적으로 바깥쪽 날개 스팬의 65~75%이다. 만약 세부사항을 알 수 없다면 간섭받지 않는 플랩의 전체 안착된(nested) 면적을 날개 평면 면적의 20%로 예측할 수 있고, 안쪽 날개에 고속 에일러론이 있다면 이를 16%로 떨어뜨린다. 식 (11.66)은 세그먼트 여부에 무관한 플랩 중량을 예측하는 것에 주목할 필요가 있다. 실제로 플랩 표면의 비중량은 더 많은 플랩 세그먼트가 사용되면 감소하는 반면, 플랩 지지와 조종에 대한 중량은 증가할 것이다. 참고문헌 [19]의 설명과 같이, 플랩 세그먼트의 수는 최적화의 대상이다. 그러나, 이를 실제 중량예측 방법에 적용하려는 시도는 실패할 가능성이 높다.

11.6.5 비행조종 장치

비행조종 장치의 중량은 조종 구조, 힌지와 지지 그리고 밸런스 중량을 포함하며, 액추에이터와 제어는 제외한다. 고양력장치와 유사하게 중량에 대한 제공되는 데이타는 알루미늄 합금 구조에 적용된다. 복합재료의 적용은 중량을 상당히 감소시킨다.

에일러론과 관련된 중량은 주로 설계 강하속도, 최대 변위각도, 크기 그리고 두께/시위비율에 따라서 달라진다. 그러나, 이런 민감도는 밸런싱과 작동여부와 관련된 큰 변화로 인해서 감소된다. 수동으로 작동하는 탭 시스템이 장착된 에일러론의 경우, 힌지 앞부분의 대형 표면으로 인한 질량 밸런스와 공기역학 밸런싱으로 인해서 상당한 중량 페널티가 생긴다. 이는 전체 에일러론 중량을 날개 중량의 3%까지 증가시킬 수 있다. 탭과 밸런싱 질량은 3 중 동력작동 에일러론에 대해서는 필요하지 않으며, 그 중량은 날개 중량의 약 1% 정도이고, 파워 부스트 에일러론에 대해서는 일반적으로 1.5% 정도이다. 에일러론 설계 기준과 밸런싱 및 작동 방법은 전체 에일러론 중량에 대한 다음 경험식에 반영된 것과 같이 에일러론의 크기에 따라서 달라진다.

$$\Omega_{ail} = 3.0\,\Omega_{ref} k_{bal} (S_{ail} / S_{ref})^{0.044} \tag{11.67}$$

면적 S_{ail} 은 중립 위치에서 모든 에일러론의 힌지선 후방의 전체 평면 면적을 나타내고, 날개 면적의 3~5% 사이에서 변할 수 있다. 계수 k_{bal} 은 밸런스가 없는 에일러론에 대해서 1.0 이고, 공기역학적으로 밸런스된 경우 1.3 이며, 질량으로 밸런스된 에일러론에 대해서는 1.54 이다.

---

[4] 3 중 슬롯 파울러 플랩은 Boeing 727, 737 그리고 747 의 초기 버전에 사용되었다. 이는 기계적으로 복잡하고 이중 슬롯 시스템보다 약 15% 더 무겁다.

스포일러 그룹은 스포일러, 양력 덤퍼 그리고 고정된 뒷전 구조의 상단 표면에 장착되는 에어브레이크로 구성된다. 두 가지 또는 그 이상의 기능이 하나의 장치에 통합될 수 있다. 조종 패널과 지지 브라켓으로 구성되는 스포일러 중량은 에일러론 중량과 유사한 방법으로 처리된다. 부족하지만 사용 가능한 정보에 따르면 다음과 같다.

$$\Omega_{sp} = 2.2\,\Omega_{ref}\,(S_{sp}/S_{ref})^{0.032} \tag{11.68}$$

전체 스포일러와 리프트 덤퍼 평면 면적 S_{sp} 는 닫힌(retracted) 조종 위치로 정의된다. 대형 제트 여객기에 대해서 이는 전체 날개 면적의 약 4%까지 차지할 수 있다.

11.6.6 끝단 구조

전체 끝단 어셈블리는 구조와 이의 부착물 및 끝단 등화를 위한 대비를 포함한다. 기존 항공기에서 발견된 상당히 다양한 종류의 끝단 형태로 인해서, 중량성분에 대한 통계적인 예측을 피할 수 없다. 전통적인 테이퍼 날개에 대해서는 [31]에 기반한 다음 식이 추천된다.

$$W_{tip} = 150\left(\frac{W_{MTO}}{W_{ref}}\right)^{0.67} \tag{11.69}$$

여기서 $W_{ref} = 10^6\,\mathrm{N}$ 이다. 이의 표준 편차는 33%로 이러한 작은 부품에 대해서는 무시할 수 없다. 그러나, 전단 날개 끝단과 윙렛은 날개와 마찬가지로 공기역학적으로 큰 하중이 걸리기 때문에, 이의 중량은 날개 중량의 수 퍼센트를 차지한다. 날개끝 연장의 구조적 형태는 고정된 앞전에 비교될 수 있기 때문에, 길이 l_{tip} 인 날개끝 연장의 비중량을 예측하는데 식 (11.63)이 적용된다.

$$\Omega_{tip} = 2.5\,\Omega_{ref}\left(\frac{W_{MTO}\,l_{tip}}{W_{ref}\,l_{ref}}\right)^{0.145} \tag{11.70}$$

여기서 l_{tip} 은 그림 11.12 에 정의되어 있고, $l_{ref} = 5\mathrm{m}$ 이다. 안타깝게도, 식 (11.70)의 정확도를 검증할 수 있는 통계적인 자료는 찾기가 어렵다. 또한, 날개끝 연장은 구조적인 날개 박스 스팬을 증가시키고 따라서 이의 굽힘 하중과 중량도 증가한다는 것이 강조될 필요가 있다. 이러한 영향은 11.8 장에 논의되어 있다.

11.6.7 기타 항목

기타 항목은 널리 분산되는 중량 성분을 나타낸다. 이들의 합은 구조적인 형상과 제작사의 자체중량 분해에 따라서 달라진다. 전형적인 항목으로는 페인트, 연료탱크 실런트, 랜딩기어 수납부 도어,

재킹을 위한 피팅, 리벳, 볼트와 너트, 펜스와 유동 스포일러 그리고 날개끝단 등을 포함한다. 휠 수납부가 없는 날개에 대한 페어링은 보통 상대적으로 작고, 날개 중량의 1% 미만을 차지한다. 랜딩기어 수납부를 갖는 저익에 대한 페어링은 상당히 커서, 날개 구조의 5%까지 차지할 수 있다. 그러나, 이들은 일반적으로 동체 성분으로 분류된다. 만약 데이타가 없다면, 전체 기타 항목의 중량은 2 차 날개 중량을 10% 증가시키는 것으로 예측할 수 있다.

11.7 알루미늄 합금의 응력 수준

구조재료의 선택은 여객기 설계에 큰 영향을 미치는 사항으로, 단순히 사용 가능한 가장 높은 강도와 강성값을 찾는 문제가 아니다. 낮은 자체 중량과 함께 비행기는 재료의 선택에 대한 자유도를 제한하고, 함수로 처리되어 사용될 수 있는 수명주기에 대한 요구조건을 갖는다. 주어진 재료에 대한 허용 응력은 보통 운용중 가벼운 손상에도 구조적 무결성(structural integrity)을 위협하지 않으면서 견딜 수 있는 검증된 능력으로 결정된다. 지상-공중-지상(Ground-Air-Ground, GAG)으로 이어지는 하중 싸이클 스펙트럼과 1-g 비행 중 겪는 돌풍하중은 수송항공기에 대한 대부분의 손상을 일으킨다. 인장의 변화와 응력의 집중은 구조재료의 피로로 이어져 운용 수명주기와 비행사이클 횟수를 감소시킨다. 많은 고등 설계자는 초기에 하부 날개 커버 표면의 허용 인장응력을 정상 수평 비행시 최대 1-g 응력으로 으로 표현한다. 보다 개선된 해석은 허용 응력 수준을 주로 결정하는 항공기의 수명주기 동안 이루어질 예상되는 비행 횟수에 기반한다.

현재 방법은 윗방향 수직하중이 지배적인 설계조건이라는 가정에서, 굽힘, 전단 그리고 비틀림에 견디기 위해서 필요한 재료중량을 계산하기 위한 재료 특성의 정보를 필요로 한다. 이는 최대 패널 하중이 발생하는 날개 뿌리에서의 $\rho g/\bar{\sigma}$ 항에 조합된다. 허용 응력 수준은 주로 재료의 종류에 따라서 달라지며, 압축패널의 경우에는 하중의 강도(load intensity), 구조적 형상 그리고 가공 기술에 따라서 결정된다. 현재 방법은 항공기의 1 차 구조에 사용되는 고강도 알루미늄 합금인 2XXX 계열과 비중량 $\rho g = 2796 \mathrm{N/m^3}$ 을 갖는 7XXX 시리즈에 기반한다. 전형적인 항복 인장응력은 다음과 같다.

- 2024-T3(두랄루민) 판재에 대해서는 450MPa
- 7075-T6 에 대해서는 520MPa
- 7150-T6 에 대해서는 550MPa
- 7055-T7 재료에 대해서는 620MPa

판재(plate)를 위한 2324-T3 와 압출(extrusion)을 위한 2224-T3 와 같은 2XXX 시리즈의 추가 개발은 비강도에서 약 8% 향상을 이루었고, 내구성과 손상허용도 역시 개선되었다. 이러한 특성은 패널 중량의 감소와 연장된 수명주기를 위한 설계에 사용될 수 있다. 이후 언급될 허용 응력 수준은 현실적인 수치이지만, 이를 구조설계 전문가를 통해서 확인하는 것이 추천된다.

11.7.1 하부 패널

하부 박스 커버는 주로 (정적) 윗방향 굽힘으로 인한 인장응력의 적용과 경감에 견디기 위해서 치수가 정해진다. 이와 같은 박스 커버는 외피의 손상에 치명적이고, 이러한 이유로 인해서 전통적으로 사용되는 재료인 2024-T3 는 양호한 피로 저항성을 갖는다. 인장과 전단의 복합 하중에 대응하기 위해서 듀랄루민에 대한 극한 인장강도 450MPa 는 5% 감소된다. 극한 기동하중계수 3.75 에 대해서 이는 1-g 비행시 항복 인장응력 114MPa 를 나타내는데, 이는 대부부의 적용에 대해서 너무 높은 수치이다.

지정된 수명주기를 갖는 항공기 날개 구조의 피로파괴를 방지하기 위해서는 하중의 진동수와 크기를 다루는 해석이 수행되어야 한다. 이러한 절차를 통해서 구조의 형상과 재료의 종류에 따른 허용응력을 구할 수 있다[22]. 다음의 추천사항은 참고문헌에서 찾은 통계 데이타에 근거한 것이다.

- 단거리 (중형) 여객기는 50000 회 이상 비행에 대해서 크랙이 없는 구조를 가져야 한다. 전형적으로 가공되고 리벳으로 조립되는 2024-T3 의 합금 외피-스트링어 패널의 경우, 75MPa 보다 높지 않은 1-g 인장응력을 사용하는 것이 추천된다. 응력범위 80~85MPa 는 리벳과 볼트 구멍으로 인한 응력집중이 제거되는 접착제로 접합된 구조에서 허용될 수 있다. 따라서, 돌풍 임계인 $n_{ULT} = 5.0$ 의 경우, 이는 허용 인장응력 375~425MPa 에 해당한다.
- 장거리 여객기는 약 25000 회의 비행 동안 크랙이 없는 구조를 가져야 한다. 일체형으로 기계가공된(integrally machined) 구조는 110MPa 의 1-g 응력을 허용한다. $n_{ULT} = 3.75$ 에 대해서, 이는 허용인장응력 약 410MPa 에 해당한다.

만약 서비스 수명과 가공 방식을 알 수 없다면, 보수적인 접근방법으로 돌풍 임계인 날개구조에 대해서는 375MPa, 기동 임계에 대해서는 410MPa 를 최대 인장응력으로 선택할 수 있다.

11.7.2 상부 패널

상부 박스 커버는 주로 압축하중에 견디도록 설계되고, 일반적으로 7075-T6 합금 강화 패널로 제작된다. 성취가능한 압축응력 수준은 리브로 지지되는 패널의 좌굴거동에 기반한다. 가벼운 하중이 걸리는 강화된 패널은 휨 불안정성 모드(flexural instability mode)에서 좌굴 파손을 보인다. 전형적인 외피-스트링어 조합의 경우, 그림 11.11 과 같이 단위 너비 w 당 패널 끝단 하중 $\mathcal{L}$ 을 리브 간격 r 로 나눈 값으로 정의되는 구조지수(Structural Index, SI)로 나타낼 수 있는 하중 강도의 증가에 따라서 높은 압축응력이 허용된다. 파손시 압축응력은 구조지수의 제곱근 값에 비례한다.

$$\sigma_c = k_F \sqrt{E_t \frac{\mathcal{L}}{wr}} \quad \text{for} \quad \sigma_c < 350\ MPa \tag{11.71}$$

여기서 E_t 는 접선계수(tangent modulus)이고 k_F 는 Farrar 효율계수를 나타낸다. 그림 11.11 의

점선은 E_t 에 대해서 Young 계수로 71GPa 가 대입된 $k_F = 1.0$ 에 대한 식 (11.71)을 나타낸다. 주어진 종류의 보강재(stiffener)에 대해서, k_F 는 스트링어의 크기 및 간격, 리브 간격과 패널의 단면에 대한 기타 기하학적 세부사항에 따라서 최대값을 갖는다. 플랜지 스티프너가 없이 통합되어 보강된 패널에 대해서 성취 가능한 효율은 $k_F = 0.75$ 보다 높지 않다. Z-스트링어, J-스트링어와 모자(hat)형 섹션 스트링어에 대해서는 계수값으로 0.88 을 가지며, 최적화된 Y-단면 스트링어에 대해서는 1.15 까지의 효율을 얻을 수 있다. 실험결과에 따르면, 350MPa 보다 높은 응력수준에 대해서 구조는 하중 강도가 증가함에 따라서 효율이 감소하기 시작한다는 것을 알 수 있다. 항복응력 440MPa 가 외피 좌굴을 피하기 위한 한계로 간주된다. 압축과 전단이 조합된 경우에 대한 5% 여유분을 고려해서 420MPa 의 압축응력이 추천된다. 이 값은 일반적으로 MTOW 가 50 톤 이상인 수송 항공기에 적용된다.

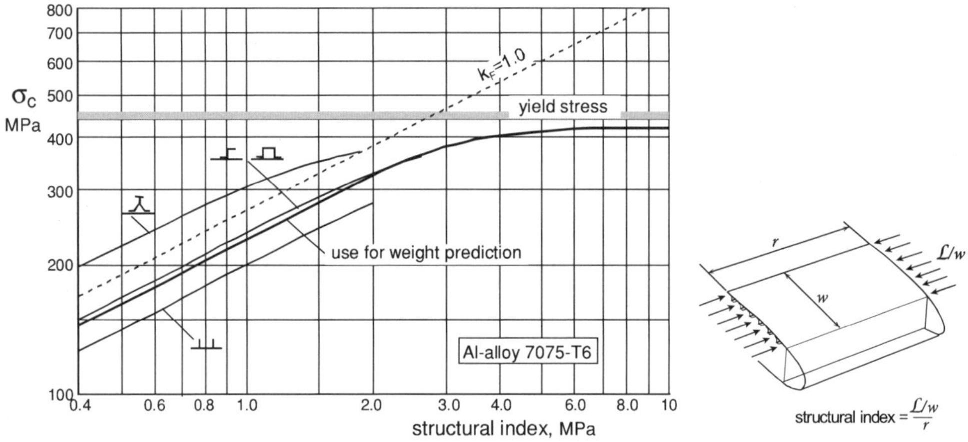

그림 11.11 압축 구조의 허용 응력

그림 11.11 의 중량예측에 대해서 추천되는 곡선은 탄성범위에서 $k_F = 0.85$, 높은 하중이 작용하는 패널에 대한 420MPa 에 기반한다. 350~420MPa 범위에서 곡선은 두 값의 사이에서 하나로 혼합(blended)된다. 이 곡선을 날개 뿌리 구조에 적용하기 위해서는 지역 SI 에 대한 정보가 필요하다. 이는 식 (11.18)에 따른 굽힘모멘트와 식 (11.32)에 의해서 정의되는 유효 두께 $\eta_t t_r$ 로부터 구할 수 있다. 11.4 장의 관성경감에 대한 굽힘모멘트의 수정은 다음 계수를 이용한다.

$$R_{in} = 1 - \left\{ (R_{in})_{wg} + (R_{in})_{eng} + (R_{in})_f \right\} \tag{11.72}$$

이에 따라서 뿌리에서 구조지수를 다음과 같이 구할 수 있다.

$$SI = 0.5 n_{ULT} W_{MTO} \frac{R_{in} \eta_{cp} b_{st}}{\eta_t t_r c_{box} r} \approx 0.2 n_{ULT} W_{MTO} \frac{N_{rib}}{t_r c_{box}} \tag{11.73}$$

여기서 N_{rib} 은 일반 리브의 전체 개수이다. 보다 정확한 계산을 위해서는, 특히 전방과 후방 스파 사이의 거리와 리브 간격과 같은 구조 위상에 대한 정보가 필요하다.

11.7.3 스파 웹의 전단응력

압축구조와 유사한 방법으로, 스파웹의 성취할 수 있는 전단응력은 하중 강도와 재료의 종류에 따라서 달라진다. 7075-T6 재료는 2024-T3 보다 약 25% 높은 전단응력을 수용할 수 있다. 하중의 강도와 성취할 수 있는 전단응력은 날개의 뿌리에서 끝단으로 갈수록 감소한다. 허용 응력의 정확한 예측은 구조 개념에 대한 세부적인 정보를 필요로 하지만, 일반적으로 이를 사용할 수 없다. 전단 웹 중량은 상대적으로 작은 부분을 차지하기 때문에, 스파 웹의 평균 전단응력 $\bar{\tau}$ 는 커버 패널의 평균 수직 응력 $\bar{\sigma}$ 의 50%를 차지한다는 보수적인 가정을 사용한다.

11.8 개선

식 (11.35)는 구조뿌리 사이의 센터 섹션의 존재는 무시하고, 뿌리와 끝단 사이에서 날개 두께가 선형적으로 감소하는 직선 테이퍼 날개에 대해서 해석적으로 유도되었다. 특히 고속 날개에 대해서는, 두 개의 절반 날개를 연결하는 캐리쓰루 구조, 비선형 로프트의 날개 단면 그리고 윙렛과 전단끝단과 같은 개조(modification)를 설명하기 위한 구조박스를 적용하는 것으로 예측 정확도가 향상될 수 있다. 원칙적으로, 이러한 개선은 가로방향에 대한 양력분포를 변경하는 것이다.

11.8.1 끝단 연장

전단 끝단과 윙렛은 뒷전 와류시트를 연장하고 끝단 와류를 자체 끝단의 방향으로 이동시킨다. 이는 실질적으로 공기역학적 스팬은 증가시키고 유도항력은 감소시킨다. 일체화된 윙렛은 주 날개와 연결되는 부위의 유동을 개선하고, 후장착 뿐 아니라 클린시트 설계로 적용될 수도 있다. 자체적인 구조중량을 제외하고, 끝단 연장은 날개 박스의 굽힘 하중과 중량에 상당한 영향을 미친다. 그러나, 저자는 이러한 페널티를 감안하는 방법에 대해서 발표된 유효한 방법을 알지 못한다. 기본 원리에 기반한 다음과 같은 경험적인 접근방법이 그림 11.12 에 나와 있다.

- 정의에 따라서, 전단 끝단 (첨자 tip)은 기본 날개 (첨자 bw)에 대한 평면상의 끝단 연장이다. 두 표면은 지역 시위에 비례하는 공기역학적 양력 분포를 갖는 직선 테이퍼 섹션으로 도식화될 수 있다. 이들의 양력은 각각 L_{bw} 및 L_{tip} 으로 표시된다.
- 윙렛은 전단 끝단이 기본 날개의 끝단을 중심으로 위쪽 방향으로 각 Γ_{tip} 을 이루어 기울어진 끝단으로 회전된 것을 나타낸다. 이러한 회전 동안 윙렛의 양력과 CP 위치는 변경되지 않는 것으로 가정한다. 이는 전체 양력에 대한 윙렛의 기여를 감소시킨다.
- 기본 날개와 윙렛의 양력 전체를 본래 날개와 동일하게 유지하기 위해서, 감소된 윙렛 양력을 보상하도록 기본 양력이 증가된다.

이러한 접근방법은 끝단 연장을 갖지 않는 기본 날개의 캔틸레버비에 대한 수정계수로 해석되는 날개 뿌리 굽힘모멘트 증분으로 해석된다.

$$R_{tip} = 1 + \frac{S_{tip}}{S}\left(\frac{1-\eta_{cp}}{\eta_{cp}} cos\,\Gamma_{tip} + \frac{b_{tip}}{b}\right) \quad (11.74)$$

여기서 b_{tip} 과 Γ_{tip} 은 각각 윙렛의 스팬과 경사각(cant angle)을 나타낸다. 윙렛 면적과 스팬이 기본 날개의 면적과 스팬의 각각 5%와 10%인 경우, R_{tip} 은 수직 윙렛에 대해서는 1.005 에서부터 전단끝단에 대해서는 1.08 까지 변화하고, 이는 날개 중량 증분으로는 0.5%에서 5%에 해당한다. 보다 특이한 하중을 담당하는 끝단 연장의 경우는 10.8 장에 논의되어 있다. 날개 중량에 대한 이의 영향은 공탄성 효과를 포함한 세부적인 구조 형상을 통해서 검토되어야 한다.

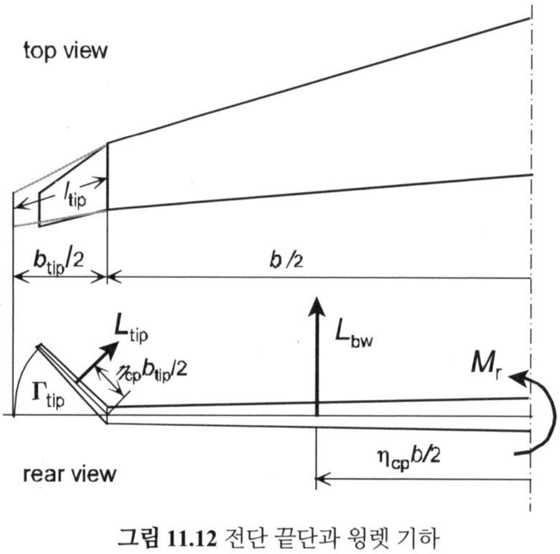

그림 11.12 전단 끝단과 윙렛 기하

11.8.2 센터 섹션

그림 11.2 에 나오는 센터 섹션(Centre Section, CS)은 뿌리부분 조인트에 의해서 바깥쪽 날개와 연결되는 두께 t_{sr} 인 프리즘형(prismatic) 구조이다. 일정한 굽힘과 비틀림 모멘트에 견디기 위해서 커버 패널은 스티프너, 리브 및/또는 보조 스파로 안정화된다. 현재 중량 예측 방법에 미치는 영향은 아래와 같이 정리될 수 있다.

- 노출된 날개의 캔텔레버비는 다음과 같다.

$$R_{cant} = \frac{b - b_{cs}}{2t_{sr}\,cos\,\Lambda_{ea}} \quad (11.75)$$

- CS 는 유동에 노출되지 않기 때문에, 낮게 장착된 날개에 대한 양력은 구조 뿌리 바깥쪽 부위에만 작용한다. 동일한 양력 분포에 대해서, 각 반쪽 날개의 CP 는 구조 뿌리로부터 가로방향으로 바깥쪽으로 $0.5\eta_{cp}(b-b_{cs})$ 위치로 이동한다. 식 (11.40)을 노출된 날개에 적용하면 굽힘재료의 중량은 동일한 스팬에 CS 가 없는 날개와 비교해서 계수 $(1-b_{cs}/b)^2$ 만큼 감소한다.
- 양력에 저항하는 CS 굽힘재료는 11.3 장을 수정하는 것으로 유도할 수 있다. 굽힘재료와 응력수준은 구조 뿌리에서의 값과 동일하다고 가정되었기 때문에, $I_1 = I_2 = 1$ 을 식 (11.40)에 대입할 수 있다. 지역 탄성축은 직선이고, CS 폭에 대한 굽힘재료의 양은 일정하다.

이러한 원리를 적용하면 패널 중량에 대한 수정된 표현을 구할 수 있다. σ_c/σ_t 의 비율은 거의 영향이 없는 것으로 나타나기 때문에 이는 상수로 취급한다. 이에 따라서 양력으로 인한 굽힘에 저항하는 박스 중량에 대한 수정 계수는 다음과 같이 구할 수 있다.

$$R_{cs} = \left(1 - \frac{b_{cs}}{b}\right)\left\{1 + \frac{b_{cs}}{b}(2.45 \cos \Lambda_{ea} - 1)\right\} \tag{11.76}$$

직선 날개의 경우, CS 는 3%의 전형적인 커버 중량 페널티를 가져온다. 후퇴각 30 도의 날개의 경우, CS 로 인한 후퇴각을 없애는 영향(unsweeping effect)으로 인해서 이러한 페널티는 거의 0 으로 감소된다.

양쪽의 노출된 반쪽 날개에 작용하는 양력으로 인한 전단력은 날개 뿌리에서 취하게 되지만, 비틀림에 대응하기 위해서는 중앙 날개 박스에 전단웹이 필요하다. 따라서 구조적인 스팬이 CS 를 포함한다면 식 (11.46)을 수정하지 않고 사용할 수 있다. 날개 뿌리에서 조인트의 중량 페널티를 무시하면, 동일한 값의 R_{cs} 가 전단재료와 날개 박스에 전체로 적용된다는 가정이 합리화될 수 있다. 흔히 제안되는 것과는 반대로, 참고문헌 [26]에 따라서 동일한 구조 스팬을 갖는 후퇴각이 없는 날개와 비교했을 때 날개 뿌리에서 후퇴각이 중단되는 것과 관련된 큰 페널티는 존재하지 않는다고 결론을 내릴 수 있다. 만약 센터 섹션에 연료가 없다면, 계수 R_{cs} 는 날개 연료로 인한 관성경감의 작은 변화는 설명하지 못한다. 따라서, 식 (11.54)에 따른 계수 $(R_{in})_f$ 는 구조뿌리의 바깥쪽 날개에 연료가 없는 경우에 적용되어야 한다. 만약 항공기가 센터 섹션 연료탱크를 갖는다면 [5], 이는 바깥쪽 날개의 탱크가 만재되고 우선적으로 사용되는 장거리 비행의 경우에만 채워진다. 만약 (고장으로 인해서) 이러한 방법이 가능하지 않다면, 항공기는 제한 하중계수보다 낮게 기동하도록 허용될 수 있다.

11.8.3 복합 테이퍼

대부분의 발표된 날개 중량 예측 방법은 대칭면상에서의 뿌리 부분 두께비, 가로세로비 그리고

[5] 센터 섹션 탱크를 갖는 항공기는 최대 무연료 중량(MZFW)에 추가해서 무날개연료 중량(MZWFW) 한계를 갖는다.

테이퍼비를 포함하고 있다. 예를 들어, (전체) 날개 면적과 뿌리부분 시위 길이에 대해서 국제적으로 인정받는 정규화된 치수는 존재하지 않기 때문에, 이러한 매개변수의 정의가 항상 분명한 것은 아니다. 이는 중량예측 방법의 수정을 복잡하게 만들고 혼동을 가져올 수도 있다. 특히 도식적인 후퇴날개의 중심선상에서 뿌리부분 시위는 대칭면에 대한 앞전과 뒷전의 임의적인 연장선 어딘가를 기반으로 한다. 그러나, 구조적인 뿌리 부분의 (최대) 두께는 CS 두께와 같기 때문에 명확하게 정의되며, 이는 날개 스팬에도 동일하게 적용된다. 결과적으로, 현재 방법은 뿌리부분 시위의 두께비 대신 식 (11.39)에서 정의되는 캔틸레버비를 주요 형상 매개변수로 사용한다.

대부분 고속 비행기 날개의 경우, 스팬 방향에 대한 시위와 두께의 변화는 비선형이다. 이상적인 평면을 근사하기 위해서, 많은 날개는 뒷전에 하나 또는 두 개의 킹크를 가지고 있으며 일부는 앞전에 킹크를 갖기도 한다. 안쪽 날개는 확연한 비틀림을 가지고 있으며, 두께는 바깥쪽 날개보다 더 급하게 줄어드는 테이퍼를 갖는다. 바깥쪽 날개의 감소된 두께는 증가된 패널 하중을 댓가로 높은 지역 양력계수를 얻기 위한 목적이다. 감소된 바깥쪽 두께비와 윙렛 또는 전단 끝단으로 인한 중량 페널티는 다음과 같이 캔틸레버비를 수정하는 것으로 고려될 수 있다.

$$R'_{cant} = R_{tip}\,\frac{b-b_{cs}}{2t_{sr}\cos\Lambda_{ea}}\left\{\frac{2}{3}+\frac{(t/c)_{sr}}{3(t/c)_{tk}}\right\} \tag{11.77}$$

첨자 sr과 tk는 각각 구조 뿌리(structural root)와 두께 킹크(thickness kink)를 나타낸다. 윙렛 또는 전단 끝단을 갖는 날개의 경우에는 식 (11.74)를 사용하고, 전형적인 날개 끝단의 경우에는 $R_{tip}=1$을 사용한다. 직선으로 이루어진 선직면(ruled surface)을 갖는 기본 날개와 비교하면, 수정된 캔틸레버비의 적용은 10%의 굽힘재료 중량의 증가로 이어질 수 있다.

11.8.4 노출된 날개 양력

1 차 구조 중량의 유도에서 날개 양력은 항공기 양력과 같다고 가정되었다. 실제로 항공기에 작용하는 양력은 지배적인 항인 날개로부터의 양력과 다른 노출된 성분인 특히 동체와 수평 꼬리날개로부터의 (윗방향 또는 아래방향) 양력 기여로 이루어진다. CG 위치에 따라서 달라지며 기동을 위해서 필요한 꼬리날개의 아래방향 힘은 전체 양력 중에서 상당한 부분을 제하게 된다. 따라서, 날개 양력은 항공기의 양력보다 상당히 크거나 또는 작을 수도 있다.

날개 양력은 노출된 날개 표면에 의해서 생성되는 반면, 동체에서 발생하는 양력은 동체가 감싸고 있는 날개 단면에서 작용하는 (가상적인) 양력과 비교해서 더 작다. 또한, 양력의 손실은 날개의 엔진 나셀이 장착된 부위에서도 예상되어야 한다. 만약 설계 조건에서 노출된 날개 양력이 전체 항공기 양력보다 작다면, 이는 굽힘과 전단 하중의 감소로 이어질 수 있다. 이는 추정(pro-forma) 양력 수정 계수를 이용해서 고려될 수 있다.

$$R_L = \frac{exposed\ wing\ lift}{aircraft\ lift} \tag{11.78}$$

노출된 날개 양력과 이의 스팬방향에 대한 분포는 기동 또는 돌풍과 같은 하중 조건에 따라서 달라지고, 이를 계산하는 것은 시간이 오래 걸린다. 만약 동체에서 전달하는 양력과 최전방 CG 위치에서 꼬리날개 아래방향 하중이 서로 보상된다고 보수적으로 가정하면 $R_L = 1.0$ 으로 할 수 있다. 이러한 가정은 카나드에 상대적으로 큰 윗방향 양력이 작용하는 선미익 항공기에 대해서는 다시 검토되어야 한다.

11.8.5 최신 재료

복합재료는 카본, 아라미드 또는 유리섬유를 에폭시와 같은 열경화성 접착제와 일체화시켜 매우 높은 강도대 중량비를 갖는다. 이는 날개 중량의 상당한 감소를 위한 단기적으로 최고의 가능성을 제공한다. 그러나, 성취가능한 중량의 감소는 적용에 따라서 크게 달라진다. 지난 50 여년 이상 복합재료는 뒷전 플랩, 조종면, 페어링 그리고 휠수납 도어와 같은 2 차 구조에 사용되어 왔다. 1980 년내 이후 복합재 꼬리날개와 날개 구조의 상당한 부분이 CFC 로 제조되었다. 열가소성 플라스틱의 사용 또한 증가되는 추세이다. Airbus A320 과 A330/340 은 전체가 복합재로 제작된 수직 꼬리날개와 수평 꼬리날개를 가지고 있다. 그림 11.13 은 복합재료가 꼬리날개와 2 차 구조에 적용된 최신 여객기의 전형적인 사례를 보여준다. 일부 여객기는 리브, 캐리쓰루 구조 또는 바깥쪽 날개과 같은 부품에는 CFC 를 도입하는 것으로 날개 박스에 하이브리드 재료의 적용을 시도하기도 했다. Boeing 787 과 Airbus A350 의 경우 전체 날개 구조에서 복합재료가 지배적으로 사용되기도 했다.

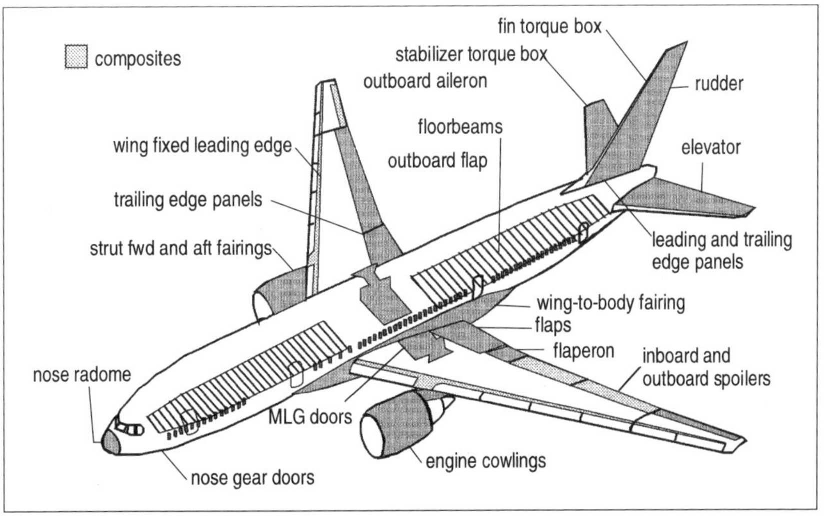

그림 11.13 Boeing 777 에 대한 복합재료의 적용 [4]

상당히 높은 비인장강도와 강성으로 인해서 CFC 는 35%까지의 중량절감 가능성을 제공한다. 표 11.1 에 정리된 2 차 날개 중량 감소에서 볼 수 있듯이, 실제 중량 감소는 다소 보통인 (more modest) 수준이다. 이는 특히 스포일러와 리프트 덤퍼와 같이 높은 하중을 받는 지지구조에는 CFC 가 사용되지 않는 경우에 해당한다. 실제 날개 구조가 완전히 복합재료로 만들어지지는 않을 것이다. 여러가지 연구를 보면, 날개에 대해서는 CFC 재료의 사용이 약 80% 정도 가능하고, 이로 인해서 28%의 중량 감소를 기대할 수 있는 것으로 보여주고 있다. 최신 날개의 1 차 박스는 몇 가지 재료가 다양하게 사용되기 때문에, 알루미늄 합금 날개의 중량에 대한 단순한 수정계수의 적용은 유용하지 않다. 신뢰할만한 예측은 다중 스테이션 해석을 통해서 이루어져야 한다. 이는 현재 예측 방법에서 노출되는 기본적인 절차와 비교해서 구조 설계 특성에 대한 보다 세부적인 정보를 필요로 한다.

섬유 복합재료가 날개 구조를 위해서 고려되는 유일한 최신 재료는 아니다. 예를 들어, 알루미늄-리튬 합금의 경우 높은 탄성계수와 낮은 밀도로 인해서 유망한 대안으로 떠오르고 있다. 표준 알루미늄 합금과 비교해서 알루미늄-리튬은 탁월한 강도, 강성 및 피로특성을 갖는다. 8~10% 정도의 밀도 감소를 이루었지만, 낮은 파괴인성과 높은 비용으로 인해서 많은 날개 부품에 대해서 알루미늄-리튬이 전형적인 재료를 대체하기는 어려울 것이다. 표준 알루미늄 합금에 대한 또 다른 가능한 대안으로는 알루미늄 합금 사이에 유리섬유 복합재료를 적층해서 만들어지는 하이브리드 복합재료인 Glare 가 있다. 유리섬유 레이어가 크랙을 멈추게 하는 이 하이브리드 복합재료는 실질적으로 피로로 인한 수명의 제한이 없다. Glare 는 손상허용 재료이며, 증가된 인장응력 수준을 허용한다. 예를 들어, 피로가 임계인 여압객실 외피와 하부 날개 패널에 대해서 Glare 의 적용으로 인한 중량 감소는 CFC 와 비교될 수 있는 정도이다. 더구나 Glare 부품의 가공은 알루미늄 합금과 유사한 기법과 툴을 사용할 수 있기도 하다.

표 11.1 Al 합금 구조 대비 CFC 적용시 성취할 수 있는 전형적인 2 차 중량감소

성분	중량 감소 (%)
고정된 앞전과 뒷전 구조	20
뒷전 플랩	15
에일러론	25
스포일러, 양력 덤퍼 및 에어브레이크	10
날개/동체 페어링	20

11.9 적용

이번 장의 본문은 기본적으로 일정한 단면 두께비를 갖는 직선 테이퍼 형태인 알루미늄 합금 날개의 구조 중량을 유도하는데 할애될 것이다. 또한, 이러한 기본적인 예측방법은 고속 항공기의 보다 복잡한 날개를 위한 출발점으로 사용될 수도 있다. 이번 적용에 대해서, 기본 중량은 중앙의 날개 박스, 복합 테이퍼, 날개끝 연장 그리고 복잡재료의 적용을 설명하기 위한 몇 가지 개선사항에 따라서 수정되고 증가된다.

11.9.1 기본적인 이상 구조중량

그림 11.1 에 나온 것과 같이 1 차 날개 구조의 이상적인 중량 (첨자 id)은 굽힘, 전단 그리고 비틀림 하중에 견디는데 필요한 구조 재료의 이론적인 최소량을 나타낸다. 이는 평면상에 대해서 식 (11.40)에 따른 5% 수정된 굽힘재료와, 손상허용과 고장안전에 대해서 식 (11.46)에 따른 10% 증가된 비틀림과 전단재료 그리고 식 (11.47)에 따른 리브 중량을 합산하는 것으로 구할 수 있다.
기본적인 이상 구조중량은 이상적인 박스 중량과 리브 중량으로부터 계산된다.

$$W_{id} = (W_{id})_{box} + W_{rib} \tag{11.79}$$

여기서

$$(W_{id})_{box} = 0.36 n_{ULT} R_{in} W_G \eta_{cp} b_{st} \frac{\rho g}{\bar{\sigma}_r} \left(1.05 \frac{R_{cant}}{\eta_t} + 3.67 \right) \tag{11.80}$$

그리고

$$W_{rib} = \rho g k_{rib} S \left(t_{ref} + \frac{t_r + t_t}{2} \right) \tag{11.81}$$

- MTOW 는 설계 총중량 W_G 로 대체되고 극한 하중계수 n_{ULT} 는 11.2 장의 지침에 따라서 결정된다. 임계 조건을 결정하기 위해서 식 (11.19)를 참조하거나 또는 날개 중량을 극한 기동뿐 아니라 돌풍하중에 대해서도 계산한다.
- 11.4 장의 날개, 엔진 그리고 연료 중량으로 인한 관성경감은 다음과 같다.

$$R_{in} = 1 - \left\{ (R_{in})_w + (R_{in})_{eng} + (R_{in})_f \right\} \tag{11.82}$$

  여기서 여러가지 항은 식 (11.48), (11.49) 그리고 (11.54)로 정의된다. 연료중량은 MTOW – MZFW 이다.
- 압력중심의 위치, 단면 유효성계수 η_t 그리고 캔틸레버비 R_{cant} 는 각각 식 (11.29), (11.32) 그리고 (11.39)로부터 구할 수 있다.
- 식 (11.15)로부터 구한 구조 스팬 b_{st} 는 전방과 후방 스파의 중간지점 또는 시위의 40% 지점으로 가정되는 탄성축을 따라서 측정된다.
- 알루미늄 합금의 비중량은 $\rho g = 2796 \mathrm{N/m^3}$ 이다.
- 뿌리 부분의 평균 응력은 다음으로부터 구할 수 있다.

$$\frac{1}{\bar{\sigma}_r} = \frac{1}{2}\left(\frac{R_{ic}}{\sigma_t} + \frac{1.25}{\sigma_c}\right) \tag{11.83}$$

허용 응력과 압축 응력 수준은 11.7 장의 추천사항을 준수한다. 엄격하게 비이상적인 중량 페널티를 나타내는 맨홀에 대한 수정계수 R_{ic} 는 식 (11.57)에 따라서 정의된다.

- 통계적인 리브 중량 계수는 $k_{rib} = 0.005$ 이고, $t_{ref} = 1.0\text{m}$ 로 자체 데이타를 통한 교정이 추천된다.

11.9.2 개선된 이상적인 구조 중량

만약 11.8 장에 나오는 개선을 위한 충분한 세부사항을 사용할 수 있다면, 다음과 같은 변경이 적용된다.

- 전단 끝단과 윙렛은 날개끝 연장으로 분류된다. 이들의 구조 중량은 식 (11.70)에서 유도되고, 날개 박스중량에 미치는 영향은 식 (11.74)에 따라서 캔틸레버비에 대한 수정계수 R_{tip} 으로 고려된다.
- 센터 섹션의 존재는 이상적인 굽힘재료 중량에 대한 식 (11.76)에 따른 수정계수 R_{cs} 에 의해서 고려된다.
- 복합 테이퍼와 스팬 방향에 대한 단면 두께비 변화의 영향은 식 (11.77)에 따른 수정된 캔틸레버비 R'_{cant} 에 의해서 고려된다. 연료로 인한 관성경감은 센터 섹션 바깥쪽 연료에 대해서 계산된다.
- 만약 노출된 날개 양력과 이의 분포가 알려져 있다면, 식 (11.78)에 따른 이상적인 박스 중량에 추정 수정계수 R_L 이 적용되고, 세부정보가 없다면 $R_L = 1$ 로 가정된다.
- 날개 박스에 대한 최신 재료의 적용은 비질량 및/또는 식 (11.79)의 계수 k_{rib} 그리고 식 (11.83)의 응력 수준에 대한 경험적인 변경을 필요로 한다. 이러한 간단한 접근방법이 1 차 근사값 이상을 제공할 것으로 기대할 수는 없다.

이와 같은 개선 사항을 식 (11.79)에 적용하면 다음과 같다.

$$W'_{id} = (W'_{id})_{box} + W'_{rib} \tag{11.84}$$

여기서

$$(W'_{id})_{box} = 0.36 n_{ULT} R_{tip} R_{cs} R_L W_G \eta_{cp} b_{st} \frac{\rho g}{\bar{\sigma}}\left(1.05\frac{R'_{cant}}{\eta_t} + 3.67\right) \tag{11.85}$$

그리고

$$W'_{rib} = \rho g k_{rib} S\left(t_{ref}\, \frac{t_r + t_t}{2}\right) \tag{11.86}$$

11.9.3 날개 구조 중량

전체 날개 중량은 식 (11.79) 또는 (11.84)로부터 비이상적인 중량 페널티와 2 차 중량을 이상적인 박스 중량에 더하는 것으로 구할 수 있다.

$$W_{wing} = W_{id} + \sum \Delta W_{nid} + 1.10 \sum W_{sec} \tag{11.87}$$

- 비이상적인 페널티(첨자 nid)는 11.5 장, 식 (11.55) 그리고 식 (11.58)부터 식 (11.62)까지 명시되어 있다. 특정 형상과 데이타의 여부에 따라서, 이러한 항의 일부는 자체 데이타를 통해서 수정 또는 교정될 수 있다.
- 2 차 중량 (첨자 sec) 성분은 식 (11.63)부터 식 (11.68)까지 명시되어 있다. 각 성분은 비중량 Ω 에 각 항목의 평면 면적을 곱한 것으로 계산된다.
- 만약 더 나은 정보를 사용할 수 있다면, 기타 항목에 대한 수정계수 1.10 은 개선되어야 한다.

11.9.4 정확도

발표된 많은 방법과는 달리, 이 중량예측은 기본 법칙에 기반한 이성적인 해석과 통계적인 교정 및 공식을 혼합해서 사용한다. 이는 절대적인 의미에서 정확할 뿐 아니라 설계 특성상의 변화에도 민감한 결과를 생성하기 위한 전형적인 유사-해석적인 접근방식의 장점과 단점을 보여준다. 이 방법을 사용할때 처리해야 하는 대부분의 작업은 설계 중량, 설계 속도와 마하수의 조합 그리고 약 30 여가지 기하 특성에 대한 입력 데이타의 수집이다. Boeing 747-100 에 대해서 수행된 사례를 보면, 이 방법은 적용이 용이하다는 것을 보여주었다[33]. 기본적인 방법에 대한 예측 오차는 +3%, 개선된 접근방법에 대해서는 +4%인 것으로 나타났다. 두께비를 뿌리부분에서 13.4%로부터 끝단에서 8%로 크게 감소시키면, 일정한 두께비 13.4%와 비교해서 굽힘재료가 상당히 증가된다. 따라서, 날개의 기하가 잘 정의된다면 식 (11.77)에 따른 수정된 캔틸레버비의 사용이 추천된다.

검증은 최대 이륙중량이 5~350 톤 사이인 세 개의 제트 여객기와 경 비지니스 제트기로 확대되었다. 모든 경우에 대해서 예측 오차는 4% 미만이었고, 오차에는 (+)도 있고 (−)도 있었다. 이 방법은 서로 다른 비행기 종류에 대해서 교정되지는 않았음에도 크기 효과를 적절히 예측하는 것으로 나타나기 때문에, 이러한 결과는 유망하다고 할 수 있다. 예측 정확도를 결정하는데 있어서 가장 영향력있는 매개변수는 날개 뿌리 부분의 평균 응력 수준이다. 특히, 전형적인 비행 스펙트럼 및 자체보유 데이타로 검토될 수 있는 일부 가정을 나타내는 도출과 조합해서 비행기의 요구되는 수명에 대한 충분한 데이타를 사용할 수 있다면 이는 개선될 수 있다. 원칙적으로, 비전형적인 날개 형상에 대한 적용은 이를 각 날개 스테이션에 대해서 서로 다른 하중 케이스를 적용하는 다중 스테이션 해석으로 확장하는 것으로 가능하다. 그러나, 이는 개념설계 과정의 특성에 반드시 부합하지는 않는 세부적이고 복잡한 해석의 불균형한 증가가 필요할 수도 있다.

11.9.5 결론

사용자에 의해서 변경될 수 있는 설계에 민감한 방법을 찾으려는 목적으로, 수송기와 비지니스 항공기의 구조 날개 중량을 예측하기 위한 포괄적인 방법이 개발되었다. 제시된 접근방법을 개선하기 위해서는 구조적인 날개 뿌리에 작용하는 인장, 압축 및 전단 응력, 양력곡선 기울기 그리고 공기역학 중심의 위치와 같은 데이타에 대한 정확한 정보가 입력될 수 있다. 이 방법은 다음과 같은 기본적인 특성을 갖는다.

- 구조물은 그림 11.1 과 같이 기능별 성분으로 분해된다. 이들의 중량은 필요한 경우 통계에 근거한 표현으로 보강되는 기본 원리에 기반한 해석으로 예측된다. 경우에 따라서, 일부 부차적인 중량 성분에 대한 누락된 정보는 경험적인 접근방법이 필요하기도 했다.
- 날개 뿌리에 작용하는 굽힘과 전단 하중은 양력분포로부터 계산되며 관성경감을 포함한다. 이러한 하중을 견디는데 필요한 이론적인 최소 재료는 스팬 방향에 대한 해석적인 적분으로부터 도출된다. 두께비와 허용응력의 변화에 대한 영향이 고려되었다.
- 리브의 중량, 비이상적인 구조 특성으로 인한 중량 페널티 그리고 고양력장치와 비행조종을 포함한 앞전과 뒷전 구조의 2 차 중량에 대해서는 반경험 방법이 사용되었다.
- 구조적인 위상, 예상되는 수명, 고장안전 그리고 손상허용 구조설계 원칙을 감안해서 날개 박스 커버 패널과 스파의 허용응력 수준을 선택하는 것을 고려해야 한다.
- 고정된 질량과 연료로 인한 하중경감의 효과가 포함되었고, 기본적인 방정식에 의해서 정량화되었다.
- 날개끝 연장, 캐리쓰루 구조, 복합 테이퍼와 최신 재료의 존재를 명시적으로 설명하기 위한 개선 방안이 제시되었다.

이 방법의 장점과 한계가 분명해졌다. 많은 중량 성분은 개념설계의 후반에 이루어질 계산과 설계결정에 민감하다. 따라서, 날개가 기존 항공기 버전의 변형이 아니라면, 이 방법의 표준편차가 개념설계 단계에서, 예를 들어 5% 미만일 것으로 기대하는 것은 현실적이지 않다. 표준편차가 설정되지는 않았지만, 일부 기존 비행기에 대한 적용 결과 허용 가능한 정확도를 나타내고 있다.

참고문헌

[1] Shanley, F.R., Weight-Strength Analysis of Aircraft Structures, Second Edition, McGraw-Hill, NY, Reprinted by Dover Publications, 1960.

[2] Hoblit, F.M., Gust Loads on Aircraft: Concepts and Applications, AIAA Education Series, American Institute of Aeronautics and Astronautics, Inc., Washington, DC, 1988.

[3] Niu, C.Y., Airframe Structures: Practical Design Information and Data, Conmilit Press, Hong Kong, 1988.

[4] Niu, C.Y., Composite Airframe Structures: Practical Design Information and Data, Conmilit Press Ltd., Hong Kong, 1992.

Weight Prediction Methods

[5] Farrar, D.J., “The Design of Compression Structures for Minimum Weight”, Journal of the Royal Aeronautical Society, pp. 1041–1052, November 1949.

[6] Carayette, J.F., "Aircraft Wing Weight Estimation", Aircraft Engineering, January 1950, pp. 8–11, and page 119, April 1950.
[7] Ripley, E.L., "A Method of Wing Weight Prediction", RAE Report Structures 109, May 1951.
[8] Broadbent, E.G., "Aeroelastic Problems in Connection with High-Speed Flight", Journal of the Royal Aeronautical Society, July 1956.
[9] Burt, M.E., "Structural Weight Estimation for Novel Configurations", Paper No. 11220, May 1961.
[10] Saelman, B., "Effect of Wing Geometry on Volume and Weight", Journal of the Aeronautical Sciences, Vol. 29, No. 11, November 1962, pp. 1390–1392. Further notes inVol. 1, No. 5, pp. 305–306, September–October 1964.
[11] Crawford, R.F, and A.B. Burns, "Minimum Weight Potentials for Stiffened Plates and Shells", AIAA Journal, Vol. 1, No. 4, pp. 879–886, April 1963.
[12] Saelman, B., "Multitapered Wings", AIAA Journal of Aircraft, Vol. 2, No. 4, pp. 348–349, July–August 1965.
[13] Garrock, C.A., and J.T. Jackson, "Estimation ofWing BoxWeight to Preclude Aeroelastic Instabilities", SAWE Paper No. 500, May 1966.
[14] Sanders, K.L., "A Review and Summary of Wing Torsional Stiffness Criteria for Pre-Design and Weight Estimations", SAWE Paper No. 1632, May 1967.
[15] Keith-Lucas, D., "Defeating the Square Cube Law", Flight International, Vol. 94, No. 3106, pp. 440–442, September 1968.
[16] Laser, "Design Probe: Another Look at the Square Cube Law", Flight International, Vol. 94, No. 3110, pp. 615–616, October 1968.
[17] Roland, H.R., "General Approach to Preliminary Design Weight Analysis and Structural Weight Prediction", Short Course in Modern Theory and Practice of Weight Optimization and Control for Advanced Aeronautical Systems, University of Tennessee, November 1968.
[18] Hoak, D.E., et al., "USAF Stability and Control DATCOM", 45433–0000 (revised), Flight Control Division, AFFDL, Wright Patterson AFB, Ohio, 1968.
[19] Sanders, K.L., "High-Lift Devices, aWeight and Performance Trade-off Methodology", SAWE Paper No. 761, 1969.
[20] Cate, D.M., "A Parametric Approach to EstimateWeights of Surface Control Systems of Combat and Transport Aircraft", SAWE Paper No. 812, May 1969.
[21] Torenbeek, E., "Prediction of Wing Group Weight for Preliminary Design", Aircraft Engineering, pp. 16–21, July 1971. (Summary in February 1972 issue, pp. 18–19).
[22] Schneider, W., "A Procedure for Calculating theWeight ofWing Structures with Increased Service Life", SAWE Paper No. 1021, May 1974.
[23] Hangartner, R., "Correlation of Fatigue Data for Aluminium Aircraft Wing and Tail Structures", National Aeronautical Establishment, Aeronautical Report LR-582, Ottawa, December 1974.
[24] Fritz, R.J., "Method for Determining the Maximum Allowable Stress for Preliminary Aircraft Wing Design", University of Witwatersrand, School of Mechanical Engineering Research Report No. 72, January 1977.
[25] Anderson, R.D., "Development ofWeight Estimates for Lifting Surfaces with Active Controls", SAWE Journal, Vol. 36, No. 3, April 1977.
[26] Kyser, A.C., "An Elementary Analysis of the Effect of Sweep, Mach Number, and Lift Coefficient on Wing Structure Weight", NASA Technical Memorandum 74072, September 1977.
[27] Ramsey, H.D., and J.G. Lewolt, "Design Manoeuvre Loads for an Airplane with an Active Control System", 20th Structures, Structural Dynamics and Materials Conference, AIAA/ASME/ASCE/AHS, St. Louis, NASA CP 1795, pp. 456–464, 1979.
[28] Toll, T.A., "Parametric Study of Variation in Cargo-Airplane Performance Related to Progression from Current to Spanloader Designs", NASA Technical Paper No. 1625, April 1980.
[29] York, P., and R.W. Labell, "Aircraft Wing Weight Build-Up Methodology with Modification for Materials and Construction Techniques", NASA Contractor Report No. 166173, September 1980.
[30] Fairchild, M.P., "Structural Weight Comparison of a Joined Wing and a Conventional Wing", AIAA Paper No. 81–0366, January 1981.
[31] Schaeken, A.H.P.M., "A DetailedWing Mass EstimationMethod",MSc. thesis, Delft University of Technology, Dept. of Aerospace Engineering, June 1983.
[32] Udin, S.V., and W.J. Anderson, "WingMass Formula for Subsonic Aircraft", Journal of Aircraft, Vol. 29, No. 4, pp. 725–727, July–August 1992.
[33] Torenbeek, E., "Development and Application of a Comprehensive, Design-SensitiveWeight PredictionMethod for Wing Structures of Transport Category Aircraft", Report LR 693, Department of Aerospace Engineering, Delft University of Technology, September 1992.
[34] Kelm, R., M. L¨apple, andM. Grabietz, "Wing Primary StructureWeight Estimation of Transport Aircraft in the Pre-Development Phase of a New Aircraft", SAWE Paper No. 2283, May 1995.
[35] Macci, S.H., "Semi-Analytical Method for Predicting Wing Structural Mass", SAWE Paper No. 2285, May 1995.
[36] Rudolph, P.K.C., "High-Lift Systems on Commercial Subsonic Airliners", NASA CR-4746, September 1996.

제 12 장
단일화된 순항 성능
Unified Cruise Performance

12.1 개요

여객기 또는 비지니스 항공기의 설계에서는 다음과 같은 질문 중에서 하나 또는 그 이상에 직면하는 것이 불가피하다.

1. 소모되는 최소 연료의 관점에서 경과되는 단위 시간당 또는 이동하는 단위 거리당 최상(best)의 순항고도와 속도는 어떻게 되는가?
2. 주어진 임무를 위해서 필요한 전체 연료와 시간을 어떻게 예측할 수 있는가?
3. 주어진 임무 항속거리에 대해서 소모되는 최소 연료 또는 부과되는 최소 직접 운용경비(DOC)를 제공하는 비행 프로파일(flight profile)은 어떻게 결정하는가?

첫 번째 질문은 정상 수평비행에서 힘의 평형을 따르는 지점 성능(point performance)의 문제로 취급될 수 있다. 그러나 대다수 교과서에서는 낮은 마하수의 비행에 집중하고 있으며, 엔진은 순수한 제트엔진으로 다루고 있다. 결과적으로 이를 이용한 답은 공기역학 효율에 영향을 미치는 공기의 압축성이 존재하는 조건에서 비행하는 터보팬 추진 항공기에 대해서는 별로 소용이 없어진다. 위의 질문에서 두 번째는 비행경로 성능을 구하기 위한 지점 성능의 적분이 필요하다. 이륙총중량(TOGW)은 연료하중 계산을 위한 입력 또는 무연료 중량(ZFW)이 지정된 경우 해석의 결과가 될 수 있다. 각각의 정기적인(regular) 비행은 이륙, 상승, 하강, 접근 그리고 착륙과 같은 여러개의 단계로 구성되며 회항 비행 또한 해석되어야 한다. 계산은 일반적으로 TOGW 에 대한 반복계산으로 이루어진다. 세 번째 문제에 대한 엄격한 해법은 비행역학을 동적인 문제로 취급할 필요가 있으며, 최적화를 위해서는 변분법(calculus of variations) 또는 최적 제어이론의 적용이 필요하다[26]. 매우 단거리 비행을 제외하고 동적 최적화는 미미한 수준의 연료 절감만을 가져오며, 이러한 문제는 항공기 고등설계의 범위를 벗어난 것으로 간주한다.

12.1.1 고전적인 해법

순항성능에 대한 해석과 최적화는 비행역학에 대한 많은 문헌[2, 3, 4, 18]에서 취급되어 왔다. 모든 출처에서 일관된 내용은, 지정된 초기 고도와 속도에 대해서 순항/상승 비행 프로그램(cruise/climb flight program)이 가장 긴 항속거리를 제공한다는 것이다. 제트 항공기에 대해서 수정된 Bréguet 방정식이 장거리 비행에 대해서 양호한 결과를 제공하는 것으로 널리 인정되고 있다. 그러나 최고의 순항고도와 속도의 유도에 대해서는 상당한 의견의 차이가 존재한다. 경험이 많지 않은 천음속 비행기 설계 분석가로써 이러한 해법을 자세히 살펴본다면, 예를 들어 참고문헌 [32]에 나타나는 것과 같은 확연한 비일관성으로 인해서 당황할 수도 있다. 이러한 혼란은 주로 다음과 같은 문제점 중에서 하나 또는 그 이상으로 인해서 발생한다.

- 제트 항공기의 최대 항속거리에 대한 고전적인 유도는 대부분 아임계(subcritical) 비행조건에 기반하기 때문에 압축성 항력이 존재하지 않는다는 가정으로 공기역학 모델을 단순화한다. 실제로 제트 여객기의 최적 순항 조건은 천음속 비행 영역에서 특정한 하나의 항력곡선만이 존재하는 것은 아니라는 사실에 지배된다.
- 엔진 특성에 대한 수치모델이 대부분 과도하게 단순화된다. 특히, 비연료소모율이 속도에 무관하다는 흔히 사용되는 가정은 고속에서는 유효하지 않다.
- 많은 저자는 최적 순항조건을 고도, 속도 또는 엔진 레이팅에 대한 구속조건을 가정하는 것으로 유도한다. 이는 주어진 항공기의 운용 순항 비행을 최적화하는데 실용적인 접근방법이 될 수 있지만, 설계자는 비구속 최적 초기 설계를 성취하는 것에도 또한 관심이 있다. 이는 연료효율이 성취 가능한 최대값에 가깝게 접근하도록 장착추력 또는 출력을 기체의 공기역학에 매칭하는 것으로 이룰 수 있다. (제 8 장)

고전적인 고정익 항공기 성능해석은 프로펠러와 제트 항공기에 대해서 서로 다른 세트의 방정식에 기반한다. 이러한 역사적인 구분은 피스톤 엔진의 출력은 축동력으로 지정되는 반면 (현재 구식인) 터보제트(straight jet) 엔진의 성능은 추력으로 지정되기 때문이다. 피스톤 엔진의 축동력과 터보제트 엔진의 추력은 대략적으로 대기속도에 독립되며, 이는 비연료 소모율(SFC)에도 동일하게 적용될 수 있다. 프로펠러와 제트 비행기에 대한 서로 다른 세트의 최적 비행조건은 항공기 성능에 대한 많은 책자에서 찾아볼 수 있다. 그러나 현재 지배적인 터보프롭과 고바이패스비 터보팬 엔진을 사용하는 비행기 종류에는 다른 접근방법이 필요하다.

12.1.2 단일화된 순항 성능

고속 여객기와 비지니스 제트기의 진화는 순항 성능에 대한 고전적인 이론의 유효성을 저하시켰다. 터보프롭 엔진은 프로펠러 축동력뿐 아니라 제트 추력도 발생시키고, 사용 가능한 추진 동력과 추력은 전진 속도에 따라서 크게 변화한다. (주로) 바이패스비에 따라 달라지는 터보팬 추력과 TSFC 는 속도에 따라서 각각 감소하고 증가한다. 이러한 경향은 미래에 도입될 오픈로터나 초고바이패스 엔진의 경우 정도가 더 심해질 것이다. 분명, 가스터빈 추진장치의 한 가지 단일화는 제트와 프로펠러 항공기 사이의 구분으로 인한 관련성을 감소하도록 만들었다.

참고문헌 [25]에 발표된 최대 비항속거리 성능 이론이 모든 스펙트럼의 가스터빈 엔진이 장착된 아음속과 천음속 항공기를 포함하는 단일화된 접근방법을 제공하는 이번 장의 출발점을 이룰 것이다. 연료유동을 정의하는데 SFC 가 아닌 전체 효율이 사용되고, 압축성으로 인한 항력도 고려될 것이다. 편집상의 이유로 인해서 본래 해석은 일반적으로 추진효율에 대한 엔진 출력의 미미한 영향을 제외하고 단순화된다. 일부 운용 비행 스케줄이 주어진 초기 및 최종 총중량에 대해서 해석되고 비교될 것이다. 주어진 거리의 비행을 수행하는데 필요한 임무 연료에 대한 닫힌 형태의 해도 역시 포함된다. 이 해석은 추가되는 복잡성이 거의 없이 높은 정확도의 해석적인 성능 최적화가 가능하다는 것을 보여준다.

현재 접근방법을 저속 비행 세그먼트까지 연장하려는 시도는 이루어지지 않았다. 순항 성능에 대한 바람의 영향[21], 연장된 항속거리 운용과 같은 특수한 비행[30], 그리고 최소 직접운용경비(DOC)를 위한 조건[33]은 다루지 않았다. 이번 장에서는 알려진 공기역학 및 엔진 특성과 함께 완전히 정의된 비행기에 대한 순항비행 최적화에 포커스를 맞추는 것이 강조된다. 따라서 최적 순항고도와 마하수의 유도는 비행기 설계 최적화에는 적용되지 않는다. 문제 구조에 대한 해석(analysis)과 종합(synthesis) 사례는 1.7 장에서 논의되었다.

12.1.3 비항속거리와 항속거리 매개변수

항속거리 R 은 비행기가 주어진 양의 연료(첨자 f)로 순항할 수 있는 거리이다. 이는 비항속거리(Specific Air Range, SAR)를 적분하는 것으로 계산할 수 있다.

$$\frac{V}{F} = \frac{dR}{dW_f} = \frac{dR/dt}{\dot{m}_f g} \tag{12.1}$$

항 $F = \dot{m}_f g$ 는 연료의 중량유량이다. 엔진 특성은 3.2 장의 식 (3.10)에 정의된 것과 같이 추진의 전체 효율의 형태로 도입된다.

$$\eta_0 = \frac{\textit{thrust power developed by the engine}}{\textit{rate of fuel energy added to the engine}} = \frac{TV}{\dot{m}_f H} \tag{12.2}$$

여기서 H 는 연료의 칼로리값이다. 주어진 비행기의 GW 에 대해서 SAR 은 항속거리 매개변수로 나타낼 수 있다.

$$\mathcal{P} \overset{\text{def}}{=} \frac{W}{H/g}\frac{V}{F} = \eta_o \frac{W/\delta}{T/\delta} \tag{12.3}$$

여기서 δ 는 상대 주변대기압이다(부록 B). 항속거리 매개변수는 다음과 같은 평형조건의 유사-정상 수평비행에 대해서 최대가 된다.

$$W/\delta = L/\delta = \frac{1}{2}\gamma\, p_{sl} M^2 S C_L \quad \text{and} \quad T/\delta = D/\delta = \frac{1}{2}\gamma\, p_{sl} M^2 S C_D \tag{12.4}$$

이전 장에서와는 다르게 날개 면적 S 는 날개에 대해서 첨자 w 없이 정의된다. 정상 수평비행에서

항속거리 매개변수와 비항속거리는

$$\mathcal{P} = \eta_o \frac{C_L}{C_D} \rightarrow \frac{V}{F} = \mathcal{P}\frac{H/g}{W} \tag{12.5}$$

제트 항공기의 경우, 비항속거리는 일반적으로 비추력연료소모율(TSFC)로 나타낸다.

$$\frac{V}{F} = \frac{V}{C_T W}\frac{C_L}{C_D} = \frac{a_{sl} M\, L/D}{W\, C_T/\sqrt{\theta}} \tag{12.6}$$

여기서 기호는 3.2 장과 부록 B 에 정의되어 있다. 프로펠러 항공기에 대한 고전적인 방정식으로 해석해서 비출력연료소모율(PSFC)를 사용하면 다음과 같다.

$$\frac{V}{F} = \frac{\eta_{prop}}{C_P W}\frac{C_L}{C_D} \tag{12.7}$$

전체 효율과 비행조건 사이의 관계는 주어진 크기의 장착추력을 생성하는데 필요한 연료유동에 대한 정보에 기반한다. 이는 흡입구와 배기구 손실, 블리드 에어와 동력 추출 (power offtake), 그리고 프로펠러 슬립스트림과 같은 엔진과 프로펠러 장착으로 인한 영향을 고려한다.

순항 포인트 최적화의 목적은 전체 추진과 공기역학 효율의 곱을 최대로 하는 것이다. 이 두 가지는 서로 관련되지 않은 순항속도와 고도의 함수이다. 천음속 마하수에 대해서 이들의 조합된 최적값은 η_o 또는 C_L/C_D 의 어느 최대값과도 일치하지 않는다. 뿐만 아니라, η_o 가 운용 비행영역 내에서 항상 극단적인 값을 갖지도 않는다. 고속 비행에 대한 비항속거리의 최적화를 독자에게 소개하기 위한 목적으로 다음 장에서는 C_L/C_D , MC_L/C_D 그리고 $\mathcal{P}$ 를 개별적으로 다룰 것이다. 항속거리 매개변수를 최대화하는 조건이 설명되고 최대 항속거리를 도출하는데 적용될 것이다.

12.2 최대 공기역학 효율

천음속 비행기의 공기역학 성능은 제 4.4 장에서와 같이 마하수에 따른 일련의 항력 곡선으로 정의된다. 이러한 곡선으로부터 유도된 공기역학 효율 곡선의 사례가 그림 12.1 에 나와있다. 일부 곡선은 서로 교차하기 때문에 이러한 표현방법이 전적으로 분명한 것은 아니다. 그림 12.2 에 나오는 것과 같은 동일한 데이타의 바람직한 표현은 동일한 공기역학 효율을 갖는 지점을 연결하는 컨투어를 보여주며, 이를 통해서 최소 항력에 대한 조건의 그래프를 통한 식별이 가능하다[17]. 임계 마하수 이하 범위의 경우, 일정한 C_L 에서 C_D 는 마하수에 따라서 다소 감소하고, C_L/C_D 는 임계마하수를 초과하고 항력이 증가하기까지 점차 증가한다. A 지점은 $M = 0.675$, $C_L = 0.515$, 그리고 $C_L/C_D = 18.4$ 인 전역 최소항력 조건을 나타낸다. 주어진 GW 에 대해서 이는 압력고도와 비행마하수의 독특한 조합을 정의하며, C_L/C_D 컨투어는 주어진 마하수에서 가장 높은 L/D 가

컨투어의 수직 접선으로 식별되는 항력상승(drag rise)에서 닫히게 된다. 천음속 마하수에서는 공기역학 효율이 저하되기 때문에 최소 항력속도에 대한 전형적인 정의는 관련이 없어진다. 그림 12.1 과 12.2 는 천음속 비행 영역에서 최소항력 조건은 각 마하수에 대한 서로 다른 C_L 값에 따라서 정의된다는 중요한 메세지를 보여주고 있다.

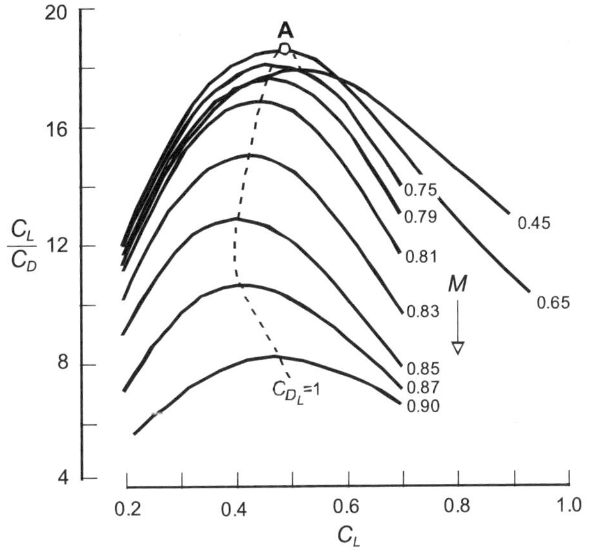

그림 12.1 천음속 여객기의 공기역학 효율

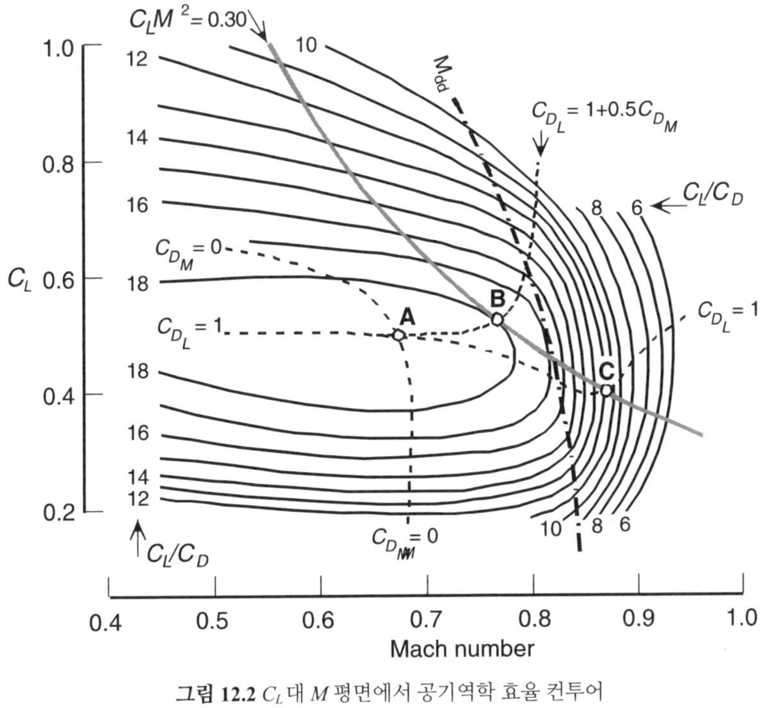

그림 12.2 C_L 대 M 평면에서 공기역학 효율 컨투어

12.2.1 로그 형태의 항력 도함수

이전 장에서는 고아음속과 천음속 마하수에서는 양력 및 항력계수가 유일하게 받음각에 따라서만 결정되는 것이 아니라 마하수에 따라서도 같이 결정된다는 것을 정성적으로(qualitatively) 보여주었다.

$$C_L = C_L(\alpha, M) \quad \text{and} \quad C_D = C_D(\alpha, M) \quad \rightarrow \quad C_D = C_D(C_L, M) \tag{12.8}$$

비구속 최대 C_L/C_D 에 대한 해석적인 조건은 다음과 같이 로그 미분을 이용해서 용이하게 구할 수 있다.

$$d\,log(C_L/C_D) = d\,log\,C_L - d\,log\,C_D = 0 \tag{12.9}$$

여기서

$$d\,log\,C_D = \frac{\partial\,log\,C_D}{\partial\,log\,C_L} d\,log\,C_L + \frac{\partial\,log\,C_D}{\partial\,log\,C_M} d\,log\,M \tag{12.10}$$

로그 도함수는 단축 표기법으로 다음과 같이 정리할 수 있다

$$C_{D_\mathcal{L}} \overset{\text{def}}{=} \frac{\partial\,log\,C_D}{\partial\,log\,C_L} = \frac{C_L}{C_D}\frac{\partial C_D}{\partial C_L} \quad (\text{constant } M) \tag{12.11}$$

$$C_{D_\mathcal{M}} \overset{\text{def}}{=} \frac{\partial\,log\,C_D}{\partial\,log\,M} = \frac{M}{C_D}\frac{\partial C_D}{\partial M} \quad (\text{constant } C_L) \tag{12.12}$$

무차원 로그 도함수는 종속변수의 퍼센티지 변화를 주어진 독립변수의 퍼센티지 변화로 나눈 값으로 해석된다. 도함수 $C_{D_\mathcal{L}}$ 은 양력으로 인한 항력계수 C_{D_L} 과 혼동되지 않아야 한다(4.4 장). $C_{D_\mathcal{L}}$ 과 $C_{D_\mathcal{M}}$ 의 수치적인 값은 0~2 사이지만, 항력상승에서는 $C_{D_\mathcal{M}}$ 이 더 커질 수도 있다. 식 (12.10)은 다음과 같이 로그 도함수에 대해서 표현될 수 있다.

$$d\,log\,C_D = C_{D_\mathcal{L}} d\,log\,C_L + C_{D_\mathcal{M}} d\,log\,M \tag{12.13}$$

이 결과를 대입하면 식 (12.9)는 다음과 같다.

$$(1 - C_{D_\mathcal{L}}) d\,log\,C_L - C_{D_\mathcal{M}} d\,log\,M = 0 \tag{12.14}$$

C_L 과 M 에 대한 부분 최적값은 $d \log M = 0$ 그리고 $d \log C_L = 0$ 으로 설정하는 것으로 찾을 수 있다.

$$C_{D_\mathcal{L}} = 1 \;\rightarrow\; \frac{\partial C_D}{\partial C_L} = \frac{C_D}{C_L} \quad (\text{constant } M) \tag{12.15}$$

$$C_{D_\mathcal{M}} = 0 \;\rightarrow\; \frac{\partial C_D}{\partial M} = 0 \quad (\text{constant } C_L) \tag{12.16}$$

주어진 마하수에 대해서, 조건 $C_{D_\mathcal{L}} = 1$ 은 그림 12.1 에서 C_L/C_D 곡선에 수평 접선을 그리는 것으로 또는 그림 12.2 에서 수직 접선을 그리는 것으로 그래프상에서 구할 수 있는 최소 항력조건을 정의한다. 조건 $C_{D_\mathcal{M}} = 0$ 은 압축성이 공기역학 효율을 저하시키는 마하수 영역의 하한 경계를 형성한다. 부분 최적값은 양력계수와 마하수의 고유한 값으로 정의되는 전역 최적해 지점 A 와 교차한다. 이는 엔진의 전체 효율이 동일한 지점상에서 고정된 값을 갖는 경우에만 가장 연료 효율적인 순항조건을 정의한다. 오픈로터 엔진과 같은 (미래의) 추진 시스템은 아음속 마하수에서 최대 전체 효율에 도달할 수 있지만, 일반적으로 이는 제트 항공기에는 해당하지 않는다.

12.2.2 로그 도함수의 해석

항공기 설계 단계에 따라서 서로 다른 형태의 항력 곡선이 사용될 수 있다(4.4 장). 초기 성능해석의 목적으로 항력곡선은 흔히 두 개의 항으로 근사화된다.

$$C_D = C_{D_0} + K_L C_L^2 \quad \text{with} \quad K_L \overset{\text{def}}{=} dC_D \big/ d(C_L^2) \tag{12.17}$$

이와 같은 경우 로그 도함수 $C_{D_\mathcal{L}}$ 은

$$C_{D_\mathcal{L}} = \frac{2K_L C_L^2}{C_{D_0} + K_L C_L^2} = 2\frac{\textit{drag due to lift}}{\textit{total drag}} \tag{12.18}$$

최소 항력에 대한 조건은

$$C_{L_{MD}} = \sqrt{\frac{C_{D_0}}{K_L}} \quad \text{and} \quad C_{D_{MD}} = 2C_{D_0} \;\rightarrow\; \left(\frac{C_L}{C_D}\right)_{MD} = \frac{1}{2\sqrt{K_L C_{D_0}}} \tag{12.19}$$

이는 동일한 무양력 항력과 양력으로 인한 항력에 대해서 공기역학 효율이 최대가 되는 고전적인 결과이다. $C_{D_\mathcal{L}}$ 과 C_L 의 관계는

$$C_{D_{\mathcal{L}}}=\frac{2(C_L/C_{L_{MD}})^2}{1+(C_L/C_{L_{MD}})^2} \quad \text{or} \quad \frac{C_L}{C_{L_{MD}}}=\sqrt{\frac{C_{D_{\mathcal{L}}}}{2-C_{D_{\mathcal{L}}}}} \tag{12.20}$$

이의 최대값과 관련된 공기역학 효율은 다음과 같다.

$$\frac{C_L/C_D}{(C_L/C_D)_{MD}}=\frac{2(C_L/C_{L_{MD}})}{1+(C_L/C_{L_{MD}})^2}=\sqrt{C_{D_{\mathcal{L}}}(2-C_{D_{\mathcal{L}}})} \tag{12.21}$$

이는 $0 \le C_{D_{\mathcal{L}}} < 2$ 임을 증명한다. 위에서 유도된 관계가 그림 12.3 에 일반화된 형태로 나와 있다.

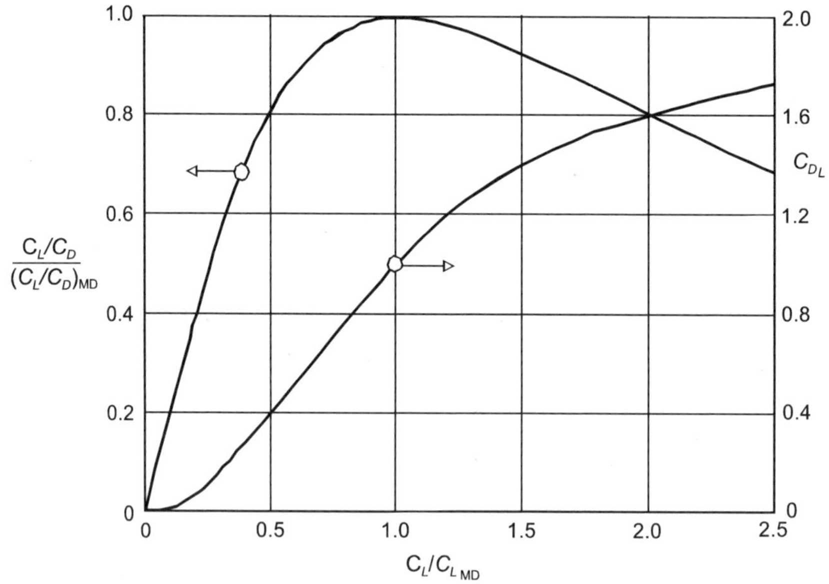

그림 12.3 일반화된 공기역학 효율과 두 항 항력곡선에 대한 로그 도함수 $C_{D_{\mathcal{L}}}$

원칙적으로, 두 항으로 이루어진 항력곡선은 낮은 마하수와 높은 마하수에서 모두 사용될 수 있다. 후자의 경우 마하수에 따라서 달라지는 계수가 사용되어야 한다.

$$C_D=C_{D_0}(M)+K_L(M)C_L^2 \tag{12.22}$$

이는 마하수에 따라서 달라지는 최대 공기역학 효율을 제공한다. 그러나 두 항으로 이루어진는 근사는 천음속 마하수에서는 만족스럽지 않을 수도 있다. 항력곡선을 양의 C_L^* 축에 대해서 대칭인 포물선으로 근사한다면 정확도가 개선될 수 있다(4.4 장).

$$C_D=C_D^*(M)+K_L^*(M)\left\{C_L-C_L^*(M)\right\}^2 \tag{12.23}$$

이와 같은 세 개 항으로 이루어지는 근사는 적절히 선택된 수치의 $C_D^*(M)$, $C_L^*(M)$, 그리고 $K_L^*(M)$ 을 필요로 한다. 그림 4.9(a)는 주어진 곡선에 대해서 C_L^* 과 C_D^* 는 수평 접선으로부터 결정되고, $(C_L/C_M)_{MD}$ 는 원점으로부터의 항력곡선에 대한 접선으로부터 결정된다는 것을 보여주고 있다. 이는 다음과 같이 정리될 수 있다.

$$K_L^*(M) = \left[4(C_L/C_M)_{MD}\left\{C_D^*(C_L/C_D)_{MD} - C_L^*\right\}\right]^{-1} \tag{12.24}$$

설계조건 부근에서 최고의 곡선 피팅(best curve fit)은 여러 C_L^* 값을 시도하는 것으로 찾을 수 있다. 그러면 $K_L^*(M)$ 이 식 (12.22)의 $K_L(M)$ 보다 크다는 것을 알 수 있다. C_D^*, C_L^* 그리고 K_L^* 을 M 의 다항식으로 표현하면 최적 비행조건의 수치 최적화에 적절한 형태인 완전한 항력데이타 세트를 얻을 수 있다.

12.2.3 고도 구속조건

지정된 압력고도에서 비행하는 항공기에 대해서, 평형식 $L = W$ 는 최소항력 조건이 다음을 만족해야 한다는 것을 의미한다.

$$C_L M^2 = \frac{W}{0.5\gamma\, pS} = constant \quad \rightarrow \quad d\log C_L + 2d\log M = 0 \tag{12.25}$$

그리고 식 (12.14)에 대입하면 다음과 같다.

$$C_{D_{\mathcal{L}}} = 1 + 0.5C_{D_{\mathcal{M}}} \tag{12.26}$$

그림 12.2 에 시각화된 것과 같이, 이 조건은 $C_{D_{\mathcal{M}}} \approx 0$ 인 임계 마하수 이하에서 식 (12.15)와 동일하다. 높은 압축성 항력의 발생으로 인해서 $C_{D_{\mathcal{M}}} > 0$ 과 구속 최소항력 조건 $C_{D_{\mathcal{L}}} > 1$ 이 되고, 따라서 $C_L > C_{L_{MD}}$ 가 된다. 사례로써, 그림 12.2 는 고도 구속조건 $C_L M^2 = 0.30$ 을 보여주고 있다. 이는 식 (12.26)과의 교점을 정의하는 C_L/C_D 컨투어에 대한 접점을 B 지점에서 갖는다. 만약 동일한 고도 곡선과 $C_{D_{\mathcal{L}}} = 1$ 이 교차하는 것으로 이 조건을 유도했다면, 잘못된 결과는 B 지점에 비해서 훨씬 더 높은 마하수와 낮은 C_L 을 갖는 C 지점이 되었을 것이다.

12.3 매개변수 *M*(*L*/*D*)

고전적인 제트 항공기의 순항성능 최적화에서는 TSFC 가 비행속도에 독립된다고 가정한다. 그러면 전체효율은 마하수에 비례하고 식 (12.6)에 따라서 목적함수는 $M\,C_L/C_D$ 또는 $M\,L/D$ 가 된다.

로그 도함수에 대해서 이의 최대값은 다음으로부터 구할 수 있다.

$$d\log M + d\log C_L - d\log C_D = 0 \tag{12.27}$$

$d\log C_D$ 를 양력계수와 마하수에 대해서 전개한 다음 식 (12.13)을 이용해서 다음을 구할 수 있다.

$$(1 - C_{D\mathcal{L}})d\log C_L + (1 - C_{D\mathcal{M}})d\log M = 0 \tag{12.28}$$

여기서 로그 도함수 $C_{D\mathcal{L}}$ 과 $C_{D\mathcal{M}}$ 은 각각 식 (12.11)과 (12.12)에 의해서 정의된다. 매개변수 ML/D 는 비항속거리에 대한 기체의 기여라고 해석할 수 있고, 이는 유사한 엔진이 장착된 항공기가 작은 범위의 마하수 변화 내에서 비교되는 경우 허용될 수 있는 단순화이다. 그러나 ML/D 는 넓은 범위의 속도차이로 순항하는 항공기의 순항성능의 비교에는 사용되지 않아야 한다.

12.3.1 아음속 비행 마하수

최적 순항비행 해석에 대한 전통적인 접근방법은 압축성으로 인한 항력이 없다는 가정($C_{D\mathcal{M}} = 0$)에 기반한다. 이러한 경우, 의미있는 결과는 일부 운용 매개변수상에 비행속도를 임계마하수 아래로 제한하는 구속조건을 부과하는 경우에만 얻을 수 있다.

- 주어진 마하수에 대해서, 식 (12.20)에 따른 최적해는 $C_{D\mathcal{L}} = 1$ 이다. 이 조건은 $C_L = C_{L_{MD}}$ 인 고도를 정의한다.
- 주어진 고도에 대해서, $C_L M^2$ 이 미리 설정된다. 식 (12.28)에 따라서 $\sqrt{C_L}/C_D$ 를 최대화하는 것과 동일한 $C_{D\mathcal{L}} = 0.5$ 가 된다. 두 개 항의 포물선 곡선에 대해서, 식 (12.20)은 $C_L = C_{L_{MD}}/\sqrt{3}$, 속도 $3^{1/4}V_{MD}$ 그리고 $C_D = \frac{4}{3}C_{D_0}$ 를 제공한다. 이는 제트 항공기의 최적 순항속도에 대한 고전적인 해가 된다.
- 수정추력 T/δ 에 대한 구속조건과 (거의) 같은 일정한 엔진 레이팅에 대해서, 수평방향 평형에 대한 식으로부터 다음과 같이 정리할 수 있다.

$$C_D M^2 = \frac{2T/\delta}{\gamma\, p_{sl} S} \tag{12.29}$$

따라서, 항 $C_D M^2$ 는 일정하거나 또는 $d\log C_D + 2d\log M = 0$ 이다. 식 (12.28)에 대입하면 $C_{D\mathcal{L}} = 2/3$ 이 된다. 이 조건은 $C_L = C_{L_{MD}}/\sqrt{2}$, $C_D = 1.5C_{D_0}$ 그리고 $V = 2^{1/4}V_{MD}$ 에 대해서 C_L^2/C_D^3 를 최대로 하는 것과 동일한 또 다른 고전적인 해가 된다.

이러한 조건은 호환되지 않으며 비구속 최적해는 존재하지 않는다.

12.3.2 천음속 비행마하수

그림 12.4 에 나오는 일정한 $M C_L/C_D$ 의 지문 컨투어는 그림 12.2 의 C_L/C_D 컨투어에 마하수를 곱하는 것으로 구할 수 있다. 부분 최적값은 다음과 같이 정의된다.

- 주어진 마하수에 대한 최적 양력계수 $C_{D_\mathcal{L}} = 1$ (곡선 I)은 최대 C_L/C_D 에 대한 값과 동일하다.
- 식 (12.28)에서 구한 주어진 양력계수에 대한 최적 마하수는 항력상승 $C_{D_\mathcal{M}} = 1$ (곡선 II) 내에 있다.
- $M\,L/D$ 의 비구속 최적해는 곡선 I 와 II 의 교점인 A 지점으로 정의된다. 사례에서 이 비행조건은 항력발산(drag divergence) 마하수 바로 아래에 위치하지만, 공기역학 효율이 $(C_L/C_D)_{MD}$ 의 96%로 감소했기 때문에 분명하게 항력상승 이내이다.

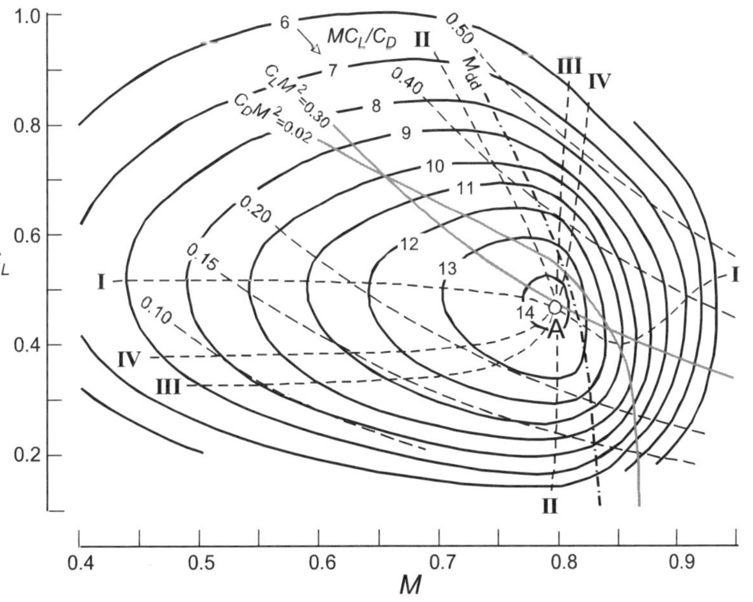

그림 12.4 일정 MC_L/C_D 컨투어. 부분최적해: I-양력계수, II-마하수. 구속최적값: III-지정된 고도, IV-지정된 추력

비구속 최적값이 컨투어 선도를 이용해서 보여지고 있지만, 이의 배치는 이러한 명시적인 컨투어를 그려야할 필요가 없다. 풀이의 직접적인 해는 그림 12.5 에 나온 것과 같은 두 개의 항력곡선 표현을 이용해서 도식적인 구성으로 제공된다. 부분 최적해 $C_{D_\mathcal{L}} = 1$ 과 $C_{D_\mathcal{M}} = 1$ 은 그림 12.4 의 C_L 대 M 의 평면에서 각각 곡선 I 와 II 로 이동된다. 이들의 교점(A 지점)은 전역 최적해를 정의한다. 다음과 같은 등식 구속조건으로 인해서 전역 최적해를 얻지 못할 수도 있다.

- 압력고도에 대한 등식 구속조건에 대해서, 최적해는 $d\log C_L + 2d\log M = 0$ 을 식 (12.28)에 대입하면 $2C_{D_\mathcal{L}} = 1 + C_{D_\mathcal{M}}$ 이 된다. 곡선 III 으로 표현되는 이 조건은 이전 단락에서 아음속 마하수에 대해서 구한 것과 동일하다. 곡선 III는 $M > 0.70$ 에서 위로 급하게 휘고, A 지점에서 곡선 I과 II와 교차한다. 이의 고도 구속조건과의 교점은 A 지점에 매우 근접한 구속 최적값을 정의한다.
- 수정추력에 대한 등식 구속조건에 대해서, 최적해는 $d\log C_D + 2d\log M = 0$ 을 식 (12.28)에 대입하는 것으로 $C_{D_\mathcal{L}} = 2 + C_{D_\mathcal{M}}$ 이 된다. 곡선 IV로 표현된 이 조건은 곡선 I, II 그리고 III과 지점 A에서 교차한다. 곡선 IV와 추력 구속조건과의 교점은 A 지점보다 위에 있는 구속 최적값을 정의한다.

만약 고도와 추력에 대한 등식 구속조건을 감소된 속도 및/또는 고도에서 비행할 수 있도록 하는 부등식 구속조건으로 취급했다면, 전역 최적 비행조건 지점 A는 현재 사례에 대한 최고(best) 순항 조건이 되었을 것이다.

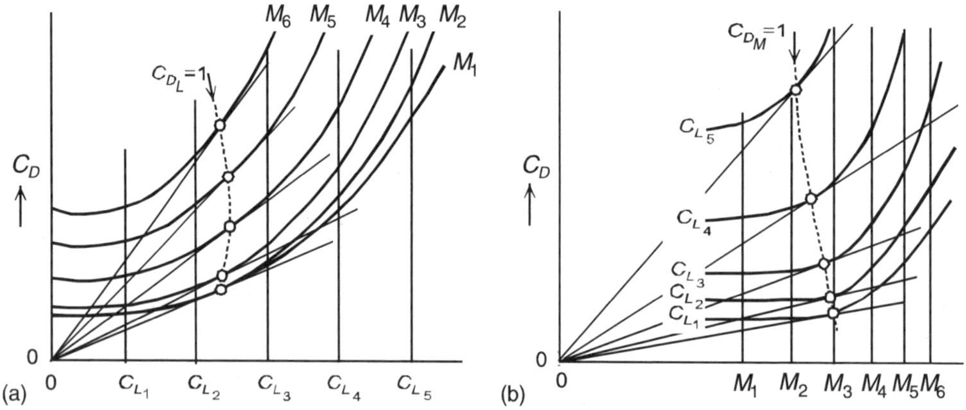

그림 12.5 ML/D에 대한 부분 최적값의 그래프 구성. (a) 주어진 마하수에 대한 최적 양력계수, (b) 주어진 양력계수에 대한 최적 마하수

곡선 I과 II는 명시적인 L/D 컨투어를 사용하지 않고도 쉽게 구할 수 있다. 이는 원점으로부터의 접선이 조건 $\partial C_D/\partial C_L = C_D/C_L$ 과 $\partial C_D/\partial M = C_D/M$ 을 식별하는 그림 12.5 에 나와 있다. 그림 12.4 로 이동한 후에 이러한 부분 최적값의 교점은 전역 비구속 최적해를 제공한다. 이는 최대 ML/D 에 대한 비구속 최적 비행조건은 압축성 효과가 나타나는 경우에만 존재한다는 것을 증명한다. 따라서, 전역 최적해는 항력상승 이내에 위치한다. 사례 항공기에 대해서 기준 $\partial C_D/\partial M = C_D/M = 0.033$ 은 $\partial C_D/\partial M = 0.10$ 인 항력발산 마하수 보다 아래인 마하수를 정의한다. 최대 비항속거리에 대한 보다 정확한 기준은 아래에서 유도될 것이다.

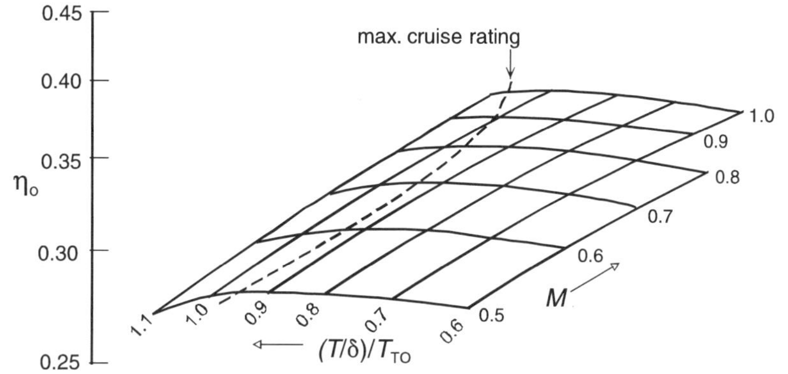

그림 12.6 로그 스케일로 표현된 고바이패스비 터보팬의 전체 효율

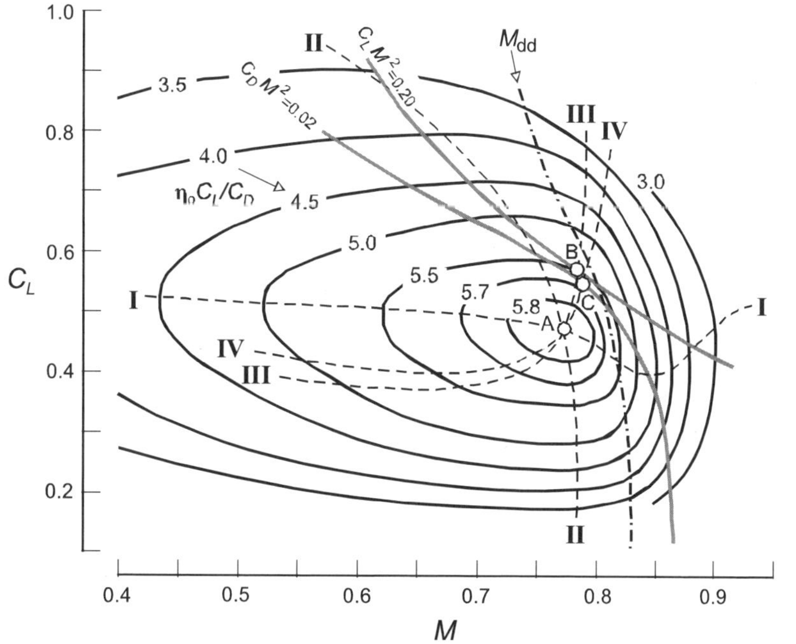

그림 12.7 터보팬 추진 여객기의 항속거리 매개변수. 부분 최적값: I-양력계수, II-마하수. 구속 최적값: III-지정된 고도, IV-지정된 추력

12.4 항속거리 매개변수

식 (12.5)에 의해서 정의되는 항속거리 매개변수 $\mathcal{P}$ 는 여객기의 에너지 효율에 기여하는 주요 특성이다. 이는 전체 효율과 공기역학 효율의 곱으로 구할 수 있다. 제 3 장에서 설명된 것과 같이, 가스터빈에 기반한 추진장치의 전체 효율 η_o 는 마하수와 엔진 추력 레이팅을 나타내는 수정추력 T/δ 의 함수이다. 그림 12.6 은 그림 3.4 와 같은 엔진 성능 정보로부터 유도된 사례이다. 이는 이륙추력 T_{TO} 를 이용해서 T/δ 가 무차원으로 변경된 것을 보여주고 있다. 정상 수평비행이므로 다음과 같이 나타낼 수 있다.

$$T/\delta = D/\delta = 0.5\gamma\, p_{sl} M^2 C_D S \tag{12.30}$$

수정추력은 C_D 와 M 의 함수이다. 따라서, 항속거리 매개변수는 전적으로 C_L 과 M 으로 결정되고, 그림 12.7 에 나오는 항속거리 매개변수 컨투어는 비행기의 총중량에는 독립된다.

12.4.1 비구속 최적값

최대 비항속거리에 대한 일반적인 조건이 참고문헌 [25]에서 유도되었다. 마하수 변화가 엔진 레이팅보다 훨씬 더 큰 영향을 미치기 때문에, 결과는 마하수에 대한 전체 효율의 로그 도함수만을 고려하는 것으로 단순화되었다.

$$\eta_{\mathcal{M}} \overset{\text{def}}{=} \frac{d\log\eta_o}{d\log M} = \frac{M}{\eta_o}\frac{d\eta_o}{dM} \tag{12.31}$$

일반적으로, 이 매개변수는 일정한 전체효율에 대한 0 으로부터 일정한 TSFC 에 대한 1 사이의 값을 갖는다. 최대 항속거리 매개변수를 성취하기 위한 조건은 로그 미분으로부터 도출할 수 있다.

$$d\log\mathcal{P} = d\log\eta_o C_L/C_D = d\log\eta_o + d\log C_L - d\log C_D = 0 \tag{12.32}$$

이는 다음과 같이 편도함수의 항으로 전개될 수 있다.

$$(1 - C_{D_{\mathcal{L}}})d\log C_L + (\eta_{\mathcal{M}} - C_{D_{\mathcal{M}}})d\log M = 0 \tag{12.33}$$

이는 다음과 같은 C_L 과 M 에 대한 부분최적값으로 이어진다.

$$C_{D_{\mathcal{L}}} = 1 \quad \text{or} \quad \frac{\partial C_D}{\partial C_L} = \frac{C_D}{C_L} \quad (\text{constant } M) \tag{12.34}$$

$$C_{D_{\mathcal{M}}} = \eta_{\mathcal{M}} \quad \text{or} \quad \frac{\partial C_D}{\partial M} = \eta_{\mathcal{M}}\frac{C_D}{M} \quad (\text{constant } C_L) \tag{12.35}$$

비구속 전역 최적해(A 지점)는 이러한 조건을 조합하는 것으로부터 구할 수 있다. 아음속과 천음속 마하수에서, 터보팬 엔진의 전체 효율은 대체로 마하수에 따라서 단조롭게 증가한다. 따라서 식 (12.35)는 비구속 최적값이 항력상승 내에 있다는 것을 알려준다. 다시 말해서, 제트 비행기의 최고(best)의 순항 마하수는 항력상승 내에 있다. C_L 과 M 에 대한 부분 최적값은 그림 12.7 에서 각각 곡선 I 와 II 로 표시되어 있다. 이 선도의 일반적인 형태는 그림 12.4 와 유사하지만 몇 가지 눈에 띄는 차이가 있다. 특히 $\eta_{\mathcal{M}} < 1$ 이기 때문에, 최고의 순항조건(A 지점)은 최대 $M\,L/D$ 에 대한

경우보다 대략 $\Delta M = 0.025$ 정도의 차이로 더 낮은 마하수에 위치하고, 항속거리 매개변수는 비최적 비행 마하수에서의 비행에는 덜 민감하다.

12.4.2 구속 최적값

고도에 대한 등식 구속조건에 대해서, 최적값은 일정한 $C_L M^2$ 을 식 (12.33)에 대입하는 것으로 찾을 수 있다.

$$C_{D_{\mathcal{L}}} = 1 + 0.5(C_{D_{\mathcal{M}}} - \eta_{\mathcal{M}}) \tag{12.36}$$

그림 12.7 에서 이 조건은 B 지점에서 지정된 $C_L M^2$ 값과 교차하는 곡선 III 로 표시된다. 수정추력에 대한 등식 구속조건을 갖는 최적해는 일정한 $C_D M^2$ 를 대입하는 것으로 구할 수 있다.

$$C_{D_{\mathcal{L}}} = \frac{2 + C_{D_{\mathcal{M}}}}{2 + \eta_{\mathcal{M}}} \tag{12.37}$$

이 조건은 C 지점에서 지정된 $C_D M^2$ 값과 교차하는 곡선 IV 로 표시된다. 이러한 결과는 표 12.1 의 최적 조건을 제공하는 아임계 유동($C_{D_{\mathcal{M}}} = 0$)에서 순항하는 단일 포물선 항력곡선을 갖는 항공기에 대해서 단순화될 수 있다. 이상적인 제트 추진($\eta_{\mathcal{M}} = 1$)에 대해서, 이는 고전적인 성능 해석과 일치한다.

표 12.1 최대 아음속 비항속거리에 대한 구속 최적값

매개변수	고도 구속조건	추력 구속조건
$C_{D_{\mathcal{L}}}$	$1 - 0.5\eta_{\mathcal{M}}$	$(1 - 0.5\eta_{\mathcal{M}})^{-1}$
$C_L / C_{L_{MD}}$	$\{(2 - \eta_{\mathcal{M}})/(2 + \eta_{\mathcal{M}})\}^{1/2}$	$(1 + \eta_{\mathcal{M}})^{-0.5}$
V / V_{MD}	$\{(2 + \eta_{\mathcal{M}})/(2 - \eta_{\mathcal{M}})\}^{1/4}$	$\{(1 + \eta_{\mathcal{M}})/(1 + 0.5\eta_{\mathcal{M}})\}^{1/2}$
$(L/D)/(L/D)_{MD}$	$(1 - 0.25\eta_{\mathcal{M}}^2)^{1/2}$	$(1 + \eta_{\mathcal{M}})^{1/2}/(1 + 0.5\eta_{\mathcal{M}})$

12.4.3 $\eta_{\mathcal{M}}$ 의 해석

로그 도함수 $\eta_{\mathcal{M}}$ 은 전체 엔진 효율에 대한 퍼센티지 변화를 마하수에 대한 동일한 퍼센티지 변화의 분율로 나타낸다. 이를 실용적인 개념으로 만들기 위해서는 이 매개변수에 대한 수정 TSFC 와의 관계에 기반한 추가 설명이 필요하다.

$$\eta_{\mathcal{M}} = 1 - \frac{M}{C_T/\sqrt{\theta}} \frac{d(C_T/\sqrt{\theta})}{dM} \tag{12.38}$$

전체 효율은 연소효율 η_{cb}, 열효율 η_{th} 그리고 추진효율 η_{prop} 의 곱으로 표현할 수 있다.

$$\eta_o = \eta_{cb}\,\eta_{th}\,\eta_{prop} \tag{12.39}$$

로그 미분을 하면 다음과 같다.

$$\eta_M = \frac{d\log\eta_{cb}}{d\log M} + \frac{d\log\eta_{th}}{d\log M} + \frac{d\log\eta_{prop}}{d\log M} \tag{12.40}$$

첫 번째 항은 0 에 가깝고, 두 번째는 엔진 압력비에 대한 램효과로 인해서 작은 양의 값을 갖는다. 세 번째 항이 지배적으로, 이는 Froude 방정식 (3.15)와 관련될 수 있다. 이러한 접근방법은 추가로 진화되어 $\eta_{\mathcal{M}} = 1 - factor \times \eta_{prop}$ 으로 나타낼 수 있다. 여기서 *factor* 는 비추력에 따라 달라진다[32]. $M = 0$ 에 대해서 $\eta_{prop} = 0$ 이기 때문에, M 이 0 에 가까워지면 $\eta_{\mathcal{M}}$ 은 1.0 으로 접근한다. 아음속 마하수에 대해서, $\eta_{\mathcal{M}}$ 은 일반적으로 저바이패스 터보팬에 대해서는 0.8 에서부터 고바이패스 터보팬에 대해서는 0.5, 그리고 초고바이패스비에 대해서는 0.3 까지 변화한다. 순항조건에서 터보프롭 시스템의 추진효율은 아음속에서는 거의 차이가 없기 때문에 $\eta_{\mathcal{M}} \approx 0$ 이다.

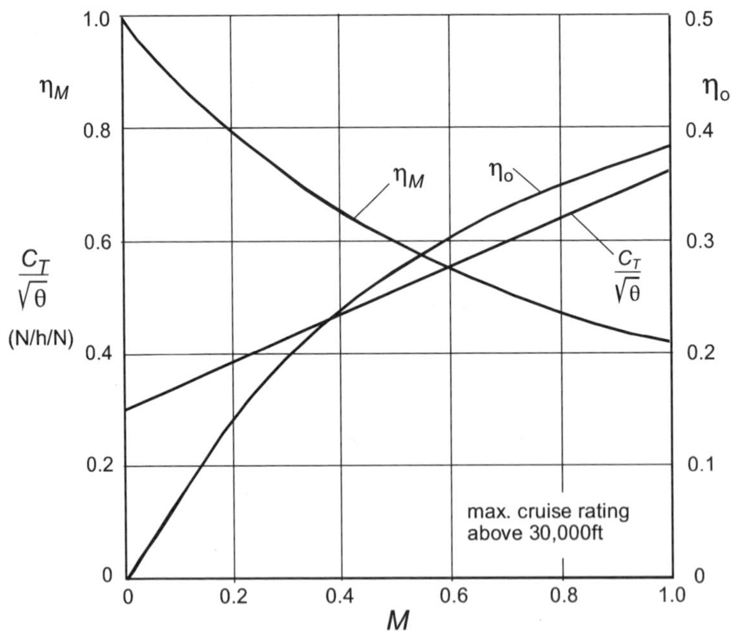

그림 12.8 C_0=0.3h^{-1} 그리고 C_M=1.4 인 고바이패스비 터보팬의 특성

항속성능 최적화에 적용하기 위해서는 $\eta_{\mathcal{M}}$ 의 현실적인 값의 입력이 필요하다. 다음 접근방법이 추천된다.

- 만약 엔진 성능 데이타를 사용할 수 있다면 수정 TSFC 대 마하수는 선형 관계로 근사될 수 있다.

$$C_T/\sqrt{\theta} = C_0(1 + C_M M) \quad \rightarrow \quad \eta_{\mathcal{M}} = (1 + C_M M)^{-1} \tag{12.41}$$

그림 12.8 은 전형적인 고바이패스 터보팬에 대한 사례를 보여준다. 관심 대상인 마하수 범위에서, 마하수에 따른 $\eta_{\mathcal{M}}$ 의 변화는 상대적으로 작기 때문에 최적화의 목적을 위해서 $\eta_{\mathcal{M}}$ 은 일정하다고 간주할 수 있다.

- 만약 엔진 바이패스비 또는 비추력만 알려져 있다면, 수정 TSFC 는 마하수의 지수함수인 $C_T/\sqrt{\theta} \propto M^n \quad \rightarrow \quad \eta_{\mathcal{M}} = 1 - n$ 으로 근사될 수 있다. 매개변수 n 을 선택하기 위해서는 참고문헌 [24]의 통계적인 정보 또는 참고문헌 [32]의 그림 10 을 이용할 수 있다.

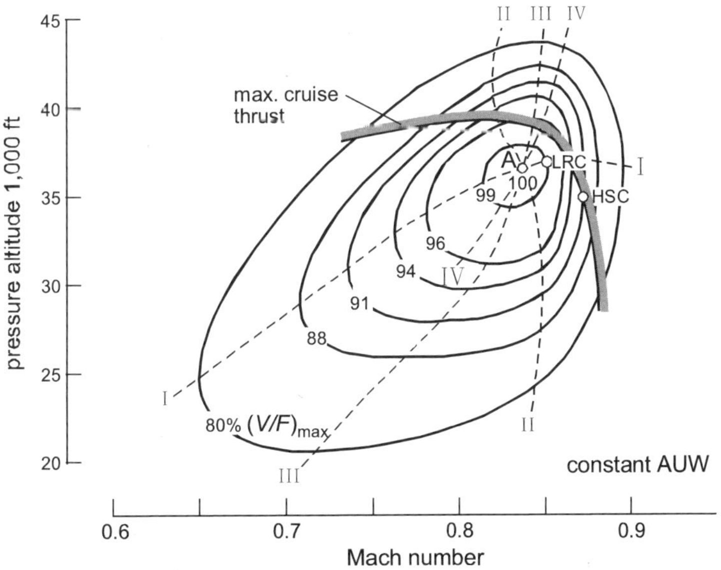

그림 12.9 주어진 총중량에 대한 제트 여객기의 비항속거리. 부분최적값: I-일정 마하수, II-일정 양력계수. 구속 최적값: III-고도 구속조건, IV- 추력 구속조건

12.4.4 최적 순항조건

현재 해석은 항속거리 매개변수가 양력계수와 마하수에 대한 독특한 함수라는 것을 증명하였다 (그림 12.7). 기체 공기역학 특성과 엔진 연료소모를 항속거리 매개변수로 변환하는 것은 일부 계산적인 노력이 필요하지만, 그 결과는 순항성능 해석과 최적화에 대한 가치있는 출발점을 형성한다. 반면, 순항성능 해석은 압력고도로부터 양력계수를 계산하기 위한 수직방향 평형의 조건을 이용해서 식 (12.6)으로부터 결정되는 비항속거리를 필요로 한다. 그림 12.9 는 압력고도와 마하수에 대한 비항속거리의 사례를 보여주고 있다. 낮은 GW 에 대해서 이 선도를 준비하는 경우,

최대 비항속거리(A 지점)는 사용 가능한 추력으로 구속되지 않는 것으로 밝혀졌다. 높은 중량에 대해서는, 엔진 레이팅 한계 또는 그림 10.14 와 같은 필요한 버펫 마진 또는 최대 객실 압력으로 인해서 비행조건이 비구속 최적값보다 낮은 마하수 및/또는 고도로 이동될 수 있다.

순항중에는 GW 가 변하기 때문에, 각 중량에 대해서 서로 다른 버전의 그림 12.9 를 준비할 필요가 있는 것으로 보인다. 이는 세로축을 압력고도 대신 W/p 로 선택하고, V/F 대신 VW/F 컨투어를 그리는 것으로 피할 수 있다. 엔진 레이팅 구속조건은 T/p 에 대한 상한선으로 추가되고, 버펫 마진은 단일 곡선이 된다. 이러한 선도의 일반적인 형태는 그림 12.9 와 유사하며, 단 하나의 그림으로 다른 중량에 대해서도 처리할 수 있다. 다음 장의 주제인 비항속거리의 적분을 수행하기 위해서는, 예를 들어 장거리 순항(LRC) 또는 고속 순항(HSC)과 같은 초기 및 최종 운용조건의 선택이 필요하다.

12.5 순항 비행시 항속거리

이전 장에서 다루었던 포인트 성능 문제와는 달리 순항 비행에서 얻을 수 있는 거리는 통합된 성능이다. 항속거리를 최대로 하기 위해서는 독립변수에 대한 최적 제어 법칙(optimal control law)이 도출되어야 한다. 닫힌 형태의 해를 제공하는 몇몇 순항 기법이 참고문헌에 보고되었고 전반적인 개요는 [22]에 나와 있다. 비행하는 동안 비행조건이 상당히 달라지지 않는다면 지정된 초기 조건의 경우에 대한 해는 정확하다. 그러나, 만약 프로펠러 효율 또는 엔진 TSFC 가 속도와 고도에 대해서 변하지 않는다고 가정하면, 최적 초기 순항 조건과 최대 항속거리는 정확하지 않다. 압축성 효과가 무시된다면 계산된 최적 순항조건은 비현실적일 수도 있다. 이번 장에서 설명되는 단일화된 순항성능 해석이 몇 가지 제어법칙에 대응하는 항속거리에 대한 해석적인 해를 도출하는데 적용된다. 이는 낮은 속도뿐 아니라 높은 속도로 비행하는 모든 종류의 가스터빈 엔진을 사용하는 비행기에 적용된다.

12.5.1 Bréguet 항속거리 방정식

정상 수평비행에서 항속거리를 계산하는데 널리 사용되는 Louis Bréguet (1880-1955)가 개발한 방정식은 본래 일정한 받음각으로 비행하는 피스톤 엔진의 프로펠러 항공기에 대해서 유도되었다. 축마력(SHP)에 기반한 엔진의 SFC 를 C_P 로, 프로펠러 효율을 η_{pr} 로, 초기 GW 는 W_i 로 그리고 최종 GW 를 W_e 로 각각 표시한다면, Bréguet 의 고전적인 방정식은 다음과 같이 표현할 수 있다.

$$R_{Br} = \frac{\eta_{pr}}{C_P}\frac{C_L}{C_D} ln \frac{W_i}{W_e} \tag{12.42}$$

이 표현은 SFC 가 등가 엔진 출력에 기반한다면 (3.3 장) 터보프롭 엔진에 대해서도 또한 사용될 수 있다. 1940 년대 제트 엔진이 등장했을때, Bréguet 방정식을 일정한 속도와 받음각으로 비행하는 제트 항공기에 적용하기 위해서 수정될 수 있다는 것이 알려졌다.

$$R = \frac{V}{C_T}\frac{C_L}{C_D} ln \frac{W_i}{W_e} \tag{12.43}$$

식 (12.42)와 (12.43)은 하나의 식으로 대체될 수 있다. 유사-정상 순항 비행시 항속거리는 식 (12.1)에 따른 비항속거리의 적분으로부터 구할 수 있다.

$$R = \int_{W_e}^{W_i} \frac{V}{F} dW \tag{12.44}$$

만약 V/F 가 비행 중 일정하다면, 해는 간단히 다음과 같아질 것이다.

$$R = \frac{V}{F}(W_i - W_e) = \frac{V}{F} W_f \tag{12.45}$$

여기서 W_f 는 연소된 연료의 중량을 의미한다. 실제로, 비항속거리는 감소하는 GW 로 인해서 비행하는 동안 증가한다. 이는 비항속거리 $\mathcal{P}$ 대신 식 (12.5)를 대입하는 것으로 고려될 수 있다.

$$R = \frac{H}{g}\int_{W_e}^{W_i} \eta_o \frac{C_L}{C_D}\frac{dW}{W} = \frac{H}{g}\int_{W_e}^{W_i} \mathcal{P}\frac{dW}{W} \tag{12.46}$$

만약 비행하는 동안 $\mathcal{P}$ 가 일정하도록 받음각과 비행속도가 제어된다면 적분을 해석적으로 풀 수 있다.

$$R = \frac{H}{g}\mathcal{P} ln \frac{W_i}{W_e} \tag{12.47}$$

식 (3.12)와 (3.28)에 따른 전체 효율을 대입하면 각각 제트와 프로펠러 항공기에 대한 Bréguet 항속거리 방정식이 구해진다. 따라서, 식 (12.47)은 일정한 항속거리 매개변수로 비행하는 경우 다양한 종류의 추진 시스템을 갖는 항공기의 항속거리에 대한 단일화된 표현을 나타낸다.

$\mathcal{P}$ 가 최대값으로 일정하게 유지되는 경우 이론적인 최대 이동거리가 된다. 천음속 제트 항공기에 대해서, 이는 C_L 과 M 이 일정하다는 의미이다. 이는 항상 가능하지 않기 때문에, 흔히 나타나는 항의 조합에 대한 다음과 같은 표시를 이용해서 다른 대안의 스케줄을 살펴볼 수 있다.

$$\zeta \overset{\text{def}}{=} W_e/W_i = 1 - W_f/W_i \quad \text{and} \quad y_i \overset{\text{def}}{=} C_{L_i}/C_{L_{MD}} \tag{12.48}$$

12.5.2 연속 순항/상승

일정한 받음각과 마하수로 순항하는 항공기는 일정한 L/D 로 비행하며 고도는 증가해서 W/p 또한 일정하게 유지된다. (등온층인) 성층권에서 항공기는 일정한 엔진 레이팅으로 비행하고, 따라서 일정한 수정추력과 전체 효율을 갖는다. 이러한 비행 스케줄을 연속 순항/상승(continuous cruise/climb, ccc) 기법 [1]이라고 하고, 이에 대한 식 (12.46)의 적분은 다음과 같다.

$$R_{ccc} = \frac{H}{g} \mathcal{P}\, ln(1-\zeta)^{-1} \tag{12.49}$$

만약 초기 조건이 $\mathcal{P}$ 가 최대값을 갖도록 하는 경우, 이 식은 유사-정상 비행에서 이론적으로 성취할 수 있는 최대 항속거리를 나타낸다. 식 (12.49)와 (12.47)이 동일하지만, 본래 Bréguet 방정식은 일정한 고도에서 순항하는 일정한 프로펠러 효율의 비행기에 대해서 유도된 것이다. 그러나 계속해서 변경되는 고도는 항공교통관제(Air Traffic Control, ATC)의 측면에서 반대할 사항이기 때문에, 연속 순항/상승 기법은 실용적인 제어법칙이 될 수 없을 것이다. 몇 가지 다른 스케줄을 사용할 수 있지만, 이는 Bréguet 항속거리보다 다소 짧은 거리를 초래할 것이다.

12.5.3 수평 순항, 일정 속도

연속적인 순항/상승과는 달리, 일정속도 수평순항(horizontal cruise at constant speed, 첨자 hccs)에서는 받음각과 양력계수가 감소한다. 양력으로 인한 항력(drag due to lift)의 감소와 추력의 매칭을 위해서 엔진은 점차 쓰로틀을 줄여야 한다. 이러한 과정은 최신 엔진 제어 시스템으로 용이하게 처리할 수 있고, 운용의 측면에서도 장점이 있다. 두 개 항으로 이루어진 포물선 항력곡선[20]의 경우에 대해서 $\mathcal{P}$ 의 적분은 다음과 같다.

$$R_{hccs} = 2\frac{H}{g}(\eta_o)_i \left(\frac{C_L}{C_D}\right)_{MD} \{arctan\, y_i - arctan\, y_i(1-\zeta)\} \tag{12.50}$$

가로 안에 있는 두 각도의 차이는 삼각함수 방정식을 이용해서 하나로 변환시킬 수 있다. 초기 순항조건에 대한 항속거리 매개변수를 도입하면 다음과 같다.

$$R_{hccs} = \frac{H}{g} \mathcal{P}_i (y_i^{-1} + y_i)\, arctan\left\{ \frac{\zeta}{y_i^{-1} + y_i(1-\zeta)} \right\} \tag{12.51}$$

최적 순항에 대해서는 일반적으로 $C_{L_i} \le C_{L_{MD}}$ (또는 $y_i < 1.0$)이기 때문에, *arctan* 으로 정의되는 각도는 이의 편각으로 근사될 수 있을 정도로 작고, 다음과 같이 정리될 수 있다.

---

[1] 더 높은 고도로 상승하기 위해서는 일부 추가적인 추력이 필요하고, 엄밀히 얘기해서 추력과 항력 사이의 평형은 없다. 그러나 순항비행을 마쳤다면 항공기는 감소된 추력으로 초기 고도로 하강하고, 따라서 상승하는 동안 손실된 항속거리를 다시 회복하게 된다.

$$R_{hccs} = \frac{H}{g}\mathcal{P}_i\zeta\left(1-\zeta\frac{y_i^2}{1+y_i^2}\right)^{-1} \tag{12.52}$$

이 식은 정확한 해를 1% 미만으로 과대 예측한다. 만약 초기 순항고도가 $y_i \approx 1.0$ 을 얻을 수 있을 정도로 충분히 높다면, 일정한 고도/속도 스케줄은 연속적인 순항/상승 기법의 거리보다 다소 짧은 거리를 예측할 것이다. 그러나, 만약 초기 순항고도가 사용 가능한 엔진 추력으로 구속된다면, 식 (12.52)는 장거리 비행에 대해서 상당한 연료 페널티를 예측할 수도 있다. 엔진 레이팅이 최적 순항 레이팅 아래로 감소하는 순간 전체 효율은 저하되기 시작한다. 따라서, 일반적인 운용 관행은 연속적인 순항/상승을 중간에 간헐적으로 비행고도를 높이는 상승 세그먼트와 몇 단계의 수평 순항 세그먼트와의 조합으로 근사하는 것이다. 이러한 방법은 단계식 순항/상승(stepped cruise/climb)으로 알려져 있다.

12.5.4 수평순항, 일정 양력계수

일정 받음각(incidence) 스케줄은 제트 항공기의 항속거리를 계산하기 위해서 전통적으로 사용되어온 방법이다. 아음속 유동에서 C_L 과 C_D 는 일정하고, 속도는 일정하게 감소되며 엔진 또한 T/W 가 일정하게 유지되도록 쓰로틀이 감소된다. 비항속거리를 적분하는 것으로 일정한 $\eta_{\mathcal{M}}$ 에 대한 다음 표현을 찾을 수 있다.

$$R_{hccl} = 2\frac{H}{g}\mathcal{P}_i\frac{1-(1-\zeta)^{\eta_{\mathcal{M}}/2}}{\eta_{\mathcal{M}}} \tag{12.53}$$

이 식은 0 과 1 사이에서 어떤 값의 $\eta_{\mathcal{M}}$ 에도 적용될 수 있다. 만약 제트 엔진의 비추력 연료소모율 TSFC 가 속도에 무관하다고 가정한다면, $\eta_{\mathcal{M}} = 1$ 이고 식 (12.53)은 고전적인 제곱근 항속거리 방정식을 만족한다.

$$R_{hccl} = 2\frac{H}{g}\mathcal{P}_i\left(1-\sqrt{1-\zeta}\right) \tag{12.54}$$

감소하는 비행속도는 터보팬 엔진의 전체 효율을 저하시켜 아임계 마하수에서 항속거리 손실을 초래한다. 만약 비행이 항력상승 내에서 시작된다면, 속도 감소는 공기역학 효율을 향상시키고 항속거리 매개변수는 실제로 거의 일정하게 유지될 수 있다. 운용의 측면에서 보자면 연속적으로 감소하는 비행속도는 반대할 사항이다. 터보프롭 시스템의 전체 효율은 고속 비행에서는 거의 변하지 않고, 식 (12.53)은 0 에 접근하는 $\eta_{\mathcal{M}}$ 에 대한 프로펠러 항공기에 적용된다. 이러한 결과는 수치적으로 Bréguet 항속거리와 동일한 것으로 나타나는 것에 주목할 필요가 있다.

12.6 순항 절차와 임무 연료

연속적인 순항/상승은 일정한 전체 추진과 공기역학 효율에 기반한 유일한 계획이다. 고도 또는 엔진 레이팅에 대한 활성 구속조건이 없다면 주어진 양의 연료에 대한 가장 긴 순항 항속거리는 항속거리 매개변수 $\mathcal{P}$ 가 비행하는 동안 비구속 최대값을 갖는 경우에만(12.4 장) 이루어질 수 있다. 아음속뿐 아니라 천음속 마하수에 대해서도 이러한 스케줄은 일반화된 Bréguet 항속거리 방정식 (12.47)을 가져온다. 다른 순항 기법은 항속거리에 따라서 수 퍼센트 정도의 항속거리 페널티를 유발한다.

12.6.1 아음속 비행

무압축성항력의 경우는 예를 들어 엔진 고장 발생시 제트 항공기에 대해서도 감소된 속도 및/또는 고도로 비행하도록 강제될 수도 있지만, 이는 주로 프로펠러 항공기에 대해서 중요하다[30]. 정상 수평비행은 순항/상승 항속거리를 근접하게 근사하는 실용적인 스케줄이다. 이 경우에 대해서, 항속거리 매개변수의 평균값은 초기값을 대신해서 최대화되어야 한다. 식 (12.51)에서 이는 비율 $y_i = C_{L_i}/C_{L_{MD}}$ 에서 명백하다. 이의 변경된 식 (12.52)는 주어진 속도에서 다음과 같이 최적 초기 고도를 정의한다.

$$y_i = \frac{1}{\sqrt{1-\zeta}} \tag{12.55}$$

반면 주어진 고도에서 최고(best)의 초기 속도는 다음과 같다.

$$y_i = \sqrt{\frac{2-\eta_{\mathcal{M}}}{(2+\eta_{\mathcal{M}})(1-\zeta)}} \tag{12.56}$$

이러한 최적값은 최소 항력에 대한 조건 ($y_i > 1$)보다 더 낮은 초기 순항속도 또는 약간 더 높은 고도를 정의하는 $\eta_{\mathcal{M}} = 0$ 으로 (이상화된) 프로펠러 항공기에 대해서 동일하다. $\eta_{\mathcal{M}} > 0$ 인 제트 추진에 대해서는, 부분 최적값이 호환되지 않는다. 이는 12.3 장에서 살펴본 결과를 고려하면 놀라운 사항이 아니다. 이러한 경우, 순항성능은 궁극적인 구속조건을 형성하는 엔진 추력 한계에 이르기까지 더 빠른 속도와 높은 고도로 비행하는 것으로 개선될 수 있다. 최고의 항속거리 성능은 다음으로 결정되는 초기 양력계수에 대해서 얻을 수 있다.

$$y_i = \frac{1}{\sqrt{(1+\eta_{\mathcal{M}})(1-\zeta)}} \tag{12.57}$$

참고문헌에서 일반적으로 설명되는 것과는 달리, 이 식은 장거리 비행에 대해서 최적 초기 양력계수가 최소 항력조건에 상당히 근접한 것을 보여준다. 예를 들어, $\eta_{\mathcal{M}} = 0.6$ 인 터보팬 추진의 비행기에 대해서 0.30 의 연료분율은 $y_i = 0.945$ 를 제공한다. 그러면 초기 비행속도는 최소 항력에 대한 속도보다 단지 3%만 높을 뿐이다.

12.6.2 천음속 비행

천음속 제트 비행기의 최고 순항비행은 항력상승 내에서 이루어진다. 그림 12.10 은 그림 12.7 의 연속 순항/상승에서 비구속 최대 항속거리를 제공하는 최대 순항조건(A 지점) 부근을 확대한 것을 보여준다.

$$R_{max} = (H/g)\mathcal{P}_{max}\,ln(1-\zeta)^{-1} \tag{12.58}$$

현재 사례에서 순항추력 한계는 항공기가 이와 같은 C_L 과 마하수의 조합으로 연속적으로 비행할 수 있도록 하지만, 요구되는 순항/상승 제어법칙은 일반적으로 운용 실무에서는 선택되지 않는다. 그림 12.9 와 관련해서, 절감되는 시간의 관점에서 더 높은 순항속도가 연료페널티를 수용할 수 있다면, 장거리 순항(Long Range Cruise, LRC)은 비항속거리가 최대값의 98 또는 99%인 비행조건에서 수행된다. 단거리 비행에 대해서는 더 큰 연료 페널티가 허용될 수도 있고, 항공기는 고속 순항(High Speed Cruising, HSC)으로 알려진 조건인 최대 순항 레이팅으로 작동하는 엔진으로 더 낮은 고도에서 비행할 수도 있다 [2].

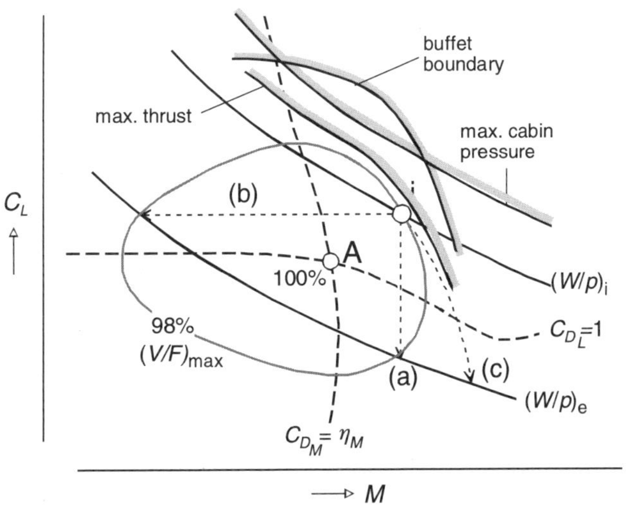

그림 12.10 고속 순항에 대한 비행 스케줄

사례로, 그림 12.10 의 i 지점인 초기 비행조건에서 엔진은 추천된 순항 레이팅으로 작동하고 고도는 최소항력 조건보다 높은 것으로 가정한다. 비구속 최대값보다 다소 낮은 항속거리를 갖는 몇 가지

[2] 기상조건으로 인해서 조종사는 탑승감을 개선하고 버펫 마진을 증가시키기 위해서 속도를 이론적인 최고값 이하로 줄어야할 수도 있다.

비행 스케줄을 고려할 수 있다.

(a) 수평 등속 순항하는 동안, GW 는 초기값 W_i 로부터 최종값 W_e 까지 감소하고, 주변대기압은 p_i 로 일정하다. 점차 감소하는 C_L 로 인해서, 항속거리 매개변수는 부분 최적값 $C_{D_\mathcal{L}}=1$ 에 근접하게 유지될 수 있고 항속거리는 i 지점인 연속 순항/상승보다 길어진다.

(b) 일정한 C_L 로 수평 순항하는 동안, 마하수는 감소하고 비항속거리는 부분 최적 $C_{D_\mathcal{M}}=\eta_\mathcal{M}$ 에 근접하게 변화한다. 아음속 비행과는 반대로 이는 양호한 항속거리 성능을 보장한다. 그러나, 비행하는 동안 속도의 현저한 감소는 상업용 운용에서는 선호되지 않을 것이다.

(c) 일정한 엔진 레이팅으로 수평 순항은 항력상승이 깊이 관여하기 때문에 상당한 항속거리 페널티를 초래한다. i 지점이 왼쪽 및/또는 아래로 이동하며 감소된 (하지만 일정한) 레이팅의 경우, 양호한 항속거리 성능은 증가된 속도의 단점과 조합된다.

(d) (그림 12.10 에는 표시되지 않은) 단계적 순항/상승에서, 양력계수는 초기에는 일정속도 수평비행에서 (a) 스케줄을 따른다. 총중량의 감소로 인해서 4000ft 의 고도 증가가 가능해지면 비행기는 최소항력에 대한 고도로 상승하고 또 다른 정상 수평 순항 세그먼트를 시작한다. 상승 단계의 수에 따라서 전체 비행은 $C_{D_\mathcal{L}}=1$ 에 근접하게 근사된다.

어떤 고도와 속도에서 순항비행이 시작되어야 하는가에 대한 질문은 여전히 그대로이다. 주어진 마하수에 대해서 비항속거리는 $C_{D_\mathcal{L}}=1$ 에서 최대가 되지만, 정속 수평 순항에 대해서 C_L 은 비행하는 동안 감소하며, 최적 초기 C_L 은 더 높다. 뿐만 아니라, 엔진 레이팅 또는 표시된 것과 같은 버펫 마진 구속조건으로 인해서, 최대 항속거리에 대한 고도를 초기에 달성하지 못할 수도 있다. 그러면 그림 12.10 에서 바람직한 초기 순항조건은 최대 V/F 컨투어의 98% 또는 99%와 임계 구속조건과의 교점이 된다.

12.6.3 순항 연료

현재 해석 결과 몇몇 마하수 영역과 비행 스케줄에 적용되는 순항비행시 항속거리에 대한 표현을 구할 수 있었다. 수평 등속 스케줄은 대부분 단거리에서 중거리 비행에 사용되고, 단계적 순항/상승은 장거리 비행에서 선호된다. 따라서 일정한 마하수에서 수평 순항에 대한 식 (12.52)는 대표적인 운용 실무(operational practice)로 고려될 수 있다. 이는 두 개 항으로 이루어진 포물선 항력곡선에 대해서 유도되었지만, 압축성 항력이 고려된다면 이는 결과의 유효성에는 영향을 미치지 않는다. 다음과 같은 유용한 표현이 몇 가지 비행 스케줄에 적용되며, 이는 해석적인 닫힌 형태의 연료분율을 제공한다는 장점을 갖는다.

$$\frac{W_f}{W_i}=\left(\frac{H/g}{R}\mathcal{P}_i+0.5f_{cc}\right)^{-1} \tag{12.59}$$

여기서 $\mathcal{P} = \eta_o C_L / C_D$ 이다. 식 (12.52)는 순항 제어 계수 f_{cc} 를 다음과 같이 선택하는 것으로 근사된다.

$$f_{cc} = 1 + \frac{R}{6\mathcal{P}_i H/g} \quad \text{(continuous cruise/climb at constant } C_L \text{ and } M)$$

$$f_{cc} = 1 - \frac{R}{6\mathcal{P}_i H/g} \quad \text{(horizontal cruise at constant } M)$$

이 계수 중에서 첫 번째를 사용하면 Bréguet 항속거리 방정식에 기반한 순항연료(첨자 crf)를 근접하게 근사할 수 있다. 다음의 간단한 근사는 $f_{cc} = 1$ 인 단계적인 순항/상승에 기반한다.

$$\frac{W_{crf}}{W_i} = \left\{ \frac{H/g}{R} \mathcal{P}_i + 0.5 \right\}^{-1} \tag{12.60}$$

여기서 $H/g = 4350\text{km}(2700\text{sm})$ 이다. 이 결과는 V/F 비항속거리가 순항비행 동안 $W = W_i - 0.5W_f$ 인 평균 GW 에 대해서 계산된다면, 식 (12.45)에서도 찾을 수 있다는 것에 주목할 필요가 있다.
초기 순항 조건에 대한 다음 추천사항은 이전의 해석 특히 12.4 장에 기반한다.

- 아음속 프로펠러 항공기: 엔진 출력에 대한 구속조건이 없다면, 최적 속도는 η_o 가 그 최대값을 갖는 고도에서의 V_{MD} 이다.
- 아음속 제트 항공기: 연료 최적값은 엔진의 순항 레이팅(수정추력) 구속조건에 있다. 표 12.1 참조
- 고속 프로펠러와 오픈로터 항공기: 연료 최적값은 최대 공기역학 효율에 대한 마하수와 최대 전체 효율에 대한 마하수 사이의 중간 지점에 위치한다. 최고 (압력) 고도는 조건 $C_{D_\mathcal{L}} = 1$ 에 따라서 결정된다.
- 천음속 제트 항공기: 비구속 최대 V/F 가 그림 12.10 의 98% 또는 99% 컨투어와 함께 먼저 결정되어야 한다. 추천되는 엔진 순항 레이팅과 고속에서 이의 교점이 양호한 초기 순항 조건을 정의한다.

12.6.4 임무 연료

전형적인 상업용 비행에 대한 프로파일이 그림 12.11 에 나와 있다. 전체 연료는 블록연료와 예비연료로 구분된다. 블록 연료는 임무연료와 택싱을 위한 연료의 합과 같다.[3] 임무는 이륙을 위한 브레이크 해제로부터 시작되고, 착륙 이후 정지에서 종료된다. 임무 연료는 이륙, 가속, 초기 순항고도와 속도까지 상승, 순항비행, 하강 및 접근을 위한 감속, 그리고 목적지에 착륙을 위한 연료로 다시 구분된다. 전체 연료 하중에 대한 정확한 계산은 설계중량, 항력곡선, 기체 시스템을

[3] 다중 임무 운용을 제외하고, 예비연료는 착륙 이후 지상활주에 사용될 수 있다.

구동하는데 필요한 블리드에어와 동력 추출에 대한 보정을 포함한 엔진 추력과 연료유량 선도 또는 표와 같은 형태로 모든 세부적인 데이타를 사용할 수 있을때 가능하다.

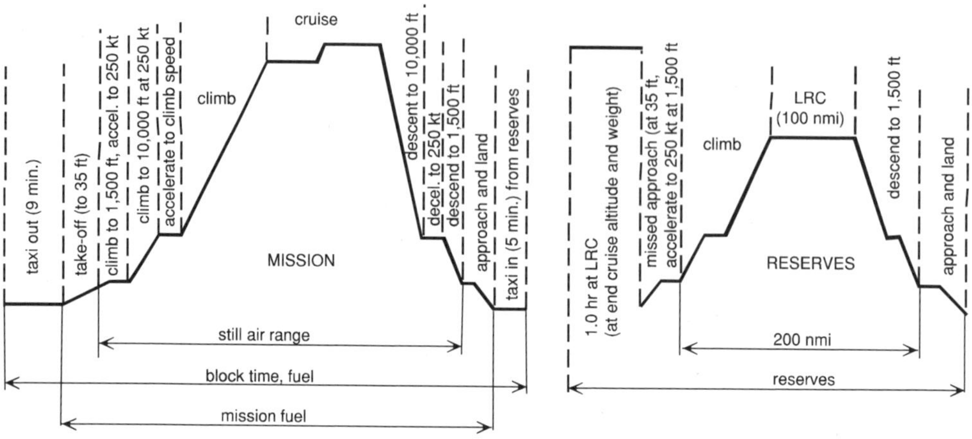

그림 12.11 임무 및 예비 비행에 대비한 항목을 포함한 국제선 운항을 위한 비행 프로파일

개념설계 단계에서는, 비순항 세그먼트를 설명하는 예상되는 보정을 감안해서 순항연료로부터 임무연료 중량을 도출하는 것이 허용될 수 있다. 이러한 방법에 대한 입력값으로 사용되기 위한 지배적인 요소는 초기 순항조건에 대한 항속거리 계수 $\mathcal{P}$ 이다. 12.6 장에서의 항속거리 성능에 대한 해석은 몇 가지 기법에 따른 순항비행시 항속거리에 대한 표현을 제공하였다. 이를 이용해서 순항연료 분율에 대한 식 (12.60)이 도출되었다. 참고문헌 [32]에 추천된 임무연료 예측을 위한 절차는, 초기 중량을 MTOW 로 가정하고 필요한 임무 항속거리 R_{mis} 에 대한 (가상적인) 순항비행을 수행하는데 필요한 연료량을 우선 결정하는 것이다. 그리고 나서 손실 연료 $(W_f)_{lost}$ 로 부르는 연료량이 추가된다. 이는 상승에서 사용된 연료가 아닌 상승하는 동안 이동한 거리를 순항하는 것과 비교해서 이륙과 순항고도와 속도까지 상승하고 가속하는데 사용되는 연료의 증가량이다[24]. 손실 연료는 일정한 GW 를 가정하고 단순화된 에너지 평형으로부터 구할 수 있다. 초기 순항조건에서 다음과 같은 에너지 고도의 항으로,

$$(h_e)_i = h_i + \frac{V_i^2}{2g} \tag{12.61}$$

손실 연료의 분율은 다음 표현으로부터 결정될 수 있다[32].

$$\frac{(W_f)_{lost}}{W_{TO}} = (1.1 + 0.5\eta_{\mathcal{M}})\frac{(h_e)_i}{(\eta_o)_i \, H/g} \tag{12.62}$$

항 $(1.1 + 0.5\eta_{\mathcal{M}})$ 은 상승 비행시 최적 이하인 낮은 속도, 고도 그리고 엔진 효율에 대한 계수를

설명한다. 이는 바이패스비가 증가하면, 따라서 $\eta_{\mathcal{M}}$ 이 감소하면, 손실 연료 분율이 감소한다는 것을 보여준다. 하강, 접근 그리고 착륙하는 동안 소모되는 연료는 동일한 거리를 순항비행하는 동안 소모된 연료과 같다고 보수적으로 가정한다. 다시 말해서, 이러한 비행 세그먼트에 대한 손실 연료는 무시한다. 손실 연료는 손실 항속거리로 변환될 수 있다.

$$R_{lost} = (1.1 + 0.5\eta_{\mathcal{M}})(C_L/C_D)_i(h_e)_i \tag{12.63}$$

이는 실제 임무 항속거리와 동일한 연료량으로 순항비행에서 이동한 거리 사이의 차이를 나타낸다. 임무연료 분율은 손실 항속거리를 임무 항속거리에 더하는 것으로 찾을 수 있다.

$$\frac{(W_f)_{mis}}{W_{TO}} = \frac{R_{mis} + R_{lost}}{\mathcal{P}_i H/g + 0.5(R_{mis} + R_{lost})} \tag{12.64}$$

12.6.5 예비연료

다음 예비연료 요구조건이 국제선 비행에 대한 규정 FAR.141.645 에 지정되어 있다.

1. 임무를 완료한 이후, 임무 시간의 10% 비행
2. 이후, 가장 멀리 떨어진 대체 공항까지 비행
3. 이후, 공항의 1500ft 상공에서 홀딩 속도로 30 분간 비행

미국 국내선 운항에 대한 예비연료 요구조건은 FAR 121.639 에 다음과 같이 명시되어 있다.

1. 임무완료 이후, 가장 멀리 떨어진 대체 공항까지 비행
2. 이후, 정상 순항 연료 소모율로 45 분간 비행

서로 다른 국가와 운용사 별로 표준 예비연료에 대한 규정에 중요한 차이가 있다. The Association of European Airlines(AEA)에서는 단거리와 중거리 항공기에 대해서는 200nm (370km) 또는 장거리 항공기에 대해서는 250nm (463km)의 회항, 1500ft (457m)에서 30 분간 홀딩 그리고 긴급 예비에 대한 임무 연료로 5%를 명시하고 있다[28]. 미국내 국내선에 대한 예비연료는, 예를 들어 130nm (241km) 회항과 1500ft (457m)에서 30 분의 홀딩으로 더 작다. 장거리 국제선 비행은, 예를 들어 1 시간의 LRC 비행과 같이 순항 섹터의 연장이 필요할 수도 있다. 비지니스 항공기의 경우, 전체 예비연료는 보통 45 분간 순항 비행의 연장으로 정의된다.
전체 예비연료의 통계적인 수치는 MTOW 의 4.5 에서 5% 정도이다. 예비설계 단계에서 보다 정확한 예비연료의 계산은 TLR 에 명시된 예비연료 정책을 추가할 수 있도록 한다. 이는 다음과 같은 허용사항 중에서 몇 가지를 선택할 수 있다.

1. MLW 로 비행한 R_{div} 와 같은 회항거리. 이 연료중량 분율은 임무 항속거리 증분 $r_{div} R_{div}$ 에 비율 W_{ML}/W_{MTO} 를 곱한 것으로 나타낼 수 있다. 여기서 r_{div} 는 착륙실패로 인한 연료 페널티와 부분적으로는 저속 형상으로 인해서 감소된 속도와 고도로 비행하는 것으로 인한 감소된 비항속거리를 설명한다.
2. MLW 로 비행하는 홀딩 시간 t_{hold} 에 대한 허용. 이 예비연료 중량 분율은 항속거리 증분 $r_{hold} V_{hold} t_{hold}$ 곱하기 비율 W_{ML}/W_{MTO} 로 고려된다. 여기서 r_{hold} 는 순항에 대해서 홀딩하는 동안 감소된 비항속시간을 고려하는 것이다.
3. 긴급 연료는 예를 들어 0.05 또는 0.10 과 같은 임무연료 중량의 분율로 간주된다.
4. 순항비행의 연장된 시간 Δt_{cr} 은 임무 항속거리 증분 $V_{cr} \Delta t_{cr}$ 과 같다.

12.7 고찰

12.7.1 결과에 대한 요약

고속 순항 최적화에 대한 종합적인 논의는 서로 다른 마하수에 대한 항력곡선을 필요로 한다. 그리고 이를 그림 12.2 에 나온 것과 같이 일정한 C_L/C_D 값을 갖는 컨투어로 변환하는 것이 추천된다. 천음속 마하수에서 항력곡선은 아음속과는 상당히 달라질 수 있고, 현재 이론은 이를 두 개 항으로 이루어진 포물선 근사로 가정하지 않는다. 전역 비구속뿐 아니라 구속 최적해는 $M C_L/C_D$ 또는 $\eta_o C_L/C_D$ 에 대한 컨투어 선도로부터 유도되며, 다음과 같이 정리할 수 있다.

- 양력계수와 마하수는 항력계수에 영향을 미치는 독립 제어변수로 취급된다. 아음속 비행기에 대한 고전적인 해와는 달리, 공기역학 효율 C_L/C_D 는 C_L 과 M 의 특정한 조합에 대해서 각각 $(C_L)_{MD}$ 와 $(M)_{MD}$ 로 부르는 전역 비구속 최적값을 갖는다. 이 최적해는 두 개의 제어변수에 대한 부분 최적값의 교점에 의해서 정의된다.
- 매개변수 $M L/D$ 는 양력계수가 $(C_L)_{MD}$ 로부터 크게 다르지 않은 항력상승 내에서 전역 비구속 최적해를 획득할 수 있다. 그러나, 최적 마하수는 그림 12.5 와 같이 그래프상에서 쉽게 구성될 수 있는 부분 최적값 $dC_D/dM = C_D/M$ 에 의해서 정의된다.
- 항속거리 매개변수 $\mathcal{P} = \eta_o L/D$ 는 C_L 과 M 의 고유한 함수이고, 그림 12.7 과 같이 $M L/D$ 의 컨투어 선도와 유사하게 시각화될 수 있다. 비구속 전역 최적해는 부분 최적값 $d \log C_D / d \log M = d \log \eta_o / d \log M = \eta_{\mathcal{M}}$ 에 따라서 정의된다. 이는 M_{MD} 와 최대 $M L/D$ 에 대한 마하수 사이의 마하수에 위치한다. 매개변수 $\eta_{\mathcal{M}}$ 은 주로 엔진의 추진효율에 따라서 결정되며, 엔진 성능 정보로부터 쉽게 구할 수 있다. 고아음속에서 프로펠러와 오픈로터 엔진은 $\eta_{\mathcal{M}} \approx 0$ 을 갖는다. 고바이패스 터보팬은 천음속 비행속도에서 $\eta_{\mathcal{M}} \approx 0.5$ 를 갖는다.
- 순항비행에서 항속거리는 연속 순항/상승, 일정한 마하수 수평비행 그리고 일정한 양력계수 수평비행과 같은 세 개의 비행제어 스케줄에 대해서 유도될 수 있다. 고속 순항에 대한 사례에서는

아음속 순항과는 달리 이러한 스케줄은 Bréguet 항속거리 방정식과 비교해서 몇 퍼센트 정도 짧은 항속거리를 나타내는 것으로 보여주었다. 만약 초기 총중량에 대해서 달성할 수 있는 순항고도가 최소 항력조건으로 순항할 수 있을 정도로 충분히 높다면, 일정 고도 수평비행이 추천된다.

- 만약 항공기가 최대 이륙중량으로 이륙한다면, 사용 가능한 엔진 추력에 따라서 부과되는 순항고도에 대한 구속조건이 항속거리의 상당한 손실을 초래할 수도 있다. 장거리 비행에 대해서는 단계적 순항/상승이 추천된다.
- 순항연료 중량을 계산하기 위해서 비행제어 스케줄에 따라서 달라지는 매개변수를 포함하는 간단한 닫힌 형태의 방정식이 유도되었다. 제 8 장에서부터 10 장까지 다루었던 유사-해석적인 최적화 절차에 유용한 임무 및 예비연료에 대한 해석적인 근사가 설명되었다.

임무연료는 주로 순항조건에 따라서 달라지지만, 작은 연료 페널티를 갖는 전역 최적값으로부터 벗어날 수 있는 제한된 자유도가 존재한다. 만약 증가된 속도가 가치있는 정도의 시간을 절약할 수 있다면, 장거리 순항 비행에서 1~2%의 페널티는 허용될 수 있다.

12.7.2 설계 관련성

이번 장에서 도출된 순항고도와 마하수에 대한 비구속 전역 최적해는 주어진 연료 또는 지정된 항속거리에 대한 최소 연료로 이어지는 조건에 적용된다. (초기) 순항고도에 대한 구속조건은 상당한 항속거리의 손실 또는 연료 페널티를 초래할 수 있고, 설계자는 장착엔진의 추력 또는 출력을 높이려고 할 수도 있다. 그러나, 최소 MTOW 에 대한 고도는 최소 순항연료에 대한 고도보다 더 낮다는 것을 제 8 장에서 보여주었다. 이는 현존하는 항공기가 MTOW 상태로 이륙한 이후 가장 연료 효율적인 순항고도로 상승할 수 없는 엔진을 장착하고 있는 이유일 수도 있다. 제 9 장에서는 저속 요구조건 또는 연소되는 임무연료의 감소에 대한 요구조건을 만족하기 위해서는 장착엔진 추력이 최소 MTOW 에 대한 값을 초과해서 증가되어야 할 수도 있다는 것을 보여주었다. 증가된 장착추력은 또한 경제적인 측면에서 보다 높은 마하수로 비행하는데 도움을 준다.

최적의 공기역학적인 날개 설계를 위한 순항 마하수의 선택은 주어진 (날개) 설계를 위한 최적 순항조건의 선택보다 더 중요하다. 그림 12.7 은 전역 최적 마하수가 항력발산 마하수보다 약 0.05 낮다는 것을 보여준다. 이러한 사례에 대해서 날개가 너무 얇거나 또는 후퇴각이 너무 크기 때문에 필요 이상으로 무거운 날개를 초래할 수 있다고 주장할 수도 있을 것이다. 이로 인해서 설계 순항 마하수를 감소시키는 결정으로 이어질 수도 있다. 가장 큰 불확실성은, 여객기가 서로 다른 항공사에서 상당히 다른 임무를 수행하도록 운용된다는 것이다. 따라서 최대 유상하중 또는 최대 항속거리를 갖는 설계 임무로 비행하는 경우는 흔하지 않기 때문에, 가장 경제적인 운용은 최대 항속거리보다 짧은 거리에 대해서 구조적인 유상하중보다 낮은 상태로 정의되어야 한다.

항공기 고등설계자에게는 최적화를 위한 성능지수(FOM)의 선택에 대한 의문이 제기될 수 있다. 이의 답은 개별 설계자에게 남겨질 수 없다. 훌륭히 조율된 비행기는 고등 최적화의 도구상에서 설계자/해석자가 평범하지만 가치있는 역할을 하는 시스템 엔지니어링의 결과물이기 때문이다.

참고문헌

[1] Miele, A., Flight Mechanics: Theory of Flight Paths, Addison-Wesley, Reading, MA, 1962.
[2] Hale, F.J., Introduction to Aircraft Performance, Selection and Design, John Wiley & Sons, New York, NJ, 1984.
[3] Mair, W.A. and Birdsall, D.L., Aircraft Performance, Cambridge Aerospace Series 5, Cambridge University Press, Cambridge, 1992.
[4] Vinh, N.X., Flight Mechanics of High-Performance Aircraft, Cambridge Aerospace Series 4, Cambridge University Press, Cambridge, 1993.
[5] Ojha, S.K., Flight Performance of Aircraft,Chapters 8 and 9,American Institute of Aeronautics andAstronautics, Education Series, Washington, DC, 1995.
[6] Padilla, C.E., Optimizing Jet Transport Effeiciency, Performance, Operations & Economics, McGraw-Hill, New York, 1996.
[7] Eshelby, M., Aircraft Performance: Theory and Practice, Chapter 4, Arnold Publishing, London, 2000.
[8] Filippone, A., Flight Performance of Fixed and RotaryWing Aircraft, Chapter 9, Elsevier Aerospace Engineering Series, Oxford, 2006.
[9] Roux, E., Avions Civils à Reaction: Plan 3 Vues et Données Charactéristiques, Éditions Élodie Roux, ISBNN 978-2-9529380-2-0, 2007.
[10] Torenbeek, E., and H. Wittenberg, Flight Physics: Essentials of Aeronautical Disciplines and Technology, with Historical Notes, Chapters 6 and 9, Springer Verlag, Heidelberg, 2009.

Optimum Cruise Performance and Prediction of Range

[11] Jonas, J., "Jet Airplane Range Considerations", Journal of the Aeronautical Sciences, Vol. 14, No. 2, pp. 124–128, February 1946.
[12] Ashkenas, I.L., "Range Performance of Turbojet Airplanes", Journal of the Aeronautical Sciences, Vol. 15, No. 2, pp. 97–101, February 1948.
[13] Edwards, A.D., "Performance Estimation of Civil Jet Aircraft", Aircraft Engineering, pp. 95–99, April 1950.
[14] Pearson, H., "The Estimation of Range of Jet-Propelled Aircraft", The Aeronautical Quarterly, Vol. II, pp. 167–182, November 1950.
[15] Schairer, G.S. and Olason, M.L., "Some Performance Considerations of a Jet Transport Airplane", First Turbine Powered Air TransportationMeeting, Institute of the Aeronautical Sciences, Seattle, Washington, USA, August 9–11, 1954.
[16] Backhaus, G., "Grundbeziehungen für den Entwurf Optimaler Verkehrsflugzeugen", Jahrbuch der WGLR, pp. 201–213, 1958.
[17] Ward, K.E., "Contour Plotting for the Transonic Flight-Test Drag Polar", Journal of Aircraft, Vol. 5, No. 2, pp. 191–192, March–April 1968.
[18] Page, R.K., "Range and Radius-of-Action Performance Prediction for Transport and Combat Aircraft", AGARD Lecture Series No. 56, Paper No. 1, March 1973.
[19] ESDU, "Approximate Methods for Estimation of Cruise Range and Endurance: Aeroplanes with Turbo-jet and Turbo-fan Engines", Data Sheet No. 73019, October 1973.
[20] Peckham, D.H., "Range Performance in Cruising Flight," Royal Aircraft Establishment Technical Report 73164, March 1974.
[21] Hale, F.J. and Steiger, A.R., "Effects of Wind on Aircraft Performance", Journal of Aircraft, Vol. 16, No. 6, pp. 382–387, June 1979.
[22] ESDU, "Introduction to Estimation of Range and Endurance", Data Item No. 73018, Performance, Vol. 6, October 1980.
[23] Bert, C.W., "Prediction of Range and Endurance of Jet Aircraft at Constant Altitude", Journal of Aircraft, Vol. 18, No. 10, pp. 890–892, October 1981.
[24] ESDU, "Approximate Methods for Estimation of Cruise Range and Endurance: Aeroplanes with Turbojet and Turbofan Engines", Data Item No. 73019, Revised May 1982.
[25] Torenbeek, E. and Wittenberg, H., "Generalized Maximum Specific Range Performance", Journal of Aircraft, Vol. 20, No. 7, pp. 617–622, July 1983.
[26] Sachs, G., and T. Christodoulou, "Reducing Fuel Consumption of Subsonic Aircraft by Optimal Cyclic Cruise", Journal of Aircraft, Volume 24, No. 9, pp. 616–622, September 1987.
[27] Menon, P.K.A., "Study of Aircraft Cruise", Journal of Guidance, Control, and Dynamics, Vol. 12, No. 5, pp. 631–639, September–October 1989.
[28] AEA, "Definitions and Input for Range and Direct Operating Cost Calculation", Appendix; 1, G(T) 5656, 1990.
[29] Mart´ınez-Val, R. and P´erez, E., "Optimum Cruise Lift Coefficient in Initial Design of Jet Aircraft", Journal of Aircraft, Vol. 29, No. 4, pp. 712–714, July–August 1992.
[30] Martínez-Val, R. and Pérez, E., "Extended Range Operations of Two and Three Turbofan Engined Airplanes", Journal of Aircraft, Vol. 30, No. 3, pp. 382–386, May–June 1993.

[31] Miller, L.E., "Optimal Cruise Performance", Journal of Aircraft, Vol. 30, No. 3, pp. 403–405, May–June 1993.
[32] Torenbeek, E., "Cruise Performance and Range Prediction Reconsidered", Progress in Aerospace Sciences, Vol. 33, No. 5/6, pp. 285–321, 1997.
[33] Isikveren, A.T., "Identifying Economically Optimal Flight Techniques of Transport Aircraft", Journal of Aircraft, Vol. 39, No. 4, pp. 528–544, July–August 2002.
[34] Cavcar, A., and M. Cavcar, "Approximate Solutions for Range at Constant Altitude: Constant High Speed Subsonic Flight of Transport Aircraft", Aerospace Science and Technology, Vol. 8, No. 6, pp. 557–567, 2004.
[35] Pargett, D.M., and M.D. Ardema, "Flight Path Optimization at ConstantAltitude", Journal of Guidance, Control, and Dynamics, Vol. 30, No. 4, pp. 1197–1201, July–August 2007.
[36] Rivas, D., and A. Valenzuela, "Compressibility Effects on Maximum Range Cruise at Constant Altitude", Journal of Guidance, Control, and Dynamics, Vol. 32, No. 5, pp. 1654–1658, September-October 2009.

부록 A
체적, 표면적 및 노출표면적
Volume, Surface and Wetted Areas

완전히 정의된 비행기 구성요소의 표면적은 외부 표면을 충분히 많은 수의 거의 평평한 패널로 구분하고 이의 면적을 합산하는 것으로 계산될 수 있다. 다른 방법으로는, 이중 곡률의 유선형 바디(단면)을 다수의 계산이 용이한 고리 형태의 외부 면적을 갖는 (얇은)디스크로 분해할 수도 있다. 개념설계에서는 정확도는 떨어지지만 보다 신속한 해석적인 근사가 유용하다. 본 부록에서는 참고문헌에 언급된 논문으로부터 유도된 비행기의 주요 성분의 체적과 면적을 계산하는 공식을 설명한다.

A.1 날개

아음속 비행기의 직선 테이퍼 날개는 선형 로프드를 갖는 3 차원 에어포일로 간주될 수 있다. 각 반쪽 날개는 에어포일 단면 형상의 평행한 끝단면을 갖는 절단된 피라미드로 취급된다. 이의 체적은 다음에 따라서 평면면적 S_w 와 관련된다.

$$Q_w = \frac{k_Q (\overline{t/c})_w}{\sqrt{1+\lambda_w}} S_w \sqrt{\frac{S_w}{A_w}} \tag{A.1}$$

여기서 가로세로비는 $A_w = b_w^2 / S_w$ 는로 정의된다. 평균 두께비 $\overline{t/c}$ 는 전면대 평면 면적의 비율이고, 테이퍼비 λ 는 끝단 시위와 뿌리 시위의 비율이다. 프리즘형 날개(단면)의 체적계수는 $k_Q = 1$ 이고, 테이퍼 날개에 대한 전형적인 값은 $k_Q = 0.95$ 이다. 만약 표면적이 평면 면적의 두배와 전면 면적의 반을 합한 것으로 근사화될 수 있다면, 이는 다음과 같이 체적과 관련된다.

$$(S_w)_{surf} = \left\{2 + 0.5(\overline{t/c})_w\right\} \left\{\frac{Q_w \sqrt{A_w (1+\lambda_w)}}{k_Q \, t/c}\right\}^{2/3} \tag{A.2}$$

이러한 관계식에서 후퇴각은 나타나지 않는다는 사실에 주목할 필요가 있다. 그러나, 많은 고속 비행기의 날개는 앞전 및/또는 뒷전에 킹크(kink)를 갖는다. 그러면 이를 인보드와 아웃보드 단면이 하나로 조합된 낮은 가로세로비의 날개로 취급하면서, 위의 식 (A.1)과 (A.2)를 사용해서 이와 같은 조합에 대한 특성을 계산할 수 있다. 블렌디드 윙바디(BWB) 형상까지도 이러한 방식으로 처리될 수 있다.

A.2 동체

여압 객실을 갖는 여객기의 동체는 유선형 노즈 및 테일과 함께 원기둥 중간 섹션(mid-section)을 갖는 회전체의 날씬한(slender) 바디로 근사될 수 있다. 그림 A.1 에 나온 것과 같이 전체 길이 l_{fus} 와 추가 기하를 갖는 동체는 다음에 따라서 전면 면적을 갖는다.

$$\left(S_{fus}\right)_{front} = (\pi/4) w_{fus} h_{fus} = (\pi/4) \bar{d}_{fus}^2 \tag{A.3}$$

이의 체적은 다음과 같다.

$$Q_{fus} = \left(S_{fus}\right)_{front}\left(l_{fus} - 2\bar{d}_{fus}\right) = (\pi/4)\bar{d}_{fus}^2 l_{fus}\left(1 - 2/\lambda_{fus}\right) \tag{A.4}$$

여기서 세장비는 $\lambda_{fus} = l_{fus}/\bar{d}_{fus}$ 로 정의된다. 표면적과 체적은 다음과 같은 상호 관계를 갖는다.

$$\left(S_{fus}\right)_{surf} = 2\left(2\pi\lambda_{fus}\right)^{1/3} Q_{fus}^{2/3}\left(1 + 1/\lambda_{fus}^2\right) \approx \pi\bar{d}_{fus}\left(l_{fus} - 1.3\bar{d}_{fus}\right) \tag{A.5}$$

전면대 표면적 비율은 다음과 같이 근사된다.

$$\frac{\left(S_{fus}\right)_{front}}{\left(S_{fus}\right)_{surf}} = \frac{1}{4\left(\lambda_{fus} - 1.30\right)} \tag{A.6}$$

이 식은 원통형 중간 섹션을 갖거나 또는 갖지 않는 유선형 동체 바디에 사용될 수 있다.

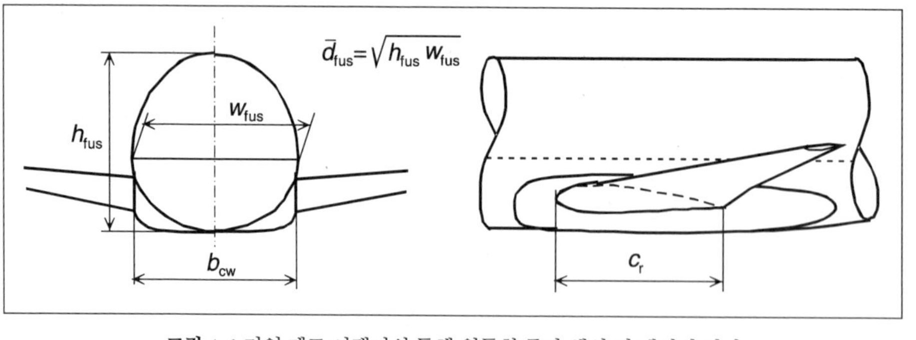

그림 A.1 저익 제트 여객기의 동체 원통형 중간 섹션 및 페어링 기하

A.3 꼬리날개

꼬리날개의 기하와 위치는 비행기의 사이징과 밸런싱 과정의 후반부에서 사용할 수 있다. 그러나, 설계 해석가는 날개와 동체의 치수만을 입력값으로 사용해서 꼬리날개 면적을 우선 예측하는 것을

선호할 것이다. 다음 방정식이 참고문헌 [2]와 6.3 장의 아이디어를 통해서 도출되었다. 이는 1970 년대 이후 제트 여객기의 꼬리날개 면적을 10% 이내의 표준편차로 예측한다. 그림 A.1 의 기하를 참고해서, 수평 꼬리날개 체적은 다음과 같이 구할 수 있다.

$$S_h l_h = 0.2\left(S_w \bar{c}_w + 2w_{fus}^2 l_{fus}\right)\frac{A_w + 2}{A_w - 2} \tag{A.7}$$

항 $(A_w + 2)/(A_w - 2)$ 은 꼬리날개에서 날개 가로세로비의 다운워시에 대한 영향을 나타내고, $\bar{c}_w = S_w/b_w$ 는 평균 공력시위를 나타낸다. 높이 장착된 꼬리날개에서 감소된 다운워시가 더 작은 면적을 가능하도록 할 것이라는 예상은 통계로 확인되지 않는다. 이는 깊은 실속에 대응하기 위해서 필요한 꼬리날개 크기때문일 수도 있다. 수직꼬리날개 체적은 다음과 같이 근사된다.

$$S_v l_v = 0.03\left(S_w b_w + 10h_{fus}^2 l_{fus}\right) \tag{A.8}$$

A.4 엔진 나셀 및 파일런

터보팬 나셀의 외부 표면적은 SLS 이륙추력 T_{TO} 와 비추력에 따라서 결정되는 최대 엔진 공기유동, 다시 말해서 단위 공기유량당 추력에 따라서 주로 달라진다. 비추력은 바이패스비 B (BPR)과 밀접하게 관련된다. 참고문헌 [6]에서 나셀 표면적에 대해서 유도된 표현은 기본 매개변수로 엔진 추력과 BPR 을 사용한다.

$$S_{nac} = S_{ref}(1 + B)^2\left(T_{TO}/T_{ref}\right)^{0.8} \tag{A.9}$$

여기서 $S_{ref} = 25\text{m}^2$ 이고 $T_{ref} = 100\text{kN}$ 이다. 이륙추력이 엔진당 50~250kN 사이인 경우, N_{eng} 나셀의 표면적은 다음과 같이 선형화될 수 있다.

$$S_{nac} = 0.8 S_{ref} N_{eng}(1 + B)^{0.2}\left(T_{TO}/T_{ref} + 0.25\right) \tag{A.10}$$

일반적으로 나셀 면적의 20%를 차지하는 엔진 파일런의 표면적이 추가되어야 한다.

A.5 기체 노출표면적

본 부록의 해석적 방법은 고립된 주요 비행기 성분의 총(gross) 체적과 면적을 계산하는데 사용되고, 이의 정확도는 개발중인 설계에 대한 데이타로 보정되어 개선될 수 있다. 기체의 노출표면적인 주요 성분을 조합하고 공기역학 페어링을 추가한 후에 나오는 순(net) 표면적이다. 결과적인 기체 표면적은 모든 성분의 총합계된 면적보다 작으며, 동체와 날개의 조합은 특별한 주의가 필요하다. 그림 A.1 은 다음 고려사항에 따라서 지역 날개와 바디 치수에 따른 표면적 페널티를 초래하는 전형적인 페어링을 보여주고 있다.

- 저익을 갖는 고속 여객기는 대부분 날개와 동체 교차부위를 커버하는 대형 페어링을 갖는다. 페어링은 바디의 체적과 표면적은 수 퍼센트 정도 증가시키는 반면, 날개의 노출표면적은 (상당히) 감소된다. 일부 비지니스 항공기는 날개가 여압객실 아래를 통과해서 다소 큰 페어링을 가지며 긴 구간에 걸쳐 바디 단면적과 표면적의 증가를 초래한다.
- 고익의 노출표면적은 캐리쓰루(carry-through) 구조의 아래면만이 동체로 커버되기 때문에, 총 표면적에 비해서 크게 작지 않다. 일반적으로 작은 페어링으로 충분하다.
- 중익의 순 (노출된) 면적은 총 표면적에 비해서 상당히 더 작다. 교차하는 날개로 커버되는 동체 면적이 작고 페어링은 노출표면적에 대해서 무시할 수 있는 정도의 영향을 갖는다.

모든 주요 항목의 노출된 면적을 계산하는 대신, 이를 합산하고 페어링에 대해서 교정하는 것으로, 다음으로부터 거의 원형에 가까운 동체 단면을 갖는 (나셀을 제외한) 기체에 대한 간단한 예측이 가능하다.

$$S_{wet} = \pi \bar{d}_{fus}\left(l_{fus} - 1.3\bar{d}_{fus}\right) + \left(S_w\right)_{net}\left\{2 + 0.5\left(\overline{t/c}\right)_w\right\} + k_{fair} b_{cw} c_r + 2\left(S_h + S_v\right) \qquad (A.11)$$

우변에서 첫 번째 항은 동체의 총 표면적이고, 두번째 항은 동체 또는 페어링의 바깥쪽 노출된 날개의 표면적이다. 견익의 순 면적은 동체로 커버된 (작은) 아래쪽 외피면적만큼 감소된 총 면적과 같다. 식 (A.11)의 세번째 항은 그림 A.1 과 같이 센터 섹션 스팬 b_{cs} 와 날개의 뿌리 시위 c_r 에 비례하는 페어링으로 인한 면적 페널티를 수정한다. k_{fair} 에 대한 전형적인 값은 중간날개에 대해서는 0 이고, 고익에 대해서는 0.2 그리고 저익에 대해서는 0.3 이다. 전체 기체 노출표면적은 윙렛, 벤트럴핀, 랜딩기어 베이 페어링, 플랩 트랙 그리고 수평/수직꼬리날개 교차부위와 같은 기타 항목에 대해서 수정되어야 할 수도 있다.

참고문헌

[1] Schmidt, A.H., "A Simplified Method for Estimating the Wetted Area of Aircraft Fuselages", SAWE Paper No. 308, 1962.

[2] Morris, J., and D.M. Ashford, "Fuselage Configuration Studies", SAE Paper No. 670370, April 1967.

[3] Caddell, W.E., "On the Use of Aircraft Density in Preliminary Design", SAWE Paper No. 813, May 1969.

[4] Torenbeek, E., "The Computation of Characteristic Areas and Volumes of Major Aircraft Components in Project Design", TU Delft, Department of Aerospace Engineering, Memorandum M-188, January 1973.

[5] Bullis, R.T., "Geometric Analysis", SAWE Paper No. 1025, May 1974. Also: SAWE Journal, pp. 19–29, April/May 1975.

[6] Torenbeek, E., and G.H. Berenschot, "De Berekening van het Omspoeld Gondeloppervlak van Enkel-en Dubbelstroomstraalmotoren voor Civiele Vliegtuigen" [Computation of the Wetted Area of Turbojet and Turbofan Engines for Civil Aircraft], Memorandum M-445, TU Delft, Department of Aerospace Engineering, January 1983.

부록 B
국제표준대기
International Standard Atmosphere

국제표준기구(International Standardisation Organisation ISO)는 ICAO 문서 7488/2, 2 판 1964 에서 설정한 모델에 기반하여 표준대기를 정의하였다. 표 B.1 의 데이타는 해수면(Sea Level, SL)에서의 상태변수와 potential 고도에 기반한 45 도 북부 위도(northern latitude)에서의 중력가속도를 정의한다. (절대)온도는 SL 과 11km 사이의 대류권에서 $-6.5°C/km$ 의 기울기로 선형으로 변화한다. 11~20km 사이의 성층권은 등온(isothermal)이다.
절대량을 대신해서, 대기상태 변수는 주로 다음과 같이 SL 값의 분율로 표현된다.

- 상대온도: $\theta = T/T_{sl}$
- 상대압력: $\delta = p/p_{sl}$
- 상대밀도: $\sigma = \rho/\rho_{sl}$

표 B.1 국제표준대기(ISA)의 기본 특성

SL 에서 표준값	
압력	p=1.013250×10^5 Pa (760mmHg)
온도	T=15°C (288.15K)
밀도	ρ=1.2250kg/m^3
음속	a=340.29m/s
절대점성계수	μ=1.7894×10^{-5}kg/(ms)
중력가속도	g=9.80665m/s^2
기타 표준값	
공기의 몰 중량	$\hat{M}$ =28.9644kg/kmol
공기의 기체상수	R=287.05287 (J/kg)/K
비열비	$\gamma=c_p/c_v$=1.4
대류권계면	h_{pot}=11000m
대류권	T=−56.5°C (216.65K)

표 B.2 해수면과 20km 지위고도(geopotential altitude) 사이의 국제표준대기 특성

고도에서 표준값								
Alt (m)	T (K)	θ	a (m/s)	p (Pa)	δ	ρ (kg/m^3)	σ	μ/μ_{sl}
0	288.15	1	340.29	101,325	1	1.2250	1	1
500	284.90	0.9887	338.37	95,461	0.9421	1.1673	0.9529	0.9912
1,000	281.65	0.9774	336.43	89.874	0.8870	1.1117	0.9075	0.9823
1,500	278.40	0.9662	334.49	84,556	0.8345	1.0581	0.8638	0.9735
2,000	275.15	0.9549	332.53	79,495	0.7846	1.0065	0.8216	0.9645
2,500	271.90	0.9436	330.56	74,682	0.7371	0.9569	0.7811	0.9556
3,000	268.65	0.9306	328.58	70,108	0.6919	0.9091	0.7421	0.9465
3,500	265.40	0.9210	326.58	65,764	0.6490	0.8632	0.7055	0.9375
4,000	262.15	0.9098	324.58	61,640	0.6083	0.8191	0.6686	0.9283
4,500	258.90	0.8985	322.56	57,728	0.5697	0.7768	0.6341	0.9191
5,000	255.65	0.8872	320.53	54,020	0.5331	0.7361	0.6009	0.9099
5,500	252.40	0.8759	318.48	50,506	0.4985	0.6971	0.5691	0.9006
6,000	249.15	0.8647	316.43	47,181	0.4656	0.6597	0.5385	0.8911
6,500	245.90	0.8534	314.36	44,034	0.4346	0.6238	0.5092	0.8818
7,000	242.65	0.8421	312.27	41,060	0.4052	0.5895	0.4812	0.8724
7,500	239.40	0.8308	310.17	38,251	0.3775	0.5566	0.4544	0.8628
8,000	236.15	0.8195	308.06	35,599	0.3513	0.5252	0.4287	0.8532
8,500	232.90	0.8083	305.93	33,099	0.3267	0.4951	0.4042	0.8436
9,000	229.65	0.7970	303.79	30,742	0.3040	0.4663	0.3807	0.8339
9,500	226.40	0.7857	301.63	28,523	0.2815	0.4389	0.3583	0.8241
10,000	223.15	0.7744	299.46	26,436	0.2609	0.4127	0.3369	0.8143
10,500	219.90	0.7631	297.27	24,474	0.2415	0.3877	0.3165	0.8044
11,000	216.65	0.7519	295.07	22,632	0.2234	0.3639	0.2971	0.7944
12,000	216.65	0.7519	295.07	19,330	0.1908	0.3108	0.2537	0.7944
13,000	216.65	0.7519	295.07	16,510	0.1629	0.2655	0.2167	0.7944
14,000	216.65	0.7519	295.07	14,101	0.1392	0.2268	0.1851	0.7944
15,000	216.65	0.7519	295.07	12,044	0.1189	0.1937	0.1581	0.7944
16,000	216.65	0.7519	295.07	10,287	0.1015	0.1654	0.1350	0.7944
17,000	216.65	0.7519	295.07	8,786	0.0867	0.1413	0.1153	0.7944
18,000	216.65	0.7519	295.07	7,505	0.0741	0.1207	0.0985	0.7944
19,000	216.65	0.7519	295.07	6,410	0.0633	0.1031	0.0842	0.7944
20000	216.65	0.7519	295.07	5,475	0.0540	0.0880	0.0718	0.7944

potential altitude 에 대한 ISA 특성이 표 B.2 에 나와 있다. 동점성(dynamic viscosity)은 다음과 같이 Surtherland 방정식으로 계산된다.

$$\frac{\mu}{\mu_{sl}} = \left(\frac{T}{T_{sl}}\right)^{3/2} \frac{T_{sl} + T_S}{T + T_S}$$

여기서 Surtherland 상수 $T_S = 110K$ 이다.

부록 C
약어
Abbreviations

AC 공력중심, Aerodynamic Centre
ACARE 유럽 항공공학 자문위원회, Advisory Council for Aeronautics in Europe
AD 고등설계, Advanced Design
ADS 자동 설계 종합, Automated Design Synthesis
ADSE 항공기 설계 및 체계 공학, Aircraft Design and Systems Engineering
AEA 유럽 항공사 연합, Association of European Airlines
AGARD 항공 연구 개발 자문 그룹, Advisory Group for Aeronautical Research and Development
AI 인공지능, Artificial Intelligence
AIAA 미국 항공 및 천문 학회, American Institute of Aeronautics and Astronautics
ANOPP 항공기 소음 예측 프로그램, Aircraft Noise Prediction Program
APU 보조 동력장치, Auxiliary Power Unit
ASD 가속-정지 거리, Accelerate-Stop Distance
ATC 항공교통관제, Air Traffic Control
ATM 항공교통관리, Air Traffic Management
AUW 합산중량, All-Up Weight
AWA 전익 항공기, All-Wing Aircraft
BFL 균형 활주거리, Balanced Field Length
BPR 바이패스비, By-Pass Ratio
BWB 블렌디드 윙바디, Blended Wing Body
CAEP 항공 환경 보호 위원회, Committee on Aviation Environmental Protection
CFC 탄소복합재료, Carbon Fibre Composite
CFD 전산유체역학, Computational Fluid Dynamics
CG 무게중심, Centre of Gravity
CP 압력중심, Centre of Pressure
CRDF 동축반전 덕티드팬, Contra-Rotating Ducted Fans
CRPF 동축반전 프롭팬, Contra-Rotating Propfan
CS 센터 섹션, Centre Section
CTO 지속된 이륙, Continued Take Off
CTP 전형적인 터보프롭, Conventional Turboprop
DDTF 직접구동 터보팬, Direct Driven Turbofan

DOC 직접 운용비용, Direct Operating Costs
DPL 설계 유상하중, Design Payload
DSM 설계구조 매트릭스, Design Structure Matrix
DWB 구분된 날개와 동체, Discrete Wing and Body
EA 탄성축, Elastic Axis
EAS 등가 대기속도, Equivalent Airspeed
EASA 유럽연합 항공안전청, European Union Aviation Safety Agency
ECU 환경제어장치, Environmental Control Unit
EEF 에너지 효율, Energy Efficiency
EFM 엔진 성능지수, Engine Figure of Merit
EIS 운용개시, Entry Into Service
EOAC 엔진 고장시 고도 능력, Engine Out Altitude Capability
EPNdB 등가 인지 소음 수준, Equivalent Perceived Noise Level dB
ESDU 공학 및 과학 자료집, Engineering Sciences Data Unit
ESHP 등가 축마력, Equivalent Shaft Horsepower
FAA 연방 항공국, Federal Aviation Administration
FAR 연방 항공 규정, Federal Aviation Regulations
FEM 유한요소법, Finite Element Method
FM 비행매뉴얼, Flight Manual
FOM 성능지수, Figure Of Merit
FPR 팬압력비, Fan Pressure Ratio
GP 기하학적 프로그래밍, Geometric Programming
GTF 기어구동 터보팬, Geared Turbofan
GW 총중량, Gross Weight
HFW 하이브리드 플라잉윙, Hybrid Flying Wing
HLFC 하이브리드 층류제어, Hybrid Laminar Flow Control
HP 고압, High Pressure
HSC 고속 순항, High-Speed Cruise
HSTP 고속 터보프롭, High Speed Turboprop
ICAC 초기 순항고도 능력, Initial Cruise Altitude Capability
ICAO 국제 민간 항공 기구, International Civil Aviation Organization
ICT 정보통신 기술, Information And Communication Technology
IFSD 비행중 엔진 정지, In-Flight Shutdown
IP 중간 압력, Intermediate Pressure
IPCC 기후변화에 대한 국제정부간 자문단, Intergovernmental Panel on Climate Change
IPD 통합제품개발, Integrated Product Development

ISA 국제 민간 항공기구 표준 대기, ICAO Standard Atmosphere

IWB 통합된 날개와 동체, Integrated Wing Body

JAR 통합 항공 규정, Joint Aviation Regulations

JWA 결합날개 항공기, Joined Wing Aircraft

KBE 지식기반공학, Knowledge Based Engineering

LCC 수명주기비용, Life Cycle Costs

LEMAC 평균공력시위의 앞전, Leading Edge of the MAC

LFC 층류제어, Laminar Flow Control

LFL 착륙 활주거리, Landing Field Length

LH2 액화 수소, Liquid Hydrogen

LOF 부양, Lifting Off

LP 저압, Low Pressure

LRC 장거리 순항, Long-Range Cruise

MAC 평균공력시위, Mean Aerodynamic Chord

MDO 다학제 설계 최적화, Multidisciplinary Design Optimization

MEW 제작사 자체 중량, Manufacturers Empty Weight

MLW 최대 착륙중량, Maximum Landing Weight

MOO 다목적함수 최적화, Multi-Objective Optimization

MPL 최대 유상하중, Maximum Payload

MTOW 최대 이륙중량, Maximum Take-Off Weight

MVO 다변수 최적화, Multivariate Optimization

MZFW 최대 무연료 중량, Maximum Zero Fuel Weight

NACA 미국 항공공학 자문단 위원회, National Advisory Committee for Aeronautics

NASA 미국 항공 우주국, National Aeronautics and Space Administration

NBAA 미국 비지니스 항공 연합, National Business Aviation Association

NLF 자연층류, Natural Laminar Flow

OEF 전체 엔진 효율, Overall Engine Efficiency

OEI 한 엔진 부작동, One Engine Inoperative

OEW 운용 자체중량, Operating Empty Weight

OI 운용사 항목, Operator's Item

OPR 전체 압력비, Overall Pressure Ratio

PAD 유상하중 수용 밀도, Payload Accommodation Density

PDM 제품 데이타 모델, Product Data Model

PEF 추진 효율, Propulsive Efficiency

PFE 유상하중 연료 효율, Payload Fuel Efficiency

PSFC 비출력연료소모율, Power-Specific Fuel Consumption

ROC	상승율, Rate Of Climb
RTO	착륙실패, Rejected Take-Off
RTOD	정상 이륙거리, Regular Take-Off Distance
R&T	연구 기술 Research and Technology
SAR	비항속거리, Specific Air Range
SAS	안정성 증대 장치, Stability Augmentation System
SAWE	중량공학자 연합회, Society of Allied Weight Engineers
SBW	스트럿 지지 날개, Strut-Braced Wing
SDL	스팬 분포 하중, Span Distributed Loading
SEAD	체계 공학과 항공기 설계, Systems Engineering and Aircraft Design
SFC	비연료소모율, Specific Fuel Consumption
SHP	축마력, Shaft Horsepower
SI	구조지수, Structural Index
SL	해면고도, Sea Level
SLP	순차적 선형 프로그래밍, Sequential Linear Programming
SLPL	공간 제한 유상하중, Space Limited Payload
SPL	구조적 유상하중, Structural Payload
SQP	순차적 이차 프로그래밍, Sequential Quadratic Programming
SR	구조 뿌리, Structural Root
SSPF	단일 스테이지 프롭팬, Single Stage Propfans
TBA	쌍동체 항공기, Twin-Body Aircraft
TEF	열효율, Thermal Efficiency
TET	터빈 입구 온도, Turbine Entry Temperature
TLR	추력 감율, Thrust Lapse Rate
TLR	최상위 요구조건, Top Level Requirement
TOC	상승 최고(종료)점, Top Of Climb
TOD	하강 최고(시작)점, Top Of Descent
TOFL	이륙 활주거리, Take-Off Field Length
TOGW	이륙 총중량, Take-Off Gross Weight
TSFC	비추력연료소모율, Thrust-Specific Fuel Consumption
TTHP	전체 추력 마력, Total Thrust Horsepower
UDF	무덕트팬, Unducted Fan
UL	유용하중, Useful Load
VLJ	초경량 제트, Very Light Jet
WAT	날개와 꼬리, Wing And Tail
WPF	날개 페널티 함수, Wing Penalty Function

최신 항공기 고등설계

Advanced Aircraft Design:
Conceptual Design, Analysis and Optimization of Subsonic Civil Airplanes

지은이 Egbert Torenbeek
옮긴이 권태화, 나승혁
펴낸이 조경희
펴낸곳 경문사
펴낸날 2021년 6월 10일 1판 1쇄
등 록 1979년 11월 9일 제1979-000023호
주 소 04057, 서울특별시 마포구 와우산로 174
전 화 (02)332-2004 팩스 (02)336-5193
이메일 kyungmoon@kyungmoon.com

값 29,000원

ISBN 979-11-6073-483-6
ISBN 979-11-6073-418-8 (세트)